土壤污染与修复理论和实践研究丛书

有机污染土壤的修复机制与技术发展

骆永明 等 著

科学出版社

北京

内 容 简 介

本书是作者近 20 年来开展有机氯农药、持久性有机污染物、石油、农膜及化学武器等污染土壤及场地的物理修复、化学修复、生物修复和联合修复的理论、方法和技术研究工作的全面总结。重点介绍了滴滴涕、多氯联苯、多环芳烃、石油、酞酸酯、二苯砷酸等单一或复合污染土壤的修复机制与技术发展，包括低温等离子体氧化、光催化分解、络合蒸发浓缩、芬顿氧化、植物吸收、微生物降解、植物-微生物联合及物化-生物联合等修复研究进展。此外，还介绍了多孔炭、改性膨润土和纤维吸附材料等修复剂的研制及应用方面的新认识、新资源、新方法和新产品。提出了既能提高土壤肥力、又能净化土壤污染的豆科植物-根瘤菌共生联合生物修复新途径。这些研究成果对发展有机污染土壤的绿色可持续修复原理与技术、推动土壤修复学和修复土壤学建设具有重要的理论和实践指导价值。

本书可作为土壤污染防治与修复、环境保护、农业管理、生态建设、国土资源利用等专业和领域的管理者、科研工作者、研究生等的参考书，也可作为高等院校、科研院所土壤学、环境科学、环境工程、生态学、农学等相关学科的研究生教学参考教材。

图书在版编目 (CIP) 数据

有机污染土壤的修复机制与技术发展/骆永明等著. —北京：科学出版社，2016

（土壤污染与修复理论和实践研究丛书）

ISBN 978-7-03-052187-3

Ⅰ. ①有… Ⅱ. ①骆… Ⅲ. ①土壤有机污染 ②修复机制-修复技术 Ⅳ. ①X53

中国版本图书馆 CIP 数据核字（2016）第 022183 号

责任编辑：周　丹 / 责任校对：郭瑞芝
责任印制：赵　博 / 封面设计：许　瑞

科学出版社 出版
北京东黄城根北街 16 号
邮政编码：100717
http://www.sciencep.com

北京凌奇印刷有限责任公司印刷
科学出版社发行　各地新华书店经销

*

2016 年 12 月第 一 版　开本：787×1092　1/16
2025 年 4 月第四次印刷　印张：25 3/4
字数：610 000

定价：168.00 元
（如有印装质量问题，我社负责调换）

作者名单

主要作者

骆永明　滕　应　涂　晨　刘五星　吴龙华
宋　静　章海波　李振高

作者名单（按姓氏笔画排序）

丁克强　丁琳琳　马婷婷　马露瑶　王阿楠
王殿玺　毛　健　尹春艳　付登强　平立凤
过　园　邢维芹　朱　濛　刘五星　刘世亮
刘增俊　孙向辉　孙明明　孙剑英　李　华
李士杏　李秀华　李秀芬　李振高　宋　静
陈永山　陈海红　吴龙华　吴宇澄　余冬梅
张宇峰　沈源源　杨慧娟　骆永明　徐　莉
涂　晨　章海波　梁艳玲　虞　磊　滕　应
潘　澄

序　　言

　　自20世纪80年代以来，随着高强度的人类活动和经济社会的快速发展，大量人为排放的重金属和有机污染物以不同类型、方式、途径进入土壤，造成土壤污染，危及土壤质量安全与生态系统及人体健康。土壤环境质量与安全健康保障令人担忧。土壤污染管控与修复成为国家生态环境治理的重大现实需求。土壤污染与修复的基础理论研究、技术装备研发、监管体系建设和产业化发展已是新时期我国土壤环境保护的重要任务。

　　骆永明研究员应聘1997年度中国科学院"百人计划"，于1998年从英国留学回国，在南京土壤研究所组建了"土壤圈污染物循环与修复"研究团队。2001年起，先后在国家杰出青年科学基金项目、973计划项目、863计划重大项目、国家自然科学基金重点、面上及重大国际合作项目、中国科学院创新团队国际合作伙伴计划项目、环保公益性行业科研专项项目、江苏省创新学者攀登项目等支持下，他带领团队成员，系统开展了我国沿海经济快速发展地区（长江、珠江、黄河三角洲及香港地区）土壤环境污染状况、过程、效应、评估、植物修复、微生物修复及化学-生物联合修复等理论、方法、技术、标准及工程应用方面的研究与实践，取得了诸多创新性研究成果。他于2005年撰文提出了"土壤修复"是一门土壤科学和环境科学的分支学科的论述。自2000年以来，发起并连续组织召开了第一、二、三、四、五届土壤污染与修复国际会议，不仅促进和带动了自身的科学前沿研究与技术发展，而且引领和推动了我国乃至世界土壤环境和土壤修复科技的研究与发展。

　　即将出版的"土壤污染与修复理论和实践研究丛书"正是骆永明及其团队（包括博士后、研究生）近20年来研究工作的系统总结。该丛书共分四册，分别介绍了《土壤污染特征、过程与有效性》、《土壤污染毒性、基准与风险管理》、《重金属污染土壤的修复机制与技术发展》和《有机污染土壤的修复机制与技术发展》。这是目前我国乃至全球土壤污染与修复研究领域的大作，既有先进的理论与方法，又有实用的技术与规范，还有田间实践经验与基准标准建议，为土壤科学进步与区域可持续发展做出了重大贡献。该丛书的出版，正逢国家"土壤污染防治行动计划"（"土十条"）颁布和各省（市、区）制定"土壤污染防治行动计划"实施方案之际。相信，该丛书可为全国土壤污染防治行动计划的实施提供借鉴，将推进我国土壤污染与修复的创新研究和产业化发展。

赵其国

中国科学院院士、南京土壤研究所研究员

2016年12月于南京

前　言

　　土壤污染是一个全球性环境问题，可以发生在农用地，也可以出现在建设用地，还可以存在于矿区和油田。早在20世纪70年代，世界上工业先进、农业发达的国家就开始调查研究工业场地和农业土壤的污染问题，寻找其解决的技术途径。在同一时期，我国进行了污灌区农田土壤污染与防治研究，开启了土壤环境保护工作。进入20世纪80年代，我国在土壤有机氯农药和砷、铬等重金属污染及其控制研究上取得了明显进展；90年代初，基于第二次全国土壤调查数据确定了土壤环境背景值，揭示了其区域分异性，并于1995年首次颁布了土壤环境质量标准，为全国土壤污染防治与环境保护奠定了新基础。至90年代末，土壤重金属、农药、石油污染的微观机制和物化控制、微生物转化技术研究取得了新进展，重金属污染土壤的植物修复研究在我国起步。2000年10月在杭州召开了第一届"International Conference of Soil Remediation"，标志着我国土壤修复科学、技术、工程和管理研究与发展序幕的全方位拉开。迈入新世纪后，我国土壤污染与修复工作得到进一步重视。科技部、国家自然科学基金委员会、中国科学院等相继部署了土壤污染与控制修复科技研究项目；2001年，污染土壤修复技术与大气、水环境控制技术同步纳入国家"863"计划。2006年，环保部和国土资源部首次联合开展了全国土壤污染调查与防治专项工作，2014年，两部委联合发布的《全国土壤污染状况调查公报》明确指出，全国土壤环境状况总体不容乐观，部分地区土壤污染较重，耕地土壤环境质量堪忧，工矿业废弃地土壤环境问题突出。土壤污染防治与修复成为国家环境治理和生态文明建设的重大现实需求。土壤修复的基础研究、技术研发、监管支撑和产业发展已是新时期我国土壤环境保护的重要任务。

　　恰逢其时，我应聘了1997年度中国科学院"百人计划"，于1998年回国，在南京土壤研究所开辟了土壤污染与修复研究方向。近20年来，在国家、地方和国际合作项目资助下和各方支持下，率领研究团队，系统研究了在我国经济快速发展过程中不同区域和不同土地利用方式下土壤重金属和有机污染规律，建立了土壤污染诊断、风险评估、基准与标准制定方法，发展了土壤污染的风险管理和修复技术，提出了"土壤修复"学科。"土壤污染与修复理论和实践研究丛书"就是这些研究工作及其进展的系统总结，丛书共分四册，分别为《土壤污染特征、过程与有效性》、《土壤污染毒性、基准与风险管理》、《重金属污染土壤的修复机制与技术发展》和《有机污染土壤的修复机制与技术发展》。希望该丛书的出版有助于全国各地"土壤污染防治行动计划"的设计与实施，有益于我国土壤污染与修复的创新研究和产业化发展。

　　本著作为第四册，重点介绍了有机氯农药（滴滴涕）、持久性有机污染物（多氯联苯、多环芳烃）、石油（石油烃、油泥）、农膜（酞酸酯）及化学武器（二苯砷酸）等单一或复合污染土壤的修复机制与技术发展，包括低温等离子体氧化、光催化分解、络合蒸发浓缩、芬顿氧化、植物吸收、微生物降解、植物-微生物联合及物化-生物联合修复等研究进展。此外，还介绍了多孔炭、改性膨润土和纤维吸附材料等修复剂的研制及应用方面的新认识、新资源、新方法和新产品。提出了既能提高土壤肥力、又能净化土壤有机污染的豆科植物-根瘤菌共生联合生物修复新途径。这些研究成果对发展有机污染土壤的绿色可持续修复原理与技术、推动土壤修复学和修复土壤学建设具有重要的理论和实践指导价值。

全书共分七篇。第一篇介绍多氯联苯污染土壤的修复机制与技术发展，共分五章：第一章 多氯联苯污染土壤的植物修复，第二章 多氯联苯污染土壤的微生物修复，第三章 多氯联苯污染土壤的植物-微生物联合修复，第四章 多氯联苯污染土壤的农艺强化与原位生态调控修复，第五章 多氯联苯污染土壤的物理化学修复。第二篇介绍多环芳烃污染土壤的修复机制与技术发展，共分四章：第六章 多环芳烃污染土壤的植物修复，第七章 多环芳烃污染土壤的微生物修复，第八章 多环芳烃污染土壤的植物-微生物联合修复，第九章 多环芳烃污染土壤的物理化学修复。第三篇介绍石油污染土壤的修复机制与技术发展，共分三章：第十章 石油污染土壤的微生物修复，第十一章 石油污染土壤的植物-微生物联合修复，第十二章 石油污染土壤的异位生物修复。第四篇介绍二苯砷酸污染土壤的修复机制与技术发展，共分四章：第十三章 二苯砷酸污染土壤的二氧化钛光催化修复，第十四章 二氧化钛光催化降解二苯砷酸的机制，第十五章 二苯砷酸污染土壤的芬顿与类芬顿氧化修复；第十六章 二苯砷酸污染土壤的植物修复。第五篇介绍酞酸酯污染土壤的生物修复机制与技术发展，共分两章：第十七章 酞酸酯污染土壤的植物修复，第十八章 酞酸酯污染土壤的微生物修复。第六篇介绍滴滴涕污染土壤的低温等离子体氧化修复，共分两章：第十九章 反应釜式低温等离子体氧化修复，第二十章 转盘式低温等离子体氧化修复。第七篇介绍修复剂的研制与应用，共分三章：第二十一章 多孔炭材料的研制与应用，第二十二章 改性膨润土的研制与应用，第二十三章 颗粒状纤维吸附材料的研制与应用。

本书吸收了国家科技部"十五""973"计划项目（2002CB410800）、"十二五""863"计划重大项目（2012AA06A200）、国家自然科学基金委重点（40432005、41230858）及重大国际合作项目（40821140539）、中国科学院创新团队国际合作伙伴计划项目（CXTD-Z2005-4）、知识创新工程重要方向项目（KZCX2-YW-404）、江苏省创新学者攀登项目（BK2009016）等科研项目的部分研究成果，是在研究团队成员（包括博士后和研究生）的辛勤努力下共同完成的。本书的主要执笔人为：骆永明、滕应、涂晨、刘五星、吴龙华、宋静、章海波、李振高；参加相关研究和本书撰写工作的还有：丁克强、丁琳琳、马婷婷、马露瑶、王阿楠、王殿玺、毛健、尹春艳、平立凤、付登强、邢维芹、过园、朱濛、刘世亮、刘增俊、孙向辉、孙明明、孙剑英、李士杏、李华、李秀华、李秀芬、杨慧娟、吴宇澄、余冬梅、沈源源、张宇峰、陈永山、陈海红、徐莉、梁艳玲、虞磊、潘澄以及韦婧、刘颖等。全书由涂晨和骆永明统稿，骆永明定稿。需要指出的是考虑到丛书的系统性，本书中的部分内容引用我们早期出版的有关专著。还需要一提的是为保持早期研究工作的原始性，我们在研究内容及其参考文献上未作新的补充。

由于作者水平有限，书中疏漏之处在所难免，恳切希望各位同仁给予批评指正。

2016年12月于烟台

目　录

序言
前言

第一篇　多氯联苯污染土壤的修复机制与技术发展

第一章　多氯联苯污染土壤的植物修复 ································· 3
　　第一节　多氯联苯污染土壤的豆科植物单作修复 ····················· 3
　　第二节　多氯联苯污染土壤的豆科-禾本科植物协同修复 ············· 9
　　第三节　多氯联苯与重金属复合污染土壤的多植物协同修复 ········· 15
　　参考文献 ·· 21

第二章　多氯联苯污染土壤的微生物修复 ···························· 24
　　第一节　多氯联苯污染土壤的生物刺激修复效应与机理 ·············· 24
　　第二节　多氯联苯降解菌的分离鉴定及其降解修复作用 ·············· 30
　　第三节　中华苜蓿根瘤菌对多氯联苯的生物强化修复效应与机理 ······ 37
　　第四节　中华苜蓿根瘤菌制剂对多氯联苯污染土壤的微生物修复 ······ 41
　　第五节　紫云英根瘤菌对多氯联苯的生物强化修复效应与机理 ········ 43
　　第六节　土壤中联苯降解菌基因的克隆与多样性分析 ················ 48
　　参考文献 ·· 50

第三章　多氯联苯污染土壤的植物-微生物联合修复 ··················· 52
　　第一节　紫花苜蓿-根瘤菌共生体修复 ······························ 52
　　第二节　紫花苜蓿-根瘤菌-菌根真菌双接种修复 ····················· 69
　　第三节　紫云英-根瘤菌共生体修复 ································ 78
　　参考文献 ·· 80

第四章　多氯联苯污染土壤的农艺强化与原位生态调控修复 ············ 83
　　第一节　农艺强化调控修复 ······································· 83
　　第二节　原位生态调控修复 ······································· 89
　　参考文献 ·· 94

第五章　多氯联苯污染土壤的物理化学修复 ·························· 96
　　第一节　芬顿氧化修复 ·· 96

第二节　低温等离子体氧化修复 100
第三节　络合蒸发修复 105
参考文献 108

第二篇　多环芳烃污染土壤的修复机制与技术发展

第六章　多环芳烃污染土壤的植物修复 111
第一节　不同豆科与禾本科植物对多环芳烃污染土壤的修复潜力比较 111
第二节　禾本科植物黑麦草对多环芳烃的修复效应 113
第三节　豆科植物单作修复 125
第四节　植物吸取修复多环芳烃污染土壤的机理 132
参考文献 134

第七章　多环芳烃污染土壤的微生物修复 136
第一节　生物刺激修复 136
第二节　细菌强化修复 154
第三节　真菌强化修复 167
第四节　菌群强化修复 184
参考文献 192

第八章　多环芳烃污染土壤的植物-微生物联合修复 195
第一节　紫花苜蓿-根瘤菌共生体修复 195
第二节　紫花苜蓿-菌根真菌联合修复 198
第三节　紫花苜蓿-根瘤菌-菌根真菌双接种修复 203
第四节　植物-菌群联合修复 207
参考文献 209

第九章　多环芳烃污染场地的物化修复 210
第一节　甲基-β-环糊精强化微生物异位增效洗脱 210
第二节　低温等离子体氧化修复 217
参考文献 224

第三篇　石油污染土壤的修复机制与技术发展

第十章　石油污染土壤的微生物修复 229
第一节　产表面活性剂菌株的分离鉴定及其石油洗脱效果 229
第二节　石油降解菌群的富集及其对石油的分解作用 237
参考文献 242

第十一章 石油污染土壤的植物-微生物联合修复 ... 244
第一节 植物根际促生菌的筛选及其强化植物修复 ... 244
第二节 产表面活性剂菌株及其强化植物修复 ... 246
第三节 石油降解菌剂与植物联合修复 ... 250
参考文献 ... 253

第十二章 石油污染场地的异位生物修复 ... 254
第一节 含油污泥的预制床修复 ... 254
第二节 预制床修复后含油污泥的植物修复 ... 258
第三节 含油污泥的生物堆修复 ... 262
参考文献 ... 265

第四篇 二苯砷酸污染土壤的修复机制与技术发展

第十三章 二苯砷酸污染土壤的二氧化钛光催化修复 ... 269
第一节 二氧化钛对土壤中二苯砷酸的吸附-解吸与降解动力学的影响 ... 269
第二节 二氧化钛光催化降解二苯砷酸污染土壤的最优方法筛选 ... 272
第三节 土壤性质对二氧化钛光催化降解二苯砷酸的影响 ... 273
参考文献 ... 278

第十四章 二氧化钛光催化降解二苯砷酸的机制 ... 280
第一节 二氧化钛光催化降解二苯砷酸的非均相反应动力学 ... 280
第二节 离子强度及pH对二苯砷酸光催化降解动力学的影响 ... 282
第三节 溶解氧对二苯砷酸光催化降解动力学的影响 ... 283
第四节 活性氧基团在二苯砷酸光催化降解中的作用 ... 284
第五节 二氧化钛光催化降解二苯砷酸中间产物的鉴定及降解途径 ... 284
参考文献 ... 290

第十五章 二苯砷酸污染土壤的芬顿与类芬顿氧化修复 ... 292
第一节 芬顿与类芬顿氧化修复效率及其影响因素 ... 292
第二节 二苯砷酸的芬顿与类芬顿氧化降解产物 ... 295
参考文献 ... 298

第十六章 二苯砷酸污染土壤的植物修复 ... 299
第一节 修复后土壤中二苯砷酸含量变化 ... 299
第二节 土壤溶液中二苯砷酸含量变化 ... 300
第三节 土壤中无机砷含量变化 ... 301
参考文献 ... 303

第五篇　邻苯二甲酸酯污染土壤的生物修复机制与技术发展

第十七章　邻苯二甲酸酯污染土壤的植物修复······307
- 第一节　土壤中的邻苯二甲酸酯组成和含量······307
- 第二节　植物组织中邻苯二甲酸酯组成与含量变化······308
- 第三节　植物富集系数、转运系数和植物吸取修复效率······311
- 第四节　植物修复对土壤微生物群落多样性的影响······314
- 参考文献······316

第十八章　邻苯二甲酸酯污染土壤的微生物修复······317
- 第一节　邻苯二甲酸酯降解菌的筛选鉴定及其降解特性······317
- 第二节　邻苯二甲酸酯污染土壤的微生物修复效应······318
- 参考文献······320

第六篇　滴滴涕污染土壤的低温等离子体氧化修复

第十九章　反应釜式低温等离子体氧化修复技术······323
- 第一节　反应釜式低温等离子体设备的设计研发······323
- 第二节　反应釜式低温等离子体对滴滴涕污染土壤的修复技术参数优化······324
- 参考文献······329

第二十章　转盘式低温等离子体氧化修复······331
- 第一节　转盘式低温等离子体设备的设计研发······331
- 第二节　转盘式低温等离子体对滴滴涕污染土壤的修复效果······333
- 参考文献······335

第七篇　修复剂的研制与应用

第二十一章　多孔炭材料的研制与应用······339
- 第一节　多孔炭材料的制备方法及其表征······339
- 第二节　多孔炭材料对偶氮染料的吸附动力学······345
- 参考文献······355

第二十二章　改性膨润土的研制与应用······358
- 第一节　膨润土及改性膨润土的制备与表征······358
- 第二节　膨润土及改性膨润土在含重金属废水处理中的应用······361
- 第三节　膨润土及改性膨润土在含抗生素废水处理中的应用······371
- 参考文献······377

第二十三章　颗粒状纤维吸附材料的研制与应用……378
 第一节　天然纤维材料对抗生素废水的吸附作用……378
 第二节　改性纤维材料对抗生素废水的吸附作用……382
 第三节　固定化颗粒吸附剂对抗生素废水的吸附作用……387
 参考文献……396

第一篇 多氯联苯污染土壤的修复机制与技术发展

多氯联苯（polychlorinated biphenyls，PCBs）是环境中存在的一类典型含氯有机污染物，因其具有半挥发性、持久性、生物富集性和高毒性等特点而被联合国环境规划署列为首批需要削减和控制的12种持久性有机污染物之一。土壤是环境中PCBs的最主要储存场所，土壤中的PCBs可以通过食物链的生物富集和逐级放大，最终危害人体健康。研究PCBs污染土壤的修复机理与技术对于控制环境污染、保障粮食安全和保护人体健康都具有重要的科学和实践意义。本篇系统介绍了PCBs污染土壤的植物修复、微生物修复、植物-微生物联合修复、原位生态调控修复以及物化修复技术，旨在为保障PCBs污染区的农产品质量安全和人体健康、促进PCBs污染区土壤环境修复调控的深入研究提供理论参考。

第一章 多氯联苯污染土壤的植物修复

植物修复技术是指利用植物及其根际微生物去除、转化和固持土壤、底泥、地下水、地表水以及大气中污染物的一种新兴技术，是目前生物修复研究领域的热点。已有研究表明，对多氯联苯（polychlorinated biphenyls，PCBs）修复效果较好的植物有藨草、柳枝稷、大豆、小麦、大麦、龙葵、白车轴草等。近年来，许多研究发现豆科植物（如紫花苜蓿、羽扇豆、鹰嘴豆等）因生长速度快、耐受性强，是修复有机污染物的理想植物（Fan et al.，2008）。植物对PCBs污染土壤的修复机制一般包括以下三类：①直接吸收PCBs并将其转化为非植物毒性的代谢物积累于植物组织中；②释放促进PCBs降解的生物化学反应酶类进行降解；③植物与根际微生物联合降解PCBs（Aken et al.，2010）。此外，不同植物的混作还可以有效提高植株总生物量，进一步强化植物对PCBs的吸收富集能力（孙向辉等，2010）。本章重点介绍了PCBs污染农田土壤的单一种类植物修复技术、豆科-禾本科植物间作修复技术以及多植物协同修复技术，以期为进一步研发PCBs污染土壤的植物修复技术并为揭示根际微生物的协同修复机理提供科学依据。

第一节 多氯联苯污染土壤的豆科植物单作修复

本研究以长江三角洲某典型污染区PCBs污染农田土壤为对象，采用田间小区试验比较研究了豆科植物紫花苜蓿在不同播种方式下对PCBs污染土壤的植物修复效率，并采用土壤酶活性分析法和基于土壤核酸提取的PCR-DGGE技术对修复植物根际土壤微生物群落结构多样性进行了动态分析。

一、土壤中多氯联苯含量与同系物特征

播种方式直接影响植物的生物量、根系发育状况（如根系结构、根毛多少、根瘤的有无）以及同化能力，从而对PCBs的吸收同化能力和修复效果产生重要影响。常见的播种方式包括穴播、条播和撒播，其中条播的密度较大，使幼苗更易出土且可有力地抑制杂草滋生；而撒播则可以更充分利用土地的生产力。本研究共设置3个处理：①未种植物的对照（CK）；②条播方式播种紫花苜蓿（PT）；③撒播方式播种紫花苜蓿（PS）。小区播种量为2kg/亩，条播播种行距30cm。每个处理设置5次重复，随机区组排列。

如图1.1所示，两种不同播种方式下土壤中PCBs的总量在修复前后均有显著差异，且与未种植的对照组相比均有显著降低（$p<0.05$）。与对照组相比，采用撒播方式种植紫花苜蓿3年后，土壤中PCBs的去除率分别为9.2%、19.3%、50.2%。而采用条播方式种植3年后，土壤中PCBs的去除率则分别达到了16.2%、39.5%和66.1%。这可能是由于条播方式下紫花苜蓿群体具有较高的生物量，对PCBs表现出更高的代谢转化能力。另外，条播方式下紫花苜蓿的根系较发达，可分泌大量的糖类、醇类和酸类根系分泌物，进一步

刺激根际微生物如联苯降解菌的生长，强化了PCBs污染土壤的植物修复。

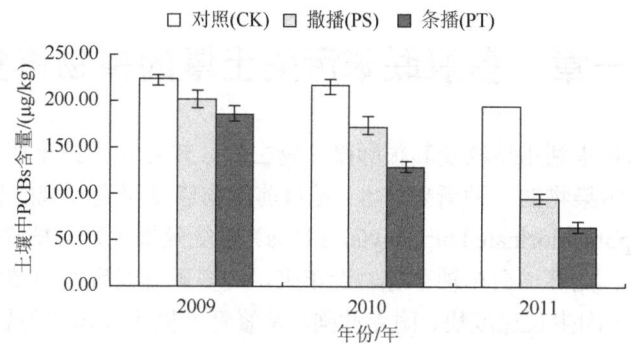

图1.1　不同播种方式下土壤中PCBs含量变化

修复后土壤中PCBs组分变化见图1.2。土壤中PCBs主要以低氯代（氯原子数≤5）组分为主。与对照相比，所有种植植物的处理中低氯组分的总量均有所下降，其中条播方式处理（PT）中二氯联苯组分含量降低最为显著（$p<0.05$）。有研究表明，PCBs生物降解程度与其氯原子的取代数量有关，随着氯原子的取代数目增加，生物可降解性逐渐降低（Wiegel et al., 2000）。这可能一方面由于植物根系更易于吸收和转运疏水性较弱的低氯代PCBs组分；另一方面，植物根际好氧微生物也优先分解低氯代PCBs组分，从而使土壤中低氯组分的含量降低，高氯组分因其难降解性而在土壤中逐渐累积，使其在PCBs总量中的比例不断增加。

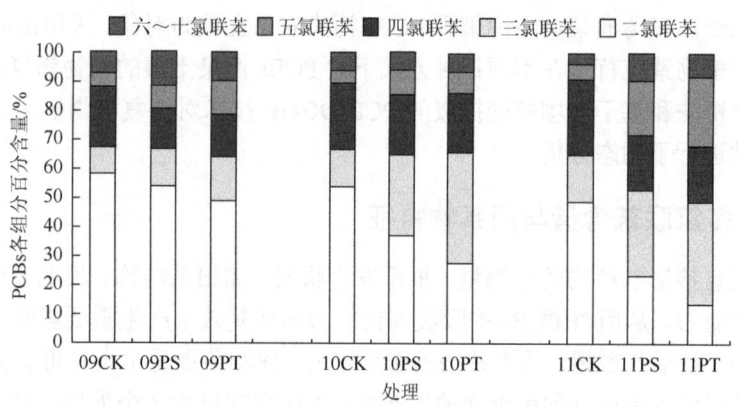

图1.2　不同播种方式下土壤中PCBs各组分的含量变化

在另一个紫花苜蓿播种方式为条播的两年田间修复试验中，不同处理下土壤中PCBs总量的浓度见表1.1。在种植紫花苜蓿修复1年后（2008年）和2年后（2009年），土壤中PCBs总量与未种植的对照相比均有显著降低（$p<0.05$）。此外，无论是对照组还是修复组，土壤中PCBs的浓度在第2年的水平均显著低于第1年。在种植紫花苜蓿的处理中，土壤PCBs总量的去除率在修复后的第1年和第2年分别达到了31.4%和78.4%，显著高于对照组的12.3%和31.4%。

表 1.1　不同处理下土壤中 PCBs 的含量变化

处理	对照(CK)		种植紫花苜蓿（P）	
	浓度/(μg/kg)	去除率/%	浓度/(μg/kg)	去除率/%
起始浓度（2007年）	191.0±9.7a	0	191.0±9.7a	0
第1年（2008年）	167.5±9.2b	12.3±0.4	131.0±5.5c	31.4±0.6
第2年（2009年）	131.1±5.4c	31.4±0.7	41.3±3.9d	78.4±0.9

注：同一列中不同字母表示差异显著（$p<0.05$）。

在两年的田间修复过程中，土壤中不同 PCBs 同系物的组成变化见图 1.3。由图可知，与对照相比，紫花苜蓿的种植可显著促进土壤中二氯联苯的降解，同时提高了土壤中四氯、五氯甚至更高氯代联苯的比例。由图 1.3 还可知，无论是种植植物的修复组还是未种植的对照组，土壤中二氯联苯的含量都随着修复时间的增加而不断降低，表明土著微生物在低氯联苯的好氧降解中发挥了重要作用。

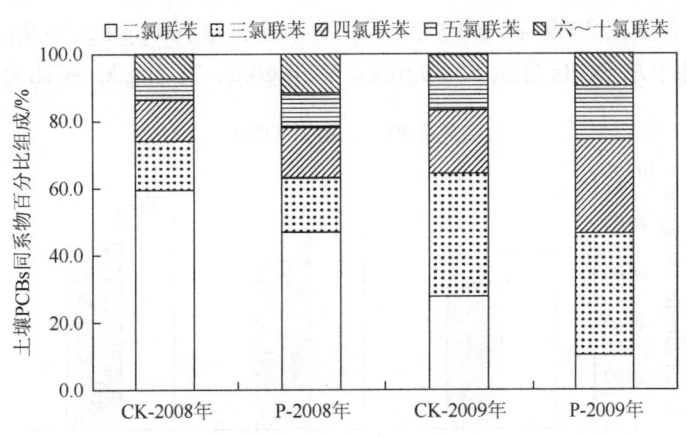

图 1.3　不同处理下土壤中 PCBs 同系物的含量变化

二、紫花苜蓿各组织的生物量

采用条播和撒播两种不同播种方式下，紫花苜蓿的生物量（鲜重）从第 1 年到第 3 年显著增加，但条播方式下紫花苜蓿的根、地上部以及总生物量均显著高于撒播方式（图 1.4）。这可能是由于条播植株两侧不与相邻植株发生营养竞争，群体内部具有较适宜的光照强度、空气温度、空气湿度、平均风速和浅层土壤温度，植物生长在可占用空间、获取的光能、根吸收的水分和营养能力等方面占优势，群体保持较高的光合速率，并最终形成了较高的生物产量（杨恒山等，2009）。另外，紫花苜蓿具有发达的根系，撒播方式与条播方式相比较，其根系更易絮结成坚韧的根系网，影响土壤通透性等理化性质，也导致了苜蓿生物量的下降。

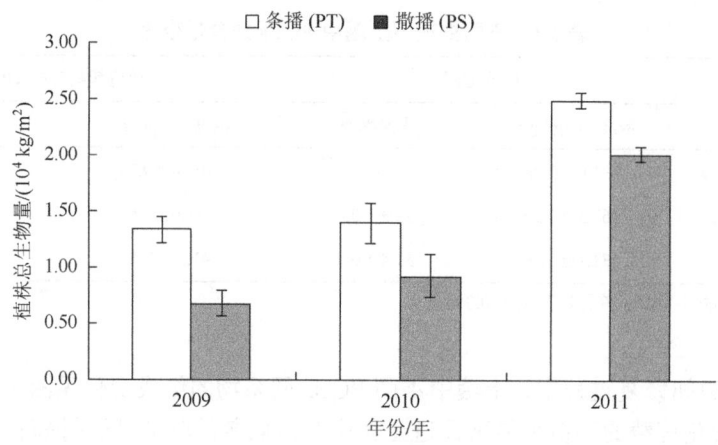

图1.4 不同播种方式下紫花苜蓿各组织生物量的变化

三、紫花苜蓿各组织中多氯联苯含量

植物修复期间，紫花苜蓿各组织中所富集的 PCBs 含量结果如图 1.5 所示。条播方式植株中总 PCBs 含量在 2009 年、2010 年和 2011 年分别为 70.0μg/kg、79.9μg/kg、90.6μg/kg，与撒播方式植株中总 PCBs 含量 55.8μg/kg、65.4μg/kg、71.7μg/kg 相比有显著差异（$p<$

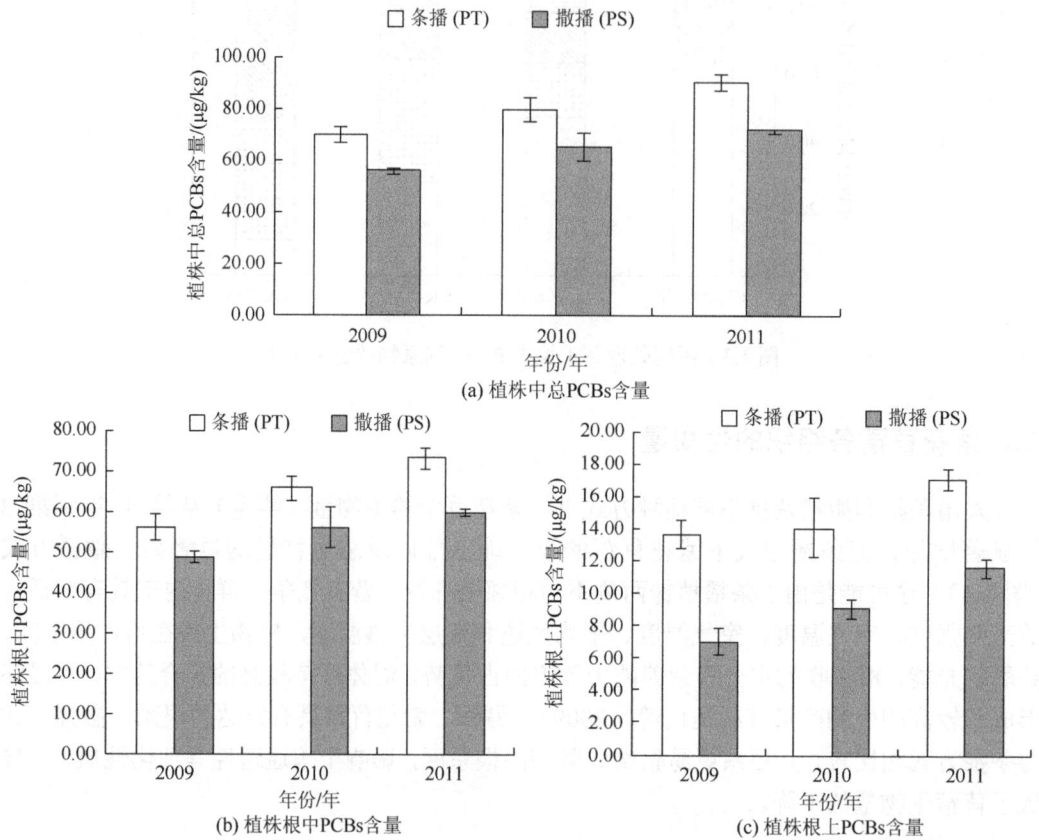

图1.5 不同播种方式下紫花苜蓿各组织对 PCBs 的吸收量

0.05)。不同处理下,植物茎叶和根中都存在着 PCBs 的累积,且所有植物根部 PCBs 的含量均高于茎叶部。这与 Aslund 等(2007)和徐莉等(2009)的报道一致。这可能与 PCBs 属于疏水性有机污染物($\lg K_{ow} > 3.5$),易被植物根表强烈吸附而难以被植物吸收转运有关(Schnoor et al.,1995)。

四、土壤脱氢酶与荧光素二乙酸酯酶活性

土壤脱氢酶和荧光素二乙酸酯酶是用于评价土壤微生物总体活性的常用酶学指标。土壤脱氢酶常用于表征土壤中物质和能量的转化过程。在 2 年的条播田间修复试验中,由图 1.6(a)可知,种植紫花苜蓿 1 年后,植物根际的土壤脱氢酶活性与对照相比显著增加($p < 0.05$),种植 2 年后,处理 P 的土壤中脱氢酶活性为对照中的 1.1 倍。荧光素二乙酸酯酶活性与脱氢酶呈现相同趋势 [图 1.6(b)],经过 2 年的植物修复,紫花苜蓿根际土壤中荧光素酶活性为 37.7μg 荧光素/(g 干土·20min),显著高于对照组的 20.8μg 荧光素/(g 干土·20min)($p < 0.05$)。

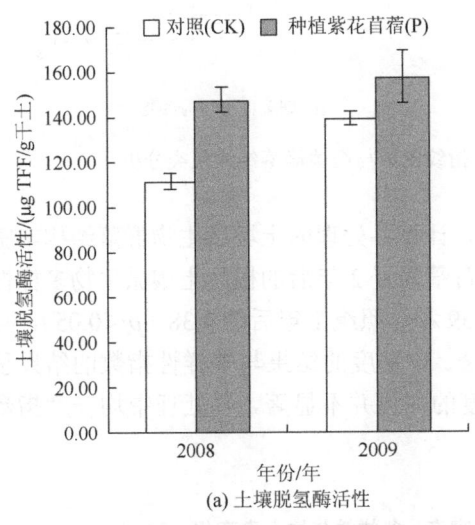 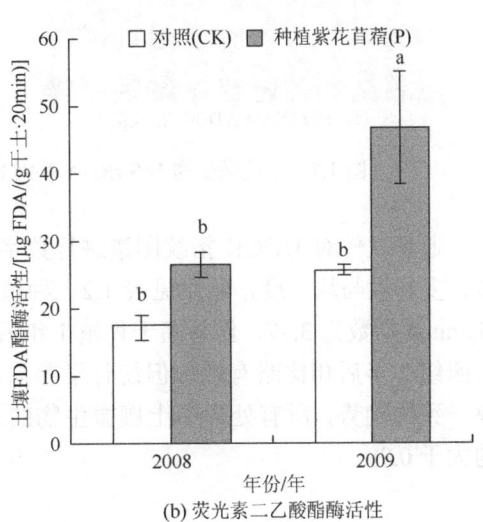

(a) 土壤脱氢酶活性　　　　　　　　　　(b) 荧光素二乙酸酯酶活性

图 1.6　不同处理下土壤脱氢酶(a)和荧光素二乙酸酯酶(b)活性动态变化

不同字母表示有显著性差异($p < 0.05$)

五、土壤微生物群落结构多样性

采用 PCR-DGGE 法研究了土壤中细菌的群落结构多样性动态变化,细菌 16S rRNA 基因片段的指纹图谱见图 1.7(a)。由图可知,在种植紫花苜蓿处理(P)的泳道中比未种植的对照组(CK)新增了许多条带。此外,在修复后第 2 年(2009 年)的泳道中,电泳条带数也显著高于修复后第 1 年(2008 年)。各处理之间的细菌群落结构聚类分析结果如图 1.7(b)所示,对照组和种植紫花苜蓿修复 2 年后的处理中土壤微生物多样性可聚为一类,其相似度为 0.82;种植紫花苜蓿修复 1 年后的土壤微生物多样性与之相比相似度略低,为 0.76;而未种植的对照组在 1 年后的土壤微生物群落结构因与前两个聚类相似度均较低而在聚类图中自成一簇。

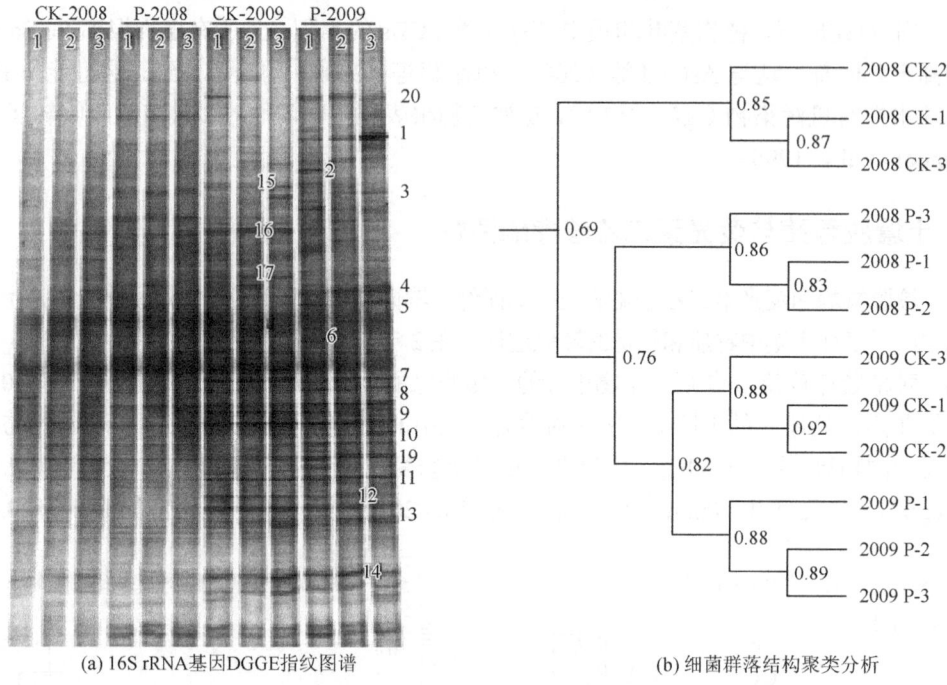

(a) 16S rRNA基因DGGE指纹图谱　　　　　　　　　　(b) 细菌群落结构聚类分析

图 1.7　土壤微生物 16S rRNA 基因 DGGE 指纹图谱与细菌群落结构聚类分析

通过软件对 DGGE 指纹图谱进行数字化后，计算各处理的土壤微生物群落结构丰富度、多样性与均一度，结果见表 1.2。种植紫花苜蓿修复 2 年后的根际土壤微生物多样性 Shannon 指数为 3.77，显著高于种植 1 年后的 3.59 和对照组 1 年后的 3.38（$p<0.05$），与对照组 2 年后相比略有增加但统计学差异不显著。丰富度的结果与多样性指数的结果呈现一致的趋势，所有处理中土壤微生物的均一度的变化并不显著，各处理中均一度指数均大于 0.99。

表 1.2　不同处理下土壤微生物的丰富度、多样性与均一度变化

处理	多样性（H）	丰富度（S）	均一度
CK-2008	3.38±0.02d	39±0.58d	>0.99
P-2008	3.59±0.01c	36±0.58c	>0.99
CK-2009	3.73±0.00ad	42±0.00ab	>0.99
P-2009	3.77±0.01a	43±0.58a	>0.99

注：同一列中不同字母表示差异显著（$p<0.05$）。

如图 1.7（a）所示，在种植紫花苜蓿修复 2 年后的处理中发现许多新增的条带，推测这些土著微生物可能与土壤中 PCBs 的降解有关。选择了其中 20 条明亮且边缘清晰的 DGGE 条带进行 16S rRNA 基因片段测序分析，并将测序结果提交 Genbank 进行序列同源性比对，发现其与 *Actinobacteria*、*Chloroflexi*、*Bacteroidetes* 以及 *Proteobacteria* 属的微生物具有较高的同源性，且其中多数属于目前尚不可培养的微生物。已有文献表明，*Actinobacteria*

属和 *Chloroflexi* 属中的多种微生物属于联苯降解菌，能够参与土壤 PCBs 的降解代谢（Bedard et al.，1995；Correa et al.，2010），这一结果提示紫花苜蓿的种植可显著改变植物根际土壤的微生物群落结构与多样性，促进联苯降解菌的生长与活性。

第二节 多氯联苯污染土壤的豆科-禾本科植物协同修复

本节以长江三角洲某典型污染区 PCBs 复合污染农田土壤为对象，采用田间小区试验研究豆科植物紫花苜蓿和禾本科植物黑麦草、高羊茅的单作以及不同间作组合对 PCBs 复合污染土壤的修复效率。试验共设 7 个处理，分别为对照（CK）、紫花苜蓿单作（A）、黑麦草单作（R）、高羊茅单作（T）、紫花苜蓿-黑麦草间作（AR）、紫花苜蓿-高羊茅间作（AT）以及紫花苜蓿-黑麦草-高羊茅间作（ART）。采用基于高通量 454 焦磷酸测序技术的土壤宏基因组学方法对不同修复植物根际土壤中复杂的微生物群落结构多样性进行了比较分析，以期为进一步研发 PCBs 污染土壤的豆科植物原位修复技术，并揭示其与禾本科植物的协同修复机理提供科学依据。

一、土壤中多氯联苯含量与同系物特征

由表 1.3 可见，除黑麦草单作处理以及空白对照以外，其他所有处理的土壤 PCBs 含量在修复前后都有显著性差异（$p<0.05$），说明植物修复可以有效去除土壤中的 PCBs。其中紫花苜蓿单作（A）对土壤 PCBs 的去除率高达 59.6%，而其他各种植物单作或间作处理下土壤中 PCBs 的去除率为 32.2%~53.0%，与其余各处理相比，紫花苜蓿单作对土壤中 PCBs 的去除效果最佳。这可能是由于紫花苜蓿属于豆科植物，易与土壤中的根瘤菌形成共生固氮体系，一方面直接促进了植物生长以及植物对土壤中 PCBs 的吸收积累，另一方面可能通过强化根际土壤的氮素营养，促进根际微生物对 PCBs 等碳源的利用，进而促进 PCBs 的降解。而对照处理（CK）中 PCBs 的去除率也达到 26.6%，这可能与土著微生物的作用有关。

表 1.3 不同处理下土壤中 PCBs 含量变化

处理	土壤 PCBs 含量/（μg/kg）		PCBs 去除率/%
	修复前	修复后	
CK	102.1±10.4a	74.9±14.8a	26.6b
A	96.2±33.9a	38.9±0.7b	59.6a
R	92.7±16.4a	62.9±23.5a	32.2ab
T	83.9±16.3a	39.5±11.9b	53.0ab
AR	109.0±10.6a	60.6±12.5b	44.4ab
AT	104.3±7.1a	53.9±14.2b	48.3ab
ART	95.5±10.7a	50.8±9.1b	46.8ab

注：第 2 列和第 3 列的同行中不同字母表示该处理下修复前后有显著差异（$p<0.05$）；第 4 列中不同字母表示各处理间有显著差异（$p<0.05$）；

各处理的缩写与全称对照如下：CK 为对照，A 为紫花苜蓿单作，R 为黑麦草单作，T 为高羊茅单作，AR 为紫花苜蓿-黑麦草间作，AT 为紫花苜蓿-高羊茅间作，ART 为紫花苜蓿-黑麦草-高羊茅间作。

修复后土壤中 PCBs 同系物的组成变化见图 1.8，土壤中的 PCBs 主要以低氯代（氯原子数≤5）组分为主。研究表明，PCBs 的生物可降解程度与其氯原子的取代数目有关，随着氯原子的取代数量增加，生物可降解性逐渐降低（Wiegel et al.，2000）。由图 1.8 可知，与对照相比，所有种植植物的处理中低氯组分的总量均有所下降，其中紫花苜蓿单作（A）与高羊茅单作（T）处理中的二氯联苯组分与对照相比降低最为显著（$p<0.05$）。可能的原因包括：一方面植物根系更易于吸收和转运疏水性较弱的低氯代 PCBs 组分；另一方面，植物根际的好氧细菌也优先对低氯代 PCBs 组分进行好氧降解，从而使土壤中低氯组分的总量降低，高氯组分因其难降解性而在土壤中逐渐累积，使其在 PCBs 总量中的比例不断增加。

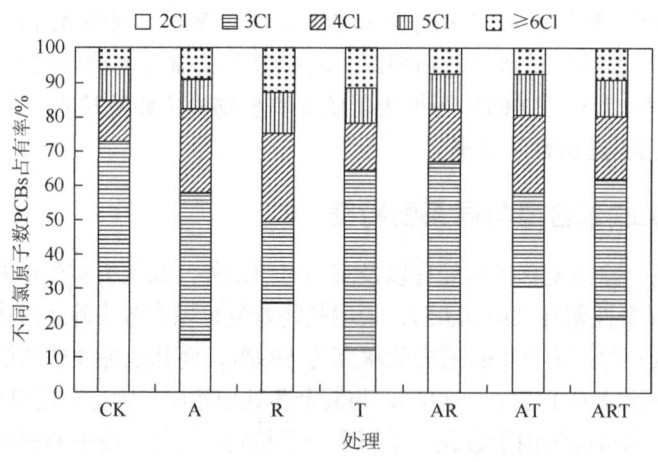

图 1.8　不同处理下土壤中 PCBs 同系物百分含量

各处理的缩写与全称对照如下：CK 为对照、A 为紫花苜蓿单作、R 为黑麦草单作、T 为高羊茅单作、AR 为紫花苜蓿-黑麦草间作、AT 为紫花苜蓿-高羊茅间作、ART 为紫花苜蓿-黑麦草-高羊茅间作

二、修复植物各组织的生物量

由表 1.4 可知，不同的修复植物（紫花苜蓿、黑麦草、高羊茅）之间的生物量存在着显著差异。在 3 种植物单作时，紫花苜蓿的总生物量干重显著高于黑麦草和高羊茅（$p<0.05$），植物地上部干重也显示出相同趋势。主要原因是植物品种的差异，由于不同植物的生物量及其生长所占用空间不同，而紫花苜蓿又可通过生物固氮向地上部运输氮素营养，促进其地上部的生长发育，提高整株植物的生物量。Zemenchik 等（2002）研究表明，豆科-禾本科植物混播与禾本科植物单作相比可提高禾本科植物的蛋白质含量和生物量，因为禾本科植物可以利用豆科植物固定的氮素，但在本研究中并未观察到这种现象。原因可能是豆科植物与禾本科植物间作的植物修复效果与播种方式以及混播比例密切相关。本文中豆科与禾本科植物的间作采用隔行条播，混播比例为 1∶1，因此对于间作组合中的混播比例以及播种方式对植物生物量的促进作用之间的关系有待作进一步研究。

表 1.4　不同处理下植物地下和地上部的生物量　　（单位：kg）

处理		根干重	地上部干重	总生物量干重
A		1.67±0.28b	4.25±0.72a	5.92a
R		1.93±0.06a	1.60±0.05cd	3.53bc
T		0.27±0.09de	0.93±0.31def	1.20d
AR	A	1.00±0.19b	2.55±0.48b	4.88ab
	R	0.72±0.08bc	0.60±0.07ef	
AT	A	0.55±0.08c	1.41±0.22cde	2.53cd
	T	0.13±0.11e	0.43±0.39f	
ART	A	0.98±0.16b	1.85±0.50bc	4.00bc
	R	0.49±0.05cd	0.41±0.04f	
	T	0.06±0.03e	0.20±0.09f	

注：表中数据均按小区统计，同一列中不同字母表示差异显著（$p<0.05$）；

各处理的缩写与全称对照如下：CK 为对照、A 为紫花苜蓿单作、R 为黑麦草单作、T 为高羊茅单作、AR 为紫花苜蓿-黑麦草间作、AT 为紫花苜蓿-高羊茅间作、ART 为紫花苜蓿-黑麦草-高羊茅间作。

三、修复植物各组织中多氯联苯含量

从表 1.5 可知，不同处理下各植物的茎叶和根中都存在着 PCBs 的积累。除了紫花苜蓿-黑麦草间作处理中的黑麦草，所有植物根部 PCBs 的含量均高于茎叶部，这可能与 PCBs 属于疏水性有机污染物（$\lg K_{ow}>3.5$），易被植物根表强烈吸附而难以被植物吸收转运有关（Schnoor et al.，1995）。3 种植物在单作时，其根部对 PCBs 的吸收累积的能力顺序为紫花苜蓿＞高羊茅＞黑麦草。研究表明，不同植物根系对同种有机污染物的吸收能力主要与植物根部的比表面积、根内脂肪含量以及植物的蒸腾作用强度有关（李兆君等，2005）。由于 PCBs 在植物体内不易向上运输，因此在各处理中植物地上部 PCBs 的含量差异并不明显。

表 1.5　不同处理下植物各组织中的 PCBs 含量　　（单位：μg/kg）

处理		根中 PCBs 含量	地上部 PCBs 干重
A		355.1±19.7a	70.7±5.6e
R		120.1±11.9a	79.1±10.1de
T		232.9±15.4e	86.7±10.1cd
AR	A	113.3±15.2ef	79.2±10.3de
	R	111.7±3.5ef	156.2±17.9a
AT	A	109.1±8.0ef	93.0±5.1bc
	T	288.7±24.4b	100.1±4.5bc
ART	A	172.3±5.0d	91.2±9.3bc
	R	88.5±10.3f	84.4±6.6cd
	T	281.1±11.8b	107.6±13.4b

注：表中数据均按小区统计，同一列中不同字母表示差异显著（$p<0.05$）；

各处理的缩写与全称对照如下：CK 为对照、A 为紫花苜蓿单作、R 为黑麦草单作、T 为高羊茅单作、AR 为紫花苜蓿-黑麦草间作、AT 为紫花苜蓿-高羊茅间作、ART 为紫花苜蓿-黑麦草-高羊茅间作。

四、植物修复效率比较

由图 1.9 可知，在所有处理中，紫花苜蓿单作（A）对土壤中 PCBs 的修复效率最高，分别为其他各处理的 2~4 倍。不同处理下植物修复效率的顺序依次为：紫花苜蓿单作（A）＞紫花苜蓿-黑麦草-高羊茅间作（ART）＞紫花苜蓿-黑麦草间作（AR）＞黑麦草单作（R）＞紫花苜蓿-高羊茅间作（AT）＞高羊茅单作（T）。紫花苜蓿分别与黑麦草和高羊茅间作后，对土壤 PCBs 的修复效率高于黑麦草和高羊茅单作处理，可能原因是：与黑麦草及高羊茅相比，紫花苜蓿具有更高的生物量，且其根部更易吸收富集 PCBs。在面积相等的小区内混播紫花苜蓿与禾本科植物必然会增加该小区植物对土壤 PCBs 的总吸取量。然而各间作处理对土壤中 PCBs 的总去除率变化却没有显著性差异，分析这一结果的原因，可能主要与以下两个因素有关：①不同植物根际的微生物群落对土壤中 PCBs 的降解与转化发挥着重要作用。在植物根际微域，根系分泌物和分解产物为微生物繁殖提供了营养，使根域附近存在大量的微生物，从而促进根际微域中有毒有害有机物的降解；②对于疏水性较强的 PCBs 等有机污染物，植物提取技术本身的修复效率在短期内并不显著，这与上一节的研究结果一致。

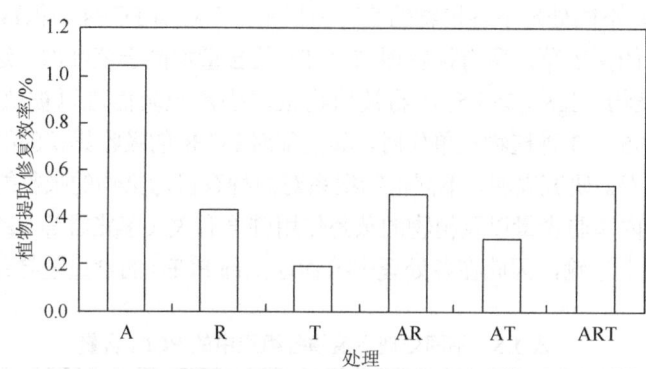

图 1.9　不同处理下植物对土壤中 PCBs 的提取修复效率

各处理的缩写与全称对照如下：A 为紫花苜蓿单作，R 为黑麦草单作，T 为高羊茅单作，AR 为紫花苜蓿-黑麦草间作，AT 为紫花苜蓿-高羊茅间作，ART 为紫花苜蓿-黑麦草-高羊茅间作

五、根际土壤中微生物多样性

采用 454 焦磷酸超高通量测序技术对不同植物修复处理下根际土壤的微生物群落结构组成进行分析。7 个测序样本共获得 38 809 条经过质量控制的高质量序列，每个样本的平均测序量为 5544 条。将所有序列通过多序列比对软件分析后转换为微生物操作分类单元（OUT），选取 97% 的水平计算各处理得到的 OUT 数，图 1.10 所示为各处理经 454 测序所得高质量序列数目与在 97% 水平上得到的 OUT 数目。

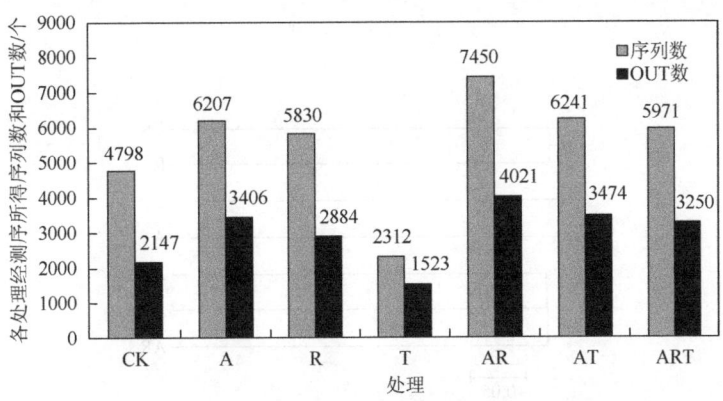

图 1.10　各处理 454 测序所得高质量序列数与 OUT 数

各处理的缩写与全称对照如下：CK 为对照、A 为紫花苜蓿单作、R 为黑麦草单作、T 为高羊茅单作、AR 为紫花苜蓿-黑麦草间作、AT 为紫花苜蓿-高羊茅间作、ART 为紫花苜蓿-黑麦草-高羊茅间作

图 1.11 是不同处理下土壤微生物在门（Phylum）的水平上的结果比较，从图中可以可以看出，酸杆菌门（Acidobacteria）、放线菌门（Actinobacteria）和变形菌门（Proteobacteria）是各处理土壤中普遍存在的优势种群，但随着修复植物物种以及播种方式的不同，各处理土壤中微生物的群落结构也发生相应的变化。对 OUT 序列进行聚类分析（图 1.12），结果表明，无论是紫花苜蓿单作或与其他植物间作，所有种植有紫花苜蓿（A）的样品基本聚集在一类，并且与黑麦草（R）单作、高羊茅（T）单作以及未种植的对照（CK）之间的距离较远。

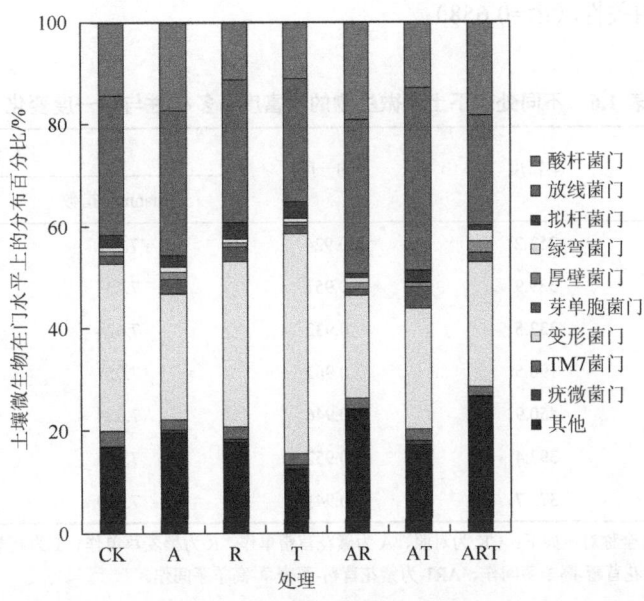

图 1.11　不同处理下土壤微生物类群在门的水平上的比较

各处理的缩写与全称对照如下：CK 为对照、A 为紫花苜蓿单作、R 为黑麦草单作、T 为高羊茅单作、AR 为紫花苜蓿-黑麦草间作、AT 为紫花苜蓿-高羊茅间作、ART 为紫花苜蓿-黑麦草-高羊茅间作

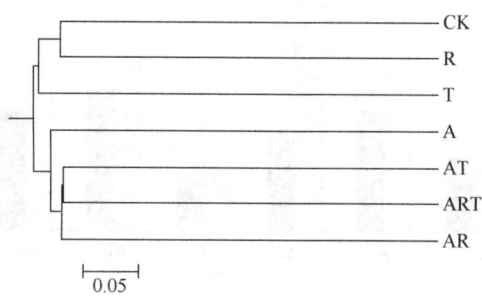

图 1.12 不同处理下土壤微生物群落的聚类分析

各处理的缩写与全称对照如下：CK 为对照、A 为紫花苜蓿单作、R 为黑麦草单作、T 为高羊茅单作、AR 为紫花苜蓿-黑麦草间作、A 为紫花苜蓿-高羊茅间作、ART 为紫花苜蓿-黑麦草-高羊茅间作

对各处理的操作分类单元 OUT 数据集进行微生物群落丰富度和均一度分析，并根据 97%水平下 OUT 的丰度信息，采用 Shannon 指数和 Simpson 指数对不同处理下土壤中微生物群落多样性进行评估，结果见表 1.6。由表可知，无论是单作还是与其他物种间作，所有种植紫花苜蓿的土壤中微生物群落的丰富度和多样性均高于其他植物单作的处理或未种植的对照。此外，与 Simpson 指数相比，Shannon 指数能够更好地区分各样本中土壤微生物的多样性。对各处理下土壤微生物的群落结构多样性 Shannon 指数与土壤 PCBs 降解率进行相关性分析（图 1.13），结果表明，土壤中的微生物群落结构多样性与 PCBs 的去除具有较好的相关性（R^2=0.658）。

表 1.6 不同处理下土壤微生物的丰富度、多样性与均一度变化

处理	丰富度	均一度	多样性	
			Shannon 指数	Simpson 指数
CK	253.2	0.924	7.091	0.998
A	389.9	0.951	7.731	0.999
R	332.5	0.932	7.424	0.998
T	196.5	0.962	7.057	0.999
AR	450.9	0.946	7.854	0.999
AT	397.4	0.952	7.761	0.999
ART	373.7	0.941	7.609	0.999

注：各处理的缩写与全称对照如下：CK 为对照、A 为紫花苜蓿单作、R 为黑麦草单作、T 为高羊茅单作、AR 为紫花苜蓿-黑麦草间作、AT 为紫花苜蓿-高羊茅间作、ART 为紫花苜蓿-黑麦草-高羊茅间作。

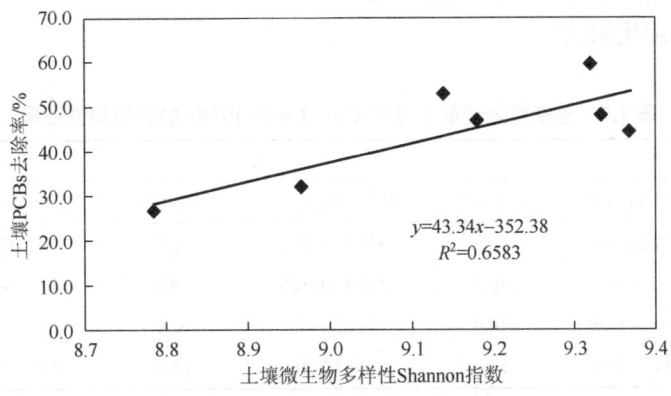

图 1.13 土壤微生物多样性与土壤 PCBs 去除的相关性分析

第三节　多氯联苯与重金属复合污染土壤的多植物协同修复

本节以长江三角洲某电子拆解区典型 PCBs 与重金属复合污染农田土壤为研究对象，选择紫花苜蓿、海州香薷和伴矿景天作为修复植物，研究混作栽培模式下植物对 PCBs 与重金属复合污染农田土壤的协同修复效应，以期为研发 PCBs 复合污染土壤的植物修复技术提供科学依据。田间微域试验设 6 个处理，分别为对照（CK）、对照施石灰（CK（Ca））、单种紫花苜蓿施石灰（A（Ca））、紫花苜蓿+海州香薷混播施石灰（AE（Ca））、紫花苜蓿+伴矿景天混播施石灰（AS（Ca））、紫花苜蓿+海州香薷+伴矿景天混播施石灰（AES（Ca））。

一、不同修复植物对复合污染土壤的单作修复

（一）土壤中多氯联苯、铜和镉的含量

从表 1.7 可以看出，3 种修复植物对土壤中 PCBs、Cu 和 Cd 的总量均有不同程度的去除，其修复效果均表现为伴矿景天（S）>海州香薷（E）>紫花苜蓿（A）。对 PCBs 而言，紫花苜蓿（A）、海州香薷（E）和伴矿景天（S）均显示出较好的修复效果，其对土壤中 PCBs 的去除率分别达 48.9%、68.5%和 76.8%，显著高于对照处理（CK）的 19.7%（$p<0.05$），并以种植伴矿景天（S）对土壤中 PCBs 的去除效果最好。而对于重金属 Cu 和 Cd，以伴矿景天（S）的去除效果最为显著（$p<0.05$）；而海州香薷（E）仅对土壤中 Cu 的去除效果明显；此外，种植紫花苜蓿（A）虽然对 Cu 和 Cd 均有一定程度的去除，但与对照相比，Cu 和 Cd 的降低并不显著。有研究表明，紫花苜蓿虽然对 PCBs 污染土壤具备一定的修复潜力（王新等，2009），但高浓度的重金属污染对其种子发芽及幼苗生长具有毒害作用（Peralta-Videa et al.，2004），从而在一定程度上限制了紫花苜蓿在 PCBs-重金属复合污染土壤修复中的应用。而海州香薷与伴矿景天均采自矿区，这两个物种可能已经发生了与污染环境相适应的抗性进化，因此对重金属污染土壤具有一定的耐受性，并通过对土壤中的 Cu 与 Cd 进行活化或吸收从而达到良好的去除及修复效应，本研究实验结果也与相关文献报道基本一致（Weng et al.，2005）；同时发现海州香薷与伴矿景天对于土壤中的 PCBs 也具有良好的降解效应，因此在 PCBs-重金属复合污染土壤修

复中具备一定的应用潜力。

表 1.7 各修复处理后土壤中 Cd、Cu 和 PCBs 的含量与去除率

处理	Cd		Cu		PCBs	
	含量/(mg/kg)	去除率/%	含量/(mg/kg)	去除率/%	含量/(μg/kg)	去除率/%
对照	5.78±0.16a	3.2	3130±847a	22.8	762±121a	19.7
紫花苜蓿	5.35±0.48ab	10.5	2476±1166ab	39.0	484±180ab	48.9
海州香薷	5.14±0.38ab	14.0	1544±644b	62.0	298±97b	68.5
伴矿景天	4.28±0.27b	28.4	1330±206b	67.2	220±48b	76.8

注：表中同一列不同字母表示处理之间差异达显著水平（$p<0.05$）。

由于植物对土壤中重金属的修复作用主要通过根际分泌物对其进行活化，进而提高其迁移活性以利于吸收富集，因此，在修复过程中由于迁移性的提高导致部分活化的重金属离子因盆栽水分管理等因素影响而产生淋溶流失。本实验过程中发现，盆钵底部存在有明显的 Cu 等金属离子析出现象。因此，修复植物的种植，不仅可以有效地活化并吸收富集土壤中重金属离子，同时也在一定程度上增强了其迁移活性，加速其淋溶流失，进而使其去除修复效果得到进一步提高。

（二）土壤与植物体中多氯联苯组分及富集状况

通过对修复前后土壤中 PCBs 同系物的组成变化进行分析（图 1.14），可知该污染土壤中 PCBs 组成主要以低氯代（氯原子数≤5）同系物为主，低氯代 PCBs 占土壤中 PCBs 总量的 90%左右。研究表明，PCBs 的生物可降解性与其氯原子的取代数目有关，且随着氯原子取代数的增加，其生物可降解性逐渐降低（Wiegel et al.，2000）。由图 1.14 可知，与对照相比，3 种修复植物处理下土壤中低氯联苯组分的总量均有显著降低（$p<0.05$）。而对于高氯联苯，除伴矿景天处理（S）外，其余各处理中含量变化均不显著。可能原因

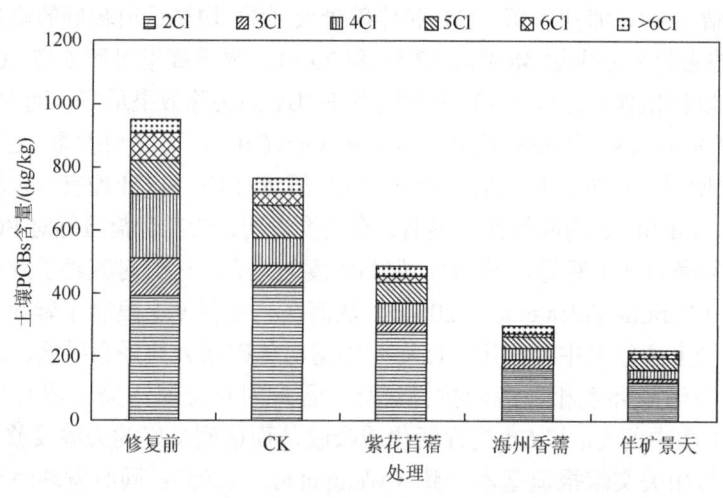

图 1.14 不同处理下土壤中 PCBs 组分及含量变化

是：一方面，植物根系更易于吸收和转运疏水性较弱的低氯代 PCBs 组分；另一方面，植物根际的好氧细菌也优先对低氯代 PCBs 组分进行好氧降解，从而使土壤中低氯组分的总量降低（Shen et al.，2009）。而高氯组分则因其生物可降解性较低而在土壤中逐渐累积，或可能通过植物提取等方式从土壤中转移去除。

对植物各组织中 PCBs 含量进行分析，结果表明，在 3 种修复植物的茎叶与根中，均存在有不同程度的 PCBs 积累，且不同类型的修复植物对 PCBs 的吸收积累量存在着显著差异（表 1.8）。其中地上部组织对 PCBs 积累差异最为显著，其富集能力顺序依次为伴矿景天＞海州香薷＞紫花苜蓿，这可能与不同类型植物间对 PCBs 的吸收转运方式及能力不同有关。

表 1.8　不同处理下植物地上部与根中 PCBs 含量　（单位：μg/kg）

处理	地上部 PCBs 含量	根中 PCBs 含量
紫花苜蓿	64.4±19.6c	76.8±18.5
海州香薷	128±38b	110±30
伴矿景天	324±99a	—

注：表中不同字母表示不同处理之间差异达显著水平（$p<0.05$）。

通过对植物各组织中 PCBs 同系物百分含量进行分析可知，不同植物所积累的 PCBs 同系物的组成也有所不同（图 1.15）。无论在地上部还是根部组织中，PCBs 组成均以高氯代同系物居多，这可能与植物对 PCBs 吸收及代谢特性有关。Wilken 等（1995）研究指出，随着苯环氯化程度的提高，PCBs 的毒性增大，植物的代谢效率则相应降低。因此，对于低氯代 PCBs 组分，植物可通过自身的解毒机制与降解酶，进行代谢降解；而高氯代 PCBs 组分生物可降解性较低，不利于被根际土壤微生物以及植物体内的解毒代谢机制所降解，从而在植物体内逐渐富集积累。

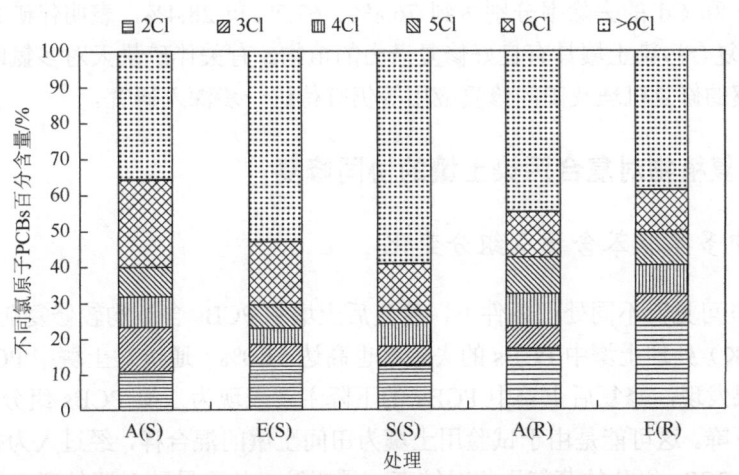

图 1.15　不同处理下植物地上部与根中 PCBs 同系物百分含量

图中 A(S)表示紫花苜蓿地上部，E(S)表示海州香薷地上部，S(S)表示伴矿景天地上部，A(R)表示紫花苜蓿根部，E(R)表示海州香薷根部

(三)修复植物对多氯联苯的吸取效率

植物对 PCBs 的直接吸收代谢是植物修复 PCBs 污染土壤的一个重要机制(White et al., 2006),其修复效率与植物体中富集的 PCBs 浓度以及植物体生物量密切相关。由表 1.9 可知,不同种类的修复植物之间的生物量存在显著差异,其中地上部的生物量之间存在极显著差异。由于复合污染土壤中存在高浓度 Cu 和 Cd,对紫花苜蓿种子发芽及生长存在一定胁迫作用(Peralta-Videa et al., 2004),而海州香薷作为一种对 Cu 具有高耐性和较强富集能力的修复植物,在 Cu 和 Cd 污染土壤中可以大量快速生长(彭红云等, 2005)。因此,紫花苜蓿的地上部生物量明显低于海州香薷。而伴矿景天属于浅根系景天科植物,仅能采集地上部,且植株个体较为矮小,因此其总生物量最低。因此,在本实验中,尽管植物体内富集的 PCBs 含量可达 64.4~324μg/kg,但由于总体生物量均不高,使得不同种类植物对 PCBs 的吸取修复效率均比较低,仅为 0.09%~0.24%。有研究表明,在室内盆栽条件下,植物吸取修复技术对土壤中 PCBs 的去除贡献率普遍较低(Zeeb et al., 2006),这说明对土壤中 PCBs 的去除主要还是依靠植物与根际微生物的联合降解作用。

表 1.9　不同处理中植物生物量　　　　　　　(单位: g/盆 干重)

处理	地上部	根
紫花苜蓿	3.78±1.19b	2.57±0.70
海州香薷	10.62±0.53a	2.26±0.57
伴矿景天	1.78±0.18a	—

注: 表中不同字母表示不同处理之间差异达显著水平 ($p<0.05$)。

综上所述,紫花苜蓿、海州香薷和伴矿景天这 3 种修复植物对于复合污染土壤中的 PCBs、Cu 和 Cd 均具有不同程度的修复效应,以伴矿景天处理的修复效果最好,对土壤中 PCBs、Cu 和 Cd 的去除率分别达到 76.8%、67.2%和 28.4%,表明伴矿景天是一种对 PCBs-重金属复合污染土壤具有良好修复潜力的植物。有关伴矿景天对多氯联苯与重金属复合污染土壤的修复机理及田间修复应用等仍有待进一步深入研究。

二、不同修复植物对复合污染土壤的协同修复

(一)土壤中多氯联苯含量及组分变化

由表 1.10 可见,不同处理条件下,修复后土壤中 PCBs 含量均较修复前有显著下降,其中对照(CK)处理土壤中 PCBs 的去除率也高达 51.0%。通过对土壤中 PCBs 同系物进行分析,结果发现,修复后土壤中 PCBs 的下降主要表现为三氯 PCBs 组分和四氯 PCBs 组分的显著下降。这可能是由于试验用土壤为田间土壤的混合样,经过人为扰动,而三氯 PCBs 和四氯 PCBs 组分的蒸气压相对较高,易挥发,从而导致对照处理中 PCBs 含量也有显著下降,这说明对于以低氯代 PCBs 组分为主的污染土壤,土壤翻耕可能有助于土壤中 PCBs 含量的降低。

与对照（CK）相比，添加石灰（CK（Ca））可以显著降低土壤中 PCBs 含量，下降程度达 24.9%，这可能是由于添加石灰可以增加土壤中微生物数量（Smolander et al., 1994），从而增加土著微生物对 PCBs 的降解作用。与对照添加石灰（CK（Ca））相比，种植紫花苜蓿+石灰（A（Ca））、紫花苜蓿+海州香薷+石灰（AE（Ca））、紫花苜蓿+伴矿景天+石灰（AS（Ca））、紫花苜蓿+海州香薷+伴矿景天+石灰（AES（Ca））均可以有效降低土壤中 PCBs 含量，下降程度分别为 7.4%、19.9%、43.0%、47.8%，其中 AS（Ca）和 AES（Ca）处理与 CK（Ca）处理之间达到显著差异（$p<0.05$）。

可见，紫花苜蓿单作可有效降低土壤中 PCBs 含量，这与 Mehmannavaz 等（2002）研究结果相似。有研究表明，多植物联合种植对疏水性有机物的修复效果明显超过单一植物（潘声旺等，2009；Maila et al., 2005）。本研究也发现，紫花苜蓿与其他植物混作可有效强化紫花苜蓿单作对 PCBs 污染土壤的修复效果，其中紫花苜蓿与伴矿景天混作栽培模式（AS（Ca）、AES（Ca））强化效果最为显著，这可能是由于试验供试土壤为 PCBs-重金属复合污染土壤，伴矿景天作为一种锌、镉超积累植物，可以有效降低土壤中锌、镉含量（吴龙华等，2007），从而改善植物生长环境，促进植物及土壤中微生物的生长，提高其对土壤中 PCBs 的降解能力。

表 1.10 同时反映了土壤中 PCBs 组分含量的变化。从表 1.10 可知，土壤中 PCBs 大部分以低氯组分（<6 个氯原子的 PCBs 组分）为主，可占土壤中 PCBs 总量的 78.7% 以上。PCBs 生物降解程度与氯原子数目有关，随氯原子数目增多，PCBs 的降解率下降（Sayler et al., 1977；Ahmed et al., 1973）。与对照（CK）相比，添加石灰处理（CK（Ca））土壤中各氯代联苯数量均有不同程度的下降，其中以二氯组分下降最为明显，下降程度达 51.4%。与对照添加石灰（CK（Ca））相比，紫花苜蓿单作（A（Ca））土壤中三氯、四氯组分有一定程度下降，但处理间无显著差异，紫花苜蓿与海州香薷或伴矿景天混作（AE（Ca）、AS（Ca）、AES（Ca））可显著降低土壤中四氯、五氯及高氯组分（≥6 个氯原子的 PCBs 组分）含量，且紫花苜蓿与海州香薷混作（AE（Ca））可极显著增加土壤中三氯组分含量（$p<0.01$）。由此可见，对于 PCBs 复合污染土壤，紫花苜蓿与海州香薷、伴矿景天混作可促进土壤中四氯及四氯以上 PCBs 组分向二氯、三氯 PCBs 组分的转变，从而加强植物对土壤中 PCBs 的修复效应。

表 1.10 不同栽培模式下土壤中 PCBs 含量及组分变化 （单位：μg/kg）

	修复前	CK	CK(Ca)	A(Ca)	AE(Ca)	AS(Ca)	AES(Ca)
PCBs 总量	323.3±20.3	158.6±16.0	119.1±13.7	110.3±14.8	95.4±16.6	67.9±11.4	62.2±7.6
二氯 PCBs	—	28.5±6.7	13.9±7.4	14.0±1.8	17.7±0.7	6.7±0.3	7.6±3.0
三氯 PCBs	139.2±6.0	41.3±3.6	31.6±8.1	23.7±3.3	50.7±6.2	30.6±7.5	23.0±3.6
四氯 PCBs	130.8±28.4	34.9±4.8	32.4±5.6	27.1±7.3	8.3±4.4	7.9±1.2	7.2±0.7
五氯 PCBs	33.5±1.8	29.4±3.2	22.0±2.3	24.2±3.0	11.5±3.2	11.0±1.8	11.1±1.8
六~十氯 PCBs	19.7±1.1	24.5±3.5	19.3±1.4	21.4±0.3	7.2±3.8	11.7±2.3	13.2±3.4

(二) 修复植物各组织的生物量

由表 1.11 可知，与紫花苜蓿单作（A（Ca））相比，紫花苜蓿与伴矿景天混作（AS（Ca））植物地上部总生物量并无发现明显变化，但根部生物量略有降低，这可能与伴矿景天为浅根系植物，而本研究中伴矿景天可收获部分均按地上部计有关；紫花苜蓿与海州香薷混作（AE（Ca））、紫花苜蓿与海州香薷和伴矿景天混作（AES（Ca））对植物地上部总生物量的增加有明显促进作用，这可能与海州香薷生长速度快、生物量大、同时为良好的 Cu 耐性植物有关（彭红云等，2005）。总体来看，与紫花苜蓿单作相比，紫花苜蓿与海州香薷、伴矿景天混作均显著提高了微域中植株总生物量。

表 1.11 不同栽培模式下植物地上部与根部生物量变化

处理		生物量/（g/盆 干重）	
		地上部	根
A（Ca）	A	38.02±4.33	29.47±5.28
AE（Ca）	A	17.82±0.42	13.89±1.27
	E	69.88±3.49	19.51±5.99
AS（Ca）	A	25.16±4.08	21.16±5.12
	S	12.47±1.16	—
AES（Ca）	A	18.25±1.45	10.10±3.71
	E	45.72±5.95	19.34±4.83
	S	11.24±1.23	—

注：A 为紫花苜蓿；E 为海州香薷；S 为伴矿景天。

（三）修复植物各组织中多氯联苯含量

由图 1.16 可知，不同处理条件下，植物地上部 PCBs 含量范围为 121.9~149.9μg/kg，处理之间无显著差异，植物根部 PCBs 含量范围为 70.5~168.4μg/kg，处理间差异显著。总体来说，植物地上部 PCBs 含量略高于根部，这与 Aslund 等（2008）、徐莉等（2009）的报道结果相反。有研究表明，植物叶片对 PCBs 的富集与大气颗粒物 PM_{10} 中 PCBs 浓度呈正相关关系（黎伟等，2007），大气颗粒物沉降也是造成植物叶片中 PCBs 浓度积累的原因之一（Müler et al.，2001）。通过对生育期内试验区周边大气颗粒物 PM_{10} 的采集和分析，我们发现生育期内该区大气 PM10 中 PCBs 含量高达 170.8ng/m³，由此推测，植物地上部 PCBs 的大量富集可能与大气颗粒物的沉降有关。

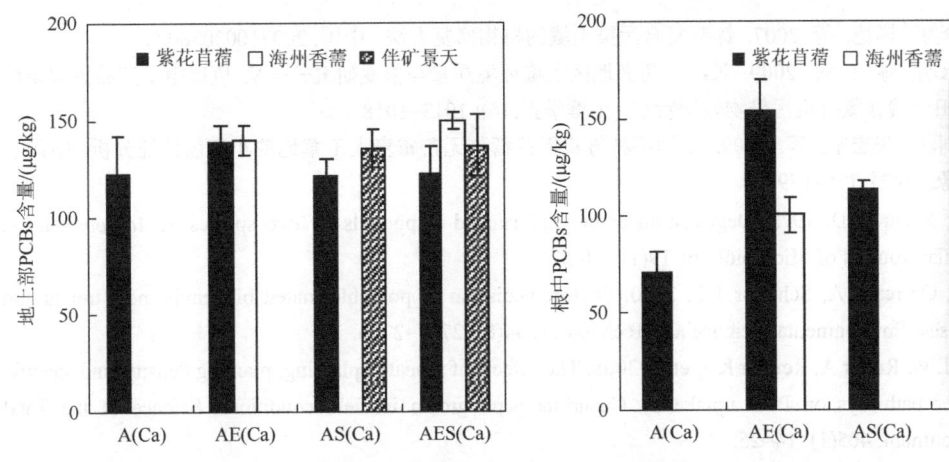

图 1.16 不同栽培模式下植株地上部与根部 PCBs 含量变化

从图 1.16 还可看出，紫花苜蓿单作（A（Ca））处理中紫花苜蓿根部 PCBs 含量最低，仅为 70.5μg/kg。与紫花苜蓿单作（A（Ca））相比，紫花苜蓿与海州香薷或伴矿景天混作（AE（Ca）、AS（Ca）、AES（Ca）），紫花苜蓿根部 PCBs 含量均极显著增加，其中 AE（Ca）和 AES（Ca）处理紫花苜蓿根部 PCBs 含量分别增加 119.0%和 139.0%，极显著高于 AS（Ca）处理。不同处理条件下，海州香薷根部 PCBs 含量以三种植物混作（AES（Ca））处理最高，极显著高于 AE（Ca）处理，且各处理中海州香薷根部 PCBs 含量均低于紫花苜蓿，其中 AE（Ca）处理达极显著水平。可见，紫花苜蓿较海州香薷和伴矿景天而言，对于疏水性有机物 PCBs 具有更强的吸收积累能力，这可能与植物本身的特性有关。有研究报道，紫花苜蓿为须根系豆科牧草植物，根系发达，根表面积大，从而更易大量吸附土壤中 PCBs（滕应等，2008）。同时，与紫花苜蓿单作相比，紫花苜蓿与海州香薷、伴矿景天混作可以有效提高植物根部对土壤中 PCBs 的吸收富集能力，这一结果说明混作栽培模式下植物体对 PCBs 吸收积累能力的增强是其强化 PCBs 污染土壤修复的一个因素。Aslund 等（2008）的研究结果也表明，植物的直接吸收能够显著降低土壤中 PCBs 的浓度，是植物修复 PCBs 的作用机制之一。

参 考 文 献

黎伟, 程金平, 马静, 等. 2007. 上海市某工业区可吸入颗粒物(PM$_{10}$)中多氯联苯的表征与分布特征. 环境化学, 26(3): 403~404.
李兆君, 马国瑞. 2005. 有机污染物污染土壤环境的植物修复机理. 土壤通报, 36(3): 436~439.
潘声旺, 魏世强, 袁馨, 等. 2009. 油菜-紫花苜蓿混种对土壤中菲、芘的修复作用. 中国农业科学, 42(2): 561~568.
彭红云, 杨肖娥. 2005. 香薷植物修复铜污染土壤的研究进展. 水土保持学报, 19(5): 195~199.
孙向辉. 2010. 污染农田土壤中多氯联苯的紫花苜蓿-根瘤菌联合修复及其机理. 北京: 中国科学院研究生院.
滕应, 骆永明, 高军, 等. 2008. 多氯联苯污染土壤菌根真菌-紫花苜蓿-根瘤菌联合修复效应. 环境科学, 29(10): 2926~2930.
王新, 贾永锋. 2009. 紫花苜蓿对土壤重金属富集及污染修复的潜力. 土壤通报, 40(4): 932~935.

吴龙华, 李娜, 毕德, 等. 2007. 锌镉复合污染土壤的植物修复方法: 中国, 200710020380.5.

徐莉, 骆永明, 滕应, 等. 2009. 长江三角洲地区土壤环境质量与修复研究——V. 废旧电子产品拆解场周边农田土壤含氯有机污染物残留特征. 土壤学报, (6): 1013~1018.

杨恒山, 刘江, 张宏宇, 等. 2009. 不同播种方式下苜蓿与无芒雀麦人工草地的小气候特征分析. 中国农业气象, 30(2): 175~179.

Ahmed M, Focht D D. 1973. Degradation of polychlorinated bi phenyls by two species of *Achromobacter*. Canadian Journal of Microbiology, 19(1): 47~52.

Aken B V, Correa P A, Schnoor J L. 2010. Phytoremediation of polychlorinated biphenyls: new trends and promises. Environmental Science and Technology, 44(8): 2767~2776.

Aslund M L W, Rutter A, Reimer K J, et al. 2008. The effects of repeated planting, planting density, and specific transfer pathways on PCB uptake by Cucurbita pepo grown in field conditions. Science of the Total Environment, 405(1): 14~25.

Aslund M L W, Zeeb B A, Rutter A, et al. 2007. In situ phytoextraction of polychlorinated biphenyl (PCB)contaminated soil. Science of the Total Environment, (1): 1~12.

Bedard D L, Quensen J F. 1995. Microbial reductive dechlorination of polychlorinated biphenyls//Young L Y, Cerniglia C E. Microbial transformation and degradation of toxic organic chemicals. New York: Wiley-Liss: 127~216.

Correa P A, Lin L, Just C L, et al. 2010. The effects of individual PCB congeners on the soil bacterial community structure and the abundance of biphenyl dioxygenase genes. Environment International, 36(8): 901~906.

Fan S, Li P, Gong Z, et al. 2008. Promotion of pyrene degradation in rhizosphere of alfalfa(*Medicago sativa* L.). Chemosphere, 71(8): 1593~1598.

Maila M P, Randima P, Cloete T E. 2005. Multispecies and monoculture rhizoremediation of polycyclic aromatic hydrocarbons(PAHs)from the soil. International Journal of Phytoremediation, 7(2): 87~98.

Mehmannavaz R, Prasher S O, Ahmad D. 2002. Rhizospheric effects of alfalfa on biotransformation of polychlorinated biphenyls in a contaminated soil augmented with *Sinorhizobium meliloti*. Process Biochemistry, 37(9): 955~963.

Müler J F, Hawker D W, Mclachlan M S, et al. 2001. PAHs, PCDD/Fs, PCBs and HCB in leaves from Brisbane, Australia. Chemosphere, 43(5): 507~515.

Peralta-Videa J R, de la Rosa G, Gonzalez J H, et al. 2004. Effect of the growth stage on the heavy metal tolerance of alfalfa plants. Advances in Environmental Research, 8(3-4): 679~685.

Sayler G S, Shon M, Colwell R R, et al. 1977. Growth of an Estuarine Pseudomonas sp. on polychlorinated phenyl. Microbial Ecology, 3(3): 241~255.

Schnoor J L, Licht L A, McCutcheon S C, et al. 1995. Phytoremediation of organic and nutri-minants. Environmental Science and Technology, (7): 318~323.

Shen C F, Tang X J, Cheema S A, et al. 2009. Enhanced phytoremediation potential of polychlorinated biphenyl contaminated soil from e-waste recycling area in the presence of randomly methylated-β-cyclodextrins. Journal of Hazard Materials, 172(2-3): 1671~1676.

Smolander A, Kurka A, Kitunen V, et al. 1994. Microbial biomass C and N, and respiratory activity in soil of repeatedly limed and N and P fertilized Norway Spruce stands. Soil Biology and Biochemistry, 26(8): 957~962.

Weng G Y, Wu L H, Wang Z Q, et al. 2005. Copper uptake by four Elsholtzia ecotypes supplied with varying levels of copper in solution culture. Environment International, 31(6): 880~884.

White J C, Parrish Z D, Isleyen M, et al. 2006. Influence of citric acid amendments on the availability of weathered PCBs to plant and earthworm species. International Journal of Phytoremediation, 8(1): 63~79.

Wiegel J, Wu Q. 2000. Microbial reductive dehalogenation of polychlorinated biphenyls. FEMS Microbiology Ecology, 32(1): 1~15.

Wilken A, Bock C, Bokern M, et al. 1995. Metabolism of different PCBs congeners in plant cell cultures. Environmental Toxicology and Chemistry, 14(12): 2017~2022.

Zeeb B A, Amphlett J, Rutter A, et al. 2006. Potential for phytoremediation of polychlorinated biphenyl-(PCB)-contaminated soil. International Journal of Phytoremediation, 8(3): 199~221.

Zemenchik R A, Albrecht K A, Shaver R D. 2002. Improved nutritive value of kura clover and birdsfoot trefoil-grass mixtures compared with grass monocultures. Agronomy Journal, 94(5): 1131~1138.

第二章 多氯联苯污染土壤的微生物修复

微生物是土壤生态系统的重要组成部分,是土壤中有机污染物的主要分解者。微生物对 PCBs 等有机污染物的降解机理主要分为两类,一是以有机污染物为唯一碳源和能源,对污染物进行直接矿化;二是在其他有机物的协同作用下对污染物进行共代谢降解(Jencova et al.,2004)。PCBs 污染土壤的微生物修复技术主要包括生物刺激法(biostimulation)和生物强化法(bioaugmentation)。其中,生物刺激法是定期调节和控制污染土壤的营养、水分和通透性等环境条件,刺激土壤中 PCBs 降解菌的繁殖,增强对 PCBs 的降解活性,最终达到土壤修复的目的。生物强化法是指在土壤中加入强化菌种以促进污染土壤生物修复。常用的生物强化菌种主要是已被证明的 PCBs 专性降解菌。生物刺激和生物强化法由于具有修复成本低、效率高、易于实现原位修复和不易造成二次污染等优点而受到广泛关注(LaRoe et al.,2014;滕应等,2007)。本章介绍了 PCBs 污染土壤的生物刺激修复技术和生物强化修复技术,重点介绍了固氮微生物资源根瘤菌及其菌剂对 PCBs 污染土壤的微生物修复机理与应用,研究成果可为 PCBs 污染土壤的微生物修复提供新思路与新方法。

第一节 多氯联苯污染土壤的生物刺激修复效应与机理

已有研究表明,PCBs 污染土壤中存在着大量的好氧联苯降解菌,如鞘氨醇单胞菌属 *Sphingomonas*、伯克霍尔德菌属 *Burkholderia*、假单胞菌属 *Pseudomonas*,以及厌氧脱氯菌,如脱卤拟球菌属 *Dehalococcoides* 和绿弯菌属 *Chloroflexi* 等。如何挖掘并提高污染土壤中大量土著微生物的降解修复潜力,已经成为 POPs 污染土壤修复的重要途径和研究思路。土壤环境条件是影响 POPs 污染土壤微生物修复的重要因素,控制和构建一个合适的土壤物理、化学环境,以保持降解菌较多的数量和较强的生物活性以及污染物较高的生物可利用性,亦成为该类污染土壤微生物修复技术发展的主攻方向。本节拟通过室内模拟试验,以不同碳源、碳氮比、水分及通透性为调控因子,对 PCBs 长期污染土壤的土著微生物刺激修复技术进行初步研究,试验处理与编号见表 2.1。

表 2.1 试验处理及编号

代号	碳源	碳或氮水平/(g/kg)	C:N 比值	水分	扰动
TCK	无	0	未调	60%WHC	无
T1	淀粉	0.2	未调	60%WHC	无
T2	淀粉	1.0	未调	60%WHC	无
T3	淀粉	5.0	未调	60%WHC	无
T4	葡萄糖	0.2	未调	60%WHC	无
T5	葡萄糖	1.0	未调	60%WHC	无

续表

代号	碳源	碳或氮水平/(g/kg)	C∶N比值	水分	扰动
T6	葡萄糖	5.0	未调	60%WHC	无
T7	琥珀酸钠	0.2	未调	60%WHC	无
T8	琥珀酸钠	1.0	未调	60%WHC	无
T9	琥珀酸钠	5.0	未调	60%WHC	无
T10	尿素	0.6	10∶1	60%WHC	无
T11	葡萄糖	7.8	25∶1	60%WHC	无
T12	葡萄糖	18.6	40∶0	60%WHC	无
T13	无	0	未调	淹水，1cm水层	无
T14	无	0	未调	60%WHC	有

注：WHC：土壤持水量（water holding capacity）。

一、碳源对土壤中多氯联苯含量及微生物多样性的影响

供试土壤中加入不同性质碳源条件后，土壤中PCBs含量的动态变化如图2.1所示。从图2.1（a）可知，加入淀粉后，在10 d时供试土壤中PCBs含量无显著变化，各个碳水平之间土壤中PCBs含量未产生显著差异；30 d时，与CK相比，加入淀粉碳处理的土壤PCBs含量出现明显降低，其中低碳水平处理（0.2 g/kg，T1）最为显著（$p<0.05$），这可能与低剂量淀粉易于被土著微生物所利用，激活了土著微生物活性，从而促进了PCBs降解有关。60d和90d时，加入淀粉处理的土壤PCBs含量均显著低于CK，中水平处理（T2）明显低于低水平（T1）和高水平处理（T3）（$p<0.05$）。

从图2.1（b）可以看出，在加入葡萄糖处理中供试土壤PCBs含量在整个时间段均明显低于CK，其中以低水平处理效果最为明显，在10 d、30 d和60 d低水平处理（T4）的土壤中PCBs含量显著低于中（T5）、高水平处理（T6）（$p<0.05$）。

在加入琥珀酸钠的处理中［图2.1（c）］，3个水平处理土壤PCBs含量在60 d和90 d明显低于对照（$p<0.05$），其中低碳水平处理（T7）效果最为明显。而30 d时，高水平处理（T9）和对照土壤中B[a]P含量无显著性差异，但显著高于低、中水平处理（$p<0.05$）。

试验结束（90 d）时，加入碳素的各个处理土壤PCBs含量均低于CK。中、高水平淀粉处理（T2、T3）和高水平葡萄糖处理（T6）土壤可提取态PCBs含量显著低于中水平琥珀酸钠处理（T8）和低水平葡萄糖及淀粉处理土壤（T4和T1）（$p<0.05$）；而中、低水平葡萄糖处理土壤（T4和T5）PCBs含量显著低于低、高水平淀粉处理（T1和T3）（$p<0.05$）。

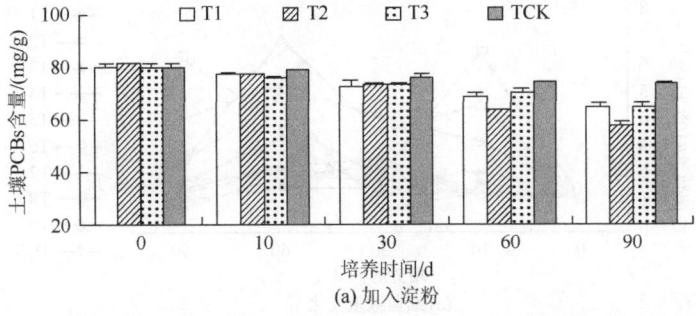

(a) 加入淀粉

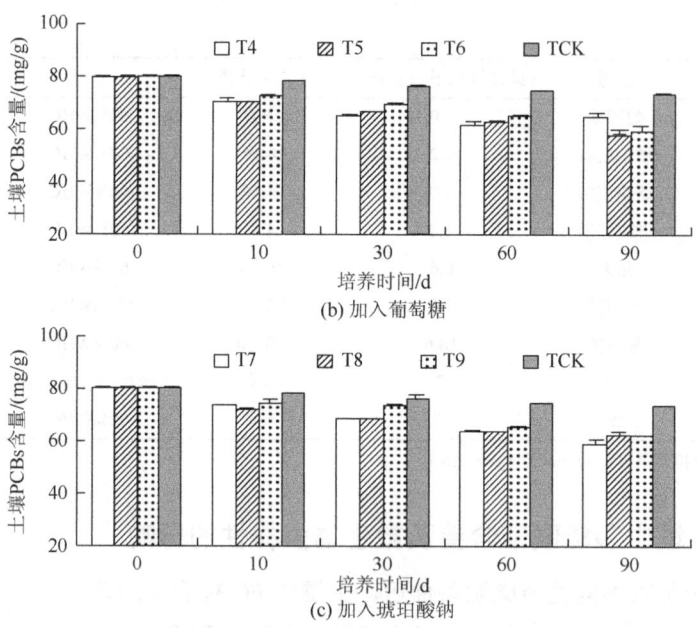

图 2.1 不同碳素条件对土壤中 PCBs 含量的影响

采用土壤稀释平板法分析了加入不同碳源后供试土壤的微生物多样性的动态变化。从图 2.2（a）可以看出，培养至 10 d 时，添加共代谢底物琥珀酸钠处理，供试土壤的细菌数量增加较为明显，其中 T8（1.0 g/kg）处理最大，细菌数量达 6.48×10^8 CFU/g 干土；培养至 30 d，各个处理的细菌数量均有所下降，这与添加的外源碳源的消耗以及微生物群落的生长特性有关。培养至 60d，各处理的细菌数量又出现一个高峰期，尤其是高剂量的琥珀酸钠处理（T9 和 T8）细菌数量最多。从图 2.2（b）可以看出，除处理 T9 外，在 60d 前，随着培养时间的延长，供试土壤真菌数量有所增加，至 60d 时真菌数量达到最高（13.6×10^5 CFU/g 干土），其中葡萄糖处理和低剂量琥珀酸钠处理较为明显。从图 2.2（c）可以看出，培养至 10 d 时，随着淀粉施用量的增加，供试土壤中放线菌数量呈现显著的增长趋势（$p<0.05$），这与放线菌对淀粉碳源有选择性利用有关。葡萄糖处理的土壤放线菌数量也有所增加，但增加不明显。而施用琥珀酸钠处理后，对供试土壤放线菌数量的影响也不明显，甚至随着培养时间的延长其放线菌数量有所降低。可见，添加琥珀酸钠和葡萄糖碳源能明显改善供试土壤中土著微生物的营养条件，促使细菌和真菌的生长繁殖，尤其是 60 d 时细菌和真菌数量增长最为明显，从而加快了供试土壤中 PCBs 的降解（图 2.1）。

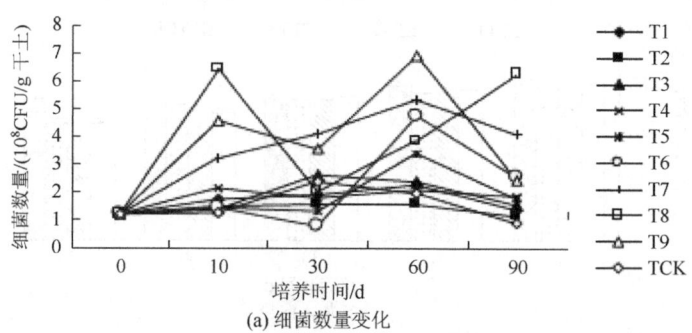

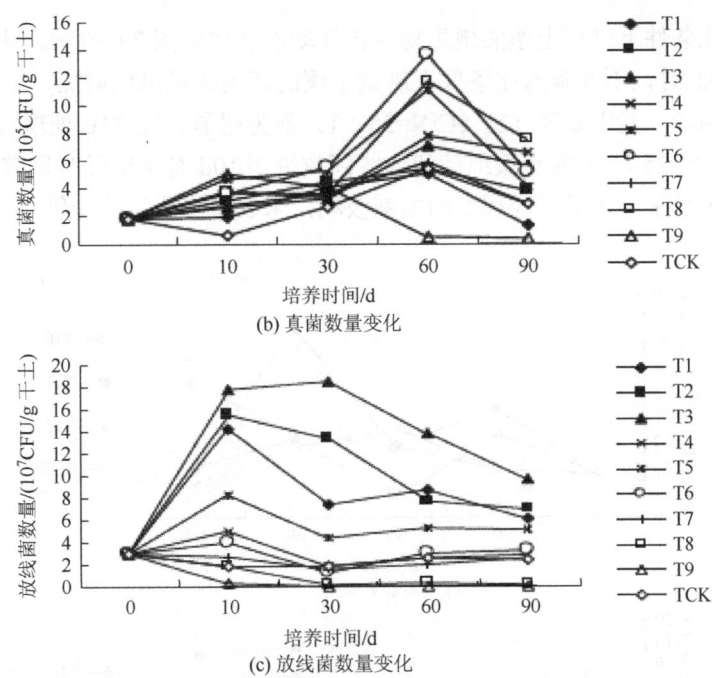

图 2.2 不同碳素条件下供试土壤微生物多样性的动态变化

二、碳氮比对土壤中多氯联苯含量及微生物多样性的影响

图 2.3 显示了不同碳氮比条件下土壤中 PCBs 含量的动态变化。从图 2.3 可以看出，3 个不同碳氮比的调节处理均不同程度地降低了土壤中 PCBs 的含量。培养至 10d 时，与 TCK 相比，供试土壤中 PCBs 含量出现了明显下降趋势，其中 C∶N 为 25∶1 处理（T11）的 PCBs 含量明显低于其他两个处理（T10 和 T12）（$p<0.05$）；培养至 30d、60d 和 90d 时，T10 处理（C∶N=10∶1）的 PCBs 含量均低于处理 T11（C∶N=25∶1）和处理 T12（C∶N=40∶1）；而培养至 90 d 时，T10 处理（C∶N=10∶1）土壤 PCBs 含量显著低于处理 T11、处理 T12 及对照（TCK），且各处理之间差异均达显著水平（$p<0.05$）。可见，调节土壤碳氮比能促进供试土壤中 PCBs 的降解，其中 C∶N 为 10∶1 的降解效果优于 C∶N 为 25∶1 和 40∶1 的处理效果，这可能与土壤微生物利用碳氮营养源，合成其本身体内的碳氮比有关。一般情况下真菌 C/N 比为 10~15，而细菌 C/N 比为 3.5 左右（Dai et al., 2004）。

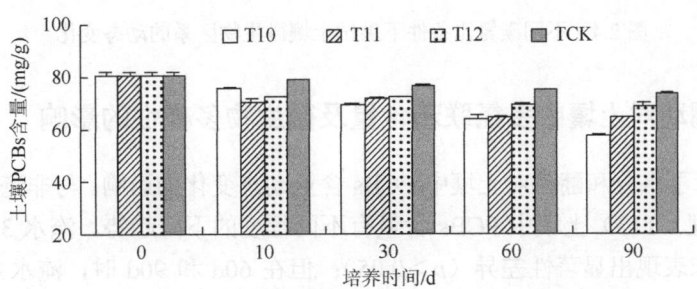

图 2.3 不同碳氮比条件对土壤中 PCBs 含量的影响

不同碳氮比条件下供试土壤的微生物多样性动态变化如图2.4所示。从图2.4可以看出,培养至10d时,不同碳氮比条件下供试土壤的真菌数量出现增加,一直延续到60d其数量达到最高峰,其中处理T11(C/N=25∶1)最为明显。而T10处理(C/N=10∶1)和处理T11(C/N=25∶1)的土壤细菌和放线菌数量在10d时也出现明显增加,但此后土壤细菌和放线菌数量出现了不同程度的增减波动,未表现出明显的变化。

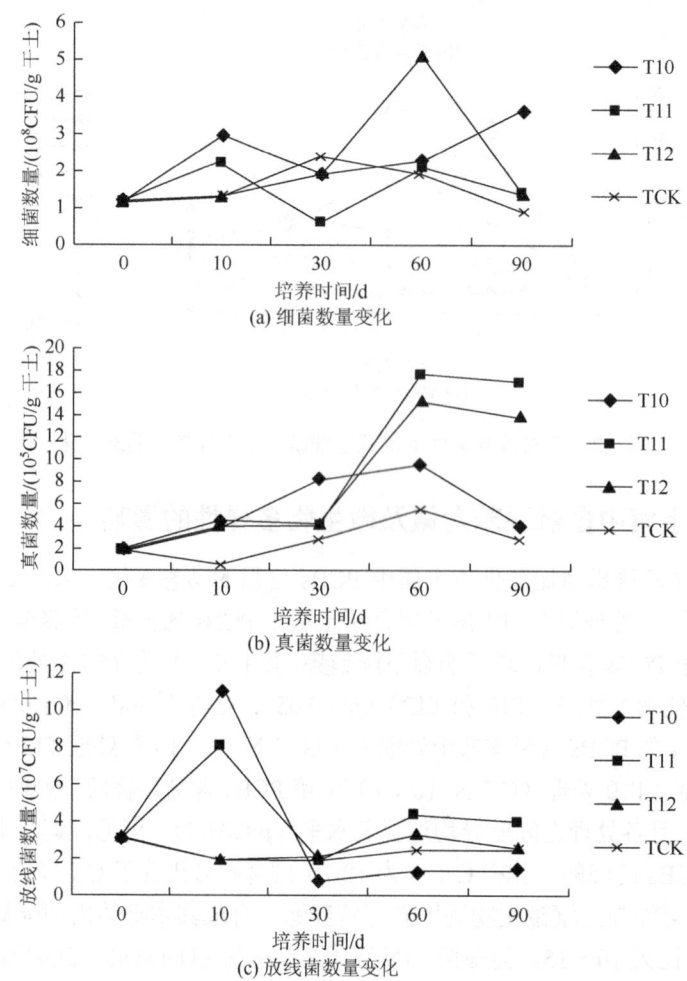

图2.4 不同碳氮比条件下供试土壤微生物区系的动态变化

三、水分和翻动对土壤中多氯联苯含量及微生物多样性的影响

图2.5显示了水分和翻动对土壤中PCBs含量动态变化的影响。与非淹水处理(TCK)相比,淹水处理(T13)土壤中PCBs含量有不同程度的下降趋势。淹水30d时,两处理间PCBs含量未表现出显著性差异($p>0.05$);但在60d和90d时,淹水处理(T13)与对照(TCK)间土壤中PCBs含量差异达显著水平($p<0.05$)。

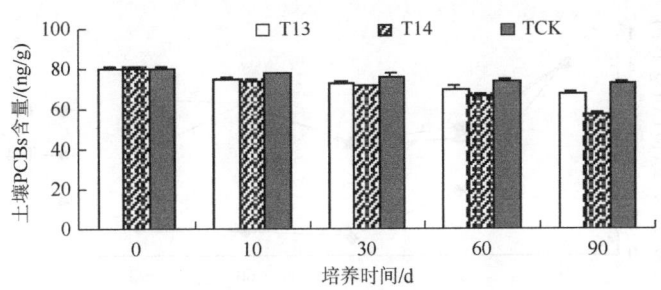

图 2.5 水分和翻动对土壤中 PCBs 含量的影响

从图 2.5 还可看出，试验培养至 30 d 和 60 d 时，翻动（T14）和非翻动处理（TCK）土壤中 PCBs 含量达显著水平差异（$p<0.05$），而 90 d 时翻动处理极显著低于非翻动处理和淹水处理（$p<0.01$）。可见，改善 PCBs 污染土壤的通透性，有利于土壤中 PCBs 的降解。

水分和翻动条件下供试土壤微生物区系的动态变化如图 2.6 所示。从图 2.6 可以看出，水分过多，即淹水条件下（T13）不利于供试土壤中好氧微生物的生长与繁殖，其细菌、真菌和放线菌数量均表现出明显下降趋势，尤其是真菌数量降低较为突出，这可能是导致淹水状态下土壤中 PCBs 降解十分缓慢的重要原因之一。而翻动处理（T14）则明显促使了供试土壤中细菌和真菌数量的增加，培养至 60 d 时增加最为明显。可见，改善土壤的通气状况有利于 PCBs 污染土壤中细菌和真菌的生长，提高土著微生物的代谢活性，从而促进土壤中 PCBs 的自然降解过程。已有的研究表明，环境中 PCBs 的生物降解最有效的是发生在厌氧-好氧交替处理下，低氯代联苯能在好氧环境中被氧化脱氯，但在含 5 个氯（含 5 氯）以上的高氯代联苯中，好氧脱氯较困难，只有在厌氧条件下，通过厌氧微生物的还原脱氯，生成低氯代联苯，然后在好氧条件下被好氧微生物所代谢（Komancová et al.，2003；Köller et al.，2000）。

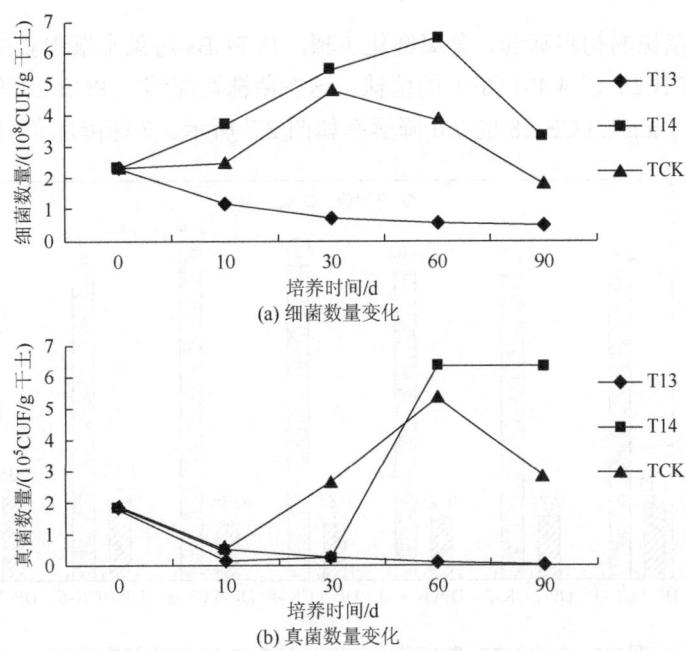

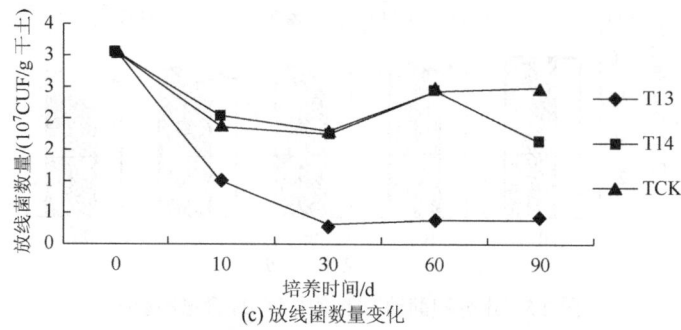

(c) 放线菌数量变化

图 2.6 水分和翻动条件下供试土壤微生物多样性的动态变化

第二节 多氯联苯降解菌的分离鉴定及其降解修复作用

在某些污染土壤环境中,高浓度的特定污染物对微生物存在一个自然的驯化、选择的过程,保留基因突变产生的耐受、降解该污染物的基因,从而产生能够适应污染土壤环境并能够代谢降解该污染物的菌株。微生物强化修复技术的主要思路就是将上述菌株进行筛选、分离和驯化后再加入污染土壤中,以促进强化其对污染物的代谢降解功能,从而达到降低有毒污染物活性或将污染物降解为无毒物质的目的。本节介绍了从电子垃圾拆解区 PCBs 污染土壤中分离出的一株高效 PCBs 降解菌株 DP-5 的形态学、生理生化与分子生物学特征,初步探讨了其对多氯联苯的最适降解条件和降解动力学过程,以期为发展 PCBs 污染土壤的微生物强化修复技术提供菌种资源与技术优化。

一、多氯联苯降解菌的分离、鉴定及其降解动力学

(一) 多氯联苯高效降解菌株的分离

按照 PCBs 菌株的初步筛选、分离纯化步骤,从 PCBs 污染土壤中获得 7 株可以明显降解三氯联苯 PCB 28 (2,4,4'-PCB) 的菌株,这些菌株均能够以 PCB 28 为唯一碳源进行生长,7 株菌对 5 mg/L PCB 28 的 7 d 降解率如图 2.7 所示。7 株降解菌对 PCB 28 的 7 d

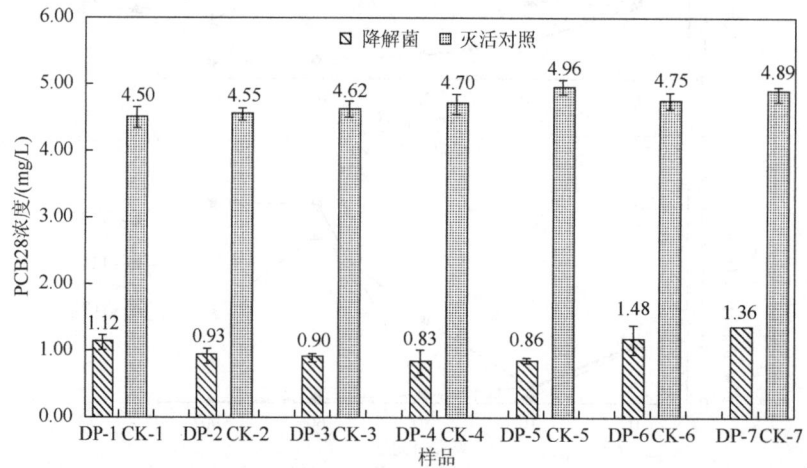

图 2.7 7 株 PCBs 降解菌对三氯联苯 PCB 28 的降解率比较

降解率分别为 75.11%、79.67%、80.58%、82.30%、82.62%、75.08%和 72.20%，其中 DP-5 菌株对 PCB 28 的 7 d 降解率为最高。因此，后面将以 DP-5 为供试菌株开展菌种鉴定与 PCBs 降解动力学实验。

（二）多氯联苯降解菌的形态学鉴定

DP-5 菌株在 LB 培养基平板上于 28℃的恒温培养箱中培养 24h，菌落形态如图 2.8 所示。菌落小，直径约 1mm，呈浅黄色，圆形，无渗出物，边缘整齐，表面光滑，有光泽，略有凸起。

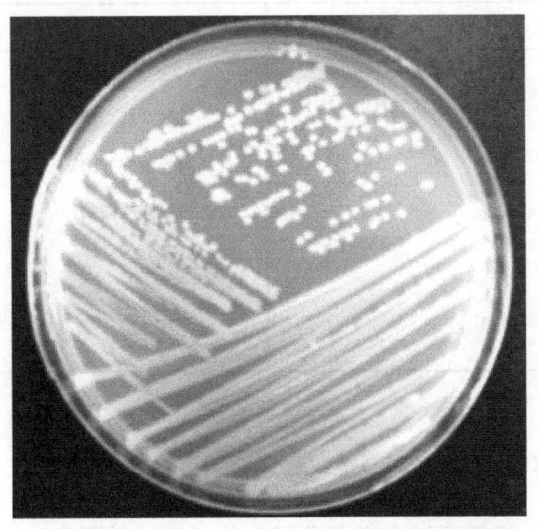

图 2.8　DP-5 菌株的菌落形态

DP-5 菌体革兰氏染色呈阴性，扫描电镜照片如图 2.9 所示，菌体呈短杆状，无芽孢，短轴长为 5~10μm，长轴长为 15~20μm，菌体成串排列。

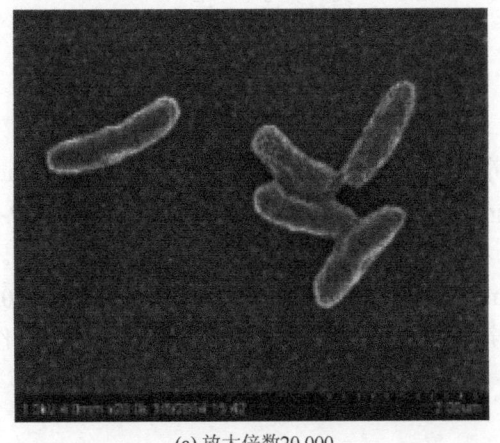
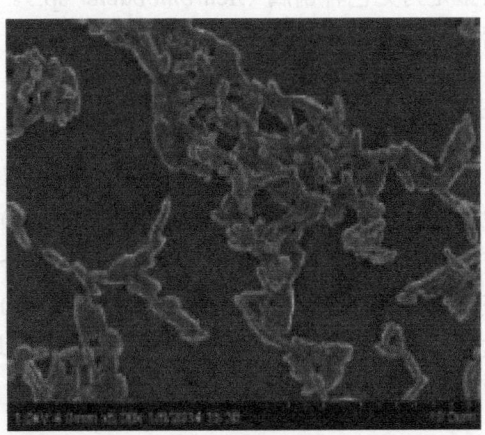

(a) 放大倍数20 000　　　　　　　　　　　(b) 放大倍数5000

图 2.9　DP-5 菌株的电镜照片

(三) 多氯联苯降解菌的生理生化鉴定

DP-5 的生理生化特征如表 2.2 所示。结果显示,DP-5 菌革兰氏染色反应呈阴性,葡萄糖发酵产酸、产气试验,硝酸盐还原、产气试验,鸟氨酸、赖氨酸、精氨酸脱羧酶试验呈阳性;亚硝酸盐产气试验,DNA 酶试验,尿素酶试验,精氨酸双水解酶试验,吲哚试验和 V-P 试验呈阴性。

表 2.2　菌株 DP-5 的生理生化特征

试验名称	试验结果	试验名称	试验结果
革兰氏染色反应	−	尿素酶	−
葡萄糖氧化发酵产酸	−	鸟氨酸脱羧酶	+
葡萄糖氧化发酵产气	+	赖氨酸脱羧酶	+
硝酸盐还原	+	精氨酸脱羧酶	+
硝酸盐产气	+	精氨酸双水解酶	−
亚硝酸盐产气	−	吲哚试验	−
DNA 酶	−	V-P 试验	−

(四) 多氯联苯降解菌的分子生物学鉴定

细菌种属的确定一般需要综合考虑分子生物学鉴定结果和生理生化以及形态学鉴定结果。分子生物学鉴定主要是通过检测菌株 16S rRNA 序列,在 GenBank 中与已发现的菌株序列进行同源性比对,根据相似程度初步确定其种属。根据 GenBank 提供的序列同源性比较,DP-5 菌株与 *Achromobacter* sp.(登录号 HE613446)的同源性为 99%,初步将该菌鉴定为无色杆菌属(*Achromobacter* sp.)。采用 Mega 6 neighbor-joining 算法构建了 DP-5 菌株系统发育树,如图 2.10 所示。

(五) 多氯联苯降解菌的生长曲线

将 DP-5 菌株接入 LB 液体培养基富集培养,每隔 2h 用紫外可见分光光度计在 600nm 波长下测定吸光度,根据 OD_{600} 值计算出单位体积 LB 液体培养基中活菌的数量。DP-5 菌株生长曲线采用 Boltzmann 模型进行拟合,相关系数 R^2=0.9979,结果如图 2.11 所示。该菌株在 pH=7.0,温度为 28℃,转速为 150r/min 的条件下,在 LB 液体培养基中生长 20h 达到指数生长末期。后续试验均取 LB 液体培养基中生长 20h 达到指数生长末期的细菌作为种子菌液。

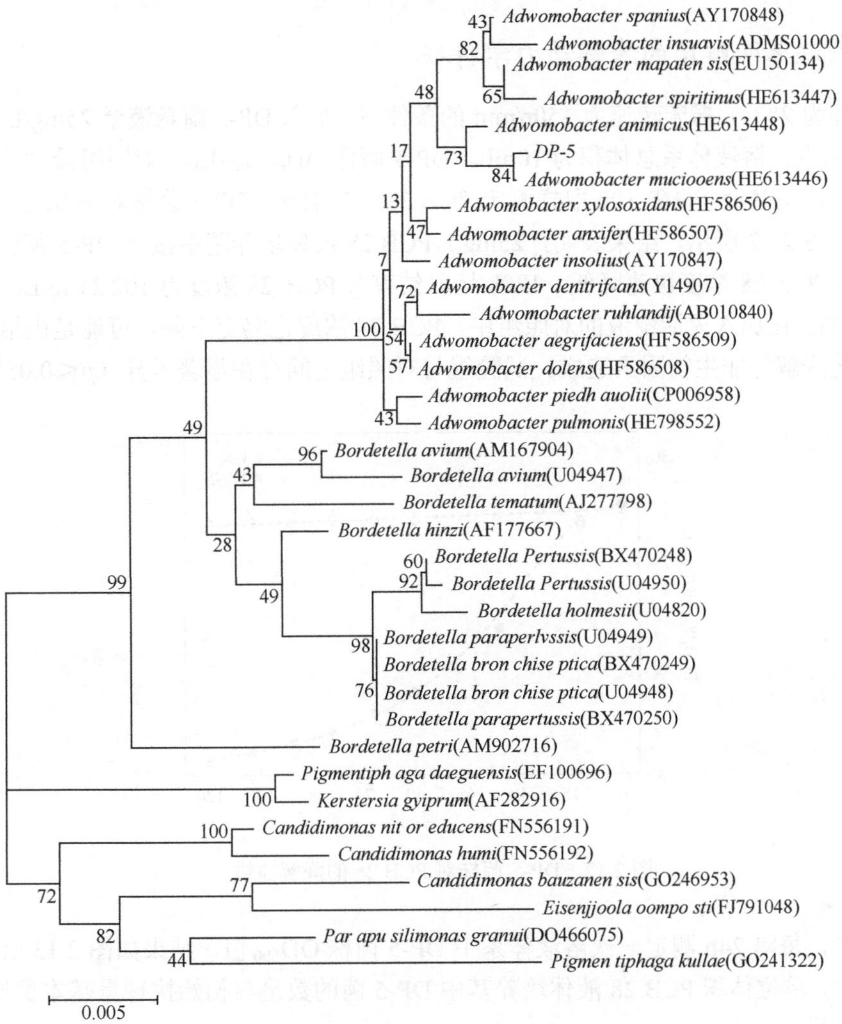

```
                    43 ┌ Adwomobacter spanius(AY170848)
                  82 ┤
                     └ Adwomobacter insuavis(ADMS01000149)
                48 ┌── Adwomobacter mapaten sis(EU150134)
                  65 └── Adwomobacter spiritinus(HE613447)
              17 ┌── Adwomobacter animicus(HE613448)
               73 ┌── DP-5
                84 └── Adwomobacter muciooens(HE613446)
           13 ┌── Adwomobacter xylosoxidans(HF586506)
            47 └── Adwomobacter anxifer(HF586507)
          7 ┌── Adwomobacter insolius(AY170847)
           72 ┌── Adwomobacter denitrifcans(Y14907)
        100    └── Adwomobacter ruhlandij(AB010840)
           54 ┌── Adwomobacter aegrifaciens(HF586509)
            57 └── Adwomobacter dolens(HF586508)
          ┌── Adwomobacter piedh auolii(CP006958)
        43 └── Adwomobacter pulmonis(HE798552)
       49 ┌ 96 ┌ Bordetella avium(AM167904)
         43 ┤   └ Bordetella avium(U04947)
            └── Bordetella tematum(AJ277798)
        28 ┌── Bordetella hinzi(AF177667)
       49 ┌ 60 ┌ Bordetella Pertussis(BX470248)
         92 ┤   └ Bordetella Pertussis(U04950)
            └── Bordetella holmesii(U04820)
       98 ┌── Bordetella paraperlvssis(U04949)
          └── Bordetella bron chise ptica(BX470249)
       76 ┌── Bordetella bron chise ptica(U04948)
          └── Bordetella parapertussis(BX470250)
    99 ┌── Bordetella petri(AM902716)
       ┌── Pigmentiph aga daeguensis(EF100696)
    100└── Kerstersia gyiprum(AF282916)
    100┌── Candidimonas nit or educens(FN556191)
       └── Candidimonas humi(FN556192)
    72 ┌ 77 ┌ Candidimonas bauzanen sis(GO246953)
          └── Eisenjjoola oompo sti(FJ791048)
       82 ┌── Par apu silimonas granui(DO466075)
       44 └── Pigmen tiphaga kullae(GO241322)

  ├─────┤
    0.005
```

图 2.10 DP-5 菌株的 16S rRNA 系统发育树

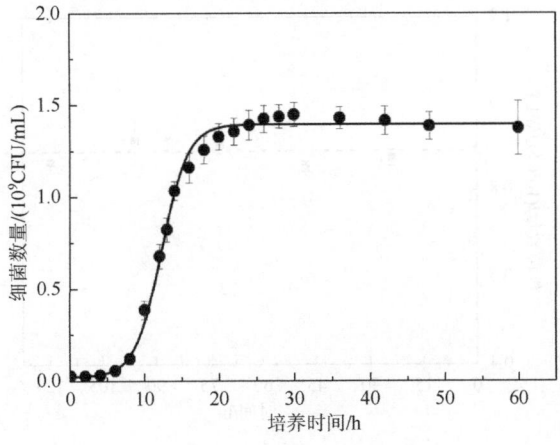

图 2.11 DP-5 菌株的生长曲线

（六）多氯联苯降解菌的降解动力学特征

在温度为28℃，摇床转速为150r/min 的条件下，加入 DP-5 菌悬液至 25mg/L 的 PCB 28 溶液体系中，溶液体系总体积为 10mL，DP-5 菌株 $OD_{600nm}=1.0$，对照组接种等量经高温高压灭活的菌悬液。每隔 12h 取样测定 PCB 28 残留含量。DP-5 菌株对 PCB 28 的 120h 降解曲线如图 2.12 所示。结果表明，25mg/L PCB 28 液体培养基中接入 DP-5 菌进行微生物降解后，PCB 28 浓度快速降低，120h 培养结束时 PCB 28 浓度为 102.21μg/L，降解率达到 95.72%。在加入灭活菌液的对照组中，PCB 28 浓度也略有下降，可能是由培养过程中蒸发和光降解等非生物因素造成。试验组与对照组之间存在显著差异（$p<0.05$）。

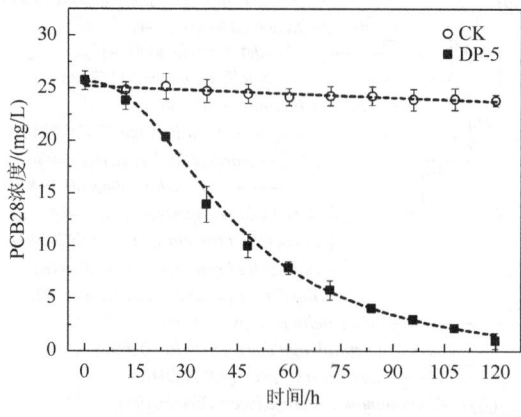

图 2.12　DP-5 菌株对 PCB 28 的降解曲线

试验中，每隔 24h 测定一次溶液体系中 DP-5 菌株 OD_{600} 值，结果如图 2.13 所示，在降解过程中，单位体积 PCB 28 液体培养基中 DP-5 菌的数量与初始接种量基本保持一致，没有明显差异。

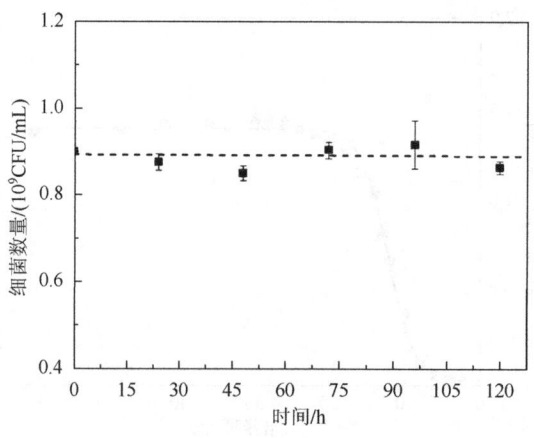

图 2.13　降解过程中 DP-5 菌量变化

PCB 28 液体降解体系中未加入其他碳源，DP-5 菌株只能利用 PCB 28 为唯一碳源进行生长，降解菌在降解过程中的浓度基本保持不变，因此，PCB 28 的浓度是溶液体系中降解反应的限制性因素，对降解过程采用一级不可逆动力学模型进行拟合：

$$r = \frac{-dc}{dt} = Kc \tag{2.1}$$

$$\ln \frac{c_0}{c} = Kt \tag{2.2}$$

式中，r 为反应速率，t 为反应时间，c_0 为 PCB 28 初始浓度，c 为 t 时刻溶液体系中 PCB 28 残留浓度，K 为反应速率常数。

按照上述一级不可逆动力学模型，以反应时间 t 为横坐标，为 $\ln(c_0/c)$ 纵坐标，对 PCB 28 的降解实验结果进行拟合，结果如图 2.14 所示，拟合曲线方程为 $y=0.0271x-0.4257$，反应速率常数 K 为 0.0271，拟合曲线相关系数 R^2 为 0.9785，线性关系较好，说明此降解反应过程符合一级不可逆动力学模型。

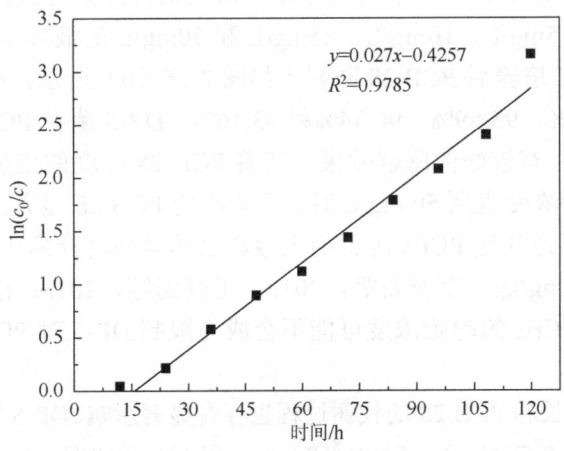

图 2.14 DP-5 菌株对 PCB 28 降解的动力学拟合

二、溶液 pH、多氯联苯浓度和菌株接种量对降解率的影响

液体培养基的 pH 对细菌生长和 PCB 28 的代谢过程都有显著影响，因此，需要明确 DP-5 降解 PCB 28 的最适 pH 范围。如图 2.15（a）所示，pH 为 4.0～10.0 时，PCB 28 的降解率分别为 39.04%、47.90%、85.80%、90.34%、43.66%、37.66%和 17.65%，呈先上升再下降的趋势。pH 在 6.0～7.0 时，DP-5 菌株的 PCB 28 降解率最高，过酸或过碱条件都显著影响 PCB 28 的降解率，这可能是由于过酸或过碱条件影响了细菌的正常生长和代谢。因此，DP-5 菌株降解 PCB 28 的最适 pH 约为 6.5。5d 培养试验开始时溶液体系的初始 pH 和结束时的最终 pH 结果如表 2.3 所示，初始 pH 为 6.02 和 6.80 的试验组，在试验结束时 PCB 28 降解率最高，溶液最终 pH 较初始值偏酸，可能是由于代谢过程中生成了酸性的氯代苯甲酸，使得溶液体系 pH 降低。随着酸性或碱性的增强，细菌对溶液体系具有一定的缓冲作用，但最终 pH 依然不适于细菌的生长和代谢，因此 PCB 28

的降解率均未超过 50%。

表 2.3 溶液体系初始和最终 pH

初始 pH	最终 pH
4.05	5.24±0.09
4.96	5.53±0.02
6.02	5.88±0.42
6.80	6.05±0.14
8.05	7.89±0.32
8.90	8.25±0.13
9.90	8.87±0.31

液体培养基中污染物的初始浓度也是影响微生物对污染物代谢过程的关键因素。初始 PCB 28 浓度为 5mg/L、10mg/L、25mg/L 和 50mg/L 的液体培养基中，接入 DP-5 菌进行降解试验，5d 培养后 PCB 28 降解率如图 2.15（b）所示，初始浓度由低到高，降解率分别为 96.09%、95.59%、90.34%和 43.16%。DP-5 菌在 PCB 28 初始浓度低于 25mg/L 的溶液体系中有较好的降解效果。随着 PCB 28 浓度的增加，降解率的下降趋势并不明显。当初始浓度达到 50 mg/L 时，高浓度的 PCB 28 显著影响了降解率。由于在我国部分地区已报道的受 PCBs 污染的土壤和水体等环境介质中，PCBs 的浓度一般较低，仅有 0.1～20 mg/kg（李秀丽等，2013；王登阁等，2013；潘澄等，2012；涂晨等，2010）。因此，PCBs 的起始浓度可能不会成为限制 DP-5 对 PCBs 降解效率的主要因素。

接种量对细菌生长和 PCB 28 的代谢过程也存在显著影响。DP-5 接种菌量分别设置为 5×10^7CFU/mL、1×10^8CFU/mL、5×10^8CFU/mL 和 1×10^9CFU/mL 的试验组，5d 培养后 PCB 28 降解率如图 2.15（c）所示，降解率分别为 23.03%、34.55%、76.10%和 90.34%，随着接种菌量的增加，降解率逐渐升高。

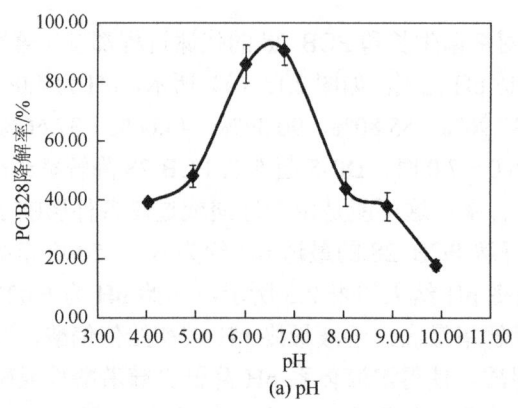

(a) pH

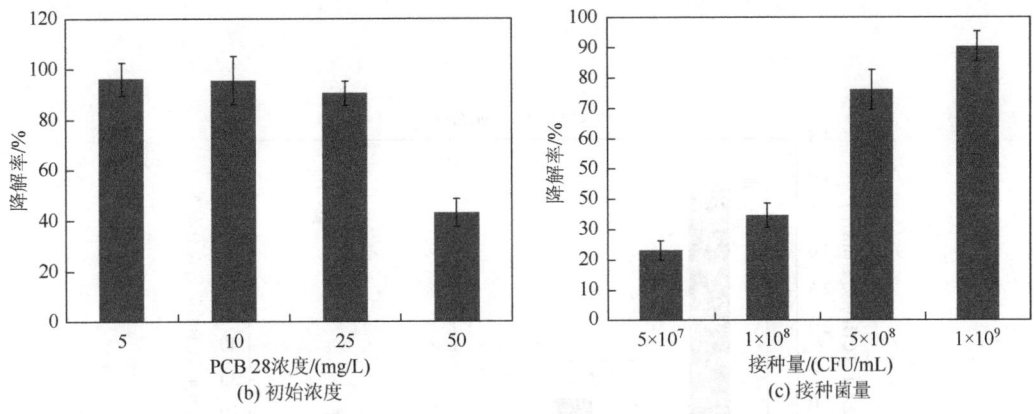

图 2.15　不同条件对菌株降解 PCB 28 能力的影响

第三节　中华苜蓿根瘤菌对多氯联苯的生物强化修复效应与机理

根瘤菌作为土壤中一种常见的固氮微生物,具有游离态和共生态两种生活方式。Damaj 和 Ahmad（1996）首次研究发现,游离态的根瘤菌能够耐受并且转化 PCBs。徐莉（2010）等采用摇瓶实验研究了中华苜蓿根瘤菌 *Sinorhizobium meliloti* 对三氯代联苯 PCB 28 单体以及 18 种 PCBs 混合物的降解转化能力,结果表明:游离态根瘤菌 *S. meliloti* 能够转化降解多种 PCBs,特别是低氯的 PCBs 同系物; *S. meliloti* 对 PCB 28 的转化效率随着底物浓度的提高而不断增加,其对 PCBs 混合物的转化效率要低于 PCBs 单体,但对游离态根瘤菌降解 PCBs 的代谢产物与途径仍缺乏研究。本节将以中华苜蓿根瘤菌 *Sinorhizobium meliloti* 为供试菌株,采用休眠细胞降解体系研究该菌株对 PCB 28 的降解能力,探讨其对 PCB 28 转化的中间产物及代谢途径,并采用土壤微域实验研究 *S. meliloti* 生物强化对 PCBs 复合污染土壤的修复效应。

一、中华苜蓿根瘤菌休眠细胞对三氯联苯的降解动态

中华苜蓿根瘤菌 *Sinorhizobium meliloti*（strain ACCC17519）休眠细胞对三氯联苯 PCB 28 的降解动态如图 2.16 所示。经过 6d 的生物降解,各处理中 PCB 28 的浓度与起始浓度相比均有所降低,但实验组（0.20 mg/L）与对照组（0.91 mg/L）之间仍存在显著性差异（$p<0.05$）。在加入灭活菌液的对照组中,PCB 28 的浓度也有所下降,这可能是由于 PCB 28 属于低氯联苯,在提取纯化过程易挥发或发生光解等非生物因素造成。

Damaj 和 Ahmad（1996）曾采用根瘤菌 *Rhizobium meliloti* Zb57 菌株降解二氯联苯 2,2′-、3,3′-以及 4,4′-DCB 混合物,结果表明在有葡萄糖作为共代谢基质的情况下,Zb57 对这三种二氯联苯的降解率仅分别为 3%、8%、8%。徐莉（2008）采用液体摇瓶法研究 *R. meliloti* 在不需要外加碳源的情况下,能够以 PCBs 为唯一碳源和能源,转化降解多种 PCBs 同系物。游离态 *R. meliloti* 对 PCB 28 的降解能力随底物浓度增加而提高,最高可达

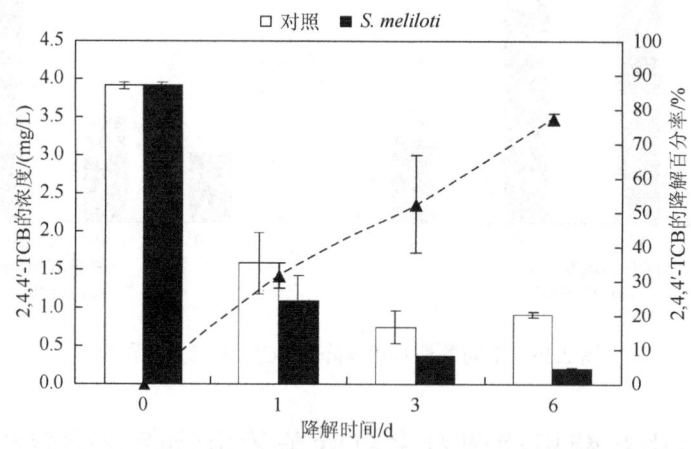

图 2.16　中华苜蓿根瘤菌休眠细胞降解体系中 PCB 28 的浓度与降解率动态变化

98%。但以上研究均未涉及游离态根瘤菌对 PCBs 的降解动态变化。本研究采用动态采样，检测了游离态 S. meliloti 对 PCB 28 的降解能力动态变化。由图 2.16 可知，S. meliloti 休眠细胞对 PCB 28 的降解率在培养的 1d、3d、6d 分别可达 34.6%、52.4% 和 77.4%，降解率随时间延长而逐渐提高。

二、中华苜蓿根瘤菌对三氯联苯的代谢产物分析

在对 S. meliloti 休眠降解体系进行提取分析时发现了溶液中有黄色代谢中间产物生成，代谢产物经萃取纯化后采用 GC-MS 进行定性分析。图 2.17（a）和（b）所示分别为对照组和实验组代谢产物的 GC-MS 全扫描总离子流图。由图可知，与对照组相比，降解组在 6.107min 处产生了一个新的色谱峰，推测可能为 S. meliloti 对 PCB 28 的代谢中间产物。图 2.17（c）为该物质的质谱图，通过对质谱图的解析可知，该物质的分子离子峰为 m/z 217，同时含有 2 个主要的碎片离子峰 m/z 210 和 m/z 195。碎片离子峰 m/z 120 和 m/z 75 的存在提示该物质被离子源轰击后分别有苯乙酮和苯环的碎片产生。根据对质谱图中分子离子以及碎片离子的解析，结合质谱中化学键断裂及原子重排规律，可以初步将该代谢产物推断为 2-羟基-6-氧-6-苯基己二烯酸（HOPDA）。由于中间产物 HOPDA 并不稳定，且目前尚无商品化的 HOPDA 标准品，故只能采用紫外-可见分光光度法对其进行进一步的定量分析。图 2.17（d）所示为 S. meliloti 休眠降解体系中 PCB 28 的降解速率与代谢产物 HOPDA 生成速率的动态变化。在降解发生的第 1d，PCB 28 的降解速率与 HOPDA 的生成速率相当，此后，中间产物 HOPDA 因被微生物进一步代谢转化而浓度逐渐降低。

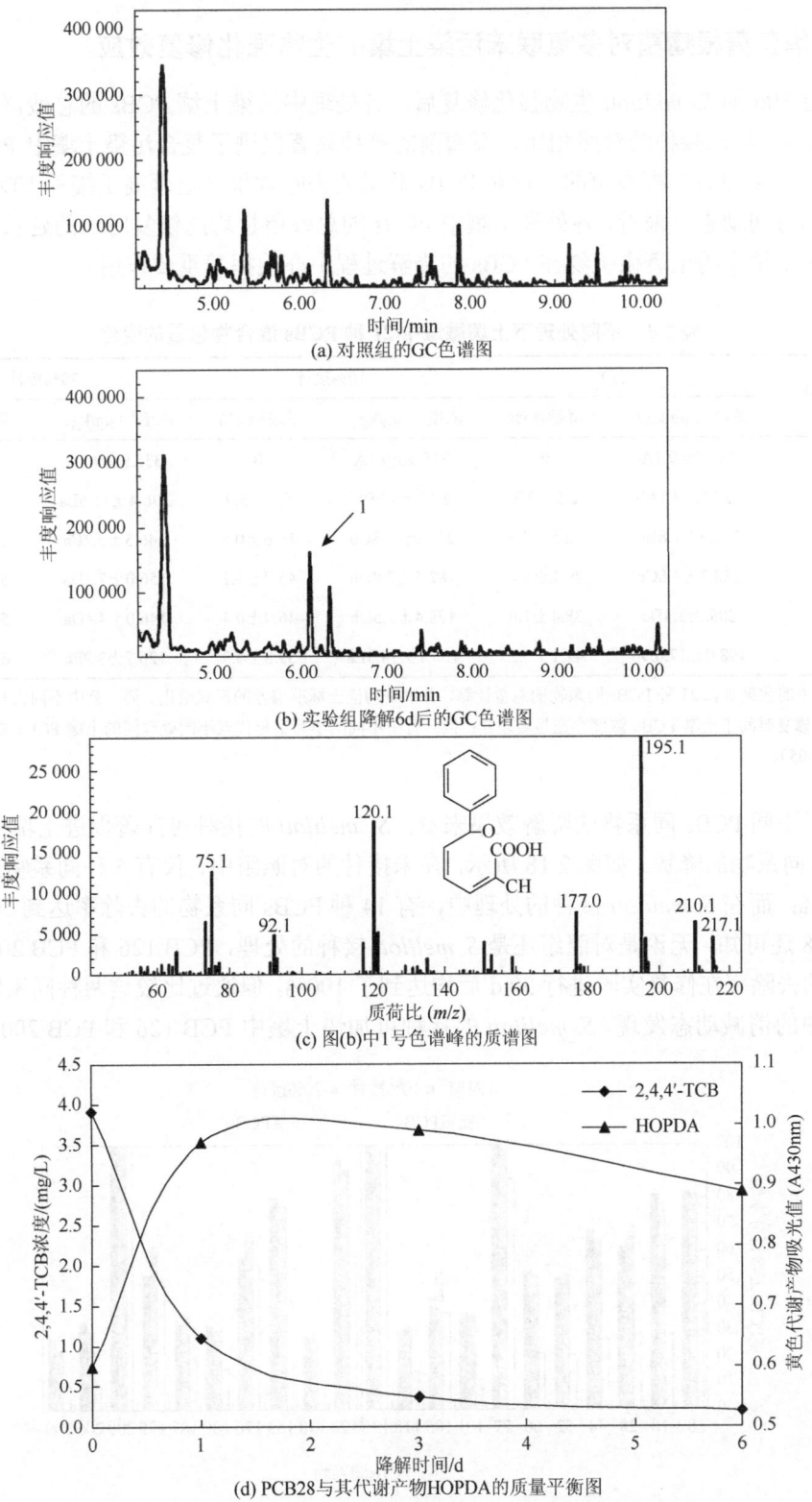

图 2.17 根瘤菌 *S. meliloti* 休眠细胞对 PCB 28 的代谢中间产物分析

三、中华苜蓿根瘤菌对多氯联苯污染土壤的生物强化修复效应

经过 30d 的 S. meliloti 生物强化修复后,各处理中污染土壤 PCBs 的总残留量变化动态见表 2.4。与未接种的对照相比,根瘤菌的接种显著促进了复合污染土壤中 PCBs 总量的降低,而接种 20%根瘤菌的处理对 PCBs 总量的去除效果又显著高于接种 10%的处理。从降解的时间动态上来看,各处理土壤中 PCBs 的总残留量均随修复时间的延长而逐渐降低,提示土壤中的土著微生物在 PCBs 的降解过程中亦发挥着重要作用。

表 2.4 不同处理下土壤微域中 21 种 PCBs 混合物总量的变化

时间/d	对照		10%接种		20%接种	
	浓度/(μg/kg)	降解率/%	浓度/(μg/kg)	降解率/%	浓度/(μg/kg)	降解率/%
起始	335.9±9.1A	0	335.9±9.1A	0	335.9±9.1A	0
0	328.1±9.1Ab	2.5±2.3	3.17±9.9Bb	5.4±3.0	296.4±11.6Ba	1.8±3.5
5	293.9±1.8Bc	12.5±0.5	270.0±2.8Cb	19.6±0.8	246.5±5.2Ca	26.6±1.5
10	238.2±4.6Cc	29.1±1.4	182.5±3.8Db	45.7±1.1	156.0±7.3Da	53.5±2.2
20	206.±3.3Dc	38.4±1.0	178.4±1.5Db	46.9±0.4	146.0±4.4Da	56.5±1.3
30	198.0±17.6Db	41.1±5.2	135.1±14.3Ea	59.8±4.3	126.7±3.9Ea	62.3±1.2

注:表中的数据是以 21 种 PCBs 同系物的总量计算,并以平均值±标准偏差的形式给出。同一列中不同大写字母表示该处理在不同修复时间下土壤 PCBs 浓度存在显著差异;同一行中不同的小写字母代表不同处理间的土壤 PCBs 浓度存在显著差异($p<0.05$)。

从对不同 PCBs 同系物的降解效果来看,S. meliloti 的接种可显著促进土壤中所有 21 种 PCBs 同系物的降解。如图 2.18 所示,在未接种的对照组中,仅有 5 种同系物的去除率超过 50%;而在 S. meliloti 接种的处理中,有 14 种 PCBs 同系物的去除率达到 50%以上。由图 2.18 还可知,无论是对照组还是 S. meliloti 接种的处理,PCB 126 和 PCB 200 这 2 种同系物的去除率在修复实验进行 30 d 后均达到了 100%,但通过比较这两种同系物在各处理土壤中的消减动态发现,S. meliloti 的接种可加快土壤中 PCB 126 和 PCB 200 的降解,

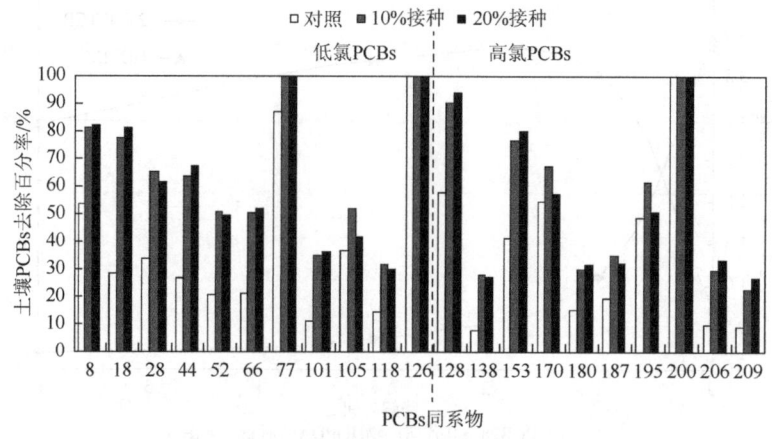

图 2.18 不同处理下土壤中各 PCBs 同系物的百分降解率

在未接种的对照组中,这两种同系物的完全去除需要 20d,而在 S. meliloti 接种的处理中,这一时间已缩短为 10d。

上述修复后各处理土壤中可培养的细菌、真菌以及联苯降解菌数量见表 2.5。研究结果显示,与未接种的对照相比,所有接种 S. meliloti 的处理均显著提高了土壤中的细菌、真菌以及联苯降解菌总量。这一发现与徐莉等(2010)在 PCBs 复合污染土壤田间原位修复的结果相一致。通过相关性分析研究表明,土壤中 PCBs 的去除与土壤微生物的数量相关性最为显著,而根瘤菌的接种可显著提高田间修复植物根际土壤中的细菌、真菌、放线菌和联苯降解菌的数量。此外,接种 20% S. meliloti 处理中的土壤细菌总量显著高于接种 10%的处理($p<0.05$),提示 S. meliloti 对土壤 PCBs 的生物强化修复效率可能与其接种浓度有关。

表 2.5 各处理下土壤中可培养细菌、真菌以及联苯降解菌的数量

微生物数量	对照	10%接种	20%接种
细菌/(10^7CFU/g 干土)	0.7±0.6b	2.7±0.6b	7.3±3.1a
真菌/(10^6CFU/g 干土)	0.4±0.1b	1.4±0.3a	1.5±0.3a
联苯降解菌/(10^5MPN/g 干土)	0.4±0.1b	1.8±0.4a	2.5±0.7a

注:表中的数据格式为平均值±标准偏差,同一行中不同的字母代表在数值上存在显著差异($p<0.05$)。

第四节 中华苜蓿根瘤菌制剂对多氯联苯污染土壤的微生物修复

研究表明,向污染土壤中添加橘子皮、桉树叶、松针、常春藤叶等富含萜烯类化合物的物质,能显著降低土壤中 PCBs 的含量(Hernandez et al.,1997)。Tandlich 等(2001)发现萜烯可强化施氏假单胞菌 *Pseudomonas stutzeri* 对土壤中 PCBs 的降解能力。本节以富含萜烯化合物的橙皮粉为原料制备根瘤菌菌剂,采用盆栽试验探讨了橙皮粉对土壤中土著联苯降解菌的生物刺激效应,并比较了不同橙皮粉与菌液的配比条件下根瘤菌制剂对土壤中 PCBs 的降解效应。

一、橙皮粉对土著联苯降解菌的生物刺激修复

盆栽试验共设 4 个处理:分别为向土壤中添加 1%、2%、5%和 10%的橙皮粉,另设不加橙皮粉的对照,每个处理 3 次重复。从图 2.19 可以看出:加入不同比例的橙皮粉后,土壤中 PCBs 的含量与对照相比均有所降低,且随着所加入橙皮粉比例的提高,土壤中 PCBs 的去除率也显著提高。在 30d 时,当橙皮粉加入量为 10%时,土壤中 PCBs 的降解率高达 63.0%。橙皮粉能有效促进土壤中 PCBs 的消减,可能原因是:一方面,橙皮中含有大量的萜烯类化合物,该物质可以强化细菌对 PCBs 的代谢能力(Tandlich et al.,2001);另一方面,橙皮为酸性物质,加入土壤后会促进土壤中真菌的生长。部分土著真菌,尤其是白腐真菌,能够有效降解土壤中的 PCBs(Beaudette et al.,1998)。本试验中,在加入橙皮粉处理 3d 后就能看到土壤中的真菌开始生长,到 7d 时真菌已经完全覆盖住土壤表面。

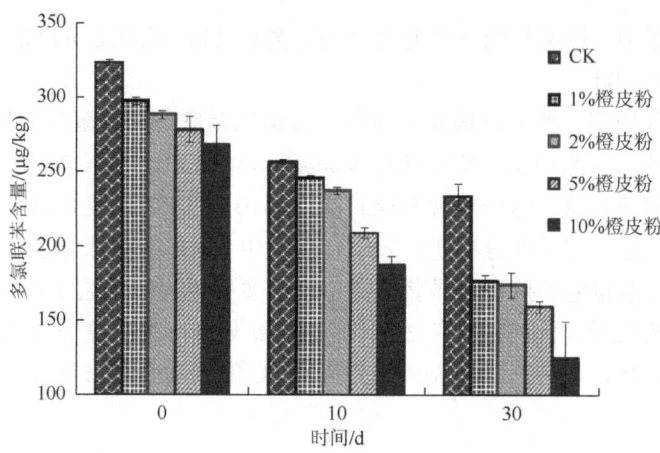

图 2.19　橙皮粉处理后土壤中多氯联苯含量的动态变化

二、根瘤菌制剂对多氯联苯污染土壤的生物强化修复

选择不同橙皮粉与根瘤菌菌液的配比比例制成不同的根瘤菌制剂,采用盆栽试验比较不同根瘤菌制剂对多氯联苯污染土壤的修复效应。试验共设以下处理：制剂 A：10%菌液+2%橙皮粉，制剂 B：10%菌液+5%橙皮粉，制剂 C：20%菌液+2%橙皮粉，制剂 D：20%菌液+5%橙皮粉，另设只加无菌培养基的对照，每个处理 3 次重复。图 2.20 显示了 4 种不同组成的根瘤菌制剂对土壤中 PCBs 的降解效果。从图中可以看出，4 种根瘤菌制剂对土壤中 PCBs 均有一定的降解效果，30d 时其降解率达到 50.7%~70.7%，与对照相比，有极显著的差异（$p<0.01$）。从菌剂组成看，菌液加入量相同时，橙皮粉含量越高，其对土壤中 PCBs 的降解效果越好；当橙皮粉含量相同时，菌液含量越高，其对土壤中 PCBs 的降解效果越好，表明橙皮粉与根瘤菌都是根瘤菌修复制剂的重要有效成分，并能协同强化修复 PCBs 污染土壤。本实验对照组土壤中的 PCBs 也发生了一定的降解，可能与培养基的加入促进了土壤中土著微生物对 PCBs 的生物降解有关。

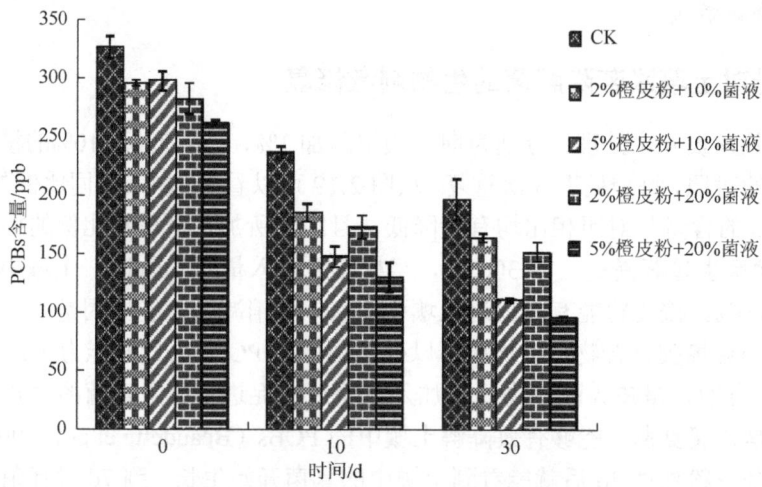

图 2.20　根瘤菌制剂处理后土壤中 PCBs 含量的动态变化

第五节　紫云英根瘤菌对多氯联苯的生物强化修复效应与机理

豆科植物紫花苜蓿对土壤中 PCBs 具有很好的去除效果，是一种理想的 PCBs 修复植物。同属豆科植物的紫云英（*Astragalus sinicus* L.），因其主根肥大、侧根发达，具有固定氮素、改善土壤物理性状、提高土壤养分等效果，在我国南方稻区作为绿肥植物广泛种植。本研究从长江三角洲典型 PCBs 污染农田中的紫云英根瘤内筛选分离到一株能以 PCBs 为唯一碳源的根瘤菌 ZY1，系统研究了紫云英根瘤菌 ZY1 对溶液和土壤中 PCBs 的降解效果，为 PCBs 污染农田土壤的微生物修复技术研发提供新的菌种资源和科学依据。

一、紫云英根瘤菌的分离鉴定及其对多氯联苯的降解特性

（一）紫云英根瘤菌的分离

从长三角某典型多氯联苯污染农田土壤中生长状态良好的紫云英植物根部选择肥大、饱满、粉红色的有效根瘤，蒸馏水洗净后无菌水冲洗数次，无菌滤纸吸干 4℃保存待用。根瘤菌的富集培养液经测定有降解效果后，提高富集培养液中 PCBs 的浓度至 10mg/L，继续富集。转接 5 次经测定有降解效果后，稀释 $10^4 \sim 10^6$ 倍涂布 150μL 至 YMA 平板上，30℃培养。待平板上出现单菌落后，挑取单菌落划线 3~4 次进行纯化，纯化后将菌株转接至 10mg/L PCB77 为唯一碳源的基础盐培养液试管中，30℃、170r/min 摇培，分析其降解效果。

（二）紫云英根瘤菌的形态学鉴定

通过分离纯化从紫云英根瘤中筛选得到 4 株根瘤菌，将其中一株能较好降解 PCBs 的菌编号为 ZY1。ZY1 在 YMA 培养基平板上培养 24h 后，菌落乳白色、圆形、黏质半透明、边缘整齐、表面隆起、湿润光滑，菌落直径一般在 1.0~2.5mm（图 2.21）。

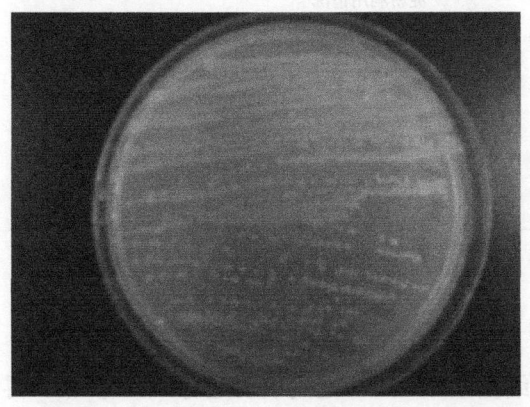
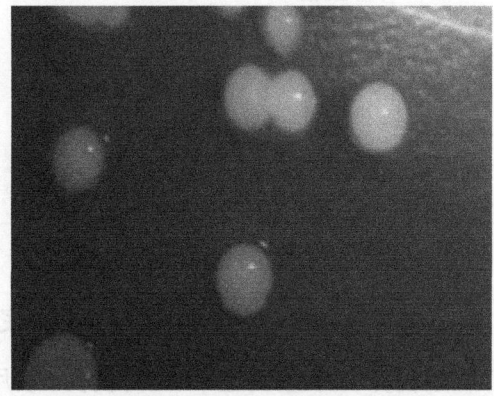

图 2.21　紫云英根瘤菌 ZY1 菌落形态

菌体革兰氏染色呈阴性，在扫描电镜下可见菌体呈长杆状（0.5～0.6μm×1.8～3.8μm），因生长时期的不同，大小略有差异，单根极生鞭毛（图2.22）。

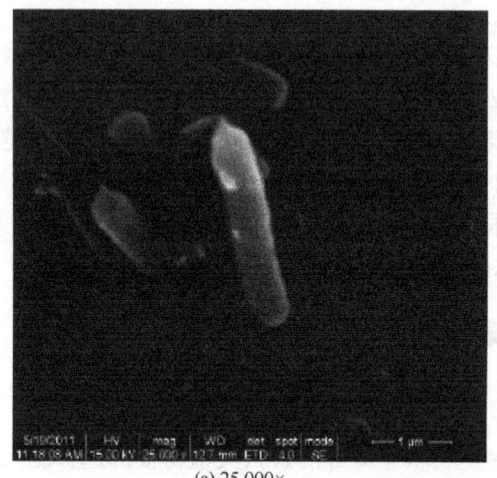
(a) 25 000×

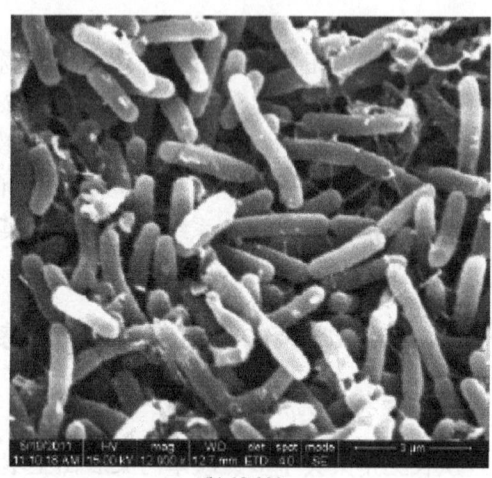
(b) 12 000×

图2.22　菌株ZY1的电镜照片

（三）紫云英根瘤菌的生理生化鉴定

菌株ZY1的生理生化特性测定结果见表2.6。由表2.6可知，菌株ZY1的甲基红和V.P.、过氧化氢酶测定阳性，氧化酶测定阴性，不能利用硝酸盐和柠檬酸盐，能利用淀粉，不能液化明胶，吲哚试验呈阴性，蔗糖、葡萄糖发酵产酸产气，乳糖发酵不产酸不产气。

表2.6　菌株ZY1的生理生化特征

试验名称	试验结果	试验名称	试验结果
甲基红试验	+	淀粉利用情况	+
V.P.反应	+	明胶液化试验	−
过氧化氢酶测定	+	吲哚试验	−
氧化酶测定	−	蔗糖、葡萄糖发酵试验	⊕
硝酸盐利用情况	−	乳糖发酵试验	−
柠檬酸盐利用情况	−		

注：+表示阳性，−表示阴性，⊕表示产酸产气。

（四）紫云英根瘤菌的分子生物学鉴定

以菌株ZY1基因组DNA为模板，利用细菌16S rDNA通用引物进行PCR扩增，得到长度为1527bp的扩增产物，菌株ZY1的16S rDNA的PCR产物电泳结果如图2.23所示。

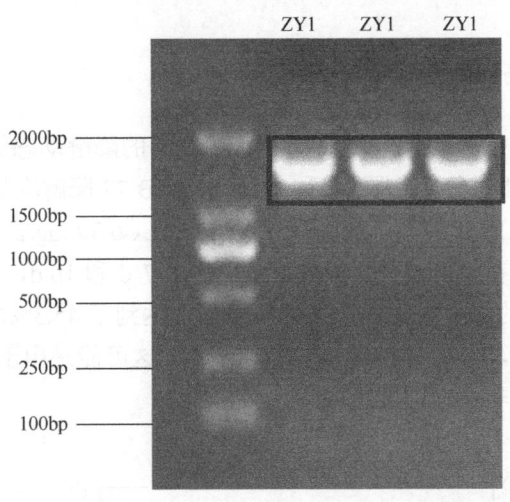

图 2.23　菌株 ZY1 的 16S rDNA 的 PCR 产物电泳结果

测序工作委托英潍捷基（上海）贸易有限公司完成。根据 GenBank 序列同源性比较，菌株 ZY1 与 *Mesorhizobium* sp.（GenBank 登录号为 AM491622.1）同源性为 99%，结合其形态特征和生理生化特性结果，初步将该菌鉴定为中慢生根瘤菌属（*Mesorhizobium* sp.）。图 2.24 是该菌株的 16S rDNA 的系统发育树。

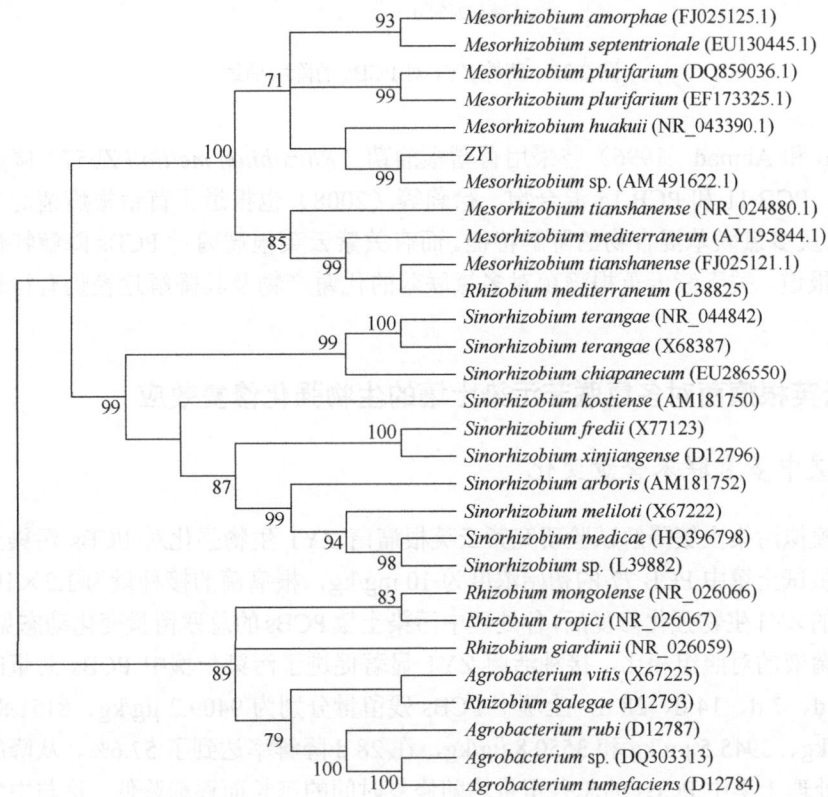

图 2.24　菌株 ZY1 的 16S rDNA 的系统发育树

(五) 紫云英根瘤菌的降解动力学特征

菌株 ZY1 对溶液中 3,3′,4,4′-四氯联苯（PCB 77）的降解动态结果如图 2.25 所示。从图 2.25 可知，接入 ZY1 进行生物降解后，溶液中 PCB 77 降解率显著增加。在 0 d、4 d、7 d、10 d 时降解体系中 PCB 77 浓度分别为 14.58 mg/L、6.39 mg/L、6.07 mg/L、5.91 mg/L。试验组与对照组之间存在显著差异（$p<0.05$），4 d、7 d 和 10 d，在 15 mg/L 初始浓度条件下，该菌对 PCB 77 的降解率相对于灭菌对照分别达到了 45.3%、51.0%和 62.7%。在加入灭活菌液的对照组中，PCB 77 的浓度也有所下降，这可能是由于 PCB 77 在提取纯化过程中挥发或发生光解等非生物因素造成。

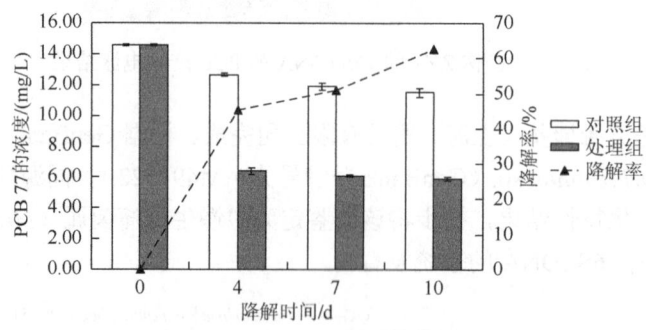

图 2.25　菌株 ZY1 对 PCBs 的降解曲线

Damaj 和 Ahmad（1996）曾采用苜蓿根瘤菌（*Rhizobium meliloti* Zb57）降解二氯联苯 PCB 4、PCB 11 和 PCB 15 混合物，徐莉等（2008）也报道了苜蓿根瘤菌对三氯联苯 PCB 28 以及多氯联苯混合物的降解特征。而有关紫云英根瘤菌对 PCBs 降解特性的研究尚属首次报道。关于紫云英根瘤菌对多氯联苯的代谢产物及其降解途径仍有待进一步研究分析。

二、紫云英根瘤菌对多氯联苯污染土壤的生物强化修复效应

(一) 土壤中多氯联苯含量变化

采用模拟污染土壤降解试验研究紫云英根瘤菌 ZY1 生物强化对 PCBs 污染土壤的修复效应。供试土壤中 PCB 77 的初始浓度为 10 mg/kg，根瘤菌的接种量为 1.2×10^{10} CFU。经过 28 d 的 ZY1 生物强化修复后，各处理中污染土壤 PCBs 的总残留量变化动态见图 2.26。与接灭活菌液的对照组相比，接种活菌 ZY1 显著促进了污染土壤中 PCBs 总量的降低，在 0 d、4 d、7 d、14 d、28 d，土壤中 PCBs 残留量分别为 9409.2 μg/kg、8151.8 μg/kg、4348.7 μg/kg、3945.5 μg/kg 和 3550.8 μg/kg，在 28 d 降解率达到了 57.6%。从降解动态上来看，各处理土壤中 PCBs 的总残留量均随修复时间的延长而逐渐降低，这与中华苜蓿根瘤菌（*S. meliloti*）对 PCBs 复合污染土壤的生物强化修复试验结果一致。

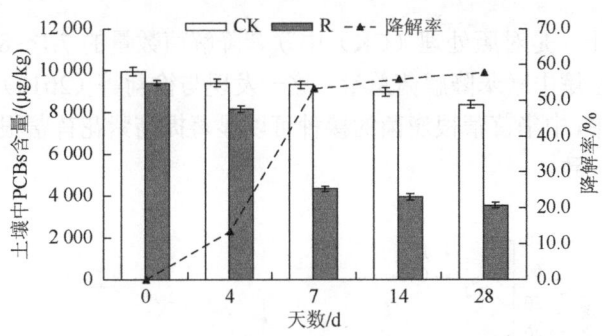

图 2.26 ZY1 对模拟污染土壤中 PCBs 含量的影响

(二) 土壤中多氯联苯各组分含量变化

修复后土壤中 PCBs 各组分的组成变化见图 2.27，四氯联苯组分的百分比随着培养天数的增加而逐渐降低，在 4 d、7 d、14 d、28 d 时分别为 85.1%、45.0%、42.6% 和 40.9%，下降速率表现为先快后慢，在 4~7 d 之间下降最快；三氯组分百分比在 4~28d 由 6.6% 逐渐上升到 44.4%；值得注意的是，二氯组分在 4 d、7 d、14 d、28 d 百分含量分别为 8.4%、36.7%、22.1% 和 14.7%，表现出先增加再减少的趋势。研究表明，PCBs 生物可降解程度与其氯原子取代数量有关，随着氯原子取代数量的增加，生物可降解性逐渐降低（Wiegel et al.，2000）。由此可知，在 0~4 d，微生物主要利用四氯联苯 PCB 77 为能源生长，并将其分解转化成二氯联苯和三氯联苯，但由于这一时期微生物数量有限，故二氯、三氯联苯的比例上升缓慢；在 4~7 d，微生物数量呈对数增长，四氯联苯被微生物快速脱氯分解，二氯、三氯联苯快速累积；微生物具有优先选择利用低氯代联苯的特性，当土壤中二氯和三氯联苯累积到一定量时，它们开环反应已经超过四氯联苯的脱氯作用，因此四氯联苯百分含量趋于平稳，而二氯联苯结构被微生物开环破坏，百分含量迅速降低。这一解释与 Gio 和 Vale（2001）对低氯代 PCBs 好氧降解途径的推测一致，但是其代谢途径仍有待进一步深入研究。

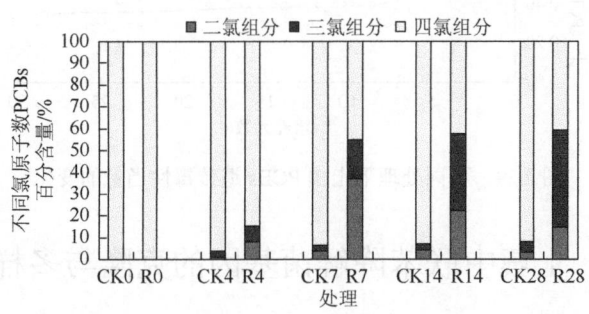

图 2.27 不同处理下土壤中 PCBs 同系物百分含量

(三) 土壤中联苯降解菌数量动态变化

各处理土壤中联苯降解菌数量见图 2.28。研究结果显示，接种的 0 d、7 d 和 14 d 试验组（R）土壤中联苯降解菌数量分别为 6.4×10^5 MPN/g 干土、4.0×10^6 MPN/g 干土、

$4.7×10^6$ MPN/g 干土，是对照处理（CK）中联苯降解菌数量的 7.1～8.9 倍，接种根瘤菌的处理显著提高了土壤中联苯降解菌总量。这一发现与徐莉等（2010）在 PCBs 复合污染土壤田间原位修复中，中华苜蓿根瘤菌的接种可以显著提高紫花苜蓿根际土壤中的联苯降解菌数量的结果相一致。

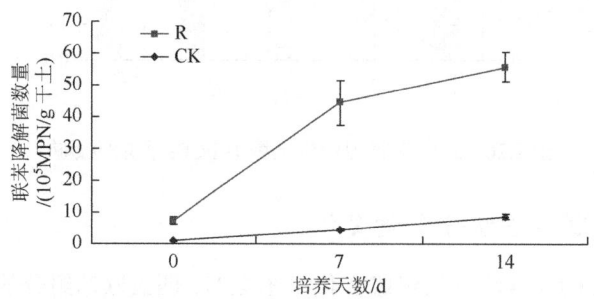

图 2.28　各处理土壤中联苯降解菌数量的动态变化

（四）土壤多氯联苯遗传毒性当量变化

采用 WHO 2005 毒性当量因子（toxic equivalency factor，TEF）计算出土壤 PCBs 遗传毒性当量（TEQ）的结果如图 2.29 所示。从图中可以看出，接菌处理 R 在 0 d、4 d、7 d、14 d 和 28 d 毒性当量分别为 0.94、0.82、0.43、0.39 和 0.36，相对于对照组接菌处理显著降低了土壤中 PCBs 遗传毒性当量（$p<0.05$），这说明菌株 ZY1 对 PCBs 污染土壤具有良好的修复潜力，可显著降低 PCBs 污染土壤对生态环境和人体健康的风险。

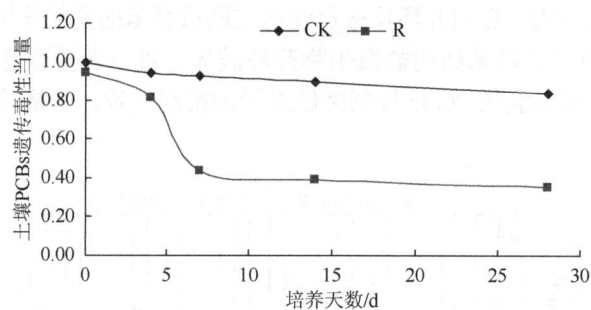

图 2.29　不同处理下土壤 PCBs 遗传毒性当量的变化

第六节　土壤中联苯降解菌基因的克隆与多样性分析

微生物对低氯 PCBs 的好氧降解机理主要表现为连续的酶学反应，即联苯双加氧酶（biphenyl dioxygenase，Bph）途径。联苯双加氧酶是一种复合酶体系，它们由 *bph* 基因编码，能够协同完成催化联苯及其取代物的氧化开环，是细菌降解多氯联苯的关键步骤。在 PCBs 污染土壤中，存在着各种降解菌群落，其中很多细菌就具有 *bphA* 基因。本节采用基因扩增与分子克隆等分子生物学技术，对多氯联苯污染土壤中 *bphA* 基因的多样性进行初步研究，旨在科学评价 PCBs 污染土壤中联苯降解细菌的遗传多样性，为探索具有 PCBs 降解能力的土壤微生物功能基因研究建立方法学基础。

采集经植物-微生物联合修复后的 PCBs 污染农田根际土壤，采用 FastDNA Spin kit for soil 试剂盒提取土壤总 DNA，采用兼并引物 BphAf668（5′-GTTCCGTGTAACTGGAART WYGC-3′）和 BphAr1153（5′-CCAGTTCTCGCCRTCRTCYTGHTC-3′）从土壤样本 DNA 扩增 bphA 基因。PCR 扩增程序为：94℃预变性 15 min，32 次循环 94℃变性 40 s，58℃退火 40 s，72℃延伸 1 min，最后 72℃保持 10 min。扩增片段长为 485 bp，对 bphA 扩增产物进行切胶纯化。5 个样本均获得约 500 bp 的期望条带，可见在 PCBs 污染的土壤中普遍存在着具有联苯双加氧酶功能基因的土著微生物群落，这对于土壤的 PCBs 自然降解具有很重要的意义。

对修复效果最好的土壤样本中的 bphA 基因 PCR 产物进行 TA 克隆，随机选取 12 个阳性克隆进行测序，对 DNA 序列进行比对并构建系统发育树，结果如图 2.30 所示。

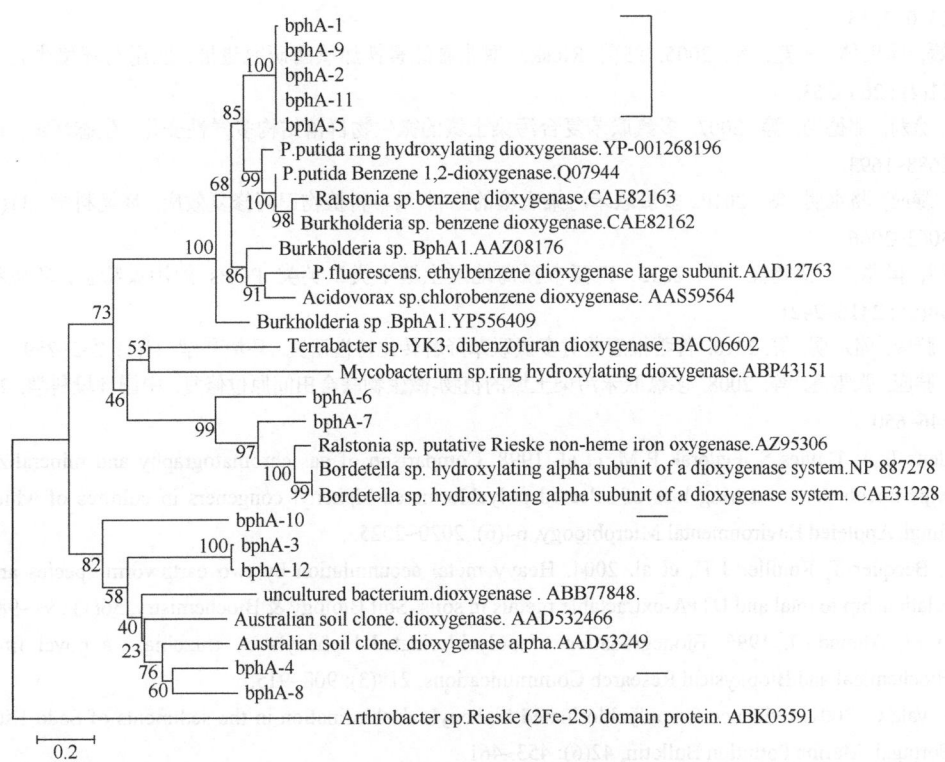

图 2.30　bphA 基因的系统发育树

从系统发育树可见，克隆所得序列均与已知双加氧酶序列类似，但克隆序列能显著分为 A、B 和 C 3 组，分别属于不同菌株来源的加氧酶序列。A 组大部分与假单胞菌属和伯克霍尔德属菌株的氧化酶基因相似，而这两种菌也是最早被发现具有降解联苯能力的菌株，并且两者代表了两种不同降解类型的联苯双加氧酶（曲媛媛等，2005）；B 组与博特氏菌属来源的氧化酶基因类似，该菌也有文献报道能够降解氯苯化合物（Wang et al.，

2007);C 组与一些属于未培养微生物物种来源的氧化酶基因类似。这说明在土壤样品中联苯双加氧酶基因种类繁多,来源广泛,同时通过对系统发育树的分析,发现这些联苯双加氧酶基因在进化距离上都比较远,相似度不高,说明土壤中联苯双加氧酶基因在物种遗传基因之间存在明显差异。由于与有机污染物降解相关基因大多位于细菌染色体外的质粒上,由于选择压力、质粒水平转移或可移动的遗传元件等机制,它们与其宿主菌的发生关系并不严格对应(Junca et al.,2003),因此,这些基因确切的来源还需进一步的研究。但可以确定,在 PCBs 污染的土壤样本中,存在着相对多样的联苯降解菌,并且有着广泛的菌种来源,是土壤生物修复的重要资源。

参 考 文 献

李秀丽, 赖子尼, 穆三姐, 等. 2013. 珠江入海口表层沉积物中多氯联苯残留与风险评价. 生态环境学报, 22(1): 135~140.

潘澄, 滕应, 骆永明, 等. 2012. 多氯联苯污染农田土壤的原位生态调控修复效应. 环境科学, 33(7): 2510~2515.

曲媛媛, 周集体, 王竞, 等. 2005. 细菌 Rieske 型非血红素铁加氧酶研究进展. 应用与环境生物学报, 11(2): 260~263.

滕应, 徐莉, 邹德勋, 等. 2007. 多氯联苯复合污染土壤的微生物群落结构多样性变化. 生态环境, 16(6): 1688~1693.

涂晨, 滕应, 骆永明, 等. 2010. 多氯联苯污染土壤的豆科-禾本科植物田间修复效应. 环境科学, 31(12): 3062~3066.

王登阁, 崔兆杰, 傅晓文, 等. 2013. 东营市孤岛地区土壤中类二英类 PCBs 的污染特征. 环境科学, 34(6): 2416~2421.

徐莉, 滕应, 骆永明, 等. 2010. 苜蓿根瘤菌对多氯联苯降解转化特性研究. 环境科学, 31(1): 255~259.

徐莉, 滕应, 张雪莲, 等. 2008. 多氯联苯污染土壤的植物-微生物联合田间原位修复. 中国环境科学, 28(7): 646~650.

Beaudette L A, Davies S, Fedorak P M, et al. 1998. Comparison of gas chromatography and mineralization experiments for measuring loss of selected polychlorinated biphenyl congeners in cultures of white rot fungi. Appleied Environmental Microbioogy, 64(6): 2020~2025.

Dai J, Becquer T, Rouiller J H, et al. 2004. Heavy metal accumulation by two earthworm species and its relationship to total and DTPA-extractable metals in soils. Soil Biology & Biochemistry, 36(1): 91~98.

Damaj M, Ahmad D. 1996. Biodegradation of polychlorinated biphenyls by rhizobia: a novel finding. Biochemical and Biophysical Research Communications, 218(3): 908~915.

Gil O, Vale C. 2001. Evidence for polychlorinated biphenyls dechlorination in the sediments of Sado Estuary, Portugal. Marine Pollution Bulletin, 42(6): 453~461.

Hernandez B S, Koh S C, Chial M, et al. 1997. Terpene-utilizing isolates and their relevance to enhanced biotransformation of polychlorinated biphenyls in soil. Biodegradation, 8(3): 153~158.

Jencova V, Strnad H, Chodora Z, et al. 2004. Chlorocatechol catabolic enzymes from *Achromobacter xylosoxidans* A8. International Biodeterioration and Biodegradation, 54(2): 175~181.

Junca H, Pieper D H. 2003. Amplified functional DNA restriction analysis to determine catechol 2, 3-dioxygenase gene diversity in soil bacteria. Journal of Microbiological Methods, 55(3): 697~708.

Köller G, Möder M, Czihal K. 2000. Peroxidative degradation of selected PCB: a mechanistic study. Chemosphere, 41(12): 1827~1834.

Komancová M, Jurcová I, Kochánková L, et al. 2003. Metabolic pathways of polychlorinated biphenyls degradation by *Pseudomonas* sp. 2. Chemosphere, 50(4): 537~543.

LaRoe S L, Fricker A D, Bedard D L. 2014. Dehalococcoides mccartyi strain JNA in pure culture extensively dechlorinates Aroclor 1260 according to polychlorinated biphenyl(PCB) dechlorination Process N. Environmental Science and Technology, 48(16): 9187~9196.

Tandlich R, Brezná B, Dercová K. 2001. The effects of terpenes on the biodegradation of polychlorinated biphenyls by *Pseudomonas stutzeri*. Chemosphere, 44(7): 1547~1555.

Wang F, Grundmann S, Schmid M, et al. 2007. Isolation and characterization of 1, 2, 4-trichlorobenzene mineralizing *Bordetella* sp. and its bioremediation potential in soil. Chemosphere, 67(5): 896~902.

Wiegel J, Wu Q Z. 2000. Microbial reductive dehalogenation of polychlorinated biphenyls. FEMS Microbiology Ecology, (1): 1~15.

第三章　多氯联苯污染土壤的植物-微生物联合修复

土壤中的 PCBs 因具有较强的疏水性而紧密吸附在土壤颗粒上，导致单一的植物和微生物修复技术效率受到限制。互惠的植物-微生物联合修复逐渐成为克服这一局限的有效策略。植物-微生物联合对 PCBs 的修复可能存在以下几种机制：植物根系的渗透作用改善了土壤的通气状况，有利于好氧微生物对 PCBs 的降解；植物根系分泌物和脱落物等增强了 PCBs 降解微生物的数量与活性；植物分泌物或腐烂物可作为共代谢底物，刺激 PCBs 降解菌的生长（Fletcher et al.，1995）；微生物的活动也会改善植物的生长状态，促进了植物对 PCBs 的吸收和降解（滕应等，2008；Mehmannavaz et al.，2002）。豆科植物与根瘤菌是自然界中最常见的植物-微生物共生体系，根瘤菌侵染豆科植物形成具有生物固氮功能的根瘤，对促进农业生态系统的氮循环具有重要意义。有研究结果表明，在盆栽和田间试验条件下，接种根瘤菌能够强化豆科植物紫花苜蓿对 PCBs 污染土壤的修复作用。然而对豆科植物-根瘤菌固氮共生体系协同降解 PCBs 的机理研究仍缺少研究。本章重点介绍了 PCBs 污染土壤的紫花苜蓿-根瘤菌共生体修复、紫花苜蓿-根瘤菌-菌根真菌双接种修复以及紫云英-根瘤菌共生体修复机理与技术，以期为研发 PCBs 污染土壤的植物-微生物联合修复技术体系提供科学依据。

第一节　紫花苜蓿-根瘤菌共生体修复

田间原位修复试验发现，紫花苜蓿-根瘤菌共生体系对 PCBs 污染土壤具有明显的修复效果（骆永明等，2012；徐莉等，2010），然而对紫花苜蓿-根瘤菌共生体系降解 PCBs 的机理研究仍缺少相关研究。本节重点介绍 PCBs 在紫花苜蓿-根瘤菌共生体系根际土壤中的时空消减动态特征、共生体对 PCBs 的吸收转运机制以及降解效应与机理。

一、紫花苜蓿-根瘤菌共生体根际土壤中多氯联苯降解动态

（一）土壤中多氯联苯含量的时空分布特征

采用三室根箱法，分别在 45 d、75 d 和 105 d 取样测定根区、近根区（0~5 mm）和远根区（5~45 mm）不同微域土壤中四氯联苯 PCB 77 的含量动态变化，结果如图 3.1 所示。培养 45 d 时，根区、近根区和远根区土壤中 PCB 77 的消减率分别为 62.2%、60.7% 和 16.0%；培养 75 d 时，根区、近根区和远根区土壤中 PCB 77 的消减率分别为 73.1%、72.0% 和 21.3%；培养 105d 时，根区、近根区和远根区土壤中 PCB 77 的消减率分别为 90.9%、80.5% 和 31.7%。PCB 77 在土壤中的空间消减动态均表现为根区＞近根区＞远根区的分布规律。

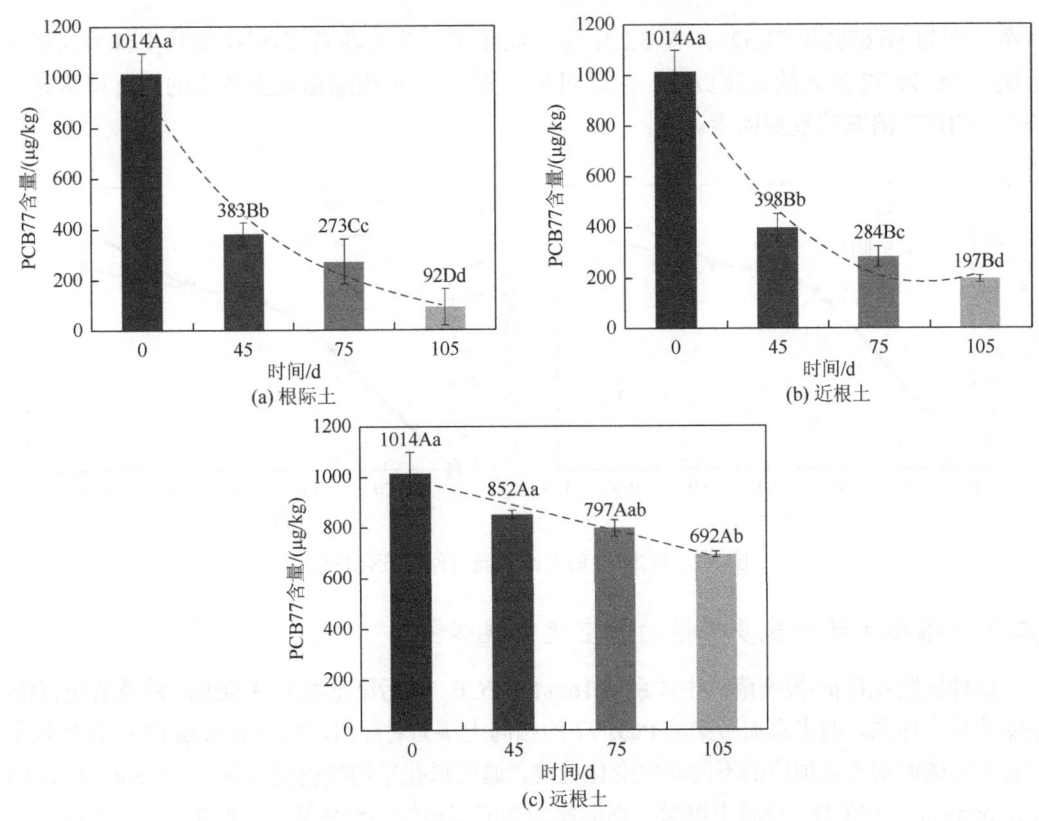

图 3.1 PCB 77 残留量随时间变化过程

A 表示 $p<0.01$,差异极显著；a 表示 $p<0.05$,差异显著

在根区土壤中，随着培养时间的增加，土壤中 PCB 77 的残留量逐渐减少，且呈现非线性下降趋势，土壤中 PCB 77 的残留量在不同取样时间下差异性极显著。根区土壤是植物根系、微生物和土壤相互作用最为密切的区域，紫花苜蓿-根瘤菌共生体系的生长以及土壤微生物的生长、代谢过程能够显著促进 PCB 77 的消减。培养时间超过 75d 时，土壤中 PCB 77 的含量已不足 300μg/kg，残留的 PCB 77 多以生物难以利用的紧密吸附态为主，导致 PCB 77 的降解速率逐渐降低。经过 105d 的试验，根区土壤中残留的 PCB 77 已降低至 92.45μg/kg。

在近根区土壤中，PCB 77 的消减过程与根区土壤中相似，但在培养 45d 后，土壤中残留 PCB 的消减速率明显降低，105d 时，近根区土壤中 PCB 77 的残留量为 197.25μg/kg，约为根区土壤含量的 2 倍。这可能是因为近根区土壤中没有根系与土壤的直接作用，只能通过根系分泌物的刺激影响土著微生物对 PCB 77 的降解代谢。

在远根区土壤中，随着培养时间的增加，土壤中 PCB 77 的残留量呈现出线性下降趋势，但消减速率远低于根区和近根区。远根区远离根际，受到紫花苜蓿-根瘤菌共生体系的直接影响较小，对 PCB 77 的消减作用较弱。远根区呈现出线性下降趋势反映了土壤环境未发生较大变化，PCB 77 的消减主要反映出物理化学因素和土著微生物的作用。

以远根区土壤中 PCB 77 的含量作为对照，计算出根区和近根区土壤中 PCB 77 的消减率分别为 86.65%和 71.52%（图 3.2）。这一结果可视为紫花苜蓿-根瘤菌共生体系对根际土壤中 PCBs 77 消减的直接贡献，由此可见，紫花苜蓿-根瘤菌共生体系的根际降解是土壤中 PCB 77 消减的重要因素。

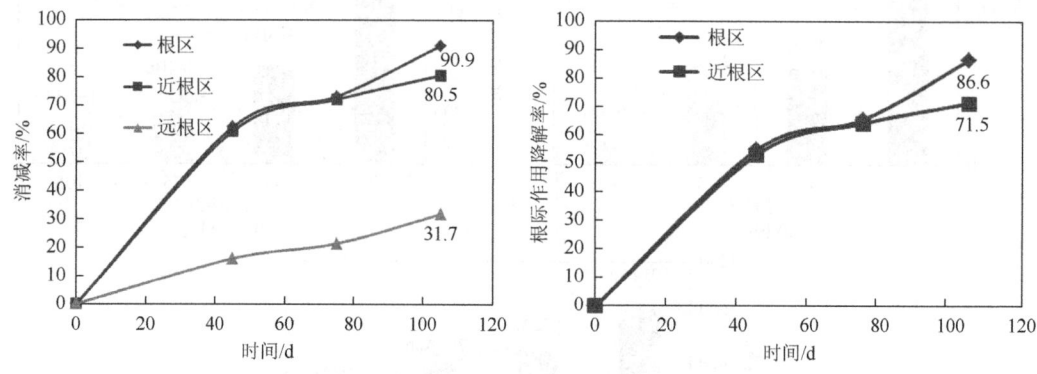

图 3.2 PCB 77 的消减率随时间的变化特征

（二）土壤微生物功能多样性的时空变化规律

以种植紫花苜蓿-根瘤菌共生体系的 1mg/kg PCB 77 污染土壤为试验组；种植紫花苜蓿-根瘤菌共生体系，但未添加污染物 PCB 77 的相同土壤为对照组，利用 Biolog-ECO 微平板上含有不同碳源的孔呈现出的不同颜色变化程度，通过每孔平均颜色变化率（average well color development，AWCD）反映土壤微生物群落的功能多样性与整体活性，结果如表 3.1 所示。

表 3.1 土壤微生物群落多样性指数

指数	0d 试验组			0d 对照组		
AWCD（96h）	0.60±0.03			0.92±0.08		
Shannon 指数	3.08			3.07		
McIntosh 指数	4.38			5.79		
Simpson 指数	18.26			20.30		
指数	45d 试验组			45d 对照组		
	根区	近根区	远根区	根区	近根区	远根区
AWCD（96h）	1.25±0.02	1.12±0.03	0.88±0.13	1.30±0.07	1.28±0.09	1.14±0.05
Shannon 指数	3.23	3.20	3.07	3.24	3.22	3.13
McIntosh 指数	8.04	7.39	6.40	8.37	8.25	7.89
Simpson 指数	23.36	21.92	18.14	23.19	23.10	20.07
指数	75d 试验组			75d 对照组		
	根区	近根区	远根区	根区	近根区	远根区
AWCD（96h）	1.26±0.13	1.10±0.11	0.97±0.12	1.65±0.08	1.56±0.07	1.33±0.10
Shannon 指数	3.30	3.27	3.14	3.20	3.31	3.23
McIntosh 指数	7.79	6.96	6.77	7.39	9.29	8.04

续表

指数	105d 试验组			105d 对照组		
	根区	近根区	远根区	根区	近根区	远根区
Simpson 指数	24.97	23.82	19.71	21.92	26.02	23.36
AWCD (96h)	1.55±0.15	1.13±0.11	0.91±0.07	1.65±0.10	1.24±0.07	1.26±0.12
Shannon 指数	3.23	3.28	3.17	3.37	3.39	3.20
McIntosh 指数	9.37	8.67	6.14	10.80	8.26	8.15
Simpson 指数	26.39	24.18	21.00	22.65	20.16	22.92

不同取样时间时，土壤微生物群落多样性变化结果如图 3.3 所示。结果显示，在 168 h 的温育培养过程中，土样的 AWCD 随着培养时间增加都呈现明显上升的趋势（$p<0.05$）。

盆栽试验 0 d 时，试验组和对照组中土壤微生物群落多样性指数为最低，试验组土壤中含有约 1 mg/kg 的 PCB 77 污染物，96 h 的 AWCD 值较对照组无污染土壤降低 34.78%，PCB 77 减少了土壤微生物的数量或是抑制了土壤微生物的活性，反映出 PCB 77 对土壤微生物存在毒性。随着盆栽试验时间的增加，试验组和对照组 96 h 的 AWCD 值、Shannon 指数和 McIntosh 指数呈现出升高的趋势，反映出紫花苜蓿-根瘤菌共生体系能够促进土壤中微生物的生长代谢；试验组 Simpson 指数呈升高趋势，对照组 Simpson 指数无明显变化趋势，这可能是由于污染物 PCB 77 的加入影响了土壤微生物群落结构，自然选择出优势种群，生物修复降低了 PCB 77 含量，促进了土壤中微生物的生长，恢复了土壤微生物的群落结构。

盆栽试验 45 d、75 d 和 105 d 时，试验组根区土壤 [图 3.3（a）] 中 96 h 的 AWCD 值相较于原始污染土壤分别升高了 108.33%、110.00%和 158.33%，对照组根区土壤 [图 3.3（d）] 中分别升高了 41.30%、79.35%和 79.35%，紫花苜蓿-根瘤菌共生体系能够显著促进根区土壤中微生物的生长代谢（$p<0.05$）。试验组根区土壤 Simpson 指数上升趋势最为显著，105d 时甚至超过对照组，反映出土壤微生物的群落结构恢复效果很好，可能存在污染物 PCB 77 自然筛选出的降解微生物也在土壤中大量生长代谢，增加了土壤微生物的群落多样性。试验组与对照组相比较，96 h 的 AWCD 值分别达到对照组的 96.15%、76.36%和 93.94%，Shannon 和 McIntosh 指数基本一致，经过 105 d 紫花苜蓿-根瘤菌共生体系的生物修复，试验组根区土壤中微生物群落多样性显著提升，基本恢复至无污染的水平。

盆栽试验 45 d、75 d 和 105 d 时，试验组近根区土壤 [图 3.3（b）] 中 96 h 的 AWCD 值相较于原始污染土壤分别升高了 86.67%、83.33%和 88.33%，对照组近根区土壤 [图 3.3（e）] 中分别升高了 39.13%、69.56%和 34.78%，较原始土壤微生物群落多样性有显著提高（$p<0.05$），但增加幅度明显低于根区土壤，近根区土壤中没有紫花苜蓿-根瘤菌共生体系根系的直接作用，只能通过根系分泌物影响土壤微生物的数量和活性，因而效果不如根区土壤显著。试验组与对照组相比较，96 h 的 AWCD 值分别达到对照组的 87.50%、70.51%和 91.13%，105 d 时，Shannon 指数和 McIntosh 指数基本一致，微生物群落多样性也基本恢复至无污染的水平。

盆栽试验 45 d、75 d 和 105 d 时，试验组远根区土壤 [图 3.3（c）] 中 96h 的 AWCD 值相较于原始污染土壤分别升高了 46.67%、61.67%和 51.67%，对照组远根区土壤 [图 3.3

（f）] 中分别升高了 23.91%、44.56% 和 36.96%，远根区土壤受到紫花苜蓿-根瘤菌共生体系影响较小，土壤微生物群落多样性增加幅度明显低于根区土壤和近根区土壤。试验组与对照组相比较，96 h 的 AWCD 值分别为对照组的 77.19%、72.93% 和 72.22%，105 d 时，试验组 Shannon 指数和 McIntosh 指数明显低于对照组，微生物群落多样性未能恢复至无污染的水平。土壤本身存在一定的自净功能，有机污染物进入土壤后，可能会促进某些土著微生物的降解作用，但对于高浓度污染物的降解效率较低，通过植物-微生物联合修复方法，能够显著强化土壤微生物对污染物的消减作用。

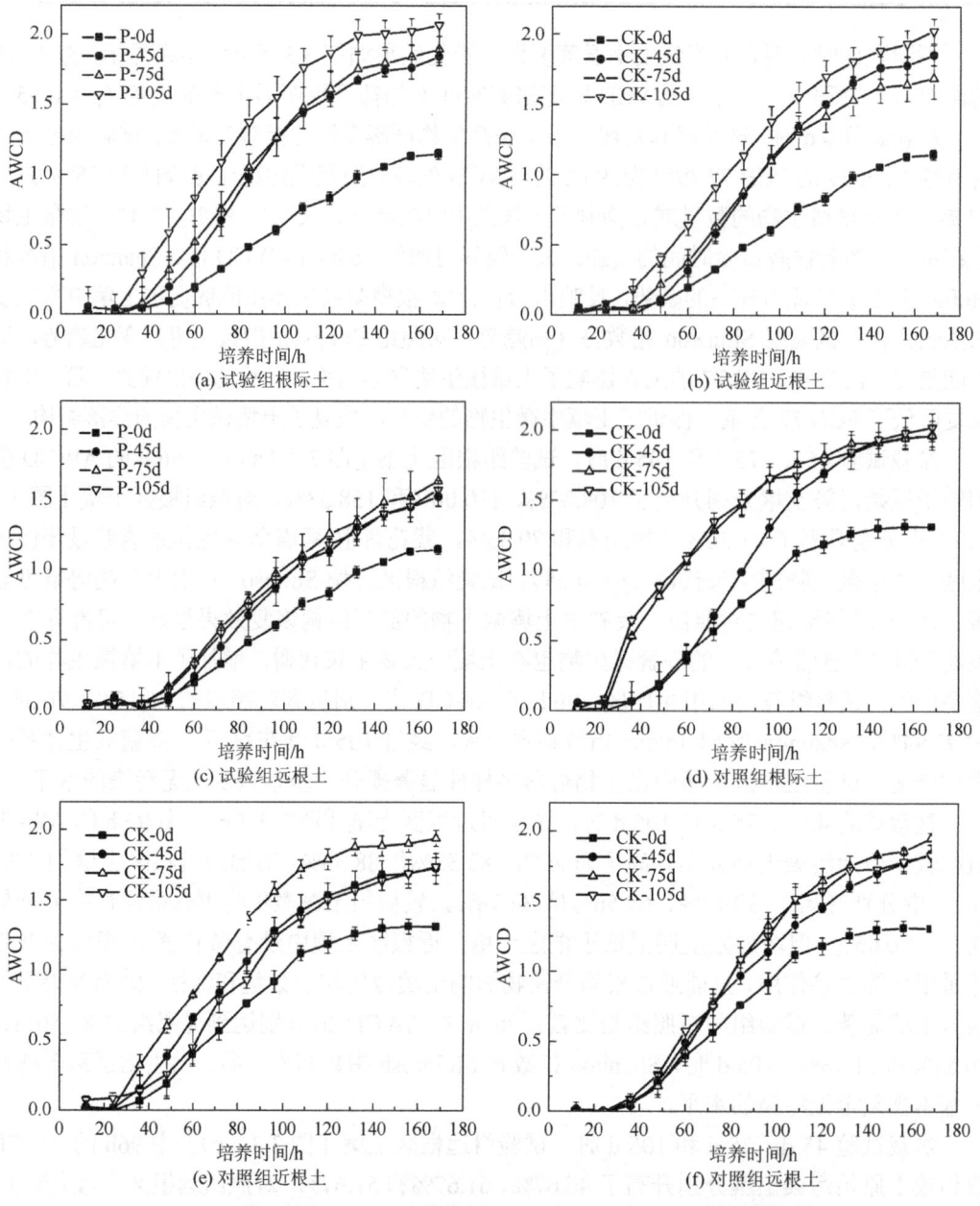

图 3.3　不同取样时间土壤微生物群落温育过程中 AWCD 变化

二、紫花苜蓿-根瘤菌共生体对多氯联苯的吸收转运机制

试验于人工气候室（白天温度28℃，光照16 h，晚上温度25℃，黑暗8 h）中采用双层玻璃瓶法进行。供试菌种为野生型根瘤菌（*Sinorhizobium meliloti* 1021）和根瘤菌突变株（*Sinorhizobium meliloti* SMY）。试验设3个处理，分别为单种紫花苜蓿（P）、种植紫花苜蓿接种野生型根瘤菌（P+R）、种植紫花苜蓿接种根瘤菌突变株（P+SMY），每个处理设两个PCB 28（2,4,4′-三氯联苯）污染水平：0、4 mg/L，共计6个处理，每个处理3次重复。播种后的双层玻璃瓶随机摆放于人工气候室内生长。每瓶中加入50 mL无氮营养液，作刻度标记，以后每天浇适量的无氮营养液至标记刻度。植物生长45 d，待其具有成熟根系和根瘤，将外层瓶中营养液更换为50 mL内含一定PCB 28浓度的无氮营养液，之后恢复正常管理，于处理15 d后收获。

（一）紫花苜蓿各部位对三氯联苯的吸收、富集与代谢

表3.2反映了紫花苜蓿各部位中三氯联苯PCB 28的富集浓度。由表3.2可以看出，不同处理条件下，紫花苜蓿根部PCB 28含量范围为427.6~701.2 μg/kg，地上部PCB 28含量范围为126.9~305.7 μg/kg，根瘤中PCB 28含量范围为1111.3~1362.1 μg/kg。植物各部位PCB 28富集量表现为：根瘤＞根＞地上部，且差异达极显著水平。同时不添加PCB 28处理的植株，其地上部茎叶中有少量PCB 28积累，但根系和根瘤中则均未检测出有PCB 28积累。Aken等（2010）认为，植物能够吸收或吸附环境中的有机污染物，植物吸收的化合物可以被植物体内的酶进一步代谢转化或者通过植物表面挥发进入大气。而植物叶片角质层中脂肪含量非常高，是脂溶性化合物进入植物的一个主要通道（Moeckel et al.，2008）。因此，不添加PCB 28处理植物地上部茎叶中的PCB 28可能来源于其对污染植物及反应体系挥发进入大气中PCB 28的吸收。

表3.2 接种野生型和突变型根瘤菌下紫花苜蓿各部位对PCB 28的富集（单位：μg/kg）

PCB 28污染水平	部位	P	P+SMY	P+R
0	根瘤	—	—	—
	根	—	—	—
	地上部	15.3±4.0	34.1±2.4	52.0±2.2
4mg/L	根瘤	—	1111.3±17.2	1362.1±23.2
	根	427.6±12.9	617.4±5.2	±701.2±13.5
	地上部	126.9±3.2	243.2±10.1	305.7±7.2

以上结果表明，植物地下部根瘤、根对溶液中PCB 28的吸收富集能力高于地上部，同时对于低氯代PCBs同系物PCB 28,植物根系吸收富集的PCB 28可向植物地上部转运，并可能通过植物挥发作用进入大气。

由表3.2同时可以看出，不同处理间植物各部位PCB 28的富集浓度有显著差异，表

现为：紫花苜蓿接种野生型根瘤菌＞紫花苜蓿接种根瘤菌突变株＞单种紫花苜蓿。可见，接种根瘤菌有利于植物对 PCB 28 的吸收和转运，其中接野生型根瘤菌的促进作用明显高于接失去固氮活性的根瘤菌突变株。徐莉等（2008）研究也发现，接种根瘤菌可明显促进植物对土壤中 PCBs 的吸收和转运。

（二）紫花苜蓿各部位生物量和全氮含量变化

不同处理条件下，紫花苜蓿根、地上部、根瘤的单株生物量如图 3.4 所示。由图 3.4 可知，不论添加 PCB 28 与否，接种根瘤菌可以显著提高紫花苜蓿各部位生物量，且野生型根瘤菌对植物生物量的促进作用显著高于突变株。根瘤菌为化能异养菌，其与豆科植物紫花苜蓿共生可以形成特定固氮能力的根瘤组织，为宿主提供氮素营养（Udvardi, 2001; Udvardi et al., 1997），而根瘤菌突变株 SMY 虽然可以诱导植物结瘤，但其引发的根瘤为无固氮能力的白色根瘤，植株生长较弱（姚振华等，2006）。

PCB 28 胁迫处理可以抑制植物生长，降低植物各部位生物量。4 mg/L 的 PCB 28 可使单种紫花苜蓿处理（P）植物根、地上部生物量分别降低 68.6%和 46.2%。王冬（2006）研究发现，当 PCBs（Aroclor1242）浓度为 10 μg/L 和 50 μg/L 时，青菜生物量较无添加 PCBs 处理降低 0.2%和 9.5%，但当 PCBs 浓度为 200 μg/L 和 500 μg/L 时，PCBs 可对青菜生长产生较大抑制作用，其生物量分别为无添加 PCBs 处理的 44.8%和 64.7%。可见，紫花苜蓿对于 PCBs 污染具有较好抗逆性，在本试验 PCB 28 添加浓度为 4 mg/L 时，虽然对植物生长产生明显抑制作用，但仍能正常生长。

不同接菌条件下，植物接种根瘤菌突变株其根和地上部生物量分别较无添加 PCB 28 处理降低 42.6%和 41.4%，而植物接种野生型根瘤菌则分别降低 25.6%和 39.7%。可见，接种野生型根瘤菌有利于降低 PCB 28 对植物的毒害作用，缓解 PCB 28 对植物生长的抑制。

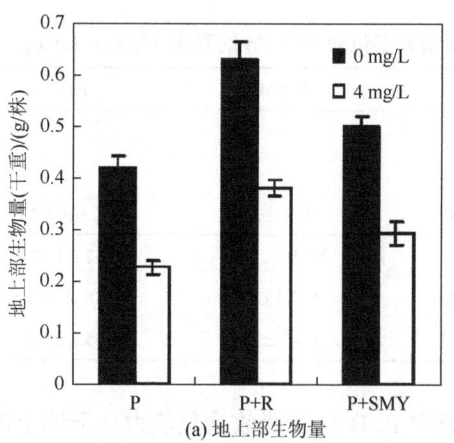
(a) 地上部生物量

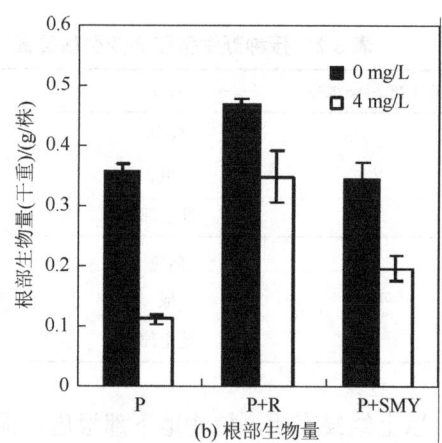
(b) 根部生物量

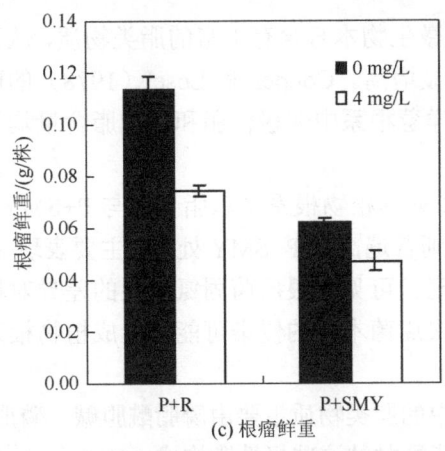
(c) 根瘤鲜重

图 3.4 接种野生型和突变型根瘤菌下紫花苜蓿各部位生物量变化

表 3.3 为不同处理紫花苜蓿根、地上部全氮含量。由表 3.3 可知，不论添加 PCB 28 与否，不同处理条件下紫花苜蓿根部、地上部全氮含量均表现为：植物接野生型根瘤菌处理（P+R）＞植物接根瘤菌突变株处理（P+SMY）＞单种植物处理（P），与植物生物量变化表现出相同趋势。可见，紫花苜蓿-根瘤菌共生体系具有很强的固氮能力，可有效提高植物对环境中氮素营养的吸收与利用，从而促进植物生长。但是，由于 nifA 基因是所有根瘤菌中起固氮作用的正调节基因（Fischer，1994），而试验用根瘤菌突变株为 nifA 突变株，突变株在宿主植物根部诱导产生的是白色无效根瘤，固氮能力大大降低（Hirsch et al.，1987；Fischer et al.，1986），因此 P+SMY 处理中植物体内全氮含量要低于 P+R 处理。

表 3.3 接种野生型和突变型根瘤菌下紫花苜蓿根、地上部全氮含量 （单位：g/kg）

处理	根		地上部	
	0	4 mg/L	0	4 mg/L
P	16.21	17.72	14.51	16.69
P+R	17.70	18.88	21.51	21.85
P+SMY	16.32	15.72	19.00	20.82

（三）紫花苜蓿根和根瘤中脂溶性成分变化

表 3.4 和表 3.5 分别反映了不同处理条件下紫花苜蓿根、根瘤中脂溶性成分含量的变化。可以看出，添加 PCBs 处理后，紫花苜蓿根、根瘤中各脂溶性成分均有明显下降。这可能与植物受到 PCBs 污染处理后，植物生长发育受到抑制有关。

不同处理植物根、根瘤中均检出 4 种非极性脂和 8 种极性脂。可见，紫花苜蓿不同部位植物组织中脂溶性成分相似，但不同组分含量发生明显变化。与单种植物（P）相比，植物接种根瘤菌（P+R 和 P+SMY）显著提高根系中非极性脂含量和极性脂含量

（$p<0.05$）。这可能是由于微生物本身含有丰富的脂类物质，从而致使受到根瘤菌侵染的植物根系脂溶性成分有明显增高。Cooper 和 Losel（1978）的研究结果也表明，植物接种菌根真菌后，菌根化的洋葱根系中非极性脂和极性脂含量均显著高于非菌根化的植物根系。

不同接菌条件下，P+R 处理植物根系中总脂含量与 P+SMY 处理无显著差异，但 P+R 处理植物根瘤中总脂含量则普遍高于 P+SMY 处理，主要表现为 P+R 处理根瘤中极性脂含量显著高于 P+SMY 处理。可见，根瘤菌固氮活性的差异对植物根系中总脂溶性成分含量变化并无显著影响，根瘤菌本身的侵染可能是造成植物根系脂溶性成分增加的主要原因。

有研究表明，根瘤菌中的脂类物质主要由磷脂酰胆碱、磷脂酰乙醇胺、磷脂酰甘油、双半乳糖甘油二酯和双磷脂酰甘油这些极性脂构成（Gaspar et al.，1997）。植物根瘤与根结构上的最大不同在于，根瘤中存在大量的含菌组织（何一等，2003）。因此，P+R 处理根瘤中极性脂含量的显著增高可能与野生型根瘤菌的侵染能力较高，使得有固氮活性根瘤中含菌组织含量较高有关。

表 3.4 接种野生型和突变型根瘤菌下紫花苜蓿根系中脂溶性成分含量　（单位：mg/g）

脂类物质		P		P+R		P+SMY	
		0	4 mg/L	0	4 mg/L	0	4 mg/L
非极性脂	DAG	0.96	0.51	1.10	0.80	1.36	1.21
	FFA	0.77	0.48	0.13	1.63	2.21	1.53
	TG	0.24	0.21	3.98	0.52	1.79	0.63
	Sterol ester	1.05	0.19	1.57	4.02	1.60	1.26
极性脂	LPC	0.75	0.45	0.35	0.61	0.74	0.65
	PC	0.39	0.41	1.10	0.50	0.74	0.88
	PI	0.61	0.34	0.75	0.15	0.66	0.47
	PG	0.85	0.71	1.21	0.66	0.86	0.59
	PE	0.69	0.57	0.75	0.15	0.46	1.16
	DGDG	1.02	0.29	0.59	0.74	0.75	0.53
	UL	0.96	0.51	1.07	0.54	1.30	1.09
	UL	0.66	0.78	0.99	0.42	1.11	1.07
非极性脂总量		3.02c	1.40d	6.78a	6.97	a4.64b	3.02c
极性脂总量		5.93b	4.06c	6.82a	3.78c	6.62a	6.43ab
总脂含量		8.95c	5.46d	13.60b	10.74b	13.59a	11.07b

注：DAG 表示甘油二酯（diacylglycerol）；FFA 表示自由脂肪酸（free fatty acid）；TG 表示甘油三酯（triglyceride）；Sterol ester 表示固醇；LPC 表示溶血卵磷脂（lysophosphatidylcholine）；PC 表示磷脂酰胆碱（phosphatidylcholine）；PI 表示磷脂酰肌醇（phosphatidylinositol）；PG 表示磷脂酰甘油（phosphatidylglycerol）；PE 表示磷脂酰乙醇胺（phosphatidylethanolamine）；DGDG 表示双半乳糖甘油二酯（digalactosyldiacyglycerol）；UL 表示未被鉴定的脂；不同字母表示不同处理之间差异达显著水平（$p<0.05$），下同。

表 3.5　接种野生型和突变型根瘤菌下紫花苜蓿根瘤中脂溶性成分含量　（单位：mg/g）

脂类物质		P+R		P+SMY	
		0	4 mg/L	0	4 mg/L
非极性脂	DAG	3.93	1.76	2.77	1.33
	FFA	2.16	2.32	1.42	2.73
	TG	3.14	1.19	2.36	1.84
	Sterol ester	1.61	1.25	195	1.28
极性脂	LPC	1.92	0.96	0.97	1.34
	PC	1.32	1.13	1.15	0.39
	PI	0.82	1.95	1.48	0.78
	PG	1.83	1.51	1.31	1.40
	PE	1.44	0.64	0.27	0.94
	DGDG	0.15	3.08	1.03	1.00
	UL	2.06	0.79	1.04	1.83
	UL	2.50	0.48	1.46	0.59
非极性脂总量		10.84a	6.52c	8.50b	7.17b
极性脂总量		12.04a	10.55a	8.72b	8.28b
总脂含量		22.87a	17.07b	17.22b	15.45b

进一步分析植物对 PCB 28 的富集能力与其不同脂溶性成分含量间的关系，结果如图 3.5 所示。由图 3.5 可以看出，植物对 PCBs 的富集能力与植物总脂、非极性脂、极性脂含量均呈正相关关系（R^2 分别为 0.92、0.52 和 0.83）。可见，植物对 PCBs 的吸收富集与植物总脂溶性成分含量呈显著正相关，同时，植物极性脂含量对植物吸收富集 PCBs 能力的影响明显高于非极性脂。

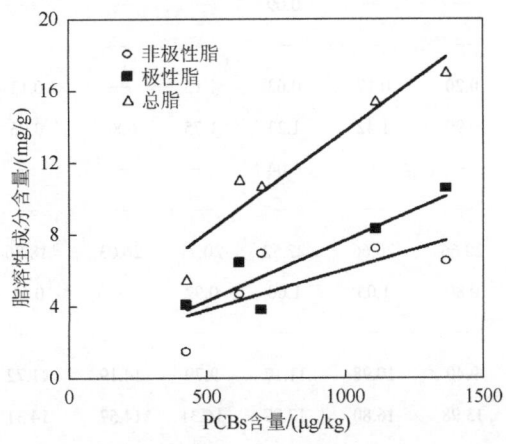

图 3.5　植物对 PCB 28 的富集能力与植物脂溶性成分含量的关系

(四)紫花苜蓿根和根瘤中脂肪酸组成变化

表 3.6 反映了不同处理下紫花苜蓿根、根瘤中植物脂肪酸组成变化。由表 3.6 可知,植物根、根瘤中均以长链脂肪酸(C16~18)为主,可占植物组织总脂肪酸含量的 62.58%~92.94%;其次为超长链脂肪酸(C20 及以上),可占植物组织总脂肪酸含量的 5.06%~36.51%;中链脂肪酸(C8~14)含量最低,仅占植物组织总脂肪酸含量的 0.88%~2.88%,且 C12 以下脂肪酸几乎未有检出。同时,C15:0 和 C17:0 两种脂肪酸在植物组织中均未有检出,这也是在植物脂肪酸分析中多选用 C15:0 和 C17:0 作为内标物质的原因(Gaude et al., 2004)。

无添加 PCB 28 条件下,单种植物(P)与植物接种根瘤菌(P+R 和 P+SMY)其植物根、根瘤中脂肪酸组成相似,并无明显变化。但添加 PCB 28 后,P+R 处理植物根、根瘤中长链脂肪酸所占比例显著降低,超长链脂肪酸所占比例明显增加;P+SMY 处理植物根系中脂肪酸组成无明显变化,根瘤中脂肪酸组成变化与 P+R 处理相反;P 处理根系中脂肪酸组成变化与 P+R 处理相反,长链脂肪酸所占比例明显增高,而超长链脂肪酸所占比例明显降低。

前期不同脂类物质对 PCB 28 的模拟吸附实验结果表明,含量相同条件下,脂肪酸碳链相对较长的脂类物质对 PCBs 具有较高的吸附能力。可见,接种根瘤菌后植物组织中超长碳链脂肪酸所占比例的增加,也可能是其强化植物吸收富集 PCBs 能力的一个重要因素。

表 3.6 接种野生型和突变型根瘤菌下紫花苜蓿根、根瘤中脂肪酸组成变化

脂肪酸组成	根瘤				根					
	P+R		P+SMY		P		P+SMY		P+R	
	0	4 mg/L	0	4 mg/L	0	4 mg/L	0	4 mg/L	0	4 mg/L
C8:0	—	—	—	—	—	—	—	—	—	—
C10:0	—	—	—	0.09	—	—	—	—	0.29	—
C12:0	—	—	—	—	—	—	—	—	—	—
C13:0	0.47	0.20	0.17	0.63	1.13	—	0.13	—	0.12	—
C14:0	1.24	0.90	1.42	1.23	1.75	0.88	0.96	0.91	1.50	0.82
C14:1	—	—	—	0.04	—	—	—	0.23	—	—
C15:0	—	—	—	—	—	—	—	—	—	—
C16:0	21.13	20.66	20.66	22.52	20.71	26.03	18.86	17.70	20.23	21.91
C16:1	1.40	0.80	1.05	1.00	0.92	—	0.61	0.64	0.70	1.00
C17:0	—	—	—	—	—	—	—	—	—	—
C18:0	12.43	9.40	10.98	11.17	9.79	14.19	11.72	7.53	11.11	12.14
C18:1	17.74	13.98	16.80	17.87	16.31	14.57	14.31	10.31	17.73	14.39
C18:2	33.37	23.45	31.39	35.67	27.77	30.21	29.24	23.48	35.86	35.26
C18:3	2.24	4.11	2.68	4.71	2.50	2.25	2.06	2.92	3.35	4.07

续表

脂肪酸组成	根瘤				根					
	P+R		P+SMY		P		P+SMY		P+R	
	0	4 mg/L	0	4 mg/L	0	4 mg/L	0	4 mg/L	0	4 mg/L
C20:0	1.11	0.50	1.07	0.99	1.01	0.44	12.60	0.86	0.93	1.17
C20:1	7.31	19.96	13.14	1.89	12.77	3.76	—	24.30	6.16	5.43
C22:0	—	0.41	0.07	0.32	0.11	—	0.09	0.39	0.31	0.31
C22:1	1.57	5.65	0.57	1.86	5.23	7.66	9.42	10.97	1.48	3.50
MCFA（CS-14）	1.71b	1.09b	1.59b	2.00ab	2.88a	0.88b	1.09b	0.91b	2.13ab	0.82b
LCFA（C16-18）	88.31a	72.39bc	83.56ab	92.94a	78.00b	87.26a	76.80b	62.58c	88.98a	88.76a
VLCFA（C20-）	9.98c	26.52b	14.85bc	5.06d	19.12b	11.86c	22.11b	36.51a	8.88cd	10.42c
不饱和脂肪酸	63.62b	67.94ab	65.52ab	63.04b	65.51ab	58.45b	55.65b	72.62a	65.52ab	63.65b
饱和脂肪酸	36.38ab	32.06b	34.48b	36.96ab	34.49b	41.55a	44.35a	27.38c	34.48b	36.35ab

注：—表示未检出；MCFA 表示中链脂肪酸（medium-chain fatty acid）；LCFA 表示长链脂肪酸（long-chain fatty acid）；VLCFA 表示超长链脂肪酸（very-long-chain fatty acid）。

脂肪酸是植物细胞生物膜的重要组分，其不饱和水平直接影响生物膜的稳定性（杨福愉，1982；Lyons et al.，1970）。由表3.6可以看出，添加PCB 28与否，植物根瘤中脂肪酸不饱和程度无明显变化，但植物根中脂肪酸不饱和程度则明显受到影响。无添加PCB 28条件下，P和P+SMY处理紫花苜蓿根系中脂肪酸的不饱和度表现高于P+R处理，但添加PCB 28后，接种野生型根瘤菌可显著提高植物根系中不饱和脂肪酸所占比例，接种根瘤菌突变株植物根系脂肪酸不饱和度不变，单种植物处理植物根系中不饱和脂肪酸含量显著降低，不同处理根系中脂肪酸的不饱和度具体表现为：P+R＞P+SMY＞P，且差异可达显著水平（$p<0.05$）。不饱和脂肪酸在增加膜的流动性中发挥重要作用，膜脂不饱和度的增加可提高植物细胞膜稳定性，尤其是叶绿体和线粒体膜的稳定性，从而提高植物抗逆能力（赵金梅等，2009）。由此可见，接种根瘤菌可显著提高紫花苜蓿对PCBs的抗逆能力，且接种野生型根瘤菌植物对PCBs的抗逆能力高于根瘤菌突变株。

三、紫花苜蓿-根瘤菌共生体对多氯联苯的降解代谢机制

（一）紫花苜蓿-根瘤菌共生体各组织的生物量及多氯联苯浓度

试验共设3个处理，分别为：单种紫花苜蓿（A）、种植紫花苜蓿并接种野生型根瘤菌（AW）、种植紫花苜蓿并接种根瘤菌固氮突变株（AS）。不同处理条件下，紫花苜蓿-根瘤菌共生体各组织的生物量（干重）以及对PCB 28的积累浓度见表3.7。接种野生型根瘤菌的紫花苜蓿（AW），其茎叶和根部的生物量均显著高于不接菌（A）以及接种固氮功能突变株（AS）的处理。在未接根瘤菌的紫花苜蓿根部没有观察到根瘤的形成，在接

种野生型根瘤菌的苜蓿根部可见数量不等、体积较大且有固氮活性的粉红色有效根瘤,而在接种固氮突变株根瘤菌的苜蓿根部仅可见体积较小且无固氮活性的白色无效根瘤。不同处理条件下,紫花苜蓿各部位的生物量(干重)、对 PCB 28 的积累浓度以及根瘤的固氮酶活性见表 3.7。紫花苜蓿-根瘤菌共生体各组织对 PCB 28 的吸收富集能力不同,具体表现为根瘤＞根＞地上部,这与前期研究结果相一致,可能与共生体各组织中脂类物质的不均一分布有关。由表 3.7 还可以看出,在接种野生型根瘤菌的 AW 处理中,共生体的地上部、根和根瘤组织中所富集的 PCB 28 浓度均显著高于接种固氮突变株根瘤菌的 AS 处理,提示紫花苜蓿-根瘤菌共生体对 PCB 28 的吸收富集能力可能与共生体的固氮能力有关。

表 3.7 不同处理下紫花苜蓿-根瘤菌共生体各组织的生物量及 PCB 28 浓度

处理		植物生物量/(mg/株)	PCB 28 浓度/(μg/kg)	固氮酶活性/(nmol/L C_2H_4/株·分)
单种紫花苜蓿(A)	根部	340±60	366±10	N.D.
	地上部	890±80	20±1	
紫花苜蓿+野生型根瘤菌(AW)	根瘤	380±10	1150±100	4.3
	根部	1430±130	1072±15	
	地上部	1900±60	32±4	
紫花苜蓿+突变株根瘤菌(AS)	根瘤	120±10	840±111	N.D.
	根部	120±20	406±2	
	地上部	1000±50	20±3	

注:表中数值为平均值±标准误;N.D.表示未检出。

(二)紫花苜蓿-根瘤菌共生体对三氯联苯的代谢与转化

在用气相色谱法分析紫花苜蓿-根瘤菌共生体各组织对 PCB 28 富集浓度的同时,我们在接种野生型根瘤菌的共生体根系组织样品气相色谱图中发现,除了 PCB 28 的色谱峰以外,在该峰的出峰时间之前还有一个明显的新增峰出现(图 3.6 箭头处所示)。通过对 PCBs 各同系物标准样品的气相色谱保留时间比对发现,新增峰为二氯联苯 2,4′-DCB(PCB 8)。

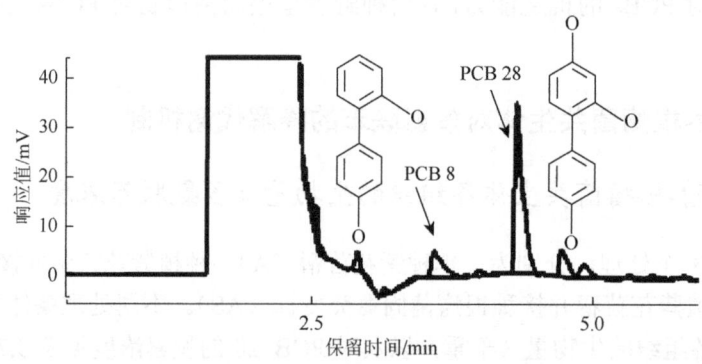

图 3.6 气相色谱图中紫花苜蓿-根瘤菌共生体对 PCB 8 的脱氯代谢产物

进一步对接种野生型根瘤菌的共生体（AW）根瘤以及地上部样品以及接种突变株根瘤菌的共生体（AS）各组织色谱图进行分析，发现在两种共生体的各个组织中均有不同浓度的 PCB 8 峰出现，对该峰进行积分定量后发现，如图 3.7 所示，PCB 8 在共生体各组织中的富集规律与 PCB 28 略有不同，富集能力为根瘤＞地上部＞根，并且接种野生型根瘤菌处理（AW）各组织中 PCB 8 的浓度均显著高于突变株各组织中的相应浓度。由此推测，紫花苜蓿-根瘤菌共生体可以对其所吸收富集的三氯联苯 PCB 28 发生还原脱氯代谢，代谢产物为二氯联苯 PCB 8，且共生体对 PCB 28 的还原脱氯能力可能与其固氮能力相关。

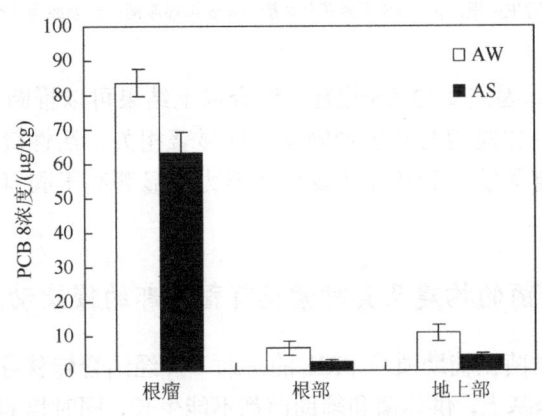

图 3.7 紫花苜蓿-根瘤菌共生体各组织中 PCB 8 的浓度
AW 为紫花苜蓿接种野生型 S. meliloti；AS 为紫花苜蓿接种根瘤菌固氮突变株 SMY

（三）紫花苜蓿-根瘤菌共生体根瘤中三氯联苯的还原脱氯

为了进一步明确紫花苜蓿-根瘤菌共生体是否能对其所吸收富集的 PCB 28 发生还原脱氯代谢，以及还原脱氯代谢过程是否与共生体的固氮功能具有相关性等问题，我们采用非损伤微测技术（NMT）在活体状态下分别监测野生型（AW）和突变型（AS）共生体根瘤中 Cl^-、NH_4^+ 以及 H^+ 离子流的实时动态。选择性离子扫描检测结果显示，在野生型（AW）和突变株（AS）共生体的根瘤中均观察到 Cl^- 的外流信号［图 3.8（a）］，说明在紫花苜蓿-根瘤菌共生体中的确发生了 PCBs 的还原脱氯代谢，并导致了游离态 Cl^- 的释放。同时，野生型根瘤中的 Cl^- 外流强度［9511pmol/（cm²·s）］比突变体根瘤中 Cl^- 外流强度［2535 pmol/（cm²·s）］高达 3 倍以上；同时，野生型根瘤中的 NH_4^+ 以及 H^+ 外流强度也都显著高于突变体根瘤［图 3.8（b）和图 3.8（c）］。

根瘤中的生物固氮反应是固氮酶催化空气中的 N_2 还原形成 NH_4^+ 盐的过程，其反应式如下：

$$N_2 + 16ATP + 10H^+ + 8e^- \longrightarrow 2NH_4^+ + H_2 + 16ADP + 16Pi$$

野生型根瘤中的 NH_4^+ 的外流强度高于突变体根瘤提示在野生型根瘤中发生的生物固

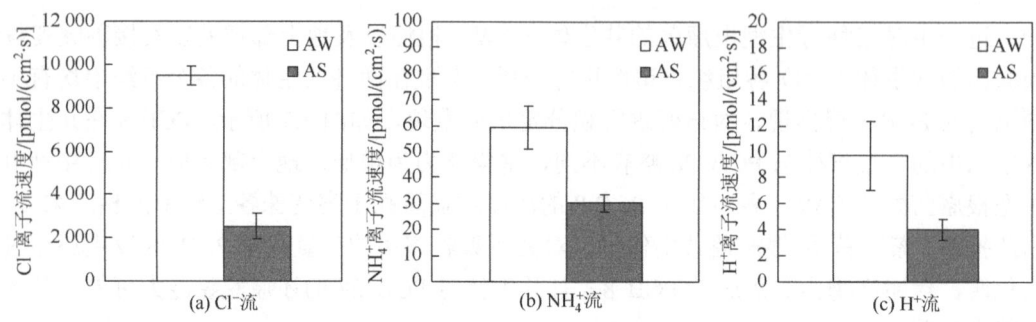

图 3.8 共生体根瘤中的 Cl^-、NH_4^+ 以及 H^+ 流

AW 为紫花苜蓿接种野生型根瘤菌；AS 为紫花苜蓿接种突变株根瘤菌；误差线为 3 个重复样间的标准差

氮活性显著高于固氮基因突变的 AS 根瘤。综合以上结果可以推断，紫花苜蓿-根瘤菌共生体对 PCBs 的代谢转化能力与其生物固氮活性显著相关，活性较强的野生型根瘤共生体对 PCB 28 的吸收富集能力和还原脱氯代谢能力均显著高于固氮功能较弱的突变型共生体。

（四）基因标记根瘤菌的构建及其对紫花苜蓿根部的侵染动态

含 *gfp* 基因的供体菌在辅助质粒 pRK 的协助下，经结合转移导入受体菌苜蓿根瘤菌中。在链霉素选择培养基上，供体菌和辅助菌都不能生长，同时培养基中的链霉素抑制了未获得转移质粒的受体菌出发菌株的生长。因此，在添加了链霉素的选择平板上所生长的菌落理论上都应该是转移结合子。对选择培养基上的结合子菌落以及菌体进行荧光发光检测，结果均观察到有绿色荧光产生（图 3.9）。

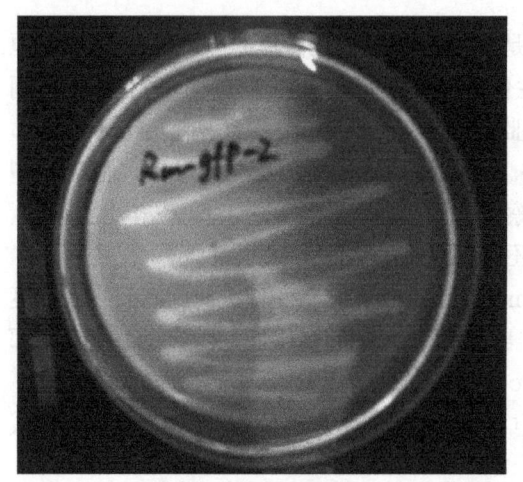

(a) 紫外灯下的 *gfp* 标记菌落

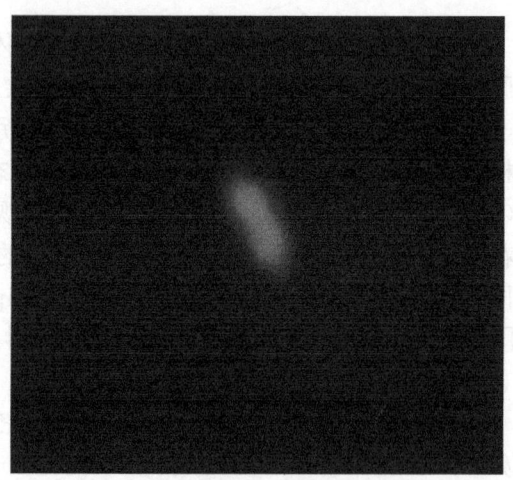

(b) 荧光显微镜下的 *gfp* 标记菌落

图 3.9 *gfp* 标记根瘤菌菌株的绿色荧光发光检测

对 *gfp* 表达阳性的菌株进行 16S rRNA 基因测序，测序比对的结果进一步证明 *gfp* 基因标记根瘤菌菌株的构建是成功的。通过对标记菌株进行连续 6 次传代培养，统计得出外源质粒的平均丢失率约为 11%，表明 *gfp* 基因可在受体根瘤菌中稳定遗传。对紫花苜蓿幼苗接种 *gfp* 标记根瘤菌菌株，定期采样观察 *gfp* 基因标记根瘤菌菌株在紫花苜蓿根部的定殖以及在根瘤中的侵染动态，结果如图 3.10 所示。接种 1 周后，*gfp* 标记根瘤菌在紫花苜蓿的根部定殖成功并开始形成微小的根瘤凸起，接种 2 周后，可以明显观察到标记菌株在根瘤的顶端分生区大量富集［图 3.10（a）］；接种 3 周后，标记菌株已开始从根瘤顶端的分生区不断向根瘤的中心固氮区和近根的成熟区侵染，但顶端的分生区仍是标记菌株的主要侵染区域［图 3.10（b）］；接种 2 个月后，大量标记菌株已从根瘤的顶端分生区侵染至根瘤中心的固氮区［图 3.10（c）］。从 *gfp* 标记根瘤菌对紫花苜蓿根部的侵染动态结果可知，根瘤菌在共生体的根瘤中的分布动态与共生体根瘤的生长发育以及固氮功能相一致，在根瘤的发育过程中，根瘤菌不断从根瘤的分生区向核心区和成熟区侵染，在具有固氮活性的成熟根瘤中，根瘤菌则主要分布于根瘤中心部位的固氮核心区。

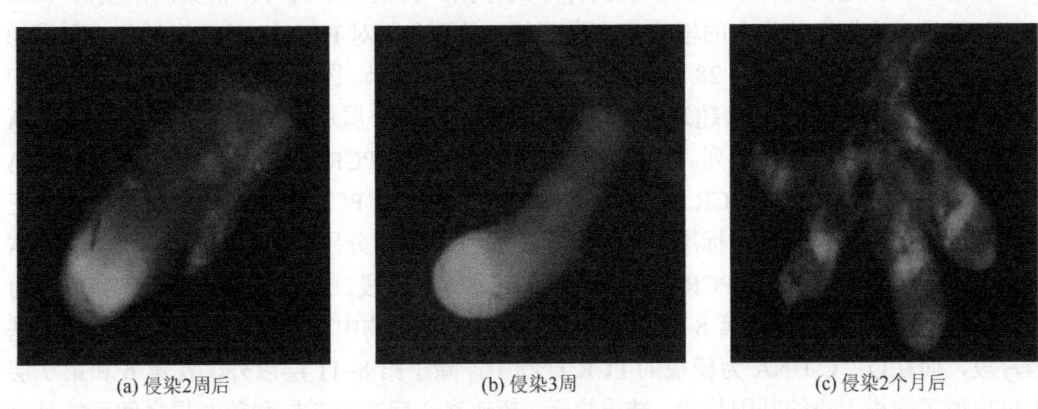

(a) 侵染2周后　　　　　(b) 侵染3周　　　　　(c) 侵染2个月后

图 3.10　*gfp* 标记根瘤菌在紫花苜蓿根瘤中的侵染动态

根瘤是根瘤菌侵染特定的宿主植物根毛而形成的一种内含大量含菌组织的独特结构。游离态的根瘤菌穿透植物根表的一层或多层细胞后，细菌以被膜包裹的形式从侵染线中释放出来进入植物细胞，这些包囊结构通常称为共生小体（symbiosome），内含单个或多个根瘤菌。在共生小体中，根瘤菌通常会分化成为形态不同的类菌体（bacteroids），类菌体是生物固氮反应发生的主要场所。图 3.11 所示为根瘤菌侵染紫花苜蓿后形成的根瘤及根瘤中的类菌体电子显微镜照片（10 000×）。本研究在电子显微镜下看到的根瘤菌类菌体形态多样，常见的有梨形、卵形、Y 形和不规则形态等，与史巧娟（2000）等报道的紫云英根瘤菌类菌体形态较接近。

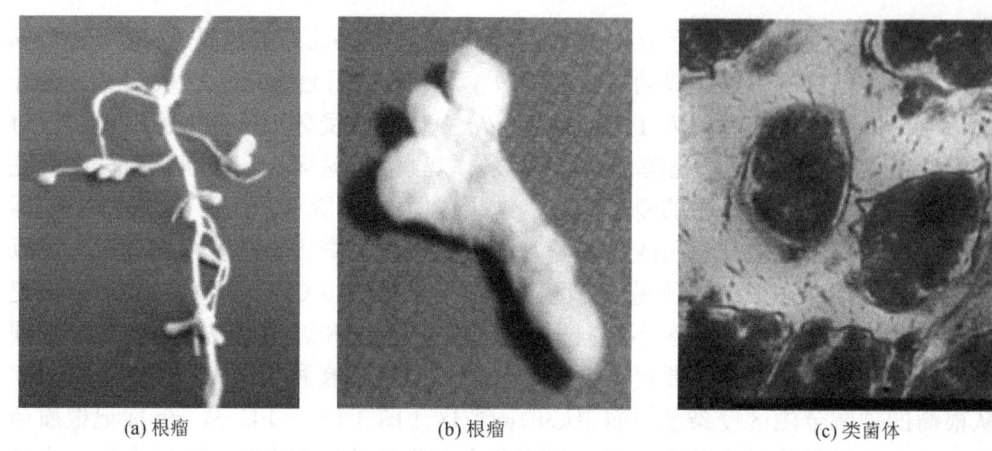

图 3.11 根瘤菌侵染紫花苜蓿形成的根瘤以及根瘤中的类菌体

(五)根瘤菌类菌体对三氯联苯的降解代谢

根瘤菌在根瘤共生体中主要以类菌体形式存在,且根瘤中又可以富集高浓度的 PCB 28,为了进一步探索共生态的根瘤菌(类菌体)是否参与对 PCB 28 的代谢转化,采用稳定性同位素 ^{13}C 标记的 PCB 28 作为供试污染物处理共生体。图 3.12(a)为富集了 ^{13}C-PCB 28 后的根瘤经总 DNA 提取、超速离心分离后的密度梯度分层示意图,第 1~13 层是按 DNA 的浮力密度由大到小依次排列。分别收集各层 DNA 作为 PCR 模板,采用细菌 16S rRNA f-338 和 r-518 引物对进行 PCR 扩增,图 3.12(b)所示为 PCR 产物的电泳图谱。图谱正中的泳道 M 为 DNA 分子量标准(DL 2000),其左右两侧分别是以 ^{12}C-DNA 和 ^{13}C-DNA 的第 1~13 层收集液为模板 PCR 扩增得到的 16S rRNA 片段。由图可知,在以 ^{12}C-DNA 为模板的 PCR 产物中,仅在第 8~11 层(轻层)的 PCR 产物中可见大小为 180bp 的目的基因片段,而在以 ^{13}C-DNA 为模板的 PCR 产物中,除了第 8~11 层以外,在第 6 和第 7 层中也出现了同样大小的基因片段。结果提示,超速离心后在第 7 层和第 8 层之间可能是重

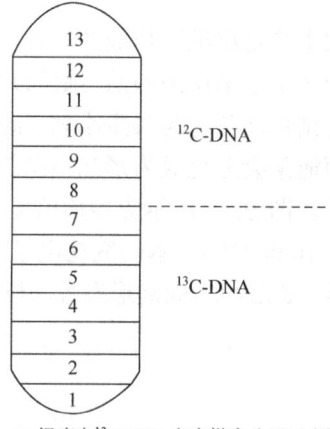

(a) 根瘤中 ^{13}C-DNA 密度梯度分层示意图

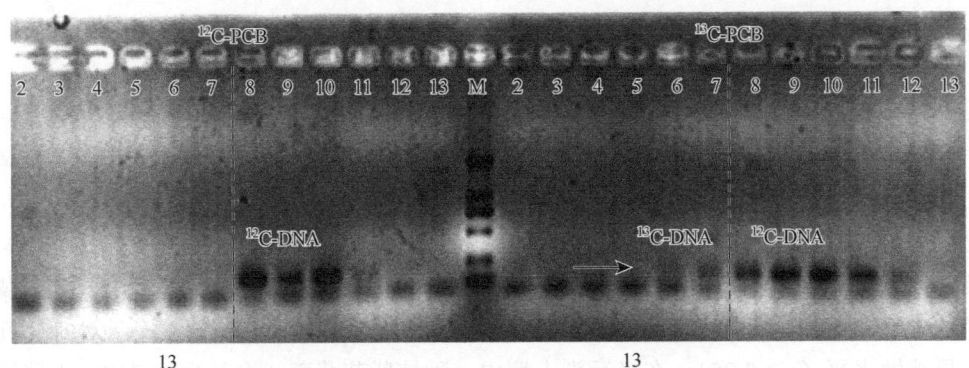

(b) 根瘤中^{13}C-DNA 16S rDNA 基因 PCR 产物电泳图

图 3.12 根瘤菌类菌体对 ^{13}C-PCB 的代谢转化

层（^{13}C-DNA）与轻层（^{12}C-DNA）的分界线；而在 ^{13}C 处理组中的第 6 和第 7 泳道中出现的条带（图中箭头所示处）则代表了根瘤共生体中能够代谢 ^{13}C-PCB 并利用 ^{13}C 合成自身核酸的微生物。经过对该条带的克隆、测序，并与 GenBank 中的核酸数据库比对后表明，共生体根瘤中代谢 ^{13}C-PCB 的微生物正是原先接种的中华苜蓿根瘤菌 *Sinorhizobium meliloti*。以上结果表明，共生体根瘤中的根瘤菌类菌体的确参与了对 ^{13}C PCB28 的降解代谢。

第二节 紫花苜蓿-根瘤菌-菌根真菌双接种修复

根瘤菌和菌根真菌是两种可以与植物形成共生体系的土壤微生物，在自然界广泛存在。研究发现，根瘤菌和菌根真菌不仅能够提供植物需要的营养元素，促进植物生长，同时对疏水性有机污染物如 PCBs 也具有降解作用（Zahran，1999；Ahmad et al.，1973）。研究发现，接种丛枝菌根真菌在促进有机污染土壤中植物生长的同时，也可以加强植物对有机污染物的降解效率（Joner et al.，2001；Joner and Leyval，2001）。滕应等（2008）的研究结果表明，接种菌根真菌、根瘤菌能够强化紫花苜蓿对 PCBs 污染土壤的修复作用。本节以长三角 PCBs 复合污染农田土壤为研究对象，从盆栽和田间尺度介绍菌根菌剂和根瘤菌剂双接种联合强化豆科植物（紫花苜蓿）降解长期污染土壤中 PCBs 的效果与应用，为研发 PCBs 污染土壤的生物修复技术体系提供科学依据。

一、紫花苜蓿-根瘤菌剂-菌根菌剂对多氯联苯的双接种联合修复

供试菌株为丛枝菌根真菌（苏格兰球囊霉（*Glomus caledonium*））和苜蓿根瘤菌（*Rhizobium meliloti*）。本研究设计 5 个处理，①不种植物，仅加灭活的菌根菌剂和根瘤菌剂作为对照（以 CK 表示）；②种植物，加灭活的菌根菌剂和灭活的根瘤菌菌剂（以 P 表示）；③种植物，加菌根菌剂和灭活的根瘤菌菌剂（以 PAM 表示）；④种植物，加灭活的菌根菌剂和活的根瘤菌菌剂（以 PR 表示）；⑤种植物，加活的菌根菌剂和活的根瘤菌菌

剂（以 PAMR 表示）。每个处理 3 次重复，随机区组排列。

（一）修复后土壤中多氯联苯组分及含量

从图 3.13 可以看出，在污染程度不同的两供试土壤中，与对照（CK）相比，种植紫花苜蓿的 4 个处理土壤中 17 种 PCBs 总量均明显降低。在重度污染土壤中，种植紫花苜蓿（P）、紫花苜蓿+菌根真菌（PAM）、紫花苜蓿+根瘤菌（PR）、紫花苜蓿+菌根真菌+根瘤菌（PAMR）的 PCBs 下降程度分别为 23.5%、24.1%、25.5%、26.9%，而且种植紫花苜蓿的 4 个处理与对照（CK）间均达到极显著性水平（$p<0.01$），但 4 个种处理之间未达到显著性水平（$p>0.05$）。在轻污染土壤中，种植紫花苜蓿 4 个处理的 PCBs 下降程度分别为 15.8%、14.8%、20.6%、23.2%，其中 PAMR 和 PR 处理与对照（CK）之间达到了极显著性水平（$p<0.01$），而 P 和 PAM 处理与对照（CK）间则达显著性水平（$p<0.05$）。

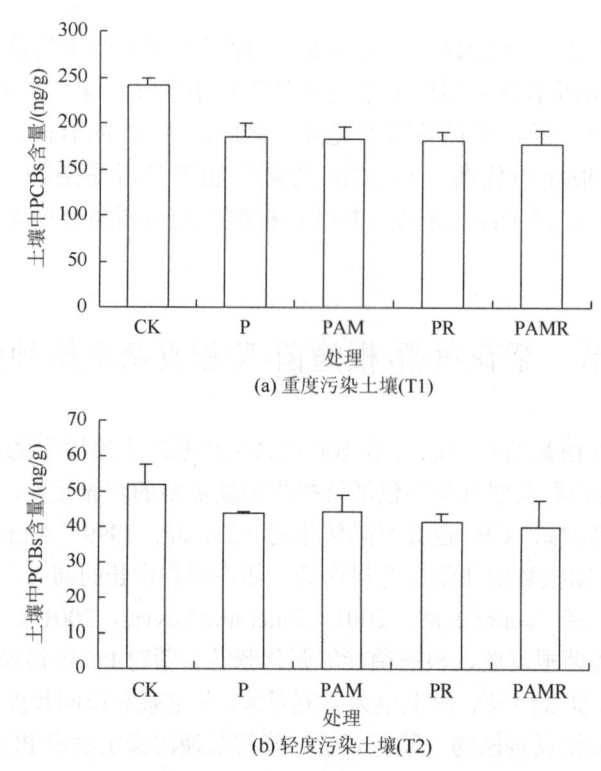

图 3.13　植物-微生物联合处理对供试土壤中 PCBs 总量的影响
CK：对照；P：种植紫花苜蓿；PAM：紫花苜蓿+菌根真菌；PR：紫花苜蓿+根瘤菌；
PAMR：紫花苜蓿+菌根真菌+根瘤菌

植物-微生物联合作用后供试土壤中 17 种 PCBs 同系物及其含量变化如图 3.14 所示。从图 3.14 可知，在重污染土壤中，种植紫花苜蓿的不同处理中 17 种同系物含量均低于对照（CK），其中高氯代同系物的下降程度要大于低氯代同系物，如 PCB101、PCB118、PCB153、PCB138 下降率均在 25% 以上，而 PCB18、PCB28、PCB44 下降率则在 19% 左右。在 PCBs 轻度污染土壤中也有相同的变化趋势，尤其在紫花苜蓿+菌根真菌+根瘤菌

（PAMR）处理中 17 种 PCBs 同系物下降程度更为明显。

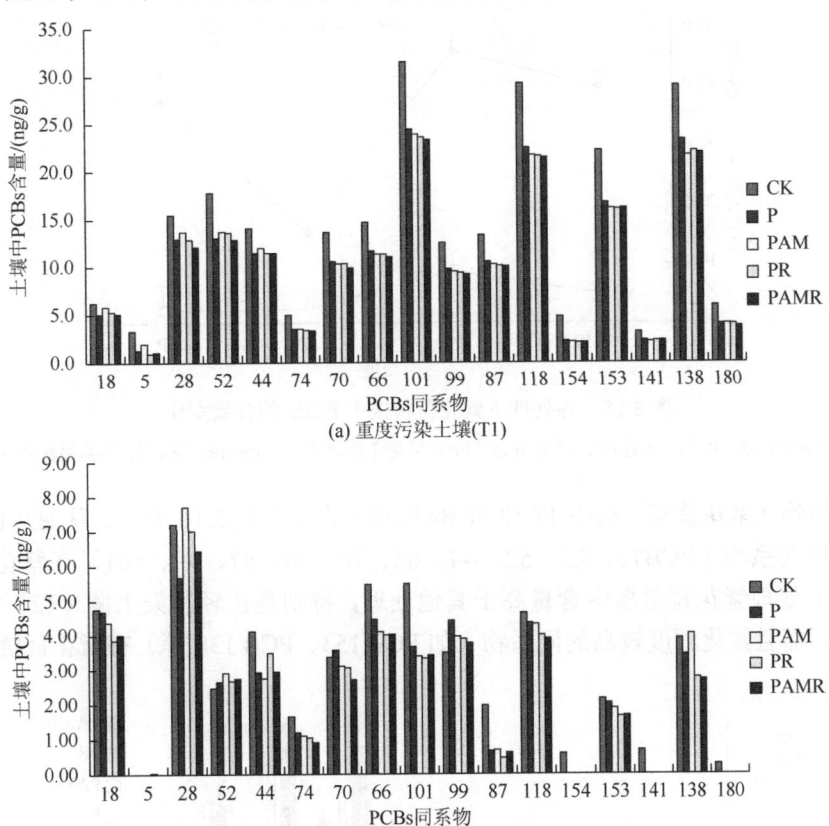

图 3.14 供试土壤中 PCBs 同系物组分及含量变化

CK：对照；P：种植紫花苜蓿；PAM：紫花苜蓿+菌根真菌；PR：紫花苜蓿+根瘤菌；PAMR：紫花苜蓿+菌根真菌+根瘤菌

（二）紫花苜蓿根中多氯联苯总量及同系物组分变化

分析结果发现，PCBs 在紫花苜蓿地上部分中含量很低（茎叶组织中 17 种 PCBs 均低于 1.0ng/g 干物质），而紫花苜蓿中 PCBs 主要积累在其根部。图 3.15 显示了各处理下紫花苜蓿根中 PCBs 总量及同系物组分的变化情况。从图 3.15 可以看出，供试植物紫花苜蓿根中 PCBs 的含量不仅与接种微生物种类有关，而且还与供试土壤的 PCBs 污染程度直接相关。在重度污染土壤（T1）条件下，种植紫花苜蓿（P）、紫花苜蓿+菌根真菌（PAM）、紫花苜蓿+根瘤菌（PR）、紫花苜蓿+菌根真菌+根瘤菌（PAMR）处理的根中 PCBs 总量分别为 37.5ng/g、15.5ng/g、46.3ng/g、40.0ng/g，各处理间差异达极显著水平（$p<0.01$）。在轻度污染土壤（T2）条件下，上述处理的根中 PCBs 总量分别为 2.1ng/g、2.3ng/g、8.7ng/g、5.1ng/g，其中紫花苜蓿+根瘤菌（PR）、紫花苜蓿+菌根真菌+根瘤菌（PAMR）处理明显高于种植紫花苜蓿（P）、紫花苜蓿+菌根真菌（PAM）（$p<0.01$）。就两种供试土壤比较而言，重度污染土壤各处理紫花苜蓿根中 PCBs 含量显著高于轻度污染土壤，重度污染土壤根中 PCBs 平均含量（34.8ng/g）是轻度污染土壤（4.5ng/g）的 7.7 倍，且重度污染土壤中各处理 PCBs 含量的差异表现甚为明显。

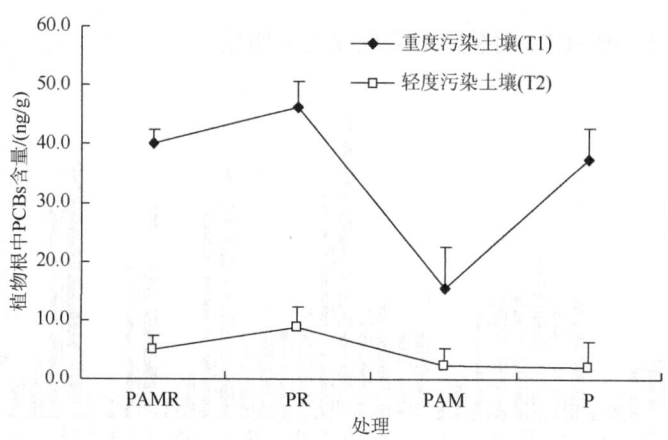

图 3.15 各处理下紫花苜蓿根中 PCBs 的含量变化

P：种植紫花苜蓿；PAM：紫花苜蓿+菌根真菌；PR：紫花苜蓿+根瘤菌；PAMR：紫花苜蓿+菌根真菌+根瘤菌

供试植物（紫花苜蓿）根中 17 种 PCBs 同系物含量如图 3.16 所示。从图 3.16 可以看出，低氯代同系物（PCB18、28、52、44、66、70、74、87、99、101）在紫花苜蓿+根瘤菌（PR）处理紫花苜蓿根中含量高于其他处理，特别是在轻污染土壤（T2）中表现得尤其明显，而且氯化程度较高的同系物（如 PCB 153、PCB 138 等）在紫花苜蓿+菌根真

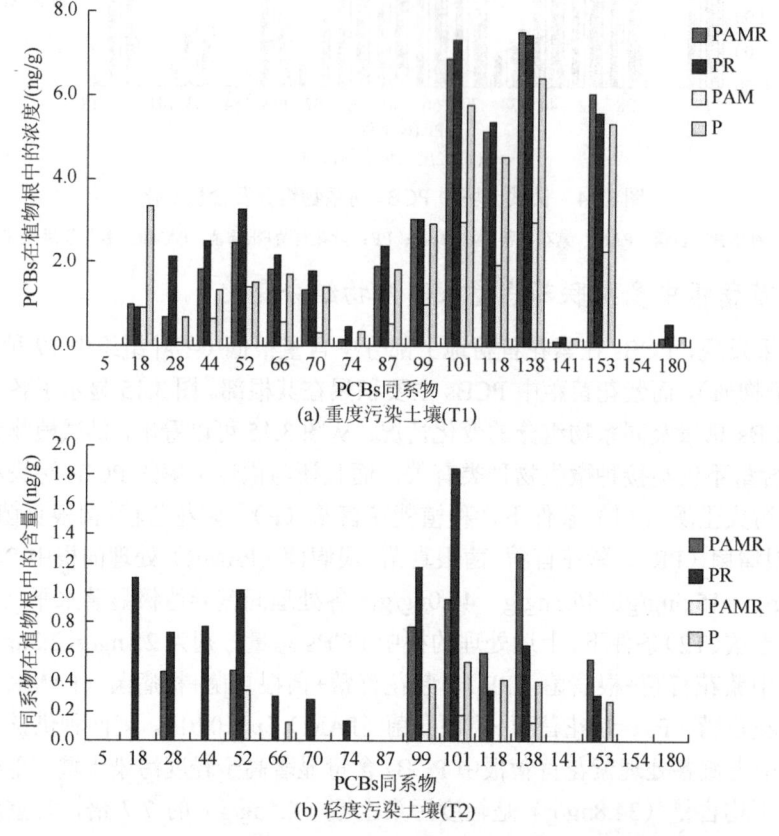

图 3.16 各处理下紫花苜蓿根中 PCBs 同系物含量变化

菌+根瘤菌（PAMR）处理根中含量高于 PR 处理，这与菌根的参与有必然联系，其具体原因有待进一步研究。

（三）土壤微生物群落功能多样性变化

由图 3.17 可知，种植紫花苜蓿及接种菌根真菌和根瘤菌后，PCBs 不同污染程度供试土壤的微生物群落代谢剖面发生了明显变化。轻度污染土壤（T2）中微生物群落在 72h 发生变化，而重度污染土壤（T1）则延迟至 96h 时，其代谢剖面才发生明显改变。结果表明 PCBs 不同污染水平下紫花苜蓿-微生物处理的土壤微生物群落碳源利用模式存在差异，即轻度污染根际土壤微生物群落的 AWCD 值＞重度污染土壤，说明 PCBs 重度污染抑制了供试土壤微生物群落的生理代谢活性，降低了 Biolog 板中碳源利用程度。从图 3.17 还可看出，相同污染水平下不同处理根际土壤的微生物群落碳源利用代谢剖面也存在差异。重度污染和轻度污染土壤中微生物群落代谢剖面变化均表现为紫花苜蓿+菌根真菌+根瘤菌（PAMR）＞紫花苜蓿+根瘤菌（PR）＞紫花苜蓿+菌根真菌（PAM）＞种植紫花苜蓿（P）处理＞对照（CK），各处理与对照（CK）间均达显著水平（$p<0.01$）。这一结果表明种植紫花苜蓿及接种菌根真菌和根瘤菌后改变了各处理根际土壤的微生物活性，提高了根际土壤微生物群落的功能多样性，有利于强化 PCBs 污染土壤的生物修复过程。

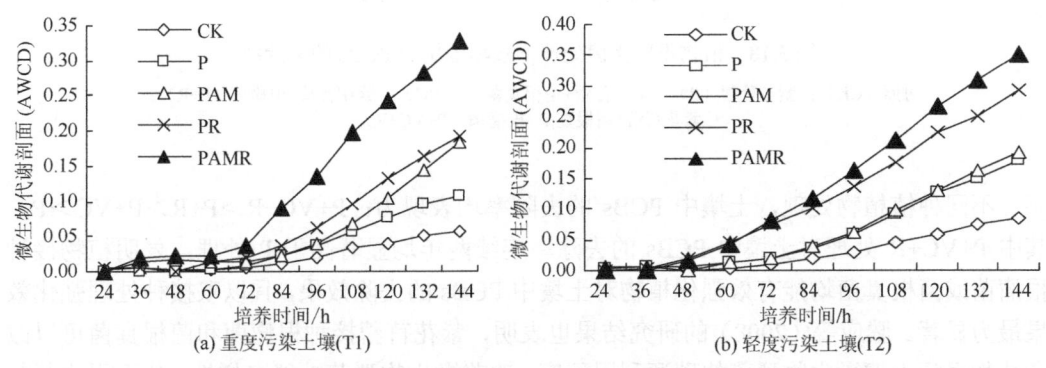

图 3.17　各处理下供试土壤的微生物群落代谢剖面（AWCD）变化

CK：对照；P：种植紫花苜蓿；PAM：紫花苜蓿+菌根真菌；PR：紫花苜蓿+根瘤菌；PAMR：紫花苜蓿+菌根真菌+根瘤菌

二、紫花苜蓿-根瘤菌-菌根真菌双接种对多氯联苯的田间原位修复

试验在长江三角洲某典型 PCBs 污染的农田中进行，试验设 5 个处理，分别为：①对照（CK），②种植紫花苜蓿（P），③种植紫花苜蓿并接种菌根真菌（P+VC），④种植紫花苜蓿并接种根瘤菌（P+R），⑤种植紫花苜蓿同时接种菌根真菌和根瘤菌（P+VC+R）。

（一）土壤中多氯联苯含量及组分变化

由图 3.18 可见，在试验处理 1 年后，所有种植紫花苜蓿的处理，包括 P、P+VC、P+R、

P+VC+R 四组处理，根际土壤中的 PCBs 去除率分别 19.4%、26.9%、31.2%、32.8%，均显著高于对照组（CK）的 10.6%。在试验处理 2 年后，对照组（CK）土壤中 PCBs 含量与 1 年前无显著变化，但种植紫花苜蓿处理，包括 P、P+VC、P+R、P+VC+R，根际土壤 PCBs 去除率较 1 年前均明显提高，去除率分别达 30.2%、33.7%、36.7%、47.1%，且除 P+R 处理外，均达显著水平。以上结果表明，在土壤 PCBs 的植物-微生物联合修复过程中，紫花苜蓿起着重要的作用，这与 Mehmannavaz 等（2002）和徐莉等（2008）的研究结果类似。

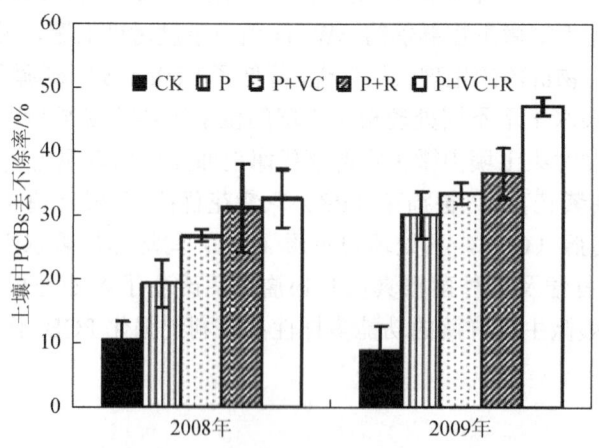

图 3.18 植物不同接菌处理下根际土壤中 PCBs 的去除率

对照（CK）；紫花苜蓿（P）；紫花苜蓿+菌根真菌（P+VC）；紫花苜蓿+根瘤菌（P+R）；
紫花苜蓿+菌根真菌+根瘤菌（P+VC+R）

不同种植植物处理，土壤中 PCBs 的去除率均表现为：P+VC+R＞P+R＞P+VC＞P，其中 P+VC+R 处理对土壤中 PCBs 的去除率连续两年均显著高于 P 处理，表明植物接种根瘤菌或菌根真菌均能有效强化植物对土壤中 PCBs 的去除效果，且以双接种处理强化效果最为显著。滕应等（2008）的研究结果也表明，紫花苜蓿接种根瘤菌和菌根真菌可以改变植物根际土壤微生物群落的碳源利用程度，改善微生物群落功能多样性，从而强化紫花苜蓿对 PCBs 污染土壤的修复效果。

根际土壤中 PCBs 同系物的变化如图 3.19 所示。土壤中 PCBs 大部分以低氯组分（<6 个氯原子的 PCBs 组分）为主，与对照（CK）相比，其他种植植物的四个处理中低氯成分所占比例均有不同程度降低。这可能是由于 PCBs 生物降解程度与氯原子取代数目有关，随氯原子的增加，PCBs 的降解率降低（Sayler et al., 1977；Ahmed et al., 1973），因此该地区低氯为主的 PCBs 有利于植物及根际微生物的降解。与单种植物（P）相比，除处理 1 年的植物双接种处理（P+VC+R）外，所有植物接菌处理中，2 氯和 3 氯组分总量所占比例均有不同程度增加，其中处理两年可达显著水平，4 氯组分所占比例的显著减小，同时 4 氯以下组分总量所占比例显著降低。可见，植物接菌处理可以有效促进土壤中 4 氯以下（含 4 氯）PCBs 组分的的降解和转化。

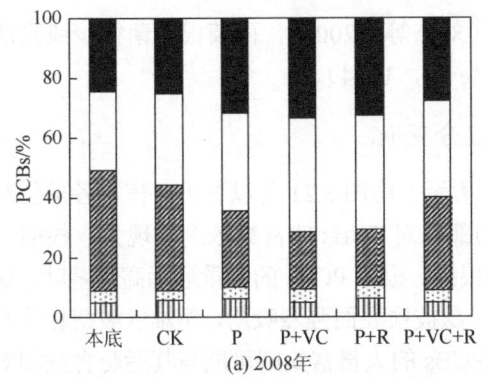 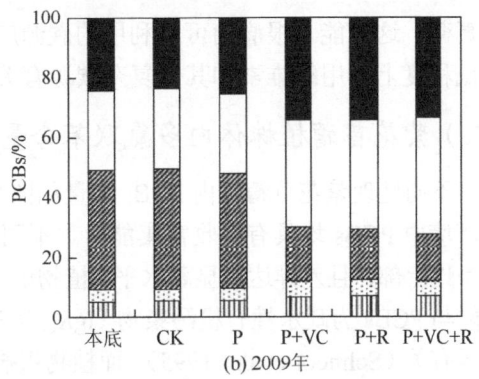

图 3.19 不同接菌处理下土壤中 PCBs 同系物百分含量

对照（CK）；紫花苜蓿（P）；紫花苜蓿+菌根真菌（P+VC）；紫花苜蓿+根瘤菌（P+R）；
紫花苜蓿+菌根真菌+根瘤菌（P+VC+R）

（二）紫花苜蓿的生物量变化

不同处理间紫花苜蓿的生物学指标见图 3.20。由于 2008 年和 2009 年植物生物量变化趋势一致，因此，本书以 2008 年数据进行分析。从图 3.20 可以看出，较单种植物而言，接种根瘤菌或菌根真菌均可促进紫花苜蓿的生长，显著提高植物根与地上部生物量。大量研究结果也表明，根瘤菌和菌根真菌能够促进宿主植物对营养物质的吸收，提高宿主植物对生物和非生物胁迫的抗性（Zahran，1999；Peoples et al.，1995；Read，1992；Harley，1989），即使在有机污染土壤中也能发挥很好的作用（Heinonsalo et al.，2000）。

不同菌种对紫花苜蓿生长的促进效应略有不同，植物各部位生物量表现为：P+R＞P+VC+R＞P+VC，但除 P+R 处理植物地上部茎叶含量显著高于 P+VC 处理外，其他处理植物地上部和根的生物量并无显著差异。可见，接种根瘤菌对植物生长的促进作用高于菌

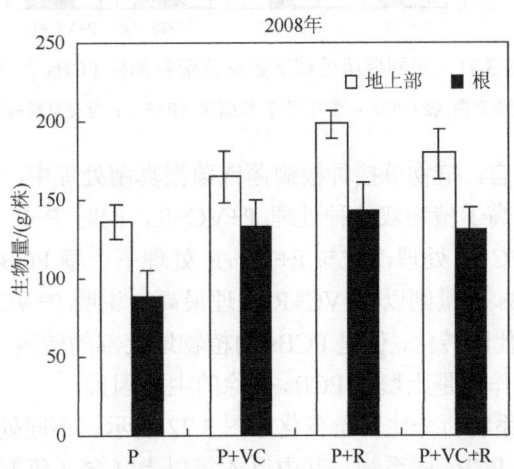

图 3.20 不同接菌处理下紫花苜蓿各部位生物量变化

紫花苜蓿（P）；紫花苜蓿+菌根真菌（P+VC）；紫花苜蓿+根瘤菌（P+R）；
紫花苜蓿+菌根真菌+根瘤菌（P+VC+R）

根真菌。这可能与根瘤菌可以利用的碳源广泛（刘杰等，2003），而菌根真菌很少或只能很低程度上利用纤维素和其他复杂碳源有关（Meyer，1974）。

（三）紫花苜蓿植株体内多氯联苯含量及组分变化

不同处理紫花苜蓿体内 PCBs 含量如图 3.21 所示。由图 3.21 可以看出，植物各部位对于环境中 PCBs 均具有吸收富集能力。不同植物部位对 PCBs 的富集浓度表现为：根瘤＞根＞地上部，且差异达极显著水平。植物地下部根瘤、根中 PCBs 的含量远远高于茎叶，这可能与 PCBs 为疏水性有机污染物（$\lg K_{ow}>3.0$），易被根表面强烈吸附，而难以被植物吸收转运有关（Schnoor et al.，1995）。而植物根瘤中 PCBs 的大量富集则可能与其脂肪含量相对根较高有关，模拟吸附动力学实验结果也表明，植物根瘤对 PCBs 的吸附能力远高于根。与单种植紫花苜蓿的处理（P）相比，菌根真菌、根瘤菌的接种均显著增加了植物体根中 PCBs 的含量，但对植物地上部茎叶中 PCBs 含量无显著影响。可见，接种菌根真菌或根瘤菌均能促进紫花苜蓿对 PCBs 的吸收富集作用，从而提高植物对 PCBs 污染土壤的修复效率。

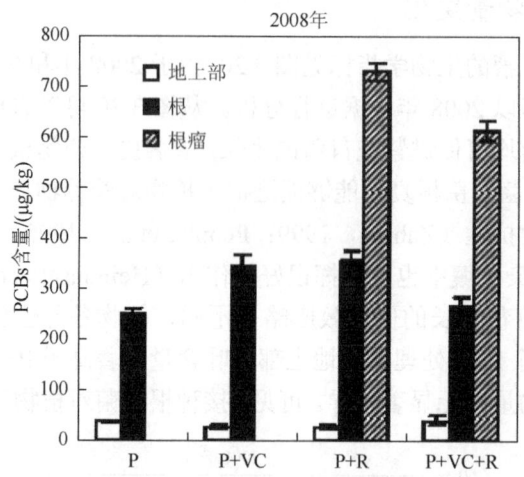

图 3.21　不同接菌处理下紫花苜蓿各部位 PCBs 含量

紫花苜蓿（P）；紫花苜蓿+菌根真菌（P+VC）；紫花苜蓿+根瘤菌（P+R）；紫花苜蓿+菌根真菌+根瘤菌（P+VC+R）

就不同接菌处理而言，植物单接种根瘤菌或菌根真菌处理中，植物根部 PCBs 含量无明显差异，但均极显著高于植物双接种处理 P+VC+R，同时 P+R 处理中植物根瘤 PCBs 含量也极显著高于 P+VC+R 处理，这与 P+VC+R 处理下土壤 PCBs 去除率最高的结果相反，但植物地上部 PCBs 含量则以 P+VC+R 处理最高。说明 P+VC+R 处理可以更有效地增加植物体对 PCBs 的代谢转化，促进 PCBs 向植物地上部的转运。可见，植株体对 PCBs 的吸收积累及生物代谢作用是土壤中 PCBs 去除的主要因素。

植株体内 PCBs 同系物百分比含量变化如图 3.22 所示。不同处理下，紫花苜蓿的根、根瘤都存在不同类型的 PCBs 同系物，其中以 4 氯以上（含 4 氯）PCBs 组分居多，约占 PCBs 总量的 90%左右，与该区土壤中 PCBs 的成分组成相似。紫花苜蓿地上部分则主要以 2 氯和 3 氯 PCBs 组分为主，可占 PCBs 总量的 70%~80%，这可能与低氯代 PCBs 组分水溶性相对较高，更易随植物蒸腾流向植物地上部转运有关。

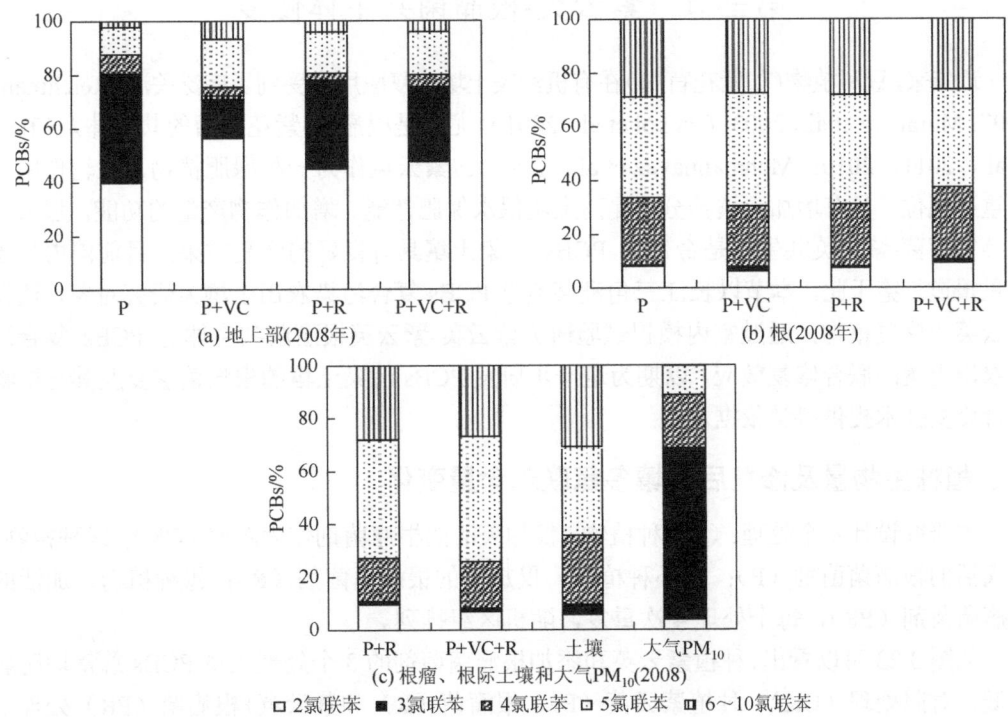

图 3.22 不同接菌处理紫花苜蓿各部位及根际土壤、PM_{10} 中 PCBs 同系物百分含量

紫花苜蓿（P）；紫花苜蓿+菌根真菌（P+VC）；紫花苜蓿+根瘤菌（P+R）；紫花苜蓿+菌根真菌+根瘤菌（P+VC+R）

总体来看，紫花苜蓿地上部与地下部 PCBs 组分分布有明显不同，地下部根、根瘤 PCBs 组分分布与其存在环境中土壤的 PCBs 组分分布相似，而地上部 PCBs 组分分布与大气颗粒物 PM_{10} 中虽然具有均以低氯代 PCBs 组分为主，但地上部 2 氯代 PCBs 组分所占比例远高于大气颗粒物 PM_{10}。说明植物地下部根、根瘤中 PCBs 主要来源于其所处环境介质土壤，而植物地上部中 PCBs 一方面来源于大气颗粒物沉降，另一方面则可能来源于植物根系吸收低氯代 PCBs 组分向地上部的转运以及植物地上部对地表挥发低氯代 PCBs 组分的吸附。

不同接菌处理，地上部 3 氯组分所占比例显著低于单种植物处理，而 2 氯组分所占比例却较单种植物处理有明显增高，其中以 P+VC 处理变化最为显著，可见，植物接菌处理更有利于植物体内 3 氯组分向 2 氯组分的生物转化。植物根瘤中 PCBs 组分分布在不同接菌处理下并无明显变化，植物根中 PCBs 组分在植物双接种处理 P+VC+R 条件下，高氯代 PCBs 组分所占比例有所减少，4 氯代 PCBs 组分所占比例有所增加，说明植物双接种处理可以更有效地促进植物体内 PCBs 高氯代组分向低氯代组分的转化，加强植物对 PCBs 的生物代谢作用。同时，植物根瘤中 4 氯组分 PCBs 所占比例显著低于根，这可能与游离根瘤菌对于 PCBs 具有生物降解作用（Zahran，1999），而根瘤中含有大量的含菌组织，从而使得根瘤对 PCBs 具有较高生物转化能力有关。

第三节 紫云英-根瘤菌共生体修复

近年来,豆科植物(如紫花苜蓿)在有机污染土壤修复应用中受到了广泛关注(Reichman, 2007; Muratova et al., 2003; Chekol et al., 2001),尤其是根瘤菌-紫花苜蓿的共生体系(Teng et al., 2011, 2010; Mehmannavaz et al., 2001)。紫云英作为一种绿肥植物,在轮作中占有重要地位,具有增加土壤养分、提高土壤保水保肥性能、增加作物产量的功能,那么紫云英根瘤菌-紫云英共生体是否也对 PCBs 污染土壤具有良好的修复效果,目前国内外还未见报道。鉴于此,本节以长江三角洲某典型 PCBs 复合污染农田土壤为研究对象,选择紫云英为修复植物,通过室内模拟试验研究紫云英-紫云英根瘤菌共生体对 PCBs 复合污染农田土壤的联合修复效应,以期为进一步研发 PCBs 污染土壤的根瘤菌修复及其与植物联合修复技术提供科学依据。

一、植株生物量及修复后土壤多氯联苯含量变化

本研究设计 4 个处理:①不种植物,仅加灭活的根瘤菌剂作为对照(CK);②种植物,加灭活的根瘤菌菌剂(P);③不种植物,仅加活的根瘤菌菌剂(R);④种植物,加活的根瘤菌菌剂(PR),每个处理 4 次重复,随机区组排列。

从图 3.23 可以看出,种植紫云英和添加根瘤菌菌剂的 3 个处理土壤 PCBs 总量均明显降低,对照处理(CK)、种植紫云英(P)、根瘤菌(R)和紫云英+根瘤菌(PR)处理土壤中 PCBs 浓度分别为 237.9μg/kg、183.1μg/kg、189.1μg/kg 和 111.5μg/kg,处理之间达显著性水平($p<0.05$)。与对照(CK)相比,3 个处理的土壤 PCBs 去除率分别为 23.0%、20.5%、53.1%,且达到极显著性水平($p<0.01$)。接种根瘤菌明显强化了紫云英对 PCBs 污染土壤的修复效果,紫云英+根瘤菌(PR)处理土壤 PCBs 下降程度比单一种植紫云英(P)处理高出 30.1%,其差异达到极显著性水平($p<0.01$)。从图 3.24 还可以看出,接种根瘤菌促进了紫云英的生长,PR 与 P 处理相比生物量显著增加($p<0.05$)。可见,这一修复效果可能是由于根瘤菌为化能异养菌,与豆科植物紫云英共生形成具有特定固氮能力的根瘤组织,为宿主提供氮素营养,促进紫云英生长有关,进而增加了污染物与根的接触面积,并提高体内代谢和根系分泌能力,释放更多的分泌物到根际微环境中,增加土壤有机质含量,为根际微生物提供营养,调节根际微生物的生存环境,增强了土著微生物的活性以及对 PCBs 的降解作用(高军, 2005; Chekol et al., 2004; Leigh et al., 2002)。

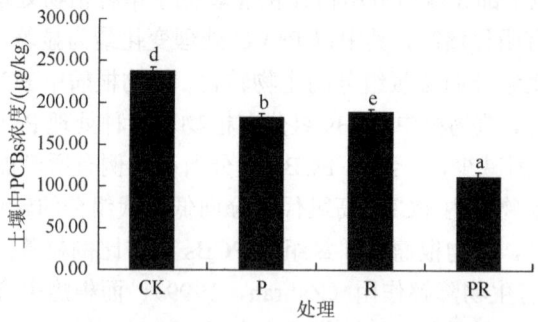

图 3.23 紫云英-紫云英根瘤菌 ZY1 联合作用对供试土壤中 PCBs 总量的影响

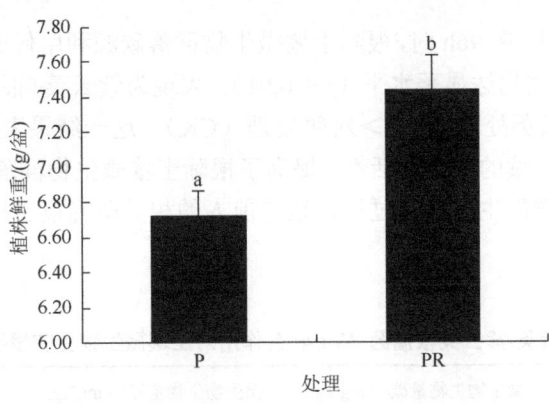

图 3.24 不同处理中植物生物量(鲜重:g/盆)

二、紫云英植株体内多氯联苯含量

图 3.25 显示了各处理下紫云英植株中 PCBs 的含量变化。从图 3.25 可知,种植紫云英(P)、紫云英+根瘤菌(PR)处理的植物中 PCBs 总量分别为 54.56 μg/kg、99.48 μg/kg,二者差异达极显著水平($p<0.01$)。有研究表明,植物能直接吸收 PCBs(Asai et al.,2002),同时植物体内不同的羟化酶、过氧化酶以及糖基化酶等转化降解 PCBs(Mackova et al.,1997)。紫云英属于须根系豆科绿肥植物,根系发达,其表面积较大,PCBs 容易吸附到紫云英根表面,从而对土壤中 PCBs 有一定的去除效果。进一步分析发现,种植紫云英后植株体内 PCB 吸取效率仅为 0.31%,而接种根瘤菌后植株的提取效率显著增加,达到 0.62%($p<0.01$)。这可能与微生物的活动改善了植物的生长状态,促进了植物对土壤中 PCBs 的吸收和降解有关(Mehmannavaz et al.,2002)。

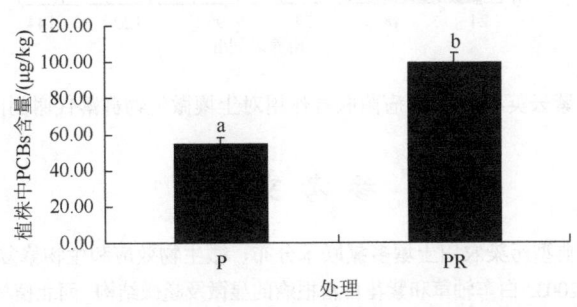

图 3.25 紫云英-紫云英根瘤菌联合作用对紫云英植株中 PCBs 含量的影响

三、土壤微生物生物量和群落功能多样性变化

土壤微生物种群结构是表征土壤生态系统群落结构和稳定性的重要参数之一(滕应等,2002)。从表 3.8 可知,种植紫云英(P)、根瘤菌(R)和紫云英+根瘤菌(PR)处理根际土壤微生物生物量碳氮比分别为 29.28、31.16 和 11.51,与对照组相比均有显著降低($p<0.05$)。由图 3.26 可知,种植紫云英及接种根瘤菌的不同处理后,PCBs 污染土壤的微生物群落代

谢剖面发生了明显变化。在 96h 时,根际土壤微生物群落碳源利用代谢剖面发生明显改变,各处理与对照(CK)间均达显著水平($p<0.01$),表现为紫云英+根瘤菌处理(PR)>根瘤菌处理(R)>紫云英处理(P)>对照处理(CK)。这一结果表明种植紫云英及接种根瘤菌后改变了根际土壤的微生物活性,提高了根际土壤微生物群落的功能多样性,有利于强化 PCBs 污染土壤的生物修复过程,这与前人的相关研究报道相一致(Kirk et al., 2005)。

表 3.8 紫云英-紫云英根瘤菌 ZY1 联合作用对土壤微生物生物量碳氮的影响

	微生物生物量碳/(mg/kg)	微生物生物量氮/(mg/kg)	微生物生物量碳氮比
CK	268.16±5.11a	8.20±0.30a	32.70±0.30d
P	332.57±4.24c	11.36±1.04bc	29.28±0.20b
R	318.75±3.26b	10.23±0.18ab	31.16±0.10c
PR	404.29±9.27d	35.13±2.00d	11.51±0.81a

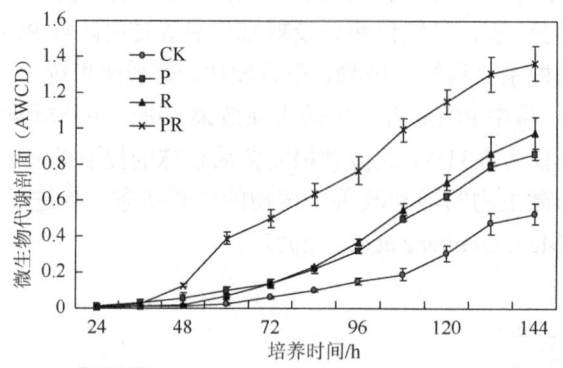

图 3.26 紫云英-紫云英根瘤菌联合作用对土壤微生物群落代谢剖面的影响

参 考 文 献

高军. 2005. 长江三角洲典型污染农田土壤多氯联苯分布、微生物效应和生物修复研究. 杭州: 浙江大学.
何一, 蔡霞, 王卫卫, 等. 2003. 白车轴草和紫花苜蓿根瘤的显微及超微结构. 西北植物学报, 23(3): 369~373.
刘杰, 陈文新. 2003. 我国中东部地区紫穗槐、紫荆、紫藤根瘤菌的数值分类及 16S rDNA PCR-RFLP 研究. 中国农业科学, 36(1): 17~25.
骆永明, 涂晨. 2012. 农田土壤-植物系统持久性有机污染物的界面过程与自修复——以多氯联苯为例. 土壤与作物, 1(2): 65~69.
史巧娟. 2000. 绿色荧光蛋白基因 gfp 在华癸中生根瘤菌与紫云英共生固氮体系研究中的应用. 武汉: 华中农业大学.
孙向辉. 2010. 污染农田土壤中多氯联苯的紫花苜蓿-根瘤菌联合修复及其机理. 北京: 中国科学院研究生院.
滕应, 黄昌勇. 2002. 重金属污染土壤的微生物生态效应及其修复研究进展. 土壤与环境, 11(1): 85~89.
滕应, 骆永明, 高军, 等. 2008. 多氯联苯污染土壤菌根真菌-紫花苜蓿-根瘤菌联合修复效应. 环境科学,

(10): 2925~2930.

王冬. 2006. 多氯联苯(PCBs) 的环境生态毒性研究. 杭州: 浙江大学.

徐莉, 滕应, 骆永明, 等. 2010. 苜蓿根瘤菌对多氯联苯降解转化特性研究. 环境科学, 31(1): 255~259.

徐莉, 滕应, 张雪莲, 等. 2008. 多氯联苯污染土壤的植物-微生物联合田间原位修复. 中国环境科学, 28(7): 646~650.

杨福愉. 生物膜的流动性与功能. 1982. 国外医学分子生物学分册, 4(4): 4~9.

姚振华, 田哲贤, 戴小密, 等. 2006. 异源 nifA 基因对苜蓿中华根瘤菌 nifA 突变体的互补分析. 科学通报, 51(19): 2258~2264.

赵金梅, 周禾, 孙启忠, 等. 2009. 植物脂肪酸不饱和性对植物抗寒性影响的研究. 草业科学, 26(9): 129~134.

Ahmed M, Focht D D. 1973. Degradation of polychlorinated biphenyls by two species of Achromobacter. Canadian Journal of Microbiology, 19(1): 47~52.

Aken B V, Correa P A, Schnoor J L. 2010. Phytoremediation of polychlorinated biphenyls: new trends and promises. Environmental Science and Technology, 44(8): 2767~2776.

Asai K, Takagi K, Shimokawa M, et al. 2002. Phytoaccumulation of coplanar PCBs by *Arabidopsis thaliana*. Environmental Pollution, 120(3): 509~511.

Chekol T, Vough L R, Chaney R L. 2004. Phytoremediation of polychlorinated biphenyl-contaminated soils: the rhizosphere effect. Environment International, 30(6): 799~804.

Chekol T, Vough LR. 2001. A study of the use of alfalfa(*Medicago sativa* L.) for the phytoremediation of organic contaminants in soil. Bioremediation Journal, 11(4): 89~101.

Cooper K M, Losel D M. 1978. Lipid physiology of besicular-arbuscular mycorrhiza. New Phytologist, 80(1): 143~151.

Fischer H M, Ariel A M, Hennecke H. 1986. The pleiotropic nature of symbiotic regulatory mutants: *Bradyrhizobium japonicum nif*A gene is involved in control of *nif* gene expression and formation of determinate symbiosis. The EMBO Journal, 5(6): 1165~1173.

Fischer H M. 1994. Genetic regulation of nitrogen fixation in Rhizobia. Microbiology Review, 58(3): 352~386.

Fletcher J S, Hegde R S, Donnelly P K. 1995. Biostimulation of PCB-degrading bacteria by compounds released from plant roots. Battelle Press, Columbus, OH(United States).

Gaspar L, Pollero R, Cabello M. 1997. Variations in the lipid composition of alfalfa roots during colonization with the arbuscular mycorrhizal fungus *Glomus versiforme*. Mycologia, 89(1): 37~42.

Gaude N, Tippmann H, Flemetakis E, et al. 2004. The Galactolipid digalactosyldiacylglycerol accumulates in the peribacteroid membrane of nitrogen-fixing nodules of soybean and lotus. The Journal of Biology Chemistry, 279(33): 34624~34630.

Harley J L. 1989. The significance of mycorrhiza. Mycological Research, 92(2): 129~139.

Heinonsalo J, Haahtela K S R, Jorgensen K S. 2000. Effects of pinus sylvestris root growth and mycorrhizosphere development on bacterial carbon source utilization and hydrocarbon oxidation in forest and petroleum contaminated soils. Canadian Journal of Microbiology, 2000, 46(5): 451~464.

Hirsch A M, Smith C A. 1987. Effects of *Rhizobium meliloti nif* and fix mutants on alfalfa root nodule development. Journal of Bacteriology, 169(3): 1137~1146.

Joner E J, Johansen A, Loibner A P, et al. 2001. Rhizosphere effects on microbial community structure and dissipation and toxicity of polycyclic aromatic hydrocarbons(PAHs) in spiked soil. Environmental Science and Technology, 35(13): 2773~2777.

Joner E, Leyval C. 2001. Time-course of heavy metal uptake in maize and clover as affected by root density and different mycorrhizal inoculation regimes. Biology and Fertility of Soils, 33(5): 351~357.

Kirk J L, Klironomos J N, Lee H, et al. 2005. The effects of perennial ryegrass and alfalfa on microbial abundance and diversity in petroleum contaminated soil. Environmental Pollution, 133(3): 455~465.

Leigh M B, Flether J S, Fu X, et al. 2002. Root turnover: an important source of microbial substratesin rhizosphere remediation of recalcitrant contaminants. Environmental Science and Technology, 36(7): 1579~1583.

Lyons J M, Raison J K. 1970. Oxidative activity of mitochondria isolated from plant tissues sensitive and resistant to chilling injury. Plant Cell Physiology, 45(4): 386~389.

Mackova M, Macek T, Ocenaskova J, et al. 1997. Biodegradation of polychlorinated biphenyls by plant cells. International Biodeterioration and Biodegradation, 39(4): 317~325.

Mehmannavaz R, Prasher S O, Ahmad D. 2002. Rhizospheric effects of alfalfa on biotransformation of polychlorinated biphenyls in a contaminated soil augmented with *Sinorhizobium meliloti*. Process Biochemistry, 37(9): 955~963.

Mehmannavaz R, Prasher S O, Markarian N, et al. 2001. Biofiltration of residual fertilizer nitrate and atrazine by Rhizobium meliloti in saturated and unsaturated sterile soil columns. Environmental Science and Technology, 35(8): 1610~1615.

Meyer F H. Physiology of mycorrhiza. 1974. Annual Review of Plant Physiology and Plant, 25: 567~586.

Moeckel C, Thomas G O, Barber J L, et al. 2008. Uptake and storage of PCBs by plant cuticles. Environmental Science and Technology, 42(1): 100~105.

Muratova A, Tischer T H, Turlcovskaya O, et al. 2003. Plant-rhizosphere-microflora association during phytoremediation of PAH-contaminated soil. International Journal of Phytoremediation, 5(2): 137~151.

Peoples M B, Herridge D F, Ladha J K. 1995. Biological nitrogen fixation: an efficient source of nitrogen for sustainable agriculture production, Plant and Soil, 174(1): 3~28.

Read D J. 1992. The mycorrhizal mycelium//Allen M F. Mycorrhizal functioning: an integrative plant-fungal process. New York: Chapman Hall: 102~133.

Reichman S M. 2007. The potential use of the legume-rhizobium symbiosis for the remediation of arsenic contaminated sites. Soil Biology and Biochemistry, 39: 2587~2593.

Sayler G S, Shon M, Colwell R R. 1977. Growth of an Estuarine *Pseudomonas* sp. on polychlorinated phenyl. Microbial Ecology, 3(3): 241~255.

Schnoor J L, Licht L A, Mccutcheon S C, et al. 1995. Phytoremediation of organic and nutrient contaminants. Environmental Science and Technology, 29(7): 318~323.

Teng Y, Luo Y M, Sun X H, et al. 2010. Influence of arbuscular mycorrhiza and rhizobium on phytoremediation by alfalfa of an agricultural soil contaminated with weathered PCBs: a field study. International Journal of Phytoremediation, 12(5): 516~533.

Teng Y, Shen Y Y, Luo Y M, et al. 2011. Influence of *Rhizobium meliloti* on phytoremediation of polycyclic aromatic hydrocarbons by alfalfa in an aged contaminated soil. Journal of Hazardous Materials, 186(2~3): 1271~1276.

Udvardi M K, Day D A. 1997. Metabolite transport across symbiotic membranes of legume nodules. Annual Review of Plant Physiology and Plant Molecular Biology, (48): 493~523.

Udvardi M K. 2001. Legume models strut their stuff. *Molecular Plant Microbe Interactions*. 14(1): 6~9.

Zahran H H. 1999. Rhizobium-legume symbiosis and nitrogen fixation under severe condition and in an arid climate. Microbiology and Molecular Biology Reviews, 63(4): 968~989.

第四章 多氯联苯污染土壤的农艺强化与原位生态调控修复

原位生态调控修复是根据生态学原理，利用特异生物（如修复植物或专性降解微生物等）对环境污染物的代谢过程，并借助物理修复与化学修复以及工程技术的某些措施加以强化或条件优化，使污染环境得以修复的综合性环境污染治理技术（周启星等，2007），是一种极具应用前景的污染土壤修复技术。对于长期受 PCBs 污染的农田土壤，采用原位生态调控修复技术，可以最大限度地激活土壤生态系统的自净功能，实现转移或转化、清除或消减土壤中的污染物含量，降低土壤毒性当量，恢复或部分恢复土壤服务功能，成为一种极具应用前景的修复措施。本章介绍了添加碳源、改变土壤通透性等不同农艺强化措施消减 PCBs 对农田土壤中的影响以及"土壤调控翻耕—种植紫花苜蓿—种植水稻"等生态调控修复技术在田间原位修复中的应用情况，以期为进一步推广 PCBs 污染农田土壤的原位生态调控修复技术提供科学依据。

第一节 农艺强化调控修复

多氯联苯污染土壤的修复效率受到众多因素的影响，其中环境因素如土壤中有机碳的含量、土壤温度、土壤水分和土壤氧气含量，都直接影响土著微生物的数量和降解活性。本篇第二章介绍了以不同的 C 源、C/N 比、水分及通透性为调控因子，获得了强化调控土壤 PCBs 的降解条件，但室内试验模拟真实生态系统具有一定的局限性。本节从微宇宙试验和田间试验两种尺度范围，探讨施加碳源以及改变土壤通透性等不同农艺强化调控措施对农田土壤中 PCBs 消减的影响，并对农艺强化调控修复后土壤中微生物多样性与土壤理化性质变化进行了评价。

一、微宇宙修复试验

微宇宙（microcosm）是指应用小生态系统或实验室模拟生态系统进行试验的技术。近年来，微宇宙技术被广泛用于原位修复生态工程或治理工程的研究之中。与实验室模拟试验、野外试验及数学模型相比较，微宇宙具有真实性、重复性、灵活性、安全性和成本效益比高等许多独特的优点。本研究中的微宇宙试验设计如下：将采自长江三角洲地区某 PCBs 污染高风险区的表层土壤风干、过 2mm 筛后装入底部带孔的花盆，将花盆埋于田间土壤中，使盆内外土壤齐平。设置如下处理：①对照，不做任何处理；②施加碳源，即淀粉，按照盆栽试验中效果最好的 1.0g/kg 水平一次性施加；③翻耕，改变土壤通透性，按照每月一次的频率进行搅动；④覆盖农膜，改变土壤通透性，同时还有保温作用，期间不做任何处理。每处理重复 4 次，定期浇水，常规管理，试验持续 90d。

(一) 土壤中多氯联苯含量变化

从图 4.1 可以看出,不同强化调控措施下土壤中 PCBs 浓度都有所降低。施加淀粉、翻耕和覆膜三组处理下土壤 PCBs 的降解率分别达到了 18.1%、29.3%和 14.2%,均显著高于对照处理 4.67%的降解率($p<0.05$)。翻耕处理的降解效果显著高于其他两组处理,施加淀粉和覆膜处理 PCBs 降解率无显著差异。翻耕作为改变土壤通透性的一种方式,造成了土壤厌氧-好氧交替的环境特征。这与高氯联苯一般先通过厌氧微生物的作用发生还原脱氯,生成低氯联苯,进而在有氧条件下被好氧微生物所降解的代谢途径一致(Köller et al., 2000)。因此,翻耕成为最有效的土壤 PCBs 农艺强化调控修复技术。

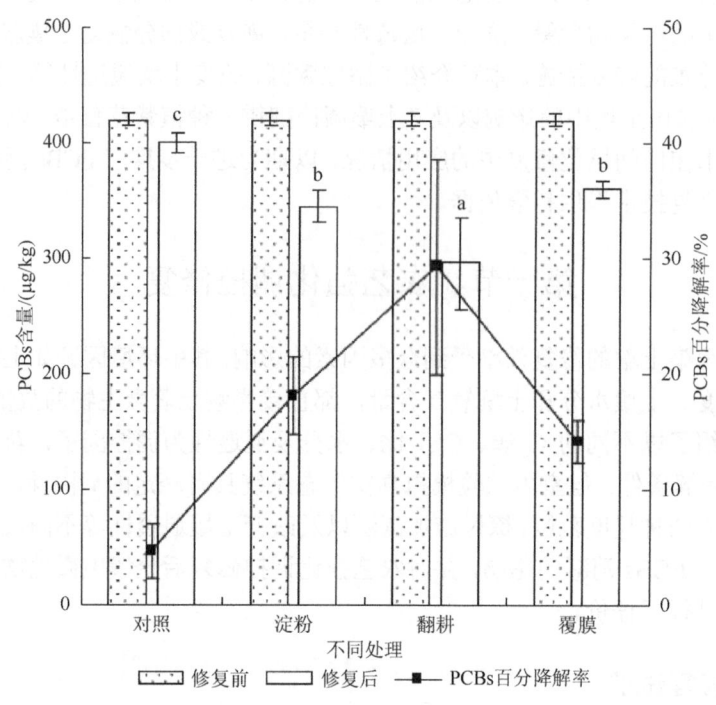

图 4.1 不同处理下土壤中 PCBs 含量

(二) 土壤中多氯联苯同系物变化

由图 4.2 可知,不同农艺强化调控措施下,土壤中 PCBs 的低氯组分(<6 个氯原子)的百分含量,相比于对照处理都有所降低。其中翻耕处理下,低氯组分降低最多,特别是二氯组分的百分含量从 16.9%降为 11.4%,表明土著微生物对 PCBs 低氯组分存在较强的降解能力,而高氯组分由于具有高稳定性和强疏水性,因而难以被微生物利用和降解(Sayler et al., 1977; Ahmed et al., 1973)。

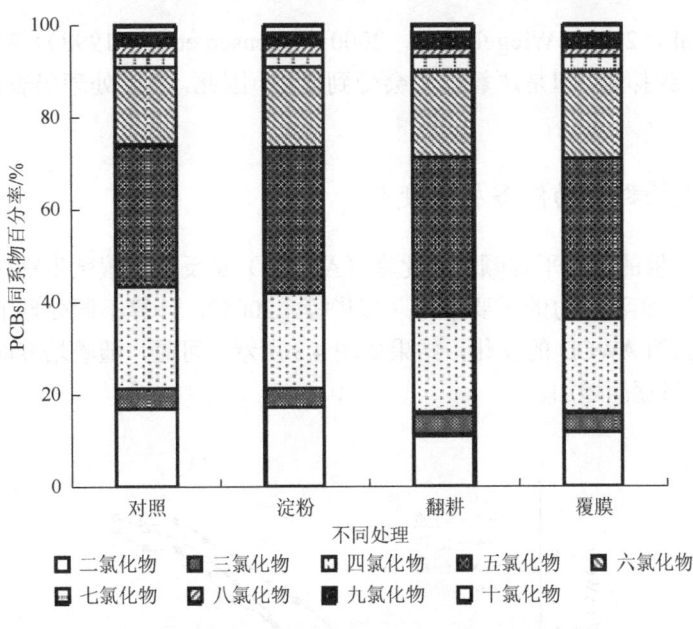

图 4.2　不同处理下土壤中 PCBs 同系物百分含量变化

（三）土著微生物数量变化

表 4.1 显示，不同的农艺强化调控措施都显著影响了土壤微生物的数量。与对照相比，施加淀粉和翻耕处理显著增加了土壤微生物的数量，包括细菌、真菌和放线菌。这与施加淀粉处理是外加碳源，能够明显改善土壤微生物生长的营养条件，而翻耕处理能改善土壤的通气状况，有利于土著微生物的生长繁殖有关。微生物数量的增加，会进一步促进土壤中 PCBs 的降解。这也在土壤 PCBs 的降解上得到体现，从图 4.1 可以看出，施加淀粉和翻耕都显著提高了土壤 PCBs 的降解率。

表 4.1　不同强化调控措施下土壤中细菌、真菌和放线菌数量　（单位：CFU/g 干土）

处理	细菌（$\times 10^6$）	真菌（$\times 10^4$）	放线菌（$\times 10^5$）
对照	55.7±5.51b	61.7±10.3c	126±12.3c
淀粉	72.5±2.12a	153±18.1a	279±44.7a
翻耕	82.5±2.12a	91±6.24b	179±11.8b
覆膜	50.0±7.07b	38±9.54d	156±29.4bc

注：同一列中不同的字母代表在数值上存在显著差异（$p<0.05$）。

覆膜处理下，细菌、真菌和放线菌三大菌的数量几乎与对照处理相当，甚至有所减少，这是因为覆膜处理减少土壤氧气的供应，抑制了好氧性微生物的生长，而测定微生物数量的稀释涂板法主要测定的是好氧性微生物。虽然与对照相比，覆膜处理下土壤微生物数量有所减少，但覆膜处理下土壤 PCBs 的降解效果仍然显著高于对照，这可能与 PCBs 存在不同的降解过程有关，PCBs 的降解包括好氧脱氯和厌氧脱氯两个过程

(Komancová et al., 2003; Wiegel et al., 2000; Quensen et al., 1998)。在覆膜处理中，虽然好氧过程受到抑制，但是厌氧过程会受到促进。因此，覆膜处理仍表现出促进 PCBs 降解的效果。

（四）土壤微生物群落功能多样性变化

Biolog-ECO 板的每孔平均颜色变化率（AWCD）是反映土壤微生物代谢活性，即指示微生物利用单一碳源能力的重要指标（郑华等，2004）。计算不同处理下，土壤微生物对 31 种不同碳源的 AWCD 的变化，结果如图 4.3 所示，可见，随着培养时间的延长，微生物利用碳源的量逐渐增加。

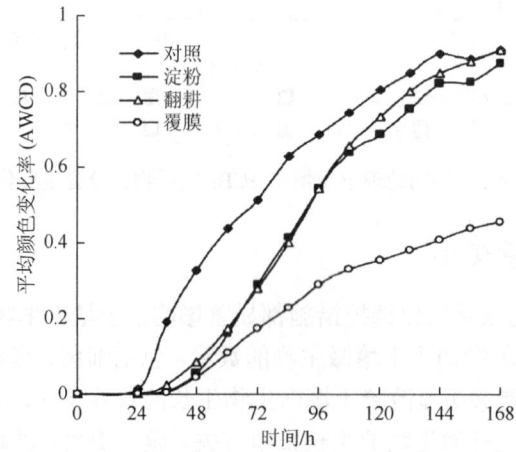

图 4.3 不同处理下微生物 Biolog-ECO 板上的平均颜色变化率（AWCD）

不同处理下，土壤微生物对碳源的利用程度有所不同。其中对照组的平均吸光值明显高于其他 3 组处理，淀粉处理和翻耕处理呈现相似的趋势，而覆膜处理的平均吸光值最低（图 4.3），这与土壤微生物数量规律相反。这一方面可能与所用土壤为试验处理后土壤，对照组土壤相比于其他处理，拥有较高含量的 PCBs，这些 PCBs 可以作为微生物所能利用的碳源，来维持土壤微生物较高的生物活性有关（刘五星等，2007）；另一方面，淀粉、翻耕和覆膜处理由于改变了土壤微生物的生活环境，致使只有适应于新环境的主流微生物迅速生长，虽然对 PCBs 的降解能力有所提高，但物种趋向单一，从而利用不同碳源的能力降低。其中，覆膜处理的微生物利用碳源能力最低，这与覆膜处理抑制了土壤好氧微生物的数量和活性，而 Biolog 系统主要是在好氧情况下测定微生物对碳源的利用能力有关。

不同的多样性指数可以表征土壤中微生物群落的不同特征，Shannon 指数主要反映群落中物种的丰富度，McIntosh 指数是基于群落物种多维空间距离的多样性指数，用于衡量群落中物种的均一性，Gini 指数来评价群落物种的多样性。本实验采取 84 h 的数据计算土壤微生物碳源底物利用的多样性指数，结果如图 4.4 所示。

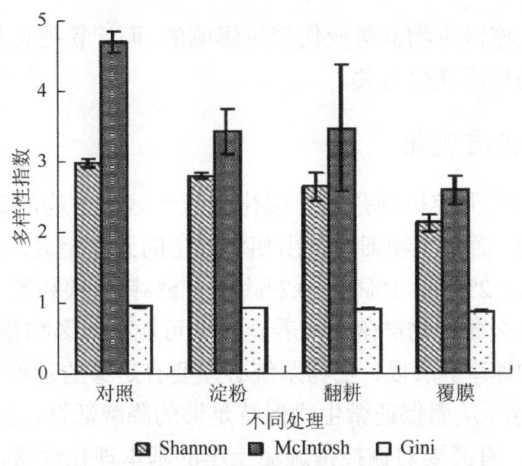

图 4.4 不同处理下土壤微生物功能多样性比较

与对照相比，施加淀粉、翻耕和覆膜 3 组处理下，土壤微生物群落的 Shannon 指数、McIntosh 指数均出现了明显降低，Gini 指数变化不大，说明施加淀粉、翻耕和覆膜处理都使得土壤微生物的物种丰富度和多样性发生降低。这是因为当环境条件改变时，土壤微生物种群会发生演替，部分能够适应新环境的功能微生物可能成为优势种群，而不适应的微生物种群就会消亡，进而导致微生物的多样性和丰富度发生降低。土壤微生物多样性变化实验结果与前期表征土壤微生物活性的 AWCD 的变化结果相一致，说明土壤微生物的碳源利用多样性与土壤微生物群落功能多样性都可以反映微生物整体活性（胡君利等，2008）。另外，对不同处理下，土壤微生物群落对微平板上 31 种碳源的利用情况进行主成分分析（principal component analysis，PCA）。从图 4.5 可以看出，对照土壤在 PCA1 上与其他处理显示出明显的分离，说明施加淀粉、翻耕和覆膜三组处理均能够明显影响土壤微生物群落的碳源利用性，并与对照相区别。虽然翻耕和施加淀粉的处理对土壤微生物群落的 AWCD 变化和多样性指数变化方面存在相似性，但在 PCA3 上可以将翻耕处理与施加淀粉处理分开，而与覆膜处理聚为一类，这与翻耕和覆膜处理是通过影响相同的土壤性质

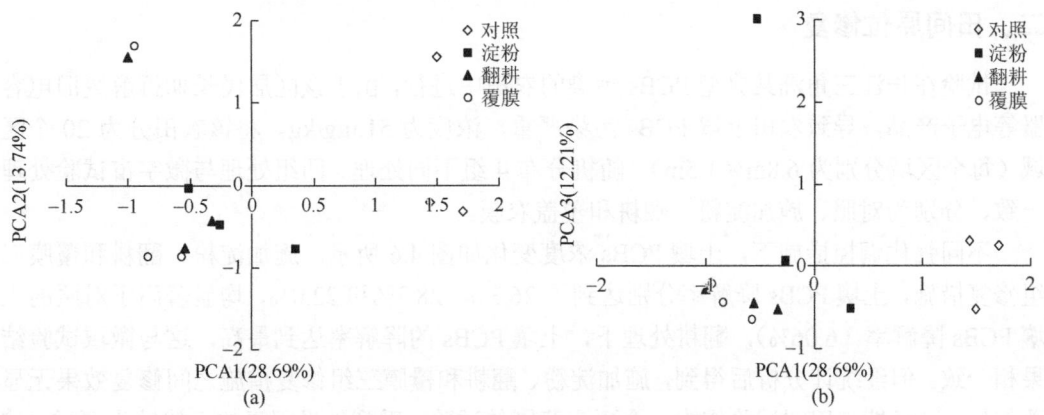

图 4.5 土微生物碳源利用特性的主成分分析（PCA）

即土壤通气状况来对土壤微生物群落变化产生影响的,而淀粉处理是通过改变土壤的营养因子来影响土壤微生物群落变化有关。

(五)土壤基本理化性质变化

由于不同的农艺强化调控措施是基于强化刺激土著微生物的数量和活性来达到促进土壤污染物降解的目的,而微生物细胞是由相对固定的元素组成,典型的细菌细胞组成为50%碳,14%氮,3%磷,2%钾,1%硫,0.2%铁,0.5%钙、镁和氯,如果组成这些细胞基本构件的元素短缺,那么微生物群落的营养竞争就可能显著影响整个微生物群落的生长,进而减缓污染物去除的速率。所以,生物系统必须要有足够的营养条件,提供微生物适当浓度、适当营养比的营养,从而保证微生物保持足够的降解活性,达到降解修复的效果(周启星等,2004)。因此,有必要对调控措施后土壤的基本理化性质,即土壤营养供给进行研究,确定调控措施的有效性以及延续性。土壤基本理化性质结果见表4.2。从表4.2可知,与对照处理相比,施加淀粉、翻耕和覆膜三组不同处理下,土壤的pH、有机质以及活性有机质都没有发生显著变化,仅全氮含量有所减少,水解氮含量显著增加,施加淀粉、翻耕和覆膜三组处理间没有显著差异。可见,施加淀粉、翻耕和覆膜三组处理对土壤营养元素的影响不大,虽然全氮含量有所减少,但容易被土壤微生物分解利用的水解氮不仅没有降低而且还有增加的趋势。因此,三种不同的调控措施修复后的土壤质量并没有降低,营养元素也没有显著的减少,仍然有利于土著微生物的生长与活性的发挥。

表4.2 不同处理下土壤基本理化性质的变化

处理	pH/(1:2.5土水比)	有机质/(g/kg)	活性有机质/(g/kg)	全氮/(g/kg)	水解氮/(mg/kg)
对照	5.43±0.07a	55.9±1.51a	41.8±0.30a	3.93±0.18a	186±6.35b
淀粉	5.43±0.06a	56.5±1.03a	41.7±0.96a	3.92±0.08ab	201±8.56a
翻耕	5.43±0.06a	56.2±0.78a	41.6±0.40a	3.70±0.11b	208±7.99a
覆膜	5.44±0.07a	57.1±2.03a	43.1±1.74a	3.70±0.16b	207±12.6a

二、田间原位修复

试验在长江三角洲某典型PCBs污染的农田中进行,由于该区居民长期拆解废旧电容器等电子产品,导致农田土壤PCBs污染严重,浓度为515μg/kg。将该农田分为20个区域(每个区域分别为6.8m×1.5m),随机分布4组不同处理。四组处理与微宇宙试验处理一致,分别为对照、施加淀粉、翻耕和覆盖农膜。

不同强化调控措施下,土壤PCBs浓度变化如图4.6所示。施加淀粉、翻耕和覆膜三组修复措施,土壤PCBs降解率分别达到了26.3%、28.3%和22.0%,均显著高于对照的土壤PCBs降解率(6.06%),翻耕处理下,土壤PCBs的降解率达到最高,这与微域试验结果相一致。但经统计分析后得到,施加淀粉、翻耕和覆膜三组修复措施之间修复效果无显著差异,这可能与田间试验作为一个更广范围的试验,受到外界因素的干扰较为严重,使翻耕处理的效果没有得到明显的体现,因而与微域试验结果有所差异有关。

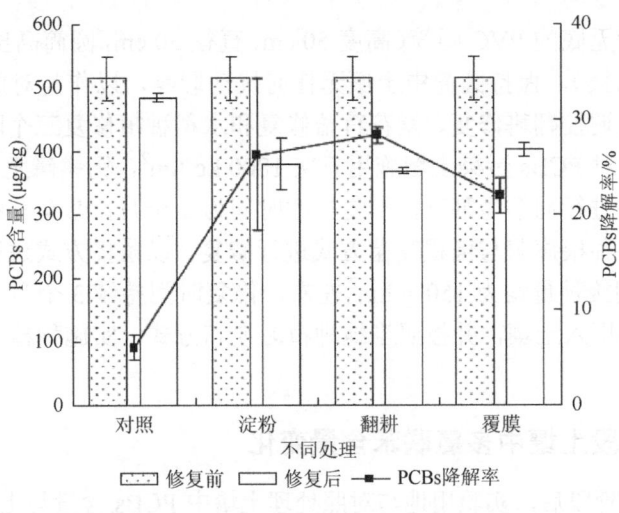

图 4.6 不同处理下土壤中 PCBs 含量

图 4.7 显示，不同强化调控措施下，施加淀粉处理，翻耕和覆膜处理下，土壤中 PCBs 的低氯组分（<6 个氯原子）的总量，相比于对照处理，都有所增加。其中翻耕处理下，低氯组分增加最多，但二～四氯组分都有所降低，五氯组分显著增加。由于土著微生物对 PCBs 低氯组分存在较强的降解能力（Sayler et al.，1977；Ahmed et al.，1973），土壤低氯 PCBs 组分的增加，预示了田间施用调控措施，有利于土壤 PCBs 的进一步降解。

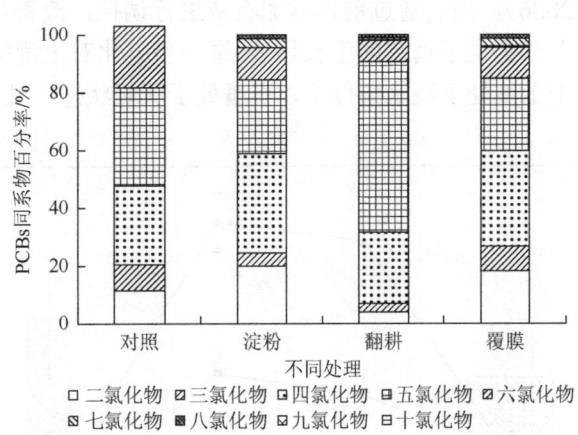

图 4.7 不同处理下土壤中 PCBs 同系物百分含量变化

第二节 原位生态调控修复

试验在长江三角洲某典型 PCBs 污染的农田中进行，供试土壤为水稻土，系统分类为铁聚水耕人为土。土壤 pH 为 4.37，有机质含量为 32.8 g/kg，全氮、全磷、全钾分别为 1.79 g/kg、0.44 g/kg 和 24.1 g/kg。试验用地面积约为 0.73 hm^2，按照当地传统农田耕作区域划分为 10 个小区（每个小区面积 0.05~0.10 hm^2 不等），编号 S1~S10，随机排列。

每个小区中均放置无底的 PVC 圆筒(高度 50 cm,直径 30 cm,圆筒高出表层土壤 10 cm,防止筒内外物质互换),保持圆筒中土壤无任何扰动影响,以作为对照处理。原位生态调控修复分为土壤调控翻耕修复、紫花苜蓿修复和水稻种植修复三个阶段进行。土壤调控翻耕修复阶段:对 PCBs 污染土壤施用石灰 1800 kg/hm^2,钙镁磷肥 450 kg/hm^2,并使用农用机械对土壤进行周期型翻动,修复持续时间为 1 个月;紫花苜蓿修复阶段:采用种植紫花苜蓿并接种根瘤菌与菌根真菌方式进行修复,以条播方式进行播种,播种量为 22.5 kg/hm^2,菌剂接种量均为 150 g/hm^2 左右,修复时间持续 3 个月;水稻种植修复阶段:将紫花苜蓿翻压入土壤,并按照当地种植习惯和方式,实施种植水稻修复,修复时间持续 4 个月。

一、不同修复阶段土壤中多氯联苯含量变化

经过不同处理阶段后,实验用地与对照处理土壤中 PCBs 含量与土壤 pH 变化情况见图 4.8。由图 4.8 可见,在调控翻耕与紫花苜蓿修复阶段,土壤中 PCBs 的含量均较上一阶段逐步降低,土壤 pH 则有所升高。而在水稻修复阶段,PCBs 含量略有回升,土壤 pH 则有明显下降。有研究表明,通过对土壤进行周期性翻动,可以改善土壤的通气状况,有利于 PCBs 污染土壤中土著微生物的生长,提高代谢活性,从而促进土壤中 PCBs 的自然降解(滕应等,2006)。而豆科植物紫花苜蓿已被广泛用于 PCBs 污染土壤的植物修复技术中(Chekol et al.,2001),并可通过接种根瘤菌以刺激提高根际微生物活性,进而强化紫花苜蓿对 PCBs 污染土壤的修复作用(徐莉等,2008)。考虑到紫花苜蓿不宜在酸性土壤上生长(郭彦军等,2006),因此通过前期添加石灰进行调控,改善当地土壤酸化现象,为土壤微生物与紫花苜蓿提供了适宜的生长环境,进一步强化对土壤中 PCBs 的去除效果。而在种植水稻后,由于土壤处于淹水条件下,土壤处于厌氧状态,且 pH 明显降低,不利

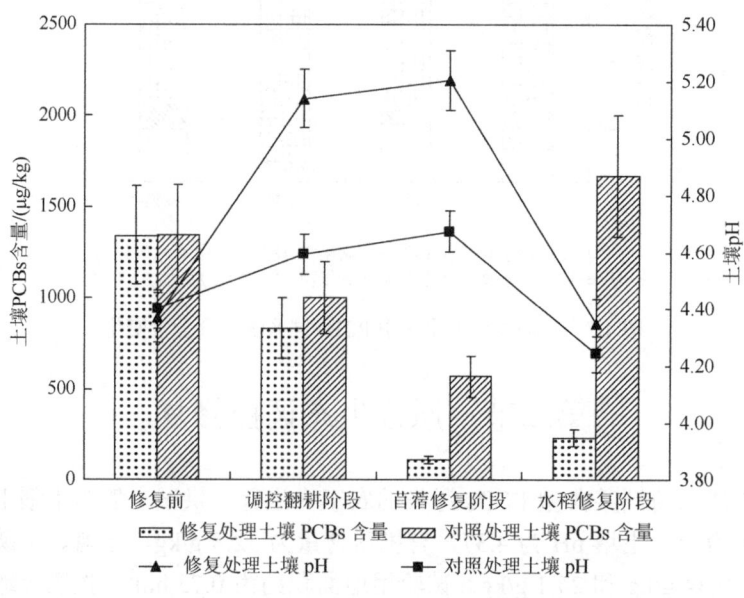

图 4.8 不同修复阶段土壤中 PCBs 量与 pH 变化

于土壤中好氧微生物的生长与繁殖，因此限制了 PCBs 的好氧降解。同时，一方面可能由于在种植水稻前需将紫花苜蓿翻压入土壤，使得部分被紫花苜蓿直接提取吸收的 PCBs 重新进入土壤（涂晨等，2010）；另一方面可能由于农田淹水而引入周边污染源中的 PCBs 并在土壤中蓄积（毕新慧等，2001），由此造成水稻修复阶段后土壤中 PCBs 含量略有上升。

前期研究表明，当地农田土壤中 PCBs 的来源受到一些较为分散的人为因素影响，其空间分布并不均匀（滕应等，2008）。而在本研究中修复试验区总面积相对较大，因此各小区之间土壤中 PCBs 含量也存在一定差异（图 4.9），其修复前含量为 406~2560μg/kg 不等。经不同阶段生态调控修复后，各小区土壤中 PCBs 含量均有不同程度的下降，大部分变化趋势也同样在调控翻耕与紫花苜蓿修复阶段持续下降，在水稻修复阶段有所回升。同时，在进行至紫花苜蓿修复阶段后，各小区土壤中 PCBs 含量变化基本趋于一致，均为 100μg/kg 左右。结果表明，对于中低浓度 PCBs 长期污染的农田土壤，由于土壤中已存在有一定具有降解 PCBs 能力的土著微生物，通过原位生态调控措施可刺激其活性，提高对 PCBs 降解效果。同时，由图 4.9 可见，高浓度 PCBs 的降解速率要明显高于低浓度污染水平，由此推测土壤中 PCBs 污染水平也可能为降解效率的影响因子之一，但其具体影响效应仍有待进一步研究。

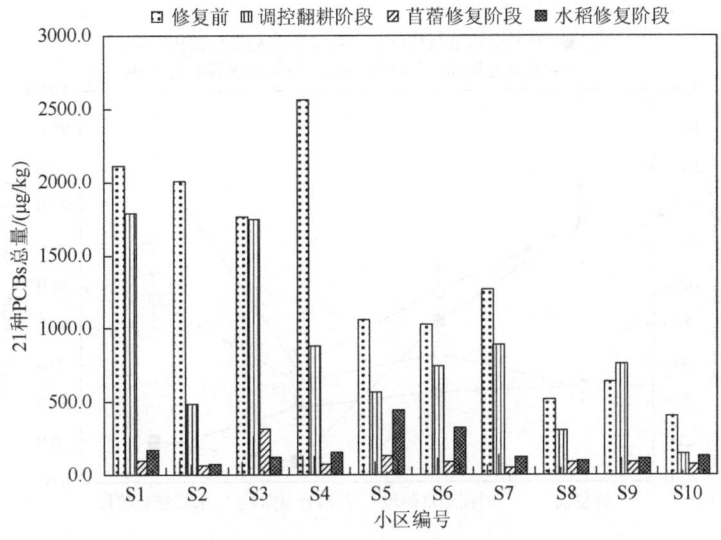

图 4.9 不同修复阶段各小区土壤中 PCBs 含量

二、不同修复阶段土壤中多氯联苯组分变化

由表 4.3 可见，试验农田土壤中的 PCBs 组成，主要以低氯代（氯原子数≤5）组分为主，其中三氯联苯含量最多，其次为二氯与四氯联苯。前期研究表明，该农田土壤 PCBs 主要来源于废弃电容器的中的介质油，造成土壤中二氯、三氯、四氯等低氯代 PCBs 的大量累积。而经不同阶段生态调控修复后，各组分含量均有不同程度降低，但总体上仍然以低氯代组分为主。

表 4.3 不同修复阶段土壤中 PCBs 同系物含量　　　　（单位：μg/kg）

PCBs 氯代数	修复前	调控翻耕阶段	苜蓿修复阶段	水稻修复阶段
2-氯	297.1±56.4	117.5±21.6	30.6±6.1	41.8±8.3
3-氯	714.6±128.6	467.8±86.3	49.7±11.8	109.1±16.9
4-氯	256.9±34.2	192.0±36.5	12.3±3.0	54.1±10.9
5-氯	50.0±12.9	34.5±7.1	9.3±2.1	6.9±1.3
6-氯	13.4±2.6	14.3±3.6	11.8±2.7	4.9±0.9
6-氯以上	10.7±1.9	8.5±1.6	7.2±1.6	3.2±0.6

通过对修复试验与对照处理土壤中 PCBs 组分结构动态变化分析，可以看出，在不同修复阶段，土壤中高、低氯代 PCBs 的变化规律不同（图 4.10）。在调控翻耕与紫花苜蓿修复阶段，低氯代 PCBs 组分显著下降，而高氯代组分变化不明显；在水稻修复阶段，低氯代组分又呈现出明显的上升趋势，而高氯代组分则进一步降低。与此相比，对照处理中，虽然在调控翻耕与紫花苜蓿修复阶段后各组分均有一定降低，但不及修复处理中效果明显；而在水稻修复阶段，低氯与高氯组分含量均有显著上升。

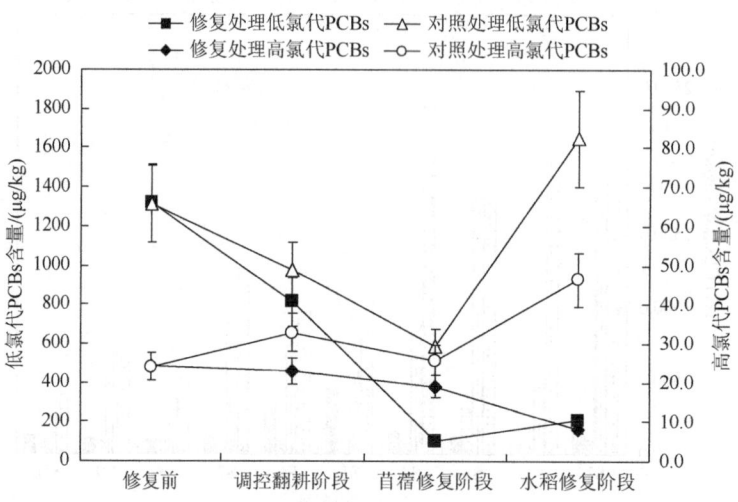

图 4.10 不同修复阶段土壤中低氯代与高氯代 PCBs 含量动态变化

一般认为，土壤微生物对 PCBs 的降解主要通过好氧与厌氧脱氯两种途径（高军等，2005）。对于低氯代 PCBs 组分，主要通过微生物好氧降解进行（Komancová et al.，2003），因此，通过添加石灰与翻耕，调节土壤理化性质并改善土壤通气性，为好氧微生物提供了适宜的生长环境；同时又通过种植紫花苜蓿强化促进根际微生物活性，使土壤中的低氯代组分被大量降解。对于高氯代 PCBs 组分，则主要通过厌氧脱氯途径进行，即在厌氧条件下，通过催化还原反应，把芳香族的氯代化合物从高氯转化为低氯或无氯的物质（Borjia et al.，2005）。因此，在种植水稻后，由于进行淹水处理使土壤处于厌氧状态，高氯代 PCBs

易脱氯转为低氯代组分,使土壤中高氯代 PCBs 含量减少,而低氯代 PCBs 不断积累使得含量有所上升。同时,由于废旧电容器油是 PCBs 污染的主要来源,加之试验田本身为开放体系,淹水措施也有可能引入周边含 PCBs 的污水并在土壤中富集,因此使对照土壤中 PCBs 总量有所上升。

三、土壤中类二噁英多氯联苯毒性当量及微生物数量变化

PCBs 同系物数目繁多,但由于联苯氯代程度与位置不同,其毒性也存在着很大的差异(McKinney et al., 1994)。其中,12 种具有共平面分子结构的 PCBs 同系物被称为类二噁英 PCBs,具有较强的生物毒性(Tan et al., 2004)。本研究中,可检出的类二噁英 PCB 单体主要为 PCB77、PCB105、PCB118、PCB126 这 4 种,其毒性当量计算结果见表 4.4。

表 4.4 不同修复阶段土壤中类二噁英 PCBs 毒性当量　　　　(单位:TEQ,ng/kg)

类二噁英 PCBs	TEF	修复	调控翻耕阶段		苜蓿修复阶段		水稻修复阶段	
			修复处理	对照	修复处理	对照	修复处理	对照
PCB77	0.000 1	2.37	1.63	2.47	0.43	0.70	0.87	1.08
PCB105	0.000 03	0.31	0.27	0.36	0.09	0.12	0.09	0.25
PCB118	0.000 03	0.32	0.18	0.35	0.06	0.08	0.04	0.26
PCB126	0.1	256.52	N.C.	168.28	N.C.	108.62	61.52	240.70
	TEQ	259.52	2.08	171.46	0.58	109.52	62.51	241.70

注:N.C.表示该 PCB 单体未有检出或浓度太低无法计算。

由表 4.4 可知,至苜蓿修复阶段完成后,毒性当量已从修复前的 259.52ng/kg 降至 0.58ng/kg,修复效果显著;但经水稻修复阶段后,又上升至 62.51ng/kg。由于在该试验田土壤中,PCB126 是毒性当量因子最大的单体,因此,其含量直接影响土壤毒性当量变化。土壤毒性当量变化与土壤 PCBs 含量变化趋势基本一致,说明进行调控翻耕与紫花苜蓿修复有助于毒性当量的显著降低,而水稻修复则会产生不利影响。由于农田原位生态调控修复主要利用土壤中的土著微生物类群,通过进行环境因子调控与种植植物强化刺激,以激发其对污染物的降解潜力,从而在不影响自身土壤微生物生态的情况下,达到降解氯代芳香族污染物的修复目的。同时,土壤微生物生态的变化情况一定程度上可以通过土壤中各类微生物的种群数量反映。因此,我们进一步对土壤中主要微生物(细菌、真菌、放线菌)数量动态变化进行分析,结果如图 4.11 所示。

从图 4.11 可知,在进行调控翻耕修复时,土壤中细菌与真菌数量均有所下降,而放线菌数量则略有上升,说明添加石灰并进行土壤翻耕,有利于放线菌的生长,但对细菌与真菌生长有一定影响;在进行苜蓿修复时,土壤中细菌与真菌数量均呈显著增加趋势,而放线菌数量变化不大,可见通过种植紫花苜蓿后,强化刺激了土壤微生物的生长活性,同时也改善了土壤根际微生物生态;在进行水稻修复时,三大菌群数量均呈现明显的下降趋

势,表明淹水条件并不利于土壤微生物生长,也由此造成微生物活性降低,这可能也是导致淹水状态下供试土壤中PCBs降解十分缓慢的重要原因之一。上述结果表明,进行原位生态调控修复时,虽然各阶段不同微生物有其各自变化规律,但整体而言,在修复前后,土壤中微生物数量总体变化并不大,可见该修复措施并未对原土壤微生物生态造成剧烈影响。

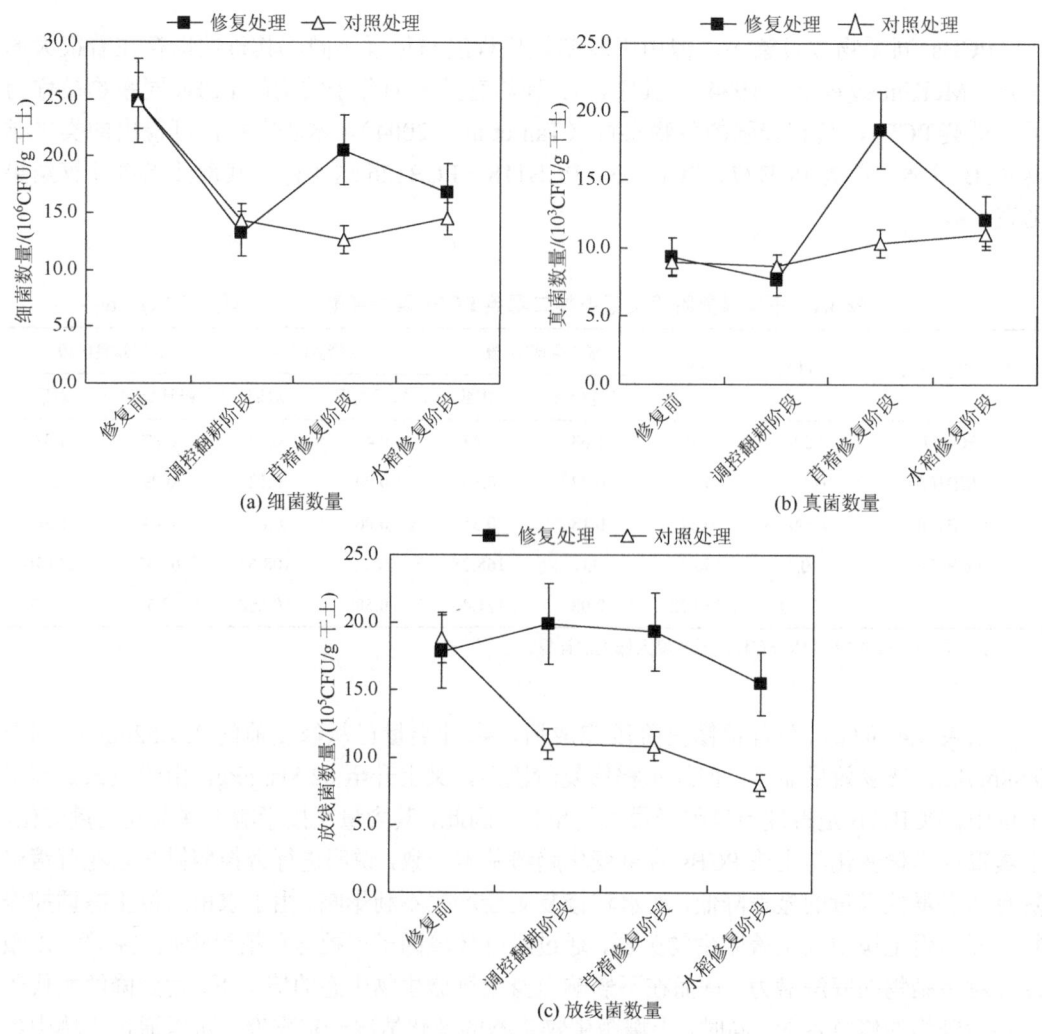

图4.11 不同修复阶段土壤中微生物数量动态变化

参 考 文 献

毕新慧, 储少岗, 徐晓白. 2001. 多氯联苯在水稻田中的迁移行为. 环境科学学报, 21(4): 454~458.

高军, 骆永明. 2005. 多氯联苯(PCBs)污染土壤生物修复的研究进展. 安徽农业科学, 33(11): 2119~2121.

郭彦军, 黄建国. 2006. 紫花苜蓿在酸性土壤中的生长表现. 草业学报, 15(1): 84~89.

胡君利, 林先贵, 尹睿, 等. 2008. 浙江慈溪不同利用年限水稻土主要微生物过程强度的比较. 环境科学学报, 28(1): 174~179.

刘五星, 骆永明, 滕应, 等. 2007. 石油污染土壤的生态风险评价和生物修复 II. 石油污染土壤的理化性质和微生物生态变化研究. 土壤学报, 44(5): 848~853.

滕应, 骆永明, 李振高, 等. 2006. 多氯联苯复合污染土壤的土著微生物修复强化措施研究. 土壤, 38(5): 645~651.

滕应, 郑茂坤, 骆永明, 等. 2008. 长江三角洲典型地区农田土壤多氯联苯空间分布特征. 环境科学, 29(12): 3477~3482.

涂晨, 滕应, 骆永明, 等. 2010. 多氯联苯污染土壤的豆科-禾本科植物田间修复效应. 环境科学, 31(12): 3062~3066.

徐莉, 滕应, 张雪莲, 等. 2008. 多氯联苯污染土壤的植物-微生物联合田间原位修复. 中国环境科学, 28(7): 646~650.

郑华, 欧阳志云, 方治国, 等. 2004. Biolog 在土壤微生物群落功能多样性研究的应用. 土壤学报, 41(3): 456~461.

周启星, 宋玉芳. 2004. 污染土壤修复原理与方法. 北京: 科学出版社.

周启星, 魏树和, 刁春燕. 2007. 污染土壤生态修复基本原理及研究进展. 农业环境科学学报, 26(2): 419~424.

Ahmed M, Focht D D. 1973. Degradation of polychlorinated biphenyls by two species of achromobacter. Canadian Journal of Microbiology, 19(1): 47~52.

Borjia J, Taleon DM, Auresenia J, et al. 2005. Polychlorinated biphenyls and their biodegradation. Process Biochemistry. 40(6): 1999~2013.

Chekol T, Vough L R. 2001. A study of the use of Alfalfa(*Medicago sativa* L.)for the phytoremediation of organic contaminants in soil. Remediation, 11(4): 89~101.

Köller G, Möder M, Czihal K. 2000. Peroxidative degradation of selected PCB: A mechanistic study. Chemosphere, 41(12): 1827~1834.

Komancová M, Jurcová I, Kochanková L, et al. 2003. Metabolic pathways of polychlorinated biphenyls degradation by *Pseudomonas* sp. Chemosphere, 50(4): 537~543.

McKinney J D, Waller C. 1994. Polychlorinated biphenyls as hormonally active structural analogues. Environmental Health Perspectives, 102(3): 290~297.

Quensen J F, Mousa M A, Boyd SA. 1998. Reduction of aryl hydrocarbon receptor-mediated activity of polychlorinated biphenyl mixtures due to anaerobic microbial dechlorination. Environmental Toxicology and Chemistry, 17(5): 806~813.

Sayler G S, Shon M, Colwell R R. 1977. Growth of an estuarine *Pseudomonas* sp. on polychlorinated phenyl. Microbial Ecology, 3(3): 241~255.

Tan Y S, Chen C H, Lawrence D, et al. 2004. Ortho-substituted PCBs kill cells by altering membrane structure. Toxicologic Science, 80(1): 54~59.

Wiegel J, Wu Q Z. 2000. Microbial reductive dehalogenation of polychlorinated biphenyls. FEMS Microbiology Ecology, 32(1): 1~15.

第五章　多氯联苯污染土壤的物理化学修复

有机污染土壤的物化修复技术主要包括客土法、热脱附法、溶剂萃取法、化学氧化法和等离子体技术等。通常，化学氧化法适用于场地有机物污染土壤的修复。土壤化学氧化技术是通过向土壤中投加化学氧化剂（芬顿试剂、过氧化氢、高锰酸钾等），使其与污染物质发生化学反应以实现净化土壤的目的（骆永明，2009）。近年来，芬顿试剂作为一种强氧化剂，用来去除环境介质（水体、土壤）中的有机污染物逐渐受到广泛关注，但针对 PCBs 污染土壤的芬顿氧化修复技术研究较少。介质阻挡放电低温等离子体技术是在放电空间里插入绝缘介质的气体放电，属于典型的交流高气压低温非平衡气体放电（Gomez et al.，2009）。目前，介质阻挡放电低温等离子体技术主要用于研究尾气排放处理和空气净化（Ogata et al.，2003），在污染土壤修复方面的研究尚未见报道。此外，络合蒸发技术已经成功应用于重金属污染土壤的修复，但在有机污染土壤修复方面鲜有报道。鉴于此，本章介绍了芬顿氧化修复技术、介质阻挡放电技术和络合蒸发技术对 PCBs 污染土壤的去除效果及条件优化，为 PCBs 污染土壤的修复提供了科学依据。

第一节　芬顿氧化修复

芬顿试剂是由 Fe^{2+} 与 H_2O_2 混合而成，其氧化反应机理为亚铁离子和过氧化氢反应产生氧化性极强的羟基自由基（$Fe^{2+}+H_2O_2 \longrightarrow \cdot OH+OH^-+Fe^{3+}$）（Haber et al.，1934），它能够裂解并氧化苯环类物质（朱秀华等，2007）。本节以长江三角洲地区某典型多氯联苯污染土壤为研究对象，研究不同剂量的芬顿试剂在不同作用时间下对土壤中多氯联苯（PCBs）的去除效果，及其对 PCBs 各同系物的作用，并评价芬顿试剂对土壤基本性质的影响。实验设计见表 5.1。

表 5.1　实验设计

处理	CK	1	2	3	4	5
$FeSO_4$/mL	0	2.5	5	10	20	40
H_2O_2/mL	0	5	10	20	40	80

一、土壤中多氯联苯总量变化

从图 5.1 可以看出，随着培养时间的延长，5 个处理土壤中 PCBs 含量与对照相比均出现了不同程度的降低。12 h 时，各处理土壤中 PCBs 含量降低较少，且处理和对照间差异不显著，24 h、48 h 和 96 h 时土壤中 PCBs 含量均有所降低，且与对照间的差异达到显著水平（$p<0.05$）。到 168 h 时，土壤中 PCBs 含量出现极显著变化（$p<0.01$），至 336 h

时各处理土壤的 PCBs 含量几乎维持稳定状态。

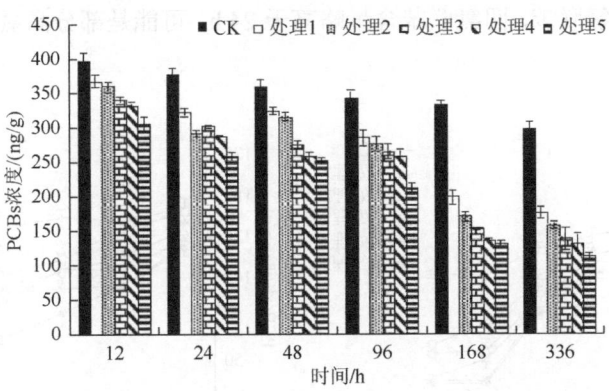

图 5.1　不同处理条件下土壤 PCBs 含量随时间的动态变化

去除率能更加直观地看出该芬顿试剂对 PCBs 的去除效果[去除率%=100×（供试土壤 PCBs 含量−处理后土壤中 PCBs 含量）/供试土壤 PCBs 含量]。从图 5.2 中可以看出：在 168 h 前，土壤中 PCBs 去除率缓慢增加，至 168 h 时 PCBs 去除率呈现显著提高，达 71.9%；在 336 h 时土壤中 PCBs 去除率较 168 h 时略有增大，但变化很小。与 CK 相比，5 个处理土壤中 PCBs 去除率呈现显著差异（$p<0.05$），其中处理 5 的去除率最高。此外，本实验中对照（CK）处理的土壤去除率高达 35.5%，这可能与供试土壤水分调节激发了土著微生物活性，从而增加了土壤中 PCBs 的降解有关。

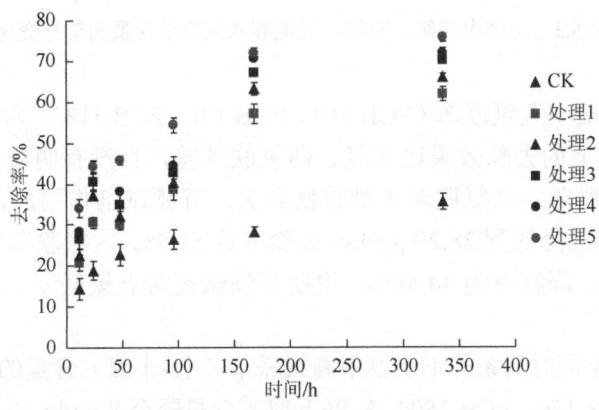

图 5.2　不同处理土壤中 PCBs 去除率的动态变化

二、土壤中多氯联苯组分含量变化

图 5.3 显示了不同时间条件下土壤中低氯联苯（三~六氯）含量的动态变化。由图中可以看出，芬顿试剂对土壤中三氯（PCB 28）、四氯联苯（PCB 44、PCB 52、PCB 66、

PCB 77)的去除效果明显,在168 h时,处理5土壤中三氯联苯总量降到10.7 μg/kg,去除率达91.4%,四氯联苯含量下降到51.00 μg/kg,去除率达到73.32%;48 h时,处理2和处理3土壤中三氯联苯、四氯联苯含量略高于24 h,可能是部分高氯联苯转化为三氯联苯、四氯联苯。

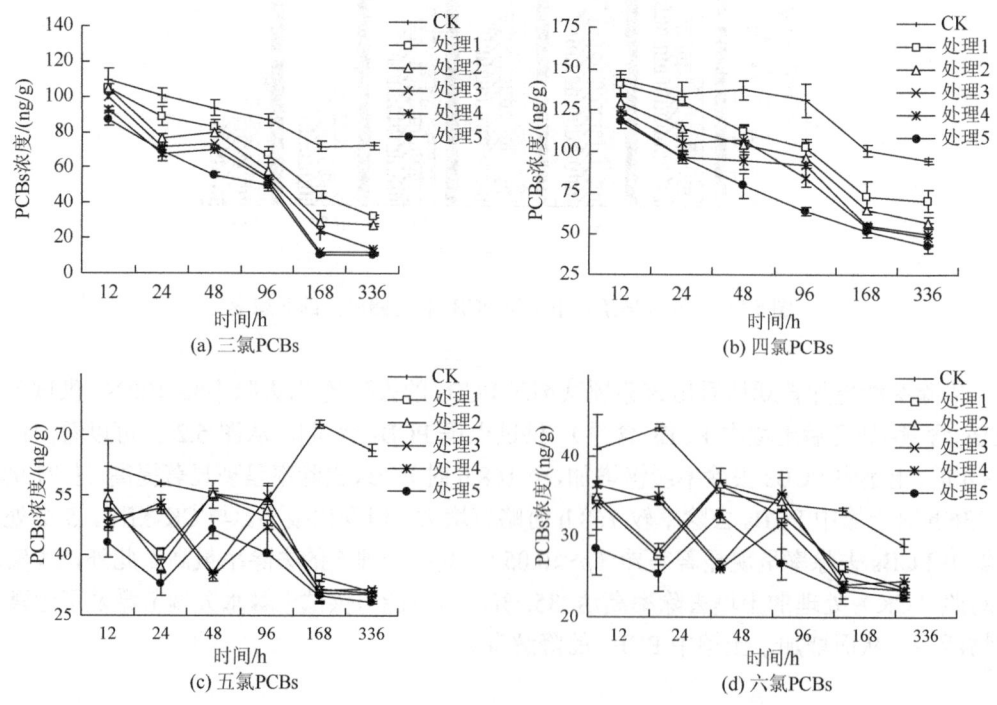

图5.3 土壤中三氯、四氯、五氯和六氯联苯含量的动态变化

芬顿试剂对土壤中五氯联苯(PCB 101、PCB 126、PCB 118)、六氯联苯(PCB 128、PCB 138、PCB 153)的去除效果比三氯、四氯联苯差,且没有明显的规律性。这可能与供试土壤中五氯联苯、六氯联苯含量较低有关。芬顿试剂作用后,处理5中五氯联苯含量从62.01 μg/kg降低到28.29 μg/kg,去除率达51.4%,六氯联苯含量从41.81 μg/kg下降到23.22 μg/kg,降解率为44.46%,说明芬顿试剂对五氯联苯、六氯联苯作用效果比较明显。

图5.4显示了不同时间条件下土壤中高氯联苯(七~十氯)含量的动态变化。供试土壤中七氯联苯(PCB 170、PCB 180)在96 h时其含量降至8 μg/kg以下,168 h时除CK以外,各处理中七氯联苯均完全消失,表明芬顿试剂对七氯联苯去除效果较好。从图5.4中还可看出,八氯联苯(PCB 200)、九氯联苯(PCB 206)含量几乎不变。在96 h以前土壤中十氯联苯(PCB 209)含量几乎不变,到168 h时,加入芬顿试剂的处理中十氯联苯含量呈现一定程度的降低,其中处理4、处理5中已检测不到十氯联苯。

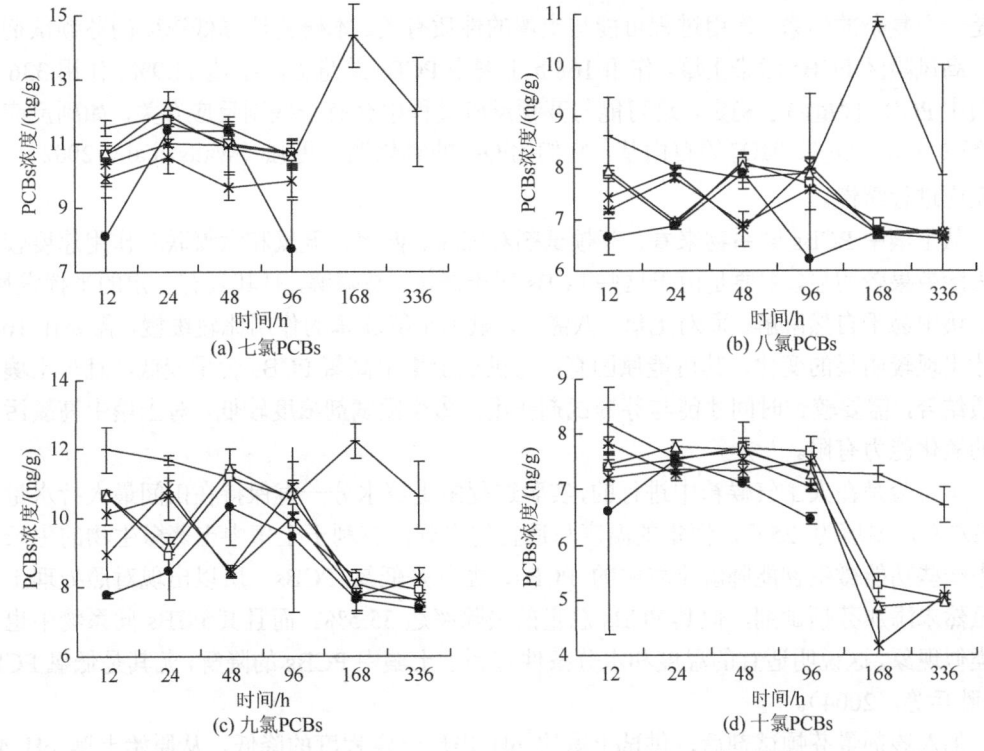

图 5.4 土壤中七氯、八氯、九氯和十氯联苯含量的动态变化

三、土壤 pH 和有机质含量变化

表 5.2 显示了不同处理条件下土壤中 pH 和有机质的变化。从表中可以看出,芬顿试剂加入土壤后,pH 降低较明显,有机质含量也有一定降低,但是影响较小。

表 5.2 土壤 pH 和有机质的变化

处理	本底值	CK	处理 1	处理 2	处理 3	处理 4	处理 5
pH	4.45	4.52a	4.42b	4.33c	4.16d	3.95e	3.62f
有机质/(g/kg)	41.7	42.1a	41.6a	41.5a	41.4a	40.5a	40.3a

注:不同字母表示差异显著。显著性水平为 $p<0.05$。

化学修复是一种快速、彻底的修复技术,尤其适用于重污染场地。芬顿试剂是化学修复中常用的一种强氧化剂,具有反应迅速、温度和压力等反应条件缓和等优点。对于芳香族化合物来说,·OH 自由基可以破坏芳香环,使其转化成脂肪族化合物,从而消除芳香族化合物的生物毒性。从芬顿试剂本身来说,它在土壤中和在水体中的作用不一样,同等浓度的芬顿试剂,在水体中 2~24 h 即可完全反应(解清杰等,2004),而在土壤中,则需要较长时间。因为在液相体系中,芬顿试剂可以直接作用于污染物,所以反应较快。而土壤是一个固相体系,芬顿试剂不易直接作用于污染物,其作用过程要复杂得多。而且土壤本身是一个复杂的体系，作用过程可能与土壤的性质有关。本研究选择低浓度的芬顿试剂作用于高风险区 PCBs 污染土壤，作用 168 h 土壤中 PCBs 总量去除率达 71.9%。作用 336 h，土壤中 PCBs 含量趋于稳定，这可能与芬顿反应过程中会有一些副反应有关，如副反应中会产生 $HO_2·$、$O_2·^-$、HO_2^- 等自由基，它们比·OH 的氧化能力更强（Watts et al., 2002），但副反应进行缓慢。

从土壤中 PCBs 同系物来看，芬顿试剂对三氯、四氯、五氯和六氯联苯作用速度较快且去除效果较明显，主要是由于这些 PCBs 属于低氯，易降解，且其具有一定的半挥发性，在土壤中易于自然降解。而对七氯、八氯、九氯和十氯联苯的作用比较缓慢，需要在 168h 时才出现较明显的变化，其可能原因有：①供试土壤中高氯 PCBs 含量较低，且与土壤有机质结合，需要较长时间才能与芬顿试剂作用；②芬顿试剂浓度较低，对土壤中高氯污染物的氧化能力有限。

本实验是在人工气候箱中进行的，实验过程中土壤水分一直保持在田间最大持水量的 60%左右，温度为 25℃，恒定的温度与适宜的水分，有利于土壤中土著微生物的生长，其中一些功能微生物能降解土壤中的 PCBs，尤其是低氯 PCBs。所以出现对照处理土壤中虽然未添加芬顿试剂，但其 PCBs 总量的去除率达 35.5%。而且其 PCBs 同系物中也出现类似现象。这说明适宜的温度和水分条件有利于土壤中 PCBs 的降解，尤其是低氯 PCBs（陈胜兵等，2004）。

加入该剂量芬顿试剂后，供试土壤的 pH 出现一定程度的降低，从原始土壤 pH 4.5 下降至 3.6。Arnold 等（1995）研究芬顿试剂对阿特拉津作用时得出：pH 在 3~9 时，对阿特拉津的去除率为 99%~37%，pH 的降低有利于芬顿反应的进行，对污染物的去除效果更好。土壤有机质含量变化很小，几乎可以忽略。燕启社等（2006）的研究表明，当芬顿氧化剂的剂量为 2.5 mmol/g 土时，有机质的降解率达 22.5%。本实验芬顿氧化剂的剂量最大只有 0.016 mmol/g 土，由于施用剂量较小，对土壤有机质影响不大。可见，本研究使用的芬顿试剂浓度不仅能有效地去除土壤中的多氯联苯，并且对土壤有机质的破坏性小，是一种有应用前景的修复剂。

第二节 低温等离子体氧化修复

低温等离子体氧化修复技术利用等离子体放电过程中产生的大量电子、原子、离子、自由基和激发态物种等活性基团作用于污染物，从而将其转化为二氧化碳和水，达到去除污染物的目的。本节以多氯联苯高污染土壤为研究对象，探讨介质阻挡放电低温等离子体氧化修复技术对土壤中多氯联苯的最适条件参数与降解中间产物，为多氯联苯高污染土壤的快速治理提供理论依据。

一、土壤中多氯联苯总量变化与去除率

选取土壤颗粒大小、放电功率、放电时间和气体流量 4 个等离子体技术处理污染土壤参数，每个参数各取 3 个水平，分别为颗粒大小（A）：S1（5~10 mm）、S2（2~5 mm）、

S3（0.8~2 mm）；放电功率（B）：23 W、18 W、11 W，放电时间（C）：90 min、60 min、30 min；空气流速（D）：120 mL/min、60 mL/min、30 mL/min。以 PCBs 去除率为考察对象，以 L9（3⁴）正交试验表（表 5.3）进行试验。

表 5.3 正交试验设计

处理号	因素			
	A（粒径/mm）	B（放电功率/W）	C（放电时间/min）	D[空气流速/(mL/min)]
1	5~10	23	90	120
2	5~10	18	60	60
3	5~10	11	30	30
4	2~5	23	60	30
5	2~5	10	30	120
6	2~5	11	90	60
7	0.8~2	23	30	60
8	0.8~2	18	90	30
9	0.8~2	11	60	120

从图 5.5 可以看出：不同处理条件下土壤中 PCBs 含量均下降。其中处理 1、处理 2、处理 3、处理 8 和处理 9 效果较好，去除率均在 70% 以上，最高的达 84.62%。处理 4、处理 5 和处理 6 效果较差，但都能达到 40% 以上。本研究从经济效益的角度考虑，采用了较低的功率处理 PCBs 污染土壤，旨在将其控制在污染物允许浓度范围内。实验表明：该实验条件下的低温等离子体氧化修复技术对土壤中 PCBs 有较好的去除效果，是一种快速高效的处理方法。

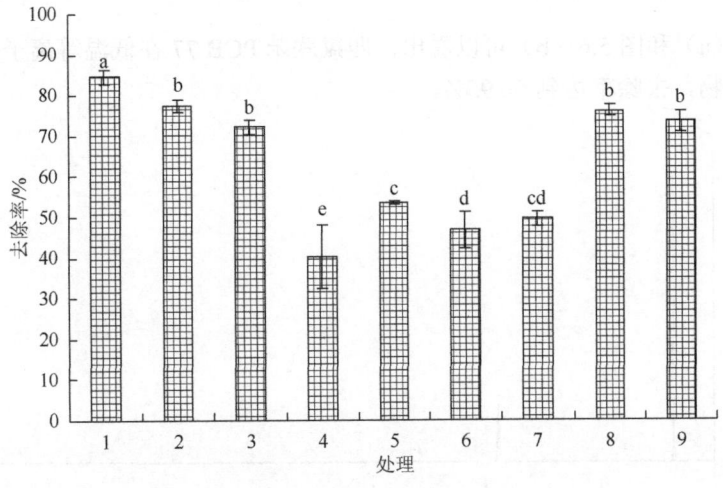

图 5.5 不同处理对土壤中 PCBs 总量的去除率

二、土壤中多氯联苯组分含量变化

从表 5.4 可以看出，低温等离子体技术对 PCBs 同系物的去除效果较好。对大颗粒（5~10mm），高氯的去除效果好于低氯；小颗粒（0.8~2mm），低氯的去除效果与高氯相当，可能原因是低氯 PCBs 挥发性强，易于去除；中等颗粒（2~5mm），去除效果都不太好。

表5.4 不同处理条件下土壤中 PCBs 同系物的去除率

处理	去除率/%				
	三氯	四氯	五氯	六氯	七氯
1	79.2ab	71.7a	89.2a	93.53	87.9a
2	71.1b	73.3a	85.0ab	858.76ab	81.8a
3	61.5c	63.3b	79.3bc	78.8bc	80.8a
4	46.6d	41.2e	50.0e	46.9f	76.9ab
5	60.6c	54.8c	57.4d	58.1de	62.4abc
6	56.5c	45.2de	61.6d	62.2d	51.7bc
7	53.2cd	50.5cd	48.7e	50.7ef	51.0bc
8	83.3a	73.4a	79.0bc	76.9c	42.9c
9	78.2ab	74.2a	74.6c	75.7c	40.9c

注：由于供试土壤中八氯、九氯、十氯 PCBs 含量低，在此不做分析。

对 PCBs 同系物的去除率进行方差分析，粒径、功率、流速和时间对三氯、四氯、五氯和六氯联苯同系物都有极显著影响。对七氯联苯，只有粒径对其有极显著影响，功率、时间和流速对其没有显著影响。说明对高氯 PCBs 同系物处理宜采用大颗粒。

三、多氯联苯降解中间产物分析

（一）四氯联苯的降解中间产物

从图5.6（a）和图5.6（b）可以看出，四氯联苯 PCB 77 在低温等离子体处理后不生成任何中间产物，去除率达到 66.95%。

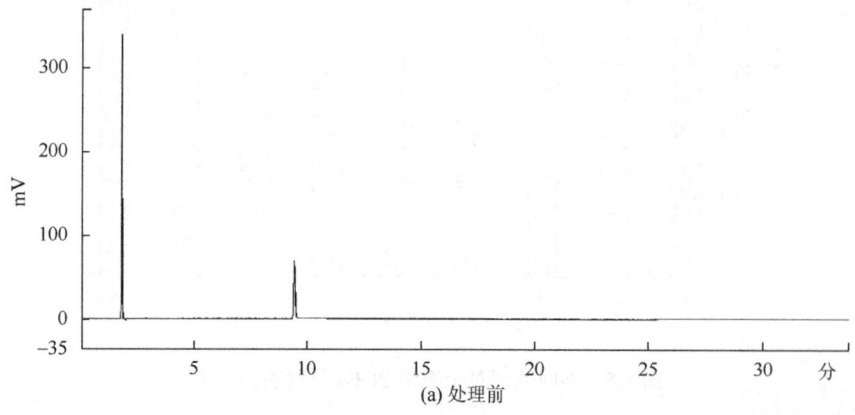

(a) 处理前

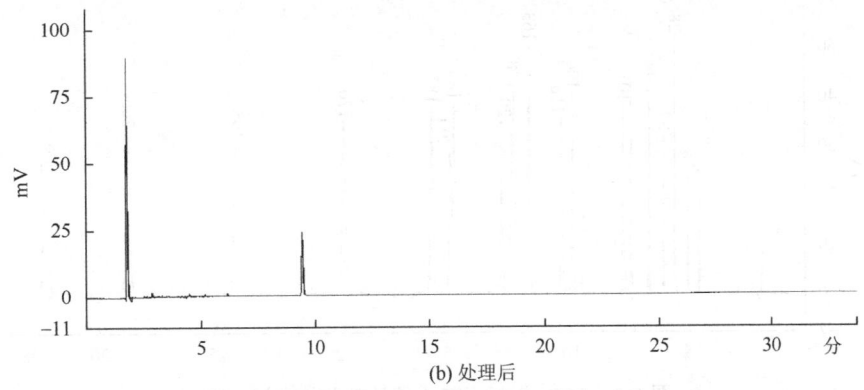

(b) 处理后

图 5.6　低温等离子体处理前和处理后 PCB 77 污染土壤的中间产物

(二) 十氯联苯的降解中间产物

从图 5.7 (a) 和图 5.7 (b) 可以看出，PCB 209 在低温等离子体处理后不生成任何中间产物，其去除过程很彻底，去除率达到 81.30%。

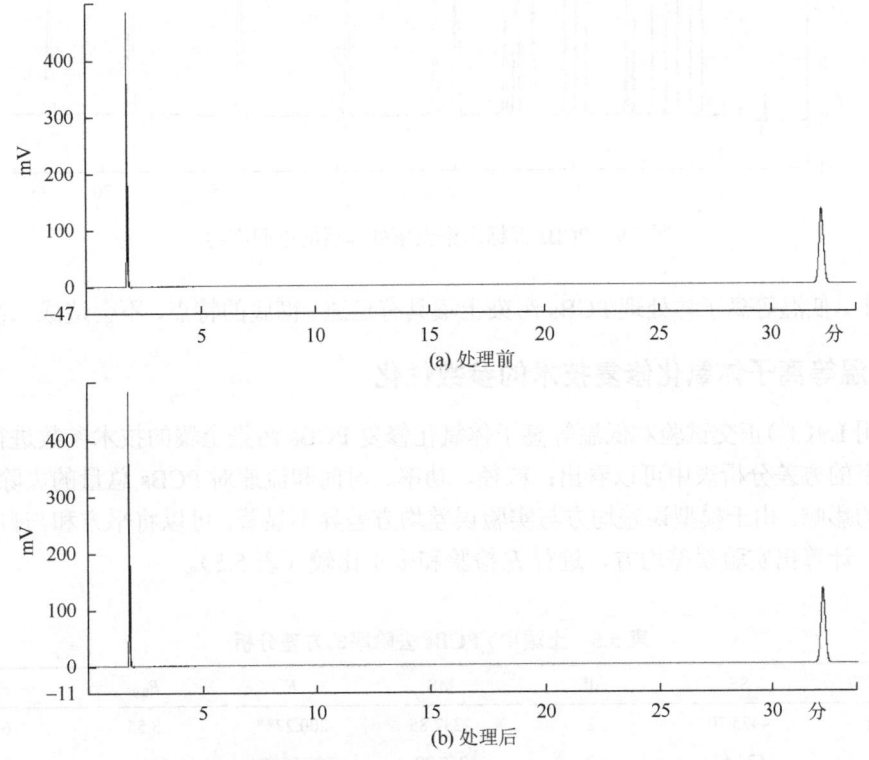

图 5.7　PCB 209 污染土壤处理前和处理后的中间产物

(三) 多氯联苯复合物的降解中间产物

从图 5.8 和图 5.9 可以看出，PCBs 混标在低温等离子体处理后不产生任何中间产物，其去除率达到 56.02%。

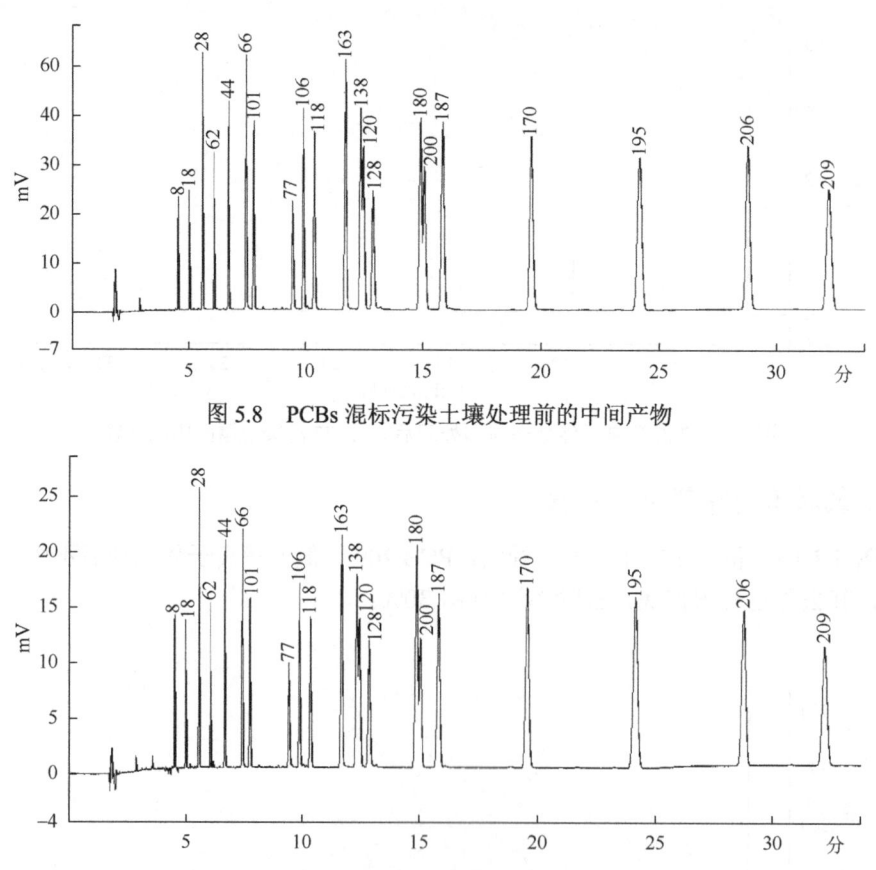

图 5.8 PCBs 混标污染土壤处理前的中间产物

图 5.9 PCBs 混标污染土壤处理后的中间产物

综上，低温等离子体处理 PCBs 污染土壤具有迅速、彻底的特点，不会造成二次污染。

四、低温等离子体氧化修复技术的参数优化

采用 $L9(3^4)$ 正交试验对低温等离子体氧化修复 PCBs 污染土壤的技术参数进行优化，从去除率的方差分析表中可以看出：粒径、功率、时间和流速对 PCBs 总量的去除率都有极显著的影响。由于模型误差均方与实验误差均方差异不显著，可以将平方和与自由度分别合并，计算出实验误差均方，进行 F 检验和多重比较（表 5.5）。

表 5.5 土壤中 $\sum$PCBs 去除率的方差分析

变异来源	SS	df	MS	F	$F_{0.05}$	$F_{0.01}$
粒径	4475.70	2	2237.85	200.27**	3.55	6.01
功率	534.63	2	267.32	23.92**		
时间	515.78	2	257.89	23.08**		
流速	735.83	2	367.92	32.93**		
实验误差	201.13	18	11.17			
总变异	6463.08	26				

**：差异极显著。

从图 5.5 中可以看出：处理 2、处理 3 与处理 8 和处理 9 之间没有显著差异，说明大颗粒（5~10 mm）的土壤与小颗粒（0.8~2 mm）的土壤可以在等离子体处理下达到相似的结果，但是处理 4、处理 5 和处理 6 的效果不是很理想，说明中等颗粒（2~5 mm）的土壤不适合在这样的条件下实验。可能原因是大颗粒之间的间隙大，分散在间隙中的气体分子或原子较多，在外加电场作用下发生非弹性碰撞产生的能量就大。小颗粒虽然颗粒间的间隙小，但是在反应器的上方可以聚集大量的气体分子或原子，在外加电场作用下，产生大量能量，从而激励气体产生电子雪崩，生成大量空间电荷，它们聚集在雪崩头部形成本征电场并叠加在外电场上同时对电子作用，雪崩中的部分高能电子将进一步得到加速向阳极方向逃逸，由逃逸电子形成的击穿通道使电子电荷有比电子迁移更快的速度，从而形成了往返于电极间的两个电场波。这样一个导电通道能非常快地通过放电间隙，形成大量细丝状的脉冲微放电，均匀、稳定地充满整个放电间隙。气体被击穿、导电通道建立后，空间电荷在放电间隙中输送并积累在介质上，从而作用于污染物。而中等颗粒，颗粒间间隙较小，反应器上方的空间也小，气体分子或原子就少，从而产生的能量就小，作用力就弱，对 PCBs 去除效果就差。

从功率的角度看，处理 1、处理 4 和处理 7 都是功率最大的，但是 PCBs 的去除率差异显著，表现为 5~10 mm＞0.8~2 mm＞2~5 mm，功率为 18W 的 3 个处理中，PCBs 去除率也是 5~10 mm＞0.8~2 mm＞2~5 mm，说明功率不是起决定作用的，其作用效果与颗粒大小有关。

从处理时间看，时间长，去除效果不一定好，但对同一粒径的颗粒，处理时间长，其去除效果好一些。

从气体流速看，流速大的去除效果较好，主要是因为流速大，能加快导电通道通过放电间隙的速度，从而提高 PCBs 的去除率。

综上所述，粒径、功率、时间和流速四个因素彼此关联，要探求每个因素对 PCBs 去除率的影响，需要单独实验，从本正交实验设计，我们可以得出此实验的最优技术参数组合是处理 1（粒径 5~10 mm，功率 23 W，流速 120 mL/min，时间 90 min）。但是综合考虑四个因素和成本，本实验选择的最优技术参数为处理 2（粒径 5~10 mm，功率 18 W，流速 60 mL/min，时间 60 min）。

第三节 络合蒸发修复

络合蒸发修复技术，是利用金属络合反应的基本原理开发的一种针对重金属污染土壤的新型物化修复技术。该修复技术通过向土壤中添加一定络合剂，使之与土壤中的重金属离子发生络合反应，使其从土壤颗粒中溶出，进入到土壤溶液；再利用自然光照升温或人工加热，使土壤表面水分蒸发，并带动含有重金属络合离子的土壤溶液向表层迁移；通过在土壤表面覆盖吸附介质，直接吸收土壤溶液中的重金属或使之在其表面蒸发结晶，从而达到去除土壤中重金属的目的。本节以长江三角洲某典型多氯联苯与重金属复合污染农田土壤为研究对象，研究络合蒸发修复对土壤中多氯联苯与重金属的去除效果及其影响因素，以期获得络合蒸发技术对多氯联苯与重金属复合污染土壤的修复效应与优化条件，为进一步开展田间应用提供参数依据与科学指导。

一、土壤中多氯联苯和铜、镉含量变化

采用盆栽微域试验,每个带孔盆钵装 300g 风干土,并加入 0.1mol/L EDTA 溶液 60 mL 搅拌均匀,加入去离子水调节水分含量至 30%、50%、70% 3 个含水率水平梯度,在土壤表面与盆底各附一张滤纸,置于 45℃烘箱中烘至土壤水分蒸发完全。每个水平梯度设 4 次重复。另设空白对照为加同等体积去离子水代替 EDTA 溶液。待土壤水分蒸发完全后,将土壤样品与滤纸分离、保存,并分别测定多氯联苯和重金属 Cu、Cd 的含量。

经络合蒸发修复后各处理中 PCBs 和 Cu、Cd 含量见表 5.6。由表可知,土壤含水量的升高有利于土壤中 Cu 与 Cd 的去除,但当含水量大于 50%时,其去除效果并不存在显著差异,且与 30%含水量相比,其重金属去除效率的提升也较为有限,本试验中对土壤中 Cu、Cd 的最高去除率分别为 30.9%和 45.5%。而对于 PCBs,虽然与修复前相比,其土壤含量存在显著减少,但各处理间差异不大,且无特定变化规律。

表 5.6 不同处理修复后土壤中 Cu、Cd、PCBs 的含量

含水量/%	Cu/ (mg/kg)		Cd/ (mg/kg)		PCBs/ (μg/kg)	
	修复处理	空白对照	修复处理	空白对照	修复处理	空白对照
30	301±1a	393±4a	6.61±0.02a	9.65±0.09a	266±42a	281±64a
50	280±2b	382±5a	6.24±0.10b	9.60±0.12a	275±43a	220±39a
70	279±4b	374±2a	6.10±0.20b	9.38±0.16a	258±32a	263±46a

注:表中同一列不同字母表示存在显著性差异($p<0.05$)。

前期研究中已发现,土壤含水量对重金属离子的去除效果具有一定影响,但由于选择玻璃烧杯作为实验容器,使得对土壤中重金属的去除方式仅有蒸发提取一种途径。因此,在这样的条件限制下,土壤含水量对去除效果虽具有一定影响,但效果并不显著。而在实际应用中,由于土壤环境是一个开放体系,蒸发提取并不是唯一途径,还存在土壤溶液下渗等迁移方式(Wu et al., 2003),此时土壤水分的影响作用随之显现。因此,本章研究采用微域试验,即选用底部带孔盆钵作为实验容器,用以模拟蒸发提取与溶液下渗等迁移方式同时存在的情况下土壤中重金属的去除效果与迁移规律。结果表明,在进行一次蒸发的情况下,土壤中重金属 Cu、Cd 的去除效应与前期结果相比,有较大提高。同时含水量对去除效果的影响也有了充分体现,随着含水量的增加,Cu、Cd 得以充分溶出并进入土壤溶液中,进而随之向上蒸发或向下渗滤。由于迁移方式的增加,Cu、Cd 与土壤分离并得以去除的途径也随之增加,由此使得 Cu、Cd 的去除效应也得到一定提升,与 Cu 相比,迁移活性更强的 Cd 的去除率也更高。

从表 5.6 可以看出,并非土壤含水量越高其修复效果越好。通过 50%与 70%含水量处理对比发现两者土壤中 Cu 和 Cd 的含量较为接近,含水量对于去除效果的影响几乎未能体现。实验过程中发现,当含水量为 50%时,土壤已经近似泥浆状,而当含水量达到 70%

时，土壤表面已形成约 0.5 cm 的水层，在此状态下，可以认为土壤与水已充分混合，同时络合剂于土壤中也已得到充分扩散，并与土壤中的重金属离子络合溶出，因此使得去除效果趋于平稳。

而对于 PCBs，由于其正辛醇-水分配系数高，亲脂性强，在水中基本不溶（余刚等，2005），因此，在不添加有机溶剂的情况下，土壤含水量的多少并不对其分离去除产生影响，而其含量减少的原因主要在于蒸发过程。由于本试验采用烘箱恒温加热方式，而 PCBs 又属于半挥发性有机物，因此在蒸发过程中，会有部分 PCBs 因挥发作用与土壤分离而进入大气环境中，从而使得土壤中 PCBs 含量降低。由于 PCBs 是一组有机氯化合物，共有 209 种同分异构体，因其苯环上氯原子取代数量与位置的不同而在物化性质上差异较大 (Safe Management of PCBs, 1989)。低氯代组分蒸汽压相对略高，易于挥发；而高氯代组分蒸汽压低，与土壤结合较为稳定，不易去除（Sawney, 1986）。实验结果表明，与修复前相比，土壤中低氯代 PCBs 有显著减少而高氯代组分含量则几乎无变化。又因 PCBs 的挥发与土壤中无机溶剂的多少无直接联系，因此造成无论是添加络合剂或者只加水的空白对照，处理之间均未有体现差异性，且不同含水量条件也未产生影响，导致处理之间土壤 PCBs 变化趋势无特定规律。

二、不同水分管理的影响

上述研究表明，土壤含水量的增加在一定范围内有利于土壤中 Cu、Cd 和 PCB 的去除。另一方面，土壤养分含量是评价土壤肥力的重要指标，若将修复后的土壤用于农业生产，则需对土壤水分含量的增加对土壤养分含量及修复措施所造成的流失量进行分析。测定分析结果表明，使用络合蒸发对土壤进行修复，不可避免的会使土壤中养分产生一定流失，而含水量对于养分流失状况更是有着直接的影响（表 5.7）。由表可知，随着含水量的增加，土壤中水解氮、速效磷和速效钾的流失率逐渐提升。

表 5.7 修复后各处理中土壤养分含量

含水量/%	水解氮		速效磷		速效钾	
	含量/（mg/kg）	流失率/%	含量/（mg/kg）	流失率/%	含量/（mg/kg）	流失率/%
30	182±7a	1.5	9.76±0.24a	5.2	172±10a	8.7
50	165±3b	10.6	9.07±0.19b	11.9	146±5b	22.3
70	117±5c	36.9	7.25±0.35c	29.6	110±8c	41.5

注：表中同一列不同字母表示存在显著性差异（$p<0.05$）。

土壤肥力是土壤为植物生长提供和协调营养条件和环境条件的能力，是土地生产力的基础，也是农业生产的根本。在评价土壤肥力的过程中，有效态土壤养分是一个重要的指标，主要包括土壤水解氮、速效磷和速效钾等，有效态土壤养分是土壤中被植物利用最直接的一部分养分，同时又由于其活性高，受环境影响变化较大。通过对土壤水解氮、速效磷和速效钾的测定分析，对修复工艺参数的选择有重要的指导意义。由于 EDTA 是一种较强的螯合剂，其加入土壤后，在络合溶出重金属离子的同时，也会不加选择地同时带动一部分养分元素随之迁移,从而产生一定的养分流失,进而影响修复后的土壤肥力。实验结果表明,在络合剂添加与土壤水分管理双重影响下,土壤中存在一定的养分流失现象,其中,土壤含水量是一个主要影响因子。同时,由于 EDTA 的化学稳定性,其进入土壤后必将长期残留,对土壤养分流失的潜在影响亦不可忽视。因此,需根据修复后土壤用途选择适当的修复工艺,特别是对于农田土壤,采用络合蒸发进行修复后需关注养分变化并进行及时施肥补充以保证修复后正常农业生产的需求。

参 考 文 献

陈胜兵, 何少华, 娄金生, 等. 2004. Fenton 试剂的氧化作用及其应用. 环境科学与技术, 27(3): 105~107.
解清杰, 吴荣芳, 卢娜, 等. 2004. Fenton 试剂处理六氯苯废水的试验研究. 环境技术, 22(5): 40~43.
骆永明. 2009. 污染土壤修复技术研究现状与趋势. 化学进展, (2): 558~565.
燕启社, 孙红文. 2006. Fenton 氧化对土壤有机质及其吸附性能的影响. 农业环境科学学报, 25(2): 412~417.
余刚, 牛军峰, 黄俊, 等. 2005. 持久性有机污染物——新的全球性环境问题. 北京: 科学出版社.
朱秀华, 张诚, 丁珂, 等. 2007. 处理硝基苯类废水的 Fenton 催化氧化技术研究现状. 工业水处理, 27(3): 1~3.
Arnold S M, Hickey W J, Harris R F. 1995. Degradation of atrazine by Fenton's reagent: condition optimization and product quantification. Environmental Science and Technology, 29(8): 2083~2089.
Gomez E, Rani D A, Cheeseman C R, et al. 2009. Thermal plasma technology for the treatment of wastes: a critical review. Journal of Hazardous Materials, 161(2~3): 614~626.
Haber F, Weiss J. 1934. The catalytic decomposition of hydrogen peroxide by iron salts. Proceedings of the Royal Society of London A: Mathematical, Physical and Engineering Sciences.
Ogata A, Einage H, kabashima H, et al. 2003. Effective combination of nonthermal plasma and catalysts for decomposition of benzene in air. Applied Catalysis B: Environmental, 46(1): 87~95.
Safe management of PCB, code of practice. PCBs Core Group, Hazardous Wastes Task Group, Wellington, New Zealand, 1989.
Sawney B L. 1986. Chemistry and properties of PCBs in relation to environmental effects//Waid John S. PCBs and the environment. Florida: CRC Press.
Watts R J, Stanton P C, Howsawkeng J, et al. 2002. Mineralization of a sorbed polycyclic aromatic hydrocarbon in two soils using catalyzed hydrogen peroxide. Water Research, 36(17): 4283~4292.
Wu L H, Luo Y M, Christie P, et al. 2003. Effects of EDTA and low molecular weight organic acids on soil solution properties of a heavy metal polluted soil. Chemosphere, 50(6): 819~822.

第二篇　多环芳烃污染土壤的修复机制与技术发展

多环芳烃（polycyclic aromatic hydrocarbons，PAHs）是一类由两个及两个以上苯环稠合形成的有机化合物，一般具有较低的水溶性和较高的亲脂性。作为一种全球性的污染物，PAHs污染问题引起了世界各国的重视。美国环保局在20世纪80年代末就把16种未带分支的PAHs确定为环境中优先控制污染物。如何降解环境中的PAHs，修复被其污染的环境也成为环境科学领域所关心的热点之一。PAHs在环境中可通过多种途径得以降解或消除，包括挥发、光氧化、化学氧化、生物富集、土壤吸附、植物吸收以及微生物降解等。本篇主要介绍了PAHs污染土壤的植物修复技术、微生物修复技术、植物-微生物联合修复技术以及PAHs重度污染场地的物化修复技术，旨在为PAHs污染土壤的控制与修复提供科学依据与技术支撑。

第六章 多环芳烃污染土壤的植物修复

植物修复已经被公认为是修复有机污染土壤的一种实用且廉价的方法。植物对多环芳烃污染土壤的修复机制主要包括：通过根系和叶片分别对土壤、大气中多环芳烃的直接吸收；通过根系分泌物和酶促进多环芳烃的降解；通过植物强化根际微生物的降解。已有较多研究比较了不同种属植物对 PAHs 污染土壤的植物修复效率，其中，豆科植物紫花苜蓿与禾本科植物黑麦草对 PAHs 污染土壤有着较好的去除效果（Binet et al., 2000；Banks et al., 1999；Schwab et al., 1994）。本章在比较了多种禾本科与豆科植物对 PAHs 污染土壤修复效果的基础上，重点介绍了禾本科植物黑麦草与豆科植物紫花苜蓿对 PAHs 污染土壤的修复效率及机理，以期为 PAHs 污染土壤的植物修复提供科学依据。

第一节 不同豆科与禾本科植物对多环芳烃污染土壤的修复潜力比较

植物修复技术的首要环节就是筛选适宜的修复植物资源。本研究选择了 5 种禾本科植物（杂交黑麦草、多年生黑麦草、高羊茅、狼尾草和苏丹草）和 3 种豆科植物（紫花苜蓿、苕子、白车轴草），以采自长江三角洲地区某持久性有机污染物高风险区表层土壤（0~15cm）为供试土壤，采用盆栽试验，比较研究了它们的生物量及其对污染土壤中多环芳烃的吸收富集能力与修复效率，为后续多环芳烃复合污染土壤的生物修复提供了宝贵的植物资源。

一、不同豆科和禾本科植物的生物量比较

图 6.1 显示了培养 90d 后 PAHs 污染土壤中 8 种植物的生物量变化。从图 6.1 可知，

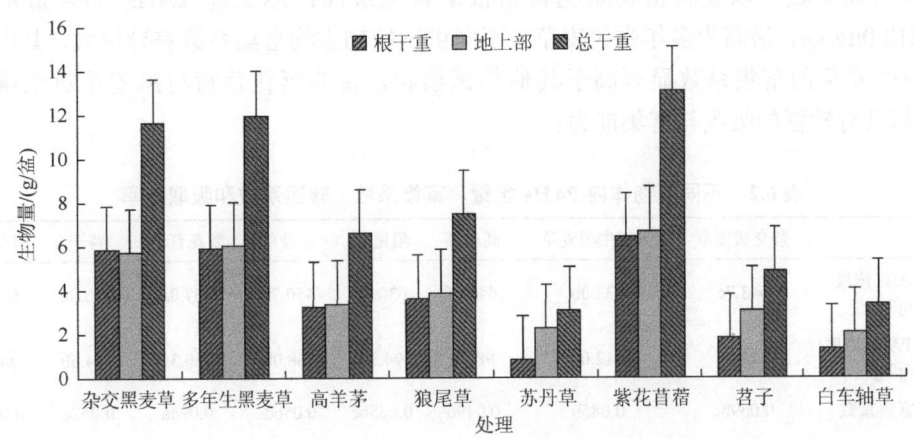

图 6.1 盆栽种植 90 天后不同植物的生物量

8 种植物生物量范围为（3.05±0.13）~（13.09±1.78）g/盆（干重），其中苏丹草、苕子和白车轴草生物量较小，狼尾草和高羊茅居中，而紫花苜蓿和两种黑麦草生物量较大，表现出较其他植物有更高的地下部分、地上部分和总生物量。

二、土壤中多环芳烃各组分的去除效果比较

经 90 天的植物修复后，土壤中三环、四环、五环、六环及 PAHs 的总量如表 6.1 所示。与土壤本底值比较，所有处理土壤中多环芳烃含量均有显著降低。其中，二环的苊、蒽和芴在所有处理中均未检出，三环多环芳烃的去除率最高，其范围为 79.2%~89.2%，其次是四环和五环多环芳烃，分别为 33.1%~50.7%、27.0%~44.8%，六环多环芳烃去除率最低。从表 6.1 可知，豆科植物紫花苜蓿和禾本科植物黑麦草对 PAHs 污染土壤的修复效果最好，土壤中 PAHs 总量的去除率分别可达 48.4%和 46.8%，显著高于对照组的 19.2%。

表 6.1 种植不同植物后土壤中 PAHs 的去除率

多环芳烃	土壤 PAHs 的去除率/%								
	杂交黑麦草	多年生黑麦草	高羊茅	狼尾草	苏丹草	紫花苜蓿	苕子	白车轴草	对照
二环	—	—	—	—	—	—	—	—	—
三环	88.9a	85.7a	87.2a	87.2a	79.2a	89.2a	80.8a	88.6a	48.2b
四环	45.8ab	48.8a	45.5ab	49.2a	40.4b	50.7a	33.1bc	44.5ab	23.8c
五环	40.8b	42.0b	40.1b	42.4b	33.3ab	44.8b	27.0a	34.2a	15.4c
六环	13.7abc	26.6a	22.3bc	18.3abc	12.3abc	24.6ab	8.1abc	10.8abc	0.01c
PAHs 总量	43.2ab	46.8ab	44.0ab	46.0ab	37.6b	48.4a	31.6bc	40.6b	19.2c

注：不同处理同一行中不同字母代表在数值上存在显著差异（$p<0.05$）。

三、植物体内多环芳烃的含量、富集系数与吸取修复效率的比较分析

由表 6.2 可知，8 种供试植物对土壤中的 PAHs 均有一定的吸收与转运能力，且 PAHs 在各供试植物根部的含量显著高于地上部。不同供试植物根部的 PAHs 浓度范围为 446.0~857.0μg/kg，以豆科植物紫花苜蓿根中含量最高；地上部 PAHs 的含量范围为 94.3~212.0μg/kg，最高为多年生黑麦草。不同供试植物生物富集系数差异很大，其中紫花苜蓿与黑麦草的富集系数显著高于其他供试植物，说明紫花苜蓿与黑麦草对土壤中的 PAHs 都具有较强的吸收与富集能力。

表 6.2 不同植物体内 PAHs 含量、富集系数、转运系数和吸取效率

	杂交黑麦草	多年生黑麦草	高羊茅	狼尾草	苏丹草	紫花苜蓿	苕子	白车轴草
根部 PAHs 浓度/（μg/kg）	643.7c	733.0b	446.0f	630.0c	450.7f	857.0a	520.0e	576.7d
地上部 PAHs 浓度/（μg/kg）	122.3c	212.0a	98.7d	94.3d	168.0b	210.3a	164.6b	98.7d
生物富集系数	0.069bc	0.085b	0.049d	0.065bc	0.056d	0.096a	0.062d	0.061cd
转运系数	0.19de	0.29b	0.22cd	0.15f	0.37a	0.25c	0.32b	0.17ef
吸取效率/%	0.009b	0.013ab	0.004c	0.005c	0.002c	0.017a	0.003c	0.002c

本试验中,紫花苜蓿与多年生黑麦草对土壤中 PAHs 的吸取修复效率分别为 0.017% 和 0.013%,相对于土壤中 PAHs 的去除率,植物通过直接吸取修复 PAHs 的效率仍十分有限,提示植物主要通过分泌有关代谢酶和活性物质、提高根际土壤中土著芳烃降解菌的数量与活性等途径,共同促进土壤中 PAHs 的降解去除。综上所述,豆科植物紫花苜蓿和禾本科植物黑麦草因具有生物量大、对 PAHs 污染抗逆性强、生物富集系数高等优点,可作为 PAHs 污染土壤植物修复的候选植物资源。

第二节 禾本科植物黑麦草对多环芳烃的修复效应

前期研究表明,禾本科植物黑麦草可显著促进土壤中三环、四环甚至五环 PAHs 的去除。然而,对于黑麦草根际土壤中多环芳烃的动态变化及其化学和生物学过程与机理尚不清楚。本研究分别以三环的菲和五环的苯并[a]芘为研究对象,采用盆栽试验动态监测了不同污染程度下黑麦草地上部及其根际土壤中污染物含量、多酚氧化酶含量的变化趋势,并对其动态变化的驱动因素及根际生物修复潜力作了初步探讨,以期为土壤中多环芳烃等持久性有机污染物的生物修复技术原理发展提供科学依据。

一、黑麦草对菲污染土壤的植物修复

供试土壤采自中国科学院南京土壤研究所常熟农业生态实验站内的潜育水耕人为土(乌栅土)。土壤风干后过 2mm 尼龙筛,其理化性质如下:有机质 36.3g/kg,全氮 2.25g/kg,全磷 0.75g/kg,全钾 17.4g/kg,阳离子交换量 21.59cmol/kg,pH7.8。盆栽试验在控温、控光的生长室里进行,供试植物为黑麦草(*Lolium multiflorum* L.),试验设计 3 种处理,菲浓度为 5mg/kg、50mg/kg、500mg/kg(分别以 A、B、C 表示低、中、高 3 种污染程度)。

(一)土壤中菲浓度的动态变化

如图 6.2 所示,随着时间延长,土壤中菲的可提取浓度逐渐降低。在(a)、(b)、(c)3 个处理中,都在 10 天内迅速降解,随后降解速度变慢并趋于平缓。在适宜的培养条件下,土壤中微生物可能降解了土壤中的菲,使土壤中菲的含量减少,这表明菲污染土壤可能具有自然消减与修复功能。但是,对土壤中菲浓度的这种动态变化的机制有待深入研究。

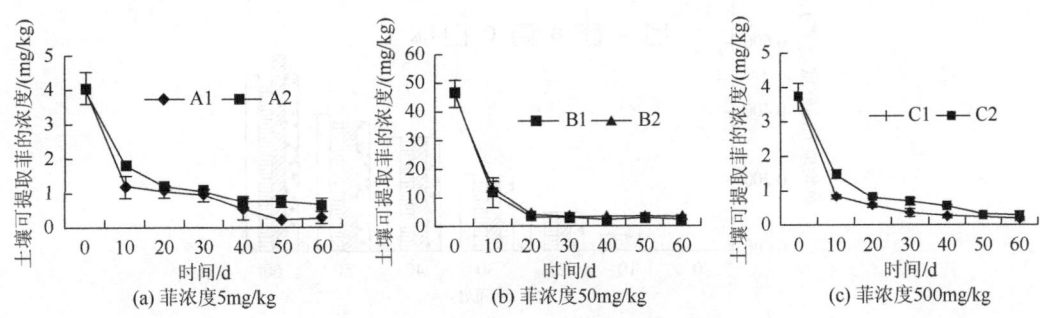

图 6.2 种与不种黑麦草土壤中菲浓度的动态变化

图中 A:5mg/kg;B:50mg/kg;C:500mg/kg;A1、B1、C1 为种黑麦草的处理;A2、B2、C2 为不种植物的处理

种植黑麦草可以促进土壤中菲的降解（图 6.2）。在 3 种处理浓度下，种植黑麦草处理中的土壤菲去除率在试验的前 10 天明显高于未种植的处理（$p<0.05$）。在低浓度的（a）处理中，在 10~50d 期间二者差异不显著；在 50~60d 的土壤中菲的可提取浓度明显低于未种植（$p<0.05$）。在中浓度的（b）处理中，在 10~60d 期间种植与未种植的处理之间的差异不明显。在高浓度的（c）处理中，在 10~40d 期间有植物处理的土壤中菲浓度明显低于无植物的处理（$p<0.05$）。总体上，在低、中、高 3 种处理浓度下，经 60d 的盆栽试验后，种植黑麦草处理的土壤菲去除率分别达到 93.1%、95.6%和 94.7%，显著高于未种植的处理。

表 6.3 列出了不同菲浓度处理下，无植物处理和有植物处理后土壤中菲浓度的差值。这些差值反映了黑麦草本身对菲污染土壤的降解修复作用。这种修复作用及其强度随土壤中污染物菲的浓度和植物生育时期而变化，而其变化过程的机理尚待进一步研究。

表 6.3 不同菲浓度处理下黑麦草对土壤中菲的降解修复作用* （单位：mg/kg）

菲添加浓度/(mg/kg)	时间/d						
	0	10	20	30	40	50	60
5	0	0.64	0.11	0.00	0.21	0.53	0.36
50	0	1.60	1.07	1.06	0.90	0.53	1.07
500	0	85.33	30.94	46.25	42.66	10.40	13.87

*表中的数据为无植物处理和有植物处理后土壤中菲浓度的差值。

（二）黑麦草生物量动态变化

图 6.3 显示了在 A（低）、B（中）、C（高）3 种菲水平处理的土壤上黑麦草地上部分的鲜重随时间的变化。黑麦草在育苗一周后移入添加菲处理的土壤中。在植物生长 10~50d 内，A、B、C 处理间无显著性差异，这说明 3 个菲处理浓度对植物生长前期的影响不大。在生长 60d 后收获时，B 处理的鲜重最大，C 处理最低，差异达到极显著水平（$p<0.01$），但 A 处理与对照之间无差异。地上部分生物量的动态变化说明，黑麦草对土壤多环芳烃菲的毒性有较强的忍耐性。

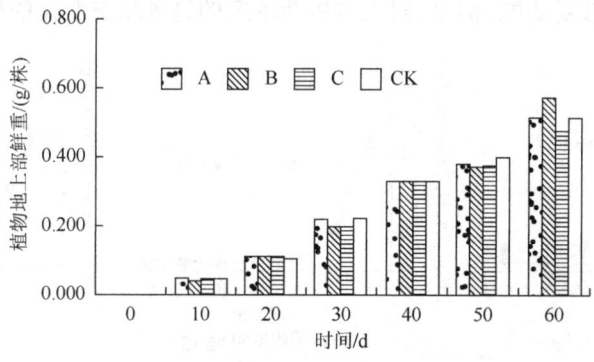

图 6.3 菲污染土壤上黑麦草地上部分生物量的动态变化

A、B、C 分别代低、中、高 3 种菲污染程度

(三) 土壤多酚氧化酶活性动态变化

土壤中酶活性的变化可以反映土壤中微生物和植物根系的降解活性。多酚氧化酶是土壤中重要的氧化还原酶,其能够参与芳香族类化合物的分解转化过程(关松荫等,1986)。本研究中的土壤多酚氧化酶的动态变化是通过有植物生长与无植物生长的土壤多酚氧化酶活性的差值表示,以说明植物生长对多酚氧化酶活性的影响作用。如图6.4所示,在盆栽试验的前30天内,低、中、高3种菲浓度下有植物与无植物处理的土壤酶活的差值变化趋势相同且相差不大。在第40d时,中、高浓度菲处理的数值相近,且均大于低浓度菲处理的数值,说明B、C处理的植物能够明显地增加土壤中多酚氧化酶的含量,从而促进对菲的降解。第60天收获时,低剂量菲处理下种植黑麦草的处理中土壤酶活性最大,随着菲的浓度提高,多酚氧化酶的活性逐渐降低。可见,种植黑麦草可提高土壤中多酚氧化酶的活性,进而促进土壤中菲的分解转化。

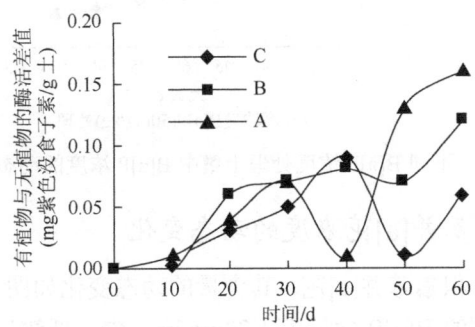

图6.4 黑麦草对菲污染土壤中多酚氧化酶活性的动态影响
A、B、C分别代低、中、高3种菲污染程度

二、黑麦草对苯并[a]芘污染土壤的植物修复

供试土壤采自中国科学院南京土壤研究所常熟农业生态实验站内的潜育水耕人为土(乌栅土)。土壤风干后过2mm尼龙筛,其理化性质如下:有机质36.3g/kg,全氮2.25g/kg,全磷0.75g/kg,全钾17.4g/kg,阳离子交换量21.59cmol/kg,pH7.8。盆栽试验在控温、控光的生长室里进行,供试植物为黑麦草(*Lolium multiflorum* Lam.),试验设计3种处理,苯并[a]芘(B[a]P)浓度为1mg/kg、10mg/kg、50mg/kg(分别表示低、中、高3个污染程度)。

(一) 土壤中可提取态苯并[a]芘浓度的动态变化

由图6.5可以看出,随着盆栽时间延长,土壤中可提取态的B[a]P浓度逐渐降低。在低、中、高3个浓度处理的盆栽中,B[a]P浓度均在45d内快速降低,随后变慢。同时,观察到黑麦草可以促进土壤中可提取态苯并[a]芘含量的减少。在低浓度的B[a]P处理中,除第105天外,其他各时间种植黑麦草的土壤中可提取态B[a]P浓度显著低于未种植的土壤($p<0.05$)。在中浓度的处理中,整个试验期间种植与未种植黑麦草的处理间差异均达到显著水平($p<0.05$);在高浓度(50mg/kg)处理中,二者的差异更加显著。

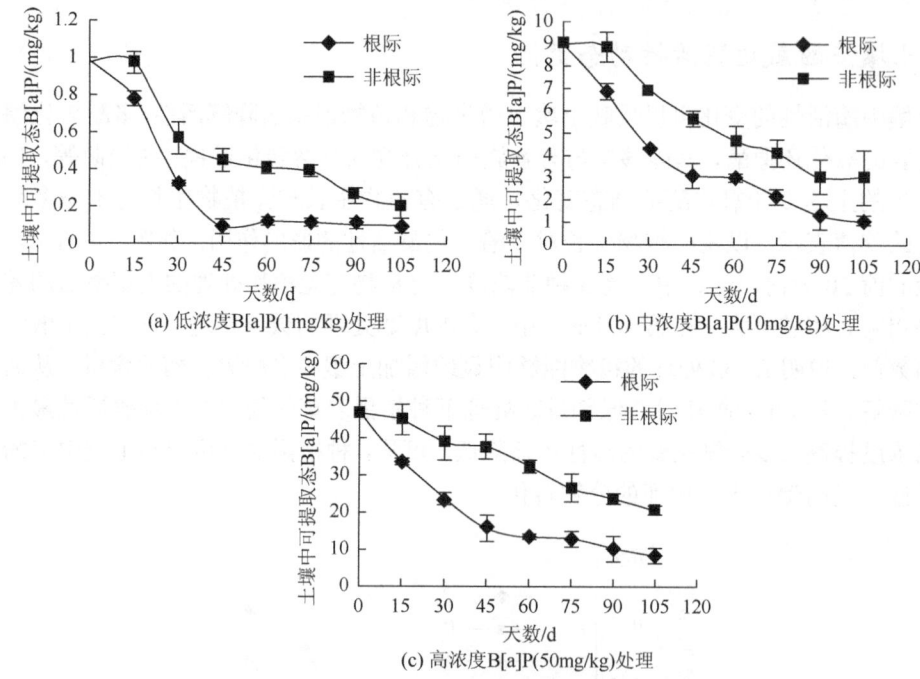

图 6.5　不同 B[a]P 浓度处理土壤中 B[a]P 浓度的动态变化

（二）黑麦草植株体内苯并[a]芘浓度的动态变化

黑麦草地上部体内可积累苯并[a]芘，其含量的动态变化如图 6.6 所示。在 15d 时，高浓度处理中黑麦草地上部的 B[a]P 含量为 1.24mg/kg，中、低浓度处理的含量分别为 0.48 和 0.43mg/kg。随着时间的延长，黑麦草地上部的 B[a]P 含量有减少的趋势，一方面可能是因为随着黑麦草生物量的增加，对体内的 B[a]P 起到稀释作用；另一方面也可能是 B[a]P 在植物体内发生了代谢转化。

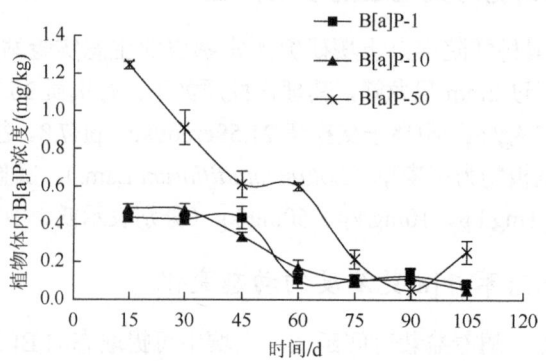

图 6.6　黑麦草地上部中 B[a]P 浓度的动态变化

（三）土壤微生物生物量碳的动态变化

土壤微生物生物量是指土壤中体积小于 $5 \times 10^3 \mu m^3$ 的生物总量，它能灵敏地反映环境因子的变化，可作为评价土壤质量和土壤污染程度及土壤中微生物对污染物进行降解的重要指示之一。本研究中的土壤微生物生物量是通过有/无植物生长的土壤微生物生物量碳差值来表示,以说明植物生长对土壤微生物生物量碳的影响作用。由图 6.7 可知,在盆栽进行到第 15~45 天时,各浓度处理间的土壤微生物生物量碳比较接近。自第 60 天开始,中、低浓度处理中的微生物生物量碳显著大于高浓度 B[a]P 处理 ($p<0.05$)。表明中、低剂量的 B[a]P 加入土壤后,刺激了土著微生物的大量生长,从而加速了土著微生物对 B[a]P 的降解,而加入高浓度 B[a]P 后,对土著微生物产生了毒害作用,进而抑制了微生物的生长繁殖及其对 B[a]P 的降解。

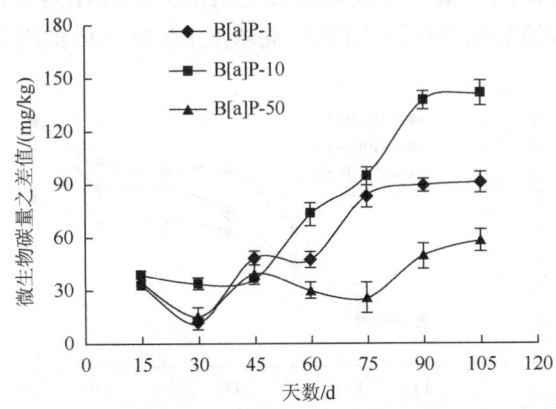

图 6.7 种植黑麦草对土壤微生物生物量碳的影响动态变化

(四)土壤多酚氧化酶活性动态变化

如图 6.8 所示,在所有浓度处理下,有植物与无植物处理的酶活差值都大于零。可见,种植黑麦草可以显著提高土壤中多酚氧化酶的活性。在植物生长的第 30~60 天,中、低浓度 B[a]P 处理土壤中的酶活性差值显著高于高浓度处理,表明高浓度的 B[a]P 抑制了土壤中多酚氧化酶的活性。在第 60~90 天内,高浓度 B[a]P 处理土壤中多酚氧化酶活性呈现先升高后降低的波动,到试验结束时,高浓度处理的酶活性差值又显著低于中、低浓度处理。这种酶活性的变化规律可能与土壤中苯并[a]芘含量变化动态有关。

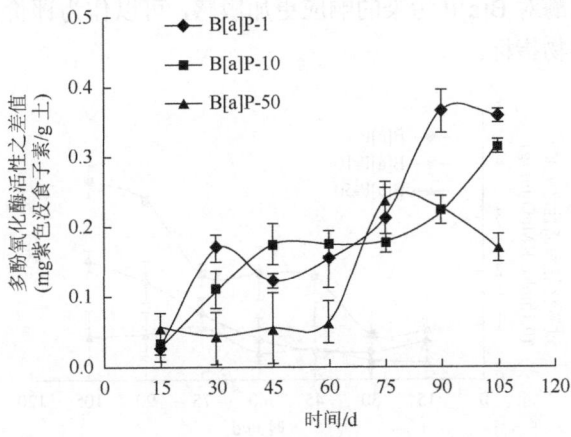

图 6.8 种植黑麦草对土壤多酚氧化酶活性的影响

（五）土壤脱氢酶活性动态变化

脱氢酶同样是土壤中重要的氧化还原酶，在环状有机化合物的分解转化过程中起到重要的作用，其活性的大小同样反映土壤对有机化合物降解能力的强弱。本研究中土壤脱氢酶的动态变化是通过有植物生长与无植物生长的土壤脱氢酶活性的差值表示，以说明植物生长对土壤脱氢酶活性的影响作用。由图 6.9 可知，自盆栽试验的第 45 天起，各浓度 B[a]P 处理下有/无黑麦草种植的土壤中脱氢酶活性差值的大小顺序为中浓度＞低浓度＞高浓度。与土壤多酚氧化酶的活性变化规律相似，高浓度 B[a]P 同样抑制了土壤脱氢酶的活性。

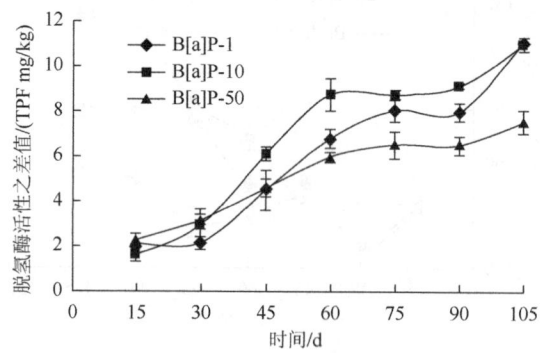

图 6.9 种植黑麦草对土壤脱氢酶活性的影响

（六）土壤过氧化氢酶活性动态变化

过氧化氢酶广泛存在于土壤和生物体内，它能促进过氧化氢的分解而有利于防治过氧化氢对生物体的毒害；此外，其活性还与土壤呼吸作用和土壤微生物活动密切相关。本研究中土壤过氧化氢酶的动态变化是通过有植物生长与无植物生长的土壤过氧化氢酶活性的差值表示，以说明植物生长对土壤过氧化氢酶活性的影响。由图 6.10 可知，在实验前期（15~30d）3 种处理水平间的酶活性差值无显著性差异，自第 45 天开始，逐渐呈现中浓度＞低浓度＞高浓度的趋势，且与前两种酶相比，各处理间的差异更为显著（$p<0.05$），这表明土壤过氧化氢酶对 B[a]P 污染的响应更加敏感，可以作为评价 B[a]P 污染土壤质量与修复目标的一个生物指标。

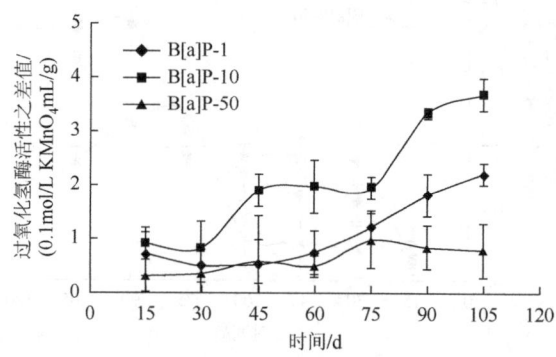

图 6.10 种植黑麦草对土壤过氧化氢酶活性的影响

综上所述，种植黑麦草能显著促进土壤中 B[a]P 的降解修复，这种促进作用不仅与黑麦草直接吸收或同化 B[a]P 有关，更与根际土壤中微生物生物量增加，多酚氧化酶、脱氢酶和过氧化氢酶等土壤酶活性提高有关。因此，大幅提高黑麦草产量、增强根际土壤酶活性，将是一条提高 PAHs 污染土壤植物修复能力的有效途径。

三、黑麦草对多环芳烃复合污染土壤的田间原位修复

此前，我们利用盆栽试验分别研究了黑麦草对低环 PAHs（菲）和高环 PAHs（B[a]P）的修复效果，而对黑麦草在田间原位条件下对多环芳烃复合污染土壤的修复效果尚不清楚。本研究选择南京市郊某钢铁厂周边受 PAHs 污染的农田土壤为供试田块，以黑麦草为供试植物，开展了两季的田间连续原位修复。供试土壤类型为黄棕壤，表层土壤基本理化性质如下：土壤容重 1.46kg/L，pH 5.4，有机质 24.9g/kg，总氮 1.22g/kg，总磷 0.61g/kg，总钾 15.2g/kg，水解氮 91.1mg/kg，总多环芳烃浓度（1.40±0.15）mg/kg。供试地块经翻耕耙平后划分为 8 个小区，每个小区面积为 1.6m×2.5m。试验设两个处理：不种植物的对照（CK）和种植黑麦草的处理（R）。

（一）土壤中多环芳烃组分及含量变化

不同处理下土壤中总多环芳烃含量如表 6.4 所示。经过一季黑麦草种植以后，土壤中多环芳烃总量显著低于不种植物的对照处理；经过两季黑麦草种植后，土壤中的多环芳烃含量进一步降低，但降幅小于第一季。而对照处理的土壤中多环芳烃含量变化不明显。

表 6.4 土壤中总多环芳烃含量与去除率

	CK		R	
	总多环芳烃含量/(mg/kg)	去除率/%	总多环芳烃含量/(mg/kg)	去除率/%
初始（2008 年）	1.41±0.15a	—	1.39±0.17a	—
第一季（2009 年）	1.39±0.19a	1.5±13.6	1.13±0.04b	18.6±6.3
第二季（2010 年）	1.40±0.09a	1.2±3.0	1.06±0.09b	23.4±6.7

注：表中数值为平均值±标准差。同一行中不同字母表示处理间在 0.05 水平下差异显著。

不同处理下土壤中多环芳烃的组成如图 6.11 所示。经过两季的连续黑麦草种植，土壤中三环、四环、五环和六环多环芳烃的含量分别减少了 30.9%、25.5%、21.2% 和 16.3%。随着多环芳烃环数的增加，去除率逐渐下降，表明在田间条件下，土壤中高环多环芳烃比低环多环芳烃更难消除。

（二）植物各组织生物量及多环芳烃含量变化

黑麦草地上部分生物量（干重）与总多环芳烃含量如表 6.5 所示。黑麦草在该污染土壤中生长旺盛，两季生物量都超过了 10^4kg/hm^2，第二季的生物量略高于第一季，表明黑麦

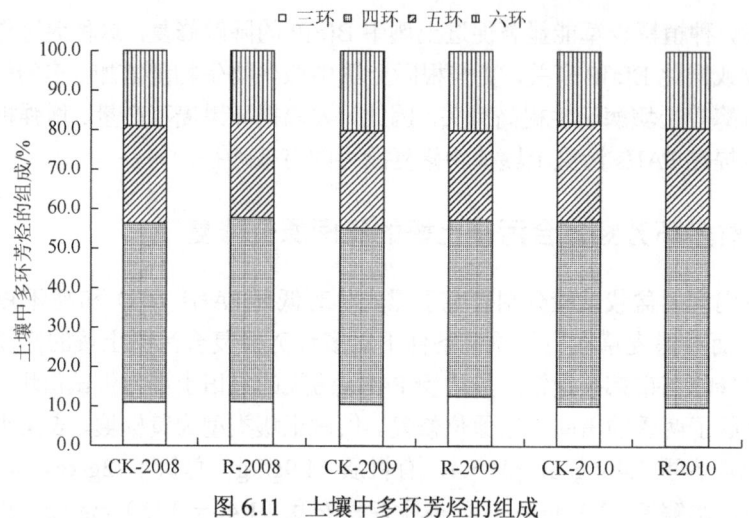

图 6.11　土壤中多环芳烃的组成

草在多环芳烃污染土壤上具有较强的适应性。两季黑麦草地上部组织中多环芳烃浓度相近，黑麦草地上部分吸取的多环芳烃总量约占表层土壤中多环芳烃减少量的1%，表明植物直接吸取并非黑麦草修复多环芳烃污染土壤的主要途径。

表 6.5　黑麦草生物量与多环芳烃含量

	生物量/(kg/hm^2)	多环芳烃含量/(μg/kg)	黑麦草提取多环芳烃总量/(g/hm^2)	土壤中多环芳烃消除量/(g/hm^2)
第一季（2009 年）	(1.14±0.14)×10^4	282±33	3.21	565
第二季（2010 年）	(1.34±0.10)×10^4	284±19	3.80	146
总和	2.48×10^4	283	7.01	711

黑麦草地上部分多环芳烃含量的组成特征如图 6.12 所示。两季黑麦草中多环芳烃组成相似，都以三环和四环为主，占多环芳烃总量的 85%左右，五环和六环含量较低。与土壤中多环芳烃的含量与组成（表 6.4 和图 6.11）相比，黑麦草中多环芳烃含量更低，三

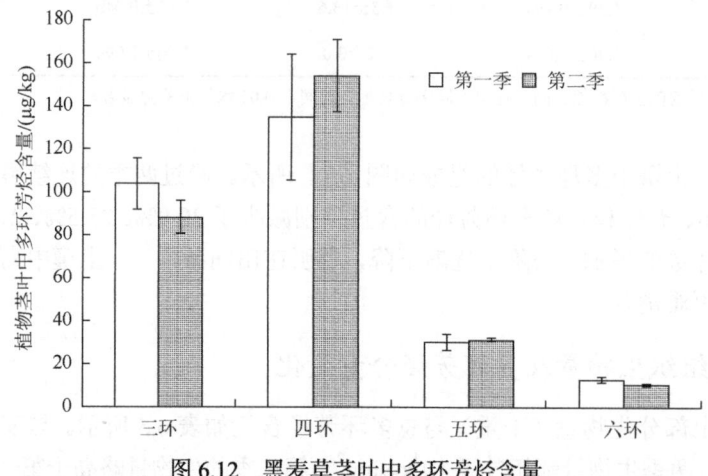

图 6.12　黑麦草茎叶中多环芳烃含量

环和四环多环芳烃所占比例更高，五环和六环多环芳烃所占比例更低，表明低环多环芳烃更容易进入黑麦草体内。

（三）土壤酶活性与微生物功能多样性变化

土壤脱氢酶与过氧化物酶活性测定结果如表 6.6 所示。种植黑麦草后土壤脱氢酶活性显著高于不种植物的土壤，土壤过氧化物酶活性也高于对照，但土壤脱氢酶比过氧化物酶更为敏感。

表 6.6 土壤氧化还原酶活性

	脱氢酶活性/（μg 三苯基甲䐢/g 干土）	过氧化物酶活性/（mg 焦性没食子酸/（g 干土/h））
CK	41±4b	5.0±0.6a
R	77±9a	5.5±0.5a

注：同一列相同字母表示处理间在 0.05 水平下差异不显著。

利用 Biolog ECO 板分析了土壤微生物碳源利用情况，96 孔板中每孔平均颜色变化率（AWCD）的高低反映了微生物对 31 种碳源的代谢能力，AWCD 值越高，表明土壤微生物对供试碳源的代谢能力越强。如图 6.13 所示，种植黑麦草的土壤的 AWCD 值从培养 36h 以后就明显高于对照，表明种植黑麦草提高了土壤微生物的碳源利用能力。

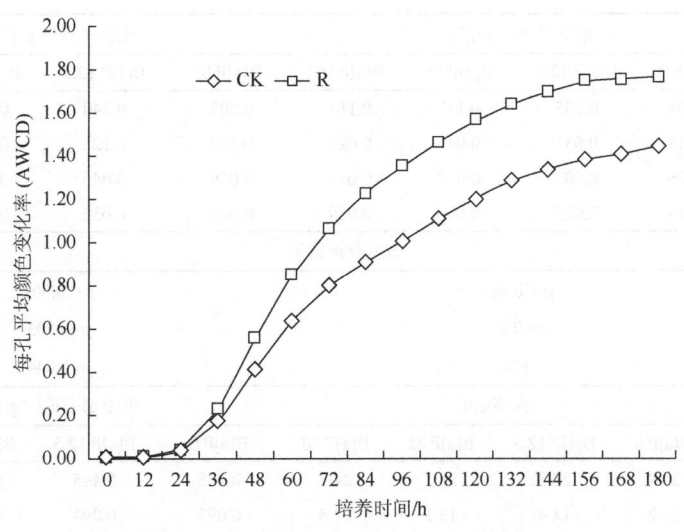

图 6.13 黑麦草对土壤微生物群落碳源代谢能力的影响

利用 Biolog ECO 板微孔的吸光值计算土壤微生物群落功能多样性指数（Shannon 指数）发现，种植黑麦草显著提高了土壤微生物群落功能多样性指数，其土壤中微生物多样性更丰富，土壤生态系统也更稳定。

四、黑麦草对苯并[a]芘与铅复合污染土壤的植物修复作用

土壤中多环芳烃和重金属的复合污染普遍存在。植物修复土壤有机-重金属复合污染的主要机制是通过植物体对重金属的直接吸取,降低土壤中重金属的浓度;同时,通过其根系分泌物和土壤酶的作用,增加土壤微生物的数量和活性,促进土壤中有机污染物的降解,从而达到有机-重金属复合污染土壤的修复目的(骆永明,1999;沈德中,1998)。本研究通过盆栽试验,探讨了黑麦草对重金属(铅)和多环芳烃(B[a]P)复合污染土壤的修复效果。酸性红砂土(haplic-udic argosols)采自江西鹰潭中国科学院鹰潭农业生态试验站 0~20cm 土层。土样基本理化性质如下:有机碳 2.88g/kg;全氮 0.71g/kg;全磷 0.72g/kg;全铅 12.0mg/kg;DTPA-Pb 0.1448mg/kg;pH 5.0;阳离子代换量(CEC)2.19cmol/kg;B[a]P 浓度 6.3μg/kg;砂粒、粉粒和黏粒含量分别为 57.9%、26.9%和 15.2%。B[a]P 浓度设 0、12.5mg/kg、25mg/kg 和 50mg/kg 4 个水平,Pb 浓度设 0、500mg/kg、1000mg/kg 和 2000mg/kg 4 个水平,每个水平均设置不种植物的处理作为对照。

(一)不同复合污染水平下黑麦草的生物学性状

表 6.7 是不同处理下黑麦草的株高和干物质产量。对不同 Pb 和 B[a]P 水平下黑麦草株高进行统计分析表明,不同 Pb 水平处理间株高差异极显著($p<0.01$),不同 B[a]P 水平间株高差异显著($p<0.05$)。分别用 Pb 浓度和 B[a]P 浓度与株高进行相关性分析,前者与株高的相关系数绝对值远大于后者。F 检验表明,Pb 和 B[a]P 之间的互作也未达到 0.05 的显著水平。

表 6.7 黑麦草株高和干物质量

Pb 处理	根系干重/(g/盆)				植株干重/(g/盆)			
	B[a]P 0	B[a]P 12.5	B[a]P 25	B[a]P 50	B[a]P 0	B[a]P 12.5	B[a]P 25	B[a]P 50
Pb 0	0.098	0.095	0.111	0.113	0.503	0.540	0.568	0.564
Pb 500	0.018	0.031	0.040	0.027	0.110	0.125	0.148	0.130
Pb 1000	0.026	0.007	0.018	0.018	0.059	0.046	0.061	0.050
Pb 2000	0.034	0.025	0.036	0.039	0.043	0.036	0.044	0.051
方差分析结果								
Pb 浓度	$p<0.001$				$p<0.001$			
B[a]P 浓度	$p=0.09$				$p=0.003$			
Pb×B[a]P	NS				$p=0.044$			
Pb 处理	株高/cm				地上部干重/(g/盆)			
	B[a]P 0	B[a]P 12.5	B[a]P 25	B[a]P 50	B[a]P 0	B[a]P 12.5	B[a]P 25	B[a]P 50
Pb0	26.4	27.3	28.2	28.7	0.405	0.445	0.457	0.451
Pb500	11.2	12.4	13.1	12.3	0.092	0.094	0.108	0.102
Pb1000	7.7	7.7	7.8	7.6	0.033	0.039	0.042	0.033
Pb2000	5.3	5.4	4.7	5.6	0.009	0.011	0.007	0.012
方差分析结果								
Pb 浓度	$p<0.001$				$p<0.001$			
B[a]P 浓度	$p=0.02$				$p=0.003$			
Pb×B[a]P	$p=0.04$				$p=0.02$			

黑麦草干物质产量受 Pb 和 B[a]P 浓度影响显著，但 Pb 浓度对植物干重的影响远大于 B[a]P。在试验处理水平下，高浓度 Pb（1000mg/kg 和 2000mg/kg）极大地抑制了植物（特别是地上部）的生长，而 Pb 浓度为 0 和 500mg/kg 时，所有添加 B[a]P 的处理植株干重均高于不添加 B[a]P 的处理，且 B[a]P 浓度在 25mg/kg 时植株干重最大，显著高于未添加 B[a]P 的处理（$p<0.05$）。各处理的地上部和根系干重的 F 检验表明，不同 Pb 和 B[a]P 用量及其互作均显著影响黑麦草的地上部重量；Pb 用量也极显著影响根系干重，但 B[a]P 及和 Pb 的互作对根系干重的影响不显著。由此可见，在本试验条件下，黑麦草的株高和生物量主要受土壤 Pb 浓度影响，高浓度的 Pb 显著抑制黑麦草的株高和干物质产量。B[a]P 浓度对黑麦草产量和株高影响相对较小，中低浓度的 B[a]P（25mg/kg）对黑麦草生长还具有一定的促进作用。

（二）黑麦草各组织中苯并[a]芘和铅的吸取量

表 6.8 所示为不同处理下黑麦草植株对铅的吸取量。相关性分析表明，土壤 Pb 浓度与黑麦草植株 Pb 吸收量呈极显著正相关，而植株体内 Pb 的吸收量与其干重呈极显著负相关（$p<0.01$），因此 Pb 浓度与黑麦草植株 Pb 吸收量间的这种正相关来自黑麦草体内 Pb 浓度的升高。F 检验结果表明，黑麦草根系对 Pb 的吸收量与土壤 Pb 浓度的相关性远大于地上部 Pb 吸收量与土壤 Pb 浓度的相关性，表明土壤 Pb 浓度主要通过影响黑麦草根系的吸 Pb 量而影响整个植株体内的 Pb 含量。对比地上部和根系的 Pb 吸收量，发现后者远大于前者，说明土壤中的 Pb 主要进入黑麦草根系，而根系运输到地上部的比例较小（平均值为 12.50%）。土壤 B[a]P 浓度对黑麦草植株、地上部和根系的 Pb 吸收量均无显著影响。

表 6.8　土壤铅和苯并[a]芘水平对植物铅吸收量的影响　　（单位：mg/盆）

	B[a]P 0	B[a]P 12.5	B[a]P 25	B[a]P 50
Pb0	0.22	0.12	1.21	1.24
Pb500	4.71	10.09	16.46	10.02
Pb1000	23.79	8.36	22.28	10.39
Pb2000	54.86	51.52	68.96	83.58
方差分析结果				
Pb 浓度		$p<0.001$		
B[a]P 浓度		NS		
Pb×B[a]P		NS		

黑麦草植株 B[a]P 积累量的 F 检验结果表明（表 6.9），除了 B[a]P 用量为 25mg/kg、Pb 用量为 500mg/kg 的处理与其他处理差异显著外（$p<0.01$），其余处理间的差异显著性均未达到 0.05 水平。说明不同土壤 B[a]P 用量对植株地上部 B[a]P 积累量影响较小，这进一步说明 B[a]P 不易从黑麦草根系转移进入地上部。不同 Pb 用量处理的黑麦草根系 B[a]P 吸收量之间也有一定差异。施 Pb 量为 0 时，B[a]P 施用量越大，根系的积累量

越多。施 Pb 量为 0mg/kg 但 B[a]P 不为 0mg/kg 的三个处理 B[a]P 吸收量最高，并与其余所有处理间的差异达到 0.01 显著水平，其余处理 B[a]P 积累量差异未达到 0.05 显著水平。表明 Pb 抑制了黑麦草根系对土壤 B[a]P 的吸收。对于所有处理的土壤 B[a]P 用量和植物根系 B[a]P 积累量进行相关分析，二者呈显著正相关（$p<0.05$）。根系 B[a]P 积累量与干重无显著相关性（$p>0.05$），表明 Pb 主要通过影响根中 B[a]P 浓度而影响植物对 B[a]P 的吸收。

不同处理、不同 Pb 用量、不同 B[a]P 用量间以及 Pb 与 B[a]P 的交互作用对植株 B[a]P 积累量的影响均不显著（$p>0.01$）。相关分析表明，植株干重与 B[a]P 积累量之间存在极显著线性相关（$p<0.01$）。表明植株干重越大，其吸收的 B[a]P 的数量越多，而植株干重主要受 Pb 用量影响，由于 Pb 对植株生长的抑制，导致黑麦草 B[a]P 吸收量减少。Pb 用量与植株 B[a]P 吸收量之间存在极显著（$p<0.01$）线性负相关，而不同 B[a]P 用量间植株 B[a]P 吸收量差异较小。表明植物能吸收少量 B[a]P，并且这种吸收量受土壤 B[a]P 用量影响较小，而 Pb 用量由于严重影响植株的生物量，导致植株对 B[a]P 的吸收量减少。

表 6.9 土壤铅和苯并[a]芘浓度对植物 B[a]P 积累量的影响　（单位：μg/盆）

	B[a]P 0	B[a]P 12.5	B[a]P 25	B[a]P 50
Pb0	0.65	5.19	7.06	12.5
Pb500	0.34	0.89	4.25	1.01
Pb1000	0.19	2.29	0.79	0.63
Pb2000	0.20	0.49	0.96	1.19
方差分析结果				
Pb 浓度		$p=0.002$		
B[a]P 浓度		$p=0.000$		
Pb×B[a]P		$p=0.001$		

如表 6.9 所示，对于所有处理的土壤 B[a]P 浓度和植物根系 B[a]P 积累量进行相关分析，二者呈显著正相关（$p<0.05$）。在不添加 Pb 的情况下，土壤中 B[a]P 浓度越高，根系 B[a]P 的积累量越多，Pb 的添加显著抑制了黑麦草根系对土壤 B[a]P 的吸收。植株地上部 B[a]P 积累量的 F 检验表明，除了 B[a]P 浓度为 25mg/kg、Pb 浓度为 500mg/kg 的处理与其他处理差异显著外（$p<0.01$），其余处理间的差异显著性均未达到 0.05 水平。表明不同土壤 B[a]P 浓度对植株地上部 B[a]P 积累量影响较小，进一步说明 B[a]P 不易从黑麦草根系转移进入地上部。

（三）黑麦草对苯并[a]芘与铅复合污染土壤的修复作用

与对照相比，种植黑麦草对 Pb-B[a]P 复合污染土壤中的 B[a]P 具有显著的去除效果。当 B[a]P 浓度分别为 12.5mg/kg、25mg/kg 和 50mg/kg 时，种植黑麦草的土壤中 B[a]P 的残留率分别为 38.46%、40.15%、49.20%，而对照土壤的残留率分别为 44.93%、51.31%、56.46%。种植黑麦草处理的 B[a]P 平均含量比未种植黑麦草处理低 8.30%。

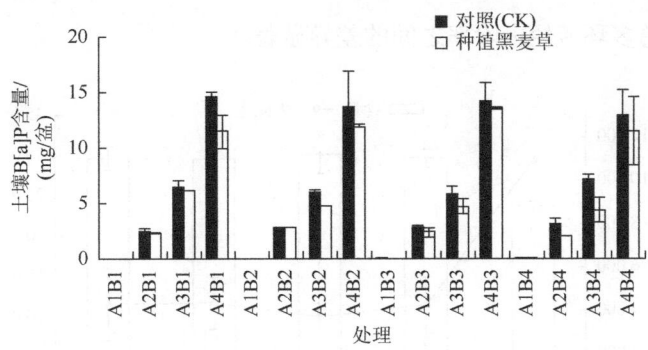

图 6.14 试验结束后（61d）不同处理土壤 B[a]P 含量

黑麦草吸收的 B[a]P 主要存在于根系中，各处理平均地上部 B[a]P 吸收量占植株总吸收量的 26.07%，植物 B[a]P 吸收量占土壤中 B[a]P 总量的平均百分数为 0.026%。表明黑麦草对复合污染中 B[a]P 的修复作用主要是通过促进土著微生物对 B[a]P 的代谢降解，而不是对 B[a]P 的直接吸收。

在试验条件下，种植黑麦草对 Pb-B[a]P 复合污染土壤中的 Pb 具有明显的修复效果。当 Pb 浓度分别在 500mg/kg、1000mg/kg、2000mg/kg 时，植物吸收 Pb 的量占土壤 Pb 总量的比例分别为 3.92%、3.56%和 6.52%，总平均值为 4.67%。

第三节 豆科植物单作修复

豆科紫花苜蓿对土壤中多环芳烃的去除具有较强的促进作用（Wei et al., 2010; Liu et al., 2004），而施用有机肥后，根际土壤中土著真菌、细菌数目明显增加，土壤脲酶、磷酸酶、脱氢酶等活性提高，土壤中多环芳烃的去除率显著提高（Tejada and Gonzalez, 2007；宋玉芳等，2001）。本研究以受多环芳烃长期污染的农田土壤为研究对象，采用室内盆栽试验，研究添加有机肥与种植紫花苜蓿对土壤中多环芳烃消除的影响，旨在为多环芳烃污染土壤的植物修复提供科学依据。

一、紫花苜蓿对农田土壤中多环芳烃消除的复合效应

（一）土壤中总多环芳烃总量与组分变化

盆栽试验在人工气候室内进行，共设 5 个处理：高温灭菌（CK），不种植物不施肥土壤（U），种紫花苜蓿土壤（P），施有机肥土壤（F）和种紫花苜蓿并施有机肥土壤（PF）。处理 60d 后，各处理土壤中多环芳烃的总量均有显著减少（图 6.15），总去除率在 10.0%~29.4%。其中，高温灭菌处理（CK）土壤中总多环芳烃的去除率最高（29.4%），其中灭菌过程中的高温导致多环芳烃的损失量约为 19.1%。施用有机肥对土壤中总多环芳烃的消除有一定促进作用，其总多环芳烃去除率高于不施有机肥的土壤。方差分析结果显示高温灭菌与 4 个非灭菌处理（不种植物不施肥、种植紫花苜蓿、施有机肥、种植紫花苜蓿

施有机肥）土壤总多环芳烃去除率之间的差异显著。

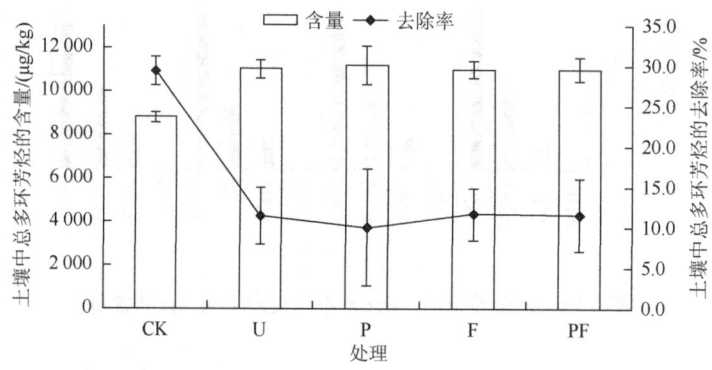

图 6.15 不同处理对土壤中总多环芳烃去除的影响

CK 为灭菌对照；U 为不种植物不施肥；P 为种植紫花苜蓿；F 为施有机肥；PF 为种植紫花苜蓿和施有机肥

各处理土壤中不同环数多环芳烃的去除率如表 6.10 所示。高温灭菌土壤中的多环芳烃随环数的增加，去除率逐渐降低。因为随多环芳烃环数的增加，其物理性质越稳定，挥发性减弱，受灭菌过程的影响减小。在非灭菌处理中，五环多环芳烃的去除率最高（28.5%~33.7%），四环多环芳烃去除率最低（2.9%~3.3%）。

表 6.10 不同处理土壤中不同环数多环芳烃的去除率

处理	多环芳烃的去除率/%			
	三环	四环	五环	六环
CK	61.8	42.5	12.1	8.7
U	8.9	3.2	31.8	5.8
P	2.6	3.3	28.5	4.5
F	7.0	2.9	33.7	6.1
PF	9.9	3.1	31.4	7.2

注：CK 为灭菌对照；U 为不种植物不施肥；P 为种植紫花苜蓿；F 为施有机肥；PF 为种植紫花苜蓿和施有机肥。

（二）土壤中苯并[a]芘与毒性当量变化

经过 60d 土壤中苯并[a]芘含量在 245~1072μg/kg，灭菌土壤中苯并[a]芘去除率最低（8.8%），且其中 90%是在灭菌过程中损失的，而非灭菌处理土壤中苯并[a]芘去除率均超过 50%，该结果表明，土壤中苯并[a]芘的消除主要是微生物降解作用的结果。种植紫花苜蓿土壤（P）中苯并[a]芘去除率比不种紫花苜蓿的土壤（U）中的减少了 8.9%，表明在本试验条件下，种植紫花苜蓿对土壤中苯并[a]芘的消除具有一定的抑制作用。施有机肥处理（F）促进了土壤中苯并[a]芘的消除，其去除率比 U 高 11.6%。种紫花苜蓿并施有机肥处理（PF）土壤中苯并[a]芘去除率显著高于 P，但低于 F。由于苯并[a]芘占该污染土壤中毒性当量（TEQ）的 70%以上，各处理土壤 TEQ 的变化规律与苯并[a]芘变化规律基本一致。除灭菌处理外，其他 4 个处理土壤中 TEQ 的去除率略小于苯并[a]芘的去除率，这是因为本试验中，土壤苯并[a]芘的去除率高于其他组分多环芳烃的去除率。

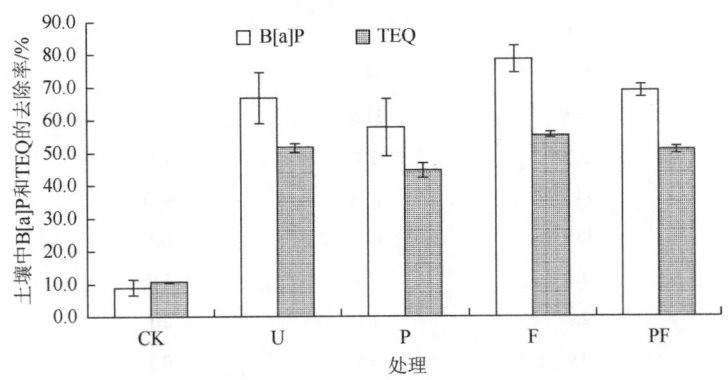

图 6.16　不同处理对土壤中苯并[a]芘与毒性当量去除的影响

CK 为灭菌对照；U 为不种植物不施肥；P 为种植紫花苜蓿；F 为施有机肥；PF 为种植紫花苜蓿和施有机肥

（三）紫花苜蓿各组织生物量及多环芳烃含量

施用有机肥对紫花苜蓿生物量的影响如图 6.17 所示。施用有机肥后，紫花苜蓿根生物量比不施肥的减少了 18.5%，而茎叶的生物量增加了 77.1%，总生物量增加了 33.0%。施用有机肥显著提高了紫花苜蓿地上部分的生物量。

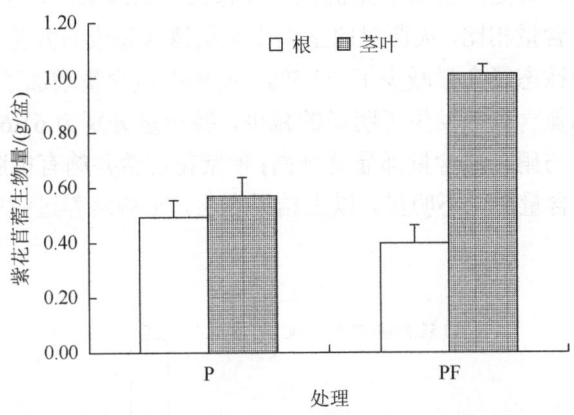

图 6.17　施有机肥对紫花苜蓿生物量的影响

P 为种植紫花苜蓿；PF 为种植紫花苜蓿和施有机肥

紫花苜蓿根和茎叶中多环芳烃含量如表 6.11 所示。整体上看，紫花苜蓿体内多环芳烃以三环和四环为主，占根内总多环芳烃量的 80%以上，占茎叶内总多环芳烃量的 90%以上；茎叶中总多环芳烃含量高于根中含量。施有机肥明显降低了紫花苜蓿根和茎叶中多环芳烃含量，根中总多环芳烃含量降低了 35.0%，茎叶中总多环芳烃含量降低了 21.8%。

表 6.11　紫花苜蓿根和茎叶中多环芳烃含量　　（单位：μg/kg）

	P-根	PF-根	P-茎叶	PF-茎叶
菲	65.6	33.5	94.3	57.1
蒽	2.1	1.2	3.1	1.8
荧蒽	39.4	14.1	41.5	30.2
芘	36.9	31.5	37.5	54.3
苯并[a]蒽	5.1	2.9	2.5	2.7
䓛	24.7	23.8	34.3	20.8
苯并[b]荧蒽	13.4	15.1	6.3	5.5
苯并[k]荧蒽	4.1	3.0	1.9	1.5
苯并[a]芘	2.2	1.6	2.1	1.6
二苯并[a,h]蒽	0.9	0.5	0.3	0.0
苯并[g,h,i]芘	1.7	1.6	0.0	0.0
茚并[1,2,3-cd]芘	8.8	4.5	3.2	2.1
总量	204.8	133.1	227.0	177.6

注：P 为种植紫花苜蓿；PF 为种植紫花苜蓿和施有机肥。

（四）土壤理化性质变化

1. 土壤无机氮含量

盆栽试验结束后，各处理土壤中无机氮（铵态氮和硝态氮）含量如图 6.18 所示。与初始土壤中的无机氮含量相比，灭菌对照土壤中无机氮含量没有发生明显的变化；不种植物不施肥处理土壤中铵态氮含量减少了 23.5%，而硝态氮含量增加了 6.0%；种紫花苜蓿土壤中铵态氮与硝态氮含量都发生了明显的减少，减少量分别为 61.6% 和 59.5%；施有机肥处理土壤中铵态氮与硝态氮含量都显著升高；种紫花苜蓿并施有机肥处理土壤中铵态氮含量升高，而硝态氮含量变化不明显。以上结果表明，土壤培养过程中，铵态氮消耗量大

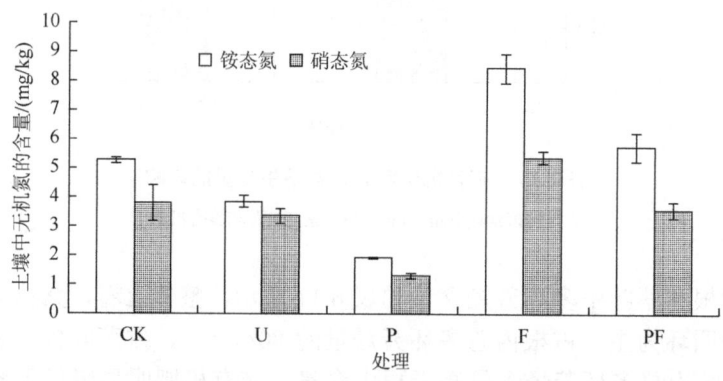

图 6.18　不同处理对土壤中无机氮含量的影响

CK 为灭菌对照；U 为不种植物不施肥；P 为种植紫花苜蓿；F 为施有机肥；PF 为种植紫花苜蓿和施有机肥

于硝态氮消耗量；种植紫花苜蓿既消耗铵态氮，也消耗硝态氮；施用有机肥可以补充土壤中的铵态氮和硝态氮。

2. 土壤 pH

盆栽试验结束后，不同处理土壤 pH 如图 6.19 所示。与供试土壤 pH 比较，灭菌处理（CK）和种植紫花苜蓿（P）使土壤 pH 提高了 0.3，加入有机肥（F）使土壤 pH 降低了 0.3，种植紫花苜蓿并添加有机肥使土壤 pH 降低了 0.2。

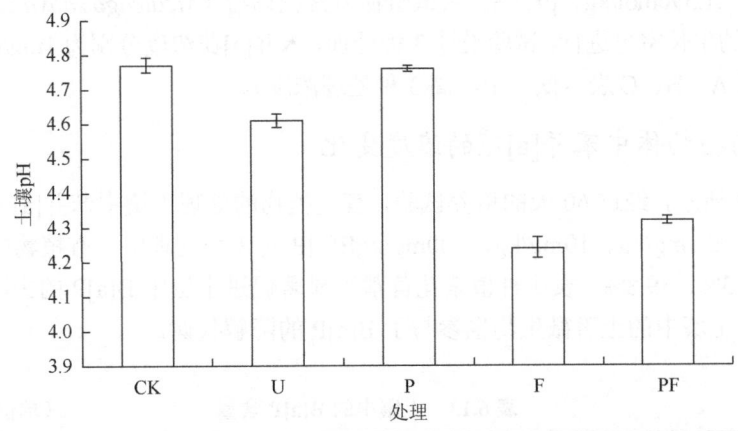

图 6.19　不同处理对土壤 pH 的影响

CK 为灭菌对照；U 为不种植物不施肥；P 为种植紫花苜蓿；F 为施有机肥；PF 为种植紫花苜蓿和施有机肥

3. 苯并[a]芘去除率与土壤性质的关系

前面的分析发现，各处理之间土壤苯并[a]芘去除率、土壤无机氮含量和 pH 等存在差异。为了了解土壤苯并[a]芘消除与土壤性质等因素的关系，我们对这些数据进行了 Pearson 相关分析，结果如表 6.12 所示。添加有机肥、土壤铵态氮、硝态氮和总无机氮与土壤中苯并[a]芘的去除率之间存在显著正相关关系，而种植紫花苜蓿和土壤 pH 与土壤中苯并[a]芘的去除率之间存在显著负相关关系。由于相关分析的样本量较小，以上结果只是初步反映了土壤中苯并[a]芘消除与土壤性质等之间的关系。

表 6.12　土壤中苯并[a]芘去除率与土壤性质等的相关性

	土壤苯并[a]芘去除率	
	相关系数	p 值
紫花苜蓿	−0.607	3.61×10^{-2}
有机肥	0.766	3.69×10^{-3}a
铵态氮	0.955	1.38×10^{-6}a
硝态氮	0.964	4.55×10^{-7}a
总无机氮	0.969	2.24×10^{-7}a
土壤 pH	−0.896	8.00×10^{-5}a

注：a 在 0.01 水平下显著相关（2 尾测验）。

二、紫花苜蓿对苯并[a]芘污染土壤的植物修复

豆科紫花苜蓿对土壤中多环芳烃的去除具有较强的促进作用（Wei et al.，2010；Liu et al.，2004）。本研究以五环的多环芳烃苯并[a]芘为研究对象，动态研究了紫花苜蓿对土壤中苯并[a]芘的降解能力，为土壤中多环芳烃的生物修复技术提供科学依据。供试土壤采自中国科学院南京土壤研究所常熟农业生态实验站内的潜育水耕人为土，土壤风干后过2mm尼龙筛，其理化性质如下：有机质36.3g/kg，全氮2.25g/kg，全磷0.75g/kg，全钾17.4g/kg，阳离子交换量21.59cmol/kg，pH7.8。供试植物为紫花苜蓿（Medicago sativa L.），盆栽试验在控温、控光的生长室里进行，试验设计3种处理，苯并[a]芘浓度分别为1mg/kg、10mg/kg、100mg/kg（以A、B、C表示低、中、高3种处理浓度）。

（一）土壤与植物体中苯并[a]芘的浓度变化

如表6.13所示，经过60天的培养试验，有无植物的处理土壤中苯并[a]芘浓度有显著的差异，在外加1mg/kg、10mg/kg、100mg/kgB[a]P的3个处理中，有植物的降解率分别为86.0%、84.3%、39.8%，表明种植紫花苜蓿可显著促进土壤中B[a]P的去除。在适宜的培养条件下，土壤中的土著微生物也参与了B[a]P的降解代谢。

表6.13　土壤中的B[a]P含量　　　　　（单位：mg/kg）

处理	土壤的残留		植物体的含量	
	有植物	无植物	根	茎
对照	0.02±0.00	0.02±0.00	0.00±0.00	0.00±0.00
1	0.14±0.01a	0.12±0.0b	0.57±0.04aA	0.06±0.03bB
10	1.57±0.02A	2.47±0.05B	0.084±0.13cC	0.21±0.04bDD
100	60.16±3.56A	88.71±2.36B	0.85±0.12cC	0.60±0.03eE

注：小写字母为5%差异显著性水平，大写字母为1%差异显著性水平，下同。

由表6.13可见，紫花苜蓿体内也可吸收富集一定浓度的B[a]P，B[a]P在紫花苜蓿根部的含量为0.57~0.85mg/kg；在茎部的含量的范围为0.16~0.60mg/kg。这表明紫花苜蓿不仅能够直接吸收富集高环的PAHs，并且吸收量随土壤中B[a]P初始浓度的增加而增加，尽管总量有限，但不可忽视。不同B[a]P污染程度对紫花苜蓿的生物量影响不显著（表6.14），表明紫花苜蓿对土壤中的B[a]P具有较高的耐受性。

表6.14　盆栽植物的生物量（鲜重）　　　　　（单位：g）

		根	茎	总重
B[a]P+Cu/（mg/kg）	对照	0.194±0.024a	0.652+0.016a	0.846
	1+250	0.138+0.010a	0.681+0.129a	0.819
	10+250	0.177+0.051a	0.677+0.198a	0.854
	100+250	0.140+0.017a	0.600+0.096a	0.740

（二）土壤 pH 的变化

土壤中的微生物生长需要利用有机物作为碳源和能源，以进一步分解有机污染物。有机物如果分解不完全就会产生大量的有机酸，进而导致土壤 pH 的下降。植物的根系分泌物能够促进根际微生物的活性，促进微生物对有机物的完全分解，进而降低土壤中有机酸的积累，使土壤 pH 变化更趋稳定。如图 6.20 所示，所有种植紫花苜蓿的处理，土壤 pH 均显著高于未种植的对照，但不同 B[a]P 的污染程度对土壤 pH 的影响并不显著。

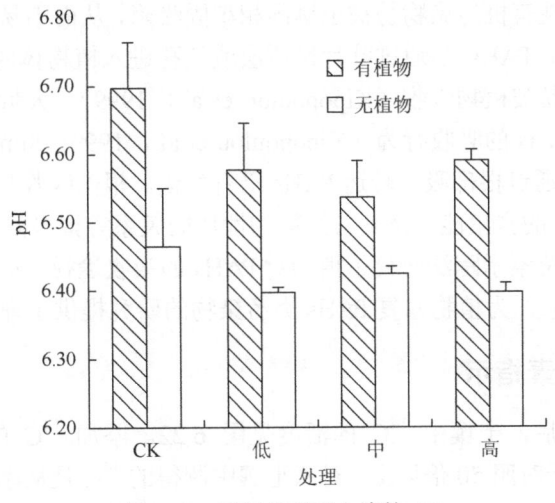

图 6.20　不同处理下土壤的 pH

（三）土壤微生物生物量碳的变化

土壤微生物生物量与土壤中的 C、N、P 和 S 等养分的循环有密切关系，其变化可以反映土壤的耕作和肥力，并可反映土壤被污染的程度。污染土壤中的微生物生物碳的变化可能反映微生物对有机污染物的降解情况。如图 6.21 所示，有植物处理的土壤中微生物

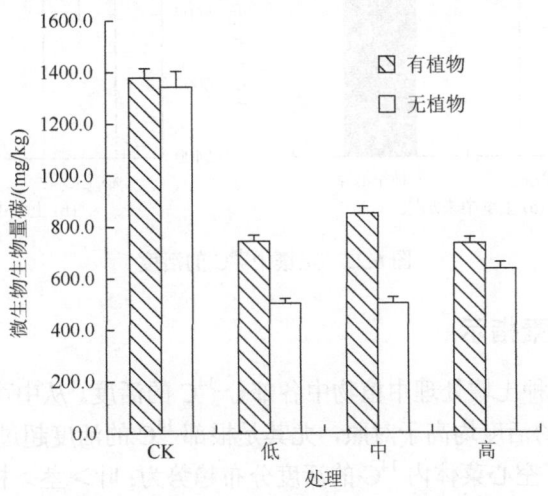

图 6.21　不同处理下土壤的微生物生物量碳的变化

生物量碳显著高于无植物的处理，但都低于对照，说明 B[a]P 的添加对土壤微生物具有毒害作用，不同程度地抑制了土壤微生物的活性。而种植紫花苜蓿，特别是在中、低浓度 B[a]P 污染程度下，可显著提高土壤中土著微生物的数量与活性，从而强化对土壤中 B[a]P 的修复去除效率。

第四节 植物吸取修复多环芳烃污染土壤的机理

通常认为，疏水性有机污染物易被土壤固相牢固吸附，从而不易通过植物根被吸收或传输。许多学者预测，PAHs 是通过叶片蜡质层或气孔进入植物体内，而低分子量 PAHs 比高分子量 PAHs 更易被植物吸收（Kipopoulou et al.，1999）。大量文献报道了植物茎叶对挥发到空气中的 PAHs 的吸收行为（Kipopoulou et al.，1999；Simonich et al.，1994）。但迄今有关植物能否通过根部吸收转运 PAHs 仍有争议。根部吸收与 PAHs 污染强度的关系、不同植物对 PAHs 的富集能力及其与污染物性质的关系等诸多问题，仍有待系统研究。本研究采用 ^{14}C-菲同位素示踪法研究了植物对 PAHs 的吸收途径，揭示了植物地上部、地下部吸收 PAHs 的关系，为植物修复 PAHs 类污染物的研究提供了理论基础。

一、土壤中碳同位素指示

种植植物 20 天后，土壤中 ^{14}C 的活度见图 6.22。添加 ^{14}C 的土壤中 ^{14}C 的活度（7.7×10^3 Bq/mg）高于对照 50 倍以上。对照土壤中测得的 ^{14}C 是从添加 ^{14}C 的土壤中挥发到空气中，然后再进入对照土壤中的。此外，在种植空心菜的土壤中，^{14}C 的活度低于未种空心菜的土壤。

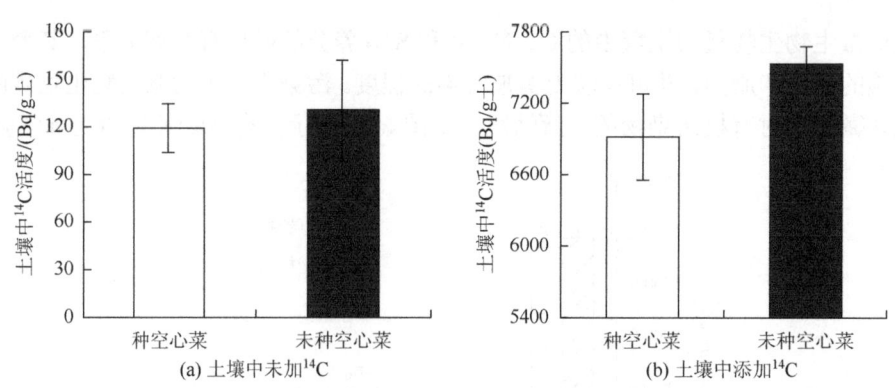

图 6.22 土壤中 ^{14}C 的活度

二、植物中碳同位素指示

图 6.23 所示为两种土壤处理中植物中各部分 ^{14}C 的活度。从中可见，添加 ^{14}C-菲的土壤中植物各部分 ^{14}C 的活度均高于对照，尤其是根部 ^{14}C 的活度超过对照的 2 倍。土壤中添加 ^{14}C-菲的处理中，空心菜体内 ^{14}C 的活度分布趋势为：叶＞茎＞根；土壤中未添加 ^{14}C-菲的处理中，空心菜叶和茎部 ^{14}C 的活度相当，且明显高于根部。

第六章 多环芳烃污染土壤的植物修复

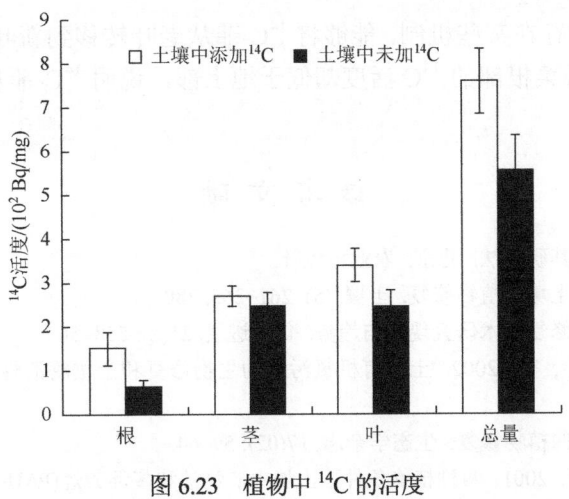

图 6.23 植物中 ^{14}C 的活度

图 6.24 所示为空心菜的同位素自显影图片。颜色越深表示同位素活度越高。从中可以看出,添加 ^{14}C-菲的土壤中生长的空心菜根部的放射性活性高于对照。不同处理的土壤中,植物的地上部分颜色都较深,且颜色最深的地方在植物的新叶部位,说明新叶中 ^{14}C-菲含量最高。

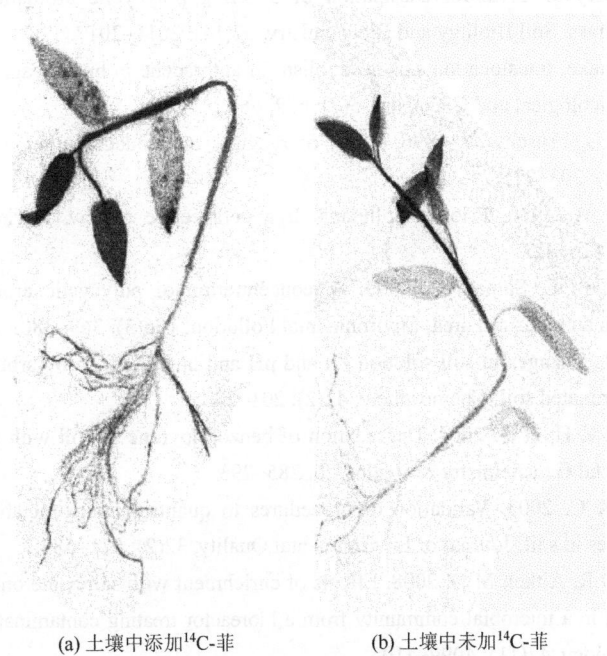

(a) 土壤中添加^{14}C-菲　　　(b) 土壤中未加^{14}C-菲

图 6.24 空心菜的同位素自显影图片

菲的挥发性较强,能够从土壤挥发到空气中。空气中 ^{14}C 的活度仅为 $1.2Bq/cm^3$,而植物茎、叶中的活度却达到 $2.5×10^2Bq/mg$,表明 ^{14}C-菲更易从空气进入空心菜的地上部。新叶中 ^{14}C 的活度较高,可能是由于新叶表面的蜡质层尚未成熟,更易被 ^{14}C-菲通过；也可能是植物存在某些机制，能够将 ^{14}C-菲从老叶转移到新叶中。虽然土壤中 ^{14}C 活度很高，但是空心菜根部的 ^{14}C 活度却低于地上部，说明 ^{14}C-菲从根部吸收进入空心菜的量较少。

参 考 文 献

关松荫. 1986. 土壤酶及其研究法. 北京：农业出版社.
骆永明. 1999. 金属污染土壤的植物修复. 土壤, (5): 261~265, 280.
骆永明. 2009. 污染土壤修复技术研究现状与趋势. 化学进展, 21(2): 558~565.
逄焕成, 严慧峻, 刘继芳, 等. 2002. 土壤有机氯污染的生物修复和土壤酶活性的关系. 土壤肥料, (1): 30~33.
沈德中. 1998. 污染土壤的植物修复. 生态学杂志, 17(02): 59~64.
宋玉芳, 许华夏, 任丽萍. 2001. 两种植物条件下土壤中矿物油和多环芳烃(PAHs)的生物修复研究. 应用生态学报, 12(1): 108~112.
吴龙华. 2000. 铜污染土壤的植物修复及其有机调控研究. 南京：中国科学院南京土壤研究所.
Aprill W, Sims R C. 1990. Evaluation of the use of prairie grasses for stimulating polycyclic aromatic hydrocarbon treatment in soil. Chemosphere, 20(1-2): 253~265.
Banks M K, Lee E, Schwab A P. 1999. Evaluation of dissipation mechanisms for benzo[a]pyrene in the rhizosphere of tall fescue. Journal of Environmental Quality, 28(1): 294~298.
Binet P, Portal J M, Leyval C. 2000. Dissipation of 3~6-ring polycyclic aromatic hydrocarbons in the rhizosphere of ryegrass. Soil Biology and Biochemistry, 32(14): 2011~2017.
Edwards N T. 1986. Uptake, translocation and metabolism of anthracene in bush bean(*Phaseolus bulgaris L.*). Environmental Toxicological and Chemistry, 5(7): 659~665.
Günther F, Dornberger U, Fritsche W. 1996. Effect of ryegrass on biodegradation of hydrocarbons in soil. Chemosphere, 33(2): 203~215.
Keith L H, Telliard W A. 1976. Priority pollutants I: a perspective review. Environmental Science and Technology, 13(4): 416~423.
Kipopoulou, A M, Manoli E, Samara C. 1999. Bioconcentration of polycyclic aromatic hydrocarbons in vegetables grown in an industrial area. Environmental Pollution, 106(3): 369~380.
Li X L, Christie P. 2001. Changes in soil solution Zn and pH and uptake of Zn by arbuscular mycorrhizal red clover in Zn-contaminated soil. Chemosphere, 42(2): 201~207.
Liu S L, Luo Y M, Cao Z H, et al. 2004. Degradation of benzo[a]pyrene in soil with arbuscular mycorrhizal alfalfa. Environmental Geochemistry & Health, 26: 285~293.
Northcott G L, Jones K C. 2003. Validation of procedures to quantify nonextractable polycyclic aromatic hydrocarbon residues in soil. Journal of Environmental Quality, 32(2): 571~582.
Powell S N, Singleton D R, Aitken M D. 2008. Effects of enrichment with salicylate on bacterial selection and PAH mineralization in a microbial community from a bioreactor treating contaminated soil. Environmental Science and Technology, 42(11): 4099~4105.
Romero M C, Salvioli M L, Cazau M C, et al. 2002. Pyrene degradation by yeasts and filamentous fungi. Environmental Pollution, 117(1): 159~163.
Schwab A P, Banks M K. 1994. Biologically mediated dissipation of polycyclic aromatic hydrocarbons in the root zone//Anderson T A, Coats J R: Bioremediation Through Rhizosphere Technology, American Chemistry Society, Washington, DC.: 132~141.

Simonich S L, Hites R A. 1994. Importance of vegetation in removing polycyclic aromatic-hydrocarbons from the atmosphere. Nature, 370(6484): 49~51.

Tejada M, Gonzalez J L. 2007. Application of different organic wastes on soil properties and wheat yield. Agronomy Journal, 99: 1597~1606.

Wei S Q, Pan S W. 2010. Phytoremediation for soils contaminated by phenanthrene and pyrene with multiple plant species. Journal of Soils & Sediments, 10: 886~894.

第七章 多环芳烃污染土壤的微生物修复

微生物降解是土壤中 PAHs 消减的主要途径。微生物主要以两种方式对 PAHs 进行代谢：①以 PAHs 作为唯一碳源和能源；②PAHs 与其他有机质进行共代谢。对于土壤中低分子量的 3 环和 3 环以下的 PAHs，微生物一般采用第一种代谢；而大多数细菌对 4 环或 4 环以上的 PAHs 的降解作用一般以共代谢方式开始，真菌对 3 环以上的 PAHs 的降解也多属于共代谢降解。近年来，对大分子多环芳烃的微生物降解研究进展迅速，已经分离到的降解菌包括脱氨产碱杆菌（*Alcaligenes denitrificans*）、红球菌（*Rhodococcus* sp.）菌株、白腐真菌、假单胞菌和分枝杆菌等（Kanaly et al., 2000；Coates et al., 1997；Dagher et al., 1997）。本章系统介绍了 PAHs 污染土壤生物刺激法以及生物强化法，其中，生物强化法包括细菌强化、真菌强化、菌群修复以及酶制剂、菌剂修复技术，研究成果可为 PAHs 污染土壤的微生物修复提供科学与技术依据。

第一节 生物刺激修复

土壤中存在多样的 PAHs 降解菌，只是由于不适的环境条件，而没有表现出明显的 PAHs 降解能力。生物刺激是通过调整土壤环境条件，刺激土壤中 PAHs 降解菌的增殖，增强对 PAHs 的降解活性，达到土壤修复的目的。用于生物刺激的物料主要是可供微生物利用的碳源和氮源以及一些微量营养元素等。本研究以急性毒性较强的菲和遗传毒性较强的苯并[a]芘为供试污染物，研究了不同的碳源、碳氮比、水分条件及其联合措施等对污染土壤中 PAHs 消减的影响，探明了 pH、水分、温度、通气、生物表面活性剂和共代谢底物等因子对生物刺激修复效果的影响，为土壤 PAHs 污染的生物刺激修复技术提供了科学依据。

一、多环芳烃长期污染土壤的生物刺激修复

选择长江三角洲地区某持久性有机污染物高风险区农田表层土壤为供试土壤，其菲含量为 72.8μg/kg，苯并[a]芘含量为 77.9μg/kg。试验设计见表 7.1：①对照；②3 种碳源（淀粉、葡萄糖及琥珀酸钠），3 个水平（低：0.2g/kg；中：1.0g/kg；高：5.0g/kg），淀粉、葡萄糖、琥珀酸钠以固体颗粒态混入土壤；③C∶N 比为 40∶1、25∶1、10∶1，根据土壤的实际 C∶N 比值换算，计算出需要的尿素或葡萄糖量进行调节，尿素、葡萄糖均以固体颗粒态混入土壤；④扰动：葡萄糖为 0.2g/kg 和 5.0g/kg 进行扰动和非扰动处理；⑤淹水：葡萄糖为 0.2g/kg 和 5.0g/kg 进行正常含水量和淹水处理。

表 7.1 试验处理

代号	碳源	碳或氮水平/(g/kg)	C：N 比值	水分	扰动
CK	0	0	未调	70%WHC	无
ST1	淀粉	0.2	未调	70%WHC	无
ST2	淀粉	1.0	未调	70%WHC	无
ST3	淀粉	5.0	未调	70%WHC	无
G1	葡萄糖	0.2	未调	70%WHC	无
G2	葡萄糖	1.0	未调	70%WHC	无
G3	葡萄糖	5.0	未调	70%WHC	无
SU1	琥珀酸钠	0.2	未调	70%WHC	无
SU2	琥珀酸钠	1.0	未调	70%WHC	无
SU3	琥珀酸钠	5.0	未调	70%WHC	无
GCN1	尿素	0.6	10：1	70%WHC	无
GCN2	葡萄糖	7.8	25：1	70%WHC	无
GCN3	葡萄糖	18.6	40：1	70%WHC	无
G1W	葡萄糖	0.2	未调	淹水，1cm 水层	无
G3W	葡萄糖	5.0	未调	淹水，1cm 水层	无
G1S	葡萄糖	0.2	未调	70%WHC	有
G3S	葡萄糖	5.0	未调	70%WHC	有

注：WHC 为土壤持水量（water holding capacity）。

（一）不同碳源的影响

图 7.1 是土壤中加入不同来源的碳条件下，土壤中菲（PA）和苯并[a]芘（B[a]P）的动态变化。土壤中 PA 和 B[a]P 含量随时间的推移逐渐减少，且 PA 减少量较大。加入不同水平的淀粉 30d 后，中水平（ST2）和高水平（ST3）处理的土壤 PA 含量显著低于 CK（$p<0.05$）。加入淀粉对土壤可提取态 B[a]P 的含量影响不及 PA 明显，在 60d 和 90d 时，中水平处理（ST2）土壤 B[a]P 含量显著小于其他处理（ST1、ST3 和 CK）。

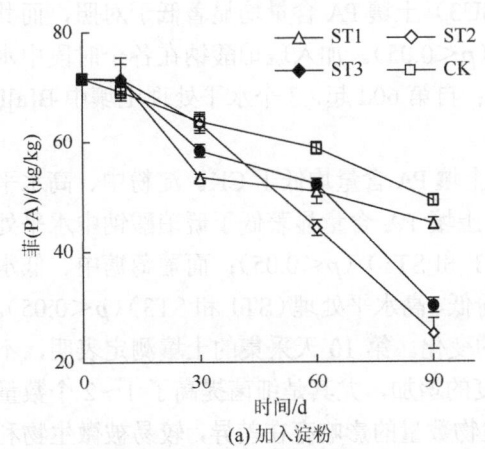
(a) 加入淀粉

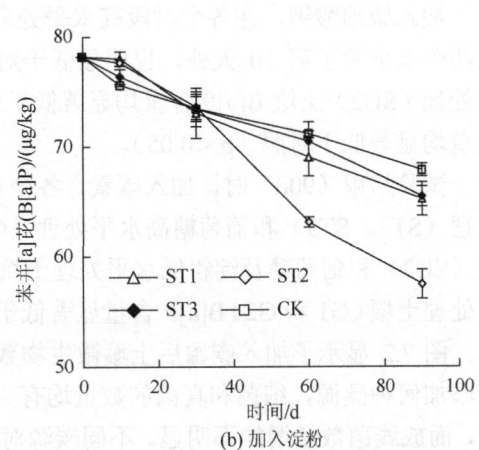
(b) 加入淀粉

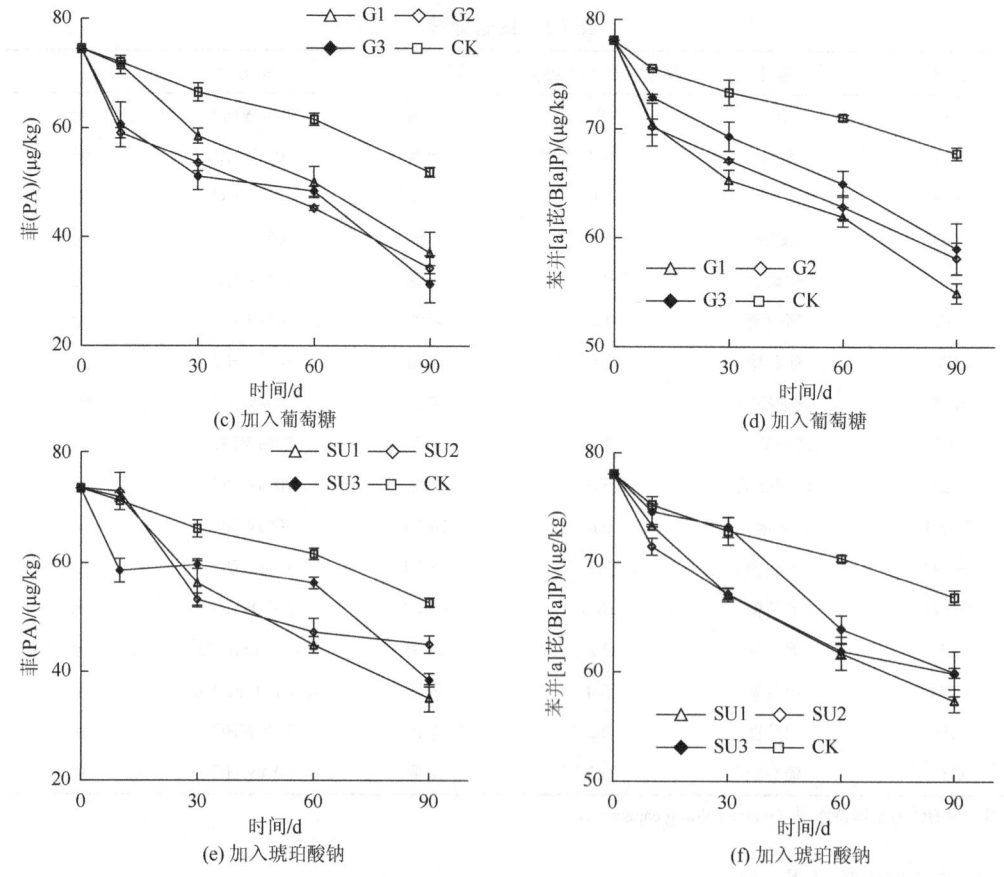

图 7.1 不同碳素条件对土壤中菲(PA)和苯并[a]芘(B[a]P)含量的影响

加入葡萄糖,在各个时段土壤中 PA 含量均是中(G2)、高水平(G3)处理显著低于对照($p<0.05$)。除第 10 天外,低水平处理(G1)土壤中 PA 含量也显著低于对照。总的来说,加入低、中、高 3 个水平的葡萄糖处理间土壤 PA 含量无显著差异。加入葡萄糖对土壤 B[a]P 含量在整个时间段均明显低于 CK,尤以低水平处理效果最好。

加入琥珀酸钠,在各个时段高水平处理(SU3)土壤 PA 含量均显著低于对照,而其他两个水平除了第 10 天外,也明显低于对照($p<0.05$)。加入琥珀酸钠在各个时段中水平处理(SU2)土壤 B[a]P 含量均显著低于对照;自第 60d 起,3 个水平处理土壤中 B[a]P 含量均显著低于对照($p<0.05$)。

试验结束(90d)时,加入碳素,各个处理土壤 PA 含量均低于 CK。淀粉中、高水平处理(ST2、ST3)和葡萄糖高水平处理(G3)土壤 PA 含量显著低于琥珀酸钠中水平处理(SU2)和葡萄糖及淀粉低水平处理土壤(G1 和 ST1)($p<0.05$);而葡萄糖中、低水平处理土壤(G1 和 G2)B[a]P 含量显著低于淀粉低、高水平处理(ST1 和 ST3)($p<0.05$)。

图 7.2 显示了加入碳源后土壤微生物数量的变化。第 10 天采集的土壤测定表明,不论添加何种碳源,细菌和真菌的数量均有大幅度的增加,尤其是细菌提高了 1~2 个数量级,而放线菌数量增加不明显。不同碳源对微生物数量的影响存在差异,较易被微生物利

用的琥珀酸钠和葡萄糖对微生物数量增长的影响大于淀粉，中、高水平的琥珀酸钠及中水平的葡萄糖显著提高了细菌的数量，而高水平的琥珀酸钠对真菌和放线菌数量的提高都有显著作用。培养至 30 天，各个处理的微生物数量均有所下降，这与外源添加的碳源的消耗有关。培养至 90 天，各个处理的微生物数量又有一定程度的增加。

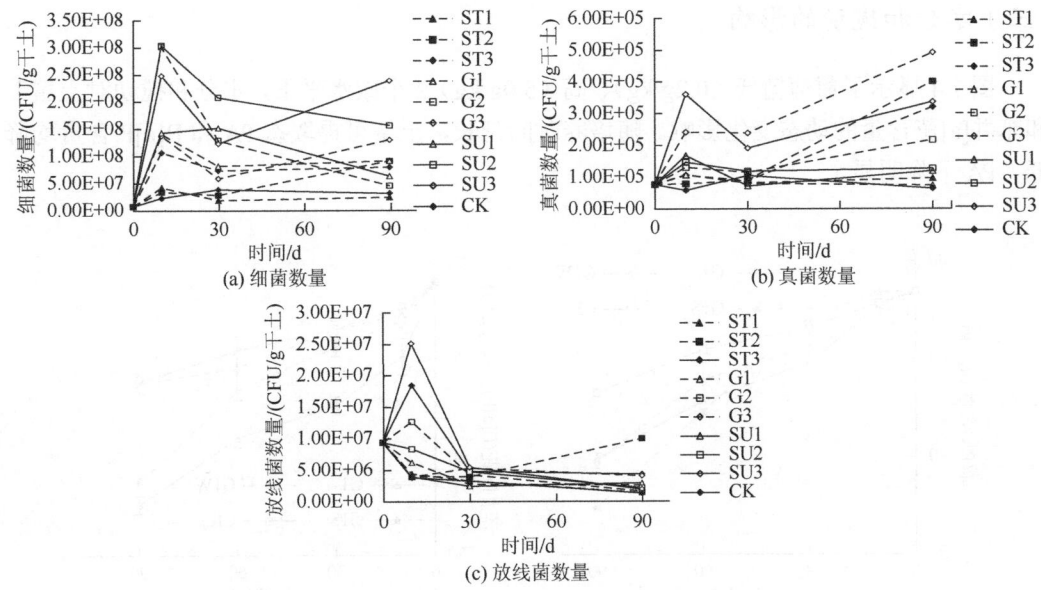

图 7.2　不同碳素条件下土壤中微生物数量的动态变化

（二）碳氮比值的影响

图 7.3 显示了不同碳氮比值条件下土壤菲和苯并[a]芘含量的动态变化。各处理均表现出土壤 PAHs 含量逐渐降低的趋势，菲降低幅度大于 B[a]P。除了第 90 天外，其余采样期均是 3 个碳氮处理的土壤中菲含量显著低于对照（$p<0.05$）。土壤菲含量在所有采样期均

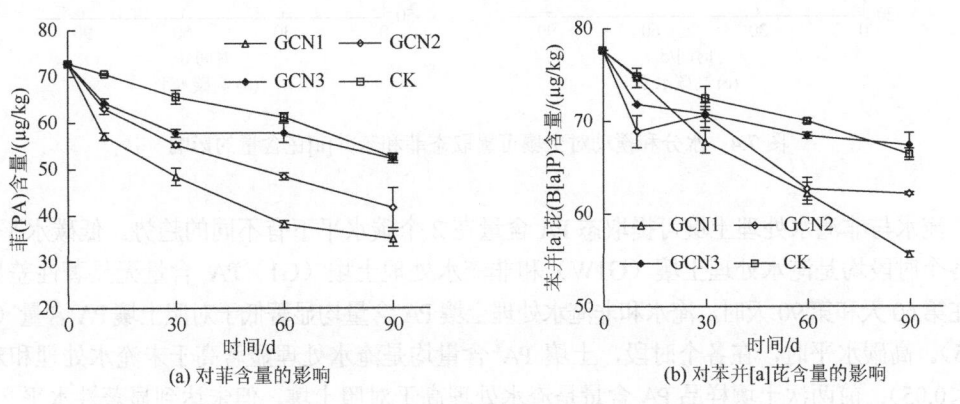

图 7.3　不同碳氮比值条件对土壤菲和苯并[a]芘含量的影响

是 C∶N 比值为 10 的处理最低，C∶N 比值为 40 的处理最高，且大部分达到显著性差异。而土壤 B[a]P 含量在第 10 天，C∶N 比为 10∶1 的处理（CN1）明显高于其他两个处理（CN2 和 CN3）（$p<0.05$），但自第 30 天起，CN1 显著低于 CK；第 90 天时，CN1 和 CN2 两个处理土壤 B[a]P 含量显著低于 CK（$p<0.05$）。

（三）水分和搅动的影响

图 7.4 显示了葡萄糖低（0.2g/kg）、高（5.0g/kg）2 个碳水平下，水分和搅动对土壤菲和苯并[a]芘含量的动态变化影响。随培养时间延长，土壤可提取态 PA 和 B[a]P 含量均降低，PA 下降明显。

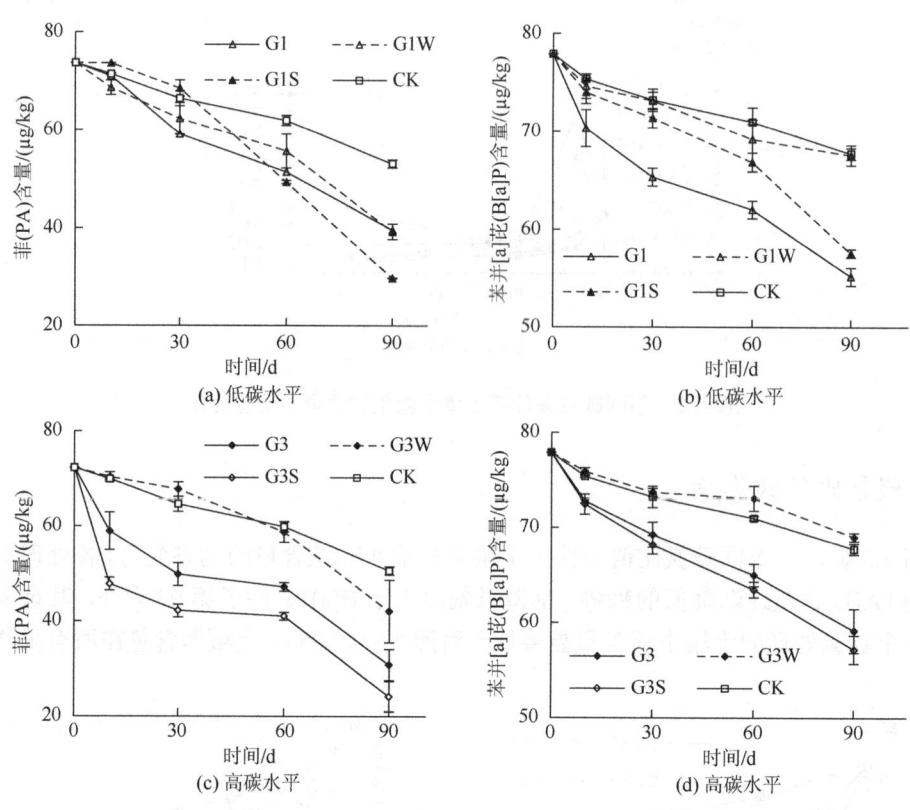

图 7.4 水分和搅动对土壤可提取态菲和苯并[a]芘含量的影响

淹水与非淹水处理土壤可提取态 PA 含量在 2 个碳水平下有不同的趋势。低碳水平时，在各个时段均是淹水处理土壤（G1W）和非淹水处理土壤（G1）PA 含量无显著性差异；但在第 60 天和第 90 天时，淹水和非淹水处理土壤 PA 含量均显著低于对照土壤 PA 含量（$p<0.05$）。高碳水平时，在各个时段，土壤 PA 含量均是淹水处理显著高于未淹水处理和对照（$p<0.05$）；前两次土壤样品 PA 含量是淹水处理高于对照土壤，但未达到显著性水平（$p>0.05$），第 90 天时淹水处理土壤 PA 含量显著低于对照土壤（$p<0.05$）。而淹水与非淹水处

理土壤可提取态 B[a]P 含量在 2 个碳水平下有相近的趋势：各个时段加入葡萄糖淹水处理土壤 B[a]P 含量与对照土壤无显著性差异，而显著高于加入葡萄糖的非淹水处理。

低碳水平条件下，在第 10 天和第 30 天时，搅拌处理与对照（CK）土壤中可提取态 PA 含量无显著差异；但在第 30 天时，搅拌处理（G1S）显著高于非搅拌处理（G1）；在第 60 天和第 90 天时 PA 含量搅拌和非搅拌处理均显著低于对照，第 90 天时搅拌处理显著低于非搅拌处理。在高碳水平条件下，各个时段可提取态 PA 含量均以对照土壤显著高于非搅拌处理，非搅拌处理显著高于搅拌处理（$p<0.05$）。在培养的整个过程，低碳水平条件下，土壤可提取态 B[a]P 含量均是非搅拌处理显著低于搅拌处理和对照（$p<0.05$），在第 30 天和第 90 天搅拌处理显著高于对照；高碳水平条件下，在培养整个过程搅拌和非搅拌处理无显著差异，但两处理显著低于对照（$p<0.05$）。

试验结束后（第 90 天），低水平碳条件下，对照土壤 PA 含量显著高于搅动、水分的各个处理，搅动处理（G1S）土壤 PA 含量明显低于淹水处理（G1W）动处理（G1），但 G1W 和 G1 处理差异不显著。土壤提取态 B[a]P 含量与 PA 含量不同，未搅动处理（G1）土壤 B[a]P 含量在各个时期均明显低于淹水（G1W）、搅动（G1S）和 CK。高水平碳条件下，淹水处理（G3W）土壤 PA 和 B[a]P 含量均显著高于田间持水量为 70%的非搅动处理（G3）和搅拌处理（G3S）（$p<0.05$）。

二、生物刺激修复效果的影响因素

通过对光照、温度、水分、通气和土壤养分等环境影响因子的调控，充分发挥土著微生物降解污染物的功能，将有助于多环芳烃污染土壤的快速修复。本研究探讨了 pH、温度、水分和生物表面活性剂对污染土壤中多环芳烃消除的影响，揭示了土壤中多环芳烃消除的主要控制因素。多环芳烃长期污染土壤采自江苏无锡某煤气站附近的农田，土壤类型为水稻土，当前土地利用方式为菜地，基本理化性质为：有机质 23.4g/kg，全氮 1.44g/kg，全磷 0.86g/kg，全钾 12.3g/kg，阳离子代换量 15.6cmol/kg，pH 4.5，土壤中 12 种美国环保署优先控制的多环芳烃浓度高达 12444μg/kg。

（一）pH

1. 土壤中多环芳烃含量变化

土壤泥浆反应 14 天后，不同处理土壤中多环芳烃含量如表 7.2 所示。随着泥浆初始 pH 的提高，土壤中菲和䓛的残留量减少，去除率逐渐提高。pH 对土壤中苯并[a]芘的降解具有显著的影响，酸性条件下土壤中苯并[a]芘更易消除。在 12 种多环芳烃单体中，整体去除率最高的是苯并[g,h,i]芘（56.3%~73.9%），与苯并[a]芘一样，酸性条件下苯并[g,h,i]芘更容易消除。其他 PAHs 同系物受泥浆 pH 的影响较小，各处理间差异不显著。

表 7.2 土壤 pH 对长期污染土壤中多环芳烃含量的影响 （单位：μg/kg）

泥浆初始 pH	4.6	5.9	7.3	9.2
菲	606±28a	497±98b	495±35b	479±46b
蒽	43±4	36±2	44±2	46±12

续表

泥浆初始 pH	4.6	5.9	7.3	9.2
荧蒽	2 003±76	1 908±74	1 999±88	2 129±61a
芘	1 669±40	1 569±75	1 599±63	1 665±43
苯并[a]蒽	1 033±36	931±86	920±36	966±27
䓛	1 411±47a	1 227±219ab	1 123±46b	1 186±27b
苯并[b]荧蒽	1 128±15c	1 209±22b	1 257±15a	1 238±10a
苯并[k]荧蒽	523±7ab	502±16b	512±11ab	532±9a
苯并[a]芘	375±6c	440±48c	858±6b	1 156±98a
二苯并[a,h]蒽	111±4	116±6	122±7	115±1
苯并[g,h,i]芘	327±81b	335±18b	519±2a	548±99a
茚并[1,2,3-cd]芘	1 127±19	1075±8	1 098±49	1054±39
总量	10 377±256ab	9 863±636b	10 569±361ab	11 121±274a

注：同一列不同字母表示各处理间在 0.05 水平存在显著差异。

2. 土壤中多环芳烃各组分的去除率

长期污染土壤（AZ）中不同环数多环芳烃的去除率如图 7.5 所示。在不同初始 pH 条件下，土壤中不同环数多环芳烃的去除规律不同，pH 的变化对不同环数多环芳烃去除率的影响也不同。初始 pH 为 4.6 时，土壤中多环芳烃的去除率大小顺序为：六环＞五环＞三环＞四环。随 pH 的升高，三环多环芳烃的去除率先快速增加，后趋于稳定；四环多环芳烃的去除率先增加，后降低；五环和六环多环芳烃先缓慢降低，后迅速降低。当初始 pH 升高到 9.2 时，土壤中多环芳烃的去除率大小顺序为：六环＞三环＞五环＞四环。整体上看，泥浆反应对该污染土壤中六环多环芳烃的去除率最高，四环多环芳烃去除率最低。酸性条件有利于五环和六环多环芳烃的去除，中性条件有利于三环和四环多环芳烃的去除，强碱性条件不利于四环、五环和六环多环芳烃的去除。

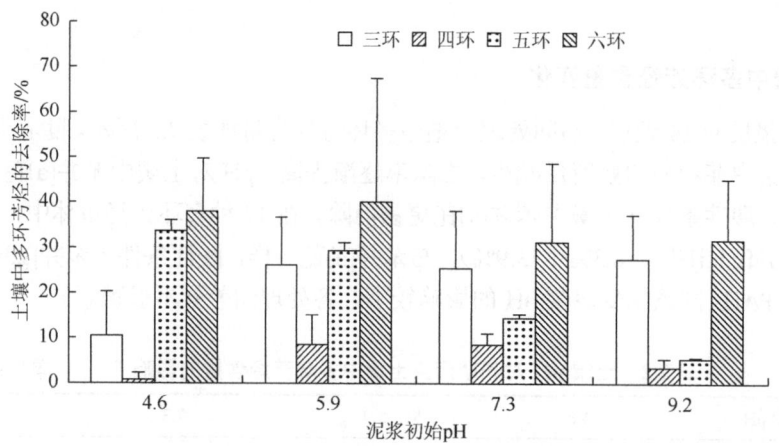

图 7.5 土壤 pH 对长期污染土壤中不同环数多环芳烃去除的影响

3. 土壤中多环芳烃毒性当量变化

不同 pH 条件下 PAHs 的毒性当量（toxic equivalent quantity，TEQ）变化如图 7.6 所示。随着 pH 的增加，TEQ 去除率呈先慢后快的下降趋势，与土壤中苯并[a]芘的去除规律一致，初始 pH 为 4.6 时，土壤中 TEQ 去除率最高（50.0%），表明酸性条件有利于该污染土壤中 TEQ 的去除。

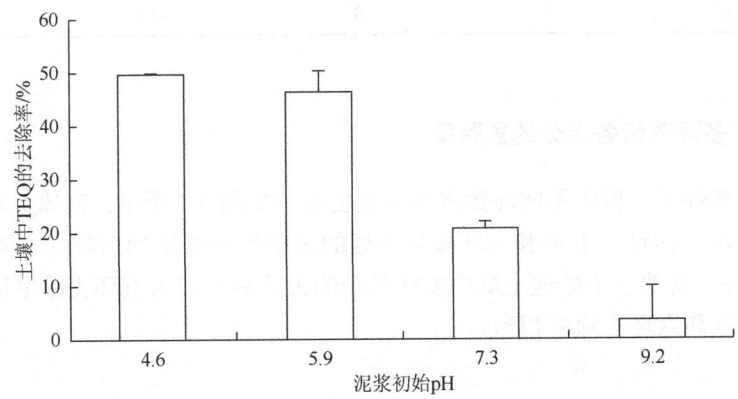

图 7.6 土壤 pH 对长期污染土壤中多环芳烃的毒性当量去除的影响

（二）水分

1. 土壤中多环芳烃含量变化

土壤培养 80 天后，污染土壤中多环芳烃去除率如表 7.3 所示。4 个处理土壤中总多环芳烃含量均有明显的减少，在 12 种多环芳烃单体中，去除率最高的是苯并[a]芘（27.4%~95.4%），其次是蒽（24.9%~61.0%），再次是苯并[g,h,i]芘（2.1%~42.8%）。土壤水分含量为 43% 的土壤持水量（water holding capacity，WHC）时，土壤总多环芳烃去除率最高；土壤水分含量为 22% WHC 时，土壤总多环芳烃去除率最低。

表 7.3 土壤水分对土壤中多环芳烃去除的影响

水分条件	土壤多环芳烃含量/(μg/kg)			
	22%WHC	43%WHC	65%WHC	87%WHC
菲	9.9	22.8	18.2	18.0
蒽	25.9	61.0	59.0	24.9
荧蒽	−3.5	6.5	0.6	2.0
芘	6.6	25.0	21.0	10.5
苯并[a]蒽	−0.4	10.2	1.4	3.5
䓛	−6.1	−0.5	−7.0	−2.5
苯并[b]荧蒽	−0.3	6.4	−1.9	2.8

续表

水分条件	土壤多环芳烃含量/(μg/kg)			
	22%WHC	43%WHC	65%WHC	87%WHC
苯并[k]荧蒽	6.7	13.4	6.4	10.6
苯并[a]芘	36.5	95.3	95.4	27.4
二苯并[a,h]蒽	5.7	13.3	3.6	7.6
苯并[g,h,i]芘	18.0	38.0	42.8	2.1
茚并[1,2,3-cd]芘	1.5	10.1	−2.3	0.8

2. 土壤中多环芳烃各组分的去除率

不同水分条件下土壤中不同环数多环芳烃去除率如图7.7所示。整体上看，随土壤水分的增加，三环、四环、五环和六环多环芳烃的去除率皆先增加后降低。除高水分处理（87%WHC）外，其他3个处理土壤中多环芳烃的去除率表现为五环去除率最高，四环去除率最低，三环和六环去除率相当。

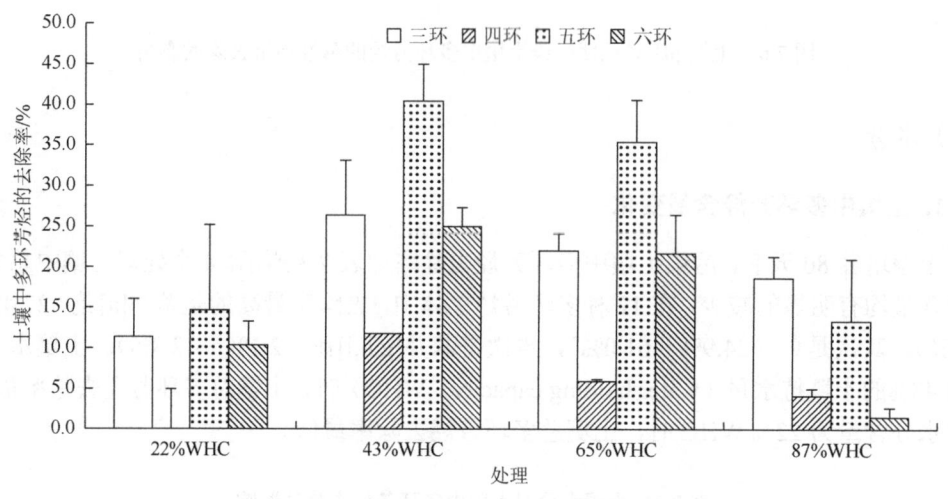

图 7.7 土壤水分对土壤中不同环数多环芳烃去除的影响

3. 土壤中苯并[a]芘含量动态变化

在不同水分条件下土壤中苯并[a]芘的含量动态变化如图7.8所示。在低水分（22%WHC）和高水分（87%WHC）条件下，土壤中苯并[a]芘的消减速率显著低于土壤水分为43%WHC和65%WHC的处理。培养80天后，22%、43%、65%和87%WHC水分条件下土壤中苯并[a]芘的去除率分别为42.5%、96.6%、96.3%和34.3%。不同水分条件下土壤苯并[a]芘残留量与培养时间的关系可以用一元线性方程 $y=ax+b$ 来表示，式中，y 代表土壤中苯并[a]芘残留量（μg/kg），x 代表培养时间（d），拟合结果如表7.4所示。

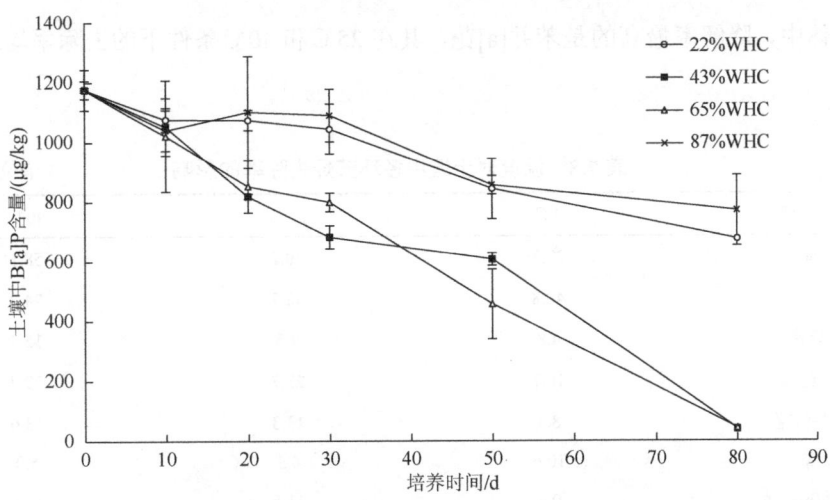

图 7.8 不同水分条件下土壤中苯并[a]芘含量动态变化

表 7.4 不同水分条件下土壤中苯并[a]芘消减过程的拟合结果

土壤水分/%WHC	a	b	决定系数 r^2	半衰期 $T_{0.5}$/d
22	−6.23	1179	0.969	93
43	−13.46	1156	0.965	43
65	−14.05	1170	0.995	41
87	−5.015	1165	0.869	109

土壤水分条件对多环芳烃消除的影响可能有以下几个方面原因：①影响土壤的氧气状况和氧化还原电位；②影响多环芳烃迁移和生物有效性；③影响土壤微生物与酶活性。多环芳烃的微生物降解主要在好氧条件下进行，以苯并[a]芘为例，细菌启动双加氧酶将氧分子中的两个氧原子同时结合进入苯环分子产生二氧化合物中间体，继而氧化为顺式-二氢二醇苯并[a]芘和三羟基化合物，然后再转化为细胞蛋白质，或者转化为 CO_2 和水；真菌通过分泌单加氧酶将氧分子中的一个氧原子引入苯环产生环氧化合物中间体，然后通过水分子的加入形成反式-二氢二醇苯并[a]芘和酚类（Peng et al.，2008；Moody et al.，2004；Kanaly et al.，2000）。水分含量过低，土壤微生物的代谢活动受到抑制，多环芳烃的降解受到抑制。水分含量过高，土壤孔隙减少，土壤中的空气含量减少，多环芳烃的好氧降解受到抑制。

（三）温度

1. 土壤中多环芳烃的去除率

培养 80 天后，土壤中多环芳烃的去除率如表 7.5 所示。整体上看，在 4～40℃范围内，土壤中菲、蒽、荧蒽、芘、苯并[a]蒽、苯并[b]荧蒽、苯并[k]荧蒽、苯并[a]芘、苯并[g,h,i]芘和茚并[1,2,3-cd]芘的去除率皆随温度的升高而增加，只有䓛和二苯并[a, h]蒽的去除率与温度之间的规律不明显，可见升高温度有利于土壤中大部分多环芳烃的消除。在 12 种多环芳烃单体中，降解率最高的是苯并[a]芘，其在25℃和40℃条件下的去除率均达到90%以上。

表7.5 温度对土壤中多环芳烃去除率的影响　　　　（单位：%）

培养温度	4℃	25℃	40℃
菲	22.3	40.2	58.1
蒽	40.8	52.7	74.2
荧蒽	4.8	9.5	15.3
芘	16.7	23.7	29.7
苯并[a]蒽	8.4	13.3	13.6
䓛	10.6	4.3	5.0
苯并[b]荧蒽	9.4	11.8	12.5
苯并[k]荧蒽	6.4	10.1	13.6
苯并[a]芘	5.3	94.3	98.2
二苯并[a,h]蒽	14.2	10.7	18.3
苯并[g,h,i]芘	27.8	34.6	47.5
茚并[1,2,3-cd]芘	4.9	16.7	18.5
总量	11.6	24.9	30.1

2. 土壤中多环芳烃各组分的去除率

不同温度条件下土壤中不同环数多环芳烃去除率如图7.9所示。整体上看，随培养温度的增加，三环、四环、五环和六环多环芳烃的去除率不断增加。在25℃和40℃条件下，土壤中不同环数PAHs的去除率顺序均为三环＞五环＞六环＞四环。在4℃条件下，土壤中不同环数PAHs的去除率顺序为三环＞六环＞四环＞五环。

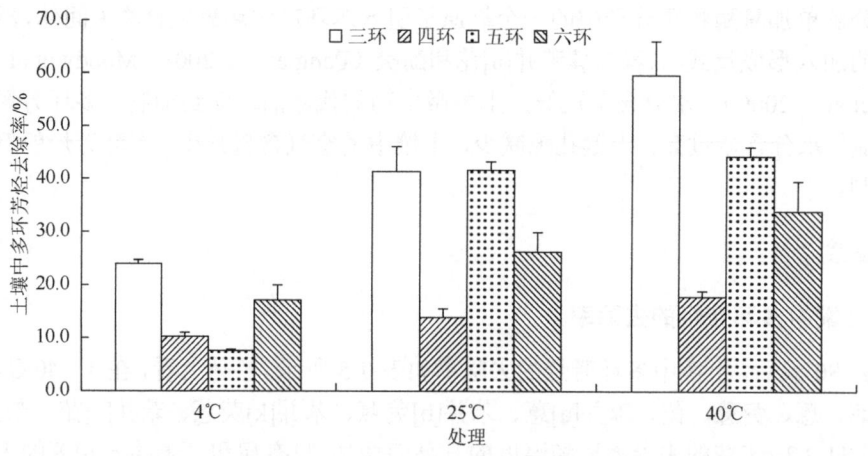

图7.9 不同温度条件下土壤中不同环数多环芳烃的去除率

3. 土壤中苯并[a]芘含量动态变化

土壤中苯并[a]芘的含量随时间的变化如图 7.10 所示。在土壤水分为 60% WHC，温度为 25℃和 40℃条件下，土壤中苯并[a]芘的消减过程可以分为 3 个阶段：启动期、快速消减期和平台期。由于试验采用的土壤是风干保存的多环芳烃长期污染土壤，试验开始后土壤中的微生物需要一段时间的活化，这段时间称为启动期。经过活化阶段的微生物代谢活动加强，土壤中苯并[a]芘可作为碳源被微生物利用，在一定的范围内升高温度可提高酶的活性及其酶促反应的速率，25℃条件下苯并[a]芘在 40 天左右可快速消除，40℃条件下苯并[a]芘在 20 天左右即可快速消除。随着苯并[a]芘含量的减少，其生物有效性降低，难以被微生物利用，苯并[a]芘的消减过程逐渐减慢，进入平台期。80 天的恒温处理后，25℃和 40℃条件下土壤中的苯并[a]芘分别消除了 94.3%和 98.2%。

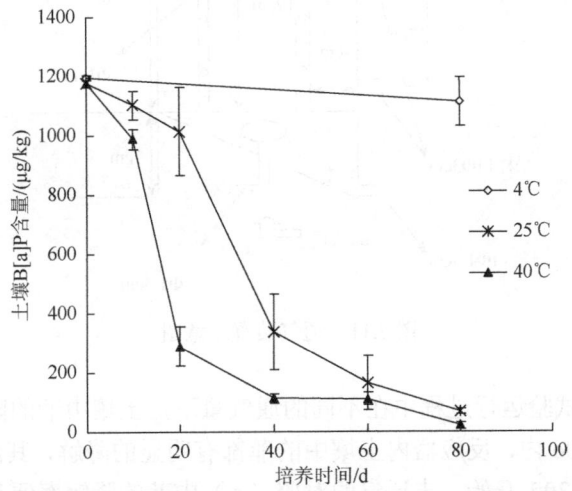

图 7.10 不同温度条件下土壤中苯并[a]芘含量动态变化

采用 Bolzmann 方程：

$$y = \frac{A_1 - A_2}{1 + e^{(x-x_0)/dx}} + A_2 \tag{7.1}$$

对 25℃和 40℃条件下土壤中苯并[a]芘的消减过程过程进行了成功的拟合（表 7.6）。A_1 代表苯并[a]芘的初始含量，A_2 代表苯并[a]芘的终含量，A_2 越小，反应进行得越彻底，x_0 为消减过程发生一半时的所需时间（d），dx 为反应速率常数，dx 越小，反应越快。根据拟合方程可以计算出 2 个温度下苯并[a]芘消减的半衰期（$T0.5$），25℃下苯并[a]芘的半衰期为 33 天，40℃下苯并[a]芘的半衰期为 16 天。

表 7.6 不同温度下土壤中苯并[a]芘消减过程拟合结果

温度/℃	A_1	A_2	X_0	dx	决定系数 r^2	半衰期 $T_{0.5}$/d
25	1165	153	31	6	0.995	33
40	1187	112	15	3	0.999	16

（四）通气

自行设计的生物反应器见图7.11，在侧面有两个取样口，在内部均匀设置6个排气管，用200目的不锈钢丝网包裹，以防土壤颗粒堵塞。通气量共设计6个处理，分别为0、0.02m³/h、0.04m³/h、0.06m³/h、0.08m³/h、0.10m³/h（依次标记为A、B、C、D、E和F），通气30min后间隔30min再次通气。

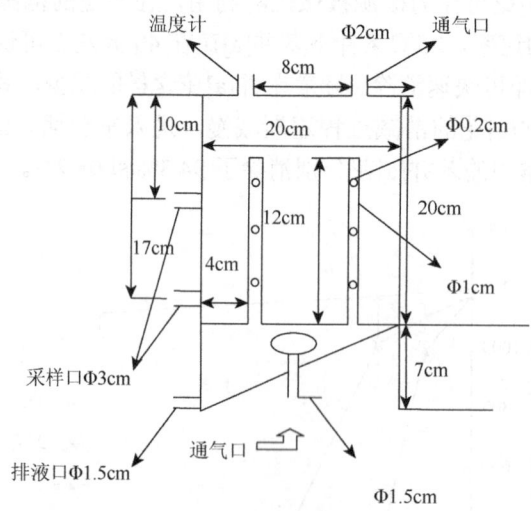

图7.11 通气装置示意图

图7.12描述了试验运行过程中在不同的通气量下，土壤中菲的降解率随时间的动态变化。在反应后的10d内，反应器内土壤中的菲都有明显的降解，其降解变幅为22.2%～51.2%。从反应后的20d开始，未通气的对照（A）中菲的降解率便基本不再变化，而其他的通气处理中菲降解率与对照相比都有明显的提高。在试验结束的第60天时，A、B、

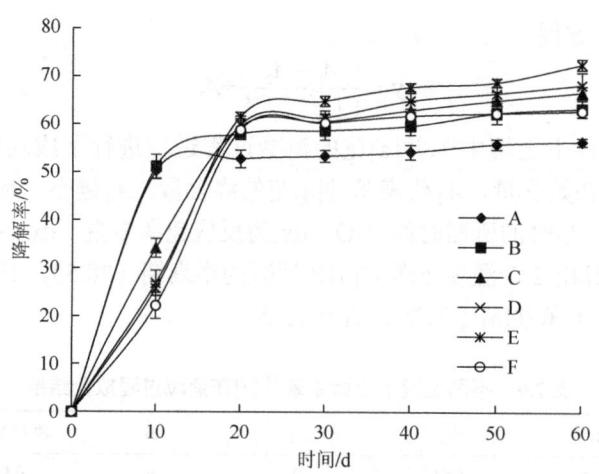

图7.12 不同通气条件下土壤中菲的降解率的动态

C、D、E、F 6个处理的降解率分别达到 56.5%、63.4%、66.7%、68.3%、72.6%、62.8%。通气量为 0.08m³/h 时（处理 E），菲的降解率最高。

如图 7.13 所示，在 60d 的反应过程中，通气处理的土壤 pH 均显著高于未通气的对照，且对照组的 pH 在反应结束后发生了明显的下降，而通气处理的土壤 pH 则基本保持稳定并略有升高。

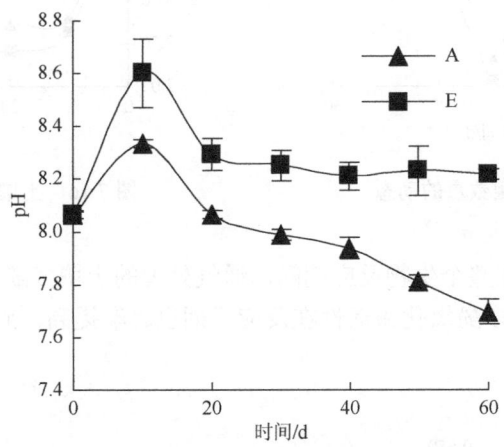

图 7.13　通气条件下土壤 pH 的变化

如图 7.14 所示，当通气量为 0.08m³/h（处理 E），通气 40 天以后，土壤中微生物菌落总数均显著高于未通气的对照组（处理 A）。说明在通气 40 天以后可以改善微生物的生长环境，有利于微生物的繁殖，提高菲的降解能力。

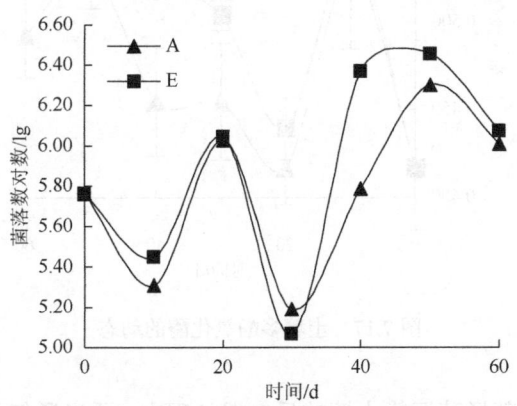

图 7.14　土壤微生物数量的动态

如图 7.15 和图 7.16 所示，在处理的第 40 天和第 50 天时，通气处理的土壤细菌菌落总数显著高于对照处理（$p<0.05$）；在处理的第 50 天时，通气处理的土壤真菌菌落总数显著高于对照处理（$p<0.05$）；土壤放线菌的菌落总数在通气与对照处理之间的差异不明显。

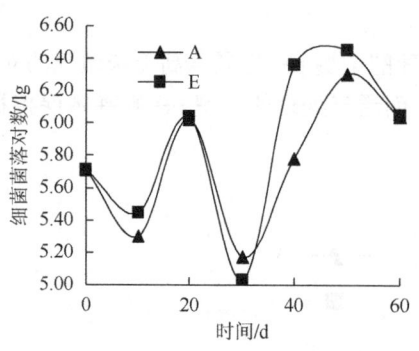
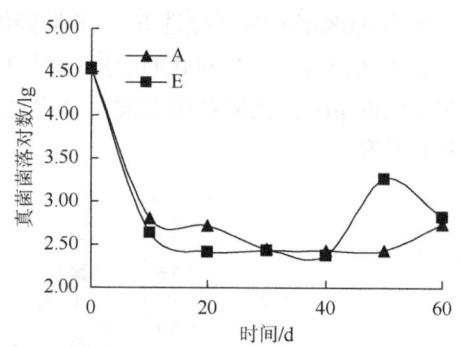

图 7.15　土壤细菌数量的动态　　　　图 7.16　土壤真菌数量的动态

如图 7.17 所示，在整个生物反应期间，通气处理的土壤多酚氧化酶活性始终高于对照组，而对照组的土壤多酚氧化酶活性在反应后期也逐渐提高，到第 50 天时已与通气组无显著性差异。

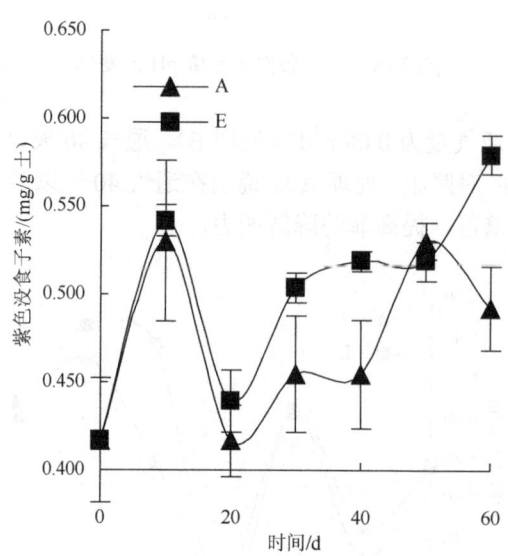

图 7.17　土壤多酚氧化酶的动态

综上所述，在多环芳烃菲污染土壤的反应器处理中，适当通气可以明显提高微生物对菲的降解效果。当通气量为 $0.08m^3/h$，菲的降解率在反应 60d 时达到最高（72.6%）。在相同的温度、水分、营养条件下，该处理中土壤微生物菌落数量、土壤多酚氧化酶的活性也都高于对照组。同时该处理还可以控制土壤中酸度的变化，防止土壤中酸类物质的积累，较好地保持了污染土壤中 pH 稳定，从而提高了微生物的活性及其降解烃类物质的能力，促进多环芳烃污染土壤的快速离位生物修复。

(五) 生物表面活性剂

供试生物表面活性剂鼠李糖脂的浓度设置 4 个水平：0、100mg/L、300mg/L 和 1000mg/L。泥浆反应 7d 后土壤中多环芳烃的去除率如表 7.7 所示。土壤中总多环芳烃的去除率为 8.8%~14.0%，表面活性剂含量为 100mg/L 时去除率最高，含量为 1000mg/L 的去除率最低。表面活性剂含量在 0~300mg/L 范围内，土壤中菲、蒽、芘、荧蒽和苯并[a]蒽的去除率随表面活性剂增加而升高。当表面活性剂含量从 300mg/L 增加到 1000mg/L 时，以上多环芳烃的去除率迅速降低。土壤中苯并[a]芘的消除受到表面活性剂的抑制，表面活性剂含量越高，抑制作用越强。整体上看，一定浓度的表面活性剂对土壤中三环和四环多环芳烃的消除具有明显的促进作用，对五环和六环多环芳烃的影响不明显（苯并[a]芘除外）；过高浓度的表面活性剂对大部分多环芳烃的消除具有抑制作用。

表 7.7 生物表面活性剂对土壤中多环芳烃去除率的影响 （单位：%）

表面活性剂含量	0	100mg/L	300mg/L	1000mg/L
菲	5.3	27.3	32.7	4.3
蒽	35.9	43.4	44.5	31.1
荧蒽	4.2	10.1	5.7	3.1
芘	14.8	20.6	23.9	10.8
苯并[a]蒽	-2.8	7.5	13.1	-5.1
䓛	-8.6	0.8	0.1	1.8
苯并[b]荧蒽	11.5	11.5	6.0	18.8
苯并[k]荧蒽	6.0	8.0	5.2	2.3
苯并[a]芘	42.5	16.7	11.3	8.1
二苯并[a,h]蒽	18.4	16.2	14.9	17.8
苯并[g,h,i]芘	43.0	34.8	24.1	45.7
茚并[1,2,3-cd]芘	3.9	6.7	9.2	4.5
总量	11.7	14.0	12.7	8.8

(六) 微生物共代谢底物

高分子量多环芳烃是不易挥发的有机物，特别是像 B[a]P 这样的高分子量多环芳烃，其降解速率主要受微生物活性的控制。在没有共代谢底物提供碳源和能源的情况下，B[a]P 在土壤中很难降解。从 B[a]P 在土壤中的降解曲线（图 7.18）可以看出，B[a]P 进入土壤后的前 14 天，B[a]P 的浓度未出现明显变化，表明土壤微生物尚不能直接利用 B[a]P 作为碳源和能源对其进行好氧降解。B[a]P 在反应后的第 14~28 天内才开始出现降解，且 28 天后降解趋于停止。

在有共代谢底物存在的条件下，B[a]P 的降解速率明显高于对照，并且没有滞后现象（图 7.18）。这是由于在 B[a]P 进入土壤环境以前，预先投加的水杨酸、邻苯二甲酸和琥珀酸钠作为共代谢底物,提高了微生物体内某些可诱导酶的活性,增强了微生物对 B[a]P 的亲和力与降解能力。尤其是降解反应的初始阶段,反应速率相对较快,随着反应的进程其速率逐渐降低,反应符合一级反应动力学模式。B[a]P 以水杨酸、邻苯二甲酸作为共代谢底物的降解过程很相似,这可能是因为水杨酸、邻苯二甲酸都是多环芳烃的中间代谢产物,而且经历的代谢途径大致相同(Cerniglia et al.,1989)。加入琥珀酸钠后对 B[a]P 降解率的提高最明显,反应 35 天后,B[a]P 的降解率可达 50%左右。

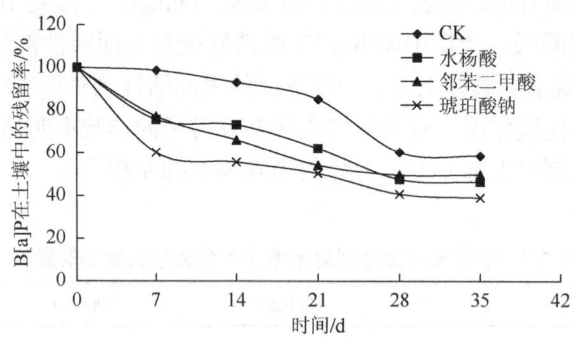

图 7.18　以简单有机物为共代谢底物时土壤中 B[a]P 的动态降解

CK 表示无共代谢基质时 B[a]P 的降解曲线;水杨酸表示水杨酸为 B[a]P 的共代谢基质时 B[a]P 的降解曲线;邻苯二甲酸表示邻苯二甲酸为 B[a]P 的共代谢基质时 B[a]P 的降解曲线;琥珀酸钠表示琥珀酸钠为 B[a]P 的共代谢基质时 B[a]P 的降解曲线,下同

当 B[a]P 加入土壤 7 天以后,3 个添加共代谢底物的处理中,土壤多酚氧化酶的活性明显地高于对照处理。加入水杨酸和琥珀酸钠两种共代谢底物后,土壤中多酚氧化酶活性明显高于其他两个处理($p<0.05$),这与土壤中 B[a]P 的降解率相一致(图 7.19)。

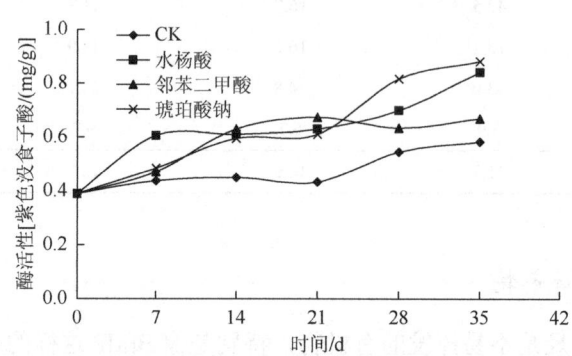

图 7.19　以简单有机物为共代谢底物时土壤中多酚氧化酶活性变化

低分子量多环芳烃萘(二环)和菲(三环)在结构上与 B[a]P 有相似性,因其更易被土著微生物降解而可作为 B[a]P 的共代谢底物。从图 7.20 可以看出,萘和菲的加入均可显著降低土壤中 B[a]P 的残留率,而由于萘具有较强的挥发性,使得残留在土壤中的萘对 B[a]P 的共代谢降解程度显著低于菲。B[a]P 与菲之间存在着明显的共代谢关系,土壤中预先加入的菲促进了 B[a]P 的快速降解,这是因为土壤中对 B[a]P 具有潜在降解性能的微

生物从对菲的氧化降解中获得了碳源和能源而增强了酶活性。第 35 天时，添加菲对 B[a]P 的共代谢降解率接近 70%。B[a]P 的降解动力学方程为 $y=84.476e^{-0.0224}x$，回归系数为 0.9595，半衰期为 15.9 天。从图 7.20 可以看出，7 天以后大部分菲被降解，B[a]P 的降解因此也出现了平缓期。

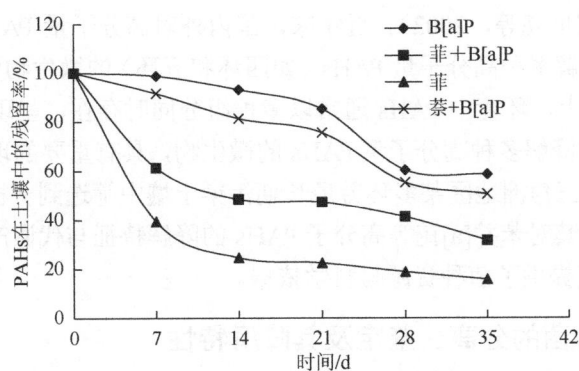

图 7.20 萘、菲对在土壤环境中 B[a]P 降解的影响

B[a]P 表示无共代谢基质时 B[a]P 的降解曲线；菲+B[a]P 表示菲为 B[a]P 共代谢基质时 B[a]P 的降解曲线；菲表示菲为 B[a]P 共代谢基质时菲的降解曲线；萘+B[a]P 表示萘为 B[a]P 共代谢基质时 B[a]P 的降解曲线

图 7.21 表明以萘和菲作为 B[a]P 的共代谢底物时土壤中多酚氧化酶活性的变化趋势。菲作为 B[a]P 共代谢底物的处理土壤中多酚氧化酶活性增长最快，在整个实验过程中都明显地高于另外两处理（$p<0.05$），虽然萘作为 B[a]P 共代谢底物的处理土壤中多酚氧化酶活性略高于无共代谢底物存在的 B[a]P 处理，但这二者之间不存在显著性差异（$p>0.05$）。3 个处理土壤中酶的活性变化与 B[a]P 在土壤中动态残留或降解率完全吻合，进一步说明菲是促进 B[a]P 降解的更好的共代谢底物，菲的存在能够诱导土壤中微生物分泌多酚氧化酶，从而增强土壤中 B[a]P 的降解。

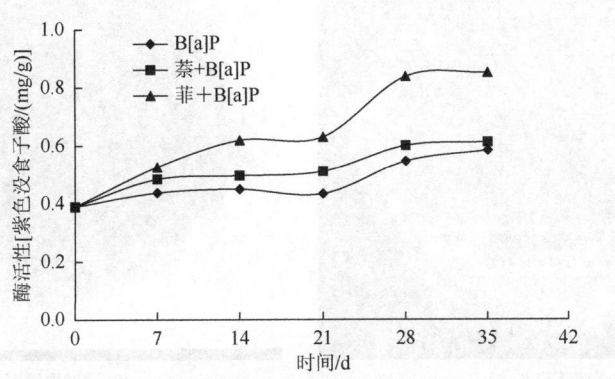

图 7.21 以低分子量多环芳烃为共代谢底物时土壤中多酚氧化酶活性变化

B[a]P 表示无共代谢基质时土壤中多酚氧化酶活性变化曲线；萘+B[a]P 表示萘为 B[a]P 共代谢基质时土壤中多酚氧化酶活性变化曲线；菲+B[a]P 表示菲为 B[a]P 的共代谢基质时土壤中多酚氧化酶活性变化曲线

第二节 细菌强化修复

生物强化是指在土壤中加入微生物以促进污染土壤生物修复的措施。常用的生物强化菌种主要是已经证明可降解 PAHs 的细菌和真菌。通常认为，PAHs 的环数越高，越难被微生物降解利用（刘世亮等，2002）。近年来，国内外对高分子量 PAHs 的微生物降解研究表明，能够同时降解多种高分子量 PAHs（如四环和五环）的微生物资源还很少（Mohan et al.，2006）。事实上，环境中 PAHs 通常以多种组分同时存在，呈现其复合污染现象。因此，筛选能够同时降解多种高分子量 PAHs 的微生物，具有重要的现实意义。本研究通过富集培养，从长江三角洲地区某多环芳烃长期污染土壤中筛选到一株高分子量 PAHs 的高效降解菌，揭示了其对苯并[a]芘等高分子 PAHs 的降解特征与代谢产物，为多环芳烃污染土壤的微生物修复提供了菌种资源与科学依据。

一、多环芳烃降解菌的分离、鉴定及其降解特性

供试土壤采自长江三角洲某地多环芳烃重度污染土壤，其基本理化性质为：pH 6.4，有机质 19.2g/kg，碱解氮 0.1g/kg，全磷 0.5g/kg，有效钾 14.2g/kg，阳离子交换量 21.5cmol/kg，16 种美国 EPA 优先控制 PAHs 的总量达 10.78mg/kg。

（一）多环芳烃降解菌的形态特征与分子生物学鉴定

采用稀释涂布平板法从 PAHs 重度污染土壤中分离出一株 PAHs 降解菌，该菌株在牛肉膏蛋白胨培养基平板上生长 48h 后呈乳白色凸起菌落，菌落直径约为 1～4mm，表面光滑，边缘完整 [图 7.22（a）]。经染色镜检，该菌为革兰氏阴性、球状，菌体直径为 0.6～1.0μm [图 7.22（b）]。

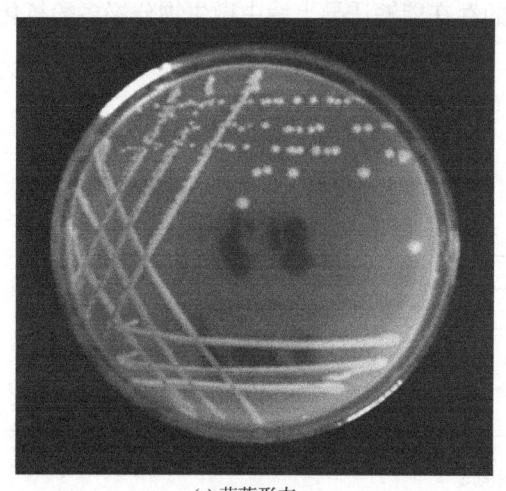
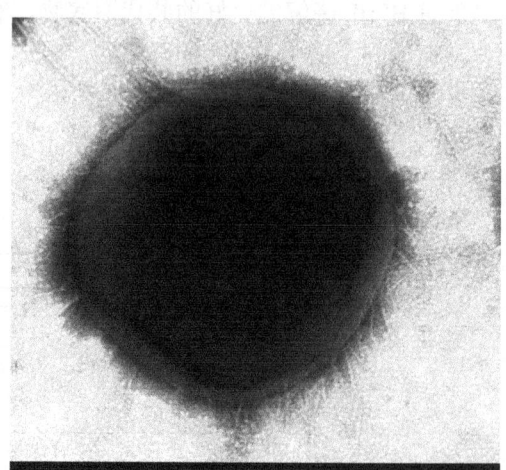

(a) 菌落形态　　　　　　　　　　(b) 透射电镜下的形态

图 7.22　菌株 HPD-2 的菌落形态以及其在透射电镜（15 000 倍）下的形态

经 16S rDNA 序列同源性比对（图 7.23），该菌株与嗜氨副球菌（*Paracoccus aminovorans*）

的16S rDNA 序列相似性高达99%。结合菌株形态鉴定结果与16S rDNA 分析结果将此菌株鉴定为一株副球菌属，编号为 HPD-2。

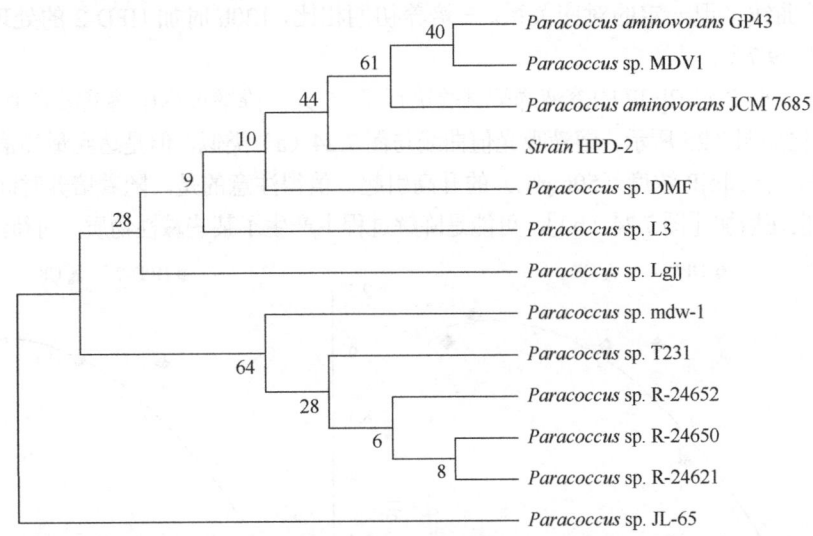

图7.23 基于16S rDNA 序列同源性的菌株 HPD-2 和相关细菌的系统发育树

（二）嗜氨副球菌对苯并[a]芘的降解特性

降解菌 HPD-2 在含有 B[a]P（3mg/L）的无机盐液体培养基中的生长曲线见图7.24(a)。该菌株从接种到6h生长缓慢，处于延滞期；6~12h，菌株开始加速生长，细胞数目开始有所增加；24~48h，细胞数目急剧增加，OD_{600}值从0.1快速增加到0.4，处于指数生长期；48~96h，OD_{600}值变化不大，细胞处于稳定期；到120h，细胞数目有所减少，进入衰亡期。从图中还可看出，与正常条件相比，HPD-2 在含 B[a]P 培养液中的生长显得比较缓慢。这可能是由于无机盐培养基中是以 B[a]P 作为唯一碳源，而 B[a]P 本身的毒性也可能会对菌株的生长产生抑制作用。

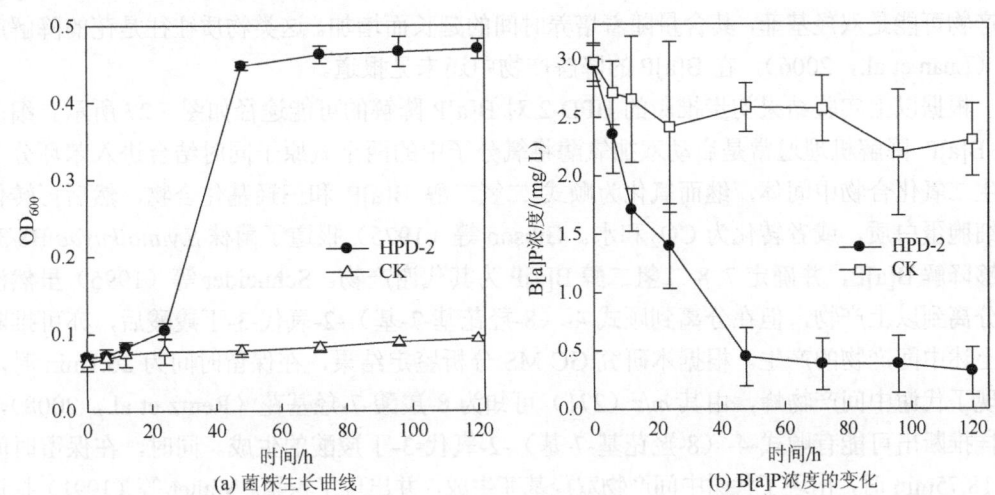

(a) 菌株生长曲线　　(b) B[a]P浓度的变化

图7.24 菌株 HPD-2 在 B[a]P 培养液中的生长曲线以及培养液中 B[a]P 浓度随时间的变化

无机盐液体培养基中 B[a]P 的浓度随时间的变化情况如图 7.24（b）所示。由图可知，B[a]P 的浓度从培养初期即开始下降，24~48h 降低得最快，48h 后下降的速度减缓，与该菌的生长曲线呈现一定的对应关系。与培养初期相比，120h 时加 HPD-2 的处理中 B[a]P 的降解率达 89.7%。

降解菌 HPD-2 对 B[a]P 的溶液降解试验进行了 15 天，降解过程中溶液吸光值（OD_{600}）和 pH 的变化如图 7.25 所示。溶液吸光值曲线与图 7.24（a）类似，但是达到最高值的时间较长，可能是由于 B[a]P 浓度（50mg/L）的升高引起。值得注意的是，随着培养时间的延长，溶液的 pH 也在增加[图 7.24（b）]，可能是降解过程中产生了某些碱性物质，有待继续研究。

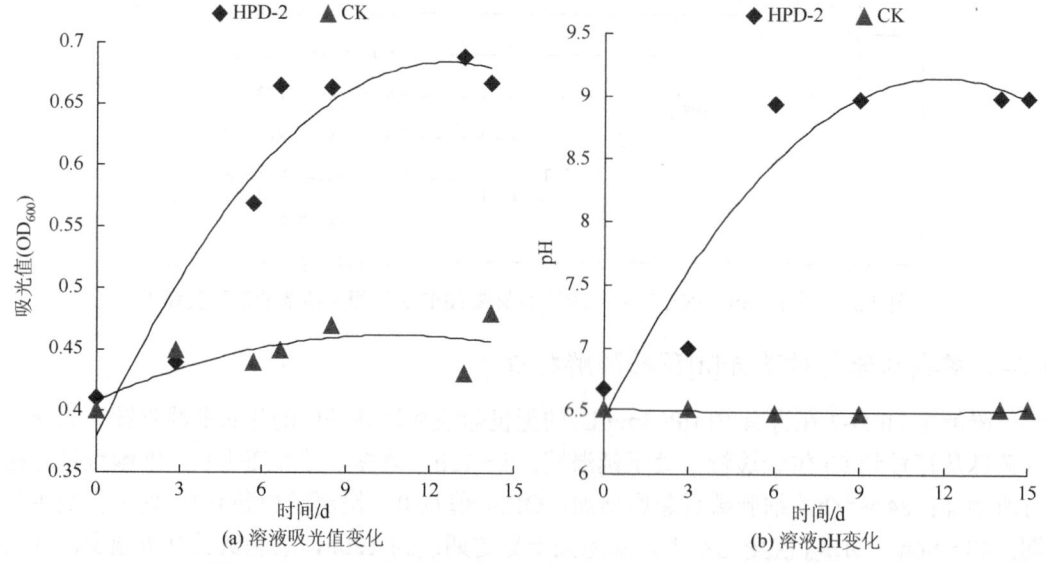

图 7.25 B[a]P 降解过程中溶液吸光值（OD_{600}）和 pH 的变化

图 7.26（a）所示是降解过程中溶液中 B[a]P 和降解产物的浓度。B[a]P 的浓度随时间而降低，培养 15 天后降解率为 46.2%。经 GC-MS 分析及与标准物质的图谱比对，B[a]P 的产物可能是双羟基菲，其含量随着培养时间的延长而增加。这类物质往往是芘的降解产物（Luan et al.，2006），在 B[a]P 的降解产物中还未见报道。

根据以上实验结果初步推断的 HPD-2 对 B[a]P 降解的可能途径如图 7.27 所示。细菌对 B[a]P 降解机理通常是启动双加氧酶将氧分子中的两个氧原子同时结合进入苯环分子产生二氧化合物中间体，继而氧化为顺式-二氢二醇 B[a]P 和三羟基化合物，然后再转化为细胞蛋白质，或者转化为 CO_2 和水。Gibson 等（1975）报道了菌株 *S.yanoikuyae* B8/36 能够降解 B[a]P，并确定 7, 8-二氢二醇 B[a]P 为其代谢产物。Schneider 等（1996）虽然没有分离到以上产物，但在分离到顺式-4-（8-羟芘基-7-基）-2-氧代-3-丁羧酸后，亦可推断出上述中间产物的产生。根据本研究 GC-MS 分析鉴定结果，在保留时间为 26.1min 时，出现了代谢中间产物峰，由其 *m/z*（271）可知为 8-羧酸-7-羟基芘（Rentz et al.，2008），同样推断出可能有顺式-4-（8-羟芘基-7-基）-2-氧代-3-丁羧酸的生成。同时，在保留时间为 18.75min 时，出现了代谢中间产物双羟基菲生成，并出现了积累。Walter 等（1991）报道菌株 *Rhodococcus* sp. UW1 可以降解芘，并确定双羟基菲为其代谢产物。

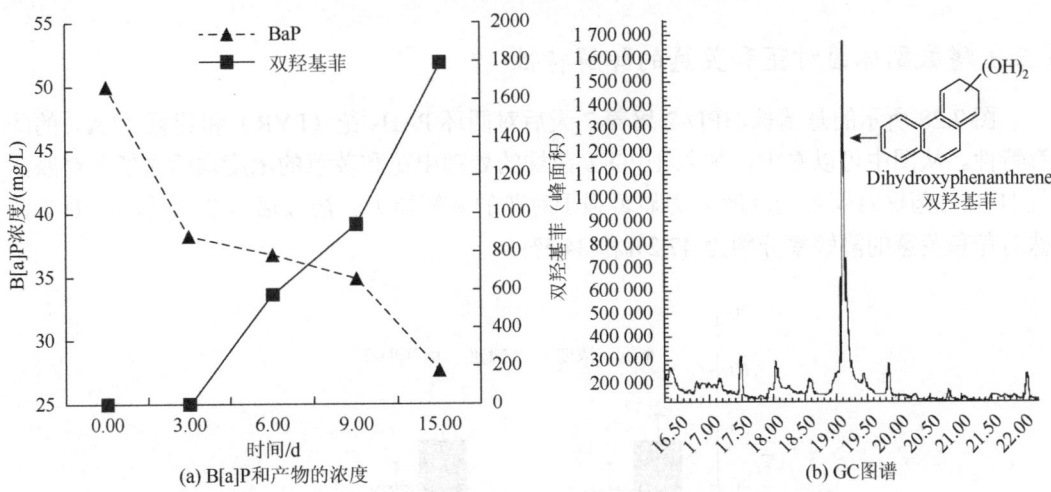

图 7.26 降解过程中溶液中 B[a]P 和产物的浓度及 GC 图谱

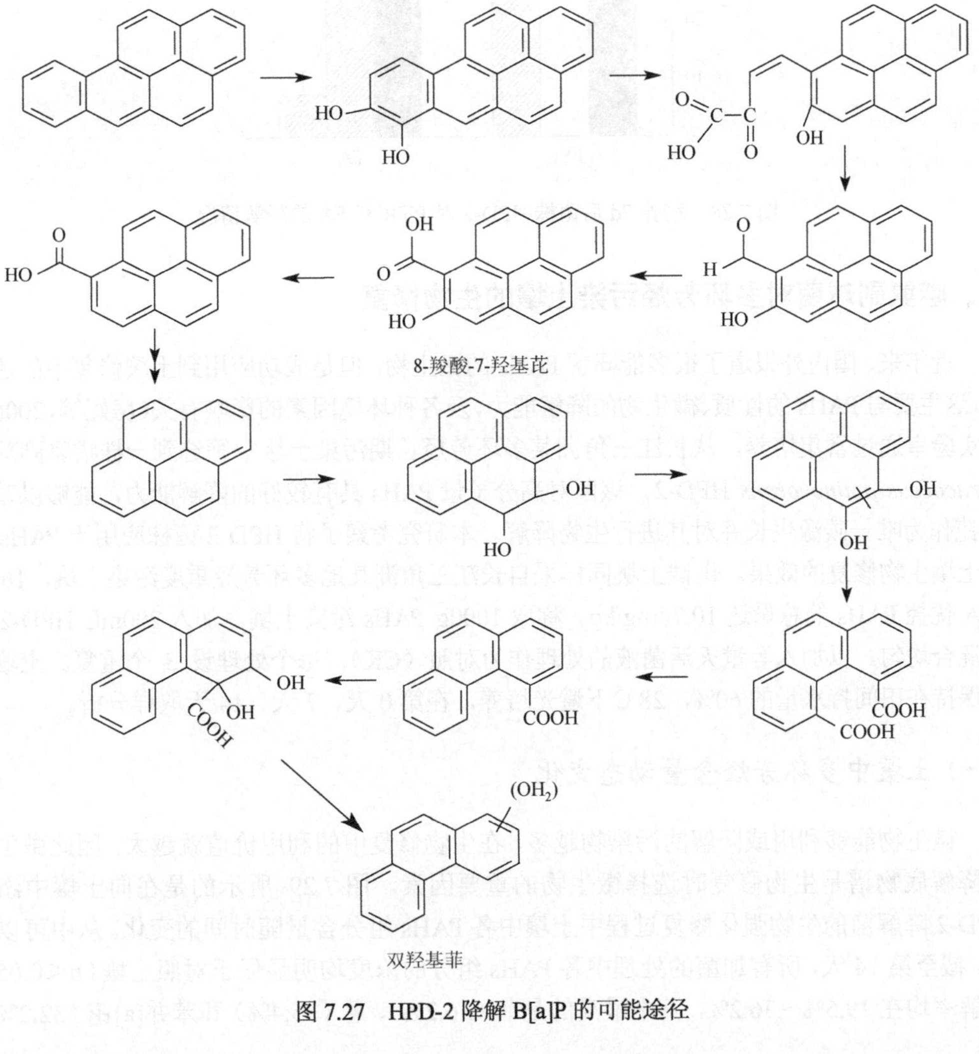

图 7.27 HPD-2 降解 B[a]P 的可能途径

(三)嗜氨副球菌对芘和荧蒽的降解特性

图 7.28 所示的是菌株 HPD-2 培养 7 天后对四环 PAHs 芘(PYR)和荧蒽(FA)的降解特性。从图中可以看出,加入 HPD-2 菌株的处理中芘和荧蒽的浓度均明显低于对照,且 HPD-2 菌株对荧蒽的降解能力显著强于对芘的降解能力。溶液培养 7 天后,HPD-2 菌株对芘和荧蒽的降解率分别为 47.2%和 84.5%。

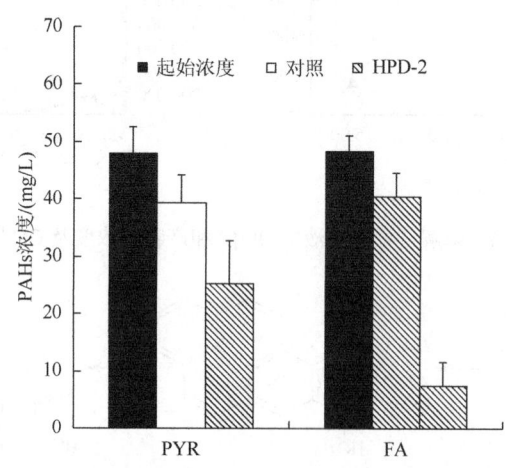

图 7.28 培养 7d 后菌株 HPD-2 对 PYR 和 FA 的降解情况

二、嗜氨副球菌对多环芳烃污染土壤的生物修复

近年来,国内外报道了很多能降解 PAHs 的微生物,但是成功应用到土壤修复中的还很少,这主要与 PAHs 的性质、微生物的降解能力,及各种环境因素的影响有关(房妮等,2006)。本实验室通过富集培养,从长江三角洲某多环芳烃长期污染土壤中筛选到一株嗜氨副球菌 *Paracoccus aminovorans* HPD-2,该菌对高分子量 PAHs 具有较好的降解能力,能够以苯并[a]芘作为唯一碳源生长并对其进行生物降解。本研究考察了将 HPD-2 菌株应用于 PAHs 污染土壤生物修复的效果。供试土壤同样采自长江三角洲某地多环芳烃重度污染土壤,16 种 EPA 优控 PAHs 的总量达 10.78mg/kg。称取 1000g PAHs 污染土壤,加入 200mL HPD-2 菌液混合均匀。以加入等量灭活菌液的处理作为对照(CK),每个处理设 3 个重复。土壤水分保持在田间持水量的 60%,28℃下避光培养,在第 0 天、7 天、14 天取样分析。

(一)土壤中多环芳烃含量动态变化

微生物能够利用或降解的污染物越多,在生物修复中的利用价值就越大,因此微生物的降解底物谱是生物修复时选择微生物的重要因素。图 7.29 所示的是在向土壤中添加 HPD-2 降解菌的生物强化修复过程中土壤中各 PAHs 组分含量随时间的变化。从中可以看出,截至第 14 天,所有加菌的处理中各 PAHs 组分的浓度均明显低于对照土壤($p<0.05$),降解率均在 19.5%~36.2%,其中最高的是菲(36.2%)、蒽(35.4%)和苯并[a]芘(32.2%)。

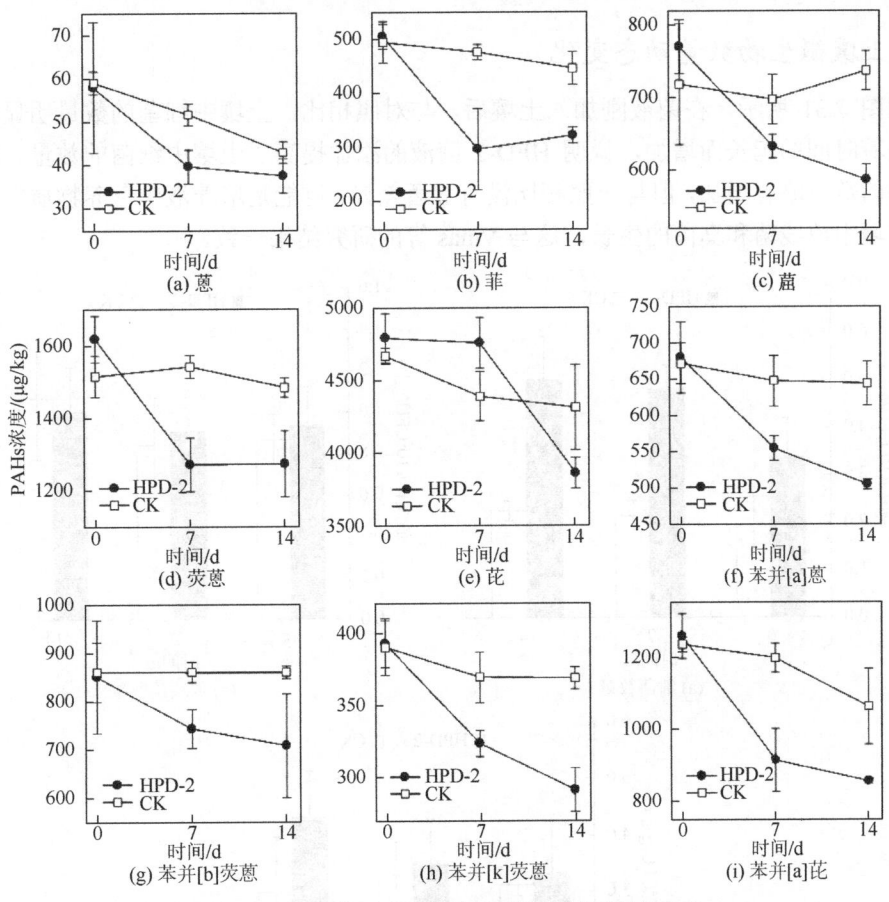

图 7.29 土壤中各多环芳烃组分浓度随时间的变化

从多环芳烃的环数看（图 7.30），加菌处理中三环 PAHs 的降解率最高（36.1%），五环次之（26.0%），四环的最低（20.9%），PAHs 的总去除率为 22.9%。

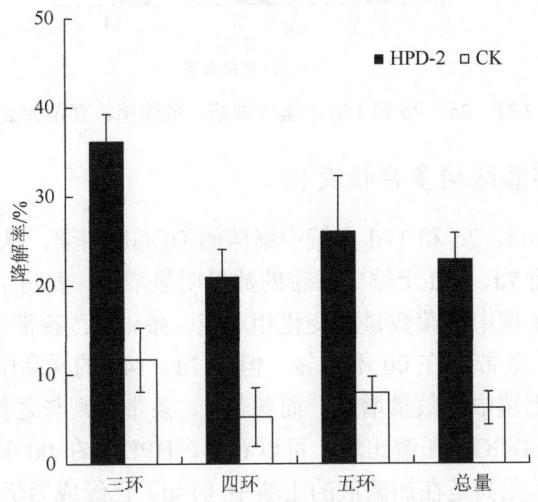

图 7.30 生物修复后土壤中三环、四环、五环 PAHs 及总 PAHs 的去除率

(二)土壤微生物数量动态变化

如图 7.31 所示,在菌液刚加入土壤后,与对照相比,土壤中细菌的数量明显增加,并且随着时间的延长而增加,说明 HPD-2 菌液的添加提高了土壤中细菌的数量。放线菌和真菌的数量略有增加,但与对照相比没有显著差异,可能是培养液中营养物质的加入促进了土壤中放线菌和真菌的生长,这与 Viñas 等的研究结果一致。

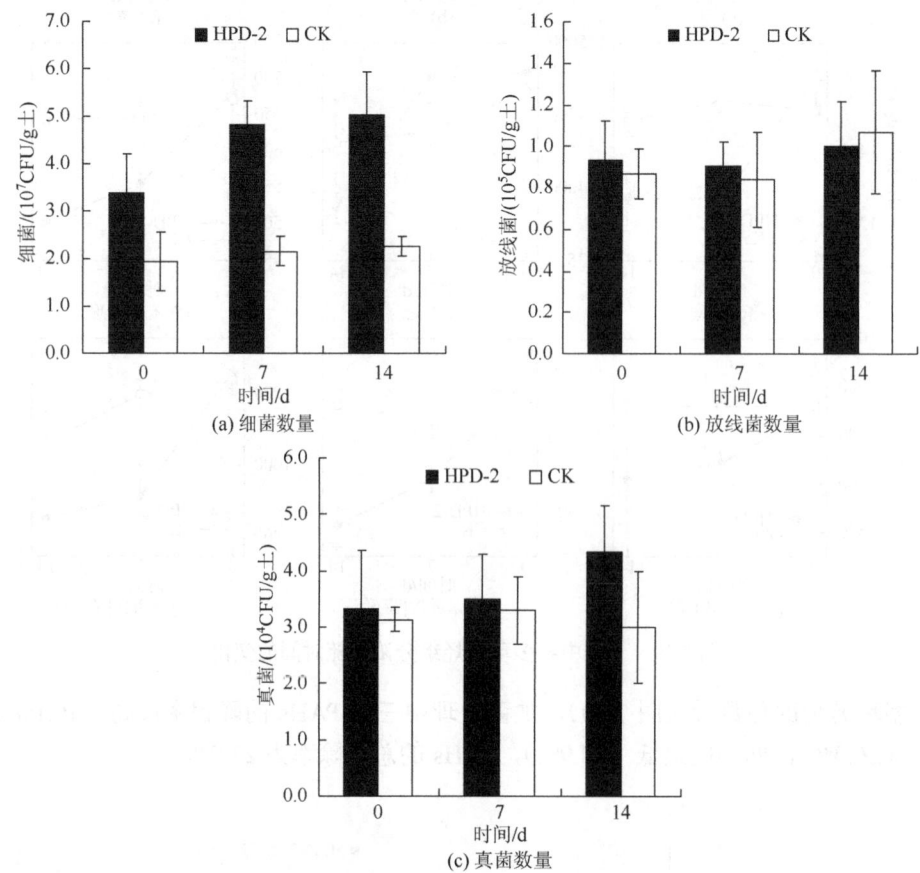

图 7.31 0d、7d 和 14d 土壤中细菌、放线菌、真菌的数量

(三)土壤中细菌群落结构多样性变化

图 7.32 所示的是 0d、7d 和 14d 土壤中细菌的 DGGE 图谱,从中可以看出,0d 土壤中细菌的条带较少,而 7d、14d 土壤中条带的数量明显增加,表明土壤中细菌的生物多样性增加。这一结果与土壤中细菌数量的变化相对应。条带 1、条带 3、条带 6 在所有土壤中均存在,而条带 4、条带 5 在 0d 不明显,但在 7d、14d 的样品中更加明亮,这说明可能是其代表性细菌在土壤中的数量增加,而条带 8、条带 9 则与之相反。

与 HPD-2 菌液的 DGGE 图谱比对。可以看出,HPD-2 在 0d 时并不是优势菌,但是在 7d、14d 逐渐变亮,尤其是在加菌液的土壤中(14d)已经成为优势菌,表明 HPD-2 在土壤中具有较强的竞争能力。

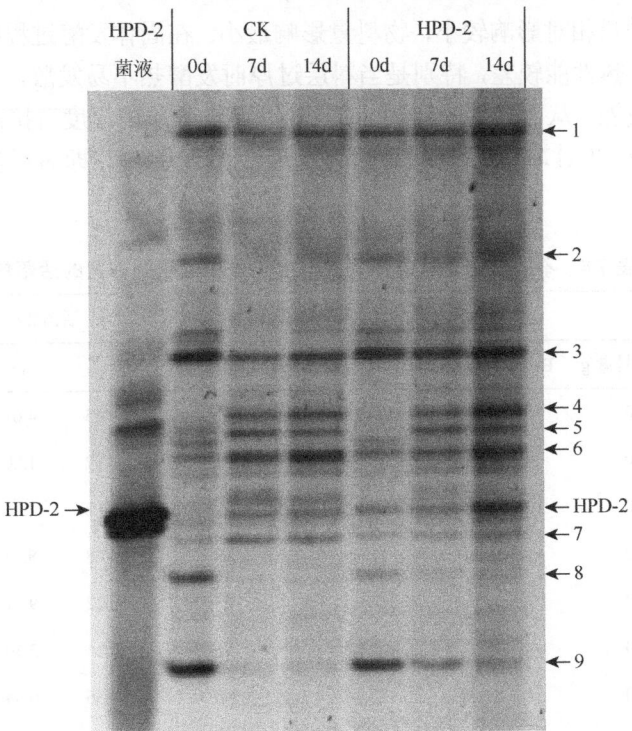

图 7.32　修复过程中土壤中细菌的 DGGE 分析图谱

三、嗜氨副球菌的固体发酵条件优化及菌剂修复效果

污染土壤的微生物强化修复在实际应用时的效果往往受到污染物类型、浓度及其生物可利用性、土壤养分、土壤污染时间长短以及微生物本身的稳定性等多因素的影响（D'Annibale et al.，2005）。尤其是土壤中功能降解菌的数量或活性的不稳定性是影响微生物强化修复效果的关键因素，主要表现在外源功能微生物不适应土壤环境条件，难以同土著微生物竞争，其数量或活性易于衰减、菌体易流失、降解反应速度慢等问题。为了克服上述不足，本研究优化了嗜氨副球菌的固体发酵条件，并初步探讨了该菌剂对多环芳烃污染土壤的修复效果，为进一步研发多环芳烃污染农田土壤的微生物强化修复技术提供科学依据。

（一）以有机物料为基质的发酵条件优化

分别采用有机物料 A（有机质：563.6g/kg，全氮：20.3g/kg，全磷：15.5g/kg，全钾：g/kg）、有机物料 B（有机质：547.0g/kg，全氮：23.6g/kg，全磷：29.7g/kg，全钾：22.8g/kg）、紫花苜蓿粉（有机质：710.6g/kg，全氮：29.4g/kg，全磷：3.8g/kg，全钾：21.7g/kg）3 种物料（其中有机物料 A、B 由浙江农业科学院薛智勇研究员提供）为基质，对嗜氨副球菌 HPD-2 的固体发酵条件进行优化。

表 7.8 是以有机物料 A 为载体的固体发酵试验结果，可以看出，以活菌数为试验指标，极差大小顺序为 RD＞RC＞RB＞RA，即发酵时间是影响菌剂中活菌数量的最主要因素，

固水比次之，接种量相对影响较小，物料量影响最小。在固体发酵过程中，由于物料基本处于静止状态，传热性能较差，特别是当料层过厚时发酵热不易发散，使物料中心温度过高，而且通透性较差，从而会抑制菌体的生长。因而，料层的厚度直接决定了装料量的多少。由表 7.8 可知，TA1＞TA3＞TA2，装料量最佳水平为 A1，即装料量为 10g 时有利于菌体的生长。

表 7.8　不同优化发酵条件下有机物料 A 中嗜氨副球菌的活菌数

处理号	因素				活菌数/（10^8CFU/g 菌剂）			
	A：物料量/g	B：接种量/%	C：固水比	D：发酵时间/h	x1	x2	x3	均值
1	10	5	1：0.5	48	4.45	4.61	6.75	2.37ef
2	10	10	1：1	96	9.92	12.0	11.1	11.01ab
3	10	15	1：1.5	144	14.8	13.6	13.4	13.93a
4	20	5	1：1	144	17.8	8.74	11.3	12.61ab
5	20	10	1：1.5	48	8.22	9.57	9.7	9.16cd
6	20	15	1：0.5	96	3.84	3.10	3.33	3.42f
7	30	5	1：1.5	96	7.36	9.44	10.1	8.97cd
8	30	10	1：0.5	144	9.60	9.44	11.4	10.15bcd
9	30	15	1：0.5	48	7.23	7.14	7.84	7.40de
T1	30.21	26.85	1：1	21.84				
T2	25.20	30.32	18.84	23.40		$R_D＞R_C＞R_B＞R_A$		
T4	26.52	24.76	31.02	36.69				
R	5.01	5.56	13.22	14.86				

注：T 为各因素不同水平活菌数量之和；R 为极差，各因素不同水平活菌数和中最大值与最小值之差。

从表 7.8 可知，TB2＞TB1＞TB3，接种量最佳水平为 B2，即当接菌量为 10%的条件下有利于菌体的生长。固体发酵中，接种量大可以使菌体生长快、周期短，但后期可能会导致营养的缺乏而影响菌体的生长（Sekar et al.，1998）；而接种量太少不仅对营养利用不充分，引起菌体生长速度缓慢，而且使发酵周期延长（Rani et al.，2009）。

由表 7.8 可知，TC3＞TC2＞TC1 供试条件下，固水比为 1：1.5 时，利于菌体的生长。物料的含水量是影响固体发酵的主要因素之一。固体基质含水量过高或者过低都会对菌体生长产生重要影响（Pandey，2003）。另外过高的含水量影响到了固体颗粒之间的松散性，使固体基质成团，影响到氧的传递和发酵热的散失，并且过多的游离水将充满空隙，妨碍氧气流动，导致氧气浓度降低；而含水量过低会影响到营养物质的溶解和传递以及颗粒的润涨等，直接影响到了菌体对营养物质的利用而阻碍微生物生长（Jackson et al.，1991；Parrish et al.，2005）。发酵时间过长，一方面可能导致菌体营养供应的缺乏而影响菌体的生长；另一方面使得发酵周期长、成本增加，又限制实际的生产应用。而发酵时间过短，导致菌体未充分利用营养而达到最优的生长量。由表 7.8 可知，TD3＞TD2＞TD1 供试条件下，发酵时间为 144h 时有利于菌体的生长。方差分析结果（表 7.9）表明，固水比之间 $F=16.58>F_{0.01\,(2,\,18)}=6.01$，其差异对菌体的生长产生极显著影响；发酵时间之间 $F=20.45>F_{0.01\,(2,\,18)}=6.01$，其差异对菌体的生长亦产生极显著影响；而物料量和接种量对菌体生长的影响不显著。处理之间处理 2、处理 3 和处理 4 之间无显著差异，且显著高于其他处理。但与处理 2 和处理 3 相比，处理 4 中以较少的接种量制备了较多的菌剂。考虑到规模生产的经济成本及菌剂的可用性，认为菌体发酵的最优条件为 $A_2B_1C_2D_3$，即物料量为 10g，接种量为 5%，固水比 1∶1，发酵时间为 144h。

表 7.9 以有机物料 A 为载体的方差分析结果

变异来源	SS	df	MS	F	$F_{0.05}$	$F_{0.01}$
物料量	13.49	2	6.75	2.07	3.55	6.01
接种量	15.75	2	7.88	2.42		
固水比	108.12	2	54.06	16.58**		
发酵时间	133.32	2	66.66	20.45**		
误差	58.63	18	3.26			
总变异	329.32	26				

注：SS：离均差平方和；DF：自由度；MS：均方；
F：F 检验统计量值，不同下标表示不同显著水平（下同）。

从表 7.10 可以看出，对有机物料 B 而言，固水比是影响菌剂中活菌数量的最主要因素，发酵时间次之，接种量相对影响较小，物料量影响最小。由极差分析可知以有机物料 B 为载体的固体发酵优化条件为 $A_2B_2C_2D_2$，即为处理 2。方差分析结果表明（表 7.11），固水比和发酵时间对菌体生长影响显著（$p<0.05$），而物料量和接种量对菌体生长影响不显著。

表 7.10 不同优化发酵条件下有机物料 B 中嗜氨副球菌的活菌数

处理号	因素				活菌数/（10^8CFU/g 菌剂）			
	A：物料量/g	B：接种量/%	C：固水比	D：发酵时间/h	x1	x2	x3	均值
1	10	5	1∶0.5	48	2.98	0.09	3.20	2.09d
2	10	10	1∶1	96	12.30	11.00	11.20	11.50a
3	10	15	1∶1.5	144	9.15	9.70	9.09	9.31ab
4	20	5	1∶1	144	10.60	12.00	9.22	10.61a
5	20	10	1∶1.5	48	13.10	5.82	6.94	8.62abc
6	20	15	1∶0.5	96	4.13	6.94	6.05	5.71c
7	30	5	1∶1.5	96	8.64	10.50	9.86	9.67ab
8	30	10	1∶0.5	144	7.87	6.14	5.76	6.59bc
9	30	15	1∶0.5	48	5.60	6.14	8.45	6.73bc

续表

处理号	因素				活菌数/（10⁸CFU/g 菌剂）			
	A：物料量/g	B：接种量/%	C：固水比	D：发酵时间/h	x1	x2	x3	均值
T1	22.90	22.36	14.39	17.44				
T2	24.93	26.71	28.84	26.87		$R_C>R_D>R_B>R_A$		
T4	22.9	21.75	27.60	26.51				
R	2.03	4.96	14.45	9.43				

注：T 为各因素不同水平活菌数量之和；R 为极差，各因素不同水平活菌数和中最大值与最小值之差。

表 7.11　以有机物料 B 为载体的方差分析结果

变异来源	SS	df	MS	F	$F_{0.05}$	$F_{0.01}$
物料量	2.64	2	1.32	0.43	6.01	3.55
接种量	14.62	2	7.31	2.40		
固水比	128.31	2	64.16	21.03**		
发酵时间	57.13	2	28.57	9.37**		
误差	54.85	18	3.05			
总变异	257.55	26				

（二）以紫花苜蓿粉为基质的发酵条件优化

由表 7.12 可知，对紫花苜蓿粉而言，固水比亦是影响菌剂中嗜氨副球菌活菌数量的主要因素，发酵时间次之，物料量相对影响较小，接种量影响最小。由极差分析可知以紫花苜蓿粉为载体的固体发酵优化条件为 $A_1B_1C_3D_3$，即为处理 3，其嗜氨副球菌活菌数量显著高于其他处理（$p<0.05$）。

表 7.12　不同优化发酵条件下有机物料 C 中嗜氨副球菌的活菌数

处理号	因素				活菌数/（10⁸CFU/g 菌剂）			
	A：物料量/g	B：接种量/%	C：固水比	D：发酵时间/h	x1	x2	x3	均值
1	10	5	1∶0.5	48	0.04	0.06	0.06	0.05c
2	10	10	1∶1	96	1.89	1.31	1.79	1.66bc
3	10	15	1∶1.5	144	3.36	3.42	5.38	4.05a
4	20	5	1∶1	144	1.64	3.23	0.18	1.68bc
5	20	10	1∶1.5	48	0.11	4.43	0.13	1.56bc
6	20	15	1∶0.5	96	0.07	0.13	0.11	0.10c
7	30	5	1∶1.5	96	2.53	2.85	2.98	2.79ab
8	30	10	1∶0.5	144	0.12	0.13	2.53	0.93bc
9	30	15	1∶0.5	48	0.11	0.11	0.14	0.12c

续表

处理号	因素				活菌数/(10^8CFU/g 菌剂)			
	A：物料量/g	B：接种量/%	C：固水比	D：发酵时间/h	x1	x2	x3	均值
T1	5.77	4.52	1.08	1.73				
T2	3.34	4.15	3.47	4.55	$R_C>R_D>R_A>R_B$			
T4	3.83	4.28	8.40	6.66				
R	2.43	0.38	7.31	4.93				

注：T 为各因素不同水平活菌数量之和；R 为极差，因素不同水平活菌数和中最大值与最小值之差。

综上分析，以有机物料 A、有机物料 B 和紫花苜蓿粉为菌剂载体的最佳发酵条件下，其嗜氨副球菌数量分别为 $12.61×10^8$CFU/g 菌剂、$11.50×10^8$CFU/g 菌剂和 $2.79×10^8$CFU/g 菌剂，并且其差异达到了显著水平（$p<0.05$），这可能与不同载体本身的养分含量及其比例有关。所以初步选定以有机物料 A 为嗜氨副 HPD-2 固体发酵载体，并以确定的最佳条件制备菌剂，用于多环芳烃污染土壤的修复效果验证。

表 7.13　以苜蓿粉为载体的方差分析结果

变异来源	SS	df	MS	F	$F_{0.05}$	$F_{0.01}$
物料量	3.29	2	1.65	1.25	3.55	6.01
接种量	0.07	2	0.04	0.03		
固水比	27.82	2	13.91	10.54**		
发酵时间	12.25	2	6.13	4.64*		
误差	23.84	18	1.32			
总变异	67.28	26				

（三）菌剂修复前后土壤多环芳烃含量变化

菌剂施用前后不同处理土壤中 15 种多环芳烃组分及含量如表 7.14 所示。从表 7.14 可以看出，初始土壤中除多环芳烃萘以外其他多环芳烃组分均有检出，不同多环芳烃的含量范围为（52±3）μg/kg~（2061±35）μg/kg，其中芘和荧蒽的含量最高，分别为（2061±35）μg/kg 和（1528±31）μg/kg，占总含量的 20.7%和 15.3%。无论是加菌剂处理（H）还是对照处理（CK），多环芳烃含量都有不同程度的降低。加菌剂处理中，多环芳烃总量为 7638μg/kg，较原始土壤降低了 22.8%。原始土壤中含量最高的多环芳烃荧蒽和芘的含量已显著降低，分别降低了 19.9%和 21.4%。多环芳烃苊去除率最高，修复后的土壤中未能检测到，而其他多环芳烃含量也有不同程度的下降，其中多环芳烃芴降低了 87.6%，菲为 22.4%，蒽为 43.6%，苯并[a]蒽为 29.6%，䓛为 12.4%，苯并[b]荧蒽为 22.1%，苯并[k]荧蒽为 26.6%，苯并[a]芘为 29.0%，二苯并[a,h]蒽为 34.8%，苯并[g,h,i]芘为 29.1%，但多环芳烃䓛修复前后的含量并没有显著差异。菌剂施用后土壤中茚并[1,2,3-cd]芘含量为 447μg/kg，与修复前相比，其含量基本没有降低，这可能是土壤中多环芳烃分布不均匀、降解菌的缺乏及土壤颗粒结合的多环芳烃释放所致。有研究表明土壤中部分多环芳烃很难降解且多环芳烃的生物可利用性受污染物本身与土壤性质的影响很大。对照处理中，多环芳烃总含量为 9351μg/kg，与原始土壤多环芳烃含量无显著差异。高分子量多环芳烃，如苯并[g,h,i]芘、茚并[1,2,3-cd]芘和苯并[a]芘等，虽然含量有所降低，但与原始土壤相比同样差异不显著。这可能是高分子量多环芳烃生物降解的高抗性以及污染土壤老化过程中多环芳烃与土壤颗粒结合而导致的生物可利用性降低引起的。

表 7.14 不同处理土壤中 PAHs 的含量及去除率

PAHs	原始土壤含量/（μg/kg）	H		CK	
		含量/（μg/kg）	去除率/%	含量/（μg/kg）	去除率/%
萘	—	—	—	—	—
苊	53±3a	—	100±0	54±2a	0±3
芴	55±7a	7±1b	876±1	54±1a	2.9±2
菲	583±16a	452±56b	22.4±2	587±23a	0±4
蒽	133±2a	75±23b	43.6±1	123±3a	7.3±3
荧蒽	1528±31a	1225±80b	19.9±2	1505±64a	1.5±4
芘	2061±35a	1619±84b	21.4±1	1964±22a	5.6±1
苯并[a]蒽	963±28a	677±34b	29.6±2	787±19b	18.2±2
䓛	1062±25a	930±9a	12.4±2	1021±67a	3.9±6
苯并[b]荧蒽	657±24a	525±9b	22.1±3	573±51ab	15.1±8
苯并[k]荧蒽	392±14a	287±9b	26.6±3	333±14ab	15.0±4
苯并[a]芘	1099±96a	777±33b	29.0±6	1046±61a	3.1±6
二苯并[a, h]蒽	118±1a	77±2c	34.8±1	98±5b	17.4±4
苯并[g,h,i]芘	761±31a	539±3b	29.1±3	730±9a	4.0±1
茚并[1,2,3-cd]芘	478±45a	447±18a	6.1±9	476±27a	0.4±6
总和	9959±91a	7639±286b	22.8±1	9351±224a	6.1±2

注：去除率/%=（原始含量−菌剂施后的含量）×100/原始含量。

由图 7.33 可以看出，加菌剂处理中，培养 28d 后土壤中不同环数多环芳烃去除率相对较高，其中以三环多环芳烃的去除率为 35.1%最高；其次是五环多环芳烃为 27%，四环与六环多环芳烃的去除率最低，分别为 20.7%和 20.4%，这可能与原来针对五环多环芳烃降解菌的筛选有关。可见，施入菌剂能够对土壤中的多环芳烃有一定的修复效果。

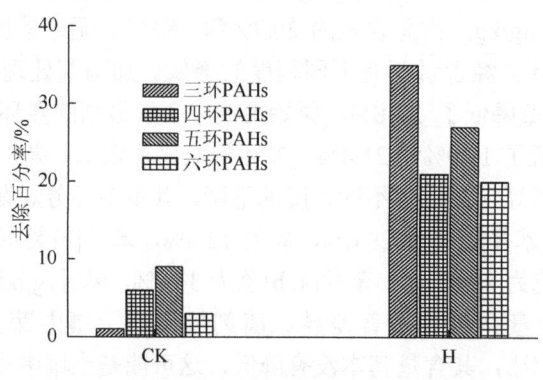

图 7.33 土壤中不同环数多环芳烃的去除百分率

第三节 真菌强化修复

真菌的生理生化特征使其在污染土壤的修复中具有独特的优势，如土壤中的真菌菌丝可以穿透土壤基质，接近污染物；真菌的胞外酶作用底物范围较广，可同时对多种污染物作用等。真菌对 PAHs 的转化能力主要来自其分泌的胞外木质素氧化酶，包括木质素过氧化物酶、锰过氧化物酶和漆酶（laccase）。本研究从土壤中筛选了一株具有较高产漆酶活性的 PAHs 降解真菌，揭示了该真菌对 PAHs 污染土壤的修复特性与机理，并比较研究了 3 种真菌（青霉菌、腐霉菌、白腐真菌）对 PAHs 的共代谢降解特性，为多环芳烃污染土壤的真菌修复提供了参考。

一、一株产漆酶真菌的分离、鉴定及其产酶条件优化

（一）菌种的筛选、分离与鉴定

在筛选 PAHs 降解细菌时，一般采用以特定 PAHs 为唯一碳源的筛选方法。真菌主要以共代谢方式对 PAHs 实现转化，因此，无法采用与细菌相同的筛选方法。在以往 PAHs 转化真菌的筛选工作中，存在两个不足：一是只注重纯培养条件下 PAHs 的转化效果，却忽视了真菌对土壤环境的适应能力，在实际土壤修复中的可应用性还需要验证；其二，根据真菌对 PAHs 的转化能力进行筛选，尽管针对性强，但工作量大，耗时较长，效率较低。自然界存在丰富的真菌资源，为了在尽可能短的时间内对大量真菌进行筛选，有必要设计新的筛选策略。

真菌对 PAHs 的转化，主要是通过胞外木质素氧化酶实现，包括木质素过氧化物酶、锰过氧化物酶和漆酶。其中，漆酶具有高效的 PAHs 转化能力，真菌对 PAHs 的转化与漆酶活性之间存在一定的关联。如果将 PAHs 降解真菌的筛选转化为对能分泌漆酶真菌的筛选，将大大简化筛选的过程。

对产漆酶真菌的筛选，主要有两种方法：一种是利用漆酶对合成染料如 PolyR 478 的脱色能力，另一种是基于漆酶氧化愈创木酚（guaiacol）的颜色反应进行挑选。愈创木酚是一种具有酚类结构的小分子有机化合物，在漆酶作用下可以转化为红色的物质，在培养基中加入愈创木酚，通过直接观察培养基颜色变化即可将土壤中的产漆酶真菌筛选出来，较为简便。在此基础上再进行真菌的 PAHs 转化分析，可以有效减少工作量，缩小筛选范围。本研究中，在筛选培养基底物中添加愈创木酚，对 PAHs 污染土壤进行筛选，获得了多株具有漆酶活性的真菌（图 7.34）。

选择一株生长较快、变色较深的菌株 W5-2，在进行多次分离纯化后，进行形态鉴定，结果示于表 7.15 及图 7.35。

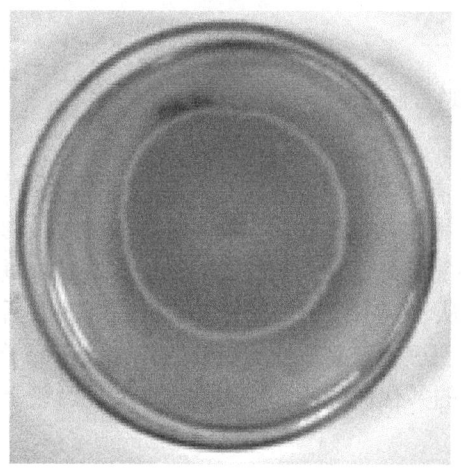
(a) 培养基中不含愈创木酚

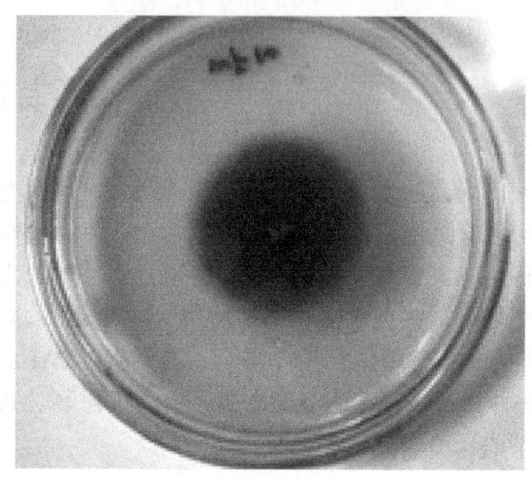
(b) 培养基中含愈创木酚

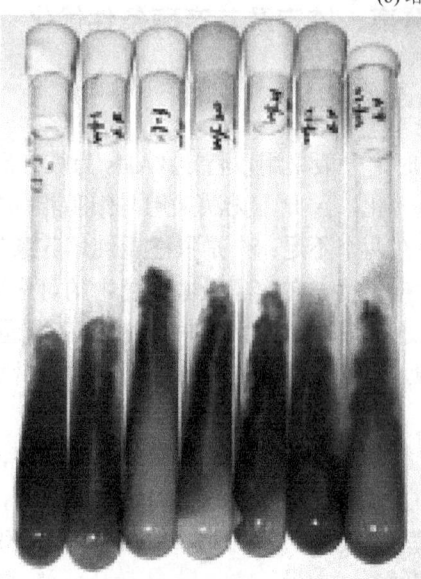
(c) 筛选所得真菌菌株

图 7.34 具有漆酶活性的真菌菌株

表 7.15 菌株 W5-2 形态学特征

菌落特征		个体形态	
生长速度	培养 4d，菌落直径约 4.5cm	菌丝体	菌丝分支，分隔
菌落表面	幼时疏松，老时致密成膜，有辐射状沟纹及同心环	分生孢子柄	分生孢子柄分支，分生孢子由黏液包裹
菌落结构	外观毡状	分生孢子形态	圆形
菌落边缘	全缘，略带纤毛状		
菌落高度	略有丘状隆起，老时扁平		
渗出物	无		
气味	无味		

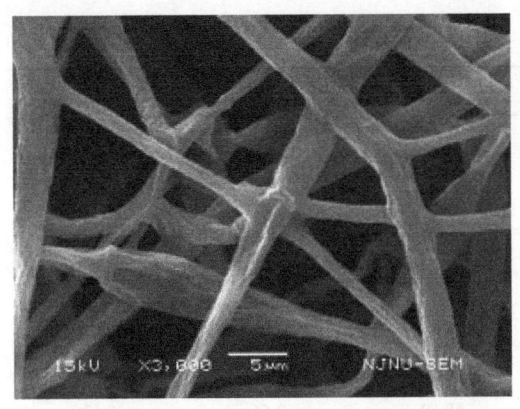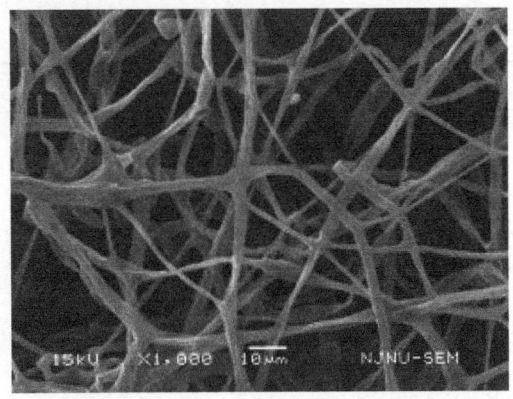

图 7.35 菌株 W5-2 的电镜观察结果

结合以上形态观察结果，对照真菌鉴定手册，将菌株 W5-2 鉴定为 *Monilia Pers*，即真菌界-子囊菌门-柔膜菌目-核盘菌科-链核盘菌属，其无性形态为丛梗孢霉 *Monilia Pers*。

（二）真菌产酶条件分析

影响真菌分泌漆酶活性的因素众多，有碳源、氮源（Arora et al., 2000）、金属离子如 Cu^{2+}（Palmieri et al., 2000）和 Mn^{2+}、小分子酚类物质（如愈创木酚和藜芦醇）（Arora et al., 2000）、乙醇（Lomascolo et al., 2003）、供氧（Dekker et al., 2001）、氨基酸和维生素（Dhawan and Kuhad, 2002）等。如果采用单因素方法或完全析因方法对这些因子的效应进行分析，人力、物力、时间消耗巨大，如待分析菌株较多，则较不可行。部分析因方法在不牺牲主因子效应的前提下，有计划地选择因子组合，大大减少了工作量，体现了实验设计的科学性。Plackett-Burman 方法是一种解析度为Ⅲ（resolution Ⅲ）的部分析因方法，只需要 $n-1$ 个因子组合，就能对 n 个因子的主效应进行分析，实际工作中，往往要加入几个伪变量以验证实验的可靠性（Mason et al., 2003）。

本研究采用 Plackett-Burman 方法对影响 *Monilinia* sp. W5-2 产酶活性的因素进行了筛选，结果示于表 7.16。根据结果绘出因子效应示意图，见图 7.36。图中斜线为效应为 0 的趋势线，斜线右侧为正效应因子，左侧为负效应因子。实验中设计的伪变量 A、B、C、D 对结果无显著影响，符合伪变量的定义，说明本实验的结果可信。在分析的 7 个因子中，乙醇、氮源（豆粕粉）、氧对产酶活性具有显著正效应（$p<0.05$），愈创木酚和葡萄糖对产酶活性具有显著的负效应（$p<0.05$），Cu^{2+} 和 Mn^{2+} 对产酶活性也产生负效应，但未达显著性水平。

表 7.16 影响 *Monilinia* sp. W5-2 产漆酶活性的因子效应分析

变差来源	自由度	变差（平方和）	方差（均方和）	F 值	p 值
葡萄糖	1	175.50	175.50	7.66	0.017
豆粕粉	1	439.47	439.47	19.18	0.001
$CuSO_4$	1	16.50	16.50	0.72	0.413

续表

变差来源	自由度	变差（平方和）	方差（均方和）	F 值	p 值
MnSO₄	1	22.23	22.23	0.97	0.344
愈创木酚	1	397.72	397.72	17.36	0.001
乙醇	1	510.60	510.60	22.28	0.000
氧	1	160.68	160.68	7.01	0.021
A	1	12.18	12.18	0.53	0.480
B	1	8.28	8.28	0.36	0.559
C	1	58.59	58.59	2.56	0.136
D	1	0.15	0.15	0.01	0.937
残差	12	274.95	22.91		
总计	23	2076.88			

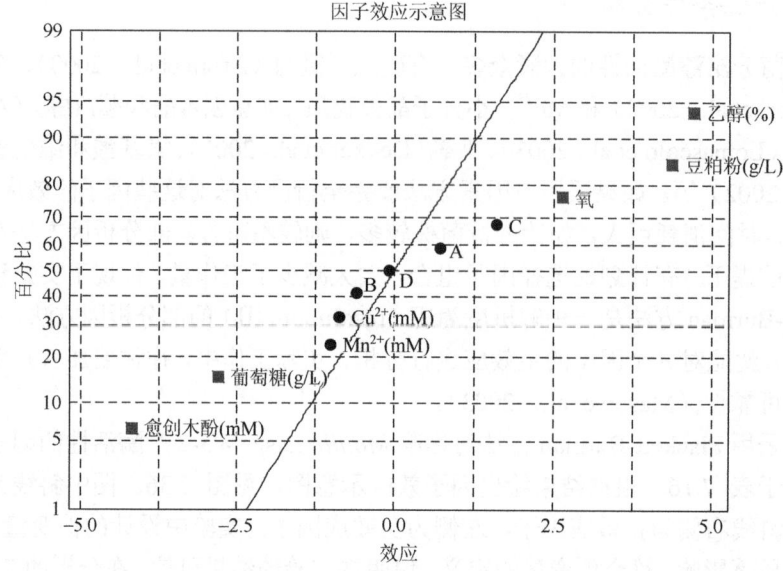

图 7.36 影响 *Monilinia* sp. W5-2 漆酶活性的因子效应示意图

图中●表示因子效应不显著，■表示因子效应显著

本结果提示，对于 *Monilinia* sp. W5-2 应用于土壤修复时，增加氮源的供应、适当增加乙醇刺激和供氧有利于其产生漆酶，从而增强对 PAHs 的转化效果；而增加碳源及愈创木酚不利于其产生漆酶，在应用时应予避免。该方法也可以推广至其他真菌。

二、产漆霉真菌对多环芳烃污染土壤的生物修复

真菌一般并不导致污染物的矿化，其转化产物往往需要细菌的联合作用才能完全降解。外源真菌在降解污染物的同时可能造成土著微生物数量下降（Andersson，2003），或

者改变土壤细菌的群落结构(Corgie et al., 2006),可能不利于污染物的完全降解。因此,真菌对土壤微生物的影响也部分决定了真菌修复的应用前景,应该对其微生态效应作出评估。本研究在前面筛选所获真菌菌株的基础上,设计微域(microcosm)实验检验其对 PAHs 污染土壤修复的效果,和对该菌株的土壤微生物效应,以期阐明该株真菌对 PAHs 污染土壤修复的潜力及应用前景。

污染土壤采自江苏无锡,系自然老化的 PAHs 污染农田土壤,15 种 PAHs 的含量列于表 7.17。采用此前分离的 *Monilinia* sp. W5-2 菌株进行土壤微域修复试验。微域设置 3 个处理:①生物强化(bioaugmentation)微域(记为 AS):50mL *Monilinia* sp. W5-2 培养物匀浆后与 50g 玉米芯粉混匀,加入到土壤中并拌匀;②生物刺激(biostimulation)微域(记为 S):土壤中仅加入 50g 玉米芯粉;③对照微域(记为 CK):不添加任何营养物质与微生物。

(一) 土壤中多环芳烃含量变化

表 7.17 显示培养 30 天后,不同处理微域中的总 PAHs(Σ14PAHs)及单个 PAHs 含量。与对照微域相比,AS 微域总 PAHs 降低了 35%($p<0.01$),在 14 种 PAHs 中,苯并[a]芘和蒽的转化率最高,分别达到 70%和 72%($p<0.05$);S 微域中,蒽和苯并[a]芘的转化率分别为 44%和 16%。

表 7.17 不同处理微域土壤中的 PAHs 含量

PAHs	原始土壤/(μg/kg)	AS		S		CK	
		浓度/(μg/kg)	降解百分率/%	浓度/(μg/kg)	降解百分率/%	浓度/(μg/kg)	降解百分率/%
萘	N.D.[1]	N.D.[1]	—	N.D.[1]	—		
菲	591±19a	394±8b	33±1	446±127ab	25±21	517±15a	13±3
蒽	78.9±0.3a	22.4±1.4b	72±2	43.9±12.0ab	44±15	50.3±13.7a	36±17
二氢苊+芴[2]	88.8±0.9a	54.8±37.8ab	38±43	34.7±20.6ab	61±23	31.6±2.6b	65±3
荧蒽	2150±41a	1555±1b	28±0	1822±241ab	15±11	2180±17a	0[3]
芘	1608±63a	1126±3b	30±0	1332±185ab	17±12	1551±90a	4±6
苯并[a]荧蒽	857±32a	555±20b	35±2	717±73ab	16±9	819±34a	4±4
䓛	951±1a	658±18b	31±2	819±87ab	14±9	950±27a	0±3
苯并[b]荧蒽	1267±8a	862±33b	32±3	1107±99ab	13±8	1277±8a	0[3]
二苯并[k]荧蒽	508±13a	351±11b	31±2	444±30ab	13±6	523±5a	0[3]
苯并[a]芘	924±139a	280±71b	70±8	774±3a	16±0	745±163a	19±18
二苯并[a,h]蒽	101.9±4.9a	72.2±2.0b	29±2	90.7±5.7a	11±6	116.6±4.2a	0[3]
苯并[g,h,i]芘	967±26a	622±49b	36±5	845±71ab1	13±7	983±21a	0[3]
茚并[1,2,3-cd]芘	742±36a	512±42b	31±6	669±76ab	10±10	7790±11a	0[3]
总和	10835±220a	7065±40b	35±0	9144±1013ab	16±9	10534±16a	3±0

注:1 未检测到;
2 由于色谱峰未完全分开,将二氢苊与芴合并计算;
3 和原始土壤含量比较推断。

从不同环数 PAHs 的降解情况（图 7.37）看，AS 处理微域中，各环数 PAHs 的降解率均高于 S 微域和对照微域。其中，S 微域和对照微域中，三环降解率要远高于四环及四环以上，这与通常认为的 LMW PAHs 较 HMW PAHs 更容易降解一致。在 AS 微域中，五～六环的降解率最高，达 40%，其降解率顺序为五环以上＞三环＞四环，与表 7.9 对照，可以看出五环以上及三环 PAHs 降解率相对较高的原因在于苯并[a]芘和蒽的高降解率。

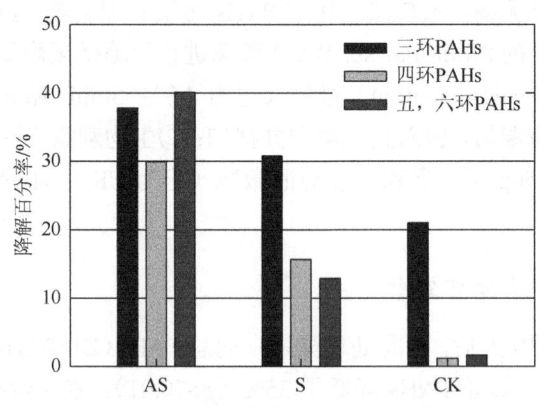

图 7.37　按环数统计的降解百分率

AS 为生物强化/生物刺激微域；S 为生物刺激微域；CK 为对照微域

（二）土壤遗传毒性变化

采用 Umu/SOS 系统测定土壤的遗传毒性，结果表明，修复前、后生物刺激处理和对照微域中土壤的遗传毒性因子均为 12，而 AS 微域中的遗传毒性因子为 6。根据遗传毒性因子的定义（ISO，2000），数值越高表明遗传毒性越大。从该结果可以看出，*Monilinia* sp.W5-2 可以减少土壤的遗传毒性，这和 AS 微域中总 PAHs 和苯并[a]芘降低的趋势一致。

（三）土壤中芳香烃降解菌数量变化

采用最大或然数（most probable number，MPN）计数方法获得的土壤芳烃降解菌（aromatic hydrocarbon degraders，AHD）数量示于表 7.18 中。与对照微域相比较，AS 微域中的 AHD 数量均显著增加（$p<0.05$）；S 微域中的 AHD 数量要略高于 AS 微域，但是并未达到显著性水平。

表 7.18　不同处理微域土壤中的芳香烃降解细菌计数结果

	原始土壤	AS	S	CK
AHD 数量/（10^4/g）	1.56±0.40a	47.56±13.13b	22.65±6.71b	8.12±2.29c

（四）土壤微生物群多样性变化

为了阐明真菌修复措施对土壤内源性微生物的影响，采用 PCR-DGGE 方法对土壤微生物群落结构进行了深入分析，结果示于图 7.38。土壤细菌群落结构方面，从修复前土壤 DGGE 条带上可以清晰辨认出 6 个条带［图 7.38（a），条带 1～6］，表明该 6 种细菌在土壤中的数量较多。对于 AS 微域及 S 微域，条带数较修复前土壤明显增加，且位置大多并不相同，表明土壤中细菌群落的结构发生了较大变化；同时，AS 微域及 S 微域间的群落结构较为相似。DGGE 条带聚类分析结果［图 7.39（a）］表明，AS 微域、S 微域以及初始土壤、对照微域分别构成相对独立的两个类群。

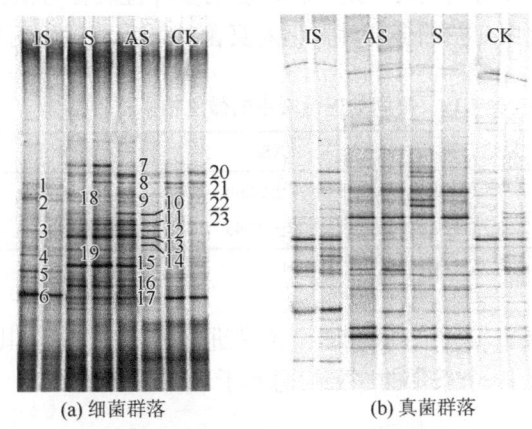

图 7.38　不同处理微域的微生物群落结构

IS 为原始土壤；AS 为生物强化/生物刺激微域；S 为生物刺激微域；CK 为对照微域

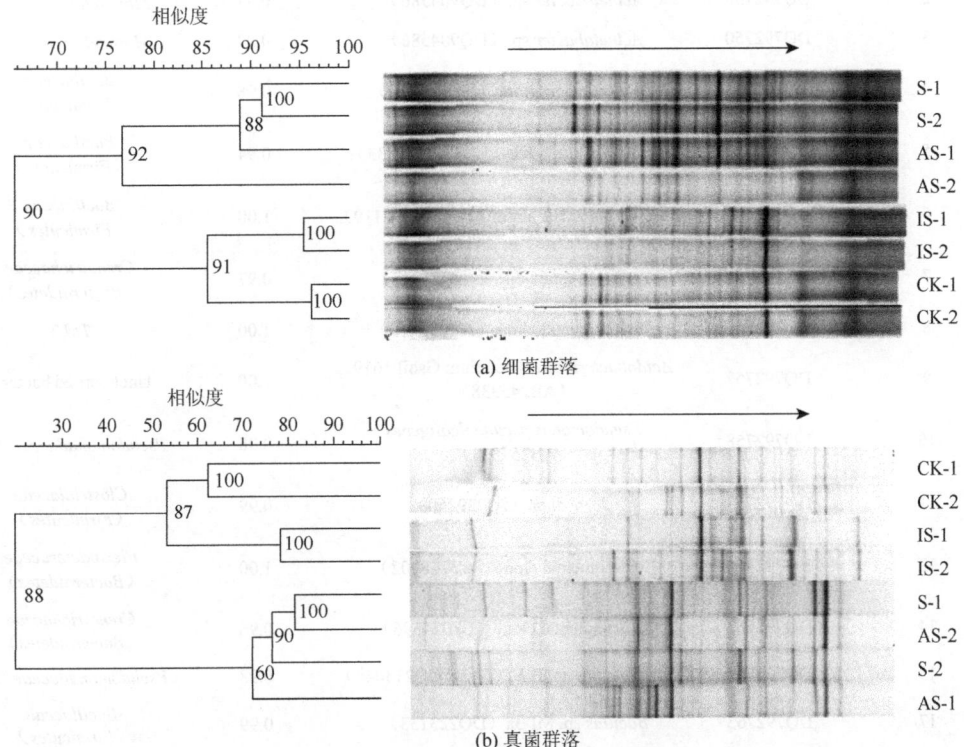

图 7.39　土壤微生物群落结构聚类分析

IS 为原始土壤；AS 为生物强化/生物刺激微域；S 为生物刺激微域；CK 为对照微域

在土壤真菌群落结构方面，AS 微域及 S 微域的群落组成结构较初始及对照微域有较大的变化［图 7.38（b）］。AS 微域中的特有条带可能指示了真菌接种物的影响。DGGE 条带聚类的结果与细菌较为类似，所有分析的样本可以分为两个类群［图 7.39（b）］。

根据 DGGE 条带计算的 Shannon-Wiener 多样性指数示于表 7.19，该多样性指数同时反映了生物群落的优势度与均匀度，是一种综合的多样性表征方法。由表可见，生物强化和生物刺激可能提高土壤细菌的多样性，但对真菌的影响相对不明显。

表 7.19　不同处理微域中的微生物多样性指数*

	原始土壤	AS	S	CK
细菌	2.27±0.05a	2.77±0.06b	2.73±0.09b	2.55±0.13ab
真菌	2.68±0.12a	2.77±0.04a	2.78±0.04a	2.77±0.04a

*由两次重复计算而得。

对细菌 DGGE 结果中较为清晰的 23 个条带进行了测序分析，其中有 4 个条带未能成功获得序列信息，其余 19 个条带的序列信息示于表 7.20 中。

表 7.20　PCR-DGGE 条带测序结果

条带	Genbank 登录号	Genbank 中最相似微生物（登录号）	相似性	系统分类
2	DQ792750	*Acinetobacter* sp.（DQ904586）	0.97	*Moraxellaceae*（γ）
3	DQ792750	*Acinetobacter* sp.（DQ904586）	0.97	*Moraxellaceae*（γ）
4	DQ792751	*Bacillus megaterium*（DQ904610）	0.98	*Bacillaceae*（Firmicutes）
5	DQ792753	*Bacillus* sp. strain KL-152（AY030333）	0.94	*Bacillaceae*（Firmicutes）
6	DQ792754	*Bacillus niabensis* strain T19（AY998119）	1.00	*Bacillaceae*（Firmicutes）
7	DQ792755	Environmentalclone（AY921817）	0.97	*Crenotrichaceae*（Bacteroidetes）
8	DQ792756	Environmental clone（AY095419）	1.00	TM 7
9	DQ792757	*Acidobacteriaceae* bacterium Gsoil 1619（AB245338）	1.00	Unclassified bacteria
10	DQ792758	*Pseudomonas pseudoalcaligenes*（AB257323）	0.98	*Pseudomonadaceae*（γ）
11	DQ792759	*Clostridium*（AJ229250）	0.99	*Clostridiaceae*（Firmicutes）
12	DQ792760	Environmental clone（AY728702）	1.00	*Flexibacteraceae*（Bacteroidetes）
14	DQ792761	Environmental clone（EF074596）	0.96	*Crenotrichaceae*（Bacteroidetes）
15	DQ792762	*Pseudomonas* sp. BWDY-42（DQ213044）	0.98	*Pseudomonadaceae*（γ）
17	DQ792763	*Bacillus* sp. MI-3a（DQ223133）	0.99	*Bacillaceae*（Firmicutes）
18	EF127899	*Chitinophaga* sp.（AB245374）	0.99	*Crenotrichaceae*（Bacteroidetes）
20	DQ792764	Environmental clone（AF445701）	0.99	TM 7

续表

条带	Genbank 登录号	Genbank 中最相似微生物（登录号）	相似性	系统分类
21	DQ792765	Environmental clone（AY095419）	0.98	*TM* 7
22	DQ792766	Environmental clone（AF269018）	0.91	*Clostridiaceae*（*Firmicutes*）
23	DQ792767	Environmental clone（AB234250）	0.97	*Methylophilaceae*（β）

注：条带编号如图 7.38（a）所示，其中 1, 13, 16, 19 的序列未能测得；

β, γ：分别指 β-变形菌（β-*Proteobacteria*）和 γ-变形菌（γ-*Proteobacteria*）。

三、真菌漆酶降解多环芳烃的机理与土壤修复潜力

微生物对 PAHs 的降解是通过各种酶反应实现的：细菌可以利用单加氧酶或双加氧酶实现苯环的开环，真菌可以利用木质素氧化酶和细胞色素 P450 酶系对 PAHs 结构进行修饰。尽管增加土壤中微生物降解活性（如生物强化、生物刺激）有助于 PAHs 污染土壤的脱毒，但在实际应用中效果往往并不十分理想。直接利用酶对环境中的污染物进行降解是一种新的生物修复策略。漆酶（laccase，EC 1.10.3.2）是由植物、真菌、细菌分泌的一类底物作用范围广泛的氧化酶，在异生物质的降解方面具有应用的潜力。漆酶对 PAHs 的降解能力已经得到很多实验的证实。本研究对漆酶的 PAHs 转化能力进行了研究，并对转化产物进行了初步的分析，旨在阐明漆酶对 PAHs 的转化机制，并对漆酶的土壤修复潜力进行探讨。

（一）漆酶对多环芳烃的降解效果及降解中间产物分析

氧化还原介体（mediator）可以显著提高漆酶降解的效率。常见的漆酶介体有 ABTS、HBT 等具有酚类结构的小分子化合物。本研究首先测定了介体 ABTS 对漆酶降解 PAHs 效率的影响，结果如图 7.40 和图 7.41 所示。图 7.40 中标注数字 1~15 分别对应 15 种 PAHs，其中 5 为蒽，12 为苯并[a]芘。

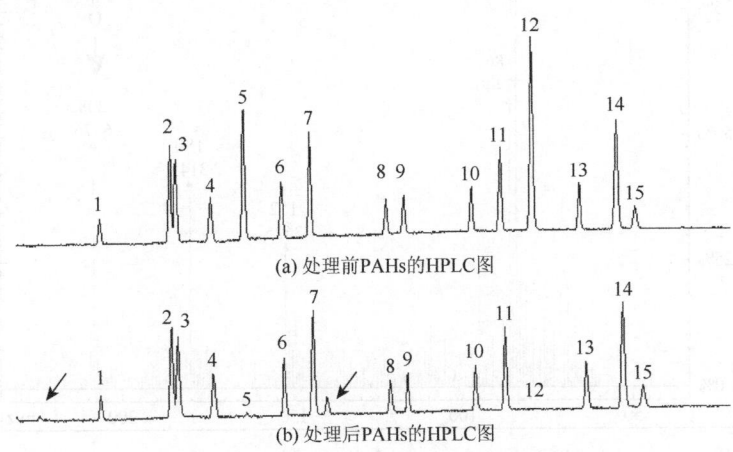

(a) 处理前 PAHs 的 HPLC 图

(b) 处理后 PAHs 的 HPLC 图

图 7.40 漆酶（+ABTS）对 PAHs 的降解作用

图 7.40 显示，在存在 ABTS 的情况下，蒽和苯并[a]芘在短时间内迅速被漆酶降解。值得注意的是，图 7.40（b）中黑色箭头所指的小峰，可能指示了 PAHs 的降解产物。

图 7.41 是反应混合物中不含及含有 ABTS 条件下 PAHs 的降解情况。容易发现无论反应体系中有无 ABTS，蒽和苯并[a]芘的降解率均最高。在无 ABTS 时，蒽和苯并[a]芘的残留率分别为（75.1±2.3）%和（70.5±2.9）%；存在 ATBS 时，蒽和苯并[a]芘的降解率均达到 100%。苯并[a]蒽的降解率居第三，其他的 PAHs 降解率相对较小。蒽降解产物的 GC/MS 分析示于图 7.42。根据分子离子的 m/z 为 208 推断，蒽的降解产物主要是蒽醌。

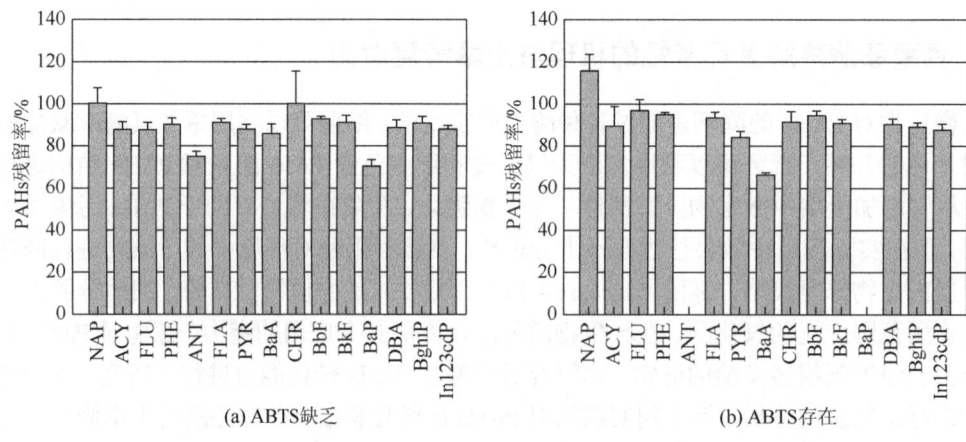

图 7.41　ABTS 缺乏及存在情况下 PAHs 的残留情况

NAP 为萘；ACY 为二氢苊；FLU 为芴；PHE 为菲；ANT 为蒽；FLA 为荧蒽；PYR 为芘；BaA 为苯并[a]蒽；CHR 为䓛；BbF 为苯并[b]荧蒽；BkF 为苯并[k]荧蒽；BaP 为苯并[a]芘；DBA 为二苯并[a, h]蒽；BghiP 为苯并[g,h,i]芘；In123cdP 为茚并[1,2,3-cd]芘

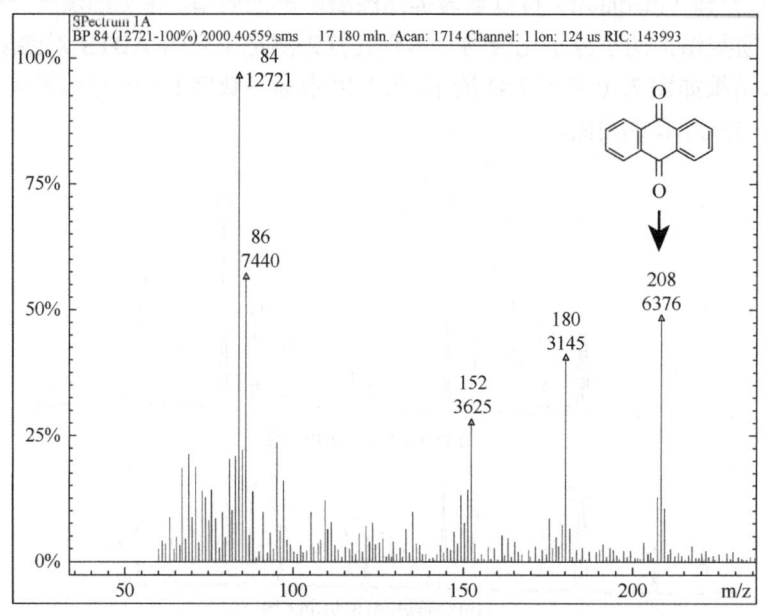

图 7.42　蒽降解产物的质谱图

(二) 多环芳烃污染土壤的漆酶修复效果及应用潜力

漆酶在加入土壤之后,其活性经历了一个缓慢下降的过程。本研究表明,无论初始酶活性高低,14 天后土壤中的漆酶活性完全丧失,提示漆酶修复的有效作用时间在 14 天左右 (图 7.43)。

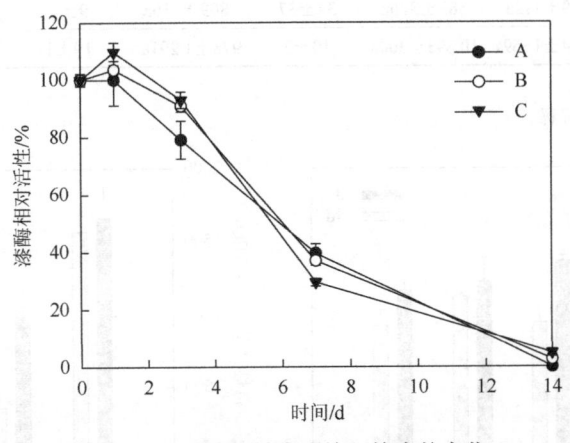

图 7.43 漆酶活性在土壤环境中的变化

图中 A、B、C 分别表示不同的漆酶添加量 (A: 1U/g, B: 3U/g, C: 10U/g)

对添加漆酶 1 天后土壤中 PAHs 含量的测定表明,漆酶对大多数 PAHs 体现出一定的降解作用 (表 7.21),与水相反应体系的结果一致,证明漆酶在土壤 PAHs 转化中的作用。漆酶对 PAHs 的转化基本随酶活性浓度的增加而提高 (图 7.44),高浓度的漆酶处理 (10U/g) 可以显著降低土壤中的 PAHs 总量。如果考虑土壤 PAHs 的毒性当量,漆酶的作用更为明显 [图 7.44 (b)]。漆酶对土壤中的苯并[a]芘具有突出的转化效果 [图 7.44 (c)]。

表 7.21 不同处理微域土壤中的 PAHs 含量

PAHs	CK	A		B		C	
		浓度/(μg/kg)	降解百分率/%	浓度/(μg/kg)	降解百分率/%	浓度/(μg/kg)	降解百分率/%
萘	N.D.	N.D.	—	N.D.	—	N.D.	—
菲	664±46a	615±26a	7±45	571±18a	14±3	517±49b	22±7
蒽	97.6±7.7a	66.±38.8ab	32±40	20.3±4.3b	79±4	13.6±5.5b	86±6
二氢苊	N.D.	N.D.	—	N.D.	—	N.D.	—
芴	31.0±1.0a	27.0±1.7a	13±6	25.5±2.1a	18±7	22.8±6.2a	26±20
荧蒽	2 351±251a	2 302±58a	2±2	2 059±277a	12±12	1 958±135a	17±6
芘	1 948±224a	1 825±51a	6±3	1 649±215a	15±11	1 602±106a	18±5
苯并[a]荧蒽	959±123a	874±84a	9±9	661±120ab	31±12	621±101b	35±11
䓛	1 038±120a	1 112±13a	0	990±152a	5±15	920±139a	11±13
苯并[b]荧蒽	1 350±172a	1 236±21a	8±2	1 054±142a	22±11	1 052±50a	22±7
苯并[k]荧蒽	482±63a	485±7a	0	424±67a	12±14	404±50a1	16±10
苯并[a]芘	1 236±157a	630±19b	49±2	529±85bc	57±7	496±68c	60±5

续表

PAHs	CK	A		B		C	
		浓度/(μg/kg)	降解百分率/%	浓度/(μg/kg)	降解百分率/%	浓度/(μg/kg)	降解百分率/%
二苯并[a,h]蒽	122±3a	83.4±1.4b	31±1	66.3±9.5c	46±8	72.0±2.8c	41±2
苯并[g,h,i]芘	977±113a	1 052±25a	0	924±125a	5±13	855±133a	13±14
茚并[1,2,3-cd]芘	889±112a	583±326a	34±37	809±116a	9±13	762±96a	14±11
总和	1 214±1 359a	10 893±300a	10±2	978±1 291ab	19±11	9 295±873b	23±7

注：N.D.表示未检测到；
降解率为 0 表示未降解。

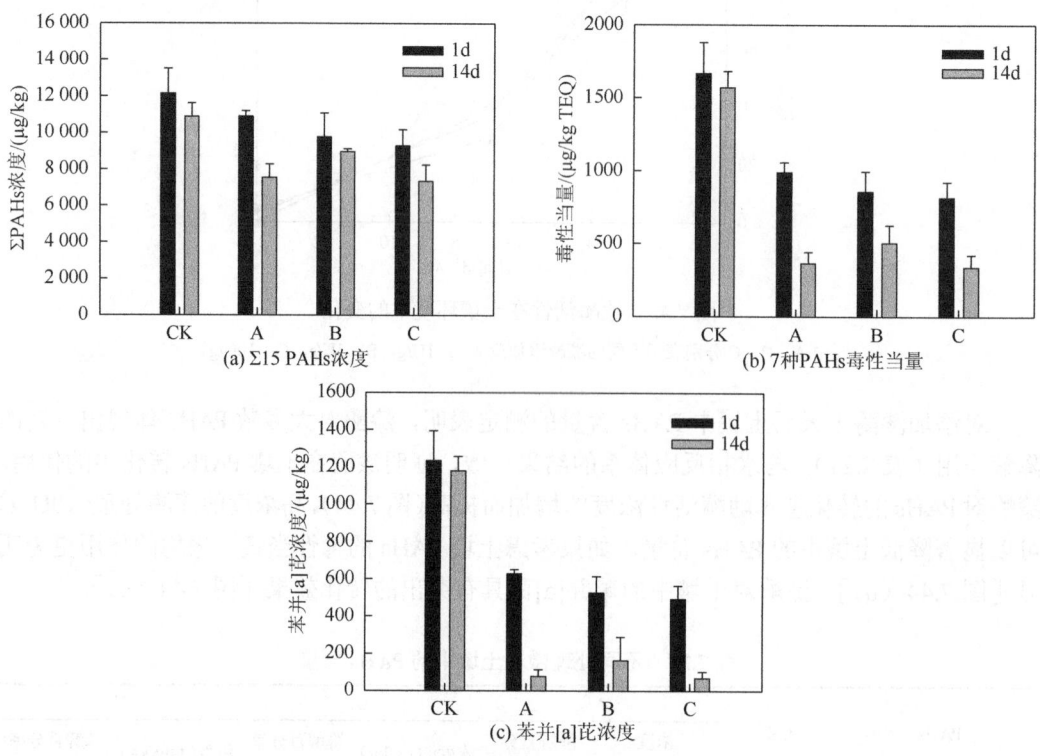

图 7.44 各处理微域 PAHs 变化情况

对 14 天各处理微域中的土壤微生物的计数结果示于表 7.22。不同浓度的漆酶处理对土壤中的真菌和放线菌及 AHD 数量没有显著影响，但高浓度的漆酶显著促进微域中细菌的数量，这可能是由于酶制剂中包含的结合基质如环糊精等可以作为碳源为土壤中的细菌所利用，造成细菌的增殖所致。

表 7.22 土壤微生物计数结果

	CK	A	B	C
细菌/(10^7CFU/g)	2.06±1.93a	2.36±0.24a	5.02±2.13a	10.10±2.14b
真菌/(10^4CFU/g)	4.41±1.65a	4.35±0.72a	4.95±0.44a	4.58±0.59a
放线菌/(10^6CFU/g)	1.31±0.23a	1.24±0.20a	0.87±0.12a	1.23±0.10a
芳香烃降解菌/(10^2CFU/g)	2.60±0.60a	1.66±1.06a	1.35±0.53a	1.84±0.36a

使用酶制剂直接进行土壤修复的例子并不多见，主要原因可能是单纯用酶进行土壤修复成本较高，以及纯酶制品获得不易。漆酶可以有效降解土壤中的 2,4-D（Ahn et al., 2002），已经显示了在农药污染土壤修复中的应用潜力。本研究着重探讨了漆酶在 PAHs 污染土壤修复方面的应用潜力。

研究结果表明，漆酶对土壤中 PAHs 的降解可反映在总量上［图 7.44（a）］，但漆酶对土壤中（7 种）PAHs 的毒性当量以及苯并[a]芘的作用更为明显。漆酶在加入土壤后对 PAHs 的作用非常迅速，在加入漆酶仅 1d 后，A、B、C 微域土壤中 PAHs 的毒性当量分别降低了 $(41\pm4)\%$、$(48\pm8)\%$ 和 $(51\pm6)\%$；在修复过程结束的 14d，A、B、C 微域土壤中 PAHs 的毒性当量分别降低了 $(77\pm5)\%$、$(68\pm8)\%$ 和 $(78\pm5)\%$［图 7.44（b）］，提示漆酶对土壤中具有一定毒性 PAHs 的高效降解能力。漆酶对土壤中的蒽和苯并[a]芘表现出偏好性降解（表 7.21，图 7.44（c）），与最初土壤中的含量相比，A、B、C 微域土壤中的苯并[a]芘分别降低了 $(94\pm3)\%$、$(87\pm10)\%$ 和 $(94\pm2)\%$，这一降解率是非常惊人的。

漆酶对蒽和苯并[a]芘的偏好性降解可能与 PAHs 的物理化学性质有关。但是，并未发现土壤中 PAHs 降解率与 IPs 之间存在明显的相关性，这可能与土壤环境的复杂性有关。

氧化还原介体可以显著增加漆酶对 PAHs 的氧化能力，但常见的介体 ABTS、HBT 等价格昂贵，不大可能在土壤修复中得到应用。在本研究利用漆酶进行土壤修复的试验中，尽管并未加入氧化还原介体，但对 PAHs 的转化率与介体存在下的水相反应相似，提示土壤中可能存在天然的氧化还原介体。事实上自然界许多物质可以起到介体的作用，如谷胱甘肽、半胱氨酸（Juhasz et al., 2000）等，许多酚类物质也可能是潜在的氧化还原介体。土壤的成分复杂，尤其是土壤腐殖质成分中含有许多酚类物质，有可能作为介体促进漆酶对 PAHs 的转化。

鉴于漆酶对 PAHs 的降解并不彻底，土壤中的微生物群落对于漆酶转化产物的继续降解具有非常重要的意义，对漆酶的土壤微生物效应需要进行深入研究。本研究中，对土壤微生物计数的结果表明，漆酶对土壤微域中的微生物影响并不明显（表 7.22）。唯一例外的是高浓度漆酶处理微域中的细菌数量较对照显著增加，这可能是因为酶制剂中的环糊精等作为碳源刺激土壤中细菌生长的原因。另一方面，漆酶在被加入土壤后，活性逐渐降低，至 14d 活性消失，这与 Ahn 等（2002）的结果类似，提示漆酶在受试土壤中的有效作用时间为 14 天。漆酶活性在土壤中的逐渐消失，表明漆酶不会长期存在于环境中而产生不可预见的生态效应，因此应该可以作为一种安全的土壤修复添加剂使用。

一般认为生物修复方法较为温和，对土壤中污染物的转化作用较慢，因此在突发环境污染事件或重度污染的情况下，常采用物理或化学的修复方法以达到短时间内修复土壤的目的。但物理、化学方法作用剧烈，对土壤生态系统的结构和功能将产生一定的破坏作用，易造成二次污染，在实际应用中受到一定的限制。漆酶是一种生物催化剂，利用漆酶转化土壤污染物属于生物修复的范畴，但同时土壤酶修复也具有不同于一般生物修复的特点：酶对污染物的降解不受污染物浓度及毒性的影响，在高浓度、高毒性的环境中也可发挥作用；酶分子可在土壤中自由迁移，一定程度上克服了污染物的生物有效性问题；自然环境中酶活性逐渐降低并最终消失，不产生持续的环境风险；酶的使用相对简单，无需专业人员即可在实际中应用。漆酶对土壤中 PAHs 的快速转化，又具有理化修复方法相似的特点，提示酶修复对处理突发污染事件具有很高的应用潜力。当然,目前对酶的提取、纯化方面还有许多技术难题,同时实际应用的成本较高,这些问题都有待在今后的研究中得到解决。总之,PAHs污染土壤的漆酶处理将是一种有希望的高效生物修复方法。

四、不同真菌对苯并[a]芘的共代谢降解

我国土壤类型众多,微生物资源丰富,如何使一些功能性土著微生物在不同土壤类型中生长繁殖并有效地降解苯并[a]芘是一个值得研究的难题。本研究以从石油污染土壤中分离出的3种可降解多环芳烃的真菌(青霉菌、腐霉菌、白腐真菌)为供试菌株,对比研究不同真菌对两种典型土壤类型(采自江苏的水稻土和江西的旱地红壤)中B[a]P的共代谢降解过程,试验设计方案见表7.23。

表7.23 实验方案

实验序号	真菌种类	共代谢底物类型	共代谢底物加入量/(mg/kg)
1	青霉菌	—	—
2	青霉菌	菲	100
3	青霉菌	菲	200
4	青霉菌	邻苯二甲酸	300
5	黑曲霉	—	—
6	黑曲霉	菲	100
7	黑曲霉	菲	200
8	黑曲霉	邻苯二甲酸	300
9	白腐真菌	—	—
10	白腐真菌	菲	100
11	白腐真菌	菲	200
12	白腐真菌	邻苯二甲酸	300

(一)青霉菌对土壤中苯并[a]芘的共代谢降解

1. 青霉菌对水稻土中苯并[a]芘的共代谢降解

从图7.45可以看出青霉菌对水稻土中B[a]P有降解能力,经过35d的作用,有15.4%的B[a]P被降解。当向土壤加入菲作为初级底物时,B[a]P的降解率明显提高,在35d时菲浓度为100mg/kg和200mg/kg的B[a]P的降解率分别为54.4%和42.4%。对于共代谢底物菲浓度为100mg/kg时,在试验前21d B[a]P的降解率为39.5%,而后14d为15.9%。据测定,菲在前21d内降解率已达80%,因此实验后期只有较少的菲降解。这说明在实验前期,青霉菌同时参与了菲和B[a]P两种PAHs的降解,但主要是利用3环的菲作为生长基质,而对B[a]P的利用较少,但在后期,因为菲大幅度减少以及菲所诱导产物的降解酶更有助于B[a]P的降解转化,所以对B[a]P的利用率增大。这也说明当菲和B[a]P共存时,

在初始阶段青霉菌先降解生物易降解的菲,并从中获取了降解 B[a]P 的能量,因而提高了 B[a]P 的降解率。而对于菲 200mg/kg 处理中,B[a]P 的降解速率在整个实验期间都比较平稳,不像菲 100mg/kg 处理那样存在后期降解较快的现象,其主要原因是较高浓度的菲抑制了真菌的生长。由图 7.45 还可以看出,与对照比较,邻苯二甲酸的加入对 B[a]P 的降解影响很小,说明邻苯二甲酸不是供试水稻土中 B[a]P 的有效的共代谢降解底物。

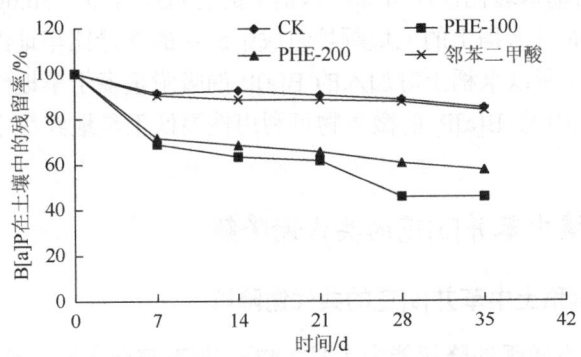

图 7.45　青霉菌对水稻土中 B[a]P 的降解

CK 表示无 B[a]P 共代谢底物;PHE-100 表示 B[a]P 共代谢底物菲浓度为 100mg/kg;PHE-200 表示 B[a]P 共代谢底物菲浓度为 200mg/kg;邻苯二甲酸表示 B[a]P 共代谢底物为邻苯二甲酸

2. 青霉菌对旱地红壤中苯并[a]芘的共代谢降解

与水稻土相比,青霉菌能降解旱地红壤中的 B[a]P。在实验结束(35d)时,所加入土壤中的 B[a]P 的降解率达 48.5%(图 7.46),而且青霉菌对旱地红壤中的 B[a]P 可持续快速降解。从图 7.46 中还可以看出,当菲与 B[a]P 共存于土壤中时,能促进土壤中 B[a]P 的降解,后期效果更加明显,35d 时菲浓度为 100mg/kg、200mg/kg 的处理中 B[a]P 的降解率分别为 72.1%和 65.3%,降解率明显地高于对照处理。邻苯二甲酸的加入对土壤中 B[a]P 的降解影响不大,也不是旱地红壤中 B[a]P 降解的合适的共代谢底物。

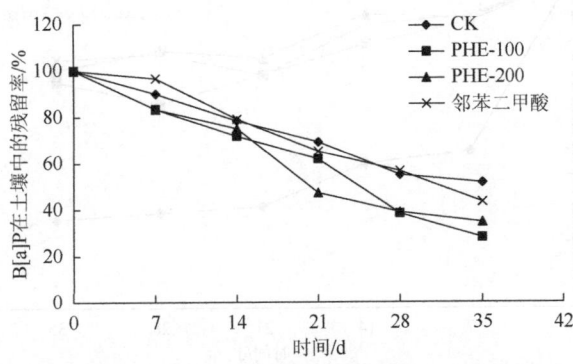

图 7.46　青霉菌对旱地红壤中 B[a]P 的降解

CK 表示无 B[a]P 共代谢底物;PHE-100 表示 B[a]P 共代谢底物菲浓度为 100mg/kg;PHE-200 表示 B[a]P 共代谢底物菲浓度为 200mg/kg;邻苯二甲酸表示 B[a]P 共代谢底物为邻苯二甲酸

比较图 7.45 与图 7.46 可以看出，青霉菌在第四纪红色黏土上发育的旱地红壤中对 B[a]P 的降解率明显地高于在太湖地区河湖相沉积物发育的潜育性水稻土（乌栅土）中的降解率。因为多环芳烃是一类具有较高的辛醇-水分配系数的脂溶性有机污染物，很容易与土壤颗粒进行吸附，降低其生物有效性，并受土壤中有机质含量（Haderlein et al., 2001; Wu et al., 1986; Carroll et al., 1994）、土壤的颗粒组成（Nam et al., 2003）等因素的影响。对比两种土壤的基本理化性质可知，水稻土的有机质含量（36.6g/kg）是旱地红壤的（8.8g/kg）4 倍多，而且水稻土的土壤颗粒组成中黏粒的含量比旱地红壤的高（全国土壤普查办公室，1998），所以水稻土对加入的 B[a]P 的吸附量多于旱地红壤对 B[a]P 的吸附量，这样加入水稻土中的 B[a]P 的微生物可利用性要低于旱地红壤中的，从而有较低的 B[a]P 降解率。

（二）黑曲霉对土壤中苯并[a]芘的共代谢降解

1. 黑曲霉菌对水稻土中苯并[a]芘的共代谢降解

黑曲霉对 B[a]P 有较强的降解能力（图 7.47）。与青霉菌不同，经过 35d 的培养试验，没有共代谢底物存在的对照处理中 B[a]P 的降解率可达 73.4%。然而，当土壤中有菲和邻苯二甲酸作为共存底物时，B[a]P 的降解均受到了抑制。经 35d 的培养，菲 100mg/kg、菲 200mg/kg、邻苯二甲酸 300mg/kg 3 个处理中 B[a]P 降解率明显地低于没有共代谢底物存在的对照处理。从降解格局上来看，与青霉菌一样，黑曲霉对 B[a]P 的降解有时段性，前 21d 的降解率达 70%左右，而后 14d 的仅为 4%。当菲作为共存底物时，B[a]P 的降解率比较低，菲浓度为 100mg/kg 及 200mg/kg 时 B[a]P 的最后降解率分别为 31.9%、29.4%。邻苯二甲酸作为共存底物时 B[a]P 的最后降解率为 25.5%，说明当环境中存在高浓度的菲和邻苯二甲酸时，黑曲霉的生长受到抑制，从而减弱水稻土中 B[a]P 的解。

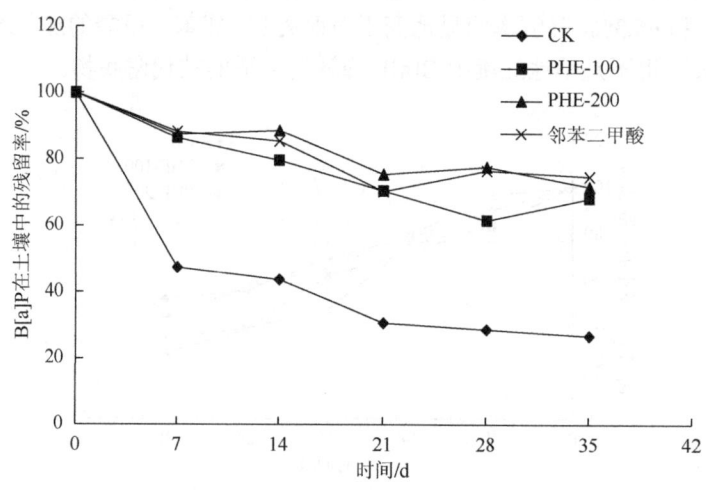

图 7.47 黑曲霉对水稻土中 B[a]P 的降解

CK 表示无 B[a]P 共代谢底物；PHE-100 表示 B[a]P 共代谢底物菲浓度为 100mg/kg；PHE-200 表示 B[a]P 共代谢底物菲浓度为 200mg/kg；邻苯二甲酸表示 B[a]P 共代谢底物为邻苯二甲酸

2. 黑曲霉菌对红壤中苯并[a]芘的共代谢降解

在旱地红壤中黑曲霉对 B[a]P 同样有较强的降解能力（图 7.48）。35d 时土壤中 B[a]P 的降解率达 58.4%。但在土壤中加入与水稻土相同浓度的菲和邻苯二甲酸时并不能促进黑曲霉对 B[a]P 的降解能力，反而抑制了黑曲霉对土壤中 B[a]P 的降解，菲 100mg/kg、200mg/kg 及邻苯二甲酸 300mg/kg 存在时 B[a]P 的降解率分别为 45%、55%、35%。与黑曲霉在水稻土中对 B[a]P 的降解率相比，黑曲霉在旱地红壤中对 B[a]P 的降解率明显的低，这可能与土壤强酸性有关，但其原因或机制还有待深入研究。

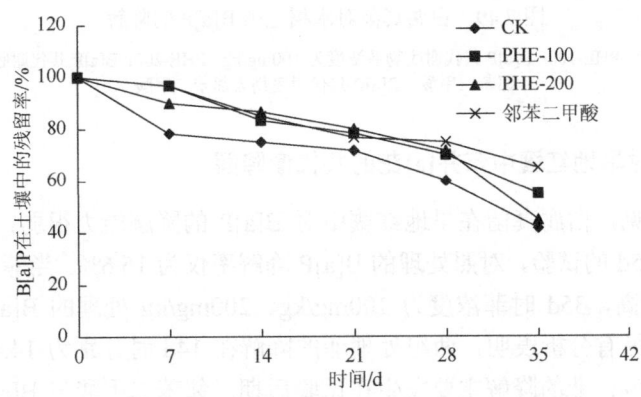

图 7.48 黑曲霉对旱地红壤中 B[a]P 的降解

CK 表示无 B[a]P 共代谢底物；PHE-100 表示 B[a]P 共代谢底物菲浓度为 100mg/kg；PHE-200 表示 B[a]P 共代谢底物菲浓度为 200mg/kg；邻苯二甲酸表示 B[a]P 共代谢底物为邻苯二甲酸

（三）白腐真菌对土壤中苯并[a]芘的共代谢降解

1. 白腐真菌对水稻土壤中苯并[a]芘的共代谢降解

白腐真菌对 B[a]P 有降解能力（图 7.49）。经过 35d 的试验，对照处理内 B[a]P 的降解率达 51.4%，但在试验的前 14d 降解率只有 12.5%，说明白腐真菌对 B[a]P 的降解需要一个驯化适应阶段；当菲与 B[a]P 共存时，与黑曲霉的情况不同，土壤中 B[a]P 的降解率在不同菲浓度间有较大差异，菲浓度为 100mg/kg 土壤中 B[a]P 的最终降解率达 61.2%，前 21d 内仅为 22.8%，说明白腐真菌在生长前期主要是利用菲作为碳源和能源，而后期利用 B[a]P 作为代谢底物，才提高白腐真菌对 B[a]P 的降解能力，同时也说明菲是白腐真菌降解 B[a]P 的有效共代谢底物。但是有高浓度菲（200mg/kg）存在时，土壤中 B[a]P 的降解率明显地低于其他 3 个处理，并且随时间变化不大，这可能是由于高浓度菲对真菌产生毒害或此时真菌降解的主要是菲而不是 B[a]P，高浓度菲限制了 B[a]P 的降解。当 300mg/kg 邻苯二甲酸与 B[a]P 共存时，B[a]P 的最终降解率为 37.9%，明显地高于菲 200mg/kg 的处理，但又显著地低于对照的处理和低浓度菲的处理，邻苯二甲酸不是白腐真菌在水稻土中降解 B[a]P 时的最佳共代谢底物。

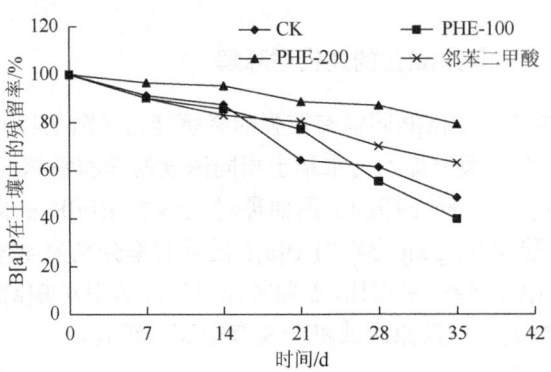

图 7.49 白腐真菌对水稻土中 B[a]P 的降解

CK：无 B[a]P 共代谢物；PHE-100：B[a]P 共代谢底物菲浓度为 100mg/kg；PHE-200：B[a]P 共代谢底物菲浓度为 200mg/kg；邻苯二甲酸：B[a]P 共代谢底物为邻苯二甲酸

2. 白腐真菌对旱地红壤中苯并[a]芘的共代谢降解

由图 7.50 可见，白腐真菌在旱地红壤中对 B[a]P 的降解能力很弱，比在水稻土中的要低得多。经过 35d 的试验，对照处理的 B[a]P 降解率仅为 16.6%。当菲与 B[a]P 共存时，B[a]P 的降解率较高，35d 时菲浓度为 100mg/kg、200mg/kg 处理的 B[a]P 降解率分别为 49.7%和 40.7%。另有分析表明，两组处理菲的降解在 14d 时分别为 14.4%、19.6%；35d 时为 90.6%、82.9%，菲的降解主要发生在试验后期。邻苯二甲酸与 B[a]P 共存时，旱地红壤中 B[a]P 的降解率在试验后期有所提高，但明显低于菲的处理。较低分子量多环芳烃菲在外加 100~200mg/kg 浓度范围内有利于白腐真菌对旱地红壤中 B[a]P 的降解。

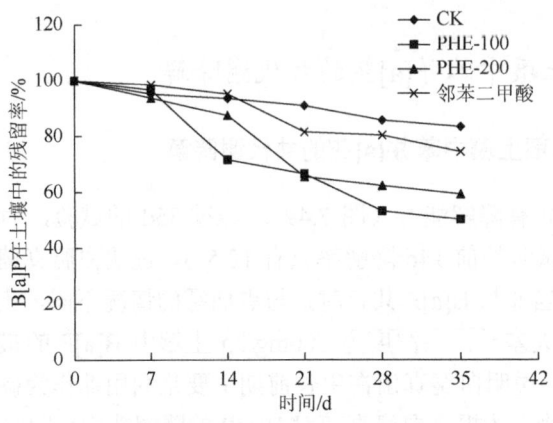

图 7.50 白腐真菌对旱地红壤中 B[a]P 的降解

CK：无 B[a]P 共代谢物；PHE-100：B[a]P 共代谢底物菲浓度为 100mg/kg；PHE-200：B[a]P 共代谢底物菲浓度为 200mg/kg；邻苯二甲酸：B[a]P 共代谢底物为邻苯二甲酸

第四节 菌群强化修复

菌群作为一种多菌体共存的生物群体，在其生长过程中能分解有机物，同时依靠各种微生物之间相互共生增殖及协同代谢作用降解环境中的有机物,并能激活其他具有净化功能的微生物,从而形成复杂而稳定的微生态系统。与单菌相比,菌群降解具有以下优点:①具有更加复杂的酶系统,能同时降解多种污染物;②对代谢过程中的中间产物和毒性物质具有更强的降解和抵抗能力;③微生物之间相互作用,能够提高微生物在复杂环境下的存活率(Viñas et al.,2005)。本研究通过富集培养,从长江三角洲某地 PAHs 长期污染的土壤中获得一组 PAHs 降解菌群,运用 PCR-DGGE 方法对该菌群的组成分进行了分析,并进一步验证了该菌群对溶液中 PAHs 的降解效果。

一、多环芳烃降解菌群的分离、鉴定及其降解特性

(一)多环芳烃降解菌群的分离及分子生物学鉴定

通过对污染土壤中 PAHs 降解菌的长期富集培养,获得了一组可以降解 PAHs 的菌群。通过 PCR-DGGE 对其进行分析,发现该菌群有 3~5 个主要组成分(图 7.51),并且随培养时间的不同(30d、60d、90d、180d),其相对比例有所不同。通过对主要条带进行测序分析,确定了这些成分的可能分类,结果见表 7.24。从菌群的动态变化来看,不同培养时期,这些鉴定出的菌可能为菌群的主要成分(图 7.51)。产碱菌属在培养前 90d 数量比较稳定,到 180d 消失,反映出不同培养时期菌群的相对变化,可能与各菌种代谢功能的差异有关。

由表 7.24 中可见,条带 1、条带 4 序列一致,与产碱菌序列高度相似;条带 2、条带 5 序列一致,与 α-变形菌纲序列相似;条带 3、条带 6 序列一致,与副球菌属的相似度一致。PCR-DGGE 分析也证实了这一结果,具有相同位置的条带可认为指示了相同的细菌。

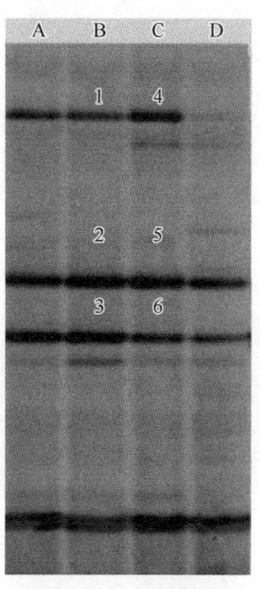

图 7.51 PAHs 降解菌群的 DGGE 图谱

A 为培养 30d;B 为培养 60d;C 为培养 90d;D 为培养 180d

表 7.24 PAHs 降解菌群 DGGE 条带序列分析

条带	最相似微生物(Genbank 登录号)	相似度/%	分类
1	*Alcaligenes* sp.'ESPY2(A-Ⅲ)'(EF205261)	100	产碱菌属(*Alcaligenes*)
2	Uncultured alphaproteobacterium S135(AJ416679)	99	α-变形菌纲(Alcaligenes)
3	*Paracoccus* sp.DMF(DQ851168)	100	副球菌属(*Paracoccus*)
4	*Alcaligenes* sp.'ESPY2(A-Ⅲ)'(EF205261)	100	产碱菌属(*Alcaligenes*)
5	Uncultured *alphaproteobacterium* S135(AJ416679)	99	α-变形菌纲(Alphaproteobacteria)
6	*Paracoccus* sp.DMF(DQ851168)	100	副球菌属(*Paracoccus*)

(二)多环芳烃降解菌群的生长曲线

菌群在含有 PAHs 的溶液中生长过程中，前期（3d）吸光值有所降低，可能是非生物因素造成（图 7.52）。4～8d 吸光值增加较快，表明进入对数生长期，细胞快速生长。8～12d 生长变缓，但还在增加，14d 时出现降低。

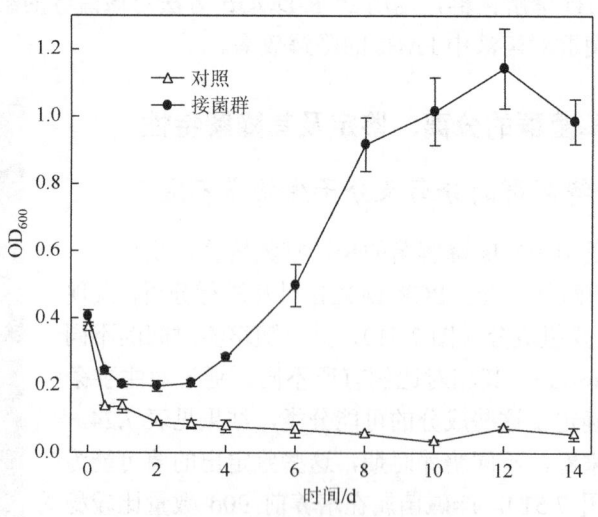

图 7.52 PAHs 降解菌群生长曲线

(三)菌群对溶液中多环芳烃的降解效果

表 7.25 所示的是培养 28d 后菌群对溶液中 PAHs 的降解情况。可以看出溶液中主要含有四环及五环 PAHs，可能是由于提取过程中低环 PAHs 高温挥发所致。在接菌群的溶液中，每个 PAHs 组分的浓度都有所减少，降解率在 23.4%～100%之间。其中以荧蒽和芘的降解率最高，分别为 100%和 70.2%。从不同环数的 PAHs 降解情况看，四环的降解率（65.7%）高于五环（29.2%）。PAHs 的总降解率为 47.3%。对照中 PAHs 的浓度也降低了 11.6%，可能是由于非生物因素造成。

表 7.25 培养 28d 后溶液中 PAHs 各组分的浓度　　　（单位：μg/L）

PAHs	对照		接菌群	
	0d	28d	0d	28d
荧蒽	807.3	675.3	818.8	0.0
芘	620.1	508.9	652.6	194.5
苯并[a]蒽	259.1	209.9	252.5	161.9
䓛	542.7	504.4	553.1	423.5
苯并[b]荧蒽	720.6	641.4	729.5	507.0
苯并[k]荧蒽	289.1	309.1	294.8	194.8
苯并[a]芘	1266.0	1133.2	1287.1	934.0
总量	4504.8	3672.2	4588.2	2415.7

二、多环芳烃污染土壤的菌群修复及其分子生态效应

微生物菌群已经被广泛应用在各种有机污染物的降解中,取得了较好的效果(Hesselsoe et al.,2005;Boonchan et al.,2000)。然而迄今为止,菌群修复方法还主要是集中在水或污泥体系中,对 PAHs 污染土壤进行生物修复的研究较少,且缺少对修复过程中微生物群落结构变化的研究。本研究将前期分离到的一组 PAHs 降解菌群应用于 PAHs 污染土壤的生物修复中,并运用 PCR-DGGE 方法分析土壤中微生物群落的变化,旨在揭示该菌群应用于高分子量 PAHs 污染土壤生物修复的前景。

(一)土壤中多环芳烃含量及去除率

图 7.53 所示的是生物修复过程土壤中 PAHs 浓度的动态变化。经过 56d 的试验,在加 10%和 20%PAHs 降解菌群(主要组成分经鉴定为产碱菌属、α-变形菌纲和副球菌属的微生物)的处理中,PAHs 的总去除率分别为 20.3%和 35.8%,明显高于对照(7.1%)。

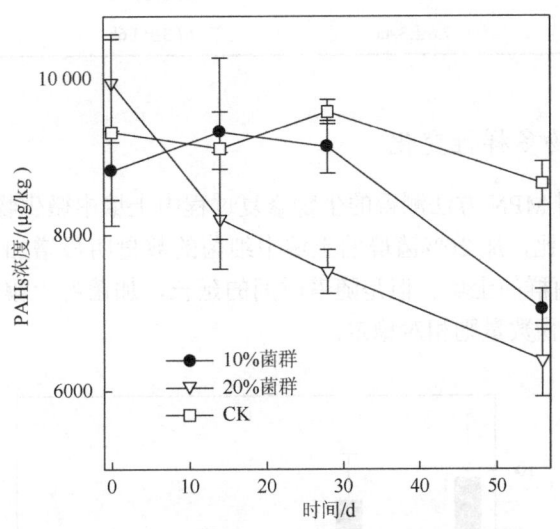

图 7.53 生物修复过程中土壤中 PAHs 浓度的动态变化

微生物能够利用或降解的污染物越多,在生物修复中的利用价值就越大,因此微生物的降解底物谱是生物修复时选择微生物的重要因素。图 7.53 表示在生物修复过程中土壤各高分子量 PAHs 浓度随时间的变化。从中可以看出,截至土壤修复的第 56d,所有加菌群的处理中各 PAHs 组分的浓度均明显低于对照土壤。其中,在加 10%菌群的处理中,去除率最高 PAHs 的分别是䓛(27.6%)、苯并[a]芘(24.3%)和芘(22.5%);而加 20%菌群的处理中,去除率最高的分别是苯并[b]荧蒽(44.2%)、䓛(41.2%)和苯并[k]荧蒽(40.7%)。

从多环芳烃的环数看(表 2.26),加 10%菌群的处理中四环 PAHs 的去除率最高(21.8%),五环次之(17.3%)。而在加 20%菌群的处理中,五环 PAHs 的去除率(40.5%)要高于四环(32.2%)。这可能是由于在加 20%菌群的处理中,除增加优势菌外,也增加了其他非优势菌的数量,可能促进了五环 PAHs 的去除,有待进一步研究。

表 7.26　生物修复后土壤中 PAHs 各组分的去除率　　　（单位：%）

PAHs	对照	10%菌群	20%菌群
芴	15.8±25.4a	7.0±19.5a	24.3±14.6a
菲	17.4±10.0a	19.7±8.6b	37.3±2.7b
蒽	5.5±13.3a	13.4±7.9a	24.1±14.5a
荧蒽	2.8±7.7a	20.5±3.2b	34.5±6.4c
芘	5.1±3.5a	22.5±2.5b	27.9±5.1b
苯并[a]蒽	0.7±3.7a	16.4±8.0b	30.6±8.2c
䓛	15.3±14.2a	27.6±6.3a	41.2±6.8b
苯并[b]荧蒽	1.7±9.9a	11.8±7.7a	44.2±0.8b
苯并[k]荧蒽	7.0±5.9a	14.3±3.5a	40.7±7.7b
苯并[a]芘	13.6±2.9a	24.3±3.7b	36.6±7.2c
三环 PAHs	16.2±10.9a	18.7±7.2a	35.2±4.4b
四环 PAHs	5.4±3.2a	21.8±2.4b	33.2±6.3c
五环 PAHs	7.6±3.4a	17.3±3.6b	40.5±3.0c

（二）土壤中微生物多样性变化

图 7.54 所示是用 MPN 方法测得的生物修复过程中土壤中微生物的数量。在菌液刚加入土壤后，与对照相比，加 20%菌群的土壤中细菌的数量明显增加（$9.7×10^7$），并始终高于对照和加 10%菌群的土壤。但是随着时间的延长，加菌群土壤中微生物的数量明显减少。而对照中微生物数量则相对稳定。

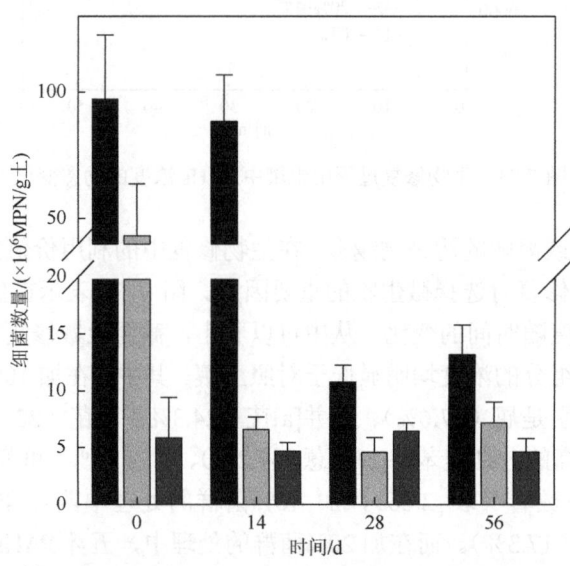

图 7.54　生物修复过程中（0d、14d、28d、56d）土壤中细菌数量的变化

(三)土壤中细菌群落结构变化

变性梯度凝胶电泳技术是通过核酸信息对微生物群落进行表征,比传统的菌种分离培养技术更快捷,并可以鉴定出未培养细菌。由于 DGGE 具有可靠性强、重现性高、方便快捷等优点,短短的 10 年内,已经成为微生物群落遗传多样性和动态分析的强有力工具,并被广泛用于各种环境样品中的微生物多样性检测和种群演替的研究。

图 7.55(a)所示的是 0d、56d 土壤中细菌的 DGGE 图谱,从中可以看出,同一处理土壤的 3 个重复之间的图谱相似性很高。0d 加 20%菌液土壤中细菌的图谱不同于对照和加 10%菌液的土壤;而 56d 土壤中细菌的图谱发生了明显改变,表明土壤中细菌群落结构的变化。

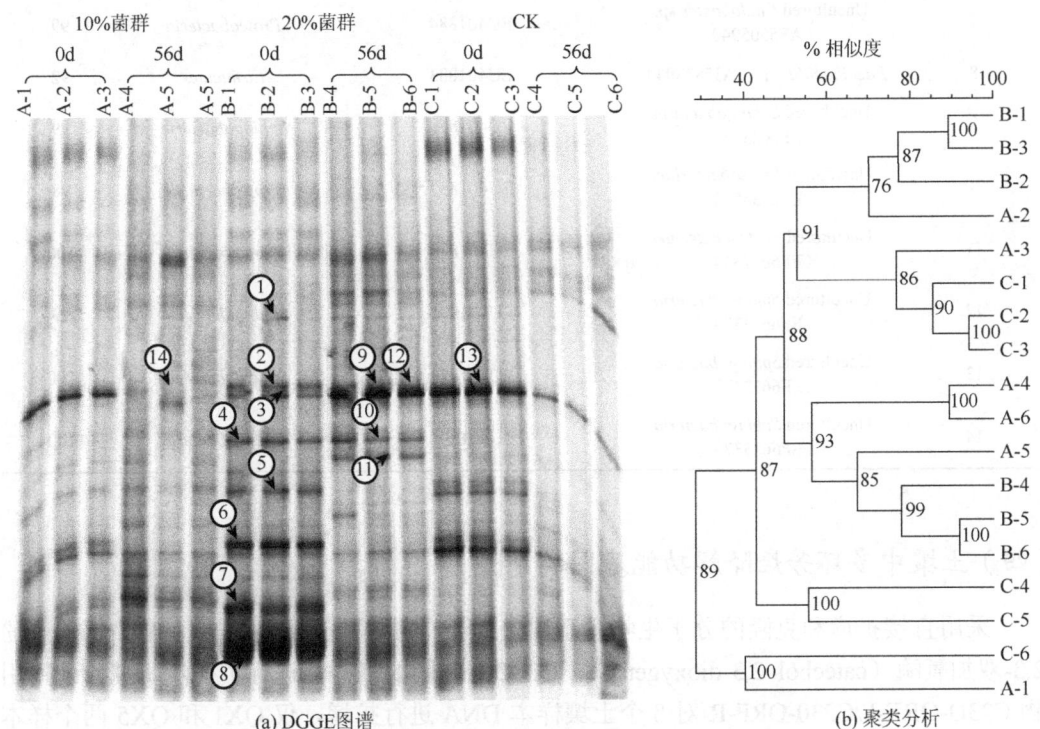

图 7.55 修复过程中土壤中细菌的 DGGE 图谱和聚类分析

通过对这些土壤的 DGGE 泳道进行聚类分析[图 7.55(b)]可以看出,与 0d 和 56d 土壤的 DGGE 图谱差异明显。而加菌群土壤之间(A 和 B)的相似性较高。说明随着试验时间的延长,土壤微生物群落结构发生了明显变化,而菌群的加入对微生物群落结构也产生了重要影响。

对 DGGE 图谱中的主要条带进行切胶、纯化、测序,并与 GenBank 中序列比对,结果见表 7.27。条带 3、条带 9、条带 12、条带 14 在所有土壤中都出现在相同的位置,与 *Sphingobacteria* 的相似性高达 99%,可能为土壤中的优势菌。条带 2、条带 5、条带 6、条带 7、条带 8 在 0d 土壤中较清晰,但在 56d 土壤中消失或变淡。而条带 11 却是加 20%菌群的土壤中在 56d 出现的新条带。

表7.27 图7.55（a）中主要条带的切胶测序结果

条带	Genbank 登录号	Genbank 中最相似微生物/登录号	分类	相似性
1	*Pedobacter* sp.（EF103211）	EU401890	*Sphingobacteria*	100
2	*Sphingobacteriaceae*（EU057836）	EU401885	*Sphingobacteria*	100
3	Uncultured *Sphingobacteria*（EF662337）	EU401886	*Sphingobacteria*	100
4	Uncultured *Proteobacterium*（EF075246）	EU401880	*Proteobacteria*	96
5	Uncultured *Sphingobacteria*（EF665813）	EU401881	*Sphingobacteria*	100
6	*Bacillus* sp.（DQ099468）	EU401882	*Bacilli*	96
7	Uncultured *Caulobacter* sp.（AF550594）	EU401884	*Proteobacteria*	99
8	*Paenibacillus* sp.（AJ582394）	EU401883	*Firmicutes*	92
9	Uncultured *Sphingobacteria*（EF662337）	EU401879	*Sphingobacteria*	99
10	Uncultured *Proteobacterium*（EF663458）	EU401887	*Proteobacteria*	98
11	Uncultured *Proteobacterium*（EF662734）	EU401888	*Proteobacteria*	100
12	Uncultured *Sphingobacteria*（EF662337）	EU401891	*Sphingobacteria*	99
13	Uncultured *Sphingobacteria*（EF662337）	EU401889	*Sphingobacteria*	100
14	Uncultured *Sphingobacteria*（EF662337）	EU401892	*Sphingobacteria*	100

（四）土壤中多环芳烃降解功能基因的克隆

采用直接扩增和克隆的分子生物学手段，对一个被石油严重污染的土壤中邻苯二酚2,3-双加氧酶（catechol 2,3-dioxygenase，C23O）基因的多样性进行了初步研究，使用引物 C23O-ORF-F/C230-ORF-R 对 8 个土壤样本 DNA 进行扩增，仅 QX1 和 QX5 两个样本获得约 1000bp 的期望条带。对 QX-1 和 QX-5 两样本的 C23O 扩增产物进行切胶纯化操作，结果如图 7.56。该片段大小接近 1000bp，与 C23O 理论大小相符。

如果将石油含量>10 000mg/kg 的样本作为重污染土壤，其余作为轻污染土壤，则重污染土壤中 C23O 阳性扩增率为 50%，轻污染土壤阳性扩增率为 0。另外，芳烃降解菌丰富样本（>106/g 干土）的阳性扩增率为 67%，芳烃降解菌稀有样本（<105/g 干土）的阳性扩增率为 0。我们曾使用该对引物对 PAHs 污染土壤（Σ15 PAHs 为 10.8mg/kg，芳烃降解菌 1.56×10^4/g）进行扩增，未能获得扩增产物。这些结果提示土壤中 C23O 基因拷贝数与土壤污染程度及土壤芳香烃降解菌数有一定的联系。对 QX-1 样本 C23O 基因 PCR 产物进行 TA 克隆，随机选取 7 个阳性克隆（C23O-2、C23O-3、C23O-5、C23O-6、C23O-8、C23O-10、C23O-11）进行测序，对 DNA 序列推导的氨基酸序列进行比对并构建系统发育树，结果如图 7.57 所示。

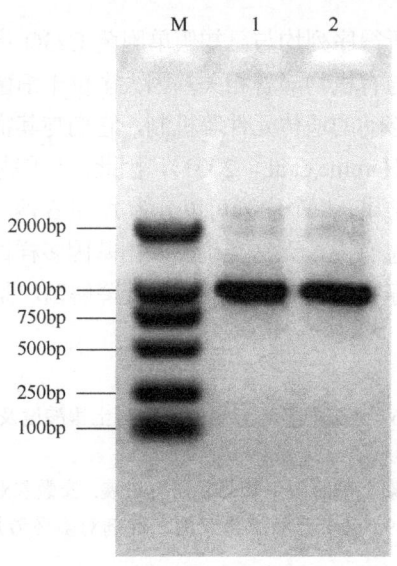

图 7.56 QX-1 和 QX-5 C23O 基因扩增结果

M 为分子量标记 DL2000（大连宝生物工程）；1 为 QX-1；2 为 QX-5

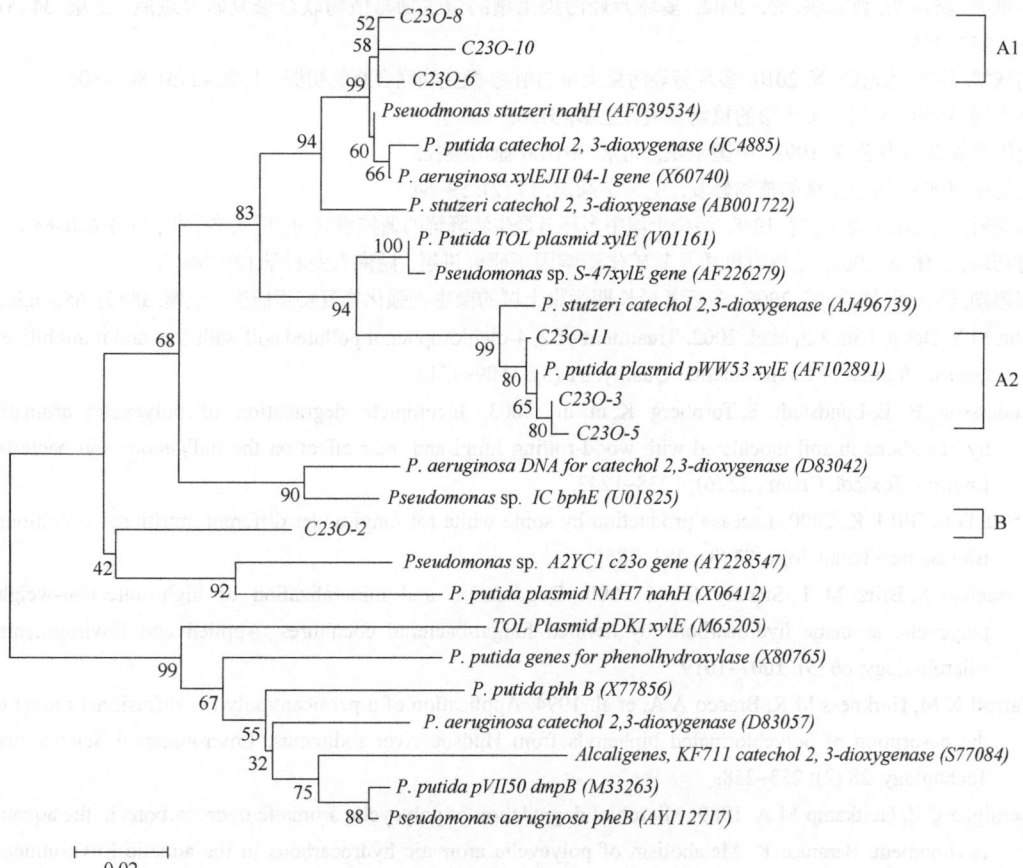

图 7.57 C23O 基因的系统发育树

从系统发育树可见克隆所得序列均与已知假单胞菌 C23O 序列相似，提示这些片段可能来自土壤中的假单胞菌。但与有机物降解相关基因大多位于细菌染色体外的质粒上，由于选择压力、质粒水平转移或可移动的遗传元件等机制，它们与其宿主菌的发生关系并不是严格对应的（Junca et al., 2003；Hamme et al., 2003），因此，这些基因确切的来源还需进一步的研究。根据系统发育分析的结果，7 个序列可以分为 A 和 B 两组，A 又可以分为两个亚群，A1 和 A2。尽管由于序列信息有限，无法准确反映出基因多样性的大小，但可以确定的是，在高度污染的土壤样本中，存在着相对多样的芳香烃降解菌，是土壤生物修复的重要资源。

参 考 文 献

丁克强, 王奎武, 薛云波, 等. 2006. 土壤中多环芳烃的降解与土壤酸度及微生物的关系. 南京工程学院学报(自然科学版), 4 (4): 9~14.

房妮, 俱国鹏. 2006. 多环芳烃污染土壤的微生物修复研究进展. 安徽农业科学, 34 (7): 1425~1426.

郭利果, 苏荣国, 梁生康, 等. 2009. 鼠李糖脂生物表面活性剂对多环芳烃的增溶作用. 环境化学, 28 (4): 510~514.

康耘, 葛晓立. 2010. 土壤 pH 对土壤多环芳烃纵向迁移影响的模拟实验研究. 岩矿测试, 29 (2): 123~126.

李祖义, 施邑屏. 1996. 生物表面活性剂对多环芳烃增溶及脱附作用. 生物工程学报, 12 (S1): 238~241.

刘世亮, 骆永明, 曹志洪, 等. 2002. 多环芳烃污染土壤的微生物与植物联合修复研究进展. 土壤, 34 (5): 257~265.

刘魏魏, 尹睿, 林先贵, 等. 2010. 多环芳烃污染土壤的植物-微生物联合修复初探. 土壤, 42 (5): 800~806.

骆永明. 1999. 金属污染土壤的植物修复. 土壤, (5): 61~65.

全国土壤普查办公室. 1998. 中国土壤. 北京: 中国农业出版社.

沈德中. 1998. 污染土壤的植物修复. 生态学杂志, 17 (2): 59~64.

孙铁珩, 宋玉芳, 许华夏, 等. 1998. 污染土壤中多环芳烃生物降解的调控研究. 应用生态学报, 9 (6): 640~644.

肖巧琳, 罗建新. 2009. 土壤有机质及其矿化影响因子研究进展. 湖南农业科学, (2): 74~77.

邹德勋, 骆永明, 滕应, 等. 2006. 多环芳烃长期污染土壤的微生物强化修复初步研究. 土壤, 38 (5): 652~656.

Ahn M Y, Dec J, Kim J E, et al. 2002. Treatment of 2, 4-dichlorophenol polluted soil with free and immobilized laccase. Journal of Environmental Quality, 31 (5): 1509~1515.

Andersson B E, Lundstedt S, Tornberg K, et al. 2003. Incomplete degradation of polycyclic aromatic hydrocarbons in soil inoculated with wood-rotting fungi and their effect on the indigenous soil bacteria. Environ. Toxicol. Chem., 22 (6): 1238~1243.

Arora D S, Gill P K. 2000. Laccase production by some white rot fungi under different nutritional conditions. Bioresource Technology, 73 (3): 283~285.

Boonchan S, Britz M L, Stanley G A. 2000. Degradation and mineralization of high-molecular-weight polycyclic aromatic hydrocarbons by defined fungal-bacterial cocultures. Applied and Environmental Microbiology, 66 (3): 1007~1019.

Carroll K M, Harkness M R, Bracco A A, et al. 1994. Application of a permeant/polymer diffusional model to the desorption of polychlorinated biphenyls from Hudson river sediments. Environmental Science and Technology, 28 (2): 253~258.

Cerniglia C E, Heitkamp M A. 1989. Microbial degradation of polycyclic aromatic hydrocarbons in the aquatic environment//Baranasi R. Metabolism of polycyclic aromatic hydrocarbons in the aquatic Environment. FL: CRC Press Inc.

Coates, J D, Woodward J, Allen J, et al. 1997. Anaerobic degradation of polycyclic aromatic hydrocarbons and alkanes in petroleum-contaminated marine harbor sediments. Applied and Environmental Microbiology, 63 (9): 3589~3593.

Corgie S C, Fons F, Beguiristain T, et al. 2006. Biodegradation of phenanthrene, spatial distribution of bacterial populations and dioxygenase expression in the mycorrhizosphere of Lolium perenne inoculated with Glomus mosseae. Mycorrhiza, 16 (3): 207~212.

D'Annibale A, Ricci M, Leonardi V, et al. 2005. Degradation of aromatic hydrocarbons by white-rot fungi in a historically contaminated soil. Biotechnology and Bioengineering, 90: 723~731.

Dagher F, Déziel E, Lirette P, et al. 1997. Comparative study of five polycyclic aromatic hydrocarbon degrading bacterial strains isolated from contaminated soils. Canadian Journal of Microbiology, 43 (4): 368~377.

Dekker R F H, Barbosa A M. 2001. The effects of aeration and veratryl alcohol on the production of two laccases by the ascomycete *Botryosphaeria* sp. Enzyme and Microbial Technology, 28 (1): 81~88.

Dhawan S, Kuhad R C. 2002. Effect of amino acids and vitamins on laccase production by the bird's nest fungus Cyathus bulleri. Bioresource Technology, 84: 35~38.

Gibson D T, Mahadevan V, Jerina D M, et al. 1975. Oxidation of the carcinogens benzo[a] pyrene and benzo[a] anthracene to dihydrodiols by a bacterium. Science, 189 (4199): 295~297.

Haderlein A, Legros R, Ramsay B. 2001. Enhancing pyrene mineralization in contaminated soil by the addition of humic acids or composted contaminated soil. Applied Microbiology and Biotechnology, 56 (3): 555~559.

Hamme J D V, Singh A, Ward O P. 2003. Recent advances in petroleum microbiology. Microbiology and Molecular Biology Reviews, 67 (4): 503~549.

Hesselsoe M, Boysen S, Iversen N, et al. 2005. Degradation of organic pollutants by methane grown microbial consortia. Biodegradation, 16 (5): 435~448.

ISO. 2000. ISO 13829: 2000 (E). Water quality-Determination of the genotoxicity of water and waste water using the umu-test. Geneva: ISO.

Jackson A M, Whipps J M, Lynch J M. 1991. Effects of temperature, pH and water potential on growth of the four fungi with disease biocontrol potential. World Journal of Microbial and Biotechnology, 7 (2): 494~501.

Juhasz A L, Megharaj M, Naidu R. 2000. Bioavailability: the major challenge (constraint) to bioremediation of organically contaminated soils. Remediation engineering of contaminated soils. Wise D L, Trantolo D J, Cichon E J, et al. New York, Marcel Dekker, Inc.

Junca H, Pieper D H. 2003. Amplified functional DNA restriction analysis to determine catechol 2, 3- dioxygenase gene diversity in soil bacteria. Journal of Microbiological Methods, 55 (3): 697~708.

Kanaly R A, Harayama S. 2000. Biodegradation of high-molecular-weight polycyclic aromatic hydrocarbons by bacteria. Journal of Bacteriology, 182 (8): 2059~2067.

Lomascolo A, Record E, Herpoel-Gimbert I, et al. 2003. Overproduction of laccase by a monokaryotic strain of *Pycnoporus cinnabarinus* using ethanol as inducer. Journal of Applied Microbiology, 94: 618~624.

Luan T G, Yu K S H, Zhong Y, et al. 2006. Study of metabolites from the degradation of polycyclic aromatic hydrocarbons (PAHs) by bacterial consortium enriched from mangrove sediments. Chemosphere, 65 (11): 2289~2296.

Mason R L, Gunst R F, Hess J L. 2003. Statistical design and analysis of experiments: Wiley-Interscience.

Mohan S V, Takuro K, Takeru O, et al. 2006. Bioremediation technologies for treatment of PAH-contaminated soil and strategies to enhance process efficiency. Reviews in Environmental Science and Biotechnology, 5 (4): 347~374.

Mohan S, Kisa T, Ohkuma T, et al. 2006. Bioremediation technologies for treatment of PAH-contaminated soil and strategies to enhance process efficiency. Reviews in Environmental Science and Biotechnology, 5 (4): 347~374.

Moody J D, Freeman J P, Fu P P, et al. 2004. Degradation of benzo[a]pyrene by *Mycobacterium vanbaalenii* PYR-1. Applied and Environmental Microbiology, 70 (1): 340~345.

Nam K, Kim J Y, Oh D I. 2003. Effect of soil aggregation on the biodegradation of phenanthrene aged in soil. Environmental Pollution, 121: 147~151.

Palmieri G, Giardina P, Bianco C, et al. 2000. Copper induction of laccase isoenzymes in the ligninolytic fungus *Pleurotus ostreatus*. Applied Environmental Microbiology, 66 (3): 920~924.

Pandey A. 2003. Solid-state fermentation. Biochemical Engineering Journal, 13 (2-3): 81~84.

Parrish Z D, Banks M K, Schwab A P. 2005. Assessment of contaminant lability during phytoremediation of polycyclic aromatic hydrocarbon impacted soil. Environmental Pollution, 137 (2): 187~197.

Peng H, Xiong A S, Xue Y, et al. 2008. Micorbial biodegradation of polyaromatic hydrocarbons. FEMS Microbiol Review, 32 (6): 927~955.

Rani R, kumar A, Soccol C R, et al. 2009. Recent advances in solid-state fermentation. Biochemical Engineering Journal, 44 (1): 13~18.

Rentz J A, Alvare P J J, Schnoor J L. 2008. Benzo[a]pyrene degradation by *Sphingomonas yanoikuyae* JAR02. Environmental Pollution, 151 (3): 669~677.

Schneider J, Grosser R, Jayasimhulu K, et al. 1996. Degradation of pyrene, benzo[a]anthracene, and benzo[a]pyrene by *Mycobacterium* sp. strain RJGII-135, isolated from a former coal gasification site. Applied and Environmental Microbiology, 62 (1): 13~19.

Sekar C, Balaraman K. 1998. Optimization studies on the production of cyclosporine A by solid state fermentation. Bioprocess Engineering, 18 (4): 293~296.

Van Hamme J D, Singh A, Ward O P. 2003. Recent advances in petroleum microbiology. Microbiology and Molecular Biology Reviews, 67 (4): 503~549.

Viñas M, Sabaté J, Guasp C, et al. 2005. Culture-dependent and -independent approaches establish the complexity of a PAH-degrading microbial consortium. Canadian Journal of Microbiology, 51 (11): 897~909.

Viñas M, Sabaté J, Espuny M J, et al. 2005. Bacterial Community Dynamics and Polycyclic Aromatic Hydrocarbon Degradation during Bioremediation of Heavily Creosote-Contaminated Soil. Applied & Environmental Microbiology, 71 (11): 7008.

Walter U, Beyer M, Klein J, et al. 1991. Degradation of pyrene by *Rhodococcus* sp. UW1. Applied Microbiology and Biotechnology, 34 (5): 671~676.

Wu S C, Gschwend P M. 1986. Sorption kinetics of hydrophobic organic compounds to natural sediments and soils. Environmental Science and Technology, 20 (7): 717~725.

第八章　多环芳烃污染土壤的植物-微生物联合修复

植物-微生物联合修复已成为 PAHs 污染土壤修复领域研究的热点，该技术可以将植物修复与微生物修复两种方法的优点相结合，从而强化根际 PAHs 的降解。目前，PAHs 污染土壤的植物-微生物联合修复在植物与专性降解菌、植物与根瘤菌以及植物与菌根真菌联合修复方面研究较多，筛选出合适的根瘤菌、菌根真菌和专性降解菌仍然是 PAHs 污染土壤的植物-微生物联合修复技术的关键。鉴于此，本章详细介绍了紫花苜蓿-根瘤菌单接种、紫花苜蓿-菌根真菌单接种、紫花苜蓿-根瘤菌-菌根真菌双接种以及多种修复植物与 PAHs 降解菌群的协同修复效应及其机理，以期为 PAHs 污染土壤的植物-微生物联合修复提供种质资源与技术原理。

第一节　紫花苜蓿-根瘤菌共生体修复

紫花苜蓿（Medicago sativa L.）是世界上种植最广泛的多年生豆科植物，因其具有较深的根系，对有机污染物有很大的修复潜力。近年来，有关紫花苜蓿-根瘤菌共生体对多氯联苯（PCBs）和石油烃化合物（PCH）污染土壤修复潜力的研究开始受到国际关注。本节通过盆栽试验研究了多环芳烃污染土壤的紫花苜蓿与根瘤菌联合修复效应，为研发多环芳烃污染土壤的生物联合修复技术提供科学依据。

供试土壤采自长江三角洲地区某持久性有机污染物高风险区表层土壤（0～15cm），基本理化性质如下：pH 为 4.5，有机质含量为 22.7g/kg，全氮、全磷、全钾含量分别为 1.3g/kg、0.8g/kg、12.4g/kg，碱解氮为 163.6mg/kg，速效磷为 52.0mg/kg，速效钾为 60.0mg/kg，阳离子交换量为 16.9cmol/kg。供试土壤中多环芳烃总量为 11138μg/kg 干土。供试植物为紫花苜蓿（Medicago sativa L.）的 4 个品种，分别为维多利亚（V）、三得利（S）、德宝（D）、游客（Y）。供试菌株为中华苜蓿根瘤菌（Sinorhizobium meliloti）。试验共设计 10 个处理：①不种植物，不接种根瘤菌（CK）；②不种植物，接种根瘤菌（B）；③种植德宝，不接种根瘤菌（D）；④种植德宝，接种根瘤菌（DB）；⑤种植三得利，不接种根瘤菌（S）；⑥种植三得利，接种根瘤菌（SB）；⑦种植维多利亚，不接种根瘤菌（V）；⑧种植维多利亚，接种根瘤菌（VB）；⑨种植游客，不接种根瘤菌（Y）；⑩种植游客，接种根瘤菌（YB）。

一、紫花苜蓿生物量变化

不同处理土壤中紫花苜蓿根和茎叶的生物量（干重计）如图 8.1 所示。试验 90d 后，紫花苜蓿地上部的干重为 5.46～6.41g/盆，处理间没有明显差异（$p>0.05$）；根干重为 4.76～7.06g/盆，接种根瘤菌的处理显著高于未接种根瘤菌的处理（$p<0.05$），德宝、三得利、维多利亚和游客接种根瘤菌后地上部干重分别增加了 0.53g/盆、0.46g/盆、0.88g/盆、0.11g/盆，但是各处理品种种间并无明显差异。

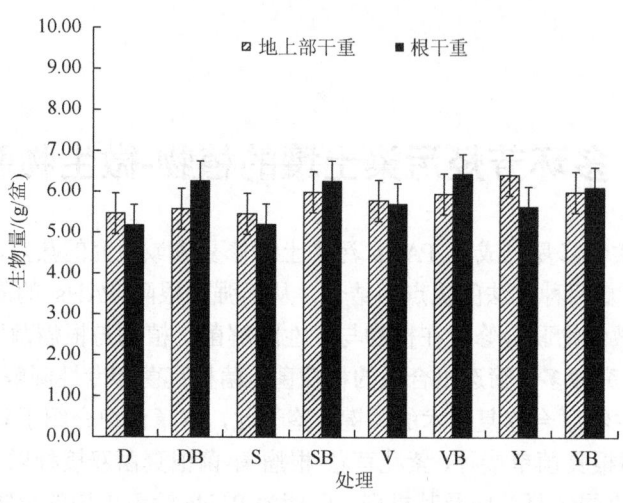

图 8.1 不同处理下植物生物量

图 8.2 为 4 个品种的结瘤情况，其中结瘤数为处理 DB（61 个/盆）＞VB（37 个/盆）＞SB（22 个/盆）＞YB（15 个/盆），DB、VB 显著高于处理 SB 和处理 YB；根瘤干重为处理 VB（0.200g/盆）＞DB（0.173g/盆）＞SB（0.129g/盆）＞YB（0.058g/盆），处理 YB 显著低于其他接菌处理。

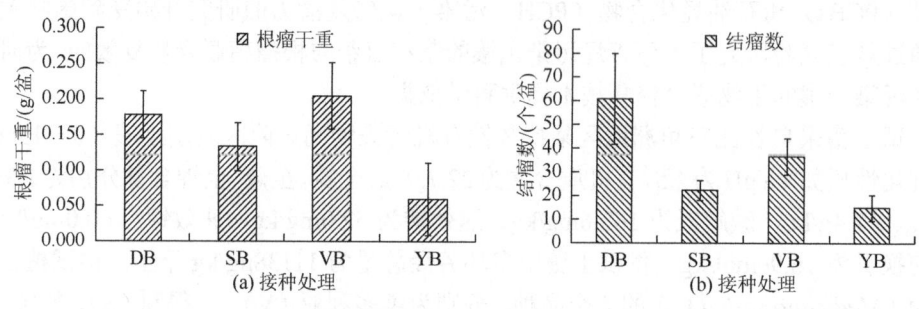

图 8.2 不同处理的根瘤干重与结瘤数

二、土壤中多环芳烃含量及去除率

90d 后，不同处理土壤中 15 种多环芳烃组分及含量如表 8.1 所示，从表 8.1 可以看出，所有处理的多环芳烃总量都有不同程度的下降。对照处理（CK）中，多环芳烃总量较原始土壤下降了 19.6%，所有种植紫花苜蓿的处理较对照（CK）均有不同程度的下降，而接种根瘤菌则显著加快了紫花苜蓿对 PAHs 的修复效果。不同品种的紫花苜蓿中，以维多利亚（V）单种时对土壤中 PAHs 总量的去除率最高（47.1%），而接种根瘤菌后，则以德宝-根瘤菌共生体组合对 PAHs 总量的去除率最高（66.4%）。从 PAHs 不同的同系物来看，各处理对菲、芘、苯并[b]荧蒽、苯并[a]芘以及苯并[g,h,i]芘都具有较好的去除效果，而对䓛、苯并[k]荧蒽、二苯并[a,h]蒽以及茚并[1,2,3-cd]芘的去除效果却十分有限。

表 8.1 不同处理土壤中 PAHs 的含量 （单位：μg/kg）

处理	CK	B	D	DB	S	SB	V	VB	Y	YB
菲	350±19	232±40	47±8	95±60	37±38	136±29	173±26	164±68	128±124	145±21
蒽	25±1	47±9	4±7	12±24	N.D.	3±7	27±14	8±6	27±22	28±4
荧蒽	1427±312	1390±45	1229±100	979±265	1324±50	1063±86	1141±203	477±359	1048±349	936±227
芘	2448±34	1199±130	1075±39	665±229	1208±103	880±51	963±156	1499±470	983±293	808±154
苯并[a]蒽	626±9	648±29	509±28	307±95	636±63	410±41	526±92	361±128	521±138	447±115
䓛	660±120	711±36	634±188	418±151	952±226	552±70	573±95	435±153	802±216	583±65
苯并[b]荧蒽	605±109	525±43	683±127	187±123	436±125	303±33	433±160	389±76	317±119	348±170
苯并[k]荧蒽	220±2	396±38	366±61	193±59	387±9	246±28	295±54	133±47	273±80	265±119
苯并[a]芘	1224±53	633±76	645±111	374±160	934±151	467±5	585±128	492±332	709±233	461±43
二苯并[a,h]蒽	116±38	139±15	62±43	37±9	131±21	51±10	122±21	92±45	98±59	101±18
苯并[g,h,i]芘	997±57	720±46	765±54	361±81	887±76	513±134	654±234	678±216	632±167	571±120
茚并[1,2,3-cd]芘	356±76	593±61	482±105	299±100	628±89	327±119	396±50	188±53	480±148	388±118
总量	8953±277	7230±339	6500±517	3747±1296	7551±530	4952±451	5888±1159	4916±1287	6018±1644	5081±1038

三、植物各组织中多环芳烃含量变化

植物各部分 PAHs 的含量如图 8.3 所示。从图 8.3 中可知，从整体上看，各处理中均未检测出六环 PAHs，只检测出三～五环 PAHs，可见植物对高环多环芳烃吸收能力不强。根部三～五环 PAHs 的含量均显著高于地上部的含量。地上部各处理之间对不同组分的多环芳烃吸收的差异并不明显。根部三环、四环 PAHs 含量显著高于五环 PAHs 含量。紫花苜蓿接种根瘤菌后，苜蓿根部对五环 PAHs 吸收均有一定的增加，DB、SB、VB、YB 分别比 D、S、V、Y 增加了 63.89μg/kg、36.38μg/kg、11.08μg/kg 和 39.69μg/kg，而接种根瘤菌对紫花苜蓿地上部吸收各环 PAHs 的含量差异不明显。

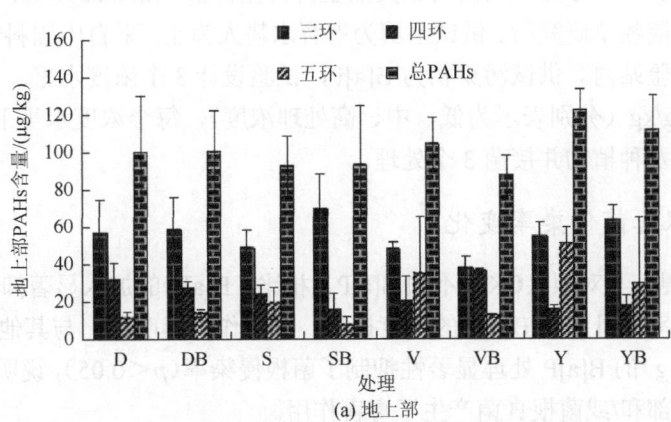

(a) 地上部

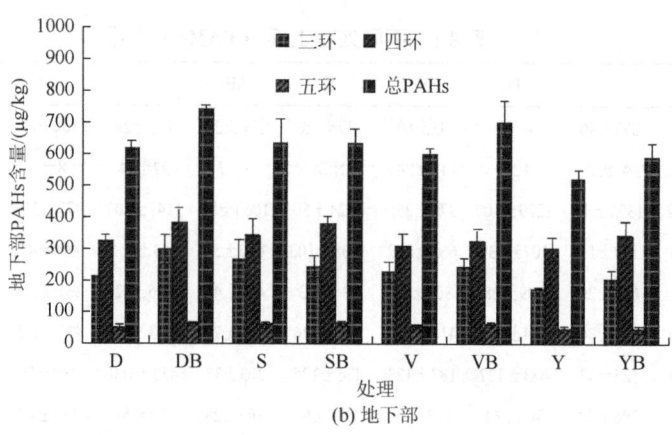

(b) 地下部

图 8.3 不同处理紫花苜蓿地上部和根中三、四、五环 PAHs 及 PAHs 总量

第二节 紫花苜蓿-菌根真菌联合修复

丛枝菌根真菌在自然界中与大多数植物存在共生关系，在植物吸收水分、磷素和其他营养元素时起着重要的作用，当植物处于环境胁迫时时，丛枝菌根真菌将显得特别重要（Liao et al., 2003）。近年来，国际上开始关注菌根真菌对有机污染物在土壤-微生物-植物系统内吸收-转移-富集过程的影响与机制，发现菌根真菌对 PAHs 污染土壤具有一定的修复能力（Binet et al., 2001; Leyval and Binet, 1998），但对于丛枝菌根真菌促进植物根际降解 PAHs 的作用机制与效应等方面的研究数据还相当缺乏。菌根真菌与豆科植物紫花苜蓿之间有着较强的共生关系，紫花苜蓿也是我国普遍种植的一种品质优良、高产的牧草植物之一。本节研究了紫花苜蓿与丛枝菌根真菌对多环芳烃污染土壤的联合修复作用，并从酶活性变化的角度探讨了其根际强化降解修复的机理，旨在为多环芳烃等持久性有机化合物污染土壤的植物-微生物联合修复技术提供科学依据。

一、丛枝菌根真菌强化植物修复效果

丛枝菌根真菌（*Glomus caledonium* L., 苏格兰球囊霉）由中国科学院南京土壤研究所微生物研究室提供，分离自河南封丘黄潮土。紫花苜蓿（*Medicago sativa* L.）种子购自江苏省农业科学院牧草研究所。供试土壤为潜育水耕人为土，采自中国科学院南京研究所常熟农业生态实验站内。供试污染物为 B[a]P，试验设计 3 个浓度水平，分别为 1mg/kg、10mg/kg、100mg/kg（分别表示为低、中、高处理浓度），每个浓度水平下均设不种植物、种植物不接菌以及种植物并接菌 3 个处理。

（一）丛枝菌根真菌侵染率变化

从图 8.4 可见，与对照（CK，不加 B[a]P）相比，B[a]P 的加入显著抑制了菌根真菌对紫花苜蓿的侵染率，且随着 B[a]P 的浓度提高，抑制作用越明显。与其他两个浓度相比，高浓度（100mg/kg）的 B[a]P 处理显著性抑制了菌根侵染率（$p<0.05$），说明高浓度的 B[a]P 对紫花苜蓿的根部和/或菌根真菌产生了毒害作用。

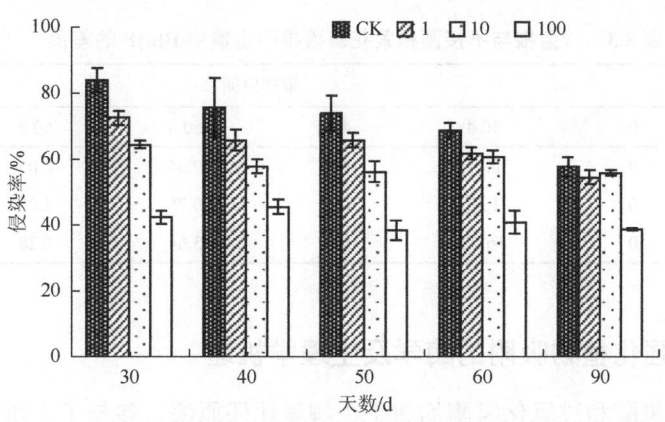

图 8.4 不同 B[a]P 浓度对苜蓿菌根侵染率的影响

CK 为对照，不加 B[a]P；1 为加 B[a]P 浓度 1mg/kg；10 为加 B[a]P 浓度 10mg/kg；100 为加 B[a]P 浓度 100mg/kg

（二）土壤中苯并[a]芘含量变化

低、中、高 3 种浓度 B[a]P 处理下，在 90 天的盆栽试验期内，种植紫花苜蓿的处理土壤中 B[a]P 降解率分别为 75.9%、77.7%、53.4%；种植紫花苜蓿并接种菌根真菌的处理中 B[a]P 降解率分别达 86.2%、86.6%、57.0%，而不种植物的处理中降解率分别为 54.9%、52.6%、34.1%。

无植物的土壤中 B[a]P 浓度减去有植物的土壤中 B[a]P 浓度的差值（表 8.2）反映了植物本身对根际 B[a]P 降解的强化作用。由表 8.3 可见，这种降解作用的强度随着土壤中所添加 B[a]P 浓度的升高而增加。同时，同一浓度下在接种 AM 菌根真菌时这一差值明显地高于不接种 AM 菌根真菌的情况，说明接种 AM 菌根真菌进一步强化了紫花苜蓿根际土壤中 B[a]P 的降解。

表 8.2 不同浓度 B[a]P 处理下无植物与有植物土壤中 B[a]P 浓度差值 （单位：mg/kg）

B[a]P 加入量	接种菌根真菌	取样时间					
		0	30 d	40 d	50 d	60 d	90 d
1 mg/kg	不接种	0	0.19	0.26	0.18	0.17	0.18
	接种	0	0.30	0.26	0.22	0.24	0.28
10 mg/kg	不接种	0	2.24	2.71	2.45	2.43	2.40
	接种	0	3.53	3.32	3.20	3.47	3.20
100 mg/kg	不接种	0	8.11	19.47	22.96	21.13	18.73
	接种	0	24.63	25.33	26.60	27.42	23.33

注：不接种为土壤中不接种 AM 菌根真菌；接种为土壤中接种 AM 菌根真菌。

表 8.3　接菌根与不接菌根紫花苜蓿根际土壤中 B[a]P 的差值　　（单位：mg/kg）

B[a]P 加入量	取样时间					
	0	30 d	40 d	50 d	60 d	90 d
1 mg/kg	0	0.11	0.01	0.04	0.06	0.10
10 mg/kg	0	1.29	0.61	0.75	1.05	0.81
100 mg/kg	0	16.52	5.87	3.64	6.28	4.60

二、丛枝真菌强化植物吸附的酶学及生理学机理

土壤中的脱氢酶和过氧化氢酶均属于土壤氧化还原酶，参与了土壤有机物的分解过程。本研究中的土壤氧化酶动态变化均是用无植物生长与有植物生长的土壤酶活性差值表示，以说明植物生长对土壤酶活性的影响作用。

（一）脱氢酶

从图 8.5 可见，在植物生长前期（30～60d）土壤中脱氢酶活性在 3 种 B[a]P 处理间没有差别（$p<0.05$），但在 90d，高浓度 B[a]P（100mg/kg）处理土壤中脱氢酶活明显地低于其他 3 个处理土壤中的脱氢酶活性，说明随着时间的延长，高浓度 B[a]P 对根际土壤微生物活性产生了抑制作用，从而使土壤中的脱氢酶活性有所降低。

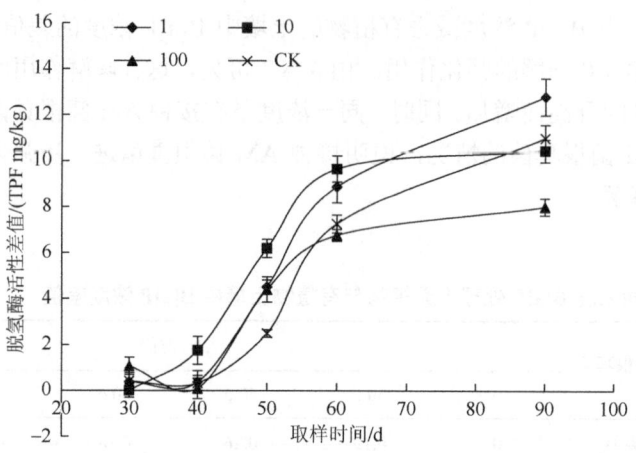

图 8.5　不接种菌根真菌土壤中脱氢酶差值的动态变化

1 指 B[a]P 浓度为 1mg/kg,没有接种 AM 菌根；10 指 B[a]P 浓度为 10mg/kg,没有接种 AM 菌根；100 指 B[a]P 浓度为 100mg/kg,没有接种 AM 菌根

从图 8.6 可见，接种菌根真菌土壤中脱氢酶活性的变化趋势总体上与不接种菌根真菌土壤中脱氢酶活性的相似，在植物生长后期，各浓度处理土壤中脱氢酶活性间的差别比较明显，其中 1mg/kg B[a]P 浓度处理土壤中脱氢酶活性显著地高于 10mg/kg B[a]P 和 CK 处理土壤中脱氢酶活性，而这个处理的脱氢酶活性又显著地高于 100mg/kg B[a]P 处理的脱氢酶活性。

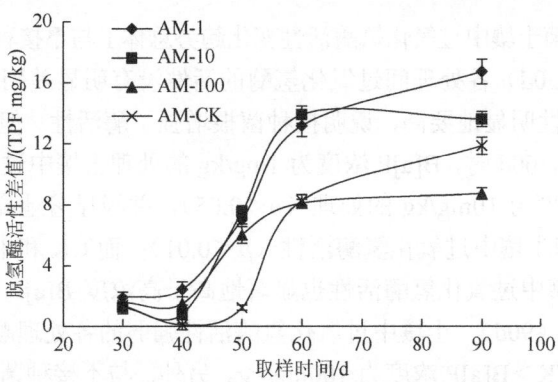

图 8.6 接种菌根真菌土壤中脱氢酶差值的动态变化

AM-1 指 B[a]P 浓度为 1mg/kg，接种 AM 菌根的处理；AM-10 指 B[a]P 浓度为 10mg/kg，并接种 AM 菌根的处理；AM-100 指 B[a]P 浓度为 100mg/kg，接种 AM 菌根的处理

比较图 8.5 与图 8.6 中的结果可以看出，接种菌根真菌后不同时期各 B[a]P 浓度土壤中脱氢酶的活性都高于没有接菌根真菌土壤中脱氢酶的活性，说明接种菌根真菌后能提高土壤中脱氢酶活性，与前面所论述的接种菌根真菌土壤中 B[a]P 降解率提高是吻合的，脱氢酶活性差异进一步说明菌根真菌强化土壤中 B[a]P 降解作用的酶学机制。

（二）过氧化氢酶

由图 8.7 可见，在植物生长的前期（10~50d），不接种菌根真菌时 3 种 B[a]P 处理土壤及对照处理土壤间过氧化氢酶活性差异不显著，但在其生长的中后期，几个处理间出现了明显的差异：B[a]P 处理浓度为 10mg/kg 土壤中过氧化氢酶活性显著地高于其他 3 个处理；而 CK 和 B[a]P 浓度为 1mg/kg 的处理又显著地高于 B[a]P 浓度为 100mg/kg 的处理（$p<0.01$）。高 B[a]P 浓度处理土壤中过氧化氢酶活性在整个试验期间都没有明显的变化，说明高浓度的 B[a]P 显著地抑制了土壤中过氧化氢酶的活性，低、中浓度的 B[a]P 增强了其活性。

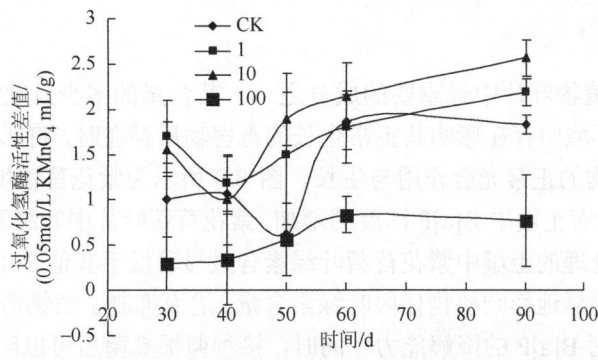

图 8.7 不接种菌根真菌土壤中过氧化氢酶活性的动态变化

1 指 B[a]P 浓度为 1mg/kg，没有接种 AM 菌根；10 指 B[a]P 浓度为 10mg/kg，没有接种 AM 菌根；100 指 B[a]P 浓度为 100mg/kg，没有接种 AM 菌根

接种 AM 菌根真菌土壤中过氧化氢酶活性变化趋势总体上与不接种菌根的相似（图 8.8）。即在试验前期（10～50d）各处理间过氧化氢酶的活性没有明显差别，但与不接种菌根相比，过氧化氢酶的活性明显地要高，说明接种菌根增强了酶活性。但到试验中后期，酶活性强弱顺序有所变化，60d 时，B[a]P 浓度为 1mg/kg 的处理土壤中过氧化氢酶活性明显地高于 CK 和 B[a]P 浓度为 10mg/kg 的处理（$p<0.05$），并极显著地高于高浓度（B[a]P 浓度为 100mg/kg）处理土壤中过氧化氢酶活性（$p<0.01$）；而 CK 和中浓度（B[a]P 浓度为 10mg/kg）的处理土壤中过氧化氢酶活性也显著地高于高浓度 B[a]P 处理土壤中过氧化氢酶活性。实验结束时（90d），土壤中过氧化氢酶活性强弱的各处理顺序为：B[a]P 浓度为 1mg/kg、10mg/kg＞CK＞B[a]P 浓度为 100mg/kg。另外，与不接种菌根真菌相比，各处理土壤中过氧化氢酶活性都明显地高于不接种菌根处理（$p<0.05$），说明接种菌根真菌能够增强土壤中过氧化氢酶活性。联系土壤中 B[a]P 的降解情况，说明过氧化氢酶也参与了土壤中 B[a]P 的降解，这也进一步证明菌根真菌强化苜蓿根际土壤 B[a]P 降解的酶学机制。

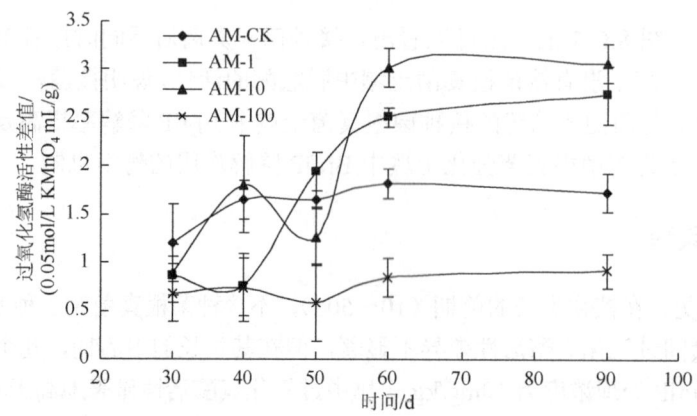

图 8.8 接种菌根真菌土壤中过氧化氢酶活性的动态变化

AM-1 指 B[a]P 浓度为 1mg/kg，接种 AM 菌根的处理；AM-10 指 B[a]P 浓度为 10mg/kg，并接种 AM 菌根的处理；AM-100 指 B[a]P 浓度为 100mg/kg，接种 AM 菌根的处理

（三）叶绿素

叶绿素是绿色植物叶片中最重要的成分之一，其含量的多少反映植物光合作用的强弱。当植物生长的环境中存在影响其正常生长的毒害物质存在时，将影响叶片中叶绿素的含量，从而影响植物的正常光合作用与生长。图 8.9 所示为紫花苜蓿生长第 90 天时叶片中叶绿素的含量。随着土壤中 B[a]P 浓度的增加，紫花苜蓿叶片中叶绿素的含量逐渐减少，其中高浓度 B[a]P 处理的土壤中紫花苜蓿叶绿素含量显著低于其他 3 个处理（$p<0.05$），说明高浓度 B[a]P 明显地影响植物体内叶绿素含量，进而抑制了植物的光合作用与代谢活力，最终影响植物对 B[a]P 的降解能力。同时，接种菌根真菌后可以明显地缓解 B[a]P 对叶片叶绿素的影响。对照以及低、中 B[a]P 浓度处理下，接种了菌根真菌的紫花苜蓿叶片中叶绿素含量明显地高于不接种菌根真菌的处理（$p<0.05$）。菌根真菌强化植物根际修复多环芳烃的生理学机制可能为：菌根真菌可提高根际土壤微生物量及酶活性，增强

对 B[a]P 的生物降解代谢，进而降低 B[a]P 的毒性，促进植物光合作用与生长，提高叶绿素含量。

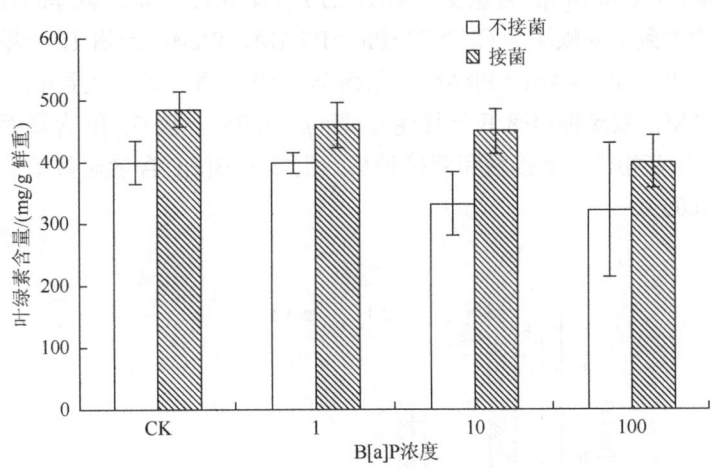

图 8.9　不同 B[a]P 浓度处理对紫花苜蓿叶片叶绿素含量的影响

第三节　紫花苜蓿-根瘤菌-菌根真菌双接种修复

根瘤菌和菌根真菌是自然界与植物共生的两种典型土壤微生物，不仅能够提供植物需要的营养元素，促进植物生长，而且它们与植物联合能够降解不能被细菌单独转化的有机物，包括 PAHs。本研究拟以长江三角洲某典型污染区 PAHs 复合污染农田土壤为对象，分析丛枝菌根真菌和苜蓿根瘤菌单接种及双接种对 PAHs 复合污染土壤的联合修复效应，以期为研发 PAHs 污染土壤的双接种生物修复技术体系提供科学依据。

供试土壤有 3 种，分别采自浙江台州（T1、T2）和江苏无锡（W）的 PAHs 污染区表层土壤，土壤基本理化性质及 PAHs 浓度见表 8.4。供试菌种为苏格兰球囊酶（*Glomus caledonium*）和苜蓿根瘤菌（*Rhizobium meliloti*），供试植物为紫花苜蓿。盆栽试验设计 5 个处理：①不种植物不接菌的对照（CK）；②单种紫花苜蓿（P）；③种植紫花苜蓿植物，单接种菌根真菌（PAM）；④种植紫花苜蓿，单接种根瘤菌（PR）；⑤种植紫花苜蓿植物，双接种菌根真菌和根瘤菌（PRAM）。

表 8.4　土壤基本理化性质及 PAHs 浓度

土壤	pH	有机质/(g/kg)	速效磷/(mg/kg)	速效钾/(mg/kg)	全磷/(g/kg)	全钾/(g/kg)	全氮/(g/kg)	代换量/(cmol/kg)	水解氮/(mg/kg)	菲/(μg/kg)	B[a]P/(μg/kg)
T1	5.4	53.5	6.0	106.0	0.48	24.0	3.5	17.3	177.8	52.4	—
T2	5.4	82.3	18.8	99.0	0.65	22.9	5.1	20.0	308.1	55.2	—
W	6.4	19.2	3.56	86.0	0.48	14.2	1.0	21.5	78.4	72.8	77.9

一、土壤中菲和苯并[a]芘含量与去除率

各处理土壤中 PA 和 B[a]P 含量变化如图 8.10 和图 8.11 所示。就菲的含量而言，台州 T1 土壤各处理由大到小的顺序为 CK＞P＞PR＞PRAM＞PAM；台州 T2 土壤上各处理由大到小顺序为 CK＞P＞PR＞PAM＞PRAM；无锡 W 土壤上各处理由大到小顺序为 CK＞P＞PAM＞PR＞PRAM，双接种显著低于其他处理（$p<0.05$）。就 B[a]P 含量而言，无锡土壤上，各处理顺序与菲相同，单接种和双接种后，土壤中 B[a]P 含量显著低于对照和单种植物的处理（$p<0.05$）。

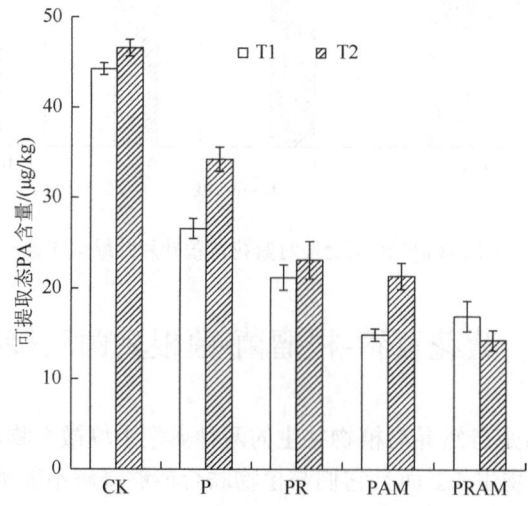

图 8.10　T1 和 T2 土壤中 PA 的含量变化

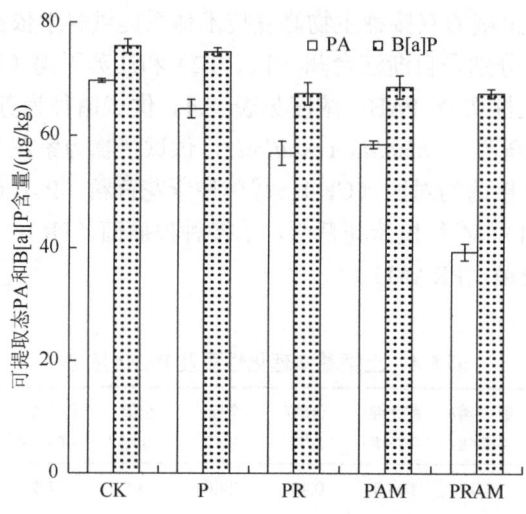

图 8.11　W 土壤中 PA 和 B[a]P 的含量变化

各处理对土壤中菲和 B[a]P 的去除率见表 8.5。3 种土壤的 CK 处理中 PA 的去除率最

低;种植植物(P)后菲的去除率分别提高为 45.4%、33.2%和 9.3%,说明种植紫花苜蓿促进了土壤菲的降解,但无锡土壤(W)上植物对 PA 的作用效果显著低于前两种土壤(T1 和 T2)。根瘤菌和菌根真菌的单接种以及双接种后,均显著提高了紫花苜蓿对菲的植物修复效果。其中,T1 土壤以菌根真菌单接种对菲的去除率最高(69.5%);T2 和 W 土壤中均以双接种对菲的去除率最高(72.1%和 44.8%);根瘤菌单双接种对菲降解的贡献率以台州土壤 2 和无锡土壤双接种最大(分别为 38.9%和 35.5%)。

表 8.5 不同土壤中菲和苯并[a]芘的降解率 (单位:%)

土壤	多环芳烃 PAHs	CK	P	PR	PAM	PRAM
T1	PA	3.1	45.4	56.4	69.5	65.2
T2	PA	3.2	33.2	54.9	58.4	72.1
W	PA	2.4	9.3	20.4	18.1	44.8
W	B[a]p	0.7	2.0	11.7	10.2	11.6

对 B[a]P 而言,与对照相比,种植植物(P)可明显提高 B[a]P 的降解率,但总降解率仍十分有限。根瘤菌和菌根真菌的单接种以及双接种后,土壤中 B[a]P 的降解率更是显著增加,且根瘤菌单接种(PR)、根瘤菌-菌根真菌双接种(PRAM)对 B[a]P 的处理效果略高于菌根真菌单接种(PAM)。

二、植物生物量及其体内菲的含量

3 种土壤上各处理植株(苜蓿)的根、茎和叶干重见图 8.12。3 种土壤上苜蓿生物量相似,各处理植物生物量差异不显著($p>0.05$)。尽管各处理植物生长情况差异不大,菲在苜蓿不同部位的浓度和每盆植物菲的积累量却存在一定差异(表 8.6)。如表 8.6 所示,菲在所有处理植物的根、茎、叶中均被检测到。在 T1 和 W 土壤上,根瘤菌单接种(PR)、根瘤菌-菌根真菌双接种(PRAM)紫花苜蓿的叶片中菲含量明显高于菌根真菌单接种(PAM)和单种紫花苜蓿植物(P)处理($p<0.05$)。而在 T2 土壤中,菌根真菌单接种(PAM)处理的茎、叶中菲的含量明显高于其他处理。不同土壤上各处理之间的差异可能与土壤理化性质有关。

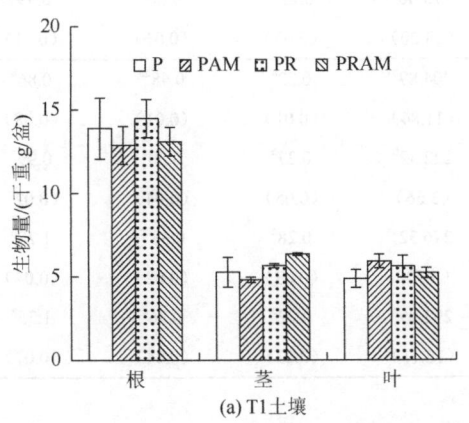

(a) T1土壤

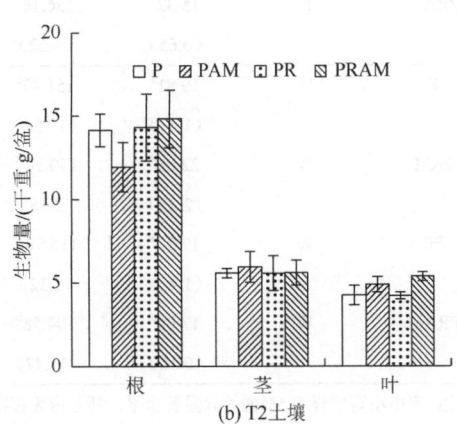

(b) T2土壤

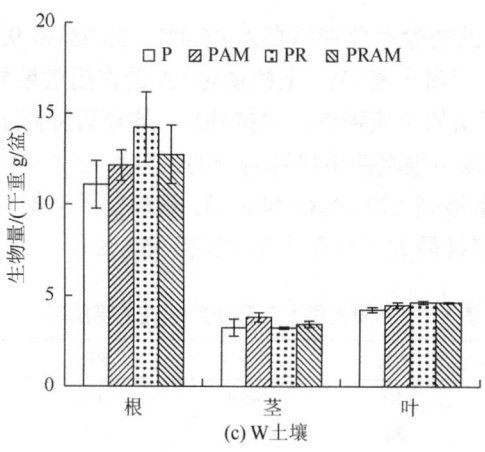

图 8.12　不同类型土壤上苜蓿生物量（单位：μg/kg 干重）

表 8.6　菲（PA）在紫花苜蓿苜蓿体内的浓度和积累量

处理	土壤	浓度/（μg/kg 干重）			积累量/（μg/盆）		
		根	茎	叶	根	茎	叶
P	T1	39.84^a	294.80^a	202.95^b	0.57^a	1.29^a	1.10^b
		(3.55)	(23.76)	(1.77)	(0.12)	(0.10)	(0.01)
PAM	T1	34.43^a	246.00^b	209.75^b	0.44^a	1.15^a	1.10^b
		(0.72)	(12.02)	(35.00)	(0.04)	(0.01)	(0.14)
PR	T1	1060^c	205.15^c	343.55^a	0.15^b	1.19^a	1.70^{ab}
		(0.25)	(9.83)	(65.83)	(0.02)	(0.04)	(0.11)
PRAM	T1	22.21^b	144.95^d	384.20^a	0.29^{ab}	0.93^b	2.12^a
		(1.19)	(7.14)	(59.26)	(0.03)	(0.02)	(0.24)
P	T2	33.41^a	133.21^b	245.00^{ab}	0.47^a	0.78^{bc}	1.04^a
		(6.58)	(7.11)	(17.40)	(0.07)	(0.03)	(0.11)
PAM	T2	31.76a	257.50a	276.45a	0.38ab	1.76a	1.31a
		(0.09)	(16.80)	(18.45)	(0.03)	(0.12)	(0.13)
PRAM	T2	15.32^b	136.10^b	175.60^b	0.23^{bc}	0.66^c	0.99^a
		(0.65)	(4.02)	(23.20)	(0.03)	(0.01)	(0.11)
P	W	19.81^a	151.47^a	204.89^b	0.22^a	0.48^{ab}	0.86^b
		(1.47)	(17.56)	(11.84)	(0.01)	(0.01)	(0.08)
PAM	W	22.06^a	130.30^{ab}	222.52^b	0.27^a	0.50^a	0.99^b
		(2.23)	(2.88)	(3.66)	(0.05)	(0.04)	(0.02)
PR	W	19.37^a	118.90^{ab}	276.32^a	0.28^a	0.38^{bc}	1.28^a
		(1.46)	(7.32)	(6.73)	(0.03)	(0.02)	(0.04)
PRAM	W	17.09^a	104.58^b	292.09^a	0.22^a	0.36^c	1.35^a
		(0.36)	(11.47)	(12.11)	(0.03)	(0.04)	(0.07)

注：表中小写字母为 5% 的差异显著水平，括号内为标准误差。

第四节 植物-菌群联合修复

从目前研究看,PAHs 污染土壤的植物-微生物联合修复主要侧重植物与专性降解菌的联合修复和植物与菌根真菌的联合修复两个方面。本研究利用前期从 PAHs 污染土壤中筛选获得的微生物菌群,研究其与多种植物对 PAHs 污染土壤的联合修复作用,为研发经济、高效、安全的 PAHs 污染土壤修复技术提供依据。

盆栽试验在温室内进行,供试土壤采自长江三角洲某地多环芳烃污染土壤,供试植物为高羊茅(*Festuca arundinacea*)、白车轴草(*Trifolium repens*)、黑麦草(*Lolium multiflorum*)。供试微生物为本实验室富集获得的 PAHs 降解菌群,主要由产碱菌属、α-变形菌纲和副球菌属的微生物构成。

一、土壤中多环芳烃含量变化

图 8.13 显示的是不同植物接种 PAHs 降解菌群后,土壤中三环、四环、五环及 PAHs 的总量变化情况。由图可知,所有种植植物的处理土壤中 PAHs 的去除率普遍高于未种的土壤,而所有接种菌群的处理土壤中 PAHs 的去除率又显著高于未接菌群的处理(白车轴草除外)。其中,种植紫花苜蓿并接种菌群的土壤中三环和五环 PAHs 的去除率最高;种植高羊茅并接种菌群的土壤中四环 PAHs 和 PAHs 总量的去除率最高。

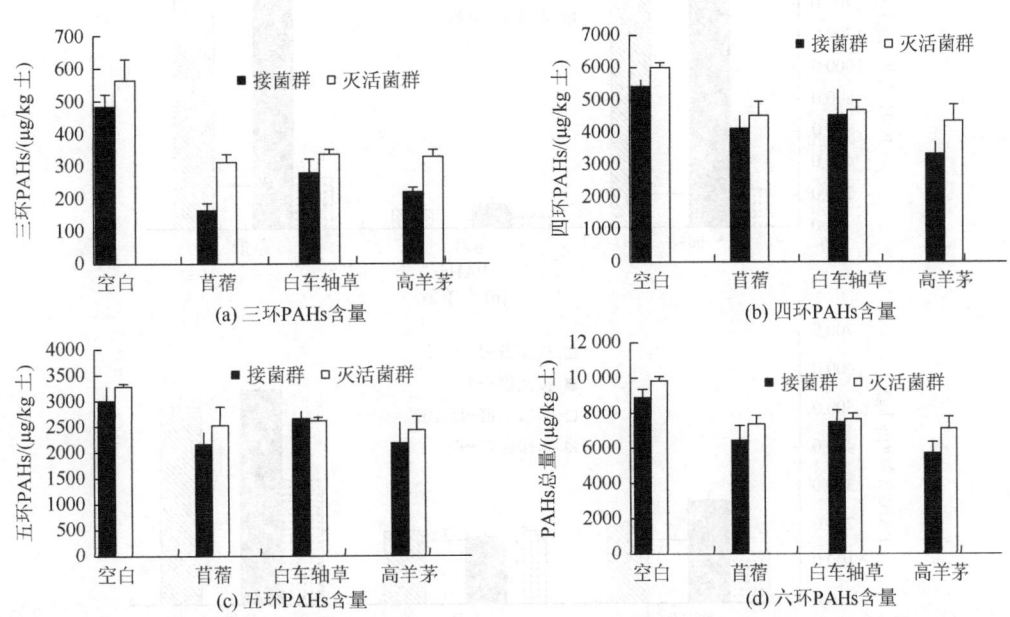

图 8.13 生物修复后土壤中三环、四环、五环 PAHs 及总 PAHs 的含量

二、植物组织中多环芳烃含量及分布

经过 60d 的植物-菌群联合修复试验，植物各组织中 PAHs 含量如图 8.14 所示。从中可以看出，各植物中均未检出三环 PAHs，且五环 PAHs 的含量在 3 种植物之间差异不明显。3 种植物中，高羊茅体内的 PAHs 含量最高，其根部四环 PAHs 的含量约为地上部的 7 倍。紫花苜蓿中也有这种趋势，根部四环 PAHs 的含量约为地上部的 2 倍。白车轴草中的 PAHs 含量最低，其根部四环 PAHs 的含量也显著高于地上部。

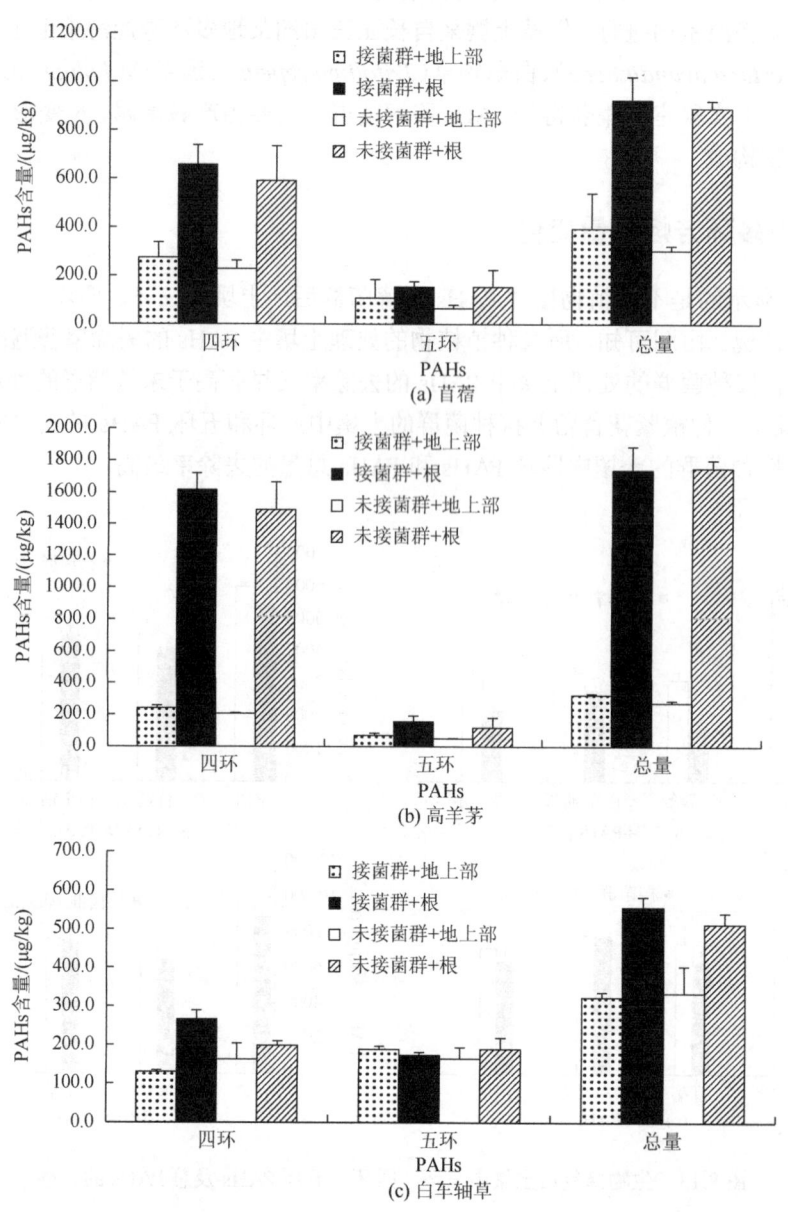

图 8.14 不同植物地上部和根中四、五环 PAHs 及 PAHs 总量

参 考 文 献

桑伟莲, 孔繁翔. 1999. 植物修复研究进展. 环境科学进展, 7 (3): 40~44.

Binet P, Portal J M, Leyval C. 2001. Application of GC-MS to the study of anthracene disappearance in the rhizosphere of ryegrass. Organic Geochemistry, 32: 217~222.

Leyval C, Binet P. 1998. Effect of polyaromatic hydrocarbons in soil on arbuscular mycorrhizal plants. Journal of Environmental Quality, 27: 402~407.

Liao J P, Lin X G, Cao Z H, et al. 2003. Interactions between arbuscular mycorrhizae and heavy metals under sand culture experiment. Chemosphere, 50 (6): 847~853.

第九章 多环芳烃污染场地的物化修复

随着我国"退二进三""退城进园"等政策的实施,出现了大批由焦化厂、煤电火力发电厂和钢铁厂等企业关闭或搬迁导致的多环芳烃类有机污染场地。针对此类污染场地,选择并研发适合我国国情的土壤修复技术显得十分重要。土壤洗脱修复是采用物理分离或增效洗脱等手段,通过添加水或合适的增效剂,分离重污染土壤组分或使污染物从土壤相转移到液相的技术,在 PAHs 类有机污染场地土壤修复方面具有广阔的应用前景。低温等离子体修复技术是一种新兴的高级氧化技术,通过在常温常压下产生大量的电子、原子、离子、自由基和激发态物质等活性基团,进而引发气相中的化学反应,生成水和二氧化碳,为在低温下脱除有害污染物开辟了新的途径。本章分别介绍了土壤洗脱修复和低温等离子体修复两种技术对 PAHs 高污染场地土壤中多环芳烃的去除效果和条件优化,为持久性有机污染土壤的修复治理提供科学依据。

第一节 甲基-β-环糊精强化微生物异位增效洗脱

甲基-β-环糊精(methyl-β-cyclodextrin,MCD)是 β-环糊精的绿色合成烷基化衍生物,由于其具有外缘亲水、内腔疏水的特性,以及较大的水溶性,能够与多种难溶有机物形成易溶于水的主客体包合物,促进有机污染物从土壤颗粒相向水相中的释放迁移。本研究采用 MCD 嵌合超声强化、升温辅助和连续淋洗等集成强化手段,筛选了具有协同效应的淋洗参数配方,监测了多次连续淋洗后土壤中各组分 PAHs 解吸特性,评价了连续淋洗修复前后土壤潜在环境风险,为 PAHs 污染场地土壤的异位增效淋洗技术研发和淋洗终点判断提供了科学依据。

供试土壤采自安徽省某典型区域内焦化厂 PAHs 污染场地炼焦炉周边 15m 内 0~20cm 的表层土壤,其基本理化性质如下:pH6.2,砂粒 9.8%,粉粒 53.5%,黏粒 36.9%,有机质 1.8%,全氮 1.1g/kg,有效态氮 57.6mg/kg,全磷 0.4g/kg,有效磷 62.1mg/kg,全钾 11.3g/kg,15 种典型 PAHs 总量为 337.34mg/kg。淋洗试验设置以下 4 个处理:M1 为 MCD+25℃;M2 为 MCD+25℃+超声;M3 为 MCD+50℃;M4 为 MCD+50℃+超声。每个处理中 MCD 设 5 个浓度梯度,分别是 50g/L、100g/L、150g/L、200g/L、250g/L。

一、土壤中多环芳烃的强化洗脱效果

(一)不同强化条件对多环芳烃的洗脱效果

不同强化条件下,土壤中三环、四环、五~六环及 PAHs 总量的淋洗去除效率如图 9.1 所示。从图 9.1(d)中可知,添加不同浓度的 MCD 对 PAHs 总量的去除有显著效果($p<0.01$)。当添加不同浓度的 MCD 时,PAHs 总量的去除率在 24%~52%,而不添加 MCD

的处理中 PAHs 的去除率仅为 2%～12%；并且随着 MCD 的浓度由 0 逐渐增加至 100g/L 时，土壤中 PAHs 总量去除率也随之增加，但当 MCD 浓度由 100g/L 增加到 250g/L 时，PAHs 总量的去除率反而略有降低。三环、四环、五～六环 PAHs 的去除效果规律与 PAHs 总量去除效果规律一致[图 9.1（a）～（c）]。这一现象的原因主要是由于 MCD 的自身化学特性所决定，在一定水相浓度范围中，随着 MCD 浓度的逐渐增加，固液界面张力也逐渐降低，此时可以促进 PAHs 从土壤颗粒相解吸迁移至水相中，并被 MCD 包裹增溶，以实现淋洗去除率的增加，但是当 MCD 的浓度超过某一数值后，其溶液黏度逐渐增加，反而阻碍了有机污染物的解吸增溶过程。因此，100g/L MCD 可以作为淋洗修复参数的基础浓度。

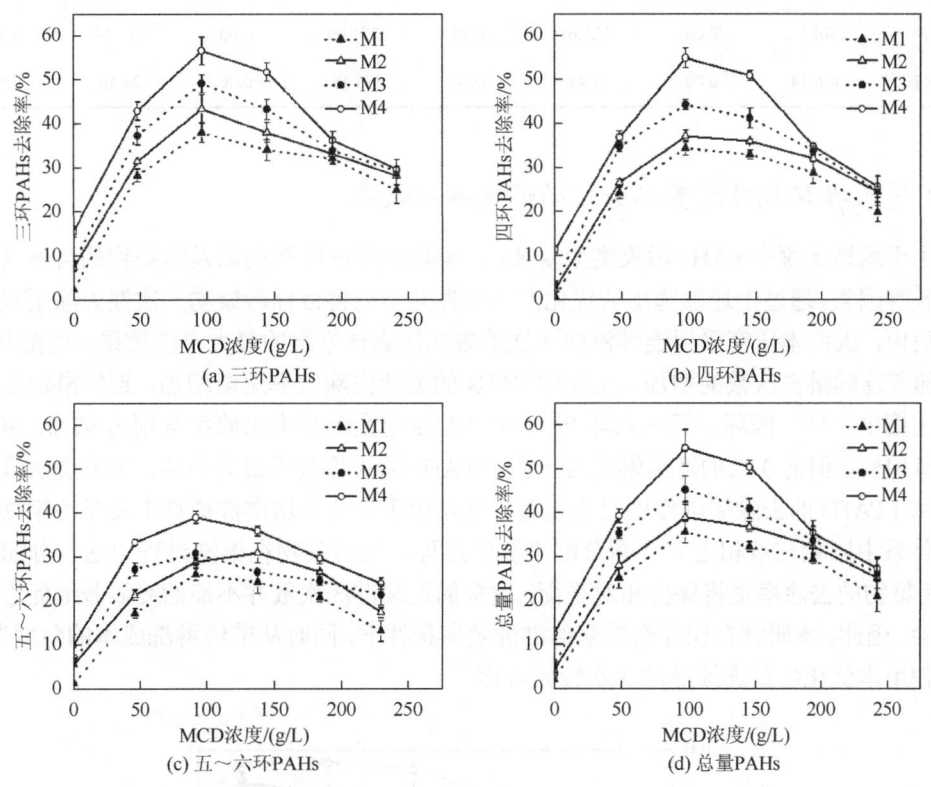

图 9.1 不同洗脱条件下土壤中三环、四环、五～六环及总量 PAHs 的去除效率

从图 9.1 中还可以看出，升温辅助或嵌合超声条件对提升 PAHs 的去除效率也有显著作用（$p<0.01$）。在 50℃，100g/L MCD 的条件下，三环、四环、五～六环 PAHs 和总量 PAHs 的去除率分别为 50%、43%、30% 和 43%；在 25℃，35kHz 超声 30min，100g/L MCD 的条件下，三环、四环、五～六环 PAH 和总量 PAHs 的去除率分别为 44%、36%、28% 和 37%，然而在 25℃，100g/L MCD 的条件下，其去除率分别仅为 38%、33%、25% 和 34%。当同时施用两种强化条件时，PAHs 的去除率出现最大值，三环、四环、五～六环 PAHs 和总量 PAHs 的去除率分别为 58%、53%、37% 和 53%，并且通过二元方差分析可得（表 9.1），两种强化措施对总量 PAHs 淋洗去除率具有显著的协同效应，说明升高淋洗温度不仅更加有利于反应向着增加淋洗效率的方向进行，同时利用超声条件产生的空化效

应、高辐射压和声微流等作用，也可以协同强化淋洗效率的提高。因此，综合考虑淋洗效率因素，筛选出 100g/L MCD 在 50℃条件下，以 35kHz 的频率超声 30min，作为后续连续淋洗修复的优化参数。

表 9.1 二元方差分析增温和超声作用对于 PAHs 洗脱去除的协同效应

因子	总量 PAHs		三环 PAHs		四环 PAHs		五～六环 PAHs	
	F	P	F	P	F	P	F	P
增温	5339.92	0.00	314.66	0.00	1093.22	0.00	227.29	0.00
超声	1768.21	0.00	121.68	0.00	251.09	0.00	117.14	0.00
增温×超声	466.34	0.00	5.45	0.04	83.16	0.00	24.40	0.01

（二）甲基-β-环糊精对多环芳烃的连续淋洗效果

由于场地土壤中 PAHs 污染类型复杂，污染物初始浓度较高以及污染物的自然老化时间较长等因素，通过上述筛选出的优化淋洗条件并不能将目标污染物一次性去除至较低浓度阈值内，因而本研究采用连续淋洗 5 次的方式探索该方案的最大淋洗效果。由图 9.2 可知，随着连续淋洗次数的增加，土壤中 PAHs 的累计去除效率逐渐增加。连续淋洗 5 次以后，土壤中三环、四环、五～六环 PAHs 和 PAHs 总量的最大去除率分别为 97%、90%、76% 和 91%。但前 3 次的连续淋洗对土壤中 PAHs 的去除效果最为显著，当淋洗次数超过 3 次后对 PAHs 的去除促进作用已不显著。这是由于异位土壤淋洗原理主要是污染物质在淋洗体系中固相与液相之间重新分配平衡的过程，当污染物在淋洗过程中达到分配平衡时，污染物的去除率也将保持相对平衡，过多的连续淋洗次数并不能始终显著地促进污染物去除。因此，本研究在保证有较高的淋洗效率条件下，同时从节约淋洗成本的角度考虑，认为使用本优化参数连续淋洗 3 次较为合理。

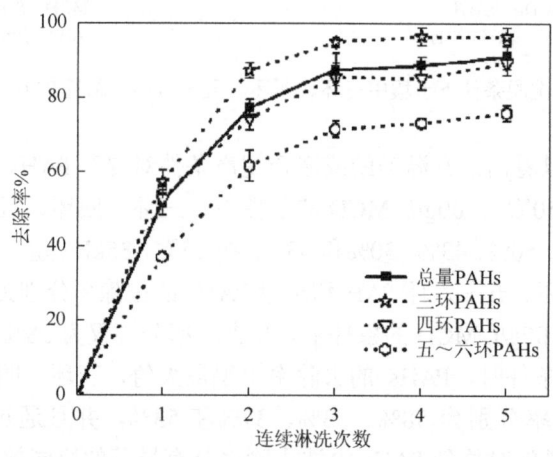

图 9.2 不同洗脱次数对土壤中三环、四环、五～六环及总 PAHs 的去除率

（三）树脂时间连续提取法预测淋洗修复终点

场地中的污染物在自然老化的过程中，有部分 PAHs 将吸附于土壤玻璃态有机质中被"锁定"，成为土壤骨架的一部分。为了预测这部分 PAHs 在无外来强烈干扰作用下，从吸附位点再次解吸造成潜在的环境风险，本研究运用 Tenax TA 树脂时间连续提取法监测连续淋洗修复前后土壤中不同组分 PAHs 解吸特性（图 9.3 和表 9.2）。从图 9.3 可知，在原始土壤样品中，约有 15%、9%、6% 和 10% 的三环、四环、五～六环 PAHs 和总量 PAHs 可以在 400h 的解吸过程中被 Tenax 提取出来，然而随着连续淋洗次数逐渐由 1 次增加至 3 次后，PAHs 可解吸的提取量显著降低（$p<0.01$）。在连续淋洗 3 次后，PAHs 可解吸的提取量都低于 2%，并且未出现显著性变化。

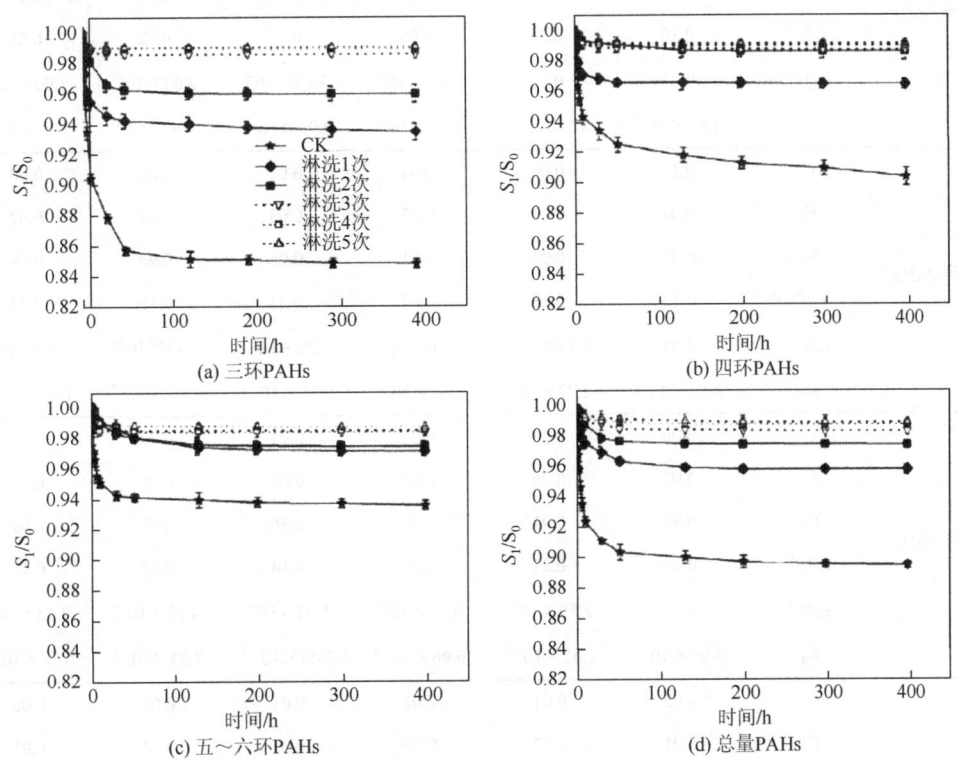

图 9.3 不同洗脱次数后土壤中三环、四环、五～六环和总量 PAHs 解吸特性曲线

从表 9.2 中也可以看到类似的结果，在原始土壤样品中，对于总量 PAHs 来说，F_r 与 F_{sl} 所占比例之和约为总量的 10%，但随着连续淋洗次数逐渐由 1 次增加至 3 次后，F_r 与 F_{sl} 所占比例之和降低至总量的 1%，在连续淋洗 3 次后，F_r 与 F_{sl} 所占比例之和均未有显著性变化，其三环、四环、五～六环 PAHs 也有类似规律（表 9.2）；同时发现，随着连续淋洗次数的增加，修复后土壤中 PAHs 的 k_r、k_{sl} 和 k_{vl} 较原始土壤中的相应速率常数也分别显著性降低（$p<0.01$），但在 3 次淋洗后，PAHs 总量的 F_{sl} 和 F_{vl} 组分的解吸速率常数分别为 $k_{sl}=3.17\times10^{-6}$ 和 $k_{vl}=3.93\times10^{-13}$，这说明在连续淋洗 3 次后，土壤中占主要组分的超慢速解吸组分 PAHs 将非常紧密地结合在土壤玻璃态有机质、亚

微米及纳米级孔隙的颗粒内部,当在无外来强烈干扰作用的自然条件下,这部分被"锁定"的 PAHs 将非常难以从环境中获取相应的解吸活化能,故而难以再次解吸到土壤水相之中。

表 9.2 不同洗脱次数土壤中三环、四环、五~六环和总量 PAHs 经三阶段解吸模型拟合后的特征参数

项目		CK	洗脱次数				
			1	2	3	4	5
总量 PAHs	F_r	0.06	0.01	0.01	0.00	0.00	0.00
	F_{sl}	0.04	0.03	0.02	0.01	0.01	0.01
	F_{vl}	0.90	0.96	0.97	0.99	0.99	0.99
	k_r/h^{-1}	0.20	0.25	0.06	0.12	0.42	0.21
	k_{sl}/h^{-1}	0.03	0.02	9.61×10^{-6}	3.17×10^{-6}	2.00×10^{-6}	1.00×10^{-6}
	k_{vl}	1.61×10^{-5}	4.18×10^{-8}	7.22×10^{-13}	3.93×10^{-13}	8.00×10^{-15}	1.11×10^{-15}
三环 PAHs	F_r	0.11	0.06	0.04	0.01	0.00	0.00
	F_{sl}	0.04	0.01	0.05	0.03	0.02	0.02
	F_{vl}	0.85	0.93	0.91	0.96	0.98	0.98
	k_r/h^{-1}	0.13	0.18	0.07	0.33	0.55	0.32
	k_{sl}/h^{-1}	0.03	4.31×10^{-3}	7.90×10^{-6}	6.26×10^{-6}	3.13×10^{-6}	1.62×10^{-6}
	k_{vl}	1.85×10^{-5}	2.72×10^{-7}	1.32×10^{-12}	3.67×10^{-12}	1.36×10^{-14}	1.87×10^{-14}
四环 PAHs	F_r	0.06	0.03	0.01	0.01	0.00	0.00
	F_{sl}	0.02	0.06	0.04	0.03	0.01	0.01
	F_{vl}	0.92	0.91	0.95	0.96	.99	0.99
	k_r/h^{-1}	0.20	0.31	0.03	0.14	0.23	0.17
	k_{sl}/h^{-1}	0.01	2.89×10^{-5}	6.32×10^{-6}	1.03×10^{-6}	4.32×10^{-6}	9.42×10^{-6}
	k_{vl}	4.06×10^{-5}	1.42×10^{-10}	6.96×10^{-14}	3.49×10^{-13}	7.23×10^{-16}	6.98×10^{-16}
五~六环 PAHs	F_r	0.05	0.01	0.02	0.01	0.00	0.00
	F_{sl}	0.01	0.02	0.06	0.03	0.02	0.01
	F_{vl}	0.94	0.97	0.92	0.96	0.98	0.99
	k_r/h^{-1}	0.28	0.16	0.06	0.10	0.33	0.08
	k_{sl}/h^{-1}	0.04	0.01	1.37×10^{-5}	7.61×10^{-7}	3.21×10^{-6}	2.87×10^{-7}
	k_{vl}	1.49×10^{-5}	8.61×10^{-7}	1.55×10^{-16}	1.38×10^{-17}	1.09×10^{-17}	1.44×10^{-17}

综合考虑 Tenax TA 时间连续提取法拟合结果,判断运用本优化淋洗参数连续淋洗修复 3 次后,土壤中残留的 PAHs 潜在环境解吸风险较低,因而该方法可以作为辅助划定淋洗修复终点的快速预测技术。该方法可以保证强化增效连续淋洗技术使用的安全性,具有广泛的运用前景。

二、微生物对洗脱后残留多环芳烃的强化降解

由于 PAHs 污染场地土壤具有高浓度、高毒性和高风险以及污染物在自然状态下经历了长时间的老化过程等特点,在使用连续洗脱修复后,污染土壤往往并不能被彻底修复清洁。本研究将对连续洗脱修复后的污染土壤接种 PAHs 降解菌和添加外源营养物质,以期实现对污染场地土壤的强化修复。

(一)微生物强化对土壤中残留多环芳烃的去除效果

由图 9.4(a)可知,在经过 20 周的强化微生物修复后,土壤中 PAHs 在前 6 周经历了一段生物适应期,总量 PAHs 在前期仅降解了 8%左右,这可能是由于在经过连续洗脱 3 次以后,土壤中残留的 PAHs 以极低的生物可利用性的形态存在,PAHs 降解菌需要通过自身各种生理生化的代谢过程来适应污染环境(Lur et al.,2009;Naranio et al.,2007;Kraaij et al.,2002;Mueller et al.,1990),而在随后 14 周内 PAHs 的降解逐渐显著($p<0.05$),三环、四环、五~六环和总量 PAHs 的最大去除量分别是 45%、35%、32%和 34%,降解趋于稳定时,土壤中残留总量 PAHs 浓度低于 7mg/kg[图 9.4(b)]。

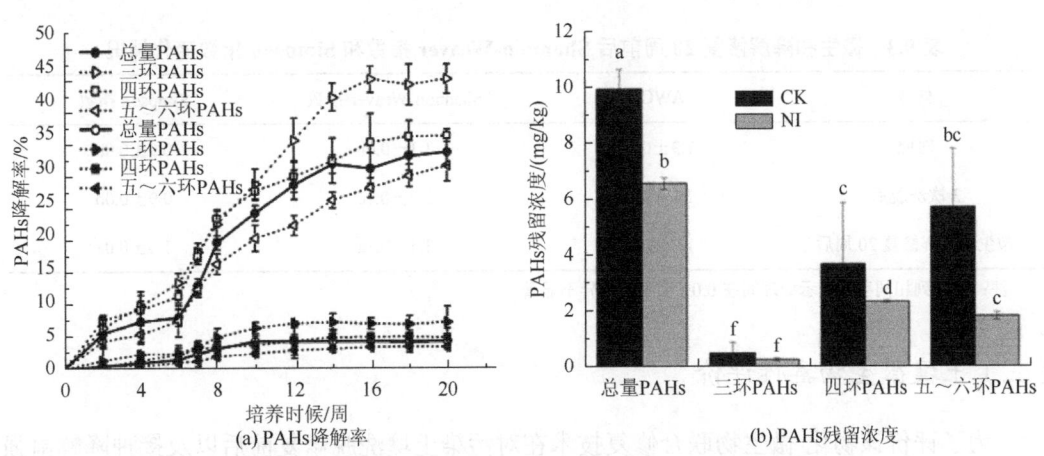

图 9.4 微生物修复 20 周后土壤中 PAHs 残留浓度变化

CK 为对照;NI 为洗脱 3 次后微生物修复 20 周

(二)土壤微生物功能多样性变化

采用 BIOLOG 平板法评价了污染土壤经洗脱和接种降解菌后的土壤微生物生态多样性。AWCD 值反映的是土壤中可培养的微生物群落对于唯一碳源利用能力大小的指标或土壤中可培养微生物群落活性强弱的指标;Shannon-Weaver 指数反映的是土壤中微生物群落的实际丰度和均匀度;Simpson 指数反映的是相对种群的数量(Garland,1996;Simpson,1949)。由图 9.5 和表 9.3 可知,在接种降解菌 20 周后,土壤中的 AWCD 值、Shannon-Weaver 指数和 Simpson 指数均显著增高($p<0.01$),这证明此微生物强化降解技术和微生物生物刺激的技术对洗脱修复后污染土壤的微生物功能多样性提高起到了积极作用(Teng et al.,2010a,2010b;Margesin et al.,2000)。

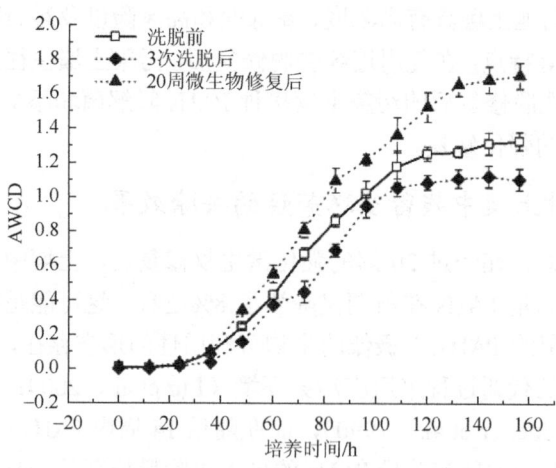

图 9.5 微生物降解修复 20 周前后 AWCD 值变化情况

表 9.3 微生物降解修复 20 周前后 Shannon-Weaver 指数和 Simpson 指数变化情况

处理	AWCD	Shannon-Weaver 指数	Simpson 指数
对照	1.3±0.1b	3.3±0.0b	0.9±0.0b
3 次洗脱后	1.1±0.1b	2.9±0.1c	0.9±0.0b
微生物降解修复 20 周后	1.7±0.1a	3.5±0.1a	1.0±0.0a

注：同一列相同字母表示处理间在 0.05 水平下差异不显著。

（三）土壤微生物毒性评价

为了评价该物化-微生物联合修复技术在对污染土壤洗脱修复前后以及接种降解菌强化修复前后的土壤中微生物毒性变化，明亮发光杆菌 EC50 指标被运用于辅助判断该技术的环境友好性。如图 9.6 所示，随着洗脱次数逐渐由 1 次增加至 3 次时，洗脱后土壤的微生物毒性逐渐显著下降（$p<0.05$），这可能是由于随着洗脱次数的增加，较易被解吸下来的污染物被优先去除，而剩余残留在土壤中的 PAHs，则以越来越低的生物有效性的形态存在，因而其 EC50 值逐渐上升；但是当洗脱次数从第 3 次至第 5 次的过程中，土壤的微生物毒性变化并不显（$p>0.05$），说明在多次的洗脱过程中，土壤中 PAHs 的解吸与再分配过程已达到相对平衡状态，残留在土壤中的 PAHs 已处于极低的生物有效性形态，因而 EC50 值在这一过程中变化不显著。然而，从图 9.6 中可知，在接种 PAHs 降解菌和 N/P 营养源强化修复 20 周后，土壤的 EC50 显著上升（$p<0.01$），并处于最高值。说明该微生物强化和微生物刺激手段不仅使土壤中部分残留态的 PAHs 被渐降解，而且土壤中微生物毒性也显著下降，更加有利于土壤中微生物功能多样性的提高。说明该联合修复技术是一种环境友好的修复手段。

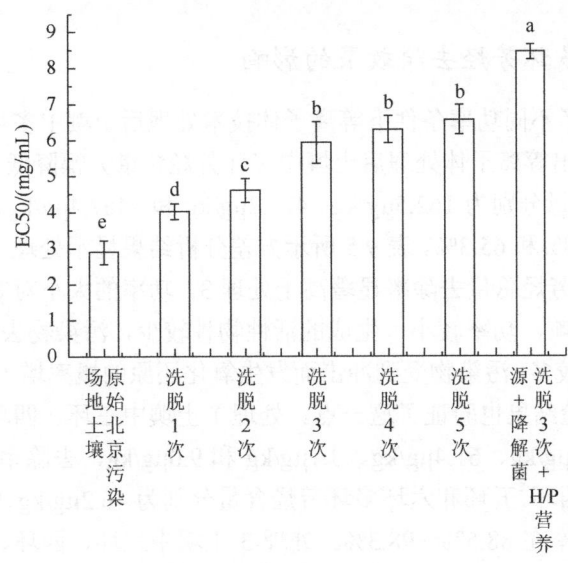

图 9.6 土壤洗脱前后及微生物强化降解前后的 EC50 值变化

第二节 低温等离子体氧化修复

低温等离子体技术是近年发展起来的废气处理新技术,但有关低温等离子体技术在多环芳烃污染土壤修复方面的应用研究仍少有报道。本节分别介绍了筒状式、反应釜式和转盘式低温等离子体设备对多环芳烃污染土壤的去除效果,为 PAHs 高污染土壤的快速治理提供理论依据与技术方法。

一、筒状式低温等离子体对多环芳烃污染土壤的修复效果

采用正交试验方法,研究了放电功率、放电时间、气体流量、放电气氛等不同技术参数组合条件下,低温等离子体技术对重度污染土壤中多环芳烃的去除效果,试验方案设计见表 9.4。

表 9.4 试验方案设计表

处理	放电气氛	放电功率/W	放电时间/min	气体流量/(mL/min)
1	空气	27	60	120
2	空气	16	60	120
3	空气	9	60	120
4	空气	16	30	120
5	空气	16	30	120
6	空气	16	60	30
7	空气	16	60	30
8	氧气	16	60	60

(一) 放电功率对多环芳烃去除效果的影响

表9.5 分别列出了不同功率条件下等离子体技术处理后土壤中多环芳烃的浓度及去除率。由表9.5可以看出等离子体处理后土壤中多环芳烃含量大幅降低,处理1、处理2和处理3的多环芳烃总量分别为162.5μg/kg、420.2μg/kg和3467.4μg/kg,与处理前相比去除率分别为98.4%、95.8%和65.3%。表9.5所示方差分析结果显示处理1和处理2之间差异不显著,但二者多环芳烃总量去除率显著高于处理3。功率的大小对等离子体生成的活性物种的多少有很大影响,功率较小,生成的活性物种较少,污染物去除处理效果不理想;功率较大,活性物种较多,污染物受到冲击而发生氧化还原的概率增大,去除效果较好(竹涛等,2008)。本试验结果也验证了这一点。处理1土壤中三环、四环、五环和六环多环芳烃含量分别为62.8μg/kg、61.4μg/kg、3.1μg/kg和9.0μg/kg,去除率在88.5%~99.9%。处理2土壤中三环、四环、五环和六环多环芳烃含量分别为46.2μg/kg、90.8μg/kg、55.4μg/kg和227.8μg/kg,去除率在88.5%~98.3%。处理3土壤中三环、四环、五环和六环多环芳烃含量分别为151.3μg/kg、1483.9μg/kg、861.7μg/kg和970.5μg/kg,去除率在38.3%~72.4%。处理1和处理2之间对不同环数多环芳烃的去除率没有明显差异,除三环外,都显著高于处理3,处理2与处理3对三环多环芳烃去除率差异不显著。结果表明在保持其他条件不变情况下,当功率增加到一定程度时,土壤中多环芳烃去除率提高不明显。不同处理对不同多环芳烃单体的去除率与不同环数多环芳烃有相似的趋势。考虑到能量消耗和土壤多环芳烃去除效果,处理2条件优于处理1和处理3,即功率16W、处理时间60min、流量120mL/min和气氛为空气。

表9.5 不同功率条件下低温等离子体处理后土壤中多环芳烃的浓度和去除率

多环芳烃	浓度/(μg/kg)			去除率/%		
	处理1	处理2	处理3	处理1	处理2	处理3
萘	—	—	—	—	—	—
苊	—	—	—	100.0a	100.0a	100.0a
芴	—	—	—	—	—	—
菲	52.1±45.7	46.3±17.9	151.1±68.2	89.3a	90.5a	69.1b
蒽	10.7±2.1	—	0.2±0.4	75.5b	100.0a	99.5a
荧蒽	19.5±2.5	17.0±15.8	412.0±65.7	98.9a	99.1a	77.6b
芘	0.5±0.8	5.8±5.0	379.3±53.0	100.0a	99.6a	76.3b
苯并[a]蒽	27.3±4.5	33.0±3.8	245.1±21.3	96.7a	96.0a	70.2b
䓛	14.2±2.1	35.0±8.7	447.5±31.6	98.7a	96.9a	60.2b
苯并[b]荧蒽	1.8±3.1	36.1±4.2	381.4±19.4	99.8a	96.1a	58.8c
苯并[k]荧蒽	1.3±1.9	14.3±1.1	193.0±6.7	99.7a	96.5b	52.0c
苯并[a]芘	—	2.3±2.7	231.8±22.9	100.0a	99.8a	78.0b
二苯并[a,h]蒽	—	2.8±3.4	55.4±11.8	100.0a	97.6a	51.3b
苯并[g,h,i]芘	8.97±15.5	112.3±34.4	563.3±80.5	98.9a	86.2b	31.0c

续表

多环芳烃	浓度/(μg/kg)			去除率/%		
	处理1	处理2	处理3	处理1	处理2	处理3
茚并[1,2,3-cd]芘	—	115.4±28.0	407.2±78.4	100.0a	84.8b	46.2c
二环	—	—	—	—	—	—
三环	62.8±46.2	46.3±17.9	151.3±68.6	88.5ab	91.5a	72.2b
四环	61.4±8.6	90.7±20.1	1483.9±138.3	98.9a	98.3a	72.4b
五环	3.1±5.1	55.4±5.4	861.7±55.3	99.9a	97.8a	65.4b
六环	9.0±15.5	227.7±61.5	970.5±157.0	99.4a	85.5b	38.3c
总量	162.5±31.4	420.2±85.9	3467.4±276.8	98.4a	95.8a	65.3b

注：不同处理去除率同一行中不同字母代表在数值上存在显著差异（$p<0.05$）。

（二）处理时间对多环芳烃去除效果的影响

在功率为16W，保持其他条件不变条件下，考查了处理时间对等离子体去除土壤多环芳烃效果的影响。表9.6分别列出了不同处理时间的等离子体技术处理后土壤中多环芳烃的浓度及去除率。处理2、处理4和处理5的多环芳烃总量分别为420.2μg/kg、910.6μg/kg和2379.1μg/kg，与处理前相比去除率分别为95.8%、90.9%和76.2%。表9.6表明处理2与处理4多环芳烃总量去除率差异不显著，但明显高于处理5。说明在功率一定条件下，适当延长处理时间有利于污染物的去除。除三环外，不同处理对不同环数多环芳烃的去除率与总量去除率趋势相同。对三环多环芳烃而言，处理2去除率显著高于处理4和处理5。对单体多环芳烃而言，除菲（Phe）、苯并[a]芘（B[a]P）、茚并[1,2,3-cd]芘（IP）和苯并[g,h,i]芘（B[g,h,i]P）外，处理2和处理4对其他多环芳烃去除率均达到90%以上且差异不显著并显著高于处理5。处理2、处理4和处理5对苯并[a]芘（B[a]P）、茚并[1,2,3-cd]芘（IP）和苯并[g,h,i]芘（B[g,h,i]P）的去除率分别为99.8%、94.1%、78.9%，84.8%、82.3%、46.3%，86.2%、71.5%、44.8。处理2和处理4之间对苯并[a]芘（B[a]P）去除率无差异且显著高于处理5。茚并[1,2,3-cd]芘（IP）和苯并[g,h,i]芘（B[g,h,i]P）的去除率以处理2最高。高环多环芳烃毒性和疏水性都比较强，从环境中去除的难度相对较大，所以整体考虑处理时间为60min时土壤中多环芳烃的去除效果较好。

表9.6 不同处理时间条件下低温等离子体处理后土壤中多环芳烃的浓度和去除率

多环芳烃	浓度/(μg/kg)			去除率/%		
	处理2	处理4	处理5	处理2	处理4	处理5
萘	—	—	—	—	—	—
苊	—	—	—	100.0a	100.0a	100.0a
芴	—	—	—	—	—	—
菲	46.3±17.9	139.0±25.8	153.0±51.5	90.5a	71.5b	68.7b
蒽	—	0.2±0.3	0.4±0.8	100.0a	99.5a	99.0a

续表

多环芳烃	浓度/（μg/kg）			去除率/%		
	处理2	处理4	处理5	处理2	处理4	处理5
荧蒽	17.0±15.8	43.8±11.3	199.4±85.9	99.1a	97.6a	89.1b
芘	5.8±5.0	42.8±8.7	131.4±58.1	99.6a	97.3a	91.8b
苯并[a]蒽	33.0±3.8	41.7±12.3	131.3±49.5	96.0a	94.9a	84.1b
䓛	35.0±8.7	95.2±32.0	274.1±112.3	96.9a	91.5a	75.6b
苯并[b]荧蒽	36.1±4.2	71.0±12.1	265.5±53.4	96.1a	92.3a	71.8b
苯并[k]荧蒽	14.3±1.1	34.6±7.2	110.2±30.8	96.5a	91.4a	72.6b
苯并[a]芘	2.3±2.7	61.9±21.7	222.1±37.8	99.8a	94.1b	78.9c
二苯并[a, h]蒽	2.8±3.4	11.3±4.6	38.7±18.6	97.6a	90.0a	66.0b
苯并[g,h,i]苝	112.3±34.4	232.9±9.0	450.7±55.8	86.2a	71.5b	44.8c
茚并[1,2,3-cd]芘	115.4±28.0	133.7±25.8	406.4±97.5	84.8a	82.3a	46.3b
二环	—	—	—			
三环	46.3±17.9	139.2±26.0	153.4±51.9	91.5a	74.4b	71.8b
四环	90.7±20.1	223.5±61.7	736.2±298.3	98.3a	95.8a	86.3b
五环	55.4±5.4	178.8±41.6	631.5±126.0	97.8a	92.8a	74.7b
六环	227.7±61.5	366.5±21.9	857.1±152.3	85.5a	76.7a	45.5b
总量	420.2±85.9	908.0±97.2	2378.2±587.7	95.8a	90.9a	76.2b

注：不同处理去除率同一行中不同字母代表在数值上存在显著差异（$p<0.05$）。

（三）气体流量对多环芳烃去除效果的影响

气体流量的大小是土壤中污染物等离子体处理后排出土壤的速度，从而影响土壤中多环芳烃的去除效果。表9.7分别列出了气体的不同流量等离子体技术处理后土壤中多环芳烃的浓度和去除率。处理2、处理6和处理7土壤多环芳烃总量分别为420.2μg/kg、526.3μg/kg和868.4μg/kg，与处理前相比去除率分别为95.8%、94.7%和91.3%，三处理之间没有显著差异。说明供试条件下气体流量均能快速地将处理过程中产生的物质带走而利于试验的进行。不同环数多环芳烃特别是高分子量多环芳烃的去除率不同处理间差异不显著，四环、五环、六环多环芳烃在处理2、处理6和处理7条件下的去除率范围分别是95.8%～98.4%、91.9%～97.8%和78.4%～95.8%。除去菲（Phe）、二苯并[a, h]蒽（DBA）和苯并[g,h,i]苝（B[g,h,i]P），三处理对其他多环芳烃的去除率在82.3%～100%，且对同种多环芳烃去除率无显著差异（表9.7）。其中毒性最强的苯并[a]芘（B[a]P）几乎完全去除，最高达到99.8%。总的来讲，供试条件下空气流量为60mL/min最为合适。

表 9.7 不同气体流量条件下等离子体处理后土壤中多环芳烃的浓度和去除率

多环芳烃	浓度/(μg/kg)			去除率/%		
	处理2	处理6	处理7	处理2	处理6	处理7
萘	—	—	—	—	—	—
苊	—	—	—	100.0a	100.0a	100.0a
芴	—	—	—			
菲	46.3±17.9	86.7±33.5	99.0±20.3	90.5a	82.2ab	79.7b
蒽	—	—	0.5±0.9	100.0a	100.0a	98.9a
荧蒽	17.0±15.8	8.8±5.3	47.7±38.3	99.1a	99.5a	97.4a
芘	5.8±5.0	6.4±2.3	34.4±32.5	99.6a	99.6a	97.8a
苯并[a]蒽	33.0±3.8	32.4±2.2	50.9±33.2	96.0a	96.1a	93.8a
䓛	35.0±8.7	39.7±3.6	94.1±58.1	96.9a	96.5a	91.6a
苯并[b]荧蒽	36.1±4.2	56.7±1.6	103.3±58.8	96.1a	93.9a	88.8a
苯并[k]荧蒽	14.3±1.1	21.9±0.7	37.6±20.3	96.5a	94.6a	90.7a
苯并[a]芘	2.3±2.7	24.5±4.2	46.1±44.1	99.8a	97.7a	95.6a
二苯并[a,h]蒽	2.8±3.4	12.8±0.4	14.3±8.1	97.6a	88.7ab	87.5b
苯并[g,h,i]苝	112.3±34.4	136.8±2.7	206.9±57.2	86.2a	83.3ab	74.7b
茚并[1,2,3-cd]芘	115.4±28.0	99.8±3.4	133.7±44.9	84.8a	86.8a	82.3a
二环	—	—	—	—	—	—
三环	46.3±17.9	86.7±33.5	99.5±20.8	91.5a	84.1ab	81.7b
四环	90.7±20.1	87.3±4.8	227.0±161.1	98.3a	98.4a	95.8a
五环	55.4±5.4	116.0±5.0	201.3±130.3	97.8a	95.3a	91.9a
六环	227.7±61.5	236.5±6.1	340.7±96.6	85.5a	85.0a	78.4a
总量	420.2±85.9	526.6±35.2	868.4±402.9	95.8a	94.7a	91.3a

注：不同处理去除率同一行中不同字母代表在数值上存在显著差异（$p<0.05$）。

（四）放电气氛对多环芳烃去除效果的影响

在放电功率、放电时间和气体流量固定不变时,研究了不同气体对体系去除土壤 PAHs 的影响。氧自由基以及羟基自由基在有机污染物的脱除过程中起到重要作用,且氧自由基的浓度随着氧气含量的增加,氧气含量在 0~10%变化时,氧自由基变化趋势更加明显,但再增加氧气含量时变化趋势趋于缓和（张静等,2007;Flotron et al.,2005）。表 9.8 分别给出了通空气和纯氧气条件下等离子体处理后土壤中多环芳烃的浓度和去除率。处理 6 和处理 8 多环芳烃总量分别为 526.3μg/kg、438.7μg/kg,总量去除率分别为 94.7%和 95.6%,无显著差异。通空气和氧气对低环多环芳烃的去除率差别不大,对高环多环芳烃而言,通氧气能显著提高其去除率。但无论是通空气还是通氧气,对高分子量多环芳烃的去除率最低也达到 83.3%,对土壤中多环芳烃有非常好的去除效果。说明氧气含量达到一定程度后也能取得良好的去除效果。从经济成本等各方面综合考虑,选用等离子体处理污染土壤时通空气是较好选择。

表 9.8 不同放电气氛下等离子体处理后土壤中多环芳烃的浓度和去除率

多环芳烃	浓度/(μg/kg)		去除率/%	
	处理 6	处理 8	处理 6	处理 8
萘	—	—	—	—
苊	—	—	100.0a	100.0a
芴	—	—	—	—
菲	86.7±33.5	98.9±41.8	82.2a	79.8a
蒽	—	—	100.0a	100.0a
荧蒽	8.8±5.3	38.5±6.5	99.5a	97.9b
芘	6.4±2.3	11.2±5.1	99.6a	99.3a
苯并[a]蒽	32.4±2.2	36.5±0.7	96.1a	95.6b
䓛	39.7±3.6	63.2±16.3	96.5a	94.4a
苯并[b]荧蒽	56.7±1.6	57.4±8.7	93.9a	93.8a
苯并[k]荧蒽	21.9±0.7	21.5±3.1	94.6a	94.7a
苯并[a]芘	24.5±4.2	0.2±0.4	97.7b	100.0a
二苯并[a,h]蒽	12.8±0.4	8.9±1.0	88.7b	92.2a
苯并[g,h,i]芘	136.8±2.7	42.6±9.0	83.3b	94.8a
茚并[1,2,3-cd]芘	99.8±3.4	59.7±15.6	86.8a	92.1a
二环	—	—	—	—
三环	86.7±33.5	98.9±41.8	84.1a	81.8a
四环	87.3±4.8	149.4±27.7	98.4a	97.2b
五环	116.0±5.0	88.1±11.4	95.3b	96.5a
六环	236.5±6.1	102.3±19.3	85.0b	93.5a
总量	526.6±35.2	438.7±51.8	94.7a	95.6a

注：不同处理去除率同一行中不同字母代表在数值上存在显著差异（$p<0.05$）。

二、反应釜式低温等离子体对多环芳烃污染土壤的修复效果

采用正交试验方法（表 9.9）研究了放电功率、土壤粒径、土壤含水量等不同因素组合条件下，反应釜式低温等离子体技术对重度污染土壤中 PAHs 的去除效果。

表 9.9 试验处理正交表

处理号	因素			
	A（处理时间/min）	B（放电功率/kW）	C（土壤粒径/mm）	D（土壤含水量/%）
1	30	2	<0.9	3.5
2	60	2	0.9~2	5
3	90	2	2~5	6.5
4	30	3	0.9~2	6.5

续表

处理号	因素			
	A（处理时间/min）	B（放电功率/kW）	C（土壤粒径/mm）	D（土壤含水量/%）
5	60	3	2~5	3.5
6	90	3	<0.9	5
7	30	4	2~5	5
8	60	4	<0.9	6.5
9	90	4	0.9~2	3.5

研究结果表明，处理时间、放电功率和土壤粒径均能极显著影响污染土壤中总PAHs、四环和五环PAHs去除率，而土壤含水量对PAHs的去除无显著影响（图9.7）。对于三环与六环PAHs以及苯并[a]芘，四个因素对其去除效果均影响显著。粒径<0.9mm的污染土壤，PAHs总量在处理时间60min、放电功率4kW、土壤含水量6.5%去除率最大，高达75%；粒径在0.9~2mm的污染土壤，总PAHs在处理时间90min、放电功率3kW、土壤含水量3.5%，去除率为74%；粒径在2~5mm、污染土壤总PAHs在处理时间90min、放电功率2kW、土壤含水量6.5%，去除率为60%。综合考虑去除效果与经济成本等因素，反应釜式低温等离子体去除土壤中多环芳烃污染的最适参数为：处理时间90min、放电功率4kW、土壤粒径<0.9mm，土壤含水量3.5%~6.5%。

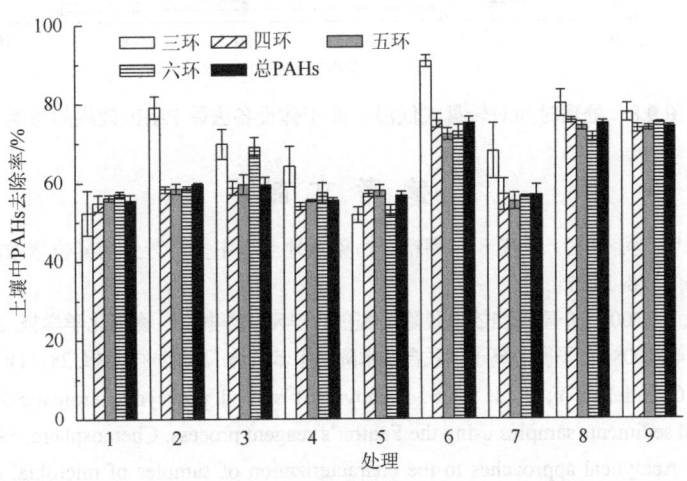

图9.7 不同处理污染土壤中PAHs去除率

三、转盘式低温等离子体对多环芳烃污染土壤的修复效果

采用转盘式低温等离子体设备处理PAHs污染土壤时，随着处理时间的增加，3种不同粒径的污染土壤中PAHs浓度均有显著下降（图9.8）。在处理时间为15min时，总PAHs去除率低于35%。随着处理时间的增加，土壤中PAHs浓度呈显著下降趋势。在处理时间为90min时，三环、四环、五环、六环和总PAHs去除率分别为54.5%、70.5%、65.2%、

99.1%和72.7%，其中，苯并[a]芘的去除率高达80.4%。

在相同处理时间时，反应釜式低温等离子体设备去除土壤中PAHs效果远远优于转盘式低温等离子体设备的去除效果。这可能是因为转盘式低温等离子体设备处理的土量远大于反应釜式低温等离子体设备，在0~15min内产生的自由基、激发态原子、激发态分子等活性物质与能量有限，致使污染土壤中的PAHs去除率不高。今后仍有待进一步优化转盘式等离子体反应器结构、电源、放电形式与反应器之间的匹配，并采用重迭放电法等技术以提高能量利用率，进而提高对污染物的去除率。

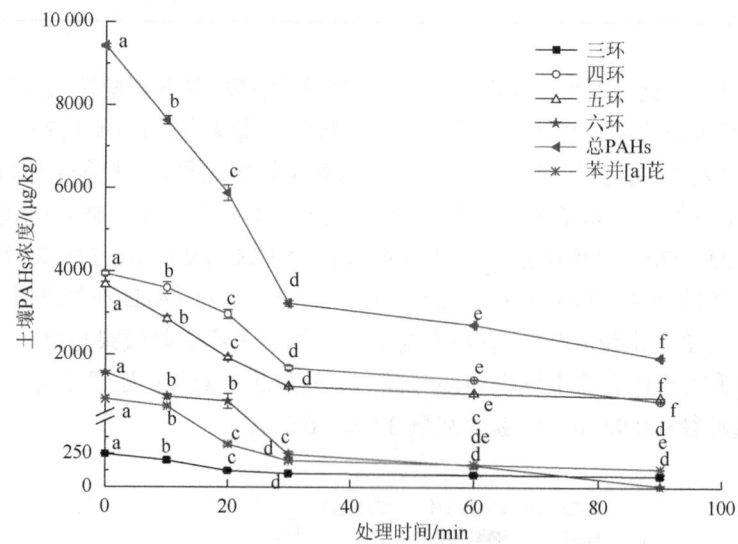

图9.8 处理时间对转盘式低温等离子体设备去除PAHs效果的影响

参 考 文 献

孙明明, 滕应, 骆永明, 等. 2013. 甲基β环糊精对污染场地土壤中多环芳烃的异位增效洗脱修复研究. 环境科学, 34 (6): 2428~2435.

张静, 吕福功, 徐勇, 等. 2007. 介质阻挡放电脱除甲醛的化学动力学模拟. 物理化学学报, 23 (9): 1425~1431.

竹涛, 李坚, 梁文俊, 等. 2008. 非平衡等离子体联合技术降解甲苯气体. 环境科学学报, 28 (11): 2299~2304.

Flotron V, Delteil C, Padellec Y, et al. 2005. Removal of sorbed polycyclic aromatic hydrocarbons from soil, sludge and sediments samples using the Fenton's reagent process. Chemosphere, 59 (10): 1427~1437.

Garland J L. 1996. Analytical approaches to the characterization of samples of microbial communities using patterns of potential C source utilization. Soil Biology and Biochemistry, 28 (2): 213~221.

Kraaij R, Seinen W, Tolls J, et al. 2002. Direct evidence of sequestration in sediments affecting the bioavailability of hydrophobic organic chemicals to benthic deposit-feeders. Environmental Science and Technology, 36 (16): 3525~3529.

Leppänen M T, Landrum P F, Kukkonen J V K, et al. 2003. Investigating the role of desorption on the bioavailability of sediment-associated 3, 4, 3, 4, -tetrachlorobiphenyl in benthic invertebrates. Environmental Toxicology and Chemistry, 22 (12): 2861~2871.

Lur E, Iker M, José M B, et al. 2009. Soil microbial community as bioindicator of the recovery of soil functioning derived from metal phytoextraction with sorghum. Soil Biology and Biochemistry, 41 (9):

1788~1794.

Margesin R, Walder G, Schinner F. 2000. The impact of hydrocarbon remediation (diesel oil and polycyclic aromatic hydrocarbons) on enzyme activities and microbial properties of soil. Acta Biotechnology, 20 (3-4): 313~333.

Mueller J G, Chapman P J, Blattmann B O, et al. 1990. Isolation and characterization of a fluoranthene-utilizaing strain of *Pseudomonas pauxinobilis*. Applied and Environmental Microbiology, 56 (4): 1079~1086.

Naranio L, Urbina H, De Sisto A, et al. 2007. Isolation of autochthonous non-white rot fungi with potential for enzymatic upgrading of Venezuelan extra-heavy crude oil. Biocatalysis and Biotransformation, 25 (2-4): 341~349.

Simpson E H. 1949. Measurement of diversity. Nature, 163: 668.

Teng Y, Luo Y M, Ping L F, et al. 2010a. Effects of soil amendment with different carbon sources and other factors on the bioremediation of an aged PAH-contaminated soil. Biodegradation, 21 (2): 167~178.

Teng Y, Luo Y M, Sun M M, et al. 2010b. Effect of bioaugmentation by *Paracoccus* sp. strain HPD-2 on the soil microbial community and removal of polycyclic aromatic hydrocarbons from an aged contaminated soil. Bioresource Technology, 101 (10): 3437~3443.

第三篇　石油污染土壤的修复机制与技术发展

　　石油污染土壤的生物修复技术有很多种，一般可以分为原位修复技术和异位修复技术。原位修复技术主要包括生物通风、生物强化和生物刺激等。原位修复技术中的生物修复因具有经济成本低、环境友好和易实施等优点，成为一种极有前途的石油污染土壤修复技术。异位修复技术是将石油污染土壤移到别的地点或生物反应器内再进行修复，主要包括土耕法、预制床法、堆制处理法、生物反应器和厌氧生物处理法等。异位修复具有修复时间短、修复效果易控制等优点，但投资成本较大。因此，以原位生物修复为主体、组合其他方法的联合修复技术已成为石油污染土壤及场地修复的主流发展方向。鉴于此，本篇主要介绍石油污染土壤的原位微生物修复技术、植物-微生物联合修复技术以及石油污染场地的异位生物修复技术，旨在为石油污染土壤的修复治理提供科学依据与技术支撑。

第十章 石油污染土壤的微生物修复

自然界存在众多的石油降解微生物，最常见的石油降解细菌包括假单胞菌属（*Pseudomonas*）、节杆菌属（*Arthrobacter*）、不动杆菌属（*Acinetobacter*）和产碱杆菌属（*Alcaligenes*）等。在石油污染土壤的微生物修复过程中，石油中的主要成分——烃类化合物的憎水性是微生物进行代谢和降解存在的主要问题。表面活性剂可以促进石油的乳化，使之在水相中分散，从而增加两相之间的界面面积。化学表面活性剂和生物表面活性剂能够乳化原油、增强石油的水溶性（Rahman et al.，2002；Adkins et al.，1992），显著促进结合态石油烃类的降解。本章介绍了产表面活性剂菌株、石油乳化菌和石油降解菌群对石油污染土壤的修复效应。

第一节 产表面活性剂菌株的分离鉴定及其石油洗脱效果

微生物产生的生物表面活性剂包括许多不同的种类，如糖脂、脂肽、多糖-脂类复合物、磷脂、脂肪酸和中性脂等。它们主要是由利用石油烃作为碳源的微生物产生，并可以乳化这些碳源，以利菌体的吸收。因此，在石油烃污染土壤中添加表面活性剂有助于污染土壤的修复。本研究通过测定发酵液表面张力，从石油污染土壤中分离筛选出一株具有较强产生物表面活性剂的菌株，优化了该菌株的发酵条件，并探讨了该菌株对油泥的洗脱效果。

一、菌株的筛选、分离与鉴定

以原油作为选择性培养基的唯一碳源，从被原油污染的油田土壤中分离纯化获得 57 株细菌。对各菌株进行液体发酵培养，测定发酵液的表面张力，发现有 3 株菌使发酵液的表面张力分别降到 27.8mN/m、27.3mN/m、27.4mN/m（纯水的表面张力为 71.5mN/m），将其中效果最好的一株菌编号为 SB-5。图 10.1 是 SB-5 在以原油为唯一碳源的液体培养基中培养后的情况，由显微照片可以看出原油被乳化分散成细小的液滴 [图 10.1（c）]。

 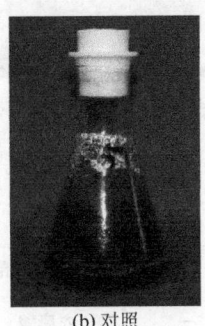 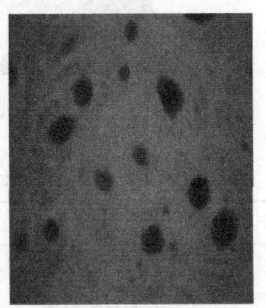

(a) 培养后　　　(b) 对照　　　(c) 显微镜照片

图 10.1 菌株对原油的乳化作用

菌 SB-5 经革兰氏染色为阴性，杆状，无芽孢（图 10.2）。平板生长菌落呈乳白色，半透明，表面光滑、湿润（图 10.3）。表 10.1 为菌株 SB-5 对 Biolog 平板上 95 种碳源的利用情况。经 16S rDNA 测序分析，菌株 SB-5 与铜绿假单胞菌（*Pseudomonas aeruginosa*）的相似性为 99%，结合形态学与生理生化指标，将菌株 SB-5 鉴定为一株铜绿假单胞菌 *Pseudomonas aeruginosa*。

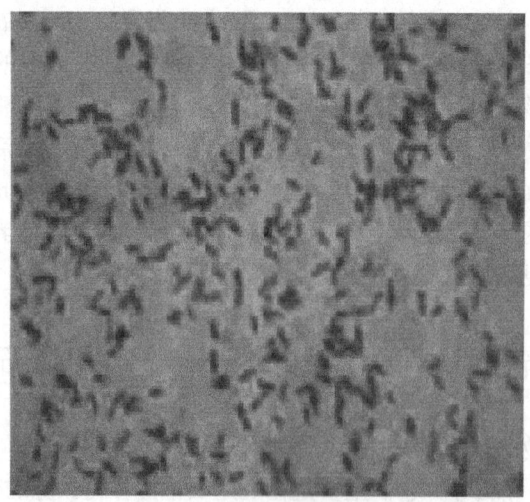

图 10.2　菌株 SB-5 革兰氏染色的显微镜照片

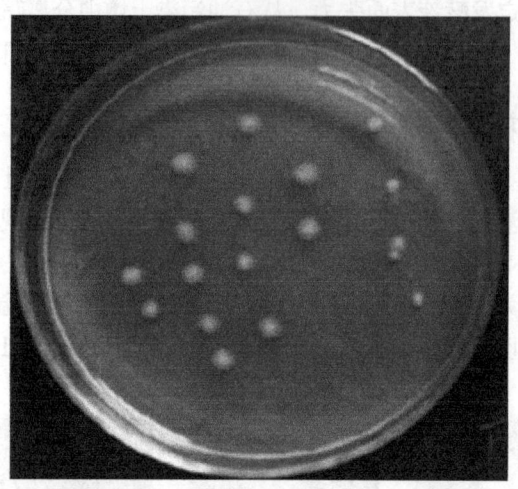

图 10.3　菌株在 LB 平板上的菌落形态

表 10.1　SB-5 菌株对 Biolog 板上 95 种碳底物的利用能力

底物	利用状况	底物	利用状况	底物	利用状况	底物	利用状况
水	—	D-蜜二糖	—	p-羟基苯乙酸	+	L-组氨酸	—
环糊精	—	β-甲基-D-葡萄糖苷	—	衣康酸	+	羟基-L-脯氨酸	+
糊精	—	阿洛酮糖	—	α-酮丁酸	—	L-亮氨酸	

续表

底物	利用状况	底物	利用状况	底物	利用状况	底物	利用状况
淀粉	v	D-棉子糖	−	α-酮戊二酸	+	L-鸟氨酸	v
吐温 40	+	L-棉子糖	−	α-酮戊酸	v	L-苯丙氨酸	−
吐温 80	+	D-山梨醇	−	D, L-乳酸	+	L-脯氨酸	+
N-乙酰基-D-半乳糖胺	−	蔗糖	−	丙二酸	+	L-焦谷氨酸	+
N-乙酰基-D-葡萄糖胺	−	D-海藻糖	v	丙酸	+	D-丝氨酸	−
侧金盏花醇	−	松二糖	−	奎尼酸	+	L-丝氨酸	v
L-阿拉伯糖	v	木糖醇	−	D-葡糖二酸	−	L-苏氨酸	−
D-阿拉伯糖	−	甲基丙酮酸	+	癸二酸	−	D, L-肉碱	+
D-纤维二糖	−	单甲基琥珀酸	+	琥珀酸	+	γ-氨基丁酸	+
赤藻糖醇	−	乙酸	+	溴丁二酸	+	尿刊酸	+
D-果糖	−	顺-乌头酸	+	琥珀酰胺酸	−	肌苷	+
L-果糖	−	柠檬酸	+	葡糖醛酰胺	−	尿苷	−
D-半乳糖	−	甲酸	+	L-丙氨酸胺	−	胸腺嘧啶核苷	−
龙胆二糖	−	D-乳糖酸内酯	−	D-丙氨酸	−	苯乙胺	−
α-D-葡萄糖	+	D-半乳糖醛酸	−	L-丙氨酸	v	丁二胺	+
m-肌醇	−	D-葡萄糖酸	+	L-丙氨酰甘氨酸	−	2-氨基乙醇	+
α-D-乳糖	−	D-葡萄糖胺酸	−	L-天冬酰胺酸	+	2, 3-丁二醇	v
乳果糖	−	D-葡萄糖醛酸	−	L-天门冬氨酸	+	丙三醇	v
麦芽糖	−	α-羟基丁酸	−	L-谷氨酸	+	D, L-α-磷酸甘油	−
D-甘露醇	+	β-羟基丁酸	+	甘氨酰-L-天门冬氨酸	−	1-磷酸葡萄糖	−
D-甘露糖	−	γ-羟基丁酸	−	甘氨酰-L-谷氨酸	−	6-磷酸葡萄糖	−

注：+表示可利用，−表示不能利用，v 表示有微弱利用能力。

二、菌株的发酵条件优化

（一）培养基组分与培养条件的影响

培养基的组分及培养条件对菌种的生长和产物积累具有至关重要的作用，设计正交试验考察了不同碳源和氮源的种类、pH、装液量、培养温度等培养基组分与培养条件对发酵液表面张力的影响（表 10.2）。表中的极差值反映了各因素对发酵液表面张力影响的大小，极差越大，表明影响越大。由表可知，碳源、装液量和温度对发酵液表面张力的影响较大，氮源和 pH 的影响次之。

表 10.2 正交试验方案及结果

试验号	C（碳）源	N（氮）源	pH	装液量	温度	对照	表面张力/（mN/m）
1	1	1	1	1	1	1	49.6
2	1	2	2	2	2	2	42.9
3	1	3	3	3	3	3	26.9
4	1	4	4	4	4	4	27.0
5	1	5	5	5	5	5	47.5
6	2	1	2	3	4	5	25.2
7	2	2	3	4	5	1	29.0
8	2	3	4	5	1	2	50.0
9	2	4	5	1	2	3	43.5
10	2	5	1	2	3	4	27.6
11	3	1	3	5	2	4	32.2
12	3	2	4	1	3	5	30.9
13	3	3	5	2	4	1	30.0
14	3	4	1	3	5	2	31.5
15	3	5	2	4	1	3	34.1
16	4	1	4	2	5	3	27.3
17	4	2	5	3	1	4	47.6
18	4	3	1	4	2	5	28.8
19	4	4	2	5	3	1	29.4
20	4	5	3	1	4	2	28.4
21	5	1	5	4	3	2	47.9
22	5	2	1	5	4	3	58.0
23	5	3	2	1	5	4	48.0
24	5	4	3	2	1	5	52.5
25	5	5	4	3	2	1	47.8
均值 1	38.8	36.4	39.1	40.1	46.8	37.0	
均值 2	35.1	41.7	35.9	36.1	39.0	40.1	
均值 3	31.7	36.7	33.8	35.8	32.5	38.0	
均值 4	32.3	36.8	36.6	33.4	33.7	36.5	
均值 5	50.8	37.1	43.3	43.4	36.7	37.0	
极差	19.1	5.2	9.5	10.1	14.2	3.7	

注：碳源 1~5 分别为：葡萄糖、糖蜜、植物油、柠檬酸钠、石蜡；氮源 1~5 分别为：蛋白胨、硝酸铵、酵母膏、尿素、豆粕粉；pH 1~5 分别为：6.0、7.0、7.5、8.0、8.5；装液量 1~5 分别为：30、50、100、150、200mL；温度 1~5 分别为：20、25、30、35、40℃。

（二）各因素对菌株产糖脂的影响

碳源是构成细胞物质和供给微生物生长发育所需能量的重要营养物质。已知铜绿假单胞菌（P. aeruginosa）可在多种碳源中生长，这些碳源包括烷烃、甘油、葡萄糖、乙醇及植物油等。图 10.4 表示不同碳源对菌株 SB-5 的发酵液表面张力的影响。SB-5 菌株在不同碳源中生长时，培养基的表面张力变化较大，其中以植物油为碳源时表面张力最低。植物油作为一种再生资源，分布广泛，容易获取，而且价格低廉，可作为菌种的适宜碳源。

因此，从经济性考虑，植物油（菜油）是大规模生产生物表面活性剂的首选碳源。

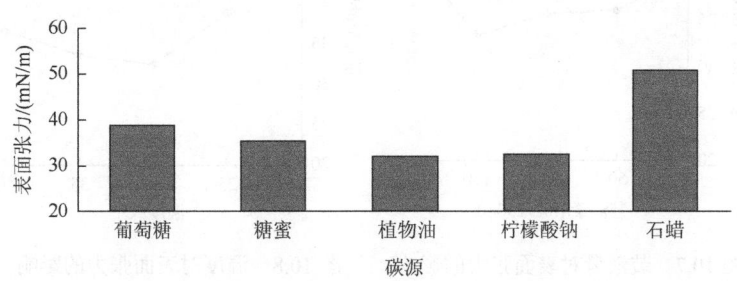

图 10.4　不同碳源对表面张力的影响

在众多的研究中，氮源可能是生物表面活性剂的调节关键，它提供了合成原生质和细胞其他结构的原料，对微生物的生长发育和稳定生长期及细胞生产生物表面活性剂起重要的作用。从图 10.5 可以看出以硝酸铵为氮源时培养基的表面张力偏高，而在其他 4 种氮源中以蛋白胨为氮源时菌体培养基的表面张力最低，可作为菌株生长的适宜氮源。

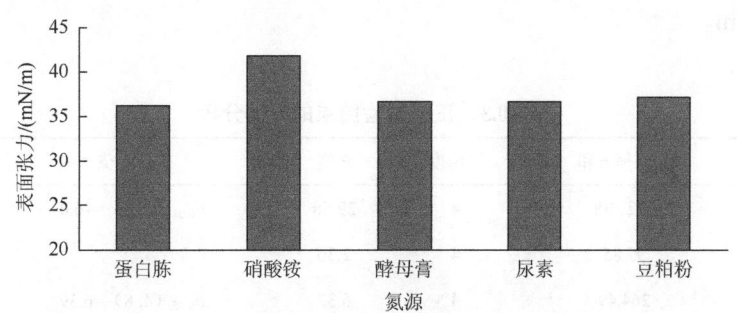

图 10.5　不同氮源对表面张力的影响

pH 与微生物的生命活动关系密切，它影响原生质膜所带电荷的极性和渗透性。由图 10.6 可知，发酵培养基起始 pH 与发酵液的表面张力有关，初始 pH 控制在 7.5 时效果最佳，而偏低或偏高于这一值时都会影响发酵液的表面张力。

培养基的装液量能反映出菌体对氧气的需求量。由图 10.7 可知，菌体合成生物表面活性剂对通气量的要求不高，为了在实验室摇瓶发酵的方便，装液量选用 100mL（250mL）。

温度是影响生物表面活性剂产量的重要环境因素。由图 10.8 可知，在 30℃时，培养基发酵液的表面张力最低，可作为菌株的适宜培养温度。

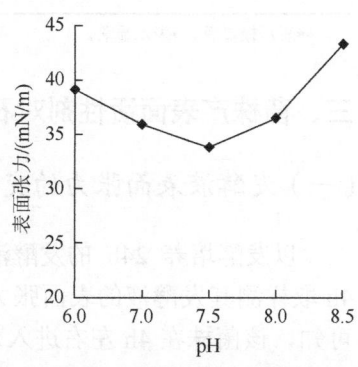

图 10.6　pH 对表面张力的影响

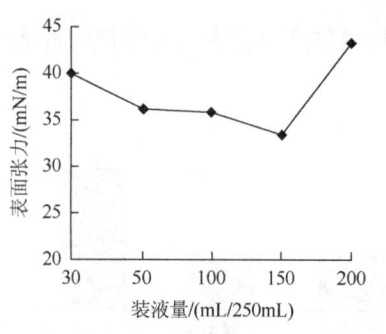 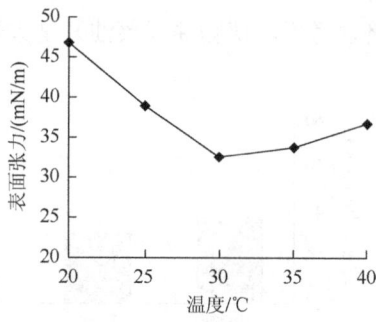

图 10.7 装液量对表面张力的影响　　图 10.8 温度对表面张力的影响

发酵液表面张力值的方差分析见表 10.3。由表中可以看出，各因素对发酵液表面张力的影响主次顺序为：碳源＞温度＞装液量＞pH＞氮源，并且碳源、装液量和温度 3 因素对发酵液的表面张力影响较大，碳源达到极显著水平（$F > F_{0.01}$），装液量和温度达到显著水平（$F_{0.05} < F < F_{0.01}$），为主要影响因素。氮源和 pH 两因素对发酵液表面张力的影响程度较小，未达到显著水平（$F < F_{0.05}$），为次要因素。其中，在碳源为植物油、氮源为蛋白胨、初始 pH 7.0、温度 35℃、装液量 100mL 的条件下，发酵液的表面张力可达到 25.2mN/m。

表 10.3　正交试验结果的方差分析

方差来源	偏差平方和	自由度	F 值	F 临界值	显著性
碳源	1227.38	4	29.58	$F_{0.01}(4, 8) = 16.0$	**
氮源	97.85	4	2.36		
pH	264.49	4	6.37	$F_{0.05}(4, 8) = 6.39$	
装液量	371.54	4	7.65		*
温度	637.09	4	15.35		*
误差	41.5	4			

**表示极显著，*表示显著。

三、菌株产表面活性剂对石油的洗脱效果

（一）发酵液表面张力的变化及生长曲线

以发酵培养 24h 的发酵液为种子液，4%的接种量接入新鲜发酵培养基中培养，每 4h 取样测其发酵液的表面张力和生物量（OD 值）变化，结果如图 10.9 所示。由图 10.9 可知，该菌株在 4h 左右进入对数生长期，发酵液的表面张力随菌体量的增加而降低，当培养时间达到 16h 后，菌体量进入稳定期，此时发酵液的表面张力达到最低值。且在 12h 以后，发酵液的表面张力趋势一致，表明该菌株所产生物表面活性剂有较好的稳定性。

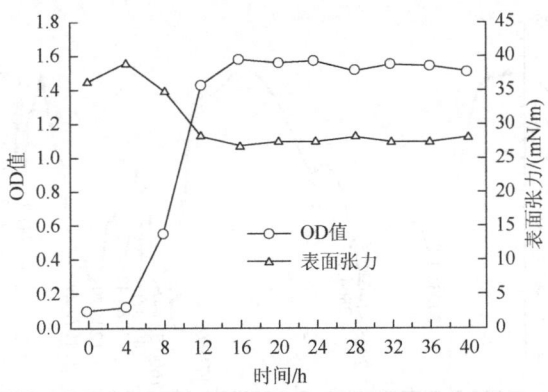

图10.9 发酵液表面张力变化与生长曲线的关系

(二) 生物表面活性剂成分分析

为了确定该菌所产生物表面活性剂离子类型，对发酵液进行了亚甲基蓝-氯仿实验，结果显示氯仿层变蓝（图10.10），表明此生物表面活性剂为阴离子型。

图10.10 亚甲基蓝-氯仿实验

生物表面活性物质以氯仿/甲醇/水（65/15/2，$V/V/V$）为展开剂在硅胶板上展开后，经特异性显色剂处理显示糖脂斑点，可判断该菌株产糖脂类生物表面活性剂。

图10.11是SB-5所产表面活性物质的红外光谱图，图中有几个明显的吸收峰，分析表明存在着下列基团：3403.61/cm波段吸收峰表明分子中有大量羟基存在；3100~2900/cm波段吸收峰是糖类C—H的伸缩振动，1400~1200/cm是C—H变角振动；1719.63/cm是C=O的双键振动；1075.29/cm为C—O—C键伸缩振动，说明分子中有一个五元环状内酯和糖苷键存在。根据图谱分析，此菌所产的生物表面活性剂为一种糖脂类物质，其分子的具体结构还有待进一步的深入研究。图10.12和图10.13是所筛菌株3号和8号的红外光谱图，分析结果也为糖脂类表面活性剂。

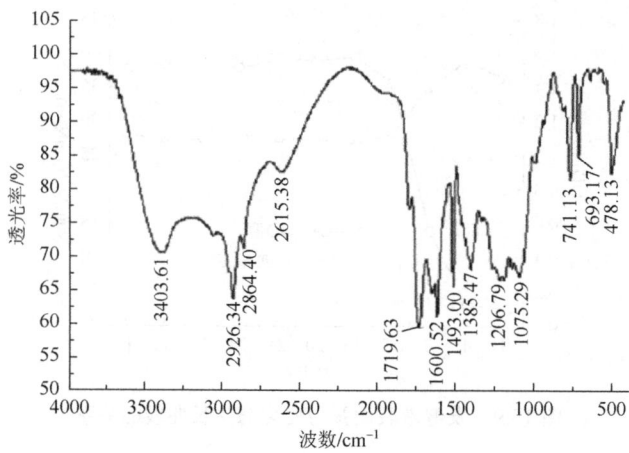

图 10.11　SB-5 表面活性物质的红外光谱

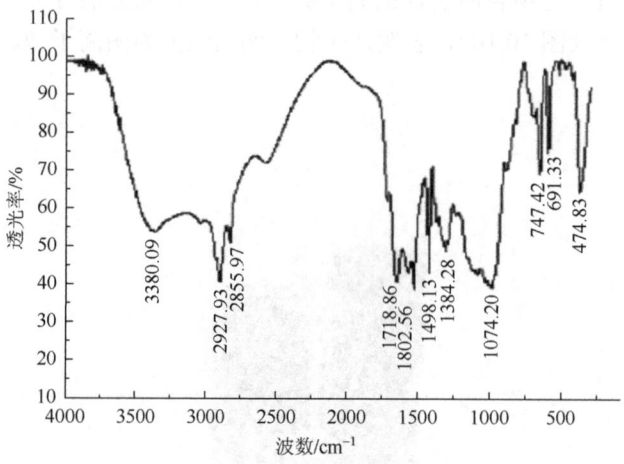

图 10.12　3 号菌株表面活性物质的红外光谱

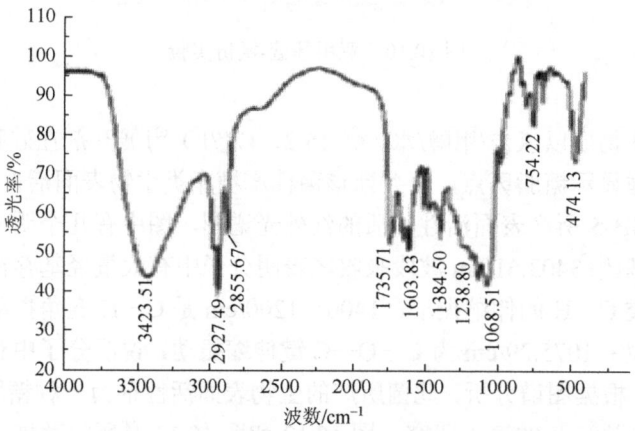

图 10.13　8 号菌株表面活性物质的红外光谱

（三）生物表面活性剂对油泥的处理效果

采用菌株 SB-5 发酵液处理油泥后，油、泥、水三相明显分离（图 10.14）。经过处理后的清洁土壤在下层，从油泥中洗脱出的油浮在表层，水相则在中间，浮油可以回收再利用。处理 8 天后，菌株 SB-5 发酵液对油泥的洗脱率达 45.2%，而用水和培养基处理对油泥的洗脱效果则分别为 14.3%和 24.0%，表明微生物发酵过程中产生的生物表面活性剂显著提高了对油泥的洗脱能力。

图 10.14　菌株 SB-5 处理油泥后三相分离现象

第二节　石油降解菌群的富集及其对石油的分解作用

石油的产地不同、油层不同，组分及各成分之间的比例有很大差别，甚至同一油层内不同原油的性质也有很大差别。不同的原油性质势必会导致其可生物降解性的不同，因此对待不同来源的石油污染应该采取不同的生物修复方法。本研究从不同来源的石油污染土壤中富集得到一组石油降解菌群，并利用该菌群对来自胜利、江汉、南阳和西江的 4 种原油进行了降解实验，并对原油性质与降解差异性的原因进行了分析，为微生物修复技术在不同的石油污染土壤中的应用提供了科学依据。

一、石油降解菌群的富集

分别从油田、石化厂以及汽车修理厂等 5 个来源的石油污染土壤中富集得到 5 个菌群（菌群 12、14、16、18 和 19 号），其中的菌群 14 使发酵液的表面张力降低最多（表 10.4）。发酵液表面张力的降低可以加大石油的水溶性，有利于其与微生物接触从而加快分解。图 10.15 显示在该菌群作用下，培养液中的油被乳化成小颗粒，菌群生长在油滴周围。从图 10.16 也可以看出对照中油浮在培养液表面，而经过菌群 14 处理后三角瓶中的原油水溶性增强，基本上全部溶入水中，从而加大了菌与油的接触面积，为随后的分解创造了条件。表 10.4 也表明菌群 14 降解原油的能力最强。因此，选用该菌群作进一步研究。

表 10.4 各菌群发酵液的表面张力和对胜利原油的降解率*

菌群编号	12	14	16	18	19
表面张力/(mN/m)	49.4	41.6	46.7	46.1	52.2
降解率/%	17.25	19.80	15.43	12.41	13.22

* 降解率：100×[1−处理瓶中油重量/对照瓶中油重量]。培养条件 30℃，28d，下同。

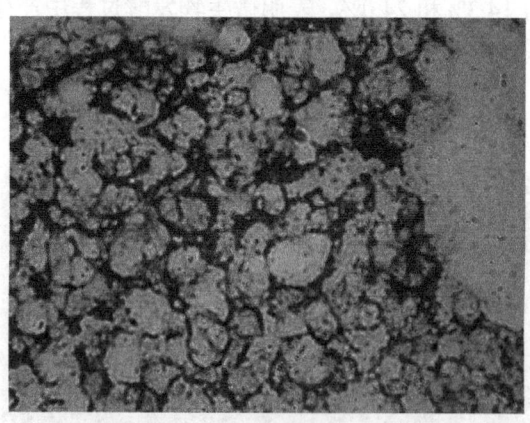

图 10.15 菌群附着在乳化后的油滴上生长的显微照片（×1000）

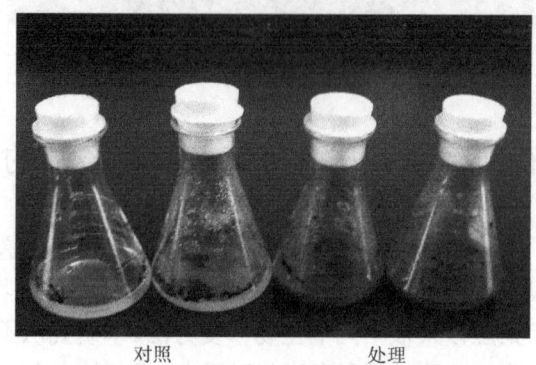

图 10.16 14 号菌群处理前后的原油

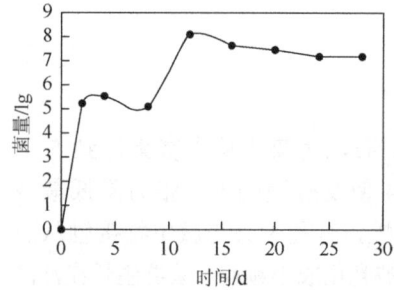

图 10.17 菌群 14 在以胜利原油为唯一碳源的 BH 培养基中的生长曲线

二、菌群对不同原油的降解作用

从图 10.17 可以看出，菌群 14 从接入培养基培养 4d 后，菌量有明显的增加，但从 4~8d 显著下降。这可能是因为原油中较易利用的物质在前 4d 内被快速消耗，从而导致菌量下降，随后，由于菌群中的另外一些能利用难降解类有机物的细菌逐步适应环境并开始大量增殖，使菌量在 8~12d 时又显著增加，进入对数期。由于细菌在快速生长的过程中需要消耗碳源，此时也是原油的快速降解期。随后，菌量逐步减少，到 20~24d 时菌量基本保持不变。因此，在以后的试验中选用 28d 作为菌群作用时间。

API°是石油的一个很重要性质，API°=（141.5/$d_{15.6}^{15.6}$）–131.5（$d_{15.6}^{15.6}$）是油品的相对密度，指 15.6℃时油品的密度与 15.6℃时水的密度的比值）。API°反映油品的轻重，密度越小，API°越大。石油的相对密度与各种烃类的含量直接相关，而各种烃类的相对密度与其分子结构有关。芳香环的碳与碳之间的键最短、结构最紧凑，按每个碳原子计算的分子体积最小，所以它的相对密度最大。环烷烃的相对密度次之，烷烃的相对密度最小。所以从表达式上看，API°仅与相对密度有关但其综合表征石油的烃类组成。一般随着原油中胶质和沥青质含量的增加，其 API°减小。黏度是评定油品流动性的指标，反映了液体内部分子之间的摩擦力。不言而喻，黏度值必然与分子的大小与结构有密切关系。对同族的烃类，一般的化合物的分子量越大，其黏度也越大；当分子量接近时，具有环状结构的分子黏度大于链状结构的，而且分子中的环数越多则其黏度也越大。因此，在油品的性质中，黏度是表征油品性质的一个重要参数，梁文杰（1995）认为化合物"环数"是黏度的"载体"，这同时也说明了液体的黏度值包含了它的分子结构的信息。原油的 API° 性质与黏度性质均包含了其分子结构的信息，可以较好地表征其烃类组成。这两项性质容易检测且检测结果准确，因此本文选取 4 种 API°、黏度相差较大的胜利、江汉、南阳和西江油田原油进行降解试验。根据实验结果（表 10.5）可以看出菌群对 4 种原油的降解率与原油的 API°成正相关，Y=1.8303X–22.059，R^2=0.794，与原油的黏度成负相关，Y=–0.2042X+39.629，R^2=0.8853（X 为原油的黏度，Y 为原油的降解率）。API°越低的原油降解性越差，是由于 API°、黏度与石油中的胶质和沥青质有对应关系。一般来说，API°低的原油其胶质和沥青质的总含量较高。而胶质和沥青质都是由多个芳香环组成的稠环芳烃高分子的难降解物质，并且还会包裹原油中较易分解的物质，从而影响原油的降解率。

表 10.5 菌群 14 对四种不同原油的降解性

	胜利油田	江汉油田	南阳油田	西江油田
总降解率/%	19.58±1.03	37.29±1.74	25.42±1.23	36.10±2.76
饱和烃降解率/%	32.59±2.61	56.29±2.42	45.97±1.41	54.53±0.56
芳香烃降解率/%	13.71±3.00	8.93±3.40	15.54±13.65	13.63±2.76
API°	22.22	30.20	28.80	31.65
黏度（50℃）/（mm²/s）	105.0	21.45	48.62	21.41

三、菌群对正链烷烃的降解作用

GC 分析表明，西江和江汉原油中饱和正链烷烃的组分全部被菌群 14 降解，而胜利和南阳原油中的这些组分只是部分被降解（图 10.18~图 10.25）。这提示同一微生物菌群对不同原油中的同样组分的降解能力是不同的。因此，原油组分的生物降解性不仅仅与这些物质的化学结构相关，还与整个原油的性质有关。由于南阳和胜利原油中的沥青和胶质含量较高，这些物质不仅自身难以分解，而且还会包裹较易分解的正链烷烃，从而使它们难于被微生物分解。

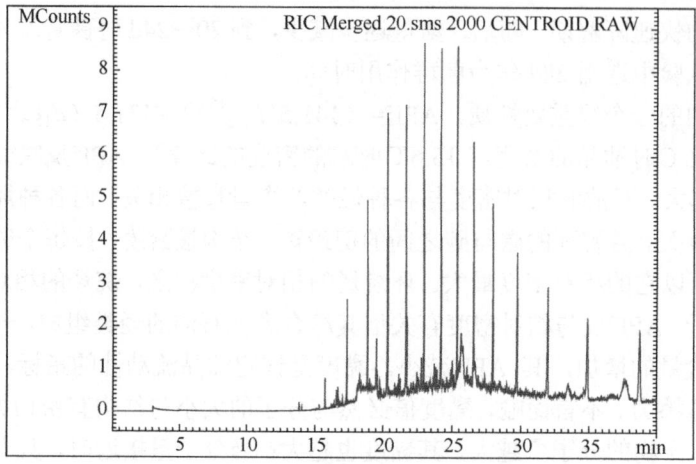

图 10.18　处理前西江原油饱和烷烃 GC/MS 图

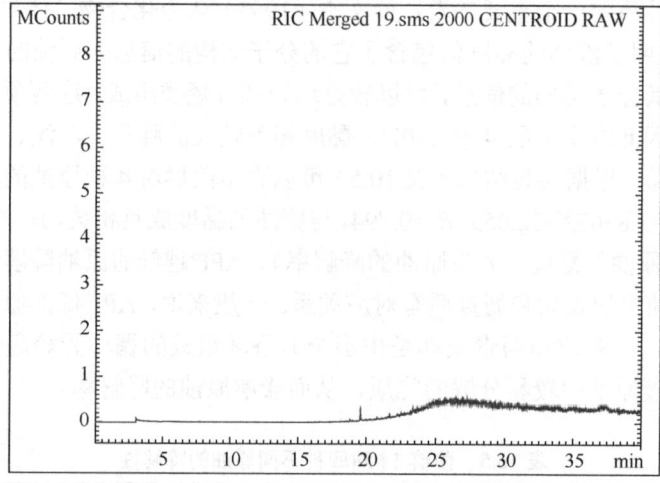

图 10.19　处理后西江原油饱和烷烃 GC/MS 图

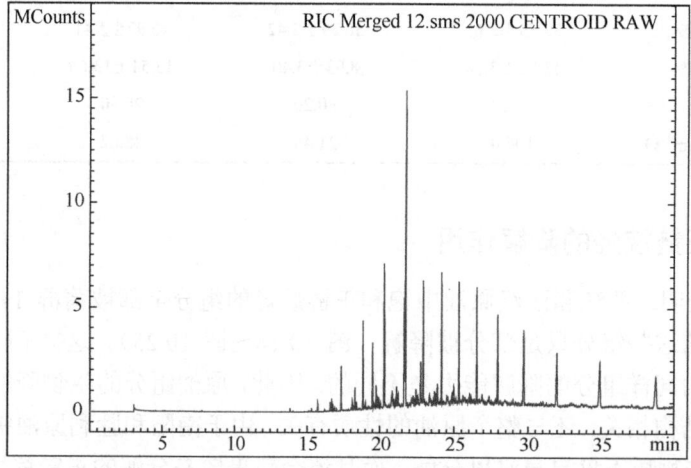

图 10.20　处理前江汉原油饱和烷烃 GC/MS 图

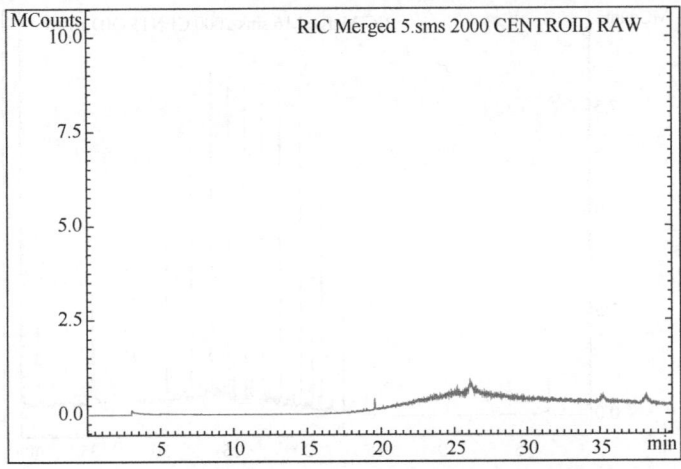

图 10.21　处理后江汉原油饱和烷烃 GC/MS 图

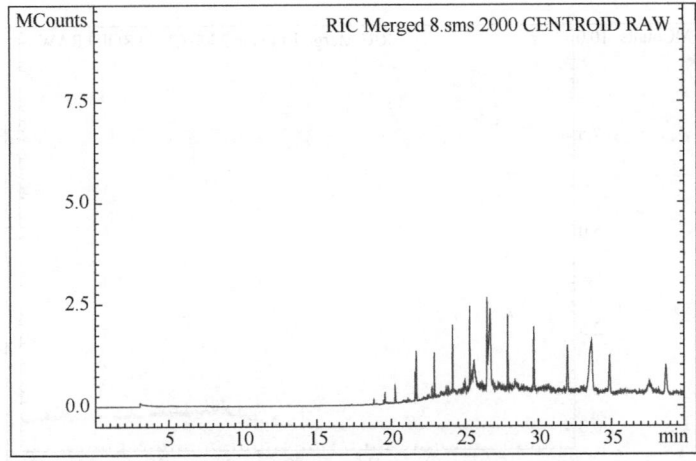

图 10.22　处理前胜利原油饱和烷烃 GC/MS 图

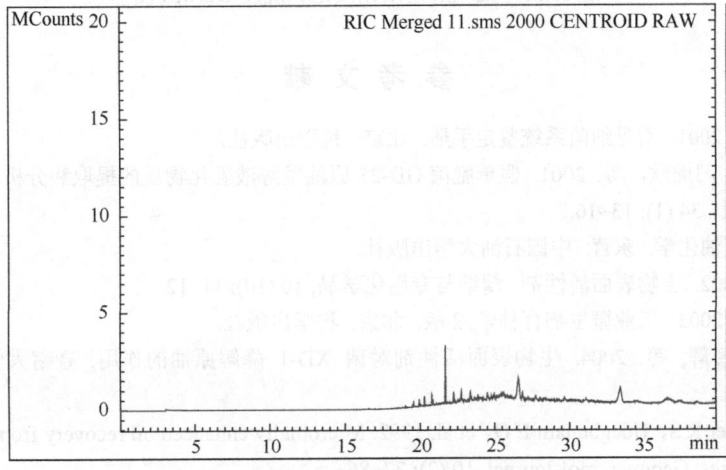

图 10.23　处理后胜利原油饱和烷烃 GC/MS 图

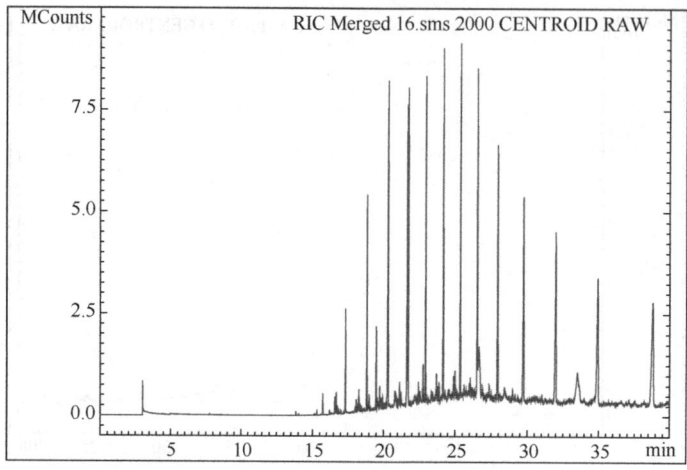

图 10.24 处理前南阳原油饱和烷烃 GC/MS 图

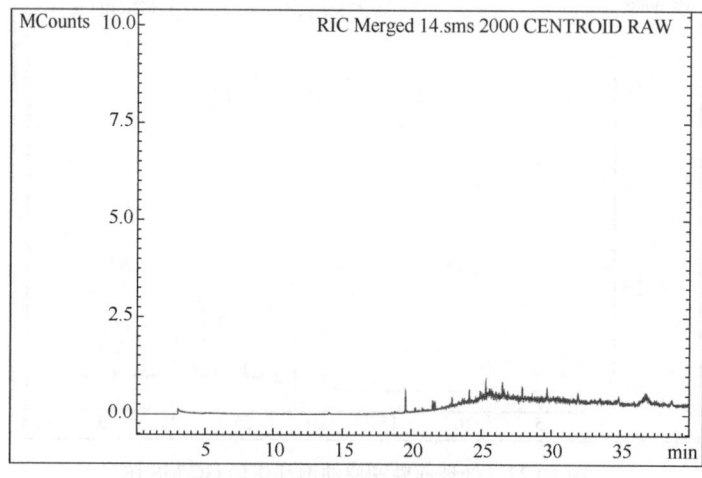

图 10.25 处理后南阳原油饱和烷烃 GC/MS 图

参 考 文 献

东秀珠, 蔡妙英. 2001. 常见细菌系统鉴定手册. 北京: 科学出版社.

梁凤来, 张心平, 刁虎欣, 等. 2001. 假单胞菌 GD-23 原油发酵液乳化物质的提取和分析. 南开大学学报 (自然科学版), 34 (1): 13~16.

梁文杰. 1995. 石油化学. 东营: 中国石油大学出版社.

梅建凤, 王普. 2002. 生物表面活性剂. 精细与专用化学品, 10 (10): 11~12.

施巧琴, 关松刚. 2003. 工业微生物育种学. 2 版. 北京: 科学出版社.

谢丹平, 尹华, 彭辉, 等. 2004. 生物表面活性剂对菌 XD-1 降解原油的作用. 暨南大学学报, 25 (3): 365~369.

Adkins J P, Tanner R S, Udegbunam E O, et al. 1992. Microbially enhanced oil recovery from unconsolidated limestone cores. Geomicrobiol Journal, 10 (2): 77~86.

Atlas R M, Sextone A P, Gustin O, et al. 1978. Biodegradation of crude oil by Tundra soil Microorganisms.

Proceedings of the 4th International Biodegradation Symposium Applied Science Publs. Ltd. 21~26.

Ding K Q, Luo Y M, Sun T H, et al. 2002. Bioremediation of soil contaminated with petroleum using forced-aeration composting. Pedosphere, 12 (2): 145~150.

Gogoi B K, Dutta N N, Goswami P, et al. 2003. A case study of bioremediation of petroleum-hydrocarbon contaminated soil at a crude oil spill site. Advances in Environmental Research, 7 (4): 767~782.

Lacotte D J, Mille G, Acquavivah M, et al. 1995. In vitro biodegradation of Arabian Light 250 by a marine mixed culture using fertilizers as nitrogen and phosphorous sources. Chemosphere, 31 (11): 4351~4358.

Leahy J G, Colwell R R. 1990. Microbial degradation of hydrocarbons in the environment. Microbiological Reviews, 54 (3): 305~315.

Raghavan P U M, Vivekanandan M. 1999. Bioremediation of oil-spilled sites through seeding of naturally adapted Pseudomonas putida. International Biodeterioration and Biodegradation, 44 (1): 29~32.

Rahman K S M, Banat I M, Thahira J, et al. 2002. Bioremediation of gasoline contaminated soil by a bacterial consortium amended with poultry litter, coir pith and rhamnolipid biosurfactant. Bioresource Technology, 81 (1): 25~32.

第十一章 石油污染土壤的植物-微生物联合修复

从 20 世纪 80 年代以来，植物修复技术已经成为石油污染土壤修复领域的研究热点，并开始进入产业化初期阶段。但植物修复也有其局限性，包括植物对石油污染的抗逆性较差、土壤中石油组分的生物有效性低，以及植物只能代谢部分石油组分等。微生物与植物的联合修复在很大程度上解决了这一难题。接种植物根际促生菌可以缓解环境逆境对植物生长的抑制，提高修复植物的生物量。接种表面活性剂产生菌能够显著降低石油组分表面张力，显著提高不溶性石油组分的生物可利用性。植物的根系分泌物还可促进土壤中土著微生物对石油组分的降解代谢。因此，石油污染土壤的植物-微生物联合修复技术具有良好的应用前景。本章分别介绍了植物根际促生菌、表面活性剂产生菌以及土著降解菌群与修复植物高羊茅对石油污染土壤的联合修复效应，以期为研发石油污染土壤的植物-微生物联合修复技术奠定基础。

第一节 植物根际促生菌的筛选及其强化植物修复

植物根际促生菌（plant growth promoting rhizobacteria，PGPR）是一类能够自由生长或定殖于植物根系，并显著地促进植物生长发育和新陈代谢以及防止病害的有益菌。大部分植物根际促生菌可以分泌吲哚乙酸（indole-3-acetic acid，IAA）和维生素，并能利用 1-氨基环丙烷-1-羧酸（1-aminocyclopropane-1-carboxylate，ACC）为唯一氮源，促进植物的生长发育。这一特征已成为从植物根际土壤中筛选 PGPR 的基本手段。本节以 ACC 为唯一氮源，从石油污染土壤中分离含 ACC 脱氨酶的植物根际促生菌，并对其促生特性和强化植物修复的效果进行了研究。

一、植物根际促生菌的分离与鉴定

（一）根际促生菌的分离及其环境耐受性

以 ACC 为唯一氮源，采用富集培养法从胜利、大港油田的石油污染土壤中分离得到 115 株具有 ACC 脱氨酶活性的菌株。在此基础上，对产 ACC 脱氨酶比活力＞1.0mol/L α-KB/（mg·h）的 5 株菌株进行深入研究，测定了其产铁载体、吲哚乙酸（IAA）和溶磷能力，发现菌株 D5A 产 ACC 脱氨酶的比活力最大，产 IAA 和溶磷能力比其他 4 株菌株强。

对菌株 D5A 进行耐盐性试验，结果表明在 0.5%～3%盐度条件下，D5A 生长变化不明显，在 3%～12%盐含量条件下，D5A 的生长随盐含量的增加逐渐受到抑制，D5A 总体上表现出对盐具有较强的耐性。

在不同 pH 条件下测定菌株 D5A 的生物量，发现在 pH 为 4~10 的条件下，D5A 菌能正常生长。因此，菌株 D5A 具有较强的酸碱耐性。

（二）植物根际促生菌的鉴定

菌株 D5A 呈短杆状（(0.7~0.9)μm×(1.8~3.0)μm），菌落黏稠半透明、表面湿润光滑、边缘整齐，革兰氏染色阴性，其电镜图片如图 11.1 所示。生理生化鉴定结果表明：菌株 D5A 能充分地利用淀粉、乳糖、葡萄糖、蔗糖，但不能液化明胶，甲基红试验、伏-普试验、氧化酶试验、硝酸盐还原试验均为阴性；吲哚试验、柠檬酸盐试验、接触酶试验结果均为阳性。

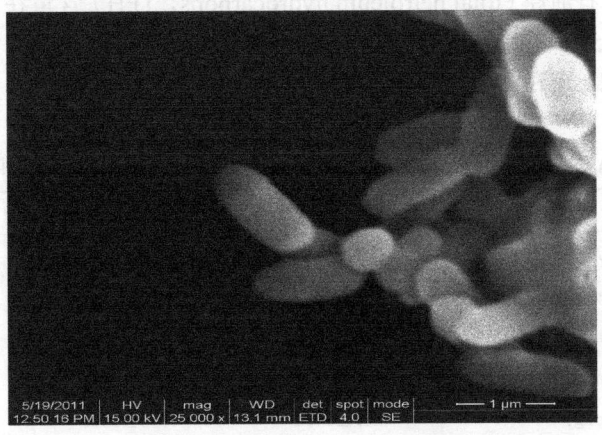

图 11.1 菌株 D5A 的电镜图片

菌株 D5A 16S rDNA 的 PCR 测序结果与 NCBI 数据库 BLAST 比对，选取模式菌株进行系统发育分析，用 Mega 4.0 软件进行多序列比对并构建系统发育树（图 11.2）。由图可以看出，菌株 D5A 与克雷伯氏菌在同一个分支中，与 *Klebsiella variicola*（HQ259961）同源性达 99.5%。结合其生理生化特征，该菌株鉴定为克雷伯氏菌属（*Klebsiella* sp.），GenBank 登录号为 JQ227465。

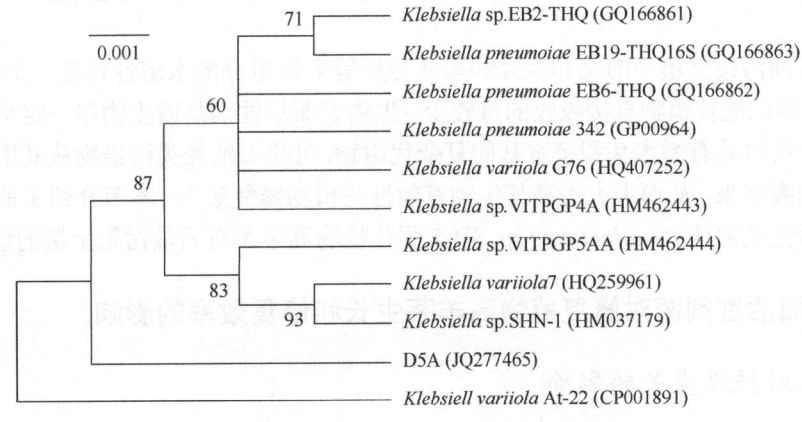

图 11.2 菌株 D5A 的 16S rDNA 系统发育树

通过对 D5A 进行全基因序列分析发现，*Klebsiella* sp. D5A 基因组大小为 5540009bp，共含有编码基因（CDS）4999 个，平均长度为 944bp，占整个基因组的 85.2%，其中包括大量编码 D5A 促生特性（如：产 IAA、溶磷、固氮、耐盐、产铁载体等）的相关基因。

二、植物根际促生菌的促生特性及其强化植物修复作用

接种 D5A 显著提高了石油污染盐碱土壤（pH 9.7，EC 404μS/cm）中高羊茅的发芽率，生物量及叶片中叶绿素的含量。由表 11.1 可知，接种 D5A 后叶片干重约为未接种时的 3 倍。同时，根干重、根活力及叶绿素含量分别比未接种的提高了 73%、101% 和 170%。接种 120d 后，土壤总石油烃（total petroleum hydrocarbons，TPH）含量在 3 个处理中（对照、高羊茅、高羊茅+D5A）分别下降了 42%、50% 和 66%。种植植物的两个处理中 TPH 含量与无植物处理相比显著下降，且接种菌株 D5A 的处理下降更显著。

表 11.1 接种 D5A 对石油污染土壤总石油烃浓度、高羊茅生物量、根活力及叶绿素含量的影响

	对照	高羊茅	高羊茅+D5A
TPH 浓度/（mg/kg）	9793±286a	8415±464b	5700±433c
<C_{12} 浓度/（mg/kg）	N.D.	N.D.	N.D.
C_{12}～C_{16} 浓度/（mg/kg）	277±32a	195±10b	105±15c
C_{16}～C_{21} 浓度/（mg/kg）	1307±53a	1145±128b	795±72c
>C_{21} 浓度/（mg/kg）	8209±210a	7075±330b	4800±346c
叶片干重/（g/盆）	—	0.91±0.11b	3.67±0.97a
根干重/（g/盆）	—	1.51±0.35b	2.61±0.25a
叶绿素含量/（mg/g 鲜重）	—	1.47±0.15b	3.97±0.28a
根活力/（μg/h·g 鲜重）	—	721±73b	1446±47a

注：N.D.表示未检出。

第二节　产表面活性剂菌株及其强化植物修复

由于石油污染土壤中的饱和烷烃和多环芳烃等多种组分的水溶性较差，辛醇-水分配系数较高，因此能被植物直接吸收的量较少。生物表面活性剂是微生物在一定培养条件下产生的一种同时具有憎水基和亲水基的复杂代谢物，可将石油烃类污染物从其所吸附的土壤胶体上剥离下来，从而大大提高其生物有效性与植物修复效率。本节介绍了前期筛选到的产表面活性剂菌株 *Pseudomonas* sp. SB-5 强化植物高羊茅对石油污染土壤的修复研究。

一、产表面活性剂菌对修复植物高羊茅生长和修复效率的影响

（一）菌株对植株生长的影响

盆栽实验结果表明，接种 SB-5 的植物地上部干重和根干重比未接种的分别增加了

28%和 19%（表 11.2）。

表 11.2 接菌对高羊茅生物量和土壤 TPH 浓度的影响

处理	地上部分干重/g	根干重/g	TPH/（mg/kg）
对照组	—	—	1224±16a
高羊茅	9.64±0.50b	2.29±0.27b	593±63b
高羊茅+SB-5	13.38±1.34a	2.84±0.19a	268±22c

（二）菌株对植物修复总石油烃和多环芳烃的影响

修复 120d 后土壤中 TPH 含量如表 11.2 所示，不种植物处理（对照处理）、高羊茅处理、高羊茅接种 SB-5 处理中 TPH 与未修复前（1851mg/kg）相比，分别下降了 33.8%、68.0%、84.5%。$p<0.05$ 水平下植物修复组 TPH 含量显著低于对照组，且接种菌株 SB-5 后与未接种的 TPH 含量差异显著。

在初始土壤中检测到 16 种 PAHs（表 11.3），经植物-微生物联合修复 120d 后，对照组、高羊茅处理和高羊茅+SB-5 处理中总 PAHs 分别下降了 31.7%、40.7%和 46.2%；与仅种高羊茅处理相比，接种菌株 SB-5 后，总 PAHs 的含量以及五～六环的 PAHs 降解更显著，如苯并荧蒽、苯并蒽、二苯并[a, h]蒽。具有强致癌性的苯并[a]芘在对照组处理、高羊茅处理、种植高羊茅并接种 SB-5 的处理中分别降解了 43.7%、3.7%和 61.3%。

表 11.3 修复 120d 后土壤中多环芳烃的降解率

PAHs	初始值/（μg/kg）	对照组		高羊茅		高羊茅+SB-5	
		残余量/（μg/kg）	降解率/%	残余量/（μg/kg）	降解率/%	残余量/（μg/kg）	降解率/%
萘	747±31a	329±26c	55.9±3.5	176±7b	76.4±0.9	91±2d	87.9±0.2
苊烯	106±14a	61±5bc	42.1±4.2	51±1b	51.4±0.5	44±6c	58.4±5.3
苊	150±22a	94±7b	37.5±4.6	80±1b	46.9±0.5	73±8b	51.8±5.3
芴	505±17a	362±20b	28.3±4.0	292±18c	42.2±3.5	292±27c	42.2±5.3
菲	288±24a	299±21bc	0	255±6c	11.7±2.0	264±17bc	8.7±6.0
蒽	93±7a	51±9b	44.8±10.0	57±4b	38.5±4.4	59±4b	36.4±4.1
荧蒽	157±8a	118±9b	25.3±5.4	119±3b	24.5±2.0	114±3b	27.3±2.0
芘	185±13a	143±5b	22.8±2.6	141±8b	23.6±4.0	117±6c	36.7±3.1
苯并[a]蒽	151±12a	96±13b	36.3±8.8	94±4b	37.7±3.0	84±2b	44.5±1.2
䓛	824±18a	442±40b	46.4±4.9	361±9c	56.2±1.2	301±11d	63.5±1.3
苯并[b]荧蒽	612±15a	232±23b	62.1±3.9	190±22b	69.0±3.6	250±84b	59.2±13.7
苯并[k]荧蒽	411±14a	175±6b	57.5±1.3	171±5b	58.5±1.1	104±4c	74.7±1.0
苯并[a]芘	426±6a	240±5b	43.7±1.1	240±6b	43.7±1.4	165±3c	61.3±0.8
茚并[1,2,3-cd]芘	357±23a	227±17b	36.5±4.8	160±23c	55.1±6.3	135±8c	62.2±2.2

续表

PAHs	初始值/(μg/kg)	对照组		高羊茅		高羊茅+SB-5	
		残余量/(μg/kg)	降解率/%	残余量/(μg/kg)	降解率/%	残余量/(μg/kg)	降解率/%
二苯并[a,h]蒽	7599±115a	5614±159b	26.1±2.1	5066±271c	33.3±3.6	4741±90c	37.6±1.2
苯并[g,h,i]芘	339±20a	203±9b	40.2±2.7	202±4b	40.4±1.1	130±3c	61.6±0.8
总量	12950±65a	8684±101b	32.9±0.8	7655±331c	40.9±2.5	6964±179d	46.2±1.4

二、产表面活性剂菌对土壤微生物群落和生物毒性的影响

（一）菌株对土壤中功能微生物数量的影响

为了揭示不同处理对土壤中微生物群落的影响，实验组在修复第 60 天和第 120 天取样测定了异养细菌、TPH 降解菌和 PAHs 降解菌的数量，结果见表 11.4。在第 60 天，高羊茅接种 SB-5 处理组的异养细菌、TPH 降解菌和 PAHs 降解菌数量最多，对照组中数量最少。在第 120 天，异养细菌与第 60 天相比无显著差异（$p<0.05$），但 TPH 和 PAHs 降解菌数目则显著下降，且低于对照组。

表 11.4　种植 60d 和 120d 后 3 个处理中土壤中异养细菌、TPH 和 PAHs 降解菌变化情况

	60d			120d		
	对照	高羊茅	高羊茅+SB-5	对照	高羊茅	高羊茅+SB-5
异养细菌/（log CFUs/g 干土）	8.28±0.06b	8.49±0.04a	8.57±0.05a	8.27±0.04c	8.44±0.05b	8.65±0.03a
总烃降解菌/（log MPN/g 干土）	4.98±0.04c	6.22±0.09b	6.42±0.08a	5.2±0.17a	4.50±0.13b	4.44±0.07b
芳烃降解菌/（log MPN/g 干土）	4.82±0.05b	5.27±0.12a	5.43±0.06a	4.30±0.30a	3.76±0.05b	3.69±0.17b

（二）菌株对土壤微生物群落的影响

BIOLOG 平板上不同微孔内的吸光度变化情况反映了微生物对不同碳源的代谢和利用过程，而 AWCD 能反映土壤微生物对不同碳源代谢的活性（Garland and Mills，1991）。经过一段时间的修复处理，AWCD 动力学曲线在对照和处理之间呈显著差异（图 11.3）。分析发现，3 种处理土壤的平均颜色变化率（AWCD）均随培养时间的延长而升高。其中，接菌强化处理对碳源的代谢活性急剧增加，在整个培养过程中始终大于对照和单独高羊茅处理。可见土壤中 SB-5 菌的接种能显著提高土壤微生物代谢的活性和强度，从而促进土壤中微生物的快速繁殖，也在一定程度上促进了土壤中石油的微生物降解。

土壤微生物多样性指数结果见表 11.5。与对照相比，植物处理土壤 Shannon 系数、Gini 系数和 McIntosh 均匀度都明显高于对照组，而菌株 SB-5 强化植物处理与对照间的差异更加明显。

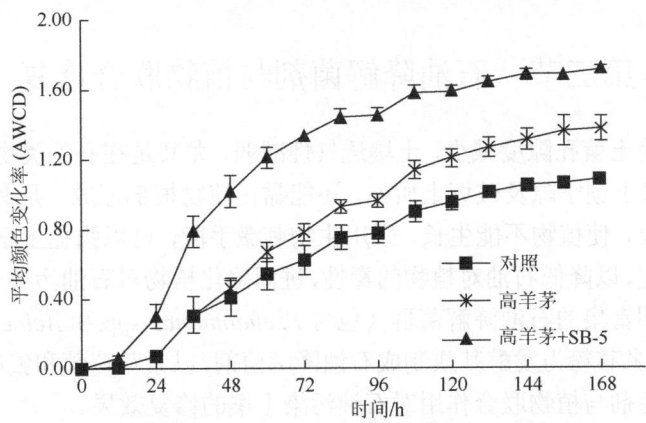

图 11.3 培养期间土壤微生物群落的平均每孔颜色变化率

表 11.5 3 个处理组土壤微生物群落功能多样性指数

处理	Shannon 指数	Shannon 均匀度	Gini 系数	McIntosh 指数	McIntosh 均匀度
对照	3.971±0.015b	0.901±0.007b	0.978±0.001c	11.211±2.463b	0.955±0.004b
高羊茅	4.193±0.071a	0.912±0.014b	0.982±0.001b	11.972±0.439b	0.973±0.006a
高羊茅+SB-5	4.322±0.040a	0.959±0.004a	0.986±0.001a	16.782±1.342a	0.984±0.002a

（三）不同修复处理对土壤生物毒性的影响

明亮发光细菌毒性测试技术是一种公认的微生物检测物质毒性的有效技术，近年来在生物降解的环境风险评估方面已被广泛应用。由于试验所用的土壤中主要污染物为不溶于水的石油类物质，需要利用通常用于提取有机物的溶剂二氯甲烷（DCM）进行抽提。由于 DCM 对发光细菌具有强毒性，在 DCM 提取后需用对发光细菌毒性较低的二甲基亚砜（DMSO）替换 DCM，以获得 DCM 提取物的 DMSO 溶液，以此计算出修复前后不同处理土壤的 EC50（抑制发光细菌 50%发光强度的风干土壤毫克数）。EC50 值越高，表明油泥对发光细菌的生物毒性就越低。不同处理的 EC50 值从小到大排列顺序为：修复前＜对照组＜高羊茅组＜高羊茅接种 SB-5 组（图 11.4），表明种植高羊茅和接种 SB-5 都显著降低了土壤的生物毒性。

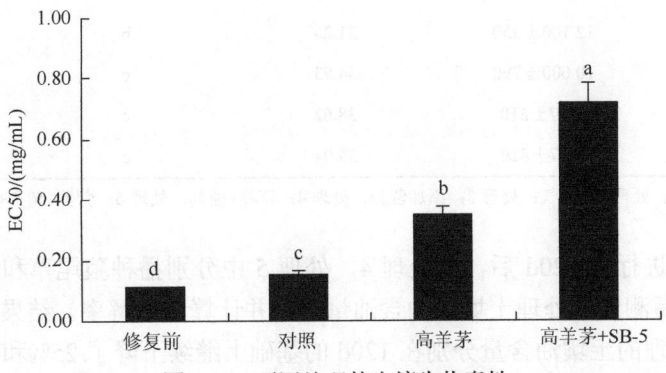

图 11.4 不同处理的土壤生物毒性

第三节 石油降解菌剂与植物联合修复

石油污染会使土壤孔隙度减少,土壤透气性减弱,尤其是在石油类物质含量较高的地区,石油除了堵塞土壤空隙及破坏土质外,还能黏在植物根部形成一层黏膜,阻碍根部的呼吸和养分的吸收,使植物不能生长。采用生物刺激手段,可以强化土壤中的土著微生物对石油的降解修复,以降低石油对植物的毒性,进而强化植物对石油污染土壤的修复效率。本节以实验室前期富集的石油降解菌群(包含 *Pseudomonas* spp.和 *Acinetobacter* spp.等)为供试菌种,以玉米芯粉为发酵基质制成石油降解菌剂,以紫花苜蓿和狼尾草为供试植物,研究了石油降解菌剂与植物联合作用对石油污染土壤的修复效果。

一、石油降解菌剂强化植物对原油的降解作用

供试土样采自南京近郊某炼油厂附近的耕层土壤(0~20cm),土壤类型为潮土,含油量为15 367mg/kg。微域试验共设计5个处理,处理1为对照,定期浇水保持土壤湿润;处理2为通气处理,每2周定期翻动微域中的土壤,下面所有处理均包含该措施;处理3为添加营养处理,按照C:N:P=100:10:1的比例添加尿素和KH_2PO_4;处理4为营养+接种处理,按照上述添加营养另按照10^8CFU/kg 的量添加菌剂;处理5为营养+接种处理+柠檬酸钠,营养与接种同处理4,另加0.1%的柠檬酸钠。

各处理的修复效果见表11.6。由表11.6可以看出,仅添加N、P营养对该土壤中石油降解具有明显促进作用,翻动、接种菌剂以及添加柠檬酸钠均对石油降解率没有显著影响。可能原因是该土壤长期受石油污染,土壤中石油烃降解菌较多,但由于土壤中营养元素相对缺乏导致细菌代谢能力较弱。经过添加营养后,土著微生物活性被激发,从而在生物修复过程中发挥主要作用。在土壤中存在大量土著石油降解菌的情况下,外加的菌剂可能不适应该土壤环境,因此不能明显促进石油降解。

表11.6 生物修复120d后各处理土壤中的油含量和降解率

处理	油含量/(mg/kg)	降解率/%	5%显著水平	1%极显著水平
0d 土样	15 367±250	0.00	a	A
处理2	12 200±780	20.61	b	B
处理1	12 100±350	21.26	b	BC
处理4	10 000±790	34.93	c	BCD
处理5	9967±210	38.62	c	CD
处理3	9367±810	39.04	c	D

注:处理1:对照;处理2:通气;处理3:添加营养;处理4:营养+菌剂;处理5:营养+菌剂+柠檬酸钠。

在修复试验进行到120d后,在处理4、处理5中分别播种狼尾草和紫花苜蓿,其余处理不变,60d后测定各处理土壤中的含油量变化并计算油降解率。结果显示,种植狼尾草和紫花苜蓿处理的土壤油含量分别在120d的基础上继续下降了25%和10.71%,而未种植物的处理1、处理2、处理3土壤中油含量经过60d分别降低了6.36%、3.28%和2.00%,

种植植物的处理土壤中油降解率明显高于未种植物的处理。

二、菌剂对土壤中石油烃降解菌和芳烃降解菌数量的影响

在修复初期，土壤中石油烃降解菌的数量为 4.5×10^6/CFU，表明经过长期污染，促进了土壤中石油烃降解菌的生长繁殖，导致土壤中的总烃降解菌含量较高。从图 11.5 和图 11.6 可以看出，不同处理的微域中石油烃降解菌随时间变化较大。总体看来，处理 1、2 的变化规律较为相似，处理 3、处理 4、处理 5 较为相似。从石油烃降解菌菌量变化曲线上可见，在修复前期（0~30d）土壤中的降解菌菌量明显上升，尤其是在添加了营养的处理 3、处理 4、处理 5 中石油烃降解菌量增加了 2 个数量级，随后降解菌数量不断降低。到 120d 后，由于处理 4 和处理 5 中分别播种了狼尾草和紫花苜蓿，在植物的协同修复下，这两个处理中石油烃降解菌和芳烃降解菌的数量迅速增加，而在其余的 3 个处理中菌量无显著性变化。比较图 11.5 与图 11.6 可知，芳烃降解菌和总烃降解菌的变化规律基本一致。结合不同处理中芳烃降解菌和总烃降解菌的变化规律和不同处理的油降解率可知，由于根际作用的影响，处理 4、处理 5 中的烃降解菌和芳烃降解菌大量增加，因而也加快了土壤中油的降解。

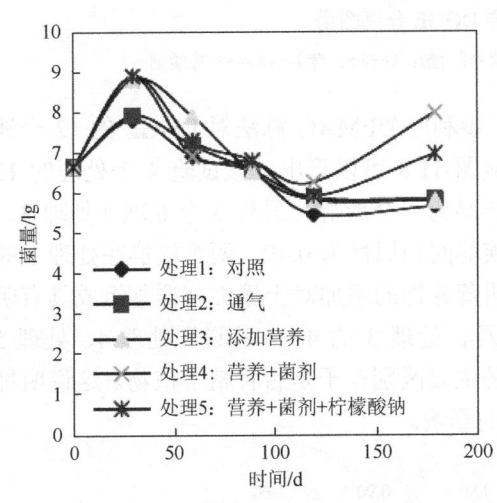 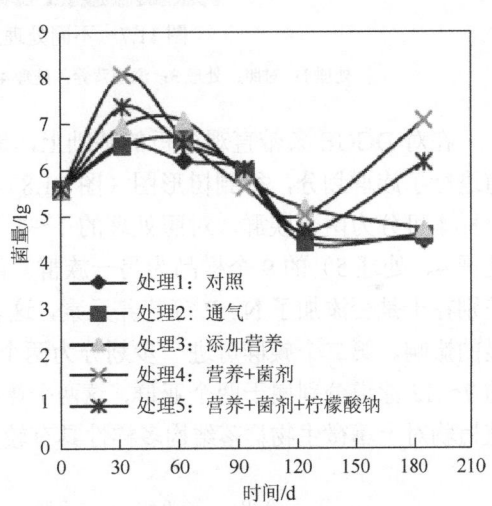

图 11.5 土壤修复过程中石油烃降解菌数量的动态变化　　图 11.6 土壤修复过程中芳烃降解菌数量的动态变化

三、菌剂对土壤中微生物多样性的变化

采用 PCR-DGGE 对经过 180d 修复后的处理 1（1~3 泳道）、处理 3（4~6 泳道）、处理 4（7~9 泳道）、处理 5（10~12 泳道）的土样中细菌多样性进行了分析（图 11.7）。根据对不同处理的 DNA 条带分析，发现进行修复处理的微域中 DNA 条带明显多于对照（处理 1）。特别是处理 4、处理 5 中的 DNA 条带数量约为 20 条，而作为对照的处理 1 只有 15 条左右。另外，在采取了相应修复措施的处理 3~处理 5 中明显多出了条带 A。由于处理 3 中并未加入菌剂，因此可以认为是通过添加 N、P 等营养元素促进了土壤中某类特定细菌的大量增殖，这类细菌可能具有

较强的石油降解性,但对于该条带所对应细菌的具体种属及作用还需通过测序等进一步研究加以证实。此外,处理4和处理5在修复试验的后期分别播种了狼尾草和紫花苜蓿。在DGGE的图谱上均出现了一个明显的条带B,推测可能是由植物的根际效应所激活的一类根际微生物。

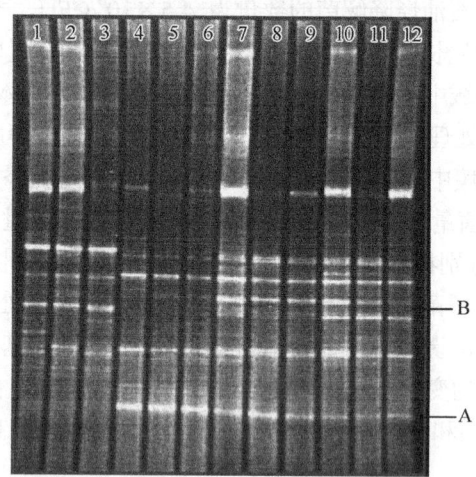

图11.7　不同处理土样DGGE分离图谱

处理1:对照;处理3:添加营养;处理4:营养+菌剂;处理5:营养+菌剂+柠檬酸钠

在对DGGE条带直观分析的基础上,进一步利用UPMAG算法对DGGE的12个泳道进行了族群划分,得到树形图(图11.8)。从图11.8可以看出,该试验4个处理的12个样本可分为两个族群,对照处理的1~3号样品为一个族群,另外3个处理(处理3、处理4、处理5)的9个样品为另一族群。两族群间相似性为0.49。两个族群在处理上的差别在于是否添加了N、P等营养元素,这表明营养物的添加对土壤细菌群落组成具有明显的影响。第二个族群可进一步划分为两个亚群,处理3的4~6泳道和处理4、处理5的7~12泳道分别属于两个亚群,这两个亚群的主要区别在于是否种植了植物。这说明种植植物对土壤微生物群落结构多样性具有较大的影响。

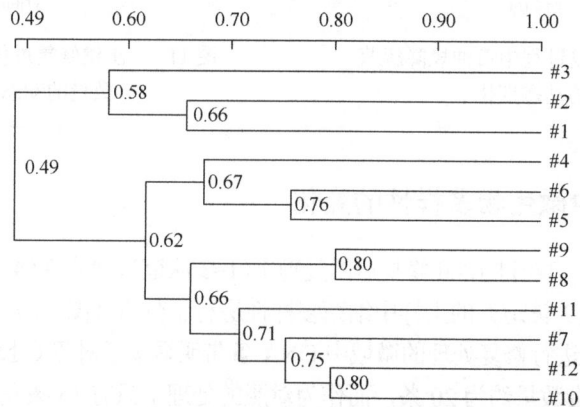

图11.8　不同处理土样DGGE树形图

#1~3:对照;#4~6:添加营养;#7~9:营养+菌剂;#10~12:营养+菌剂+柠檬酸钠

四、不同修复处理对土壤生物毒性的影响

在修复试验结束后,采用明亮发光细菌法对各处理土壤的生物毒性进行分析。结果表明,修复前后土壤的水浸提液均对发光细菌的发光没有抑制作用,说明试验所用的土壤中不存在水溶性有毒物质。由图 11.9 可知,经过 180d 的处理,5 个处理的土壤对发光细菌的 EC50 值相对于修复前显著增加($p<0.01$)。与作为对照的处理 1 相比,处理 4 和处理 5 的 EC50 也有显著提高($p<0.05$)。说明经过植物-微生物联合修复,特别是微生物和狼尾草的联合修复,可显著降低石油污染土壤的生物毒性。

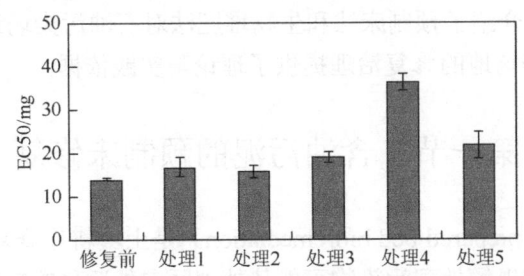

图 11.9 潮土中不同处理下石油污染土壤的生物毒性

处理 1:对照;处理 2:通气;处理 3:添加营养;处理 4:营养+菌剂;处理 5:营养+菌剂+柠檬酸钠

参 考 文 献

崔中利, 刘卫东, 齐耀程, 等. 2004. 生物表面活性剂产生菌的分离培养及其产物特性研究. 土壤, 36 (6): 644~647.

丁琳琳, 刘五星, 孙剑英, 等. 2013. 产 ACC 脱氨酶植物根际促生菌的筛选及其对修复植物高羊茅生长的影响. 土壤, 2013, 45 (2): 271~276.

顾宗濂. 1983. 用生物发光计测定污染水体生物毒性. 环境科学, 4: 30~33.

梁艳玲, 骆永明, 刘五星, 等. 2009. 生物表面活性剂产生菌的筛选及其发酵条件的初步优化. 土壤, 41 (2): 243~247.

刘五星, 骆永明, 滕应, 等. 2006. 石油污染土壤的生态风险评价和生物修复 1. 一株具有乳化石油能力的细菌分离鉴定. 土壤学报, 2006, 43 (3): 461~466.

刘五星, 骆永明, 滕应, 等. 2006. 石油污染土壤的生物修复研究进展. 土壤, 2006, 38 (5): 634~639.

史艇, 蔡示悦, 阎雨平. 1993. 利用发光杆菌发光度指示土壤重金属污染. 农业环境保护, 12: 101~104.

Garland J L, Mills A L. 1991. Classification and characterization of heterotrophic microbial communities on the basis of patterns of community level sole carbon source utilization. Applied and Environmental Microbiology. Microbiol., 57 (8): 2351~2359.

Gliek B R, Patten C L, Holguin G D M, et al. 1999. Biochemical and genetic mechanisms used by plant growth-promoting bacteria. London: Imperial College Press.

Karlidag H, Esitken A, Turan M, et al. 2007. Effects of root inoculation of plant growth promoting rhizobaeteria (PGPR) on yield, growth and nutrient element contents of Leaves of apple. Seientia Hortieulturae, 114 (1): 16~20.

Mena-Violante H G, Olalde-Portugal V. 2007. Alteration of tomato fruit quality by root inoeulation with plantgrowth-promoting rhizobaeteria (PGPR): Bac1lus BEB-13bs. Seientia Hortieulturae, 113 (1): 103~106.

第十二章 石油污染场地的异位生物修复

异位修复技术是将石油污染的土壤挖出,在场外或运至场外的专门场地进行处理的方法,主要包括土壤耕作法、生物堆法、生物反应器法和预制床法等。其中土壤耕作法、生物堆(肥)法是就地处理废物最早使用的方法之一,并且广泛应用于炼油厂含油污泥污染场地的处理。本章主要介绍了预制床法和生物堆肥法对石油污染场地(含油污泥)的异位修复效果,为石油污染场地的修复治理提供了理论与实践依据。

第一节 含油污泥的预制床修复

预制床修复技术(prepared bed bioremediation)是土壤耕作修复技术的延续,它克服了土地耕作修复技术在现场处理污染物可能从处理区向外迁移的缺陷,是在不泄漏的平台上铺以石子和沙子,再将受污染土壤以 15~30cm 的厚度平铺其上,加入营养液和水分,必要时加入表面活性剂,定期翻动充氧以满足微生物生长之需。预制床的底面为渗透性低的物质,如高密度的聚乙烯或黏土。因具有滤液收集和控制排放系统,预制床的设计可以使污染物的迁移量减至最小。

本节所介绍的含油污泥预制床修复试验位于我国某油田联合站(图 12.1),预制床(30m×80m)场底采用防渗材料复合土工膜(厚 0.5mm)作防渗层护底,防渗层上铺设平行布置的 SH-50 软式透水管作为排水通气系统,排水通气管上铺 100mm 厚砂子,管端连渗漏液收集池。整个工程设计有 RCPG、RCP、PS、CP 4 个修复处理和一个对照处理 OS,各处理修复方案具体设计如下:RCPG,油泥+锯末+黄沙+菌剂+大棚;RCP,油泥+锯末+黄沙+菌剂;PS,油泥;CP,油泥+锯末+黄沙;OS,对照(原始油泥)。各处理每 3d 翻耕一次,及时浇水以保持通气和湿润。

图 12.1 预制床全景图

一、预制床修复对油泥理化性质及总石油烃降解率的影响

修复后各处理油泥的理化性质见表12.1。修复结束时,所有4个修复处理(RCPG、RCP、PS和CP)中油泥的持水率(WHC)、水解氮、速效磷、速效钾均显著高于对照($p<0.05$),但4个处理之间的差异不显著。生物修复后油泥的pH以及有机质含量在对照与各处理间均无显著差异。

表12.1 修复结束后各处理油泥的部分理化性质和总石油烃含量

处理	pH(H_2O)	持水率/%	有机质/(g/kg)	水解氮/(mg/kg)	速效磷/(mg/kg)	速效钾/(g/kg)	总石油烃脂/(mg/kg)
RCPG	7.7~7.8	71±2	194±13	134±16	192±32	1390±380	49±2
RCP	7.5~7.7	62±5	185±16	81±11	100±59	782±307	57±3
PS	7.5~7.6	49±21	202±15	80±14	42±40	712±205	74±4
CP	7.7~7.8	51±21	174±22	48±5	100±3	341±34	57±2
OS	7.2~7.8	13±3	200±33	44±2	0±0	265±5	94±4

注:RCPG,油泥+锯末+黄沙+菌剂+大棚;RCP,油泥+锯末+黄沙+菌剂;PS,油泥;CP,油泥+锯末+黄沙;OS,对照(原始油泥)。

不同修复时期(40d、160d和230d)不同处理油泥中TPH的降解率见图12.2。从该图可以看出,在修复前期各处理中TPH的含量下降较快,但后期相对较慢。修复结束时,处理RCPG中TPH降解率最高,而对照处理(OS)最低。利用GC-MS对各处理油泥中,C_{13}~C_{30}段的饱和正链烷烃进行分析,在处理RCPG、RCP、PS、CP中C_{13}~C_{30}饱和正链烷烃的降解率均比对照组OS高,其中,处理RCPG中饱和正链烷烃的降解率最高,对于所测定的18种饱和正链烷烃几乎全部被降解。

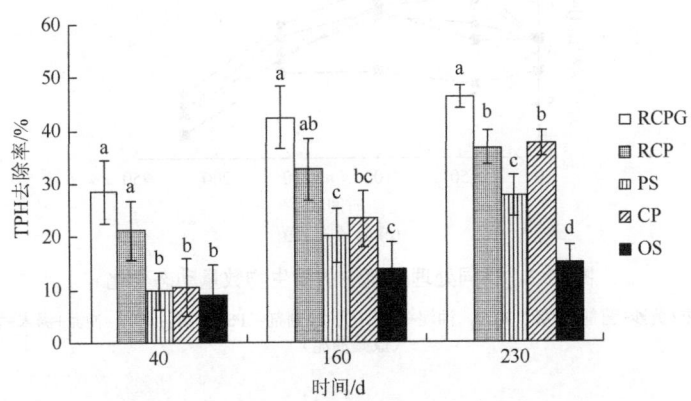

图12.2 不同生物修复时间的各处理油泥中TPH降解率

RCPG,油泥+锯末+黄沙+菌剂+大棚;RCP,油泥+锯末+黄沙+菌剂;PS,油泥;CP,油泥+锯末+黄沙;OS,对照(原始油泥)

二、预制床修复过程中功能微生物数量的变化

从图12.3(a)可以看出,有机肥的加入以及短暂的堆肥处理使油泥中所测的细菌数量均有显著增加($p<0.05$)。在修复过程中,所有处理细菌变化的总体趋势是在生物修复前期(0~

40d）数量快速增加，但 40d 后细菌数量缓慢下降直到试验结束。在试验的大部分时间，不同处理中细菌数量由大到小依次为：RCPG＞CP＞RCP＞PS＞OS。其中，对照处理（OS）中的细菌数量在整个试验期间变化不大，菌量在 5×10^6 CFU/g（干泥）左右波动。对图 12.3（b）进行分析发现，在生物修复 40d 时，总烃降解菌在处理 RCPG、RCP、PS 和 CP 中分别增加了 99 倍、80 倍、12 倍和 14 倍，而在对照中仅增加 2 倍。尽管随后 4 个修复处理中的总烃降解菌逐渐下降，但菌量一直显著高于对照。其中，处理 RCPG 中总烃降解菌数量始终最多，大部分时间维持在高于对照处理 2 个数量级的水平。油泥中的芳烃降解菌在修复过程中变化见图 12.3（c），各处理油泥中芳烃降解菌的变化趋势与总烃降解菌类似，在此不作详细描述。

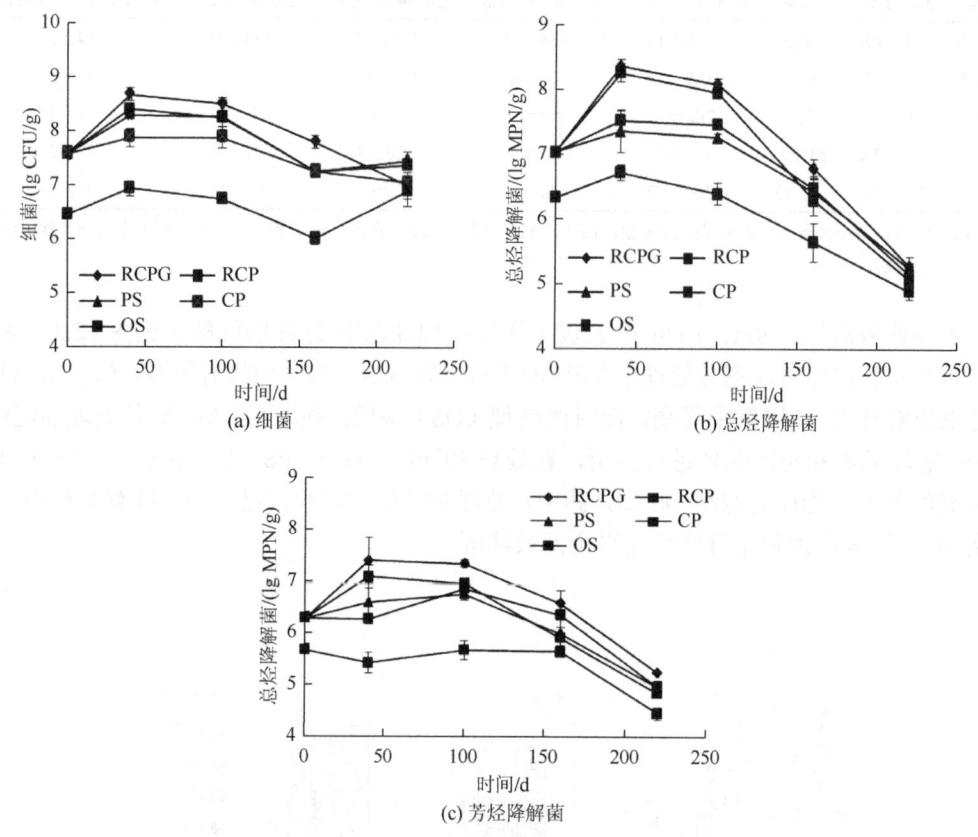

图 12.3　不同处理油泥中的微生物数量动态变化

RCPG，油泥+锯末+黄沙+菌剂+大棚；RCP，油泥+锯末+黄沙+菌剂；PS，油泥；CP，油泥+锯末+黄沙；OS，对照（原始油泥）

三、修复后不同处理油泥中微生物群落结构分析

预制床修复结束后，不同处理油泥中微生物在 Biolog 板上的每孔平均颜色变化率 AWCD 随时间的变化趋势如图 12.4 所示。由图可见，相对于对照处理，预制床修复各处理油泥中微生物的 AWCD 均有显著升高。不同处理之间 AWCD 值的顺序为 RCPG＞RCP＞CP＞PS＞OS。同时，通过研究油泥中微生物对 Biolog 板不同碳源利用情况，分析了不同修复处理对油泥中微生物多样性的影响。统计分析表明，相对于对照处理，预制床修复

的各处理油泥中微生物的 Shannon 指数、Shannon 均匀度、Gini 指数、McIntosh 指数和 McIntosh 均匀度均有极显著增加（$p<0.01$）（表 12.2）。

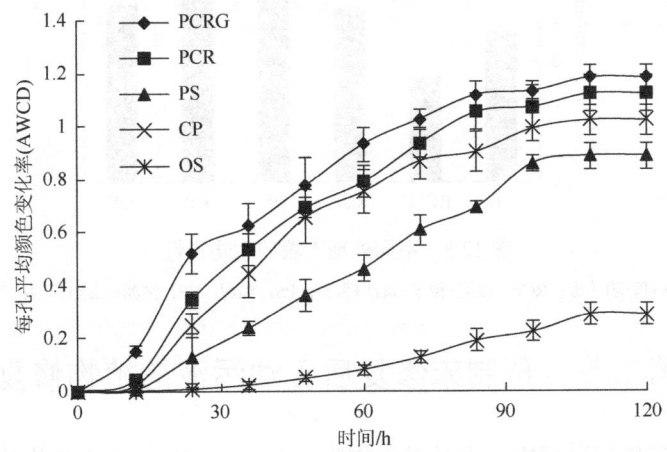

图 12.4　不同处理油泥中微生物群落的 AWCD 变化

RCPG，油泥+锯末+黄沙+菌剂+大棚；RCP，油泥+锯末+黄沙+菌剂；PS，油泥；CP，油泥+锯末+黄沙；OS，对照（原始油泥）

表 12.2　不同油泥中微生物功能多样性指数

处理	Shannon 指数	Shannon 均匀度	Gini 指数	McIntosh 指数	McIntosh 均匀度
RCPG	4.380±0.033	0.968±0.008	0.986±0.000	10.282±0.542	0.986±0.003
RCP	4.303±0.041	0.956±0.006	0.985±0.001	9.171±0.457	0.981±0.002
PS	4.204±0.051	0.951±0.016	0.979±0.006	6.093±1.369	0.963±0.015
CP	4.251±0.047	0.940±0.013	0.984±0.001	9.008±0.701	0.975±0.006
OS	2.969±0.265	0.718±0.071	0.913±0.032	2.242±0.578	0.812±0.066

注：RCPG，油泥+锯末+黄沙+菌剂+大棚；RCP，油泥+锯末+黄沙+菌剂；PS，油泥；CP，油泥+锯末+黄沙；OS，对照（原始油泥）。

四、预制床修复对油泥生物毒性的影响

由图 12.5 可知，处理 RCP、PS、CP、OS 中油泥的 EC50 较修复前（BR）有所提高，其中处理 PS、CP、OS 与之差异显著，说明经过一段时间的预制床生物修复，油泥对发光细菌的生物毒性明显降低。出乎意料的是，经过 PCPG 修复处理后的油泥对发光细菌的生物毒性反而有所上升。Bundy 等（2004）在研究生物修复石蜡和润滑油等物质污染土壤时，也发现在生物修复初期，污染土壤对发光细菌生物毒性增加的现象。其原因可能有以下几种：一是烃类物质最初被降解为羧酸类物质（Leahy et al.，1990），而该类物质的溶解性和生物可利用性均比原来的烃类物质强（Long et al.，1999），因此它们表现出更强的生物毒性；另一个可能原因是在利用微生物修复石油污染土壤过程中，由于微生物产生的表面活性剂增强了土壤中烃类物质的溶解性，从而导致土壤生物毒性提高（Michelsen et al.，1993）。由于羧酸类物质相对石油烃易降解，通过长期持续修复处理，RCPG 中油泥的生物毒性是否会迅速降低还有待进一步研究。

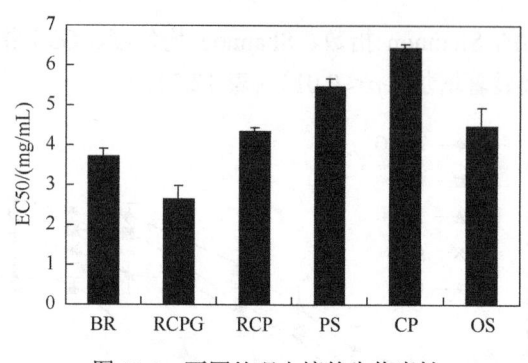

图 12.5 不同处理土壤的生物毒性

RCPG,油泥+锯末+黄沙+菌剂+大棚;RCP,油泥+锯末+黄沙+菌剂;PS,油泥;CP,油泥+锯末+黄沙;OS,对照(原始油泥)

第二节 预制床修复后含油污泥的植物修复

油泥的预制床修复过程实际上是微生物降解石油中石油烃等污染物的过程。经过前期 230d 的预制床修复处理后,不同处理油泥中 TPH 的含量均有明显下降,油泥理化性质明显改善,油泥中微生物的活性和多样性得到显著提高,对植物的生物毒性显著降低。此时,通过种植对石油具有较强耐性的植物以及补充养分等方式改善油泥的微环境,刺激相关降解菌的生长繁殖,可加快油泥中残留石油烃的进一步降解。本节通过在前期经过预制床修复的油泥上种植高粱、玉米、大豆、苜蓿、高羊茅等植物,比较研究了不同植物对油泥中残留石油烃的降解效率、微生物群落结构以及生物毒性的影响。

植物田间修复实验总面积为 $1200m^2$。实验共设 6 个处理,每个处理设 4 重复,共 24 个小区,每个小区面积为 $50m^2$。6 个处理分别为栽种高粱、玉米、大豆、苜蓿、高羊茅的处理以及对照处理。每个小区施尿素 5kg、过磷酸钙 1kg,及时浇水以保持湿润。

一、不同植物修复对石油降解效率的影响

(一)修复后各处理总石油烃的含量

种植植物前,油泥中的 TPH 为 57.2g/kg。由图 12.6 可以看出,在进行植物修复 60d 时,不同的植物处理组中油泥的含油量都有显著降低,但随着时间的推移降解速度逐渐变慢。修复结束时,各处理中的 TPH 由高到低依次为:对照＞高粱＞玉米＞高羊茅＞苜蓿＞大豆,降解率分别为 13.7%、20.1%、23.1%、26.6%、28.5%、34.2%,其中栽种高羊茅、苜蓿和大豆的处理中 TPH 含量显著低于对照($p<0.05$)。从图 12.6 还可以看出,在植物修复初期(0～60d),栽种苜蓿的处理 TPH 含量降低最快,但在修复后期(60～120d),TPH 含量几乎未发生变化。可能原因是苜蓿的耐油性较其他植物低,尽管苜蓿在生长初期长势较好但在后期开始大面积死亡,而其他植物长势一直良好。另外,栽种高羊茅和大豆的处理在 60～120d 期间,油泥中 TPH 的含量显著降低。因此,在以后的植物修复过程中可以考虑栽种大豆、高羊茅等进行生物修复,或者通过改善苜蓿的生长环境,延长其在油泥上的生长时期等方式,使其在油泥的植物修复过程中发挥更重要的作用。

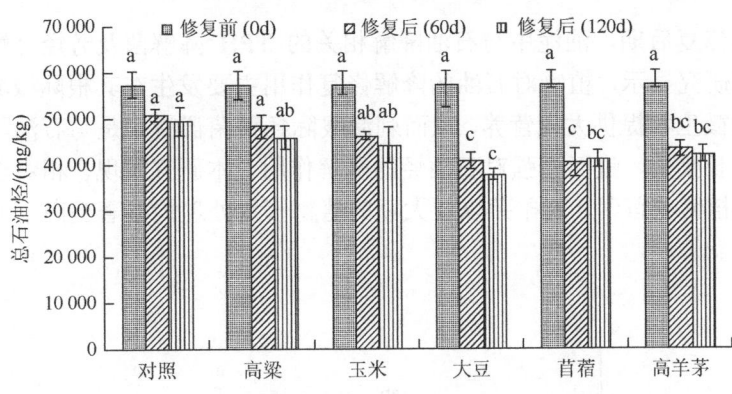

图 12.6 不同植物处理含油污泥后总石油烃的变化

（二）修复后各处理中石油不同组分的含量

本实验在比较不同处理中石油降解率的同时，也对石油中不同组分的降解情况进行了详细的研究，试验结果见表 12.3。由表 12.3 可知，经过 4 个月的植物修复，油泥中的石油组分发生了显著变化。每个处理中较易被降解的饱和烃组分含量较修复前有显著降低（$p<0.05$），而较难降解的部分如胶质和沥青的比例显著增加（$p<0.05$），从而使总石油烃含量的进一步降低变得非常困难。对于栽种不同植物的处理之间，油泥中各组分的差异除少数处理外，大多没有显著差异。

表 12.3　植物修复后各处理油泥中石油不同组分的含量

处理	总石油烃/（mg/kg）	饱和烃/%	芳香烃/%	胶质+沥青/%
修复前	57 212a	43.53±4.34a	25.59±2.19a	30.29±3.12a
对照	49 373b	24.78±1.18c	31.45±4.76a	43.10±5.89b
高粱	45 696bc	23.98±2.69c	29.90±4.42a	46.12±3.18b
玉米	44 004bc	25.00±2.43c	30.29±2.80a	44.72±2.64b
大豆	37 652d	25.20±1.95c	28.82±1.71a	45.98±2.72b
苜蓿	40 924cd	31.44±4.50b	27.39±2.46a	41.10±2.51b
高羊茅	41 984cd	29.41±1.99bc	24.74±3.67a	45.88±3.39b

注：表中字母表示 0.05 的显著性水平。

二、不同植物修复处理对土壤功能微生物数量的影响

在植物修复前(0d)，每克干油泥中总烃降解菌和芳香烃降解菌的数量均约为 5lg MPN/g，细菌约为 7.22lg CFU/g。经过 120d 的植物修复后，紫花苜蓿和高羊茅中细菌数显著增加（图 12.7）。紫花苜蓿、高羊茅以及大豆处理中总烃降解菌数量也显著高于对照处理（$p<0.05$）。另外，对于芳香烃降解菌，紫花苜蓿、高羊茅和玉米的处理要显著高于对照。尽管经过前阶段的预制床修复，油泥中的 TPH 显著降低，土壤理化性质也有明显改善，

但是在预制床修复后期，油泥中与石油降解相关的 TPH 降解菌及芳烃降解菌明显低于修复前期。有研究显示，植物对石油的降解修复作用主要发生在其根际微域。植物通过根际分泌物为微生物提供大量营养，从而刺激根际各种菌群特别是与石油降解相关的功能微生物的生长繁殖，进而增强对石油烃的降解作用。本研究发现，相对于不种植物的对照处理，种植紫花苜蓿、高羊茅以及大豆的植物修复处理均显著提高了油泥中总烃降解菌数量。

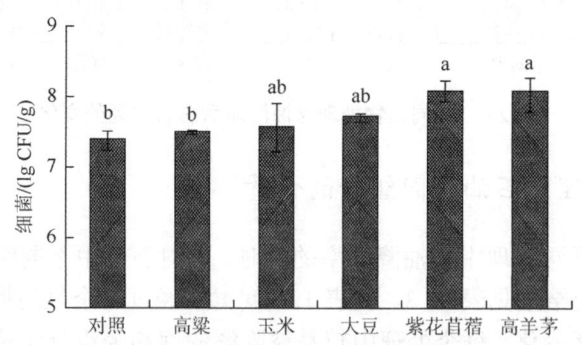

图 12.7 不同植物修复处理后油泥中细菌的数量

图中不同小写字母为 5%显著差异水平

三、不同植物修复处理对微生物群落结构的影响

一般来说，参与根际环境中污染物降解的微生物群落结构复杂，往往包含微生物的多种类型，而不是个别细菌种类（孙铁珩等，1999）。本试验采用 Biolog 方法对经过植物修复的油泥中微生物群落结构进行了研究。不同处理的油泥中微生物的 AWCD 随时间的变化趋势如图 12.8 所示。植物修复后，各处理油泥中微生物的 AWCD 均有明显升高。其中，种植苜蓿和高羊茅处理的油泥 AWCD 值最高，表明苜蓿和高羊茅的种植显著改善了油泥中微生物的生存环境，使其微生物活性显著增强。

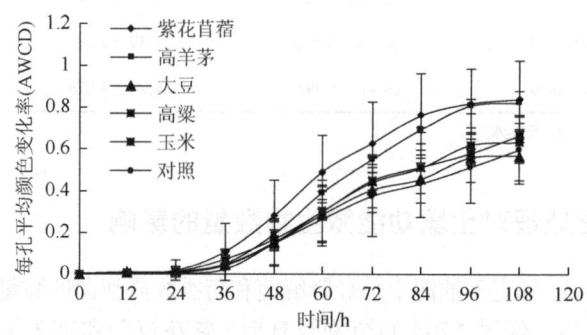

图 12.8 植物修复后油泥中微生物群落 AWCD 变化

通过研究油泥中微生物对 Biolog 板的不同碳源利用情况，分析了不同修复处理对油

泥中微生物多样性的影响。由表 12.4 可知，相对于对照，各植物修复处理油泥中微生物的 Shannon 指数、Shannon 均匀度、Gini 指数、McIntosh 指数和 McIntosh 均匀度均有所增加，其中，种植苜蓿和高羊茅处理的各项指数均显著高于其他处理。Shannon 指数（H）主要反映土壤微生物群落对碳源利用情况，Gini 指数用于评估某些最常见种的优势度的指数，而 McIntosh 指数则是基于群落物种多维空间距离的多样性指数。结合图 12.8 和表 12.4 可以看出，在油泥上种植植物后，植物的根际效应不仅使油泥中石油烃降解菌的数量显著增加，同时也显著提高了根际微生物的生物活性与微生物群落结构多样性，尤以种植苜蓿和高羊茅对微生物多样性的促进效应最为显著。

表 12.4 不同植物修复后土壤微生物功能多样性指数

处理	Shannon 指数	Shannon 均匀度	Gini 指数	McIntosh 指数	McIntosh 均匀度
对照	4.015±0.289	0.908±0.040	0.980±0.008	4.767±0.969	0.967±0.022
苜蓿	4.169±0.082	0.936±0.004	0.985±0.004	7.034±1.358	0.986±0.013
高羊茅	4.219±0.066	0.933±0.011	0.986±0.002	6.101±0.076	0.985±0.008
大豆	4.021±0.221	0.910±0.018	0.981±0.005	5.074±1.211	0.972±0.010
高粱	4.042±0.167	0.910±0.033	0.982±0.004	5.427±1.151	0.972±0.017
玉米	4.101±0.080	0.926±0.041	0.983±0.001	5.612±0.436	0.974±0.009

四、不同植物修复处理对油泥生物毒性的影响

由图 12.9 可知，经过 4 个月的植物修复，所有处理油泥的 EC50 值都较对照有显著增加，其中种植苜蓿区域的油泥 EC50 值为 17.86mg/mL，而植物修复前油泥的 EC50 值为 4.36mg/mL。统计分析发现种植植物的 5 个处理油泥的 EC50 值均较修复前显著增加（$p<0.05$），处理油泥表明植物修复可使油泥的生物毒性明显降低，而种植苜蓿的处理对油泥生物毒性的降低效果最为显著。结合不同处理中 TPH 的含量及其对发光细菌的生物毒性可知，不同处理油泥的生物毒性与 TPH 的含量并非完全对应，可能是由于石油组成成分复杂以及其降解产物种类繁多的缘故。

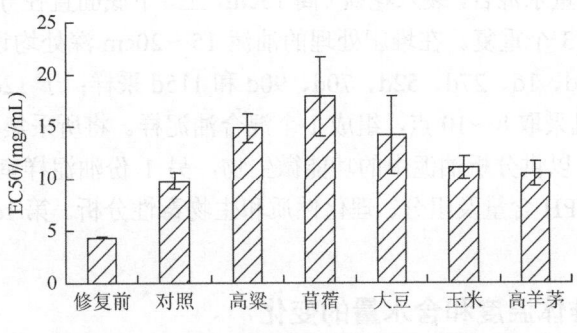

图 12.9 不同植物修复处理油泥的生物毒性

第三节 含油污泥的生物堆修复

生物堆法（biopiles），亦称为生物单房（biocells）、生物堆积（bioheaps）、生物土堆（biomounds）与堆肥法（compost piles），是运用生物降解的机制来降低土壤中石油类污染物浓度的修复方法。该技术依靠自然界广泛存在的多种微生物，有控制地促进可生物降解的有机物向腐殖质转化，是一个有机物高温固相降解的过程（Fahnestock and Wickramanayake，1998）。在国外，堆肥处理油泥已有一些成功的案例，但在我国仍处于实验室研究阶段，适用于多数油田、不同类型油泥的工程化技术尚不成熟，远不能满足产业化推广的要求。

本文利用堆肥法对某油田联合站的油泥进行生物处理，动态监测了堆制过程中堆体发酵温度、水分、pH、C/N/P 比例、总石油烃（TPH）含量及功能微生物数量，测定了堆制前后石油组分和生物毒性，以期阐明堆肥过程中 TPH 的降解效果及降解机制，为实现油泥无害化处理提供科学依据。

一、堆肥修复方案

本试验选择容易取材的稻草作为堆肥调理剂，选用风干猪粪（C/N/P 为 24/1/1，速效氮含量为 2%～2.5%）作为有机肥，并按照油泥（湿重）与稻草的比例为 98∶2（Rojas-Avelizapa et al.，2007），油泥（湿重）与有机肥的比例为 100∶4.5，含水率为 50%的配比来混合材料。稻草剪成 5cm 长的小段备用。有机肥的施用量根据速效氮含量为 900～1000mg/kg 干泥来计算，分别于 0d 和 31d 施加，用量分别为 2kg 和 2.5kg。

试验设置堆肥和对照两个处理，区别在于在相同堆料比的条件下，通过堆体大小差异所导致的保持热量的能力不同，以考察高温和常温对于石油烃堆制降解效率的影响。两个处理均放在户外同一环境下，上设遮雨棚。堆肥处理（C）：将 100kg 油泥（湿重）、2kg 稻草、2.5kg 风干猪粪和适量的水放入塑料桶（高 1m，上、下底面直径分别为 0.65m、0.55m），用铁锹混合均匀，上覆盖 PVC 膜以保温和保湿，中部插通气管，底部接渗漏液出口管，设 3 个重复。通气管上每相隔 10cm 打一孔径为 0.5cm 的通气孔，孔上覆盖尼龙网，以防止油泥颗粒堵塞通气孔。对照处理（NC）：将与堆肥处理相同比例的 2kg 油泥（干重）、稻草、风干猪粪和适量水混合，装入花盆（高 15cm，上、下底面直径分别为 16cm、12cm），上覆盖 PVC 膜，设 3 个重复。在堆肥处理的油泥 15～20cm 深处均设 3 个监测点，测量堆体温度，分别于 0d、1d、27d、52d、70d、90d 和 115d 采样；于 12d、31d 和 52d 翻堆。每个处理用土钻随机采取 8～10 点，组成 1 个混合油泥样。将所采集样品分成 2 份，1 份油泥样于 4℃保存，以供分析油泥中的功能微生物，另 1 份油泥样室温下风干，过 2mm 尼龙筛，以供油泥 TPH 含量及组分、理化性质和生物毒性分析。第 1d 所采油泥样品仅供功能微生物分析。

二、堆肥过程中堆体温度和含水量的变化

温度是控制堆肥过程的重要参数，堆体自身发热预示着堆肥成功。如图 12.10 所示，

堆肥处理的堆体温度随时间经历了完整的中温、高温、降温阶段。其中 1~19d 为中温期，堆体发酵使温度持续升高，从 28℃升至 40℃；20~24d 为高温期，其中第 21d 达到最高温度 50℃；第 31d 追加有机肥后，堆体温度又继续升高至 45℃，34~48d 是降温期，堆体温度下降；49d 后堆体温度保持稳定，堆肥物质进入腐熟阶段；在 90~115d，外界环境温度较高，堆体温度维持相应较高。充足的水分和适宜的 pH 是微生物降解石油烃所必需的，在整个堆制期间，堆体水分维持在 50%左右，pH 维持在 7.2~7.5，都处于有机污染物堆肥适宜条件范围内（水分 40%~60%，pH6.5~8.0）（Morgan et al.，1989），结合堆体发酵温度来看，该条件比较适合于堆肥处理含油污泥。

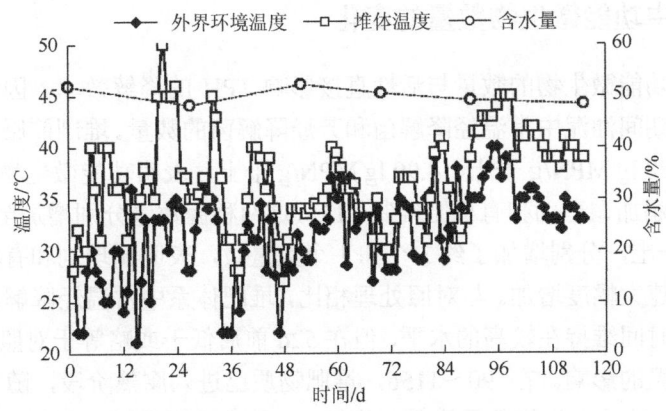

图 12.10 堆肥过程中温度和水分的变化

三、堆肥过程中总石油烃降解动态

从图 12.11 可见，与对照处理相比，堆肥处理中 TPH 降解较快，堆制 115d 后 TPH 含量从（123±1.3）g/kg 降到（71.7±0.7）g/kg，降解率达 42%，是对照处理的 2.5 倍。从表 12.5 可知，堆制后饱和烃的降解率最高，其次是低分子量的芳香族烃类化合物，高分子量的芳香族烃类化合物、胶质和沥青质则难被降解，说明 TPH 的降解难易程度与其化学结构密切相关，结构越复杂的有机物质越难降解，这与 Bossert 和 Bartha（1984）的观点相同。

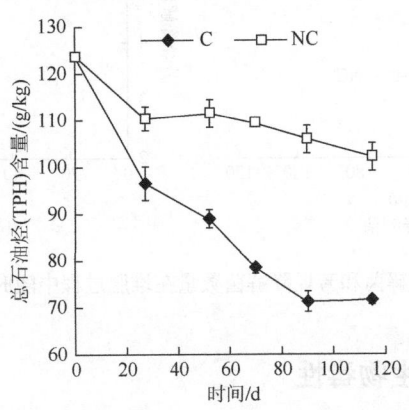

图 12.11 堆肥过程中总石油烃含量的动态变化

表 12.5 油泥中原油族组分在堆制过程中的降解率

组分	W（族组成）/（g/kg）		降解率/%
	0d	115d	
饱和烃	79.8	33.2	58.4
芳烃	25.7	20.6	19.6
非烃（沥青+胶质）	25.4	21.4	15.8

四、堆肥过程中功能微生物数量的变化

一般认为，功能微生物的数量与活性直接影响 TPH 的降解效率。因此，本试验动态监测了堆肥处理期间油泥中常温烃降解菌和芳烃降解菌的数量。堆制前原始油泥中这两种菌数量分别为 5.88 lg MPN/g 干土、4.90 lg MPN/g 干土，表明功能微生物基础活力较低。由图 12.12 可见，添加调理剂和有机肥堆制 1d 后，这两种菌数量分别增加至 8.47 lg MPN/g、6.32 lg MPN/g 干土，分别增加了约 3 个和 1 个数量级，表明调理剂和有机肥的施加使功能微生物数量快速大幅度增加。与对照处理相比，堆肥体系中常温烃降解菌和芳烃降解菌的数量在大部分时间维持在较高的水平，但在 52d 前后低于或略等于对照中的数量，可能原因是受前期高温的影响。在 90~115d，堆肥物质已进入腐熟阶段，随着堆体中易降解物质的耗尽，两种功能微生物数量均急剧降低。在整个堆制期间，常温烃降解菌和芳烃降解菌总量均维持在较高水平，较堆制前增加了 2 个数量级左右，表明在整个堆肥处理期间，功能微生物始终较活跃，这也说明堆肥处理方法可行。

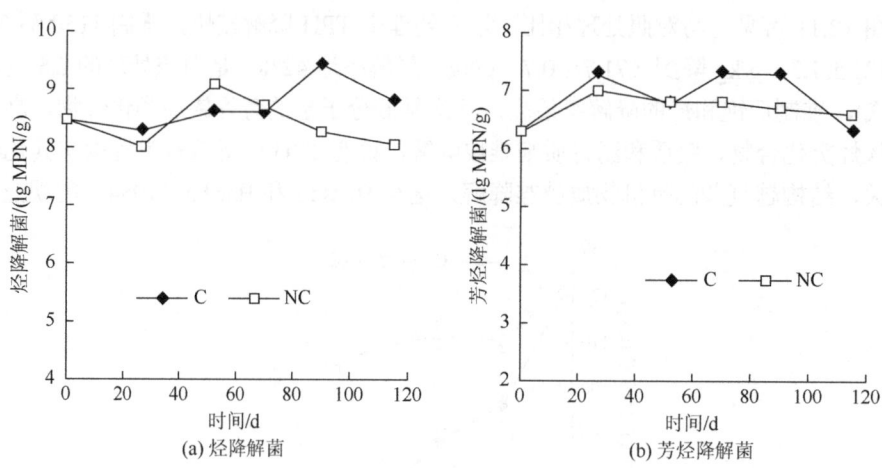

图 12.12 烃降解菌和芳烃降解菌数量在堆肥过程中随时间的动态变化

五、堆肥处理后油泥的生物毒性

堆制后，油泥的 EC50 值从 1.77mg/mL 升高到 2.76mg/mL，这表明经过堆肥法处理的

油泥生物毒性显著降低（$p<0.01$），生态风险也随之降低。另外，堆肥促进了油泥结构的改良和肥力的提高，如降低了油泥的容重，使其结构疏松多孔，透气性好，有利于形成团粒结构，导致其持水力和速效磷含量分别从堆制前的（22.4±3.62）%、（2.80±0.20）mg/mL升高至堆制后的（82.2±6.19）%、（179.9±2.66）mg/mL。

参 考 文 献

包木太, 王兵, 李希明, 等. 2007. 含油污泥生物处理技术与研究. 自然资源学报. 22 (6): 865~869.

孙铁珩, 宋玉芳, 许华夏. 1999. 植物法生物修复 PAHs 和矿物油污染土壤的调控研究, 10 (2): 98~102.

Bossert I, Bartha R. 1984. The fate of petroleum in soil ecosystems//Atlas R M. Petroleum Microbiology. New York: Macmillan Publishing Corporation.

Bundy J G, Paton G I, Campbell C D, et al. 2004. Combined microbial community level and single species biosensor responses to monitor recovery of oil polluted soil. Soil Biology & Biochemistry, 36 (7): 1149~1159.

Fahnestock F M V, Wickramanayake G B. 1998. Biopile design, operation, and maintenance handbook for treating hydrocarbon-contaminated soils. Battelle Press, Columbus, OH (United States).

Leahy J G, Colwell R R. 1990. Microbial degradation of hydrocarbons in the environment. Microbiological Reviews, 54 (3): 305~315.

Long S C, Aelion C M. 1999. Metabolite formation in evaluating bioremediation of a jet-fuel-contaminated aquifer. Applied Biochemistry and Biotechnology, 76 (2): 79~97.

Michelsen T C, Boyce C P. 1993. Cleanup standards for petroleum hydrocarbons Part 1: review of methods and recent developments. Journal of Soil Contamination, 2 (2): 109~124.

Morgan P, Watkinson R J. 1989. Hydrocarbon biodegradation in soils and methods for soil biotreatment. Critical Reviews in Biotechnology, 8 (4): 305~333.

Muyzer G, de Waal E C, Uitterlinden A G. 1993. Profiling of complex microbial populations by denaturing gradient gel electrophoresis analysis of polymerase chain reaction—amplified genes coding for 16S rRNA. Applied and Environmental Microbiology, 59: 695~700.

Rojas-Avelizapa N G, Roldán-Carrillo T, Zegarra-Martínez H, et al. 2007. A field trial for an ex-situ bioremediation of a drilling mud-polluted site. Chemosphere, 66: 1595~1600.

第四篇　二苯砷酸污染土壤的修复机制与技术发展

近年来，来源于化学武器残留的有机砷化物如二苯砷酸（diphenylarsinic acid，DPAA）导致的土壤污染事件逐渐受到广泛关注。DPAA具有较强的基因毒性与细胞毒性长期接触对人体健康有危害作用。DPAA化学性质稳定，能长期存在于环境中，具有通过"土壤/水体-人体"或"土壤/地下水-植物-人体"等途径威胁人类健康的可能性目前国际上对DPAA污染土壤的修复技术罕见报道，仅有少数研究者采用微生物进行DPAA降解。本篇介绍了DPAA污染土壤的光催化修复、芬顿氧化修复以及生物修复技术机理，以期为DPAA污染土壤的控制与修复提供科学依据。

第十三章　二苯砷酸污染土壤的二氧化钛光催化修复

环境中的有机化合物在吸收阳光或者人工光照辐射后可以发生光化学转化，且反应中涉及的有机化合物往往被分解，污染物的这类转化途径被称为光催化降解。光催化降解消除环境中的有机污染物是当前的研究热点，但是针对有机砷化合物的相关研究较少。此外，纳米级的二氧化钛凭借其强大的催化能力和便利的反应条件已被广泛应用于有机污染物的降解，并取得了良好效果。利用纳米级二氧化钛还可以有效吸附并固定环境中存在的砷化物，再通过其光催化能力可将毒性较高的亚砷酸盐向毒性较低的砷酸盐转化，或是将有机砷转化为无机砷。本章介绍了纳米二氧化钛对 DPAA 的吸附-解吸及降解动力学的影响，优化了二氧化钛光催化降解 DPAA 污染土壤的条件，探索了土壤性质对二氧化钛光催化降解 DPAA 的影响，旨在为研发 DPAA 污染土壤的高效光催化降解技术提供科学依据。

第一节　二氧化钛对土壤中二苯砷酸的吸附-解吸与降解动力学的影响

不同二氧化钛添加量对土壤吸附 DPAA 的影响如图 13.1 所示，各吸附等温线均可用 Freundlich 方程拟合，方程各参数列于表 13.1。参数中 K_f 值为吸附常数，其大小可表征吸附剂对 DPAA 的吸附能力。由表 13.1 可见，黑土与红壤对 DPAA 的吸附能力随二氧化钛添加量的增加而提高。其中，二氧化钛的添加对红壤吸附 DPAA 的能力影响较大，K_f 值从 31.69 到 41.28；对黑土则影响较小，K_f 值仅从 2.29 增加到 3.97。该结果可能是由于 DPAA 在土壤中主要被金属氧化物专性吸附，当二氧化钛添加进土壤后，能显著增加土壤表面羟基基团的数目，提高了两种土壤对 DPAA 的吸附能力。但同时二氧化钛又可以被土壤中可溶性有机质包裹，导致其比表面积及表面羟基基团数目的下降（Yang et al.，2009），因此在有机质含量较高的黑土中，二氧化钛的添加未能显著提高土壤对 DPAA 的吸附能力。

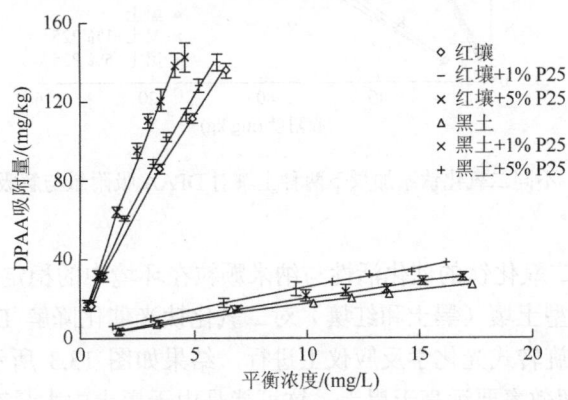

图 13.1　不同二氧化钛添加量对黑土与红壤吸附 DPAA 的影响

表 13.1　添加二氧化钛 P25 后 DPAA 在两种土壤中吸附等温系数

土壤	Freundlich 方程 $Q_{ads} = K_f C_{eq}^n$		
	K_f^b	n	R^2
红壤	31.69（±0.84）	0.79（±0.04）	0.999
红壤+1%P25	35.25（±0.63）	0.78（±0.05）	0.995
红壤+5%P25	41.28（±0.92）	0.85（±0.02）	0.991
黑土	2.29（±0.38）	0.87（±0.06）	0.999
黑土+1%P25	2.58（±0.24）	0.88（±0.03）	0.994
黑土+5%P25	3.97（±0.41）	0.81（±0.03）	0.998

图 13.2 为土壤中 DPAA 的解吸量与吸附量之间的相互关系。由图可知，解吸量与吸附量呈极显著线性相关，其斜率可视为土壤中 DPAA 的解吸率，解吸率越高表示土壤对 DPAA 的固定能力越低。由此可见，二氧化钛的添加增加了红壤对 DPAA 的固定能力，并随添加量的增加而提高，斜率可从 0.23 下降到 0.19。但黑土中的二氧化钛却未能提高土壤对 DPAA 的固定能力，斜率基本保持不变。上述结果可能是由于黑土中有机质含量较高，导致催化剂颗粒在土壤溶液中的稳定性增强（Keller et al.，2010），即便二氧化钛表面吸附了 DPAA，但 P25 颗粒本身难以被吸附或沉降在土壤颗粒表面。当环境条件改变时，吸附有 DPAA 的纳米颗粒极易被解吸下来，重新进入土壤溶液，导致土壤对 DPAA 的固定能力无明显变化。但在红壤中，有机质含量较少，土壤中黏土矿物可以同纳米颗粒产生较为牢固的静电结合，导致更多的 DPAA 被固定在土壤中。

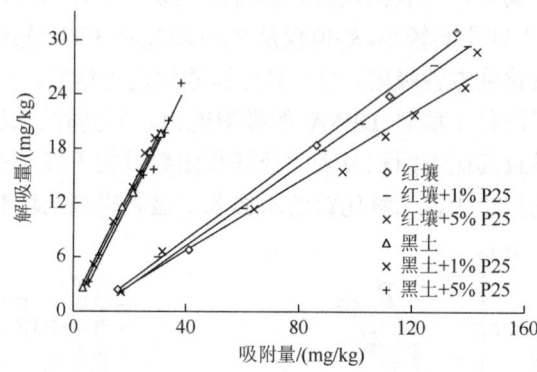

图 13.2　不同二氧化钛添加量下两种土壤对 DPAA 吸附量与解吸量关系

前人研究发现，二氧化钛的催化活性与纳米颗粒在环境中的稳定性相关。为此，我们进一步研究了不同类型土壤（黑土和红壤）对二氧化钛光催化降解 DPAA 的影响。泥浆法光催化降解实验在旋转式光化学反应仪上进行，结果如图 13.3 所示。纳米二氧化钛对红壤中 DPAA 的降解效率要远高于黑土，这可能是由于黑土中大量有机质既屏蔽了纳米颗粒对光的吸收，又淬灭了由光辐射生成的羟基自由基（Minerro et al.，2000）。另一方面，二氧化钛与红壤中大量的铁氧化物静电结合后，增加了 DPAA 在催化剂表面的吸附量，提高了催化降解的效率。

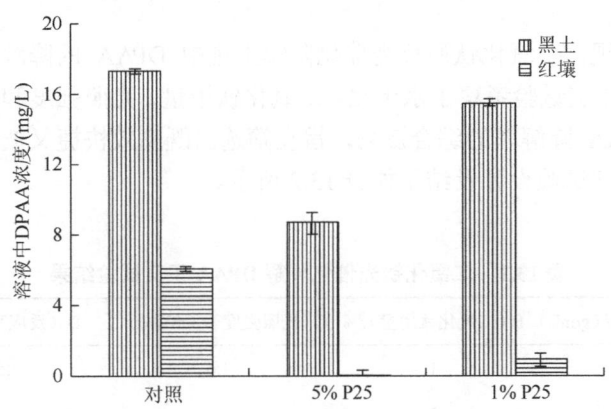

图 13.3　两种土壤对二氧化钛光催化降解溶液中 DPAA 的影响

目前受化学武器泄漏影响的区域大多位于我国东北地区，故选择该地区典型的黑土进行二苯砷酸降解动力学实验。在暗反应中，所有供试土样中 DPAA 的含量均未发生明显变化。经紫外灯照射后，各土中 DPAA 的降解动力学如图 13.4 所示。

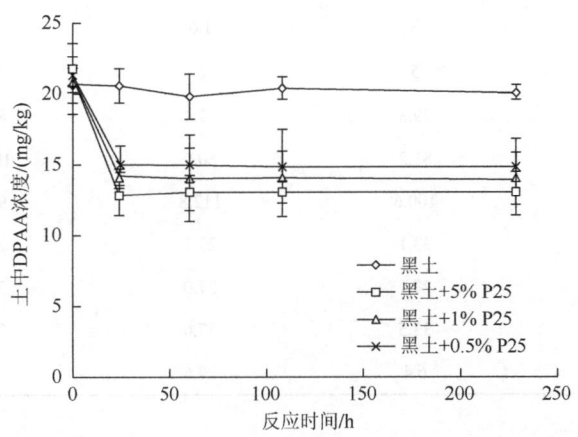

图 13.4　二氧化钛不同用量对黑土表层中 DPAA 光催化降解动力学的影响

添加二氧化钛并经紫外辐射后，土壤表层 DPAA 的含量与对照组相比均下降，降解率从 31.8%到 39.5%，但不同剂量处理之间，降解率无明显变化。同时，降解反应发生在最初的 24h 之内。随着反应时间的继续增加，DPAA 基本不发生降解。该结果可能是由于：①光在土层中穿透力弱，据报道以可见光为主的太阳光仅能穿透约 0.1~0.5mm 的土层，紫外线为短波光，穿透力更弱。在紫外辐射无法达到的土层中，二氧化钛无法发挥催化性能，使得降解 DPAA 的反应难以进行；②试验所用土中水分含量较少，既抑制了底部反应底物向上迁移的能力，又减少了光催化反应中羟基自由基的来源。

第二节 二氧化钛光催化降解二苯砷酸污染土壤的最优方法筛选

上一节研究发现，二氧化钛原位光催化降解土壤中 DPAA 的降解率较低。为了提高降解率，本节通过正交试验考察了水土比、二氧化钛用量、光照强度和反应时间 4 种影响因素对泥浆中 DPAA 降解率的综合影响，旨在筛选出既高效快捷又低消耗、易于后续处理的降解方法。正交试验设计及结果如表 13.2 所示。

表 13.2 二氧化钛光催化降解 DPAA 正交试验结果

编号	A（土水比，m/V）/（g/mL）	B（二氧化钛用量）/%	C（光照强度）/（mW/cm²）	D（反应时间）/h	降解率/%
1	1:1	1	1.6	1.5	24.5
2	1:1	2	8	3	21.6
3	1:1	5	40	6	36.8
4	1:2	1	8	6	36.8
5	1:2	2	40	1.5	22.4
6	1:2	5	1.6	3	25.7
7	1:5	1	40	3	53.6
8	1:5	2	1.6	6	37.2
9	1:5	5	8	1.5	38.1
$K1$	82.9	99.3	87.4	85.0	
$K2$	69.3	81.2	80.9	100.9	
$K3$	128.9	100.6	112.8	95.2	
$k1$	27.6	33.1	29.1	28.3	
$k2$	23.1	27.1	27.0	33.6	
$k3$	43.0	33.5	37.6	31.7	
R	19.9	6.4	10.6	5.3	

由上表可见，不同组合中 DPAA 的降解率最高可到 53.6%。通过极差法分析不同影响因素对降解率的贡献程度（R 值）及各因素不同水平对提高降解率最有效（k 值）。由表中可见，除反应时间（D）在第二个水平外，其余 3 个影响因素均在第三个水平对提高降解率最有效。而不同因素对降解率影响程度由大到小依次为：土水比（A）＞光照强度（C）＞二氧化钛用量（B）＞反应时间（D）。因此，对于降解率的优化组合为 A3C3B3D2。根据方差分析（表 13.3），这四种影响因素在 99% 的置信区间内均对降解率有极显著的影响。上述结果可能是由于当泥浆中水比重较高时，能有效提高土壤及纳米颗粒的分散性，同时增强了透光性，因而导致降解率的增加。与其他反应不同，光反应的反应速率主要决定于反应中光子的数目。因此，光照强度的提高使 P25 颗粒在光反应中能获得更多的光量子参

与反应，提高催化剂的催化性能，进而提高降解率。在泥浆法中，二氧化钛的用量对于降解率的影响与原位降解时一样对于降解率的影响较小，这可能是由于土壤中含有的大量有机质也在很大程度上消耗了催化剂产生的 ROS，抑制了 DPAA 与 OH· 的反应。尽管纳米颗粒总量增加，会相应提高反应体系中 ROS 的生成，但含量丰富的有机质也同样会消耗更多的 ROS，因而对降解率贡献仍较小。据报道，光催化降解反应多为假一级动力学反应，即反应初始阶段反应速率较大，随着反应进行，反应速率逐渐降低，因此试验中尽管提高了反应时间，但在反应后期，反应速率较之前慢，降解率的改变有限，因此对降解率影响也较小。优化后的试验条件对泥浆中 DPAA 光催化降解的降解率为 64.8%。考虑到土水比对降解率影响最大，故将土水比改为 1∶10，其余条件不变，此时，降解率上升至 82.7%，基本达到降解目的。

表 13.3 正交试验中各影响因素方差分析

影响因素	A（土水比）	B（二氧化钛用量）	C（光照强度）	D（反应时间）	误差
平方和	1985.2	235.8	603.7	174.7	108.1
自由度	2	2	2	2	18
均方	992.6	117.9	301.8	87.3	6.0
F 值	165.3	19.6	50.2	14.5	
Fa（F0.01（2, 18））	6.01	6.01	6.01	6.01	

第三节 土壤性质对二氧化钛光催化降解二苯砷酸的影响

一、不同土壤类型中二苯砷酸的光催化降解效率

鉴于我国受到含砷类化学武器泄漏影响的区域较为广泛，因此有必要验证上述光催化降解的方法在不同类型土壤中的降解效率。本节选取了 3 种我国较为典型的土壤类型：北方地区普遍存在的黑土，南方地区较为典型的红壤以及在长江三角洲地区最常见的黄棕壤为研究对象，考察了前述光催化降解方法在不同土壤中对 DPAA 的去除效率。前期试验发现，在照射 3h 后，全部红壤及大部分黄棕壤中的 DPAA 含量已经低于检测限（100μg/L）。为了更好地讨论不同土壤类型对 DPAA 光催化降解效率的影响，故将优化方法中的照射时间从 3h 改为 1.5h。

由表 13.4 可见，在 9 种土壤中，二氧化钛光催化降解 DPAA 的去除效率为 57.0%~78.6%，其中最低的降解率出现在土壤 HRB-1 中。当延长照射时间到 3h 后，其降解效率提高至 68.7%，也已经基本满足对降解程度的需求。由此可见，前述优化的二氧化钛光催化降解 DPAA 的方法可以广泛应用于不同类型土壤中。通过统计回归分析，进一步研究了不同土壤理化性质与光催化降解率之间的相关性，结果如表 13.5 所示。由此可见，光催化降解率与土壤酸碱度、电导率、有机质含量及总磷浓度呈显著负相关。

表 13.4 不同类型土壤中二氧化钛对泥浆中 DPAA 的降解率及部分土壤理化性质

编号	电导率	pH	有机质/(g/kg)	CEC/(cmol/kg)	总 P/(mg/kg)	总 Fe/(g/kg)	总 Al/(g/kg)	Fe_{ox}/(g/kg)	Fe_{cd}/(g/kg)	Al_{ox}/(g/kg)	Al_{cd}/(g/kg)	分类	黏粒(<2μm)	粉粒(2~20μm)	沙粒(20~2000μm)	降解率/%
BA-1	85	6.85	25.81	30.31	553.8	32.78	68.18	3.69	10.31	1.51	3.61	黑土	17.7	45.3	36.9	72.15
HRB-1	115	6.87	35.32	26.18	806.7	26.93	66.51	0.78	7.75	1.26	3.55	黑土	9.2	50.2	40.6	56.97
QX-3	133	6.27	21.02	13.3	1335	28.65	52.23	1.24	9.94	0.7	2.09	Luvisols	7.7	55.2	37.1	59.11
QX-2	47	5.19	11.55	18.98	477.8	35.6	62.97	0.57	16.68	0.88	3.68	Luvisols	10.7	61.4	27.9	76.14
QX-1	106	6.63	25.35	14.41	443.9	23	49.47	2.01	19.62	1.37	4.46	Luvisols	7.4	57.0	35.6	64.15
QX-0	71	5.38	9.76	17.36	329	41.61	71.34	3.48	11.89	0.74	2.51	Luvisols	12.6	64.1	23.3	73.97
YJ-0	32	5.01	5.47	8.76	220.8	35.37	74.69	1.2	24.07	1.73	6.24	Acrisols	15.5	31.5	53.6	78.58
YJ-5	38	4.52	10.89	5.23	262.5	14.09	28.63	0.87	8.67	0.73	3.66	Acrisols	6.8	30.9	62.3	74.5
YJ-7	52	6.23	15.7	11.57	883.8	42.09	79.64	1.66	30.71	1.53	7.29	Acrisols	14.8	59.9	25.3	72.92

注:CEC:阳离子代换量;总 P:总磷,总 Fe:总铁,总 Al:总铝;Fe_{ox} 为土壤中无定形态氧化铁,Fe_{cd} 为土壤中游离态氧化铁,Al_{ox} 为土壤中无定形氧化铝;Al_{cd} 为土壤中游离态氧化铁。下同。

表 13.5 部分土壤性质与土壤中 DPAA 降解率的相关系数

	电导率	酸碱度	有机质	CEC	Fe_{ox}	Fe_{cd}	总 Fe	Al_{ox}	Al_{cd}	总 Al	总 P
降解率 Y	−0.931**	−0.705**	−0.839**	−0.326**	0.161	0.420	0.345	0.156	0.411	0.191	−0.700*

**表示 $p<0.01$;*表示 $p<0.05$。

二、不同土壤性质对二苯砷酸光催化降解效率的影响

二氧化钛对有机污染物的光催化降解效率主要取决于催化剂颗粒表面对有机物的吸附能力以及催化剂自身产生 ROS 的量子产率。前述研究发现,DPAA 以专性吸附形式被吸附在吸附剂表面,会随 pH 的升高而降低。因此,在土壤中 DPAA 被纳米颗粒吸附也受土壤环境中酸碱度的影响,随土壤 pH 的增加而降低,而导致降解效率下降。同时有机质与磷元素都可以同 DPAA 竞争吸附位点,从而导致 DPAA 被纳米颗粒吸附的量减少。而离子强度的增强会加大纳米颗粒在环境中的粒径并减少其比表面积,从而导致降解率的下降。

另一方面,研究发现 OH· 在 DPAA 光催化降解中发挥作用较大,如前所述,土壤中

理化性质会引起纳米颗粒在环境中的稳定性,而稳定性则会影响纳米材料催化性能的改变,因此推测土壤中不同理化性质可能对二氧化钛生成 OH·的产率也有影响,从而导致 DPAA 降解率的不同。利用 ESR 技术可以捕捉 ROS 的信号,通过信号强度的变化能反映体系中 ROS 浓度的变化。基于此,进一步考察了土壤黏土矿物、酸碱度、离子强度、可溶性有机质(DOM)及磷酸根浓度对二氧化钛产生羟自由基的影响,结果如图 13.5 所示。

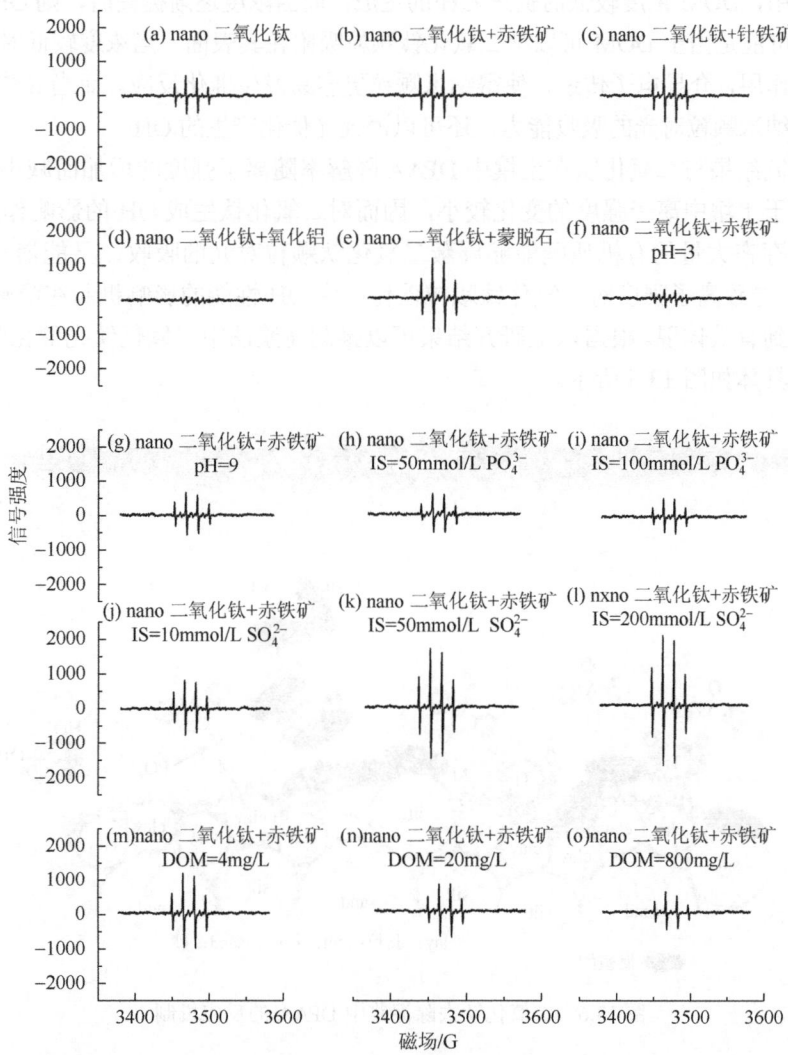

图 13.5 样品 a~q 的 ESR 谱图

如无特殊表注,反应体系为 TiO_2 与赤铁矿悬液,pH 为 6.0,IS = 1mmoL/L Na_2SO_4,照射时间为 1min

土壤中最具活性的组分主要为黏土矿物,因此首先考察了不同矿物对纳米颗粒催化性能的影响。由图 13.5 可见,土壤中的典型黏土矿物除 $Al_2O_3·3H_2O$ 外,均能促进纳米颗粒与矿物组成的悬液中羟自由基的生成,且不同黏土矿物的促进程度从高到底依次为:Ca-蒙脱石>针铁矿>赤铁矿>$Al_2O_3·3H_2O$。进一步考察还发现,在酸性(pH=3.0)与碱性(pH=9.0)

环境下,二氧化钛与赤铁矿组成的悬液中羟基自由基的产率均要高于偏中性环境下(pH=5.5)的产率。同时,离子强度的增加能显著放大混合悬液中OH·的信号强度,表明提高了OH·的产量。但在相同离子强度下,将背景溶液从硫酸盐变为磷酸盐,则混合悬液中的OH·的产量则显著下降。上述结果可能是由于二氧化钛与黏土矿物在不同环境条件下,发生了不同程度的电荷转移所致。此外,悬液中存在的DOM对纳米颗粒催化产生OH·的能力有双重作用,DOM浓度较低时促进OH·的生成,而当浓度逐渐提高时,则OH·的生成受到抑制。这可能是由于DOM可以被二氧化钛颗粒吸附在其表面,当浓度较低时,DOM会产生光敏化作用,介导电子传递,使得纳米颗粒更容易发生催化反应。而当其浓度较高时,不仅屏蔽了纳米颗粒对光的吸收能力,还可以消耗光催化产生的OH·。

上述研究结果与二氧化钛在土壤中DPAA降解率随离子强度的增加而减小不相吻合,这可能是由于土壤中离子强度的变化较小,因而对二氧化钛生成OH·的影响作用也较小。并且土壤中存在大量的有机质既能够屏蔽二氧化钛颗粒对光的吸收,又能消耗其产生的OH·,进一步导致离子强度对二氧化钛颗粒催化产生OH·性能的影响机制在降解DPAA过程中难以得到有效体现。根据以上研究结果可以推测泥浆法中二氧化钛光催化降解DPAA的反应过程具体如图13.6所示。

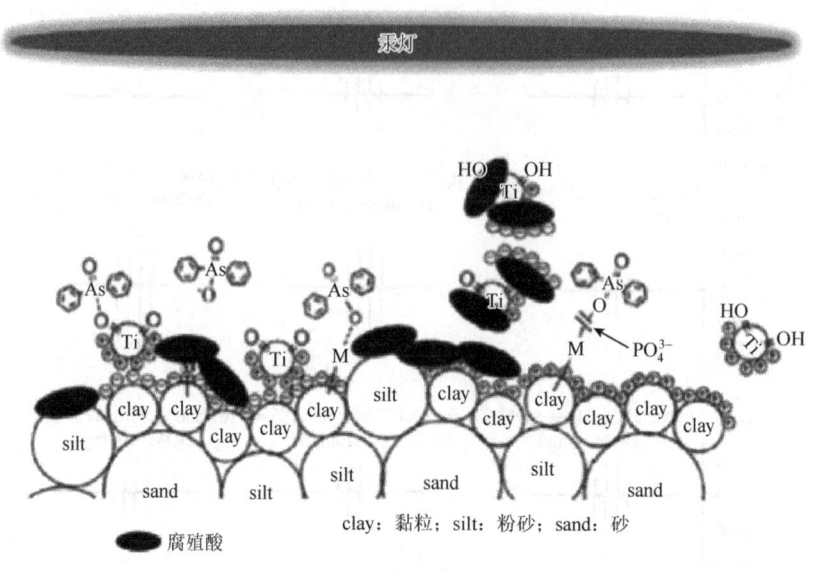

图 13.6 二氧化钛去除泥浆中DPAA的反应机制

二氧化钛进入土壤后,由于土壤-水环境中的离子强度及酸碱度的影响,部分沉降或吸附在土壤表面,可以有效催化降解吸附在土壤表面上的DPAA。DPAA及另外一部分二氧化钛受土壤中DOM及磷酸盐的影响,游离在水环境中,此时DPAA被催化降解的概率较小。此外,上述研究结果提供了另一种提高二氧化钛在土壤中降解有机物能力的方法。通过调控土壤组成成分可能会提高降解效率,如对于土壤中的砷污染,可以通过增加土壤中氧化铁的含量,既提高土壤对砷元素的固定能力,又能增加二氧化钛光催化的能力,并且改变土壤条件与人工改性以提高二氧化钛的催化能力相比,具有更高的可行性和更低的成本。

三、不同土壤性质对二氧化钛光催化性能的影响

首先对不同矿物自身的光催化活性进行研究，以考察矿物对反应体系中 OH·信号强度的影响作用。结果如图 13.7 所示，可见在试验中所用矿物均未明显生成 OH·，可以排除矿物本身的光催化活性对 OH·信号强度的加成。表明可能是纳米颗粒与矿物发生了相互作用，导致催化性能的变化。通过考察不同反应体系下纳米颗粒的稳定性（图 13.8）可见，反应体系中 OH·自由基的信号强度与反应体系中纳米颗粒的稳定性呈负相关，表明悬液中二氧化钛生成 OH·的能力随其在体系中的稳定性变弱而得到加强。

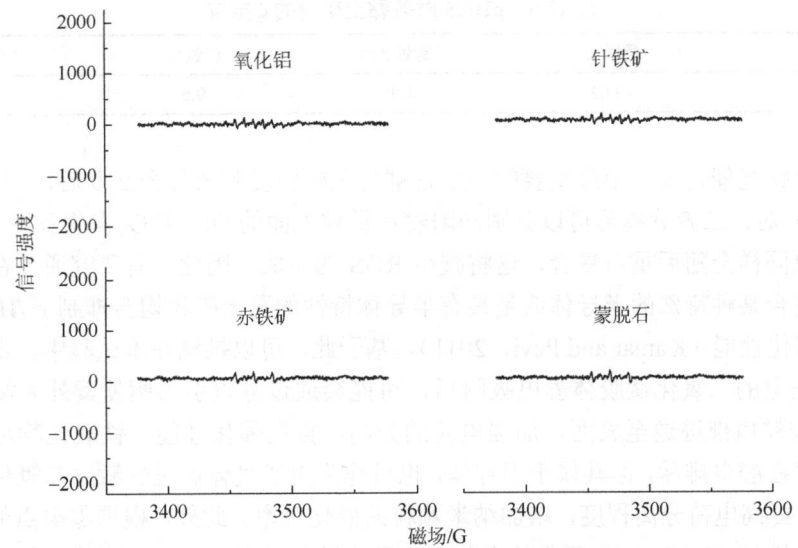

图 13.7　不同矿物悬液中，经 λ≥300nm 照射后的 ESR 谱图（照射时间 1min）

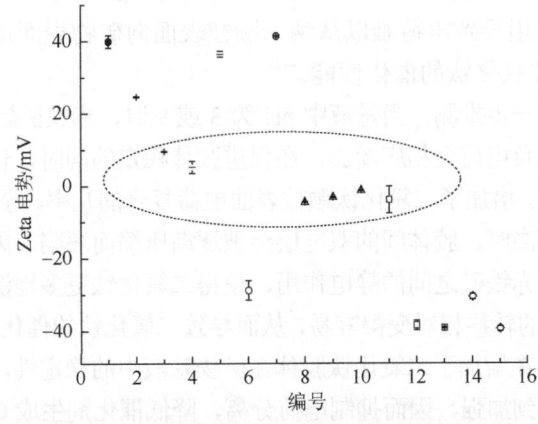

图 13.8　不同反应体系下纳米颗粒的稳定性

●表示纯纳米 TiO₂，▬表示不同黏土矿物悬液（2：赤铁矿，3：针铁矿，4：蒙脱石，5：Al₂O₃·3H₂O），○表示不同 pH（6：pH=9，7：pH=3），△表示不同离子强度（8：IS=10mmol/L，9：IS=50mmol/L，10：IS=200mmol/L），□表示不同 DOM 含量（11：4mg/L，12：20mg/L，13：80mg/L），◇表示不同磷酸根浓度（14：PO_4^{3-}=100mmol/L，15：PO_4^{3-}=5mmol/L）

前人研究均发现纳米颗粒的稳定性越高越有利于其催化性能,但试验中仅考虑了二氧化钛一种固体物质(Ng et al., 2013)。在本试验中,反应体系为二氧化钛与土壤矿物的混合体系。试验中的结果可能是由于催化剂颗粒与土壤矿物相互作用的结果。在水溶液中,催化剂颗粒与土壤矿物颗粒均会形成带电的胶体。其所带电荷的正负性由自身的零电点(point of zero charge, PZC)所决定。当pH为5.5时,二氧化钛P25(PZC=6.5)带正电荷,而蒙脱石则带负电荷,其余铁铝氧化物也带正电荷(表13.6)。所以在反应体系中,P25颗粒与蒙脱石静电吸附而与铁铝氧化物发生静电排斥,因此由图13.8可见P25颗粒与蒙脱石混合体系(样品e)的ζ电位的绝对值要小于其他矿物悬液。

表13.6 pH5.5时各黏土矿物的ζ电位

	蒙脱石	针铁矿	赤铁矿	$Al_2O_3 \cdot 3H_2O$
ζ电位	−24.2	1.4	9.6	38.7

二氧化钛光催化反应中最重要的一步是催化剂颗粒受到紫外光激发后,生成电子(e^-)/空穴(H^+)对,二者分离后可以分别同附着在颗粒表面的OH^-和O_2发生反应生成ROS。但是二者也同样会随后重新复合,这将减少ROS的生成。因此,有研究通过在二氧化钛颗粒表面复合某种特殊的半导体或是具有半导体特性的黏土矿物均会抑制e^-/H^+的重新复合,增强催化性能(Kamar and Pevi, 2011)。基于此,可以推测在本试验中,带负电的蒙脱石与带正电的二氧化钛胶体静电吸附后,可能会通过静电引力驱使紫外光激发产生的H^+从纳米颗粒内部逃逸至表面,加强电荷的分离,提高催化性能。铁氧化物尽管与纳米胶体之间存在静电排斥,但其属于半导体,也可作为电子受体促进受激发二氧化钛表面电子的逃逸,提高电荷分离程度,增加纳米颗粒的催化效率。此外,根据零电点的大小,试验体系中针铁矿(PZC=6.8)所带的电荷要少于赤铁矿(PZC=8.2),因此其与二氧化钛胶体间的静电斥力要小于赤铁矿,更有利于电荷转移,从而导致针铁矿的存在会促进OH·的生成。而$Al_2O_3 \cdot 3H_2O$由于其零电点(PZC=9.8)较高,因而与二氧化钛胶体之间的静电斥力最大,两者相互作用导致电荷难以从纳米颗粒表面向矿物表面逃逸,增加了电荷的复合几率,从而降低了二氧化钛的催化性能。

根据以上理论,进一步推测,当悬液中pH为3或9时,赤铁矿始终与TiO_2胶体之间存在静电斥力,但其表面负电荷会相应增加,在促进胶体稳定的同时,也阻碍了其作为电子受体接受逃逸电子的能力,增加了二氧化钛颗粒表面电荷复合的几率,导致其催化性能的下降。据报道,当离子强度提高时,胶体间的双电层会被逐渐压缩而塌陷。因此,高离子强度下,会破坏二氧化钛胶体与赤铁矿之间的静电作用,使得二氧化钛更多地沉降在矿物表面,由于克服了静电斥力,电子的转移相对变得容易,从而导致二氧化钛的催化性能得到大幅度提升。而DOM与磷酸根的存在增加了二氧化钛胶体在矿物悬液中的稳定性,这表明二氧化钛与赤铁矿之间的静电斥力得到加强,因而抑制电荷分离,降低催化剂生成OH·的能力。

参 考 文 献

王阿楠, 骆永明. 2015. 纳米二氧化钛光催化修复二苯砷酸污染土壤的研究. 土壤, 47 (1): 107~112.

王阿楠, 滕应, 骆永明, 等. 2014. 二氧化钛 (P25) 光催化降解二苯砷酸的研究. 环境科学, 35 (10): 3800~3806.

Arao T, Maejima Y, Baba K. 2009. Uptake of aromatic arsenicals from soil contaminated with diphenylarsinic acid by rice. Environmental Science and Technology, 43 (4): 1097~1101.

Harada N, Takagi K, Baba K, et al. 2010. Biodegradation of diphenylarsinic acid to arsenic acid by novel soil bacteria isolated from contaminated soil. Biodegradation, 21 (3): 491~499.

Kroening K K, Solivio M V, García-López M, et al. 2009. Cytotoxicity of arsenic-containing chemical warfare agent degradation products with metallomic approaches for metabolite analysis. Metallomics, 1 (1): 59~66.

Kumar S G, Devi L G. 2011. Review on modified TiO_2 photocatalysis under UV/Visible light: selected results and related mechanisms on interfacial charge carrier transfer dynamics. Journal of physical chemistry A, 115 (46): 13211~13241.

Minero C, Mariella G, Maurino V, et al. 2000. Photocatalytic transformation of organic compounds in the presence of inorganic ions. 2. Competitive reactions of phenol and alcohols an a titanium dioxide-fluoride system. Langmuir, 16 (23): 8964~8972.

Nakamiya K, Nakayama T, Ito H, et al. 2007. Degradation of arylarsenic compounds by microorganisms. FEMS Microbiology Letters, 274 (2): 184~188.

Ng A M, Chan C M, Guo M Y, et al. 2013. Antibacterial and photocatalytic activity of TiO_2 and ZnO nanomaterials in phosphate buffer and saline solution. Applied Microbiology and Biotechnology, 97 (12): 5565~5573.

Wang A N, Li S X, Teng Y, et al. 2013. Adsorption and desorption characteristics of diphenylarsenicals in two contrasting soils. Journal of Environmental Sciences-China, 25 (6): 1172~1179.

Wang AN, Teng Y, Hu XF, et al. 2016. Diphenylarsinic acid contaminated soil remediation by titanium dioxide (P25) photocatalysis: degradation pathway, optimization of operating parameters and effects of soil properties. Science of the Total Environment, 541: 348~355.

Yang K, Lin D H, Xing B S. 2009. Interactions of humic acid with nanosized inorganic oxides. Langmuir, 25 (6): 3571~3576.

第十四章 二氧化钛光催化降解二苯砷酸的机制

上一章介绍了二氧化钛对污染土壤中二苯砷酸的光催化降解效率,但对其光催化降解机理尚不清楚。本章采用水溶液实验,考察了二氧化钛光催化降解 DPAA 的非均相反应动力学特征、影响因素及其降解产物与路径,旨在为揭示 DPAA 的光催化降解修复机理提供科学依据。

第一节 二氧化钛光催化降解二苯砷酸的非均相反应动力学

纳米氧化钛光催化反应为非均相反应过程,其初始阶段反应动力学多符合一级反应动力学(Xu et al.,2007)。其中反应动力学常数 k 的大小可以表征反应速率的快慢。

图 14.1 为不同浓度纳米二氧化钛光催化降解 DPAA 的反应动力学,反应系数 k 分别为 $k_{0.1g/L}=1.47\times10^{-2}$/min,$k_{1.0g/L}=1.91\times10^{-2}$/min 和 $k_{2.0g/L}=5.94\times10^{-2}$/min。表明反应速率随着二氧化钛使用浓度的增加而加快。此时,二氧化钛对 DPAA 的吸附量也随着自身浓度的增加而提高,据此推测吸附过程会影响催化降解反应。

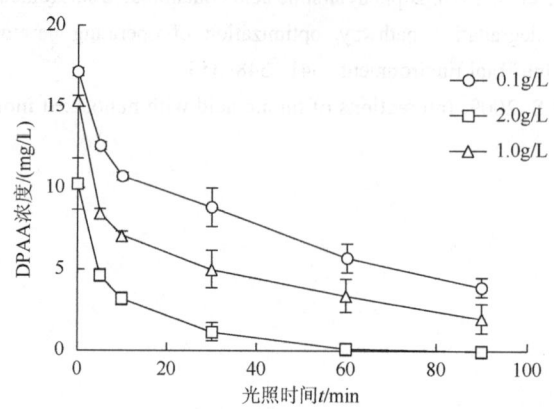

图 14.1 不同浓度纳米二氧化钛对 DPAA 降解的反应动力学

Langmuir-Hinshelwood 反应动力学模型将反应过程分为催化反应与吸附两个过程,可进一步表征催化剂表面及表面吸附特性对纳米二氧化钛光催化反应的影响。该方程如下所示:

$$r_0 = \frac{k_r K c_i}{1 + K c_i} \tag{14.1}$$

式中,r_0 为反应刚开始时反应速率,k_r 为速率常数,K 为吸附平衡常数,c_i 为 DPAA 初始浓度(mg/L)。将上式变换可得

$$\frac{1}{r_0} = \frac{1}{k_r K c_i} + \frac{1}{k_r} \tag{14.2}$$

对 $\frac{1}{r_0} \sim \frac{1}{Kc_i}$ 作图，可计算求出 k_r 和吸附平衡常数 K。

利用该反应模型我们研究了不同浓度 DPAA 对纳米二氧化钛催化降解的影响。结果如图 14.2 所示。

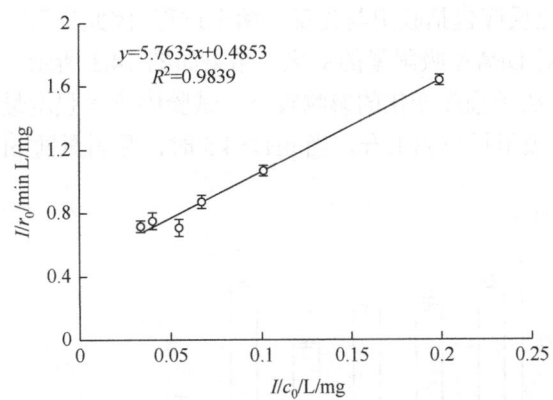

图 14.2　纳米二氧化钛催化降解二苯砷酸的 Langmuir-Hinshelwood 动力学方程

根据图 14.2 求出 L-H 反应动力学模型各参数并列于表 14.1 中。与其他有机砷相比，DPAA 的反应速率最快，且苯基取代的有机砷的反应速率均显著高于甲基取代。这可能是由于两类有机砷化合物在催化反应过程中的反应机制不同所致。

表 14.1　有机砷在吸附等温线及 Langmuir-Hinshelwood 反应动力学模型中的主要参数

种类	结构式	速率常数 k_r (mg/L×min)	平衡常数 K (L-H 动力学模型)/(L/mg)	平衡常数 K (Langmuir 吸附等温线)/(L/mg)
甲基砷	$CH_3AsO(OH)_2$	0.25	0.24	8.42
二甲基砷	$(CH_3)_2AsO(OH)_2$	0.14	0.78	10.07
苯砷酸	$PhAsO(OH)_2$	0.56	0.17	0.18
二苯砷酸	$(Ph)_2AsO(OH)$	2.06	0.08	0.10

二氧化钛光催化反应中主要涉及 OH·对有机物的氧化（韩世同等，2003）。前人研究发现，苯基取代的有机砷与羟基自由基的反应包括苯环的羟基化（Zheng et al., 2010），而甲基取代的有机砷与羟基自由基的反应则涉及甲基上的脱氢反应，前者的反应速率（$\sim 10^{10}$/MS）要远高于后者（$\sim 10^8$/MS）(Xu et al., 2007)。由此可以推测，DPAA 分子结构上具有两个苯环，与 OH·的结合位点要多于 PAA，从而导致其反应速率远高于其他有机砷。

此外，苯基取代砷在两个模型中的平衡常数基本相同，而甲基取代砷的吸附平衡常数在两个模型中却极不相同。有研究将后者归因于光辐射过程中二氧化钛表面结合位点的变化；反应产物对吸附位点的竞争结合以及小分子砷化合物在吸附剂中的双层吸附特征（Xu et al., 2005, 2000）。由此推断，在光催化反应前后，DPAA 在纳米二氧化钛表面的吸附过程受外界因素影响较小,均适用于 Langmuir 吸附等温线。进一步推断,当 DPAA 浓度较高时,其催化反应的主要产物无机砷酸离子可以竞争结合二氧化钛表面的吸附位点,进而影响 DPAA 在二氧化钛表面的吸附及降解反应速率。

第二节 离子强度及 pH 对二苯砷酸光催化降解动力学的影响

纳米氧化钛光催化反应包括吸附与光反应两个过程,因此先研究不同离子强度及酸碱条件下,纳米氧化钛对 DPAA 吸附量的变化。结果如图 14.3 所示。从中可见,二氧化钛对 DPAA 的吸附量受离子强度变化的影响较小,试验中离子强度最小时,吸附量略高;当 pH 从 3 到 4.5 时,吸附量小幅上升,当 pH>4.5 时,吸附量随 pH 升高而降低。

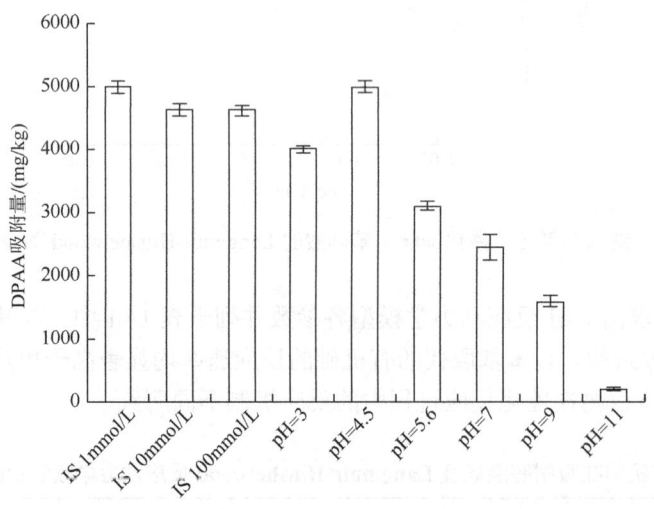

图 14.3 pH 及离子强度对二氧化钛吸附 DPAA 的影响

上述现象可能是由于 DPAA 专性吸附于吸附剂表面所致。离子强度不影响专性吸附,因此实验中 DPAA 的吸附量受离子强度的影响较小。离子强度较高时,可能导致催化剂颗粒发生快速团聚,表面羟基数目下降,导致对 DPAA 的吸附量降低。DPAA 的 pK_a 值为 5.2,随着溶液 pH 上升,水溶液中的 DPAA 由中性分子转变为阴离子。同时纳米氧化钛的等电点(PZC)为 6.8,酸性条件下,纳米氧化钛表面的正电荷随 pH 减小而增加;碱性条件下,纳米氧化钛表面负电荷随 pH 升高而增加。当 pH 约为 5.2 时,DPAA 与二氧化钛表面带异种电荷,存在静电吸附,导致吸附量增高;当 pH 下降时,DPAA 为中性分子,与二氧化钛表面不存在静电引力;而在碱性条件下,DPAA 则与二氧化钛表面存在静电斥力,二者均导致吸附量下降。

离子强度及 pH 变化对纳米氧化钛光催化降解 DPAA 速率的影响如图 14.4 所示。从中可见,当离子强度最小时,光催化反应速率最大;当 pH 从 3 到 4.5 时,反应速率变快,当 pH>4.5 时,反应速率则随 pH 升高而下降。离子强度及 pH 对光催化反应速率影响的趋势与二者对二氧化钛吸附 DPAA 的影响趋势相一致,可以推测催化剂表面对 DPAA 的吸附量会影响光反应速率的快慢。此外，在强酸或强碱环境中，二氧化钛在水溶液中的稳定性会增加，且由于二氧化钛表面正或负电荷的增加有利于光生电子或空穴向催化剂表面转移，会增强催化效率（Wang et al., 2011）。但本实验中在强酸或强碱环境中，光反应速率反而较低，甚至当 pH=11 时，基本无催化反应发生，这也表明纳米二氧化钛光催化降解 DPAA 的反应主要受催化剂表面吸附 DPAA 的影响。

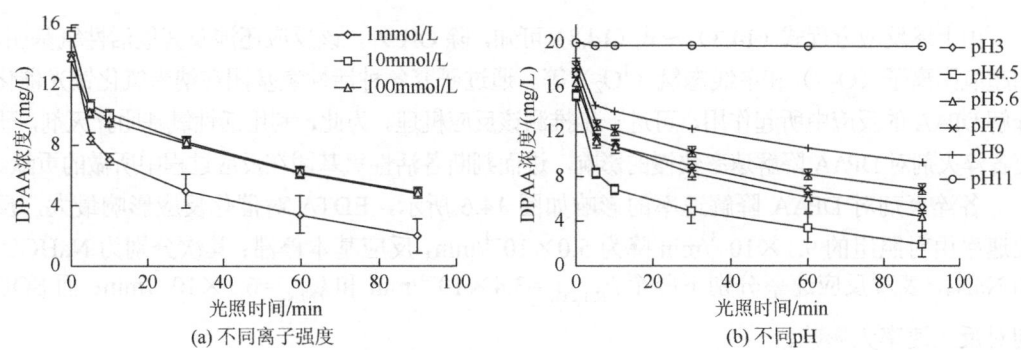

图 14.4 不同离子强度与 pH 下的二氧化钛催化降解 DPAA 的反应动力学

第三节 溶解氧对二苯砷酸光催化降解动力学的影响

二氧化钛光催化过程中可能发生的反应方程如下所示：

$$TiO_2 + h\nu \rightarrow h^+ + e^- \tag{14.3}$$

$$h^+ + \equiv Ti\text{-}OH/H_2O(ads) \rightarrow \equiv Ti\text{-}OH\cdot/(OH\cdot + H^+) \tag{14.4}$$

$$e^- + O_2(ads) \rightarrow O_2\cdot^-(ads) \tag{14.5}$$

$$O_2\cdot^- + H^+ \rightarrow HO_2\cdot \tag{14.6}$$

$$2HOO\cdot \rightarrow H_2O_2 + O_2 \tag{14.7}$$

$$H_2O_2 + e^- \rightarrow OH\cdot + HO^- \tag{14.8}$$

这一系列反应中涉及溶液中的溶解氧。因此，我们研究了溶解氧对纳米二氧化钛催化降解 DPAA 反应速率的影响，结果如图 14.5 所示。由图可见，增加溶解氧的浓度能提高催化降

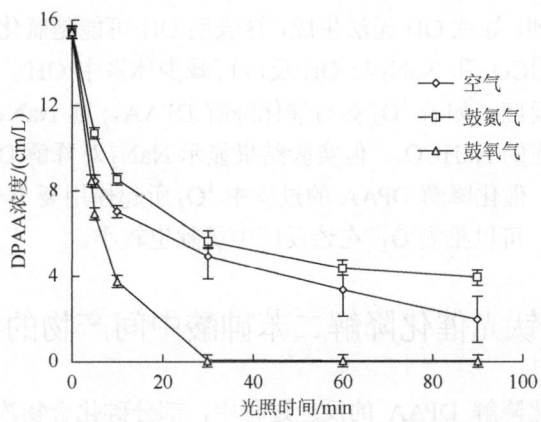

图 14.5 溶解氧对二氧化钛降解 DPAA 反应动力学的影响

解速率,而降低溶解氧的浓度则导致反应速率下降。这可能是由于光生电子 e^- 被溶解氧捕获,降低了电子/空穴对的复合,提高反应效率。其次,溶解氧浓度的增加也可能会提高反应体系中各活性氧基团的生成量,如羟自由基和单线态氧等(Pelaez et al.,2011;Liang et al.,2008)。

第四节 活性氧基团在二苯砷酸光催化降解中的作用

由上述反应方程式(14.3)~式(14.8)可知,除 OH·外,该反应还涉及其他活性氧基团,如超氧阴离子($O_2^-·$)和单线态氧($^1O_2$)等。通过研究各种活性氧基团在纳米氧化钛光催化降解 DPAA 的反应中所起作用,可进一步推测该反应机理。为此,利用活性氧基团猝灭剂,研究各淬灭剂对 DPAA 降解速率快慢的影响,进而判断各活性氧基团在反应过程中所做的贡献。

各淬灭剂对 DPAA 降解速率的影响如图 14.6 所示,EDTA 对催化反应影响最大,反应速率由对照组的 9.1×10^{-3}/min 降为 5.0×10^{-4}/min,反应基本停滞;其次分别为 $NaHCO_3$ 和 NaN_3,表观反应速率分别下降至 $k_{NaHCO_3}=3.4\times10^{-3}$/min 和 $k_{NaN_3}=6.1\times10^{-3}$/min;而 SOD 则对反应速率无影响。

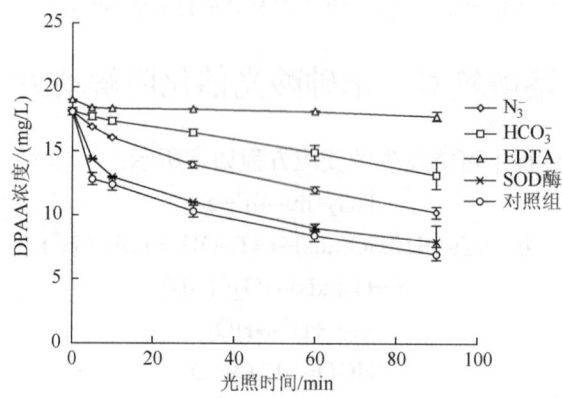

图 14.6 不同活性氧基团淬灭剂对降解反应动力学的影响

由反应方程式(14.4)可知,二氧化钛表面存在带电空穴是生成 OH·的前提条件,而 EDTA 作为 h^+ 的淬灭剂,导致 OH·无法生成,这表明 OH·可能是氧化钛催化降解 DPAA 的主要活性氧基团。$NaHCO_3$ 和 NaN_3 与 OH·反应可减少体系中 OH·,降低反应速率。尽管 NaN_3 还可同时与 O_2 反应,如若 $^1O_2$ 参与催化降解 DPAA,则 NaN_3 对该反应的抑制程度应高于仅同 OH·相反应的 $NaHCO_3$。但实验结果显示 NaN_3 对降解 DPAA 的抑制程度却小于 $NaHCO_3$,这表明,催化降解 DPAA 的过程中 $^1O_2$ 所起作用要小于 OH·。由于 SOD 对降解反应基本无影响,可以推测 $O_2^-·$ 在该反应中贡献也较小。

第五节 二氧化钛光催化降解二苯砷酸中间产物的鉴定及降解途径

在二氧化钛光催化降解 DPAA 的反应过程中,部分砷化合物浓度随反应时间的变化如图 14.7 所示。由图可见,在光催化反应中,尽管生成了 PAA,但其浓度在整个反应阶段均较低，同时还检测到砷酸盐的生成。表明二氧化钛对 DPAA 光催化降解的终产物可能为无机砷，这与前人研究结果相类似。与 DPAA 直接光降解相比，光催化反应过程中，并未出现亚砷酸盐。这可能是由于二氧化钛 P25 催化性能较强，在短时间内产生较多的 ROS，氧化反应剧烈，导致无法形成较高浓度的亚砷酸盐。

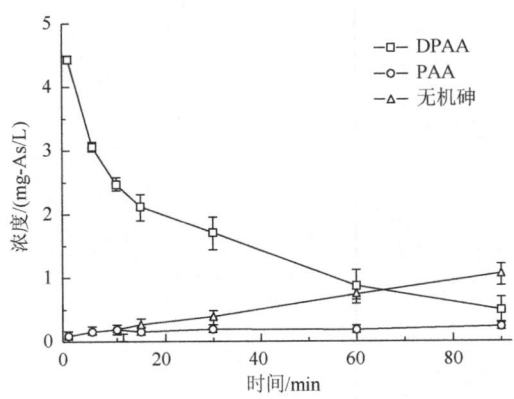

图 14.7　纳米二氧化钛光催化降解 DPAA、PAA 及无机砷反应动力学

为了进一步明确其反应途径，通过 LC-MS-MS 鉴定出了部分含砷的反应中间产物。结果如图 14.8 所示。

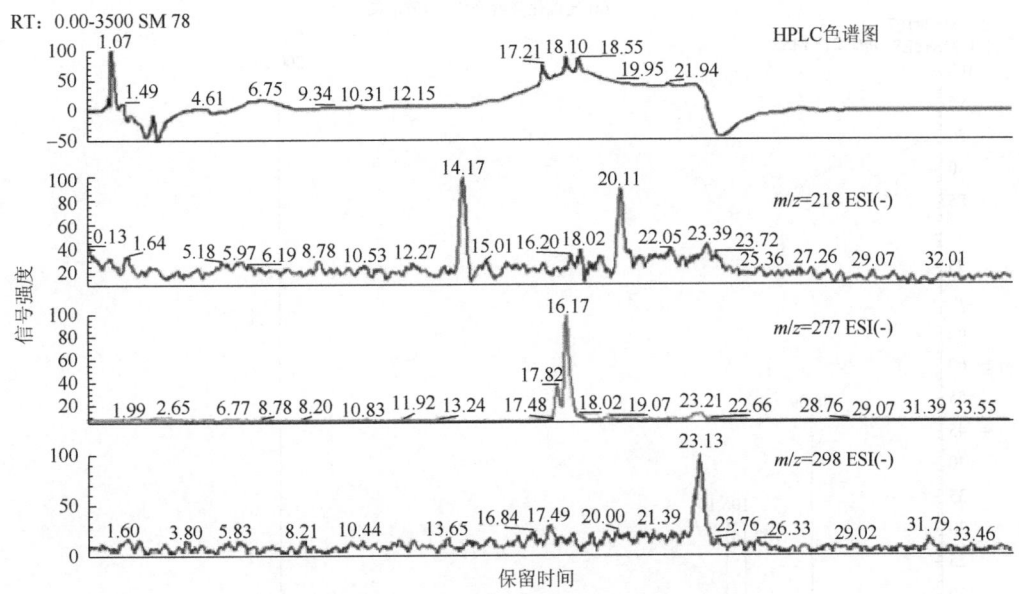

图 14.8　DPAA 光催化反应液相色谱图及选择离子流图

前期研究结果表明，纳米二氧化钛光催化降解 DPAA 的反应以羟自由基为主要介导，对反应底物 DPAA 进行氧化反应，反应过程中可能会出现羟基化现象。再根据离子碎片的质荷比可以判断，离子碎片 m/z=218 可能为单羟基化的 PA；离子碎片 m/z=277 可能为

单羟基化的 DPAA；离子碎片 $m/z=298$ 则可能为双羟基化的 DPAA。各中间产物的具体分子式及其多级质谱图见图 14.9。

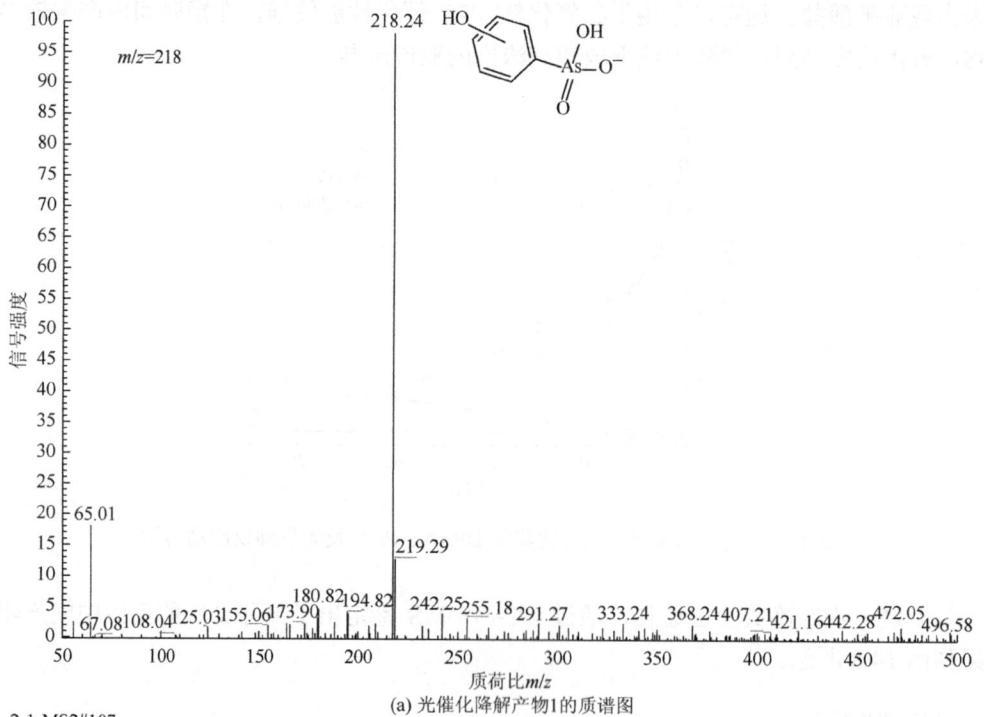

(a) 光催化降解产物1的质谱图

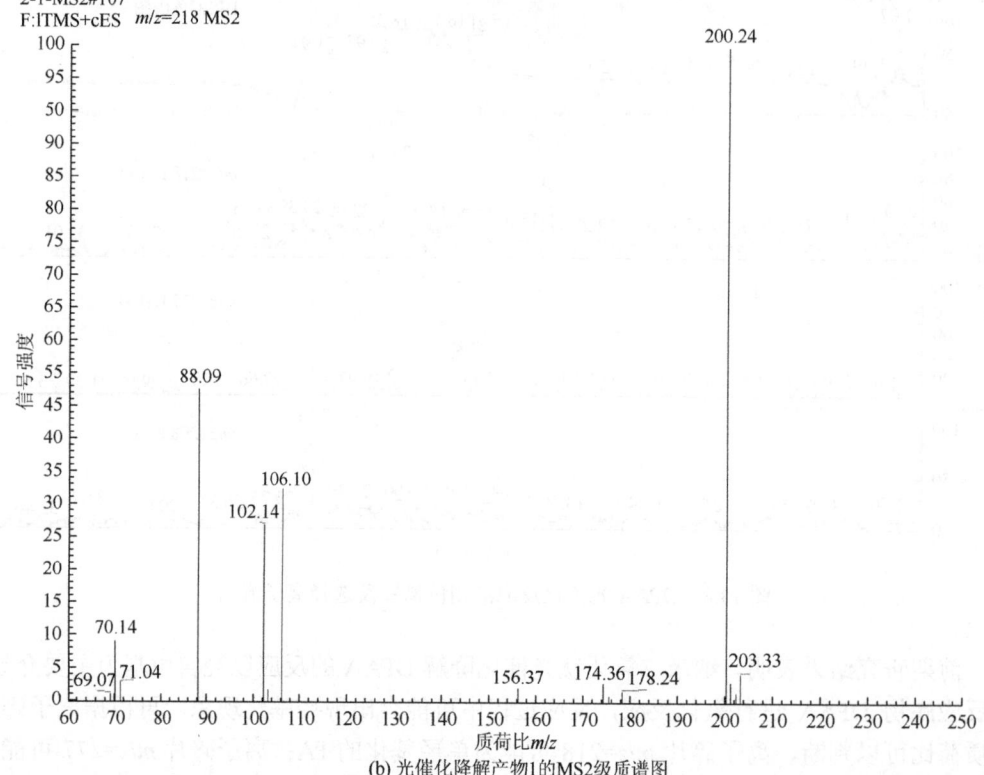

(b) 光催化降解产物1的MS2级质谱图

第十四章　二氧化钛光催化降解二苯砷酸的机制

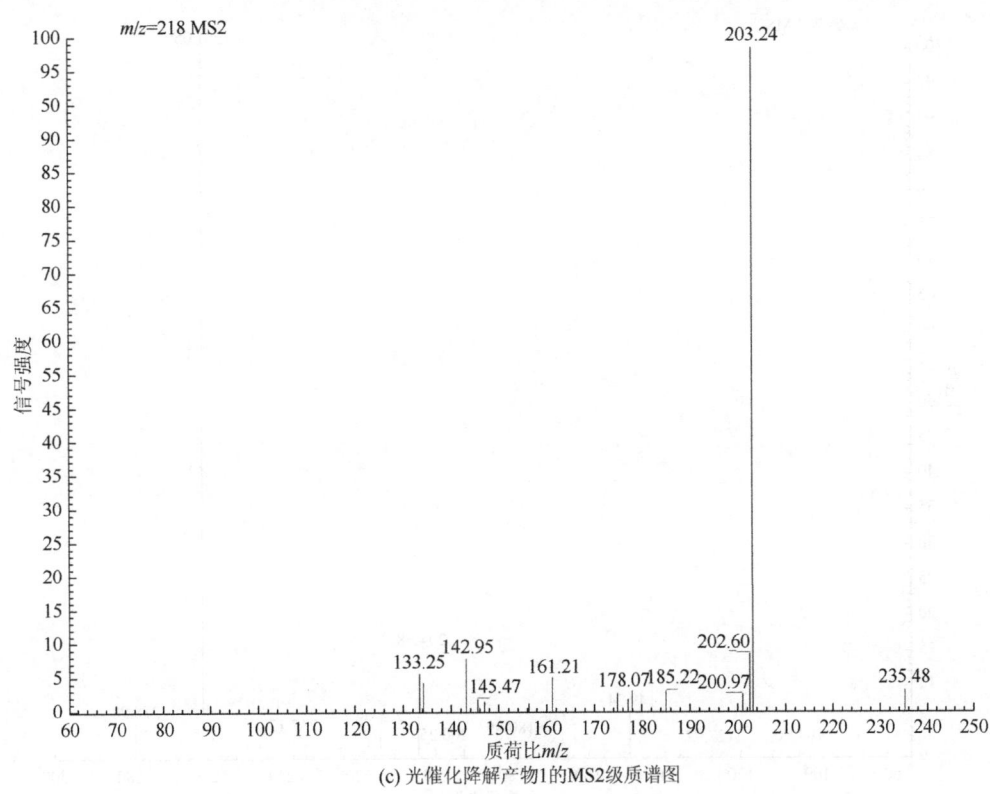

(c) 光催化降解产物1的MS2级质谱图

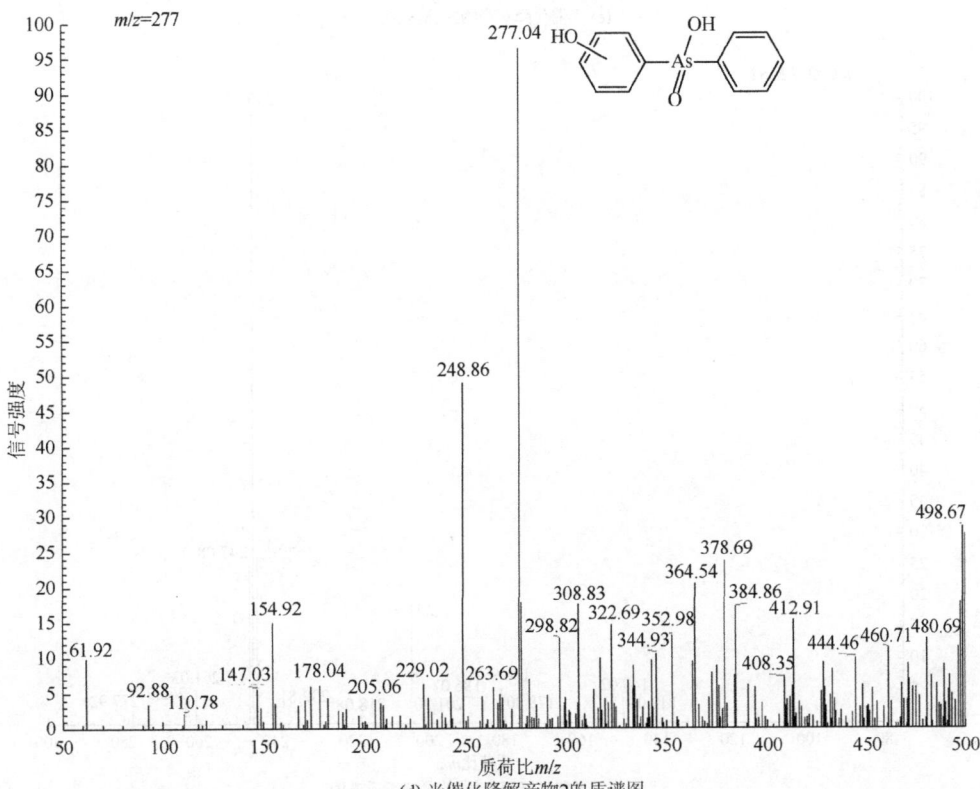

(d) 光催化降解产物2的质谱图

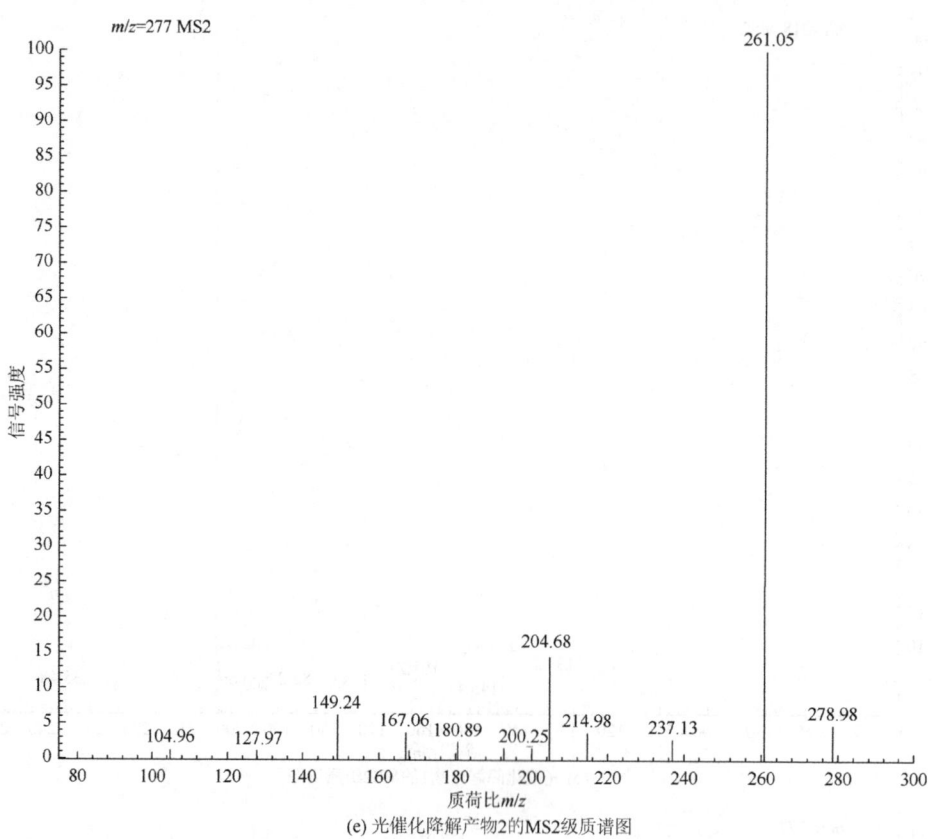

(e) 光催化降解产物2的MS2级质谱图

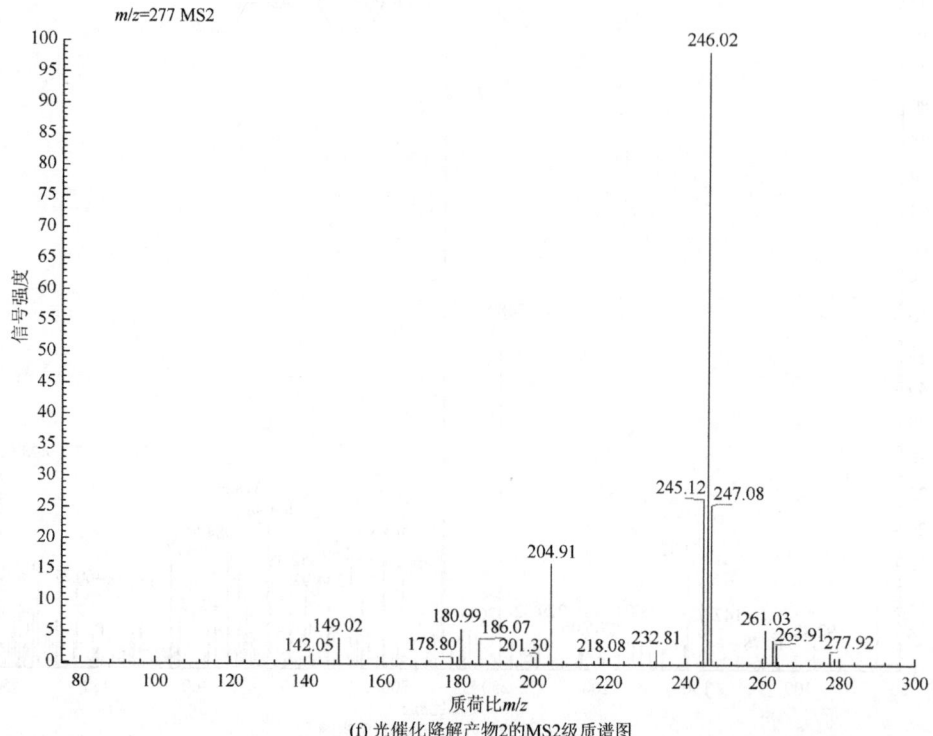

(f) 光催化降解产物2的MS2级质谱图

第十四章 二氧化钛光催化降解二苯砷酸的机制

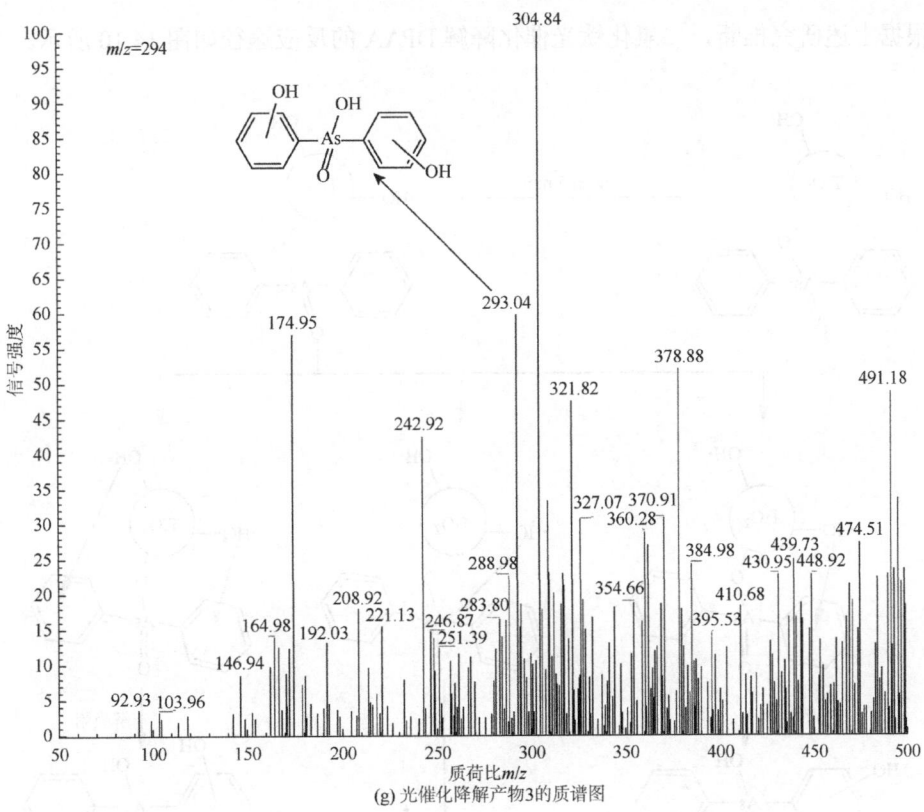

(g) 光催化降解产物3的质谱图

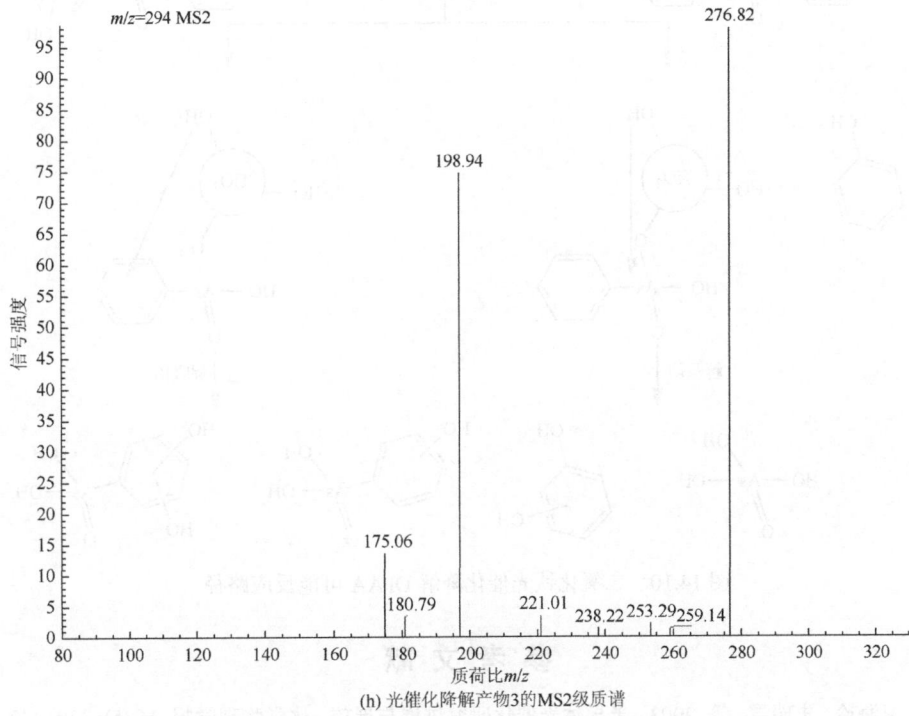

(h) 光催化降解产物3的MS2级质谱

图 14.9　DPAA 光催化降解产物质谱图

根据上述研究推断，二氧化钛光催化降解 DPAA 的反应途径如图 14.10 所示。

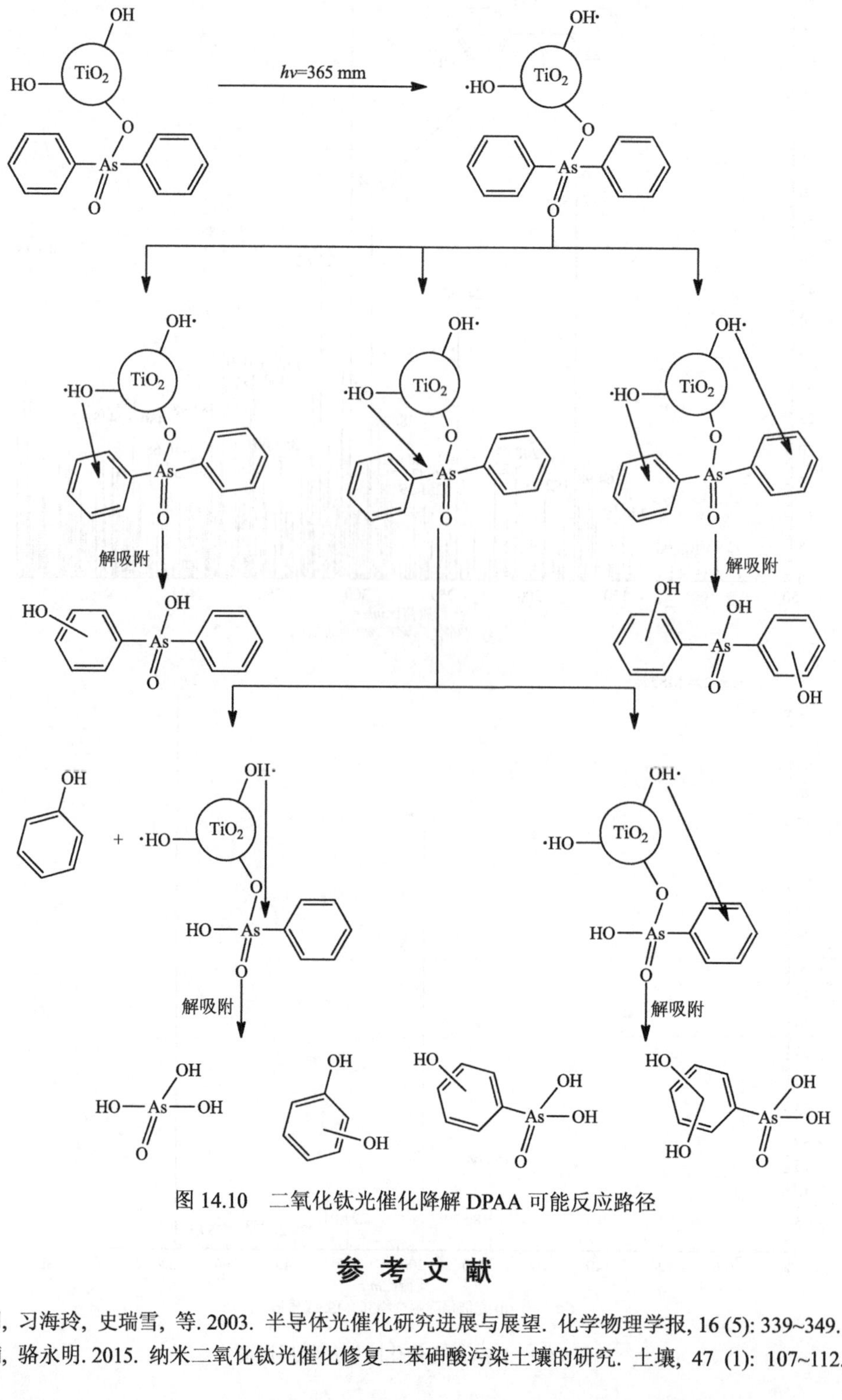

图 14.10 二氧化钛光催化降解 DPAA 可能反应路径

参考文献

韩世同, 习海玲, 史瑞雪, 等. 2003. 半导体光催化研究进展与展望. 化学物理学报, 16 (5): 339~349.
王阿楠, 骆永明. 2015. 纳米二氧化钛光催化修复二苯砷酸污染土壤的研究. 土壤, 47 (1): 107~112.

王阿楠, 滕应, 骆永明, 等. 2014. 二氧化钛 (P25) 光催化降解二苯砷酸的研究. 环境科学, 35 (10): 3800~3806.

Hoffmann M R, Martin S T, Choi W Y, et al. 1995. Environmental applications of semiconductor photocatalysis. Chemical Reviews, 95 (1): 69~96.

Liang H C, Li X Z, Yang Y H, et al. 2008. Effects of dissolved oxygen, pH, and anions on the 2,3-dichlorophenol degradation by photocatalytic reaction with anodic TiO_2 nanotube films. Chemosphere, 73 (5): 805~812.

Linsebigler A L, Lu G Q, Yates J T. 1995. Photocatalysis on TiO_2 surfaces-principles, mechanisms, and selected results. Chemical Reviews, 95 (3): 735~758.

Maeda H, Ikeda K, Hashimoto K, et al. 1999. Microscopic observation of TiO_2 photocatalysis using scanning electrochemical microscopy. Journal of Physical Chemistry B, 103 (16): 3213~3217.

Pelaez M, de la Cruz A A, O'Shea K, et al. 2011. Effects of water parameters on the degradation of microcystin-LR under visible light-activated TiO_2 photocatalyst. Water Research, 45 (12): 3787~3796.

Semenikhin O A, Kazarinov V E, Jiang L, et al. 1999. Suppression of surface recombination on TiO_2 anatase photocatalysts in aqueous solutions containing alcohol. Langmuir, 15 (11): 3731~3737.

Wang A N, Li S X, Teng Y, et al. 2013. Adsorption and desorption characteristics of diphenylarsenicals in two contrasting soils. Journal of Environmental Sciences-China, 25 (6): 1172~1179.

Wang P H, Yap P S, Lim T T. 2011. C-N-S tridoped TiO_2 for photocatalytic degradation of tetracycline under visible-light irradiation. Applied Catalysis A-general, 399 (1-2): 252~261.

Wang, AN, Teng Y, Hu XF, et al. 2016. Diphenylarsinic acid contaminated soil remediation by titanium dioxide (P25) photocatalysis: degradation pathway, optimization of operating parameters and effects of soil properties. Science of the Total Environment, 541: 348~355.

Xu T L, Cai Y, O'Shea K E. 2007. Adsorption and photocatalyzed oxidation of methylated arsenic species in TiO_2 suspensions. Environmental Science and Technology, 41 (15): 5471~5477.

Xu T L, Kamat P V, Joshi S, et al. 2007. Hydroxyl radical mediated degradation of phenylarsonic acid. Journal of Physical Chemistry A, 111 (32): 7819~7824.

Xu T L, Kamat P V, O'Shea K E. 2005. Mechanistic evaluation of arsenite oxidation in TiO_2 assisted photocatalysis. Journal of Physical Chemistry A, 109 (40): 9070~9075.

Xu Y M, Langford C H. 2000. Variation of Langmuir adsorption constant determined for TiO_2-photocatalyzed degradation of acetophenone under different light intensity. Journal of Photochemistry and Photobiology A-chemistry, 133 (1-2): 67~71.

Zheng S, Cai Y, O'Shea K E. 2010. TiO_2 photocatalytic degradation of phenylarsonic acid. Journal of Photochemistry and Photobiology A-Chemistry, 210 (1): 61~68.

第十五章 二苯砷酸污染土壤的芬顿与类芬顿氧化修复

化学氧化法适用于高污染场地有机污染土壤的修复,其中,芬顿氧化法因其能够氧化大多数有机污染物、处理彻底等优点,成为最具前景的原位修复技术之一。日遗化学武器接触的土壤有机砷污染严重,总砷含量往往超过国家标准数 10 倍,采用芬顿法处理高浓度 DPAA 污染土壤可能是一种行之有效的方法。传统芬顿法是在酸性条件下利用 H_2O_2 与 Fe^{2+} 反应产生的羟基自由基(·OH)迅速氧化有机污染物。类芬顿法在传统芬顿法基础上,采用 Fe^{3+} 代替 Fe^{2+},实现在近中性条件下催化 H_2O_2 分解产生·OH,进而达到去除有机污染物的目的(Pardo et al., 2014)。由于类芬顿法不需要改变土壤 pH,对土壤生态环境危害较小而受到广泛关注(朱濛等, 2015)。本章分析了芬顿和类芬顿氧化法对红壤和黑土中 DPAA 的降解效果及影响因素,探讨了 DPAA 污染土壤的芬顿/类芬顿氧化降解机制与代谢产物,研究成果可为我国化学武器残留地区 DPAA 污染土壤的控制修复与风险管理提供科学依据。

第一节 芬顿与类芬顿氧化修复效率及其影响因素

一、土水比对土壤中二苯砷酸解吸率的影响

芬顿/类芬顿反应产生的·OH 只在水相中反应,由于土壤中的污染物常常吸附在土壤固相部分,这就影响了芬顿法对污染物的降解效果(Corbin et al., 2007)。因此,研究土水比对土壤中 DPAA 解吸率的影响是优化反应条件的一部分。

图 15.1 显示 DPAA(质量分数为 20mg/kg)在不同土水比条件下的解吸变化规律。从

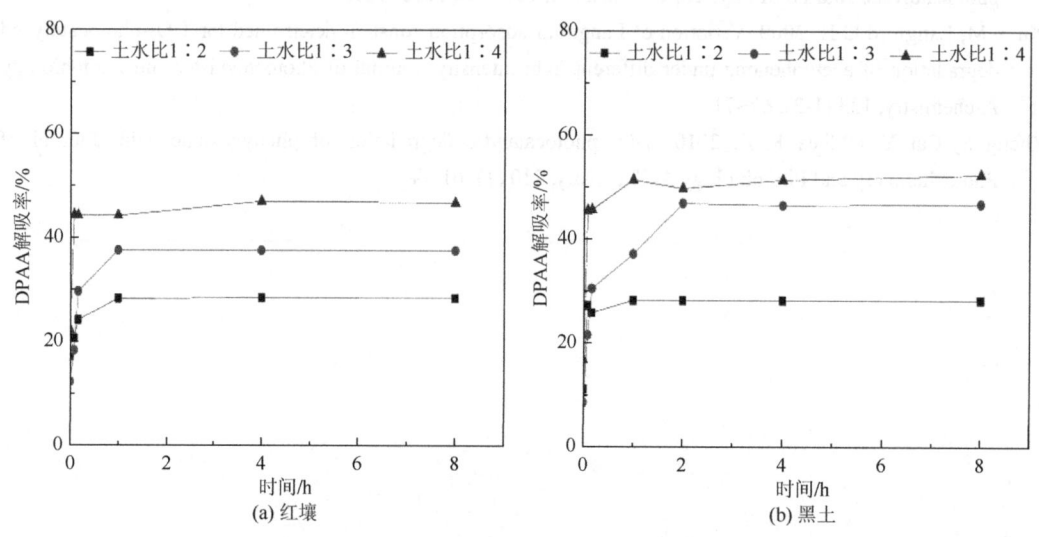

图 15.1 土水比对土壤中 DPAA 解吸率的影响

图 15.1 可知,部分吸附在红壤/黑土固相部分的 DPAA 快速解吸到水相中,至 2h 左右,解吸过程接近平衡;随着体系中水量的增加,DPAA 的解吸率不断提高。当土水比为 1:3 和 1:4 时,红壤及黑土中的 DPAA 都具有较高的解吸率(>37%),有利于后续的芬顿/类芬顿反应的发生,而当土水比为 1:3 时,反应体系引入的水量较少,更有利于后续的废水与污泥的处理。因此,后续实验中土水比设定为 1:3。

二、芬顿与类芬顿氧化修复效率的影响因素

(一)氧化剂用量

在催化剂浓度为 0.25mol/L 的条件下,研究不同 H_2O_2 起始浓度对红壤及黑土中 DPAA 降解效果的影响,结果如图 15.2 所示。当 H_2O_2 浓度从 0 增加为 1mol/L 时,DPAA 的降解率显著增加;当 H_2O_2 浓度进一步从 1mol/L 增加为 5mol/L 时,DPAA 的降解率增加不明显甚至有所降低。一般认为,随着 H_2O_2 用量的增加,反应过程中产生的·OH 的量也随之增加,高浓度的·OH 有利于将有机物氧化分解为小分子,然而当 H_2O_2 投加量过高时,过量的 H_2O_2 可能会通过消耗·OH [式(15.1)] 进而降低芬顿反应的氧化效率(Lucas et al.,2006)。

$$\cdot OH + H_2O_2 \to H_2O + HO \cdot_2 \tag{15.1}$$

因此,综合考虑效果与成本等因素,确定后续研究中 H_2O_2 的起始投加浓度为 1mol/L。

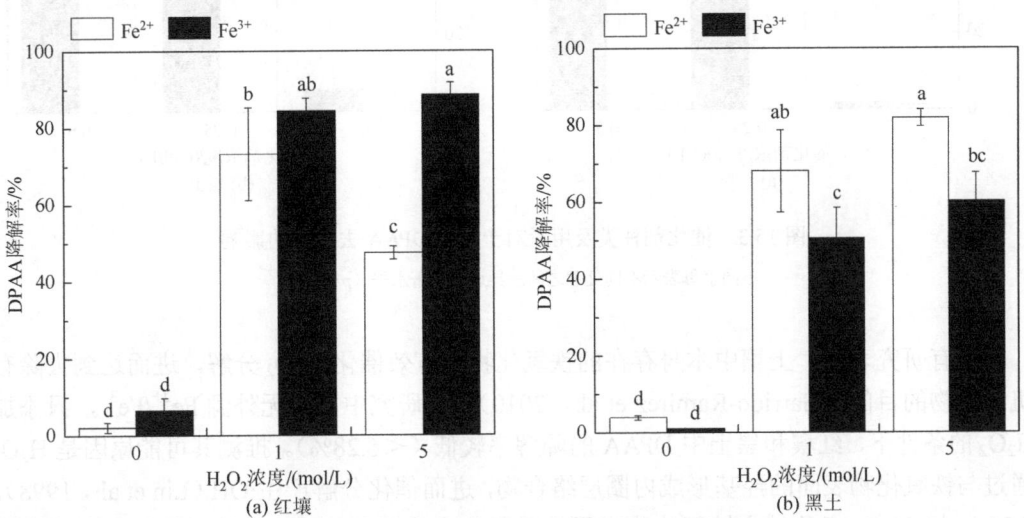

图 15.2　H_2O_2 用量对土壤中 DPAA 降解率的影响

不同字母表示不同处理之间差异达到显著水平($p<0.05$)

已有研究普遍认为:将反应体系 pH 调整为 2~3 有利于芬顿氧化的进行,pH 低或高,都会使芬顿试剂的氧化效率降低(王儒珍等,2013)。本研究在不调整土壤 pH 的条件下,发现 Fe^{2+} 能有效催化 H_2O_2 分解,使红壤和黑土中的 DPAA 发生不同程度的降解(图 15.2),这很可能与供试土壤 pH 较低(李秀华等,2010)以及芬顿试剂加入后降低了体系 pH 有关(Laurent et al.,2012)。

(二)催化剂用量

在 $n(H_2O_2)=1\text{mol/L}$ 的条件下,研究催化剂用量对芬顿/类芬顿反应过程中 DPAA 降解率的影响,结果如图 15.3 所示。当 Fe^{2+}/Fe^{3+} 浓度由 0 增加为 0.25mol/L 时,红壤及黑土中 DPAA 的降解率显著提高;当 Fe^{2+}/Fe^{3+} 浓度进一步由 0.25mol/L 增加为 0.5mol/L 时,降解率变化很小甚至降低。这是因为随着 Fe^{2+}/Fe^{3+} 用量的增加,H_2O_2 分解速度加快,增大了水中·OH 的浓度,但是当 Fe^{2+}/Fe^{3+} 超过一定浓度时,过量的 Fe^{2+}/Fe^{3+} 通过与·OH 反应(乔瑞平等,2007)或使 H_2O_2 分解产生·OH 的速度过快(张会琴等,2010),进而降低体系中·OH 的利用效率,最终降低了芬顿/类芬顿反应的氧化效率。

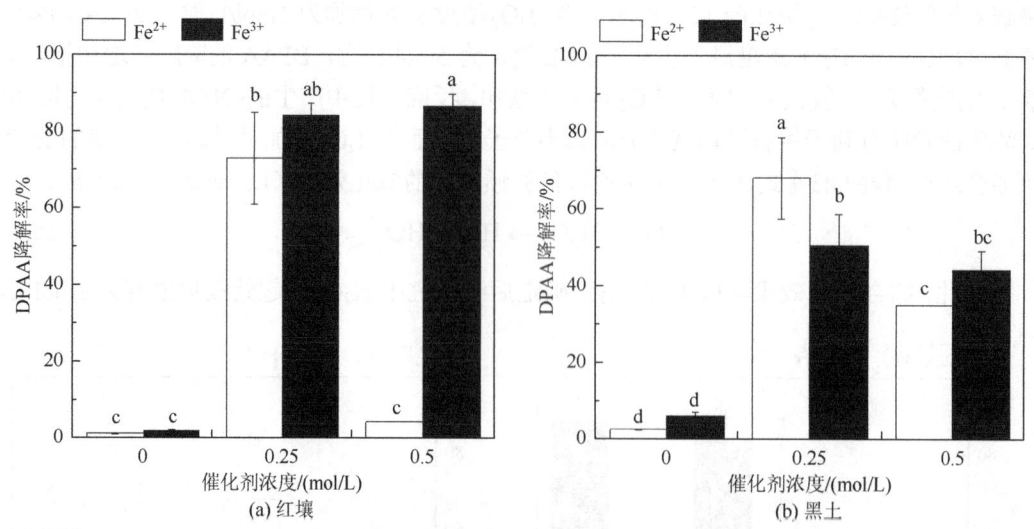

图 15.3 催化剂种类及用量对土壤中 DPAA 去除率的影响

不同字母表示不同处理之间差异达到显著水平($p<0.05$)

已有研究表明,土壤中本身存在的铁氧化物可有效催化 H_2O_2 分解,进而达到去除有机污染物的目的(Garrido-Ramírez et al.,2010)。本研究中,在无外源 Fe^{2+}/Fe^{3+},只添加 H_2O_2 的条件下,红壤和黑土中 DPAA 的降解率较低(<6.28%)。推测其可能原因是 H_2O_2 通过与铁氧化物表面的羟基形成内圈层络合物,进而催化分解产生·OH(Lin et al.,1998),DPAA 与 H_2O_2 竞争结合铁氧化物表面的吸附位点抑制了 H_2O_2 与铁氧化物发生反应生成·OH,进而抑制了 DPAA 的芬顿氧化效率。

(三)催化剂种类

从图 15.3(a)可看出,对于红壤,当使用 Fe^{3+} 作为催化剂时,DPAA 的降解效果整体上较 Fe^{2+} 高。这可能是因为 Fe^{2+} 与 H_2O_2 反应过快,产生的·OH 来不及与 DPAA 反应就通过各种副反应被消耗掉[式(15.2)~式(15.4)],进而降低了芬顿反应的氧化效率,而 Fe^{3+} 可通过延长 H_2O_2 的寿命从而促进有机物污染物的降解(Gan et al.,2012)。

$$\cdot OH + HO_2\cdot \rightarrow H_2O + O_2 \qquad (15.2)$$

$$\cdot OH + Fe^{2+} \rightarrow Fe^{3+} + OH^- \qquad (15.3)$$

$$\cdot OH + \cdot OH \rightarrow H_2O_2 \qquad (15.4)$$

图 15.3（b）显示，对于黑土，当催化剂浓度为 0.5mol/L 时，Fe^{2+}/Fe^{3+} 催化的芬顿/类芬顿反应对 DPAA 的降解效果差异不显著，但是当催化剂浓度为 0.25mol/L 时，Fe^{2+} 的催化效果反而高于 Fe^{3+}，这可能与黑土的有机质含量较高有关。研究表明，·OH 在氧化有机污染物的同时也会氧化土壤有机质，土壤有机质通过与有机污染物竞争·OH 从而降低有机污染物的芬顿/类芬顿氧化效率（Sun et al., 2007）。但是也有研究发现，有机质可络合 Fe^{2+}/Fe^{3+}，通过提高催化剂的稳定性进而在一定程度上促进有机污染物的降解（De Luca et al., 2014）。本研究中，Fe^{3+} 催化的类芬顿反应对黑土中土壤有机质的去除率较红壤显著增加，而 Fe^{2+} 催化的芬顿反应对黑土中土壤有机质的去除率较红壤显著降低（图 15.4），表明黑土的高含量土壤有机质可有效络合 Fe^{2+} 以维持其稳定性，最终有利于 DPAA 的降解。

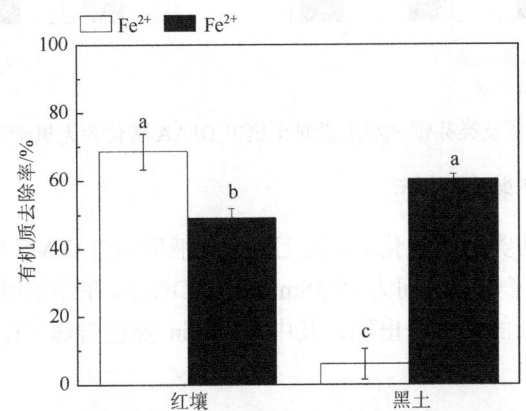

图 15.4 催化剂种类对红壤及黑土中有机质去除率的影响

不同字母表示不同处理之间差异达到显著水平（$p<0.05$）

综上所述，芬顿法与类芬顿法对有机污染物的降解效果不仅取决于催化机理，很大程度还取决于处理土壤理化性质。因此，不同类型 DPAA 污染土壤的修复需要采取不同的条件。针对本研究中的红壤和黑土，分别采用类芬顿法与芬顿法，在 H_2O_2 起始浓度为 1mol/L、催化剂浓度为 0.25mol/L 时可达到较高的 DPAA 降解率（>65%），而在实际污染场地修复过程中，除了考虑 H_2O_2 用量、催化剂（Fe^{2+}/Fe^{3+}）种类和投加量，还需考虑到 DPAA 的老化时间对其降解效果的影响。

第二节 二苯砷酸的芬顿与类芬顿氧化降解产物

一、土壤中无机砷的含量变化

与对照组相比，污染土壤经芬顿/类芬顿氧化后，不同处理组土壤中无机砷含量都有一定程度增加，结果如图 15.5 所示。针对红壤、黑土，分别采用类芬顿法和芬顿法，在 H_2O_2 起始浓度为 1mol/L，催化剂浓度为 0.25mol/L，土水比 1:3 的条件下反应 1h，红壤与黑土中 DPAA 的降解率分别为 84% 和 68%，其中 DPAA 转化为无机砷的量占 DPAA 总量的 25%~35%，说明芬顿/类芬顿氧化破坏了 DPAA 的苯环结构，最终将 DPAA 部分降解为无机砷。

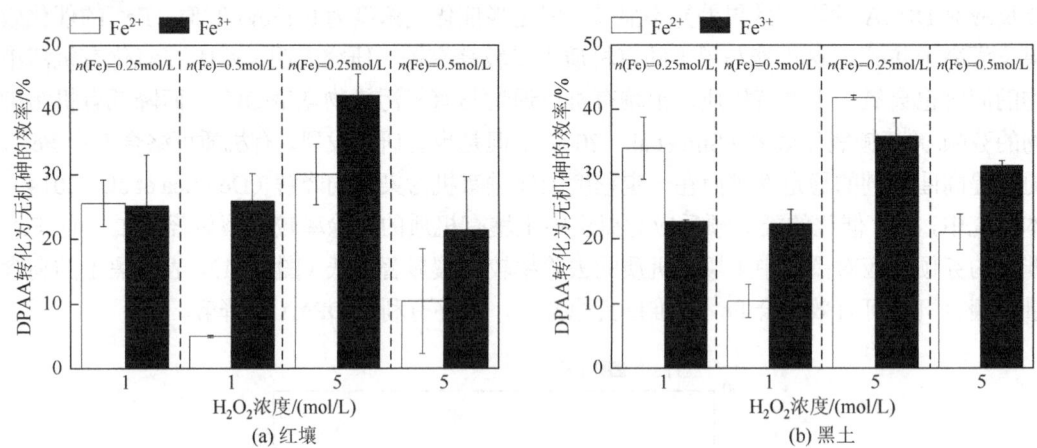

图 15.5 芬顿及类芬顿试剂用量对土壤中 DPAA 转化为无机砷效率的影响

二、有机砷类中间产物的鉴定

红壤和黑土经芬顿/类芬顿氧化后，其土壤浸提液的 HPLC-MS/MS 分析结果分别如图 15.6 和图 15.7 所示，除了保留时间为 19.38min 处的 DPAA，在保留时间为 11.2min、18.5min 和 18.8min 处有 3 个新的色谱峰出现，其中 11.2min 处色谱峰（U1）的 $[M+H]^+$ 离子 m/z

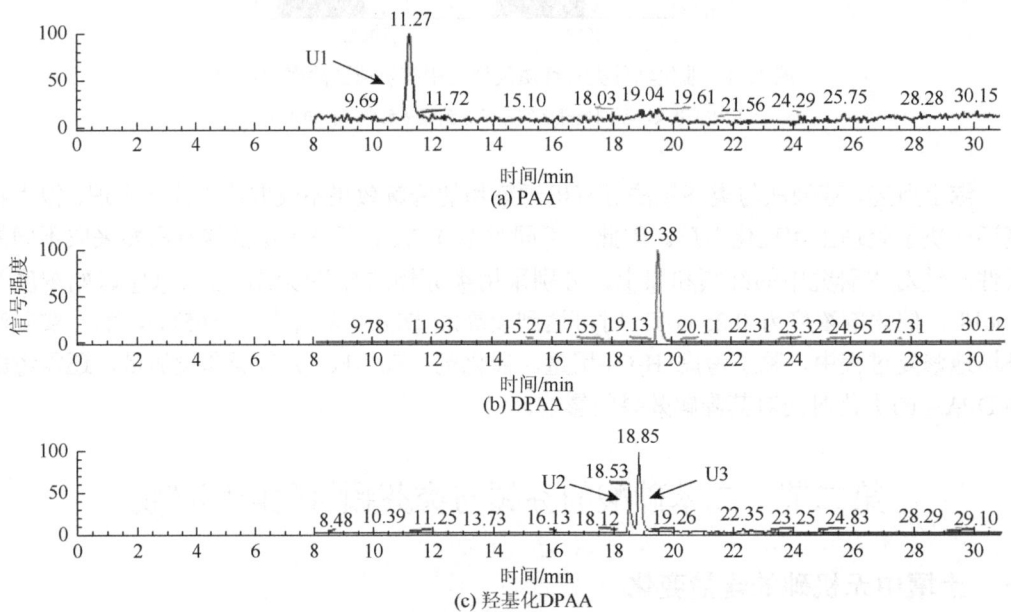

图 15.6 红壤经类芬顿氧化后土壤浸提液的 HPLC-ESI（+）-MS/MS 选择离子流图

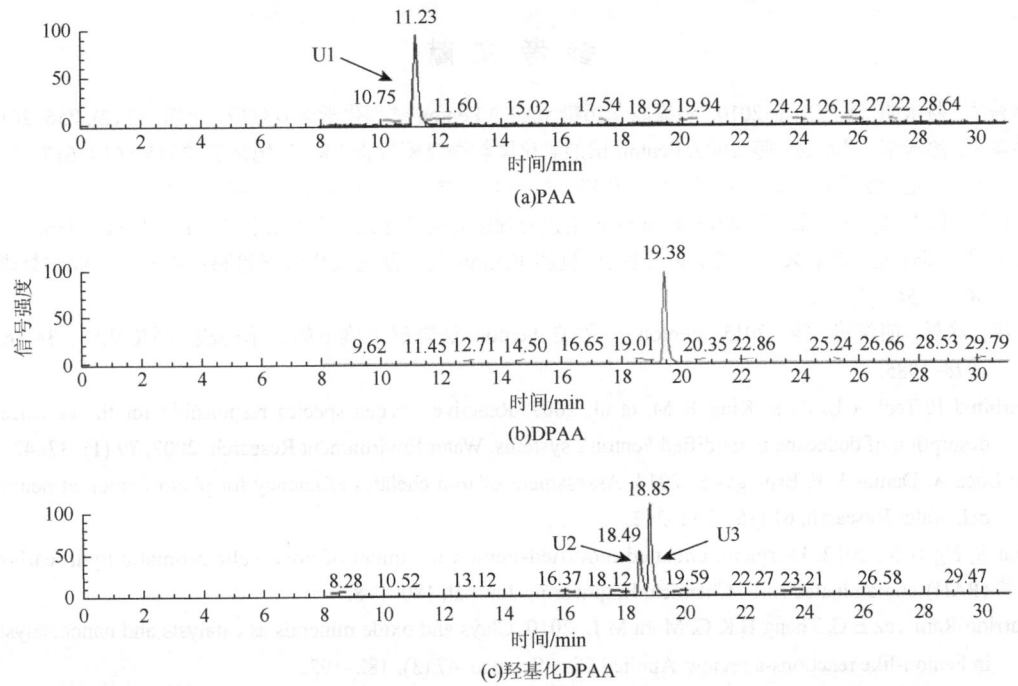

图15.7 黑土经芬顿氧化后土壤浸提液的 HPLC-ESI（+）-MS/MS 选择离子流图

为204.2，二级质谱的碎片离子 m/z 77.4 为 $[C_6H_5]^+$，进一步通过与标样比对，确证保留时间 11.2min 处色谱峰为 DPAA 脱苯环的产物 PAA。而 18.5min 和 18.8min 处的两个未知物（U2 和 U3）有相同的 $[M+H]^+$ 离子峰 m/z 279.1 和二级质谱碎片离子 m/z 261.1，结合离子碎片的 m/z 可以判断，m/z 279.1 很可能是在苯环不同位点处单羟基化的 DPAA。研究证实，铁可以有效催化使苯羟基化生成苯酚（任永利等，2003），因此，在芬顿/类芬顿氧化过程中，Fe^{2+}/Fe^{3+} 催化 H_2O_2 分解释放出的高活性的·OH，也可能加成到 DPAA 苯环上完成羟基化反应，可能的反应路径如图 15.8 所示。有关 DPAA 在芬顿/类芬顿试剂作用下的羟基化过程及机理还需进一步研究。

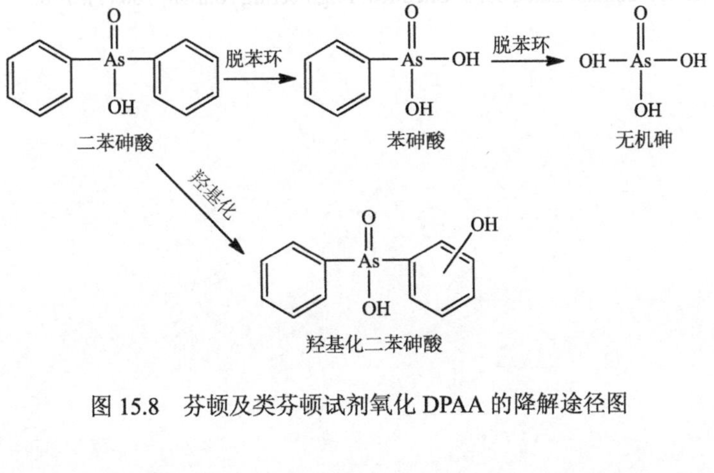

图15.8 芬顿及类芬顿试剂氧化 DPAA 的降解途径图

参 考 文 献

李秀华, 骆永明, 滕应, 等. 2010. 多氯联苯污染土壤的 Fenton 试剂化学修复效应. 土壤, 42 (2): 256~261.
乔瑞平, 漆新华, 孙承林, 等. 2007. Fenton 试剂氧化降解微囊藻毒素-LR. 环境化学, 26 (5): 614~617.
任永利, 王莅, 张香文. 2003. 苯直接羟基化制苯酚研究进展. 化学进展, 15 (5): 420~426.
王儒珍, 郎春燕, 李德豪, 等. 2013. Fenton 氧化预处理碳九树脂废水. 环境化学, 32 (10): 1931~1936.
张会琴, 郑怀礼, 廖宏兴, 等. 2010. 微波促进类 Fenton 反应催化氧化降解染料吖啶橙. 工业水处理, 30 (8): 54~57.
朱濛, 涂晨, 胡学锋, 等. 2015. Fenton 法和类 Fenton 法降解土壤中的二苯砷酸. 环境化学, 34 (6): 1078~1085.
Corbin J F, Teel A L, Allen-King R M, et al. 2007. Reactive oxygen species responsible for the enhanced desorption of dodecane in modified Fenton's systems. Water Environment Research, 2007, 79 (1): 37~42.
De Luca A, Dantas R F, Esplugas S. 2014. Assessment of iron chelates efficiency for photo-Fenton at neutral pH. Water Research, 61 (15): 232~242.
Gan S, Ng H K. 2012. Inorganic chelated modified-Fenton treatment of polycyclic aromatic hydrocarbon (PAH)-contaminated soils. Chemical Engineering Journal, 180: 1~8.
Garrido-Ramírez E G, Theng B K G, Mora M L. 2010. Clays and oxide minerals as catalysts and nanocatalysts in Fenton-like reactions-a review. Applied Clay Science, 47 (3): 182~192.
Laurent F, Cébron A, Schwartz C, et al. 2012. Oxidation of a PAH polluted soil using modified Fenton reaction in unsaturated condition affects biological and physico-chemical properties. Chemosphere, 86 (6): 659~664.
Lin S S, Gurol M D. 1998. Catalytic decomposition of hydrogen peroxide on iron oxide: kinetics, mechanism, and implications. Environmental Science and Technology, 32 (10): 1417~1423.
Lucas M S, Peres J A. 2006. Decolorization of the azo dye reactive black 5 by Fenton and photo-Fenton oxidation. Dyes and Pigments, 71 (3): 236~244.
Pardo F, Rosas J M, Santos A, et al. 2014. Remediation of a biodiesel blend-contaminated soil by using a modified Fenton process. Environmental Science and Pollution Research, 21: 12198~12207.
Sun H W, Yan Q S. 2007. Influence of Fenton oxidation on soil organic matter and its sorption and desorption of pyrene. Journal of Hazardous Materials, 144 (1): 164~170.
Venny, Gan S, Ng H K. 2012. Inorganic chelated modified-Fenton treatment of polycyclic aromatic hydrocarbon (PAH) -contaminated soils. Chemical Engineering Journal, 180 (7): 1~8.

第十六章　二苯砷酸污染土壤的植物修复

对于环境中 DPAA 污染的修复，目前仅有少数研究者采用微生物进行 DPAA 降解，但是在植物修复方面尚未有人涉及（Nakamiya et al.，2007）。蜈蚣草是一种广泛应用于砷污染土壤修复的超积累植物，具有很强的砷耐受及吸收转运能力。研究表明，蜈蚣草除了可以大量吸收可溶性的砷酸盐，对于有机态的甲基砷和二甲基砷也具有一定的吸收作用（Tu et al.，2002）。长期以来，对于砷污染土壤的修复主要针对无机砷进行开展，目前尚未有研究者开展蜈蚣草对苯砷酸类化合物污染土壤修复的研究。鉴于此，本章首次尝试采用蜈蚣草对 DPAA 污染土壤进行植物修复，并分析了修复后土壤、土壤溶液中的 DPAA 含量及土壤中无机砷含量。研究成果可为 DPAA 污染土壤的生物修复技术提供科学依据。

第一节　修复后土壤中二苯砷酸含量变化

从图 16.1 和表 16.1 可知，修复试验后，红壤和黑土中的 DPAA 含量比试验前有不同程度的下降。在不种植蜈蚣草的 CK 处理中，红壤和黑土中 DPAA 的含量分别比修复试验前下降了 1.644mg/kg 和 1.626mg/kg，表明在合适的湿度和温度条件下，土壤中的 DPAA 会产生自然衰减。自然衰减的驱动力可能来自于多方面，如光解、化学氧化或还原、生物降解等。但是，光解和化学氧化需要较为强烈的氧化剂和催化剂存在，如在高温和双氧水条件存在下，或者有二氧化钛催化和紫外光的照射（Nakajima et al.，2005）。然而，另一些研究表明，在温和的自然条件下，二苯砷酸能被微生物作为唯一碳源，通过一系列降解途径最终生成无机砷（Harada et al.，2010；Nakamiya et al.，2007）。

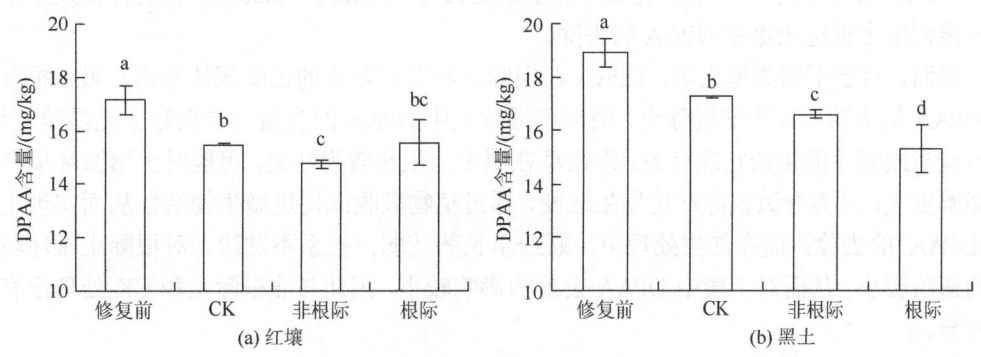

图 16.1　不同处理土壤中 DPAA 含量

不同字母表示不同处理之间差异达显著水平（$p<0.05$）

在种植蜈蚣草的处理中，土壤 DPAA 的含量与 CK 处理相比略有降低。红壤非根际土中 DPAA 含量与 CK 处理相比下降了 0.748mg/kg，经统计检验，存在显著差异。黑土非根际土中 DPAA 含量与 CK 处理相比下降了 0.660mg/kg，经统计检验，也存在显著差异。在黑土的根际土中，DPAA 含量下降幅度更大，与 CK 处理相比下降了 1.952mg/kg，经统计检验，存在显著差异。

为比较修复试验后不同处理中土壤 DPAA 的去除效果和蜈蚣草对土壤 DPAA 的去除促进作用，采用以下两式计算去除率和植物修复效率。

$$去除率/\% = (修复前土壤中 DPAA 含量 - 修复后土壤中 DPAA 含量) / 修复前土壤中 DPAA 含量 \tag{16.1}$$

$$植物修复效率/\% = (种植蜈蚣草处理的土壤中 DPAA 的去除率 - 未种植蜈蚣草) / 处理的土壤中 DPAA 的去除率 \tag{16.2}$$

表 16.1 不同处理中土壤 DPAA 的去除率和植物修复效率

	红壤			黑土		
	CK	非根际	根际	CK	非根际	根际
去除率/%	9.59	13.95	9.23	8.61	12.10	18.94
植物修复效率/%		4.82	—		3.49	11.30

从表 16.1 中可知，红壤和黑土的 CK 处理中去除率差别不大，红壤中的去除率略高于黑土。表明在相同的培养条件下，红壤和黑土中 DPAA 的去除机制可能相似，并且在红壤自身性质所决定的环境条件下可能取得更好的去除效果。在种植蜈蚣草处理的非根际土中也有类似的规律出现。

与 CK 处理相比，在种植蜈蚣草处理中能观察到 DPAA 去除率的进一步增加。红壤的非根际土中 DPAA 去除率为 13.95%，在 CK 的基础上去除率增加了 4.36%。黑土的根际土中 DPAA 去除率为 18.94%，在 CK 的基础上去除率增加了 10.33%。表明种植蜈蚣草能在一定程度上促进土壤中 DPAA 的去除。

然而，对于不同类型土壤，DPAA 在根际土和非根际土的去除规律不同。黑土根际土中 DPAA 的去除率高于非根际土，而红壤根际土中 DPAA 的含量与非根际土无显著差异。这可能与蜈蚣草的生长状况有关。蜈蚣草在黑土上生长较为旺盛，可能对土壤微环境产生的影响更大，从而导致根际环境发生改变，通过植物吸收或促进微生物活性从而实现土壤中 DPAA 的去除。而在红壤处理中，蜈蚣草长势较弱，根系不发达，对根际土壤环境产生的影响较小，从而对土壤中 DPAA 去除的影响较小，因此与非根际土和 CK 处理没有显著差异。

第二节 土壤溶液中二苯砷酸含量变化

不同处理在不同时期土壤溶液中 DPAA 浓度见图 16.2。在各处理中，土壤溶液中的

DPAA 含量均在 0.7mg/L 以上,表明 DPAA 容易从土壤中进入土壤溶液,具有较强的活性和迁移性。在试验初期 15d 和试验末期 60d 时,黑土各处理的土壤溶液中 DPAA 浓度均高于红壤各处理。试验 30d 时,黑土种植蜈蚣草处理的土壤溶液中 DPAA 浓度也显著高于红壤种植蜈蚣草处理。这一现象可能与 DPAA 在不同性质土壤中的吸附解吸行为差异有关。

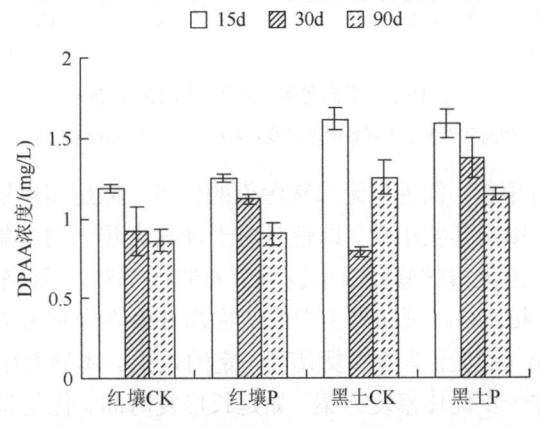

图 16.2 不同处理土壤溶液中 DPAA 浓度

与试验初期相比,试验末期 60d 时各处理的土壤溶液中 DPAA 浓度均降低。DPAA 浓度降幅最大的为黑土种植蜈蚣草的处理,降低了 0.441mg/L,占原浓度的 27.8%;降幅最小的为红壤不种植物处理,降低了 0.324mg/L,占原浓度的 27.4%。土壤溶液中 DPAA 浓度的降低的原因可能为:①本研究中,DPAA 为外添加污染物,随添加时间的延长 DPAA 可能不断扩散进入在土壤中的微小空隙,或者与土壤组分发生较为牢固的结合,从而难以释放进入土壤溶液;②DPAA 在土壤微生物的作用下发生转化和分解,导致土壤溶液中浓度降低。

试验结束 90d 时,红壤两个处理的土壤溶液中 DPAA 浓度无显著差异,黑土两个处理的土壤溶液中 DPAA 浓度同样无显著差异。表明种植蜈蚣草对两种土壤中 DPAA 的活性并无显著影响。

第三节 土壤中无机砷含量变化

本研究采用王水水浴法(GB 22105.2—2008)测定修复前后土壤中无机砷的含量。修复前后土壤中无机砷的含量见图 16.3。无论是红壤还是黑土,各处理之间的无机砷含量均无显著性差异,与修复前的土壤相比,也不存在显著性差异,表明土壤中并无大量的无机砷增加。由前可知,土壤中 DPAA 降低的最大值仅为 1.952mg/kg,这部分 DPAA 可能只有一部分被生物降解转化为无机砷,其余被植物吸收,也可能微生物仅将其降解为中间产物,尚未生成无机砷,所以未能检测到无机砷的增加。

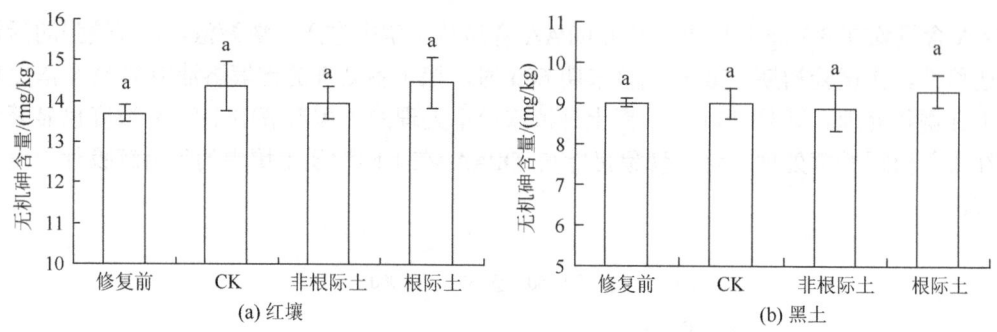

图 16.3 不同处理土壤中无机砷含量

相同字母表示不同处理之间差异未达显著水平（$p>0.05$）

植物修复虽然具有廉价、简便、无二次污染的优点，但是超累积植物的生物量小，导致修复效率较低，从而影响其实用性。即使是对于砷具有超强的富集能力的蜈蚣草，在最优管理方案下，对砷污染土壤的修复效率也只有6.6%~7.8%（廖晓勇等，2004）。本研究中，与不种植物的CK相比，红壤和黑土中的植物修复效率分别为4.82%和11.30%，表明采用蜈蚣草进行DPAA污染土壤的修复具有一定的效果。本研究中修复时间短，蜈蚣草的长势较弱，如果能进一步优化修复方案，如延长修复时间、优化管理方法或采用一切强化措施等，将可能最大限度发挥蜈蚣草的修复潜力，进一步提高修复效率。有研究表明，微生物-植物联合修复能够促进蜈蚣草生长，强化其对土壤中砷的累积能力（赵成根等，2010）。对于有机污染物多氯联苯，采用紫花苜蓿和根瘤菌联合明显地促进了植株对污染物的吸收和转运，增强了修复效果（徐莉等，2008）。因此，采用植物促生菌联合蜈蚣草进行DPAA污染土壤的修复将是具有前景的修复方式。

在本研究中的未种植物处理中，也能观察到土壤DPAA含量的降低，红壤和黑土中的去除效率分别为9.59%和8.61%，表明土壤中可能存在对DPAA有降解作用的微生物。如能通过环境调控强化微生物的降解作用，将土壤中的DPAA转化为无机砷，就能利用较为成熟的砷污染土壤的修复方法。因此，筛选高效的DPAA降解菌或者强化土著微生物的降解作用将是进一步研究的方向。

DPAA在环境中的降解过程较为复杂，降解途径目前仍不十分清楚，但一些学者认为，在微生物作用下或者在植物体内，二苯砷酸可通过脱苯基作用生成苯砷酸并进一步生成砷酸，降解途径见图16.4（Arao et al., 2009; Nakamiya et al., 2007）。无机砷酸为DPAA降解过程的最终产物。无机砷具有较强的极性毒性和慢性毒性，容易被作物吸收而累积。因此，土壤中无机砷的含量不仅可作为DPAA污染土壤修复过程机理的体现，也可作为土壤质量评价的一项指标。

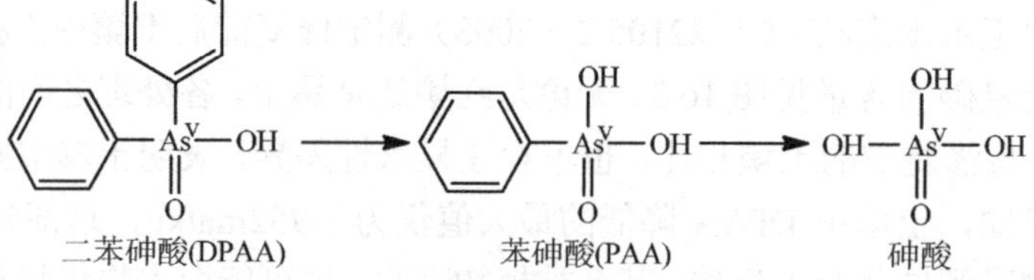

图 16.4 二苯砷酸的可能降解途径

由于目前对植物中 DPAA 的测定方法虽然有少量研究（Baba et al.，2008），但是尚不成熟，要完成准确的测定尚需一定时间的模索和研究。因此，本研究中对蜈蚣草中的 DPAA 含量未能进行检测，未能阐明蜈蚣草对 DPAA 的吸收和代谢机理。在今后的研究中，将进一步探索研究方法，完善这一研究。

参 考 文 献

廖晓勇，陈同斌，谢华，等. 2004. 磷肥对砷污染土壤的植物修复效率的影响：田间实例研究. 环境科学学报，24 (3): 455~462.

徐莉，滕应，张雪莲，等. 2008. 对氯联苯污染土壤的植物-微生物联合田间原位修复. 中国环境科学，28 (7): 646~650.

赵成根，廖晓勇，阎秀兰，等. 2010. 微生物强化蜈蚣草累积土壤砷能力的研究. 环境科学，31 (2): 431~436.

Arao T, Maejima Y, Baba K. 2009. Uptake of aromatic arsenicals from soil contaminated with diphenylarsinic acid by rice. Environmental Science and Technology, 43 (4): 1097~1101.

Baba K, Arao T, Maejima Y, et al. 2008. Arsenic speciation in rice and soil containing related compounds of chemical warfare agents. Analytical Chemistry, 80 (15): 5768~5775.

Harada N, Takagi K, Baba K, et al. 2010. Biodegradation of diphenylarsinic acid to arsenic acid by novel soil bacteria isolated from contaminated soil. Biodegradation, 21 (3): 491~499.

Nakajima T, Kawabata T, Kawabata H, et al. 2005. Degradation of phenylarsonic acid and its derivatives into arsenate by hydrothermal treatment and photocatalytic reaction. Applied Organometallic Chemistry, 19 (2): 254~259.

Nakamiya K, Nakajima T, Ito H, et al. 2007. Degradation of arylarsenic compounds by microorganisms. FEMS Microbiology Letters, 274 (2): 184~188.

Tu C, Ma L Q. 2002. Effects of arsenic cncentration and forms on arsenic uptake by the hyperaccumulator ladder brake. Journal of Environmental Quality, 31 (2): 641~647

第五篇 酞酸酯污染土壤的生物修复机制与技术发展

酞酸酯（phthalate esters，PAEs）作为一种增塑剂，广泛应用于塑料工业中。目前，商品化使用的 PAEs 约有 14 种，其中 6 种被美国环保署列为优先控制的有毒污染物，8 种被世界野生动物基金会列为环境激素类物质。土壤酞酸酯污染问题由来已久，在农田土壤、地表水、沉积物，甚至大气和地下水中都能够高浓度检出，它在全球范围内带来的污染问题日益加剧。因此，酞酸酯污染土壤的修复成为亟待解决的环境问题。在各种污染修复方式中，生物修复以其价格低廉、环境友好和效果良好等特点而得到广泛应用。本篇分别介绍了酞酸酯污染土壤的植物修复与微生物修复研究进展，旨在为发展酞酸酯污染土壤的生物修复技术提供科学依据。

第十七章 酞酸酯污染土壤的植物修复

以长江三角洲地区某典型 PAEs 农田土壤作为研究对象,供试土壤为水稻土,系统分类为铁聚水耕人为土。土壤中 6 种目标酞酸酯的总浓度为(1.66±0.69)mg/kg。土壤 pH 为 5.56,容重为 1.08g/cm³,有机质含量为 36.5g/kg,全氮、全磷、全钾分别为 1.96g/kg、0.56g/kg 和 23.1g/kg。试验设计两个植物组合,即:①豆科植物紫花苜蓿与禾本科植物间混作处理组,内设对照组(CK)、紫花苜蓿单作(A)、黑麦草单作(P)、高羊茅单作(T)、紫花苜蓿-黑麦草间作(AP)、紫花苜蓿-高羊茅间作(AT)和紫花苜蓿-高羊茅-黑麦草间作(APT)7 个实验处理,采用田间小区试验;②豆科植物紫花苜蓿与修复植物的间混作处理组,内设对照组(CK)、紫花苜蓿单作(A)、紫花苜蓿-海州香薷间作(AE)、紫花苜蓿-伴矿景天间作(AS)以及紫花苜蓿-海州香薷-伴矿景天混作(AES)等 6 个实验处理,采用田间微域试验。

第一节 土壤中的酞酸酯组成和含量

一、豆科与禾本科植物间混作处理土壤中的酞酸酯组成和含量

将豆科与禾本科植物的间混作修复组合各处理组土壤中的酞酸酯分别进行定性和定量分析,结果见图 17.1。结果显示,所有种植植物处理组的土壤中酞酸酯的含量均相对于对照组有了明显减少($p<0.01$),即种植所有 3 种植物的各个处理组均对 6 种目标酞酸酯有明显的修复作用。各处理中,紫花苜蓿单作的处理对土壤中的酞酸酯去除效果最好,对于 6 种目标酞酸酯的总的去除率达到 90%以上。除了该处理之外,其他处理的去除效果也都在 80%以上。本组植物修复组合中,各处理组对酞酸酯的去除效果排序为紫花苜蓿单作>紫花苜蓿-黑麦草间作>黑麦草单作>紫花苜蓿-黑麦草-高羊茅混作>紫花苜蓿-高羊茅间作>高羊茅单作处理。

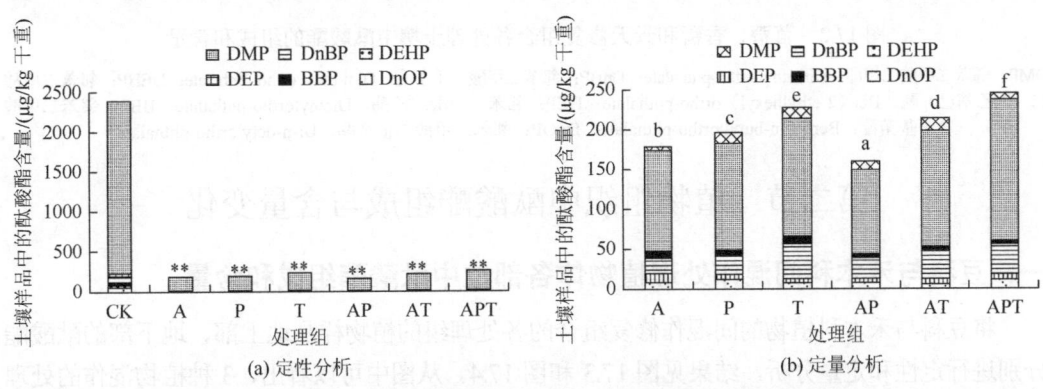

图 17.1 豆科禾本科修复组合各处理土壤中酞酸酯的组成和含量

DMP:邻苯二甲酸二甲酯,Dimethyl ortho-phthalate;DnBP:邻苯二甲酸二正丁酯,Di-n-butyl ortho-phthalate;DEHP:邻苯二甲酸二(2-乙基己)酯,Bis(2-ethylhexyl)ortho-phthalate;DEP:邻苯二甲酸二乙酯,Dicthylortho-phthalate;BBP:邻苯二甲酸丁基苄酯,Benzyl-n-butyl ortho-phthalate;DnOP:邻苯二甲酸二正辛酯,Di-n-octylortho-phthalate

通过组分分析可以发现，土壤中两种最主要的酞酸酯类污染物为 DEHP 和 DnBP，它们修复前在对照土壤中占 6 种酞酸酯目标物总浓度的比例分别约为 90% 和 7%。修复之后酞酸酯各组分中，DEHP 的去除率最高，除对照组外，各处理组的 DEHP 去除率均超过了 60%。所有的处理组中，紫花苜蓿单作和紫花苜蓿-黑麦草间作比其他的植物组合对 DEHP 的去除更明显。而对于两种禾本科的修复植物——黑麦草和高羊茅来说，它们在对 DEHP 和 DnBP 的去除方面显示了略微的差异。当与豆科植物间作或混作时，禾本科的植物比豆科植物能够去除更多的 DnOP。

二、紫花苜蓿与修复植物间混作处理土壤中的酞酸酯组成和含量

紫花苜蓿与海州香薷和伴矿景天间混作修复组合的各处理组土壤中的酞酸酯定性和定量分析结果见图 17.2。在本组修复植物组合的作用下，经过一年的修复，6 种酞酸酯目标污染物的总去除率在各组合中均超过了 87%，且与对照组相比有极显著性差异（$p<0.01$）。各处理组按照酞酸酯去除效果排序分别为：紫花苜蓿-海州香薷间作＞紫花苜蓿-海州香薷-伴矿景天混作＞紫花苜蓿单作≈紫花苜蓿-伴矿景天间作。修复后不论 6 种污染物的总浓度还是单个污染物的浓度，均比对照有显著降低，尤其是 DEHP 和 DnBP 两种组分。第二组修复组合中紫花苜蓿所发挥的作用仍然是非常可观的。

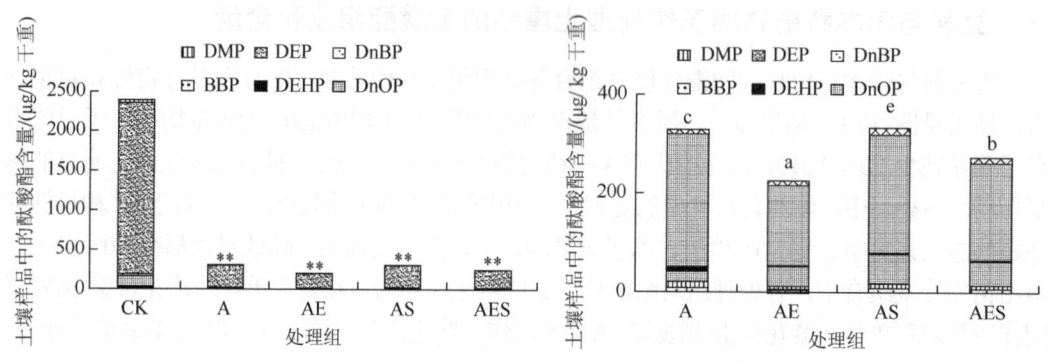

图 17.2 苜蓿、香薷和景天修复组合各处理土壤中酞酸酯的组成和含量

DMP：邻苯二甲酸二甲酯，Dimethyl ortho-phthalate；DnBP：邻苯二甲酸二正丁酯，Di-n-butyl ortho-phthalate；DEHP：邻苯二甲酸二（2-乙基己）酯，Bis（2-ethylhexyl）ortho-phthalate；DEP：邻苯二甲酸二乙酯，Diethylortho-phthalate；BBP：邻苯二甲酸丁基苄酯，Benzyl-n-butyl ortho-phthalate；DnOP：邻苯二甲酸二正辛酯，Di-n-octylortho-phthalate

第二节 植物组织中酞酸酯组成与含量变化

一、豆科与禾本科间混作处理植物体各部位中酞酸酯组成和含量

将豆科与禾本科植物的间混作修复组合的各处理组的植物样品地上部、地下部的酞酸酯分别进行定性和定量分析，结果见图 17.3 和图 17.4。从图中可以看出，3 种植物混作的处理中的每种植物地上部的 6 种目标酞酸酯的总含量都是最高的，均在 4mg/kg（干重）以上。土壤中测定结果显示紫花苜蓿单作的去除率最高；对于 DEHP 和 DnBP 两种含量较高的代表性组分来说，各种植物地上部的含量也比较高，同土壤中酞酸酯的组分与含量显示了一定的一致性。

图17.3 中显示，除 DnBP 和 DEHP 之外，植物根部另一酞酸酯组分 DnOP 的含量明显增加，虽然其含量仅为 0.5mg/kg（干重）左右，且在不同植物体内的积累存在差异。紫花苜蓿对 DnOP 的积累同样显示了显著的优势。

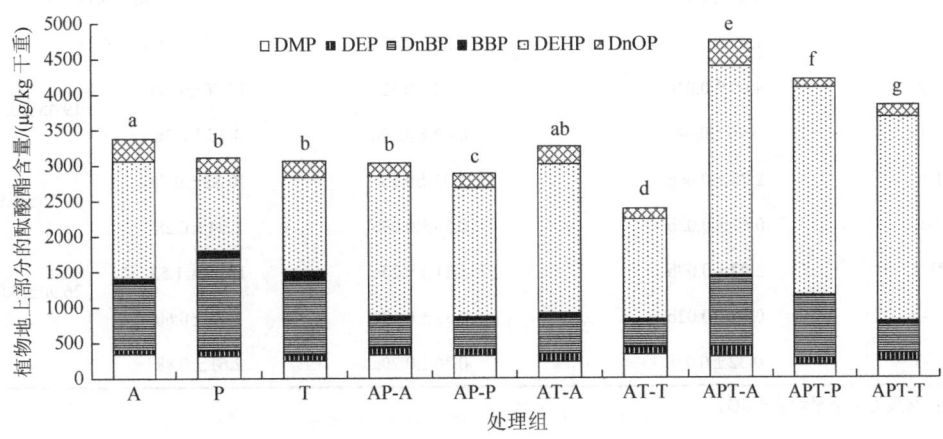

图17.3　豆科禾本科修复组合各处理植物地上部酞酸酯的组成和含量

图17.4 中显示，除 DnBP 和 DEHP 之外，植物根部另一酞酸酯组分 DnOP 的含量明显增加，虽然其含量仅为 0.5mg/kg（干重）左右，且在不同植物体内的积累存在差异。紫花苜蓿对 DnOP 的积累同样显示了显著的优势。

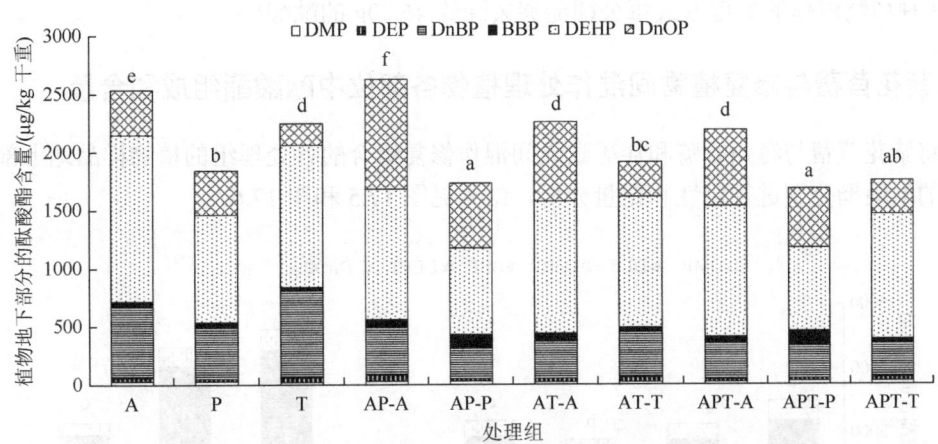

图17.4　豆科禾本科修复组合各处理植物地下部酞酸酯的组成和含量

豆科与禾本科组合各处理组植物的生物量变化见表 17.1。采样后，除需要测定酞酸酯含量之外，还需要进行生物量的测定。每小区选择 1/4 面积的供试植物完全连根拔起，带回实验室清洗之后装入牛皮纸袋，于烘箱中 60℃烘至恒重，称重并记录生物量的数值，结果见表 17.1。根据每种植物的生物量以及体内酞酸酯的含量，初步估算出了每小区各种植物在不同处理条件下对土壤酞酸酯的总去除量，数值列于表 17.1。

表 17.1　豆科与禾本科植物间混作修复组合植物的生物量变化

处理组	地上部生物量/(kg/小区 干重)	根部生物量/(g/小区 干重)	酞酸酯的去除量（mg/小区）	
A	6.78±0.20a	1.03±0.05b	26.24±0.84	
P	2.58±0.11c	0.52±0.12a	9.62±0.71	
T	1.49±0.03d	0.55±0.07b	6.23±0.21	
AP-A	4.09±0.04e	0.99±0.12c	15.30±0.48	19.45±0.84
AP-P	0.96±0.04f	0.49±0.09b	4.15±0.36	
AT-A	2.28±0.06g	1.05±0.15c	10.82±0.70	13.76±0.98
AT-T	0.67±0.02b	0.56±0.09b	2.94±0.28	
APT-A	2.97±0.09h	1.11±0.23c	19.37±1.53	26.90±3.01
APT-P	0.65±0.02b	0.53±0.13b	4.92±0.60	
APT-T	0.32±0.02i	0.36±0.20a	2.61±0.88	

注：结果为 4 个平均值±SD。

由结果可以看出，在豆科禾本科组合中，生物量最大的植物是紫花苜蓿，无论单作还是与其他植物间混作，其生长都没有受到限制，反而在混作的处理中生物量仍有所增加；而另外两种植物间混作时生物量则受到了限制。各处理的植物对目标污染物的去除量结果显示，紫花苜蓿单作以及 3 种植物混作的处理方式，在污染土壤中的酞酸酯的总量去除方面效果最佳。将小区数据推而广之，每小区面积为 2.4m×2.4m，若土层深度按照 20cm 计算，3 种植物混作的处理方式每公顷能够去除约 46.70g 的酞酸酯。

二、紫花苜蓿与修复植物间混作处理植物各部位中酞酸酯组成和含量

将紫花苜蓿与海州香薷和伴矿景天间混作修复组合的各处理组的植物样品地上部、地下部的酞酸酯分别进行定性和定量分析，结果见图 17.5 和图 17.6。

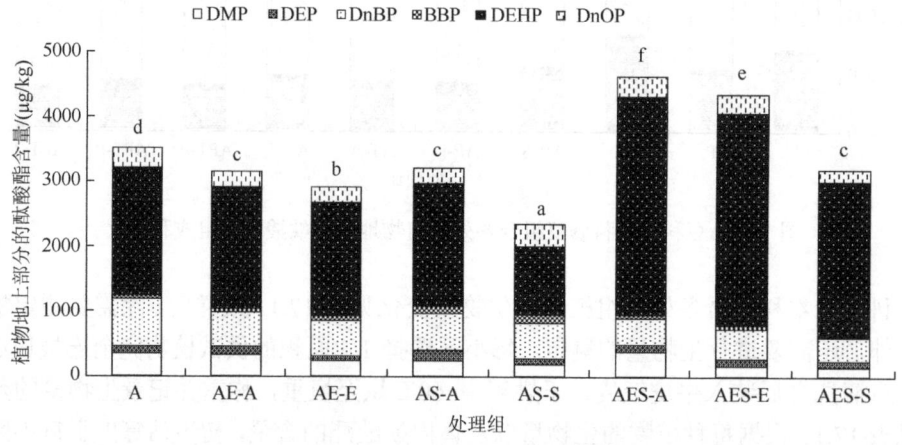

图 17.5　苜蓿香薷景天修复组合各处理植物地上部酞酸酯的组成和含量/（μg/kg DW）

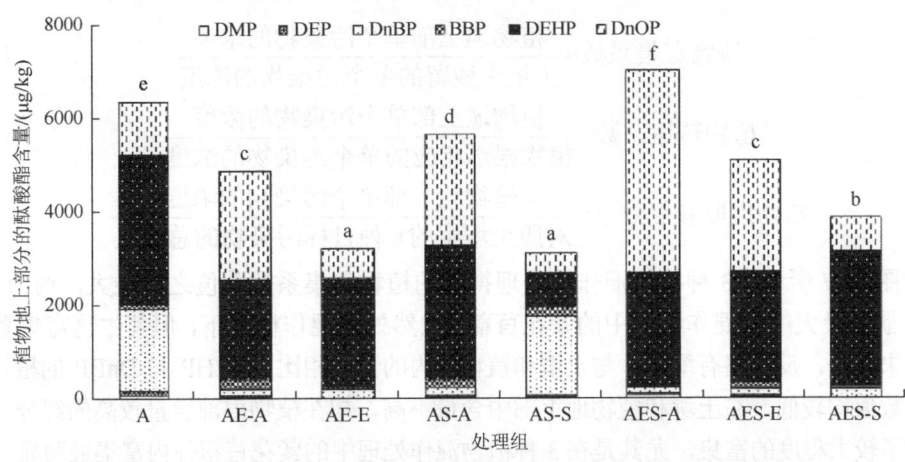

图 17.6 苜蓿香薷景天修复组合各处理植物地下部酞酸酯的组成和含量

修复组合二中的各植物地上部的 6 种酞酸酯污染物的含量为 2~5mg/kg（干重），体内酞酸酯含量较高的仍然是 3 种植物混作的组合。不论是间作还是混作，海州香薷都显示了比单作更好的酞酸酯积累效果。其他关于 DEHP、DnBP 和 DnOP 的吸收、积累规律同上一修复组合类似。对于第二组植物修复组合来说，DnOP 的积累更加明显，某些情况下，DnOP 的含量甚至可以达到总浓度的一半左右（AES-A 中）。紫花苜蓿与海州香薷和伴矿景天间混作修复组合各处理组植物的生物量，结果见表 17.2。

表 17.2 苜蓿香薷景天修复组合植物的生物量变化

处理组	地上部生物量/(g/盆 干重)	根部生物量/(g/盆 干重)	酞酸酯的去除量/(mg/盆)	
A	58.31±3.59d	46.98±2.77e	0.20	
AE-A	26.51±0.68b	19.36±3.01b	0.18	0.35
AE-E	108.33±4.24f	23.28±1.55c	0.17	
AS-A	37.16±3.96c	30.15±3.62	0.19	0.33
AS-S	19.55±0.97a	2.78±0.05a	0.14	
AES-A	28.53±1.88b	18.87±2.73b	0.27	
AES-E	68.23±4.58e	22.43±3.78c	0.25	0.71
AES-S	16.36±1.38a	2.52±0.04a	0.19	

注：结果为 4 个平均值±SD。

本修复组合最明显的特点是，海州香薷在有限的微域中，其生物量达到了紫花苜蓿的两倍左右，再加上原本海州香薷对酞酸酯的积累也只是略低于紫花苜蓿，因而紫花苜蓿-海州香薷间作的处理显示了明显的优势。在 3 种植物混作的处理中，紫花苜蓿和海州香薷的生长都没有受到限制，反而都有所增加。按照上面组合的估算，混作组合能去除每公顷污染土壤中 0.22g 左右的酞酸酯，总体效果比组合一略差。

第三节 植物富集系数、转运系数和植物吸取修复效率

植物富集系数（BCF）、转运系数（TF）和植物吸取修复效率的计算公式分别如下：

$$植物富集系数 = \frac{植物地上部单个污染物的浓度}{土壤中残留的单个污染物的浓度} \quad (17.1)$$

$$植物转运系数 = \frac{植物地上部单个污染物的浓度}{植物根部相应的单个污染物的浓度} \quad (17.2)$$

$$植物提取修复效率 = \frac{植物地上部单个污染物的浓度}{对照土壤中的6种目标污染物的总浓度} \quad (17.3)$$

如图 17.7 所示，3 种植物混作的处理得到的植物富集系数数值之和最大，约为 350。其中贡献率最大的为混作组合中的紫花苜蓿，虽然处于混作模式下，但其生物富集系数较单作并未减少，反而略有增加。与土壤和植物体内的含量相比，DEHP 和 DnBP 的植物富集系数的数值均较低。在土壤和植物地上部中含量不高，却在植物根部含量较高的组分 DnOP 则得到了较大程度的富集，尤其是在 3 种植物混作处理中的紫花苜蓿体内富集最明显。

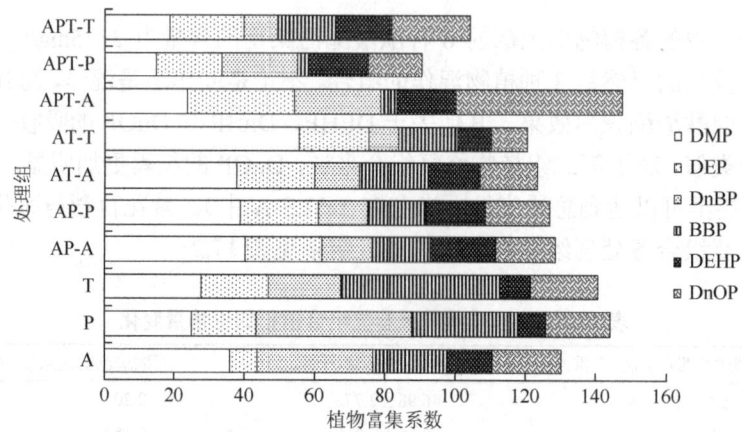

图 17.7　豆科禾本科修复组合各处理组的植物富集系数

根据图 17.8 中的不同植物的转运系数可以看出，DEP 和 DMP 等具有较大的转运系数（0.9~3.7）；DEHP 和 DnOP 等组分则较小（0.08~0.6）。

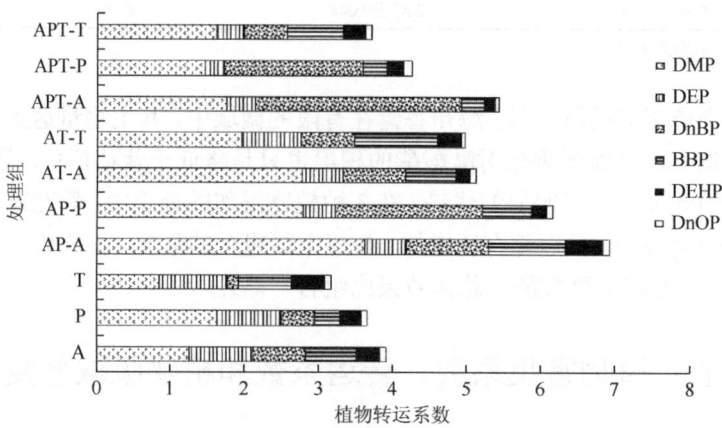

图 17.8　豆科禾本科修复组合各处理组的植物转运系数

图17.9中显示植物吸取修复效率的排序为三种植物混作＞紫花苜蓿单作＞黑麦草单作＞高羊茅单作＞紫花苜蓿-黑麦草间作＞紫花苜蓿-高羊茅间作，且效率在1.18%～1.78%。3种植物混作的组合仍显示了明显的修复优势。

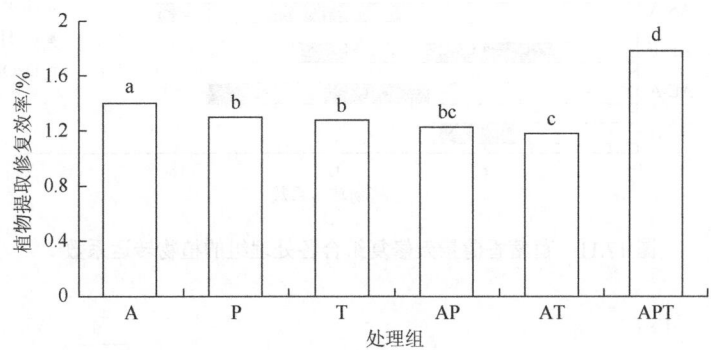

图17.9 豆科禾本科修复组合各处理组的植物提取修复效率

紫花苜蓿与海州香薷和伴矿景天间混作修复组合的植物富集系数、转运系数和植物提取修复效率结果见图17.10～图17.12。

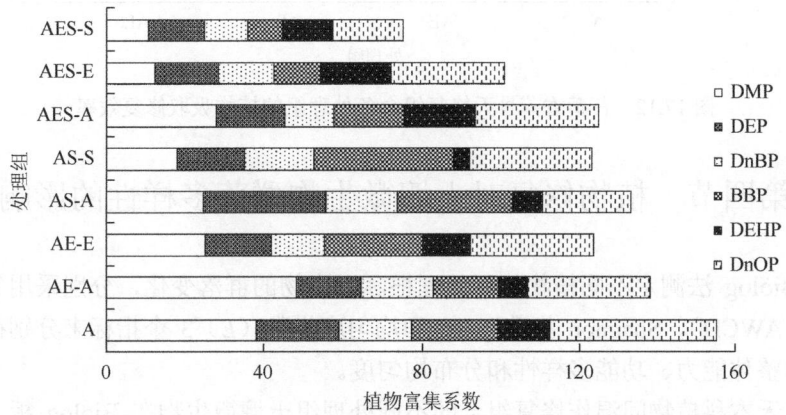

图17.10 苜蓿香薷景天修复组合各处理组的植物富集系数

图17.10显示，不同的种植模式下，紫花苜蓿均显示了对酞酸酯类物质的良好的富集能力，尤其是单作时。本组合的3种植物混作条件下，植物富集系数的数值之和可以达到310左右，略低于豆科禾本科的间混作组合。

图17.11显示本组植物的转运系数特点和趋势与上一组类似，尤其是DEP、DMP和DnBP组分。图17.12显示，本植物修复组合的植物吸取修复效率介于1.26%～1.69%，不同组合的排序为3种植物混作＞紫花苜蓿单作＞紫花苜蓿-海州香薷间作＞紫花苜蓿-伴矿景天间作。

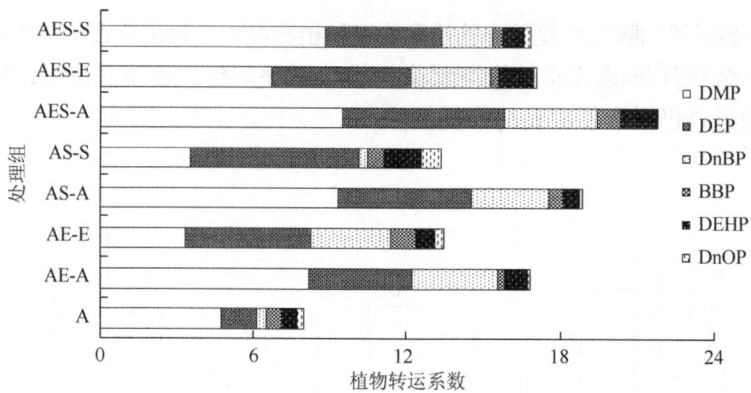

图 17.11　苜蓿香薷景天修复组合各处理组的植物转运系数

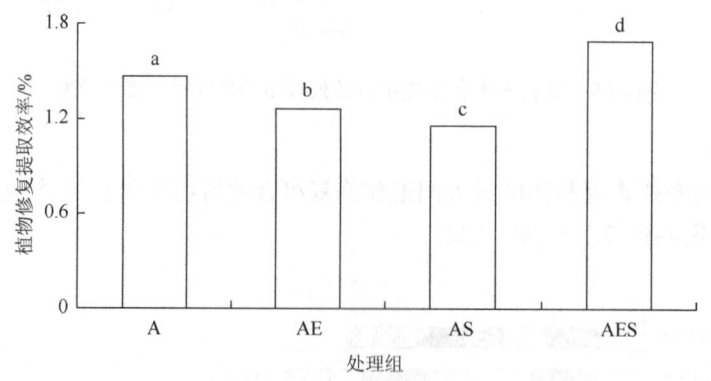

图 17.12　苜蓿香薷景天修复组合各处理组的植物吸取修复效率

第四节　植物修复对土壤微生物群落多样性的影响

采用 Biolog 法测定不同植物修复处理根际微生物的群落变化，分别采用每孔平均颜色变化率（AWCD）、Shannon 指数（H）和均匀度指数（E）3 个指标来分别衡量微生物利用碳源的整体能力、功能多样性和分布均匀度。

豆科与禾本科植物间混作修复组合的不同处理组土壤微生物在 Biolog 板上培养的平均吸光度值变化见图 17.13。从图中可以看出，随着培养时间的增加，各处理组的 AWCD 值均发生了明显的上升。其中对照组与高羊茅单作的处理上升幅度最小，表明这两个处理条件下的微生物群落丰度较低。3 种植物混作的组合显示了最强的吸光度。表 17.3 显示了不同处理组的土壤微生物种群丰度、Shannon 多样性指数和底物平均值，结果显示 3 种植物混作的情况下微生物的丰度最高，碳源利用率也最高。

紫花苜蓿与海州香薷和伴矿景天间混作修复组合的不同处理组土壤微生物在 Biolog 板上培养的平均吸光度值见图 17.14。如图，随着培养时间的增加，各处理组的 AWCD 值均明显上升，且在 168h 左右趋于平稳。其中对照组吸光度值上升幅度最小，而 3 种植物混作组合的吸光度增幅最大。表 17.4 中各种指数的趋势类似于豆科禾本科组合，仍以 3

种植物混作处理的微生物丰度和碳源利用率最高。

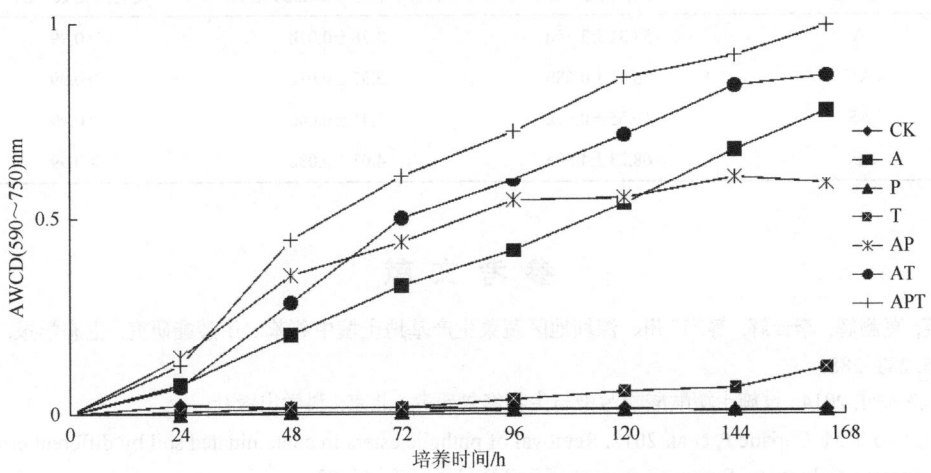

图 17.13 豆科禾本科修复组合各处理组的土壤微生物 AWCD 值

表 17.3 豆科禾本科修复组合的微生物群落多样性变化

处理组	种群丰度（R）	种群多样性 Shannon 指数	均匀度指数（E）
CK	10a	1.58±0.02a	>0.99
A	26d	2.38±0.03c	>0.99
P	14b	1.94±0.04b	>0.99
T	21c	2.08±0.03b	>0.99
AP	22.3c	2.65±0.04d	>0.99
AT	24.3cd	3.06±0.07e	>0.99
APT	30.3e	3.77±0.05f	>0.99

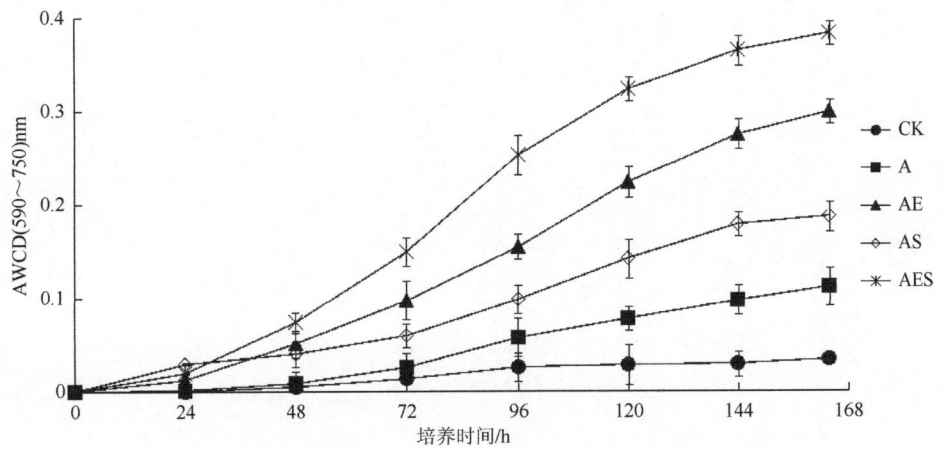

图 17.14 苜蓿香薷景天修复组合各处理组的土壤微生物 AWCD 值

表 17.4　苜蓿香薷景天修复组合的微生物群落多样性变化

处理组	种群丰度（S）	种群多样性 Shannon 指数	均匀度指数（E）
A	58.31±3.59d	3.78±0.07b	>0.99
AE	26.51±0.68b	3.37±0.01a	>0.99
AS	19.55±0.97a	3.41±0.04a	>0.99
AES	68.23±4.58e	4.03±0.03c	>0.99

参 考 文 献

蔡全英, 莫测辉, 李云辉, 等. 广州、深圳地区蔬菜生产基地土壤中邻苯二甲酸酯研究. 生态学报. 2005, 25: 283~288.

滕应, 骆永明. 2014. 设施土壤酞酸酯污染与生物修复研究. 北京: 科学出版社.

Ma T T, Luo Y M, Christie P, et al. 2012. Removal of phthalic esters in contaminated soil by different cropping systems: a field study. European Journal of Soil Biology. 50: 76~82.

Ma T T, Teng Y, Christie P, et al. 2015. Phytotoxicity in seven higher plant species exposed to di-n-butyl phthalate or bis (2-ethylhexyl) phthalate. Frontiers of Environmental Science & Engineering, 9 (2): 259~268.

Ma T T, Teng Y, Luo Y M, et al. 2012. Legume-grass intercropping phytoremediation of phthalic acid esters in soil near an electronic waste recycling site: a field study. International Journal of Phytoremediation, 15 (2): 154~167.

Schmitzer J L, Scheunert I, Korte F. 1988. Fate of bis (2-ethylhexyl) [14C] phthalate in laboratory and outdoor soil-plant systems. Journal of Agricultural Food and Chemistry. 36: 210~215.

Wang J W, Du Q Z, Song Y Q. 2010. Concentration and risk assessment of DEHP in vegetables around plastic industrial area. Journal of Environmental Science. 31: 2450~2455.

Zhang Z H, Jin S W, Duan J M, et al. 2010. Surface soil contamination levels of phthalates in Taizhou electronic waste disposing district. Journal of Wuhan Institute of Chemical Technology. 32: 28~32.

第十八章 酞酸酯污染土壤的微生物修复

PAEs 污染土壤的微生物修复技术中需要解决的首要问题是高效降解菌株的筛选和构建。已有学者分离出多种具有降解短链 PAEs 功能的红球菌属细菌菌株，但是，有关能降解长链 PAEs 的球状红球菌种质资源很少被发现。目前关于球状红球菌对 DEHP 污染土壤的修复效果尚无报道。鉴此，从 PAEs 污染设施菜地土壤中分离筛选出一株对 DEHP 具有良好降解性能的球状红球菌（*Rhodococcus globerulus*）WJ4，研究了该菌对 DEHP 污染土壤的修复效应，为进一步研发 PAEs 污染土壤的生物修复提供了科学依据和新思路，具有十分广泛的应用潜力。

第一节 酞酸酯降解菌的筛选鉴定及其降解特性

一、酞酸酯降解菌的筛选与鉴定

采用土壤悬液摇瓶法从设施菜地土壤中筛选得到 4 株 DEHP 降解菌，将其中一株能较好降解 DEHP 的菌编号为 WJ4。WJ4 在 LB 培养基平板上培养 48h 后，菌落呈淡黄色、圆形、黏质不透明、边缘整齐、表面隆起、湿润光滑，菌落直径一般在 1.0~2.5mm。经染色镜检，该菌为革兰氏阳性，菌体呈球状或短杆状（图 18.1）。

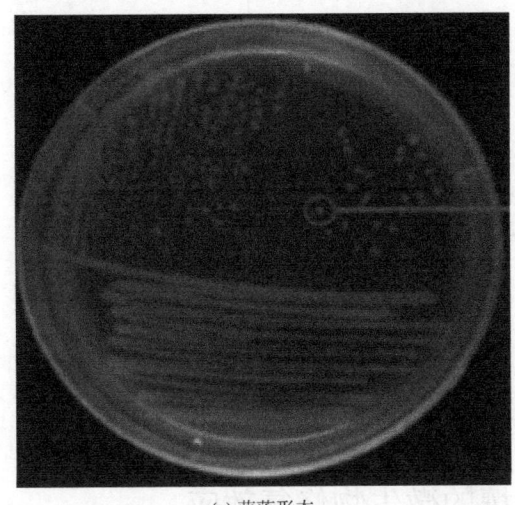
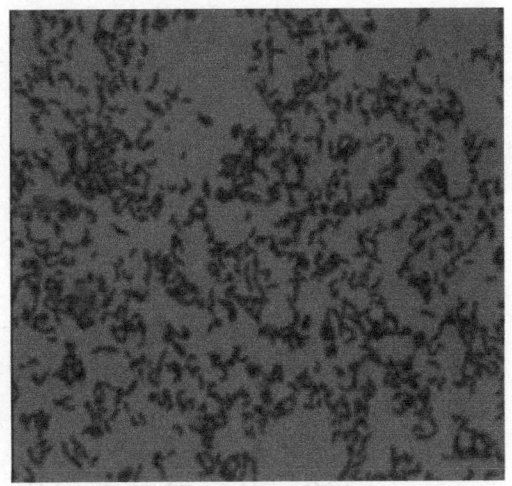

(a) 菌落形态　　　　　　　　　　　　(b) 菌株显微镜照片

图 18.1　WJ4 菌落形态及菌株显微镜照片（100×）

菌株 WJ4 的生理生化特性测定结果如下：甲基红和 V.P.反应阳性，过氧化氢酶和接触酶测定阳性，氧化酶测定阴性，不能利用硝酸盐和柠檬酸盐，能利用淀粉，不能液化明胶，吲哚试验呈阴性，蔗糖、葡萄糖发酵产酸产气，乳糖发酵不产酸不产气。

根据 GenBank 序列同源性比较，WJ4 菌株与球状红球菌 *Rhodococcus globerulus* strain DSQ17（GenBank 登录号 HM217119）同源性为 100%，结合其形态特征和生理生化特性结果，初步将该菌鉴定为球状红球菌（*Rhodococcus globerulus*）。

二、酞酸酯降解菌在液相体系中对邻苯二甲酸酯的降解效果

将灭菌的降解培养基以每瓶 15mL 分装在 150mL 玻璃三角瓶中待用（DEHP 的浓度为 200mg/L）。将 LB 培养基中培养至对数期的菌液 12000r/min 离心 5min 收集菌体，用 pH=7.0 的 0.05mol/L 磷酸缓冲液洗涤 3 次后重悬，并调节 OD_{600nm} 至 1.0 作为降解试验的接种菌液。向降解培养基中接种 1mL 菌悬液，设接种灭活菌悬液处理为对照（CK）。将离心瓶放于 30℃、150r/min 摇床培养 7 天，分别在第 0d、1d、2d、3d、4d、5d 和 7d 时取样，测定其 DEHP 浓度和菌的生长情况。

球状红球菌（*Rhodococcus globerulus*）WJ4 菌株对溶液中 DEHP 的降解动态结果如图 18.2 所示。由图 18.2 可知，接入球状红球菌 WJ4 进行生物降解后，溶液中 DEHP 的降解率显著增加，在第 1d、3d、5d 和 7d 时降解体系中 DEHP 的浓度分别为 177.18mg/L、64.29mg/L、20.05mg/L 和 7.28mg/L。试验组与对照组之间存在显著差异（$p<0.05$），在 200mg/L 初始浓度条件下，第 1d、3d、5d 和 7d 时，该菌对 DEHP 的降解率相对于灭菌对照分别达到了 11.4%、51.7%、89.7% 和 96.4%。在加入灭活菌液的对照组中，DEHP 的浓度为（193.44±3.90）mg/L，这可能是由于 DEHP 在提取纯化过程中挥发或发生光解等非生物因素造成。

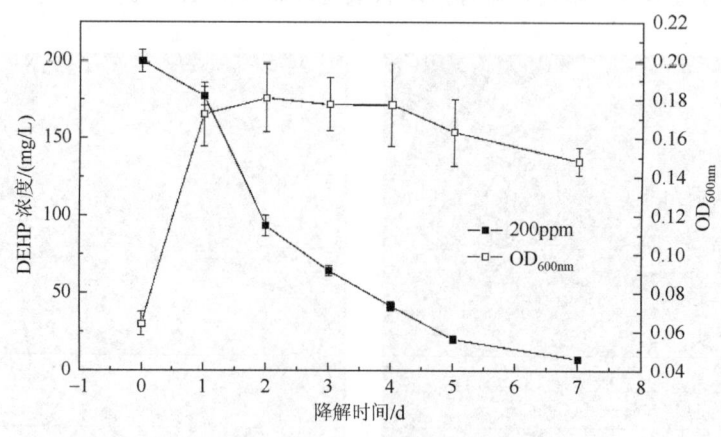

图 18.2　菌株 WJ4 对 DEHP 的降解效果

第二节　酞酸酯污染土壤的微生物修复效应

供试土壤采自南京市栖霞区农田土壤，未检出 PAEs，pH 为 6.32±0.21，风干后过 60 目筛，向其中添加 DEHP、DnBP 和 DnOP，使土壤中 DEHP、DnBP 和 DnOP 含量分别达到 1000mg/kg。试验设置 2 个处理：试验组（BT）接种 20% 活菌液，对照组（CK）

接种20%灭活菌液。球状红球菌菌液浓度为 3×10^8CFU/mL。称取供试土壤100g（干重）装入培养瓶，向其中添加DEHP的丙酮溶液，至终浓度为1000mg/kg（干重）土。向土壤中接种球状红球菌菌液20mL，充分拌匀。将土壤含水量调整到田间持水量的50%，30℃恒温箱中培养，分别在第0d、1d、3d、7d、14d和21d取样分析测定土壤PAEs含量变化。

一、降解菌对酞酸酯污染土壤的修复效果

经过21d的WJ4菌株生物强化修复后，各处理中污染土壤DEHP的残留量变化动态见图18.3。与接灭活菌液的对照组相比，接种WJ4活菌显著促进了污染土壤中DEHP含量的降低，在第0d、1d、3d、7d、14d和21d，土壤中DEHP的残留量分别为958.14mg/kg、892.48mg/kg、856.58mg/kg、764.65mg/kg、630.49mg/kg和425.02mg/kg，在第21d降解率达到了57.5%，各处理土壤中DEHP的残留量均随修复时间的延长而逐步降低。

二、降解菌对土壤中酞酸酯的共代谢降解

由图18.3可知，土壤中PAEs生物可降解程度与其侧链长度和原子数量有关，随着侧链的增长，生物可降解性逐渐降低。土壤中PAEs浓度随培养天数的增加而逐渐降低，DnBP在第0d、1d、3d、7d、14d和21d时的残留浓度分别为初始浓度的100%、98.7%、76.2%、65.3%、41.5%和2.0%；DEHP分别为100%、93.1%、89.4%、79.8%、65.8%和44.4%；DnOP分别为100%、95.1%、91.8%、85.7%、67.1%和44.9%。DnBP浓度在14～21d下降迅速，而在1～14d内相对较为缓和，这可能是由于前期DEHP和DnOP降解过程产生了DnBP，从而使其在土壤中浓度下降缓慢。土壤中DEHP和DnOP的残留浓度在21d时降解趋于稳定，从而使土壤中DnBP浓度相对稳定。微生物具有优先选择利用结构相对简单化合物的特性，当土壤中DnBP大量存在时，其开环过程相对简单。因此，在DEHP和DnOP含量趋于平稳时，DnBP被微生物开环降解，其残留浓度迅速降低。

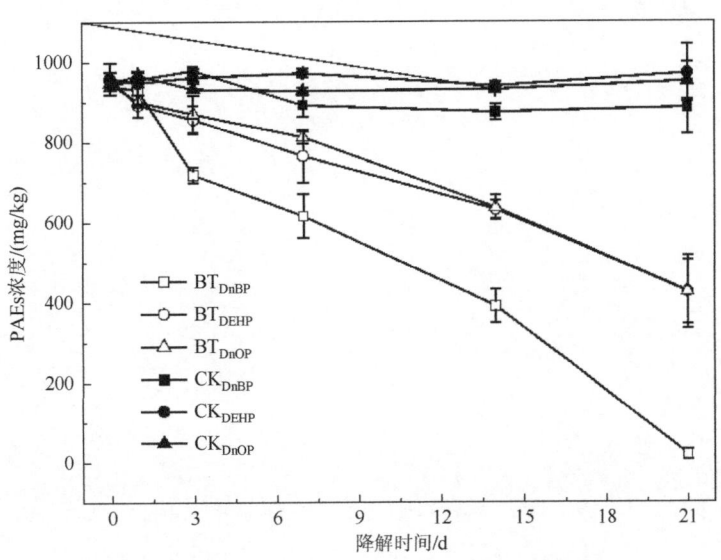

图18.3 WJ4对土壤中PAEs同系物的共代谢降解

参 考 文 献

汪军, 骆永明, 马文亭, 等. 2013. 典型设施农业土壤酞酸酯污染特征及其健康风险. 中国环境科学, 33 (12): 2235~2242.

Chang B V, Yang C M, Cheng C H, et al. 2004. Biodegradation of phthalate esters by two bacteria strains. Chemosphere, 55 (4): 533~538.

Hu X Y, Wen B, Shan X Q. 2003. Survey of phthalate pollution in arable soils in China. Journal of Environmental Monitoring. 5 (4): 649~653.

Marttinen S K, Kettunen R H, Sormunen K M, et al. 2003. Removal of bis (2-ethylhexyl) phthalate at a sewage treatment plant. Water Research, 37 (6): 1385~1393.

Wang J, Chen G C, Christie P, et al. 2015. Occurrence and risk assessment of phthalate esters (PAEs0 in vegetables and soils of suburban plastic film greenhouses. Science of the Total Environment, 523: 129~137.

Wang J, Luo Y M, Teng Y, et al. 2013. Soil contamination by phthalate esters in Chinese intensive vegetable production systems with different modes of use of plastic film. Environmental Pollution, 180: 265~273.

Wang J, Zhang M Y, Chen T, et al. 2015. Lsolation and identification of a di-(2-ethylhexyl) phthalate-degrading bacterium and its role in the bioremediation of a contaminated soil. Pedosphere, 25 (2): 202~211.

Wu Q, Liu H, YeL S, et al. 2013. Biodegradation of Di-n-butyl phthalate esters by *Bacillus* sp.SASHJ under simulated shallow aquifer condition. International Biodeterioration & Biodegradation,. 76: 102~107.

Xie H J, Shi Y J, Zhang, J, et al. 2010. Degradation of phthalate esters (PAEs) in soil and the effects of PAEs on soil microcosmactivity. Journal of Chemical Technology and Biotechnology 85: 1108~1116.

Xie Z, Ebinghaus R, Temme C, et al. 2007.Occurrence and air-sea exchange of phthalates in the Arctic. Environmental Science & Technology. 41: 4555~4560.

Zeng F, Cui K Y, Fu J M, et al. 2002. Biodegradability of di (2-ethylhexyl) phthalate by *Pseudomonas fluorescens* FS1. Water Air Soil Poll, 140: 297~305.

第六篇　滴滴涕污染土壤的低温等离子体氧化修复

滴滴涕（dichlorodiphenyltrichloroethane，DDT）是一种广谱杀虫剂，曾广泛用于杀灭农业害虫，是首批列入斯德哥尔摩公约受控名单的POPs之一。虽然已经禁用多年，但至今大部分农田土壤中仍能检测出DDT残留，同时DDT生产场地污染相当严重。近年来兴起的低温等离子体氧化修复技术具有经济、高效和无二次污染等优点，在POPs污染土壤修复领域具有巨大潜力，但低温等离子体技术在DDT污染土壤修复中的应用、低温等离子体仪器设备和技术参数还鲜有报道。本章分别介绍了利用反应釜式和转盘式低温等离子设备对DDT污染土壤进行氧化修复的效果及参数优化，旨在为DDT污染土壤的快速治理提供科学依据。

第十九章　反应釜式低温等离子体氧化修复技术

目前，用于处理 POPs 污染土壤的低温等离子体设备较为少见。本课题组前期采用筒状式低温等离子体技术分别对 PAHs 和 PCBs 污染土壤进行处理，均取得良好的效果。由于筒状式低温等离子体装置单次处理土量较少且操作较为繁琐，有必要对该装置进行加工改造。本章介绍了反应釜式低温等离子体设备的设计与研制，并介绍了利用该设备对滴滴涕污染土壤的修复效果与参数优化。

第一节　反应釜式低温等离子体设备的设计研发

反应釜式低温等离子体设备的设计图如图 19.1 所示。低温等离子体反应装置由等离子体电源（CTP-2000K，南京苏曼电子有限公司）、介质阻挡放电装置（DBD-150，南京苏曼电子有限公司）和反应釜构成。放电电极为不锈钢圆柱体，且在其外围设计了凹槽，该设计增加了电极的表面积，以利于放电过程中电极散热。放电电极由高压电极和接地电极构成，其中，固定在聚四氟乙烯绝缘板的高压电极通过正极连接低温等离子体电源，固定在不锈钢底座的接地电极通过负极接线柱与地线相连。聚四氟乙烯绝缘板通过两个带螺纹的不锈钢柱支撑在不锈钢底座的正上方。反应釜包括一个环状容器和一块盖板，该容器由一片状石英圆环和一块相配的不锈钢钢板上下黏合而成。在容器的石英圆环两侧设有一个小孔，并外接一个弯曲的石英圆管。此设计可用于向反应釜中通入实验设计所需的各种气体，从而营造不同低温等离子体放电气氛。本设计介质采用实验室常用的石英材料，石英具有简单易成形、耐温耐压、透明便于观察等优点。

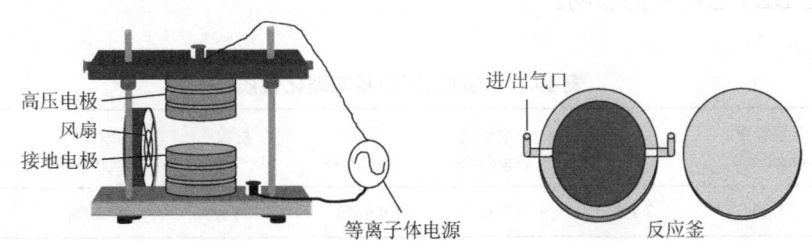

图 19.1　反应釜式低温等离子体设备设计图

等离子体电源输出功率为 0～2000W，频率调节范围 5～30kHz，输出电压调节范围为 0～30kV。介质阻挡放电装置由高压电极、接地电极以及不锈钢底座等组成。石英反应釜（底部为不锈钢质）直径为 150mm，两介质之间的距离为 8mm。

反应釜式低温等离子体设备如图 19.2 所示。操作步骤：第一步，将筛选后的自然风干污染土壤放入反应釜中,并使之均匀覆盖在反应釜容器底部,再将反应釜盖板盖在容器上;第二步,将反应釜置于接地电极之上,通过旋转不锈钢柱的螺帽调节高压电极的高度使之与反应釜紧密贴合,再拧紧绝缘板两侧的螺母使之保持固定;第三步,如果需要营造除空气以外的其他放电气氛,可以将所需的气体通过反应釜进气口进入反应体系,再经出气口排出;第四步,将聚四氟乙烯绝缘板上的接线柱与低温等离子体电源相接,将不锈钢底座上的接线柱与地线相接,开启低温等离子体电源并将输出功率设置为1kW,开启降温风扇;第五步,保持良好的放电状态,使介质阻挡放电产生低温等离子体,与反应体系中已有的 O_2、N_2 和少量水等分子生成·OH、H·、O·、O_3、HO_2·等活泼自由基,直至这些自由基与污染物分子完全反应,再调节功率低于 200W 后关闭电源。

图 19.2 反应釜式低温等离子体设备图

第二节 反应釜式低温等离子体对滴滴涕污染土壤的修复技术参数优化

供试土壤采自张家口某 DDT 废弃生产场地,其基本理化性质如表 19.1 所示,土壤中污染物主要包括 6 种滴滴涕及其衍生物。主要考察土壤含水量、水蒸气放电气氛和处理时间等因素对 DDT 去除率的影响。

表 19.1 供试土壤的基本理化性质

有机质/%	土壤容重/ (kg/dm³)	土壤含水量/%	土壤密度/ (kg/dm³)	黏粒 (<1μm)	粉粒 (1~50μm)	砂粒 (50~1000μm)	石砾 (>1000μm)
1.00	1.50	2.79	2.32	4.46%	47.94%	47.20%	0.40%

一、土壤含水量对滴滴涕去除效果的影响

与修复前相比,经过低温等离子体处理后,土壤中∑DDT 浓度明显降低。而对于不同土壤含水量处理,∑DDT 去除效果存在一定的差异(图 19.3)。由图可知,当土壤含水量为 7.5% 和 10.5% 时,其修复后土壤中∑DDT 浓度显著低于其余 3 种处理条件($p<0.05$)。

通过对比可知，在本研究条件下，土壤含水量最佳优化条件为 7.5%。

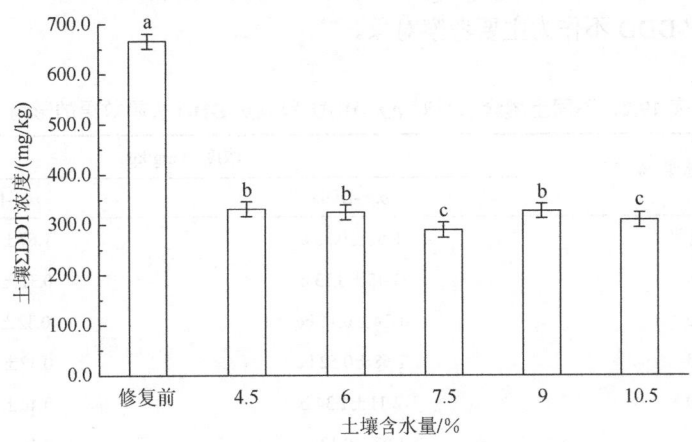

图 19.3　不同土壤含水量对 $\sum$DDT 浓度的影响

$\sum$DDT 为 o,p'-DDE、p,p'-DDE、o,p'-DDD、p,p'-DDD、o,p'-DDT、p,p'-DDT 共 6 种 DDTs 总和；图中不同字母表示不同处理之间差异达显著水平（$p<0.05$），下同

为了全面考查土壤含水量对不同种类 DDT 去除效果的影响，对修复后土壤中 DDT 及其衍生物滴滴伊（dichlorodiphenyldichloroethylene，DDE）的浓度分别进行了分析（图 19.4）。由图可知，与修复前相比，除了 o,p'-DDE 浓度有所上升外，其他不同含水量的处理土壤中 p,p'-DDE、o,p'-DDT 和 p,p'-DDT 的浓度均显著下降，但不同含水量对三种 DDT 去除率的差异并不明显。

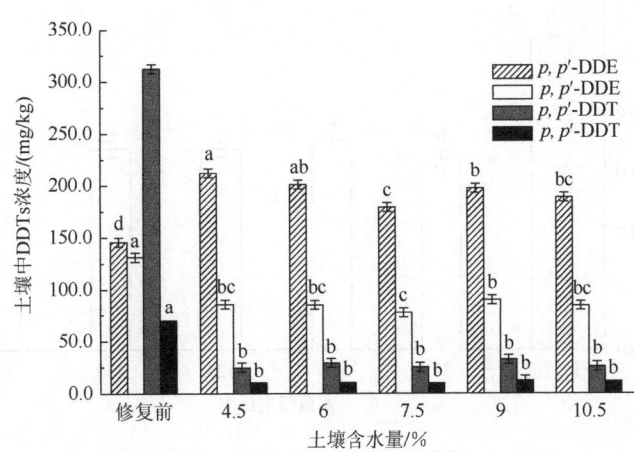

图 19.4　不同土壤含水量对 o,p'-DDE、p,p'-DDE、o,p'-DDT 和 p,p'-DDT 浓度的影响

由表 19.2 可知，不同处理土壤中滴滴滴（dichlorodiphenyldichloroethane，DDD）的 2 种同系物 o,p'-DDD 和 p,p'-DDD 的浓度均较低，修复前的污染土壤中 o,p'-DDD 及其同分异

构体 p,p'-DDD 的浓度分别为（6.86±0.35）mg/kg 和（1.67±0.13）mg/kg，均远远低于场地土壤环境风险评价筛选值 15mg/kg（北京市质量技术监督局，2011），故本研究中，o,p'-DDD 和 p,p'-DDD 不作为主要考察对象。

表 19.2　不同土壤含水量对 o,p'-DDD 和 p,p'-DDD 去除效果的影响

土壤含水量/%	浓度/(mg/kg)	
	o,p'-DDD	p,p'-DDD
修复前	6.86±0.35 a	1.67±0.13 a
4.5	1.45±0.13 c	0.31±0.02 b
6.0	1.74±0.11 bc	0.32±0.03 b
7.5	1.68±0.52 bc	0.32±0.07 b
9.0	2.11±1.34 b	0.40±0.13 b
10.5	1.93±0.13 bc	0.36±0.08 b

注：不同字母表示不同处理之间差异达显著水平（$p<0.05$），下同。

二、水蒸气放电气氛对滴滴涕去除效果的影响

由图 19.5 可知，经过低温等离子体的氧化作用后，$\sum$DDT 浓度有显著下降。当水蒸气产生电压为 75V（此时几乎没有水蒸气，即为空气放电气氛）时，$\sum$DDT 浓度即可降至 327.8mg/kg，去除率为 40%。随着水蒸气放电电压的增加，$\sum$DDT 去除率并未产生显著变化，由此可见，水蒸气含量对于 $\sum$DDT 的去除率影响不大。

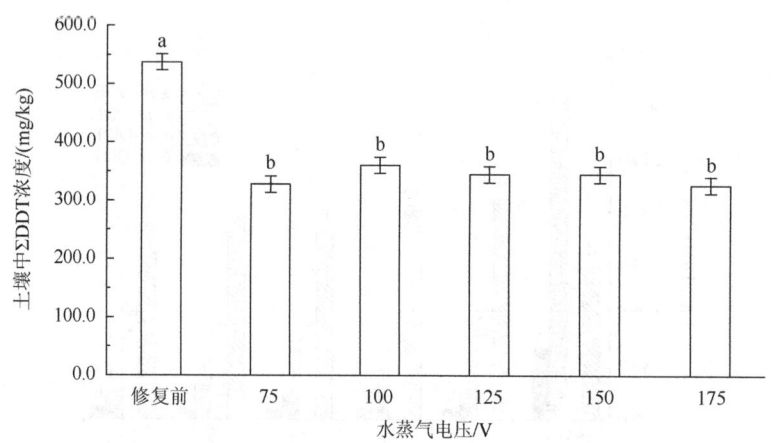

图 19.5　不同水蒸气电压对 $\sum$DDT 浓度的影响

对于 DDT 和 DDE 的不同组分含量变化分别进行分析可知（图 1.6），各个处理中 p,p'-DDE、o,p'-DDT 和 p,p'-DDT 均有不同程度的去除。其中，空气放电气氛时，o,p'-DDT 浓度可降至 27.1 mg/kg，去除率高达 91%。而 o,p'-DDE 的浓度则随水蒸气电压的增加呈升高趋势。

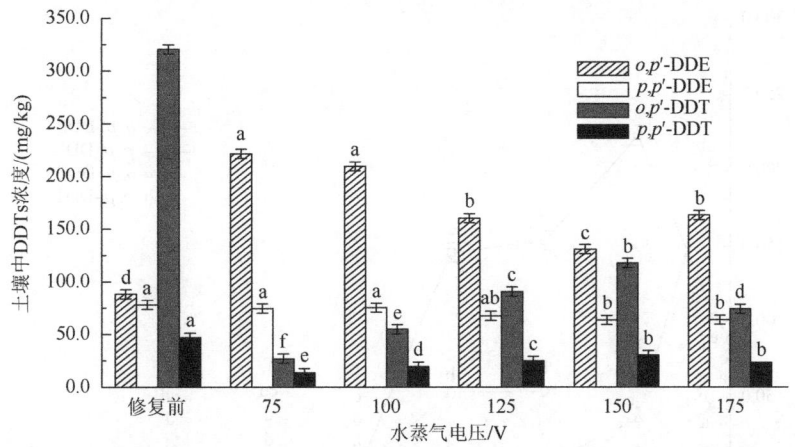

图 19.6　不同水蒸气电压对 *o,p'*-DDE、*p,p'*-DDE、*o,p'*-DDT 和 *p,p'*-DDT 浓度的影响

三、处理时间对滴滴涕去除效果的影响

由图 19.7 可知，随着处理时间的增加，$\sum$DDT 浓度呈显著下降趋势。在 0～10 min 内，$\sum$DDT 浓度快速下降；在 10～15 min 时间段内，$\sum$DDT 浓度下降较为缓慢；15～20 min 时，$\sum$DDT 浓度再次快速下降，20 min 后趋于稳定。处理时间为 20 min 时，$\sum$DDT 的去除率即可达 98.1%。

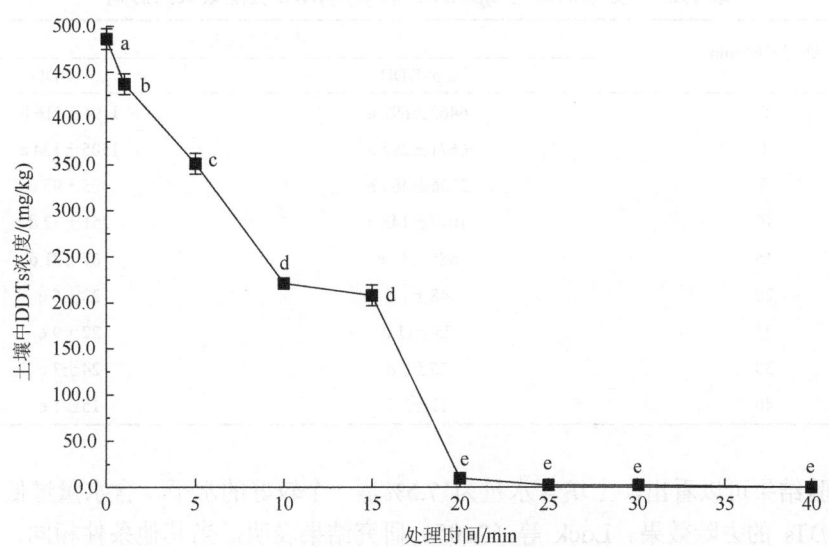

图 19.7　处理时间对 $\sum$DDT 浓度的影响

对于不同组分污染物浓度变化趋势如图 19.8 所示。其中，*p,p'*-DDE、*o,p'*-DDT 和 *p,p'*-DDT 浓度均随着处理时间的增加显著下降，而 *o,p'*-DDE 浓度则是在开始阶段有所上升，5 min 后逐渐下降，20 min 后各组分下降趋势均趋于平缓，各组分去除率为 95.3%～99.9%。

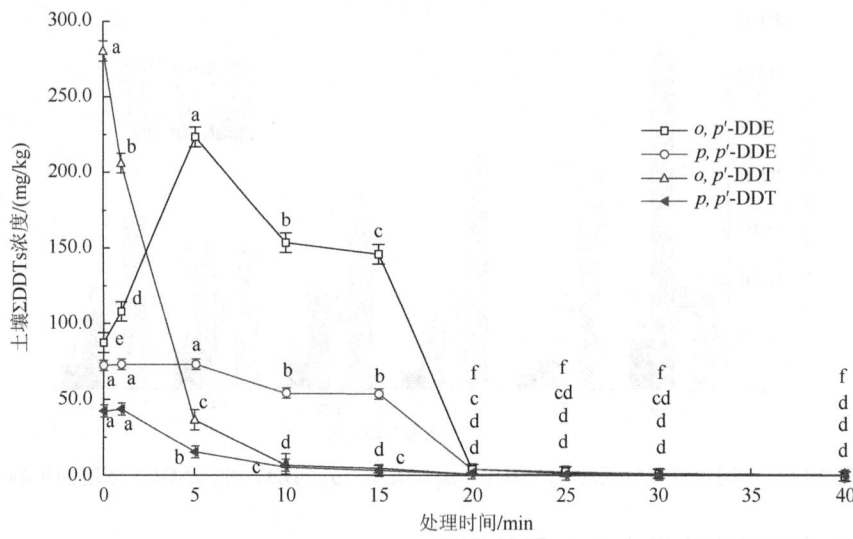

图 19.8　处理时间对 o,p'-DDE、p,p'-DDE、o,p'-DDT 和 p,p'-DDT 浓度的影响

由表 19.3 可知，当处理时间为 20 min 时，o,p'-DDD 和 p,p'-DDD 的去除率分别为 99.3% 和 98.1%。

表 19.3　处理时间对 o,p'-DDD 和 p,p'-DDD 去除效果的影响

处理时间/min	浓度/(μg/kg)	
	o,p'-DDD	p,p'-DDD
0	6462±692 a	1194±116 b
1	6671±292 a	1505±134 a
5	2706±463 b	405±97 c
10	1017±148 c	251±32 d
15	585±43 c	167±21 d
20	48±7 d	23±6 e
25	25±11 d	22±9 e
30	25±7 d	24±7 e
40	11±3 d	15±1 e

从实验结果可以看出，土壤含水量为 7.5%是一个较好的水平，含水量过低或过高均会降低 DDTs 的去除效果。Lock 等（2005）研究结果表明，当其他条件相同，湿度从 0 增加到 0.5%的过程中会促进甲醇和硫酸二甲酯的去除，湿度为 0.5%时去除效果最好，湿度超过 0.5%时，再继续增加反而会抑制其去除效果。这可能与介质阻挡放电过程中土壤含水量产生·OH 有关。当土壤含水量过低时，低温等离子体作用产生的·OH 浓度有限，因此对 DDTs 的氧化能力不高。过高的土壤含水量由于在有限的处理时间内，低温等离子体提供的能量可能大部分用于水分的蒸发，水分子产生的电子平均能量较低，生成有限的·OH（Ono and Oda，2002），对于同一污染物各处理间的差异不显著。考虑实

际操作和工程应用，故选择自然条件下土壤含水量作为适宜水平。

放电气氛对 DDTs 去除效果的影响结果表明，水蒸气放电气氛并不利于低温等离子体去除污染土壤中的 DDTs，而采用空气放电气氛效果较好。这可能是因为本实验属于半开放体系，反应体系中有 O_2、N_2 和少量水分存在，这些气体分子与低温等离子体系中的高能电子发生碰撞，生成了·OH、H·、O·、O_3、HO_2·等活泼的自由基（Chang et al.，1995；Sun et al.，1995），并对 DDTs 起到氧化去除的效果。而在水蒸气放电气氛下，产生的自由基可能来不及与 DDTs 作用就被水蒸气带走进而影响去除效率。此外，相关研究表明，水蒸气为电负性气体，能吸收电子、降低等离子体反应器内部的电子密度，并由此引发活性物质（如自由基、激发态原子、激发态分子等）数量的减少（周永平等，2003），从而降低了 DDTs 的去除率。

在研究土壤含水量和水蒸气放电气氛对滴滴涕去除效果的影响时，发现 o,p'-DDE 浓度均呈不降反升的趋势，推测 o,p'-DDE 是 o,p'-DDT 氧化脱氯脱氢的中间产物。因为本研究中低温等离子体处理滴滴涕污染土壤过程是一个有氧环境，相关研究（Foght et al.，2001；Boul et al.，1994；Hitch and Day，1992）表明，在有氧条件下 DDT 会氧化脱氯脱氢生成 DDE。

因此，在已有的实验结果上研究了处理时间对 DDTs 污染土壤修复效果的影响。结果表明，在处理时间 5 min 时，o,p'-DDE 浓度达最大，随后呈显著下降，这可能是因为在 0～5min 内产生的自由基、激发态原子、激发态分子等活性物质与能量有限，不能使 o,p'-DDT 完全氧化生成 CO_2、H_2O 等，仅有部分 C—H 键和 C—Cl 键发生断裂从而生成 o,p'-DDE。而 p,p'-DDE 浓度没有明显先增加后下降的趋势，也可能是由于土壤中的 p,p'-DDT 相对浓度较低，生成的 p,p'-DDE 也较低因而变化趋势不明显；当处理时间为 20 min 时，DDTs 去除率 95.3%～99.9%；40 min 时，去除率 98%～100%；而当处理时间增加到 40 min 时，虽然能耗加倍，但去除率只上升了 2.7%。同时，20min 时∑DDT、o,p'-DDE、p,p'-DDE、o,p'-DDD、p,p'-DDD、o,p'-DDT 和 p,p'-DDT 浓度分别为 9.23、5.36、3.39、0.048、0.023、0.29 和 0.13mg/kg，均低于场地土壤环境风险评价筛选值（北京市质量技术监督局，2011）和场地土壤修复建议目标值（罗飞等，2012）。因此，从节约处理费用角度考虑，20 min 是最优化的处理时间，既能保证达到修复效果，同时也避免过多能源浪费。

参 考 文 献

北京市质量技术监督局. 2011. 北京市地方标准：场地土壤环境风险评价筛选值, DB11/T 811-2011.

陈海红, 骆永明, 滕应, 等. 2013. 重度滴滴涕污染土壤低温等离子体修复条件优化研究. 环境科学, 34(1): 302~307.

罗飞. 2011. 滴滴涕废弃生产场地健康风险评估与土壤低温等离子体修复技术研究. 北京：中国科学院研究生院: 94~99.

周勇平, 高翔, 吴祖良, 等. 2003. 直流电晕自由基簇射治理甲苯的试验研究. 环境科学, 24(4): 136~139.

Boul H L, Garnham M L, Hucker D, et al. 1994. Influence of agricultural practices on the levels of DDT and its residues in soil. Environmental Science & Technology, 28(8): 1397~1402.

Chang H, Alvarez Cohen L. 1995. Model for the cometabolic biodegradation of chlorinated organics.

Environmental Science & Technology. 29(9): 2357~2367.

Foght J, April T, Biggar K, et al. 2001. Bioremediation of DDT-contaminated soils: a review. Bioremediation Journal, 5(3): 225~246.

Hitch R K, Day H R. 1992. Unusual persistence of DDT in some Western USA soils. Bulletin of Environmental Contamination and Toxicology, 48(2): 259~264.

Lock E H, Saveliev A V, Kennedy L A. 2005. Removal of methanol and dimethyl sulfide by pulsed corona discharge: Energy efficiency and byproducts formation. The Proceedings of 17th International Symposium on Plasma Chemistry, Toronto, Canada.

Ono R, Oda T. 2002. Measurement of hydroxyl radicals in pulsed corona discharge. Journal of Electrostatics, 55(3~4): 333~342.

Sun W, Pashaie B, Dhali S K, et al. 1996. Non-thermal plasma remediation of SO_2/NO using a dielectric barrier discharge. Journal of Applied Physics, 79(7): 3438~3444.

第二十章　转盘式低温等离子体氧化修复

为满足修复中试及工程化应用的要求,连续进样低温等离子体设备成为主流趋势,因为连续进样处理装置在一定程度上实现了持续工作和自动化。本章介绍了转盘式低温等离子体设备的设计与研制,并介绍了利用该设备对DDT污染土壤的修复效果与参数优化。

第一节　转盘式低温等离子体设备的设计研发

转盘式低温等离子体设备的设计图如图20.1所示。该设备由进样系统、旋转处理系统、接收系统、低温等离子体产生和处理系统以及处理区域冷却排臭氧系统组成。

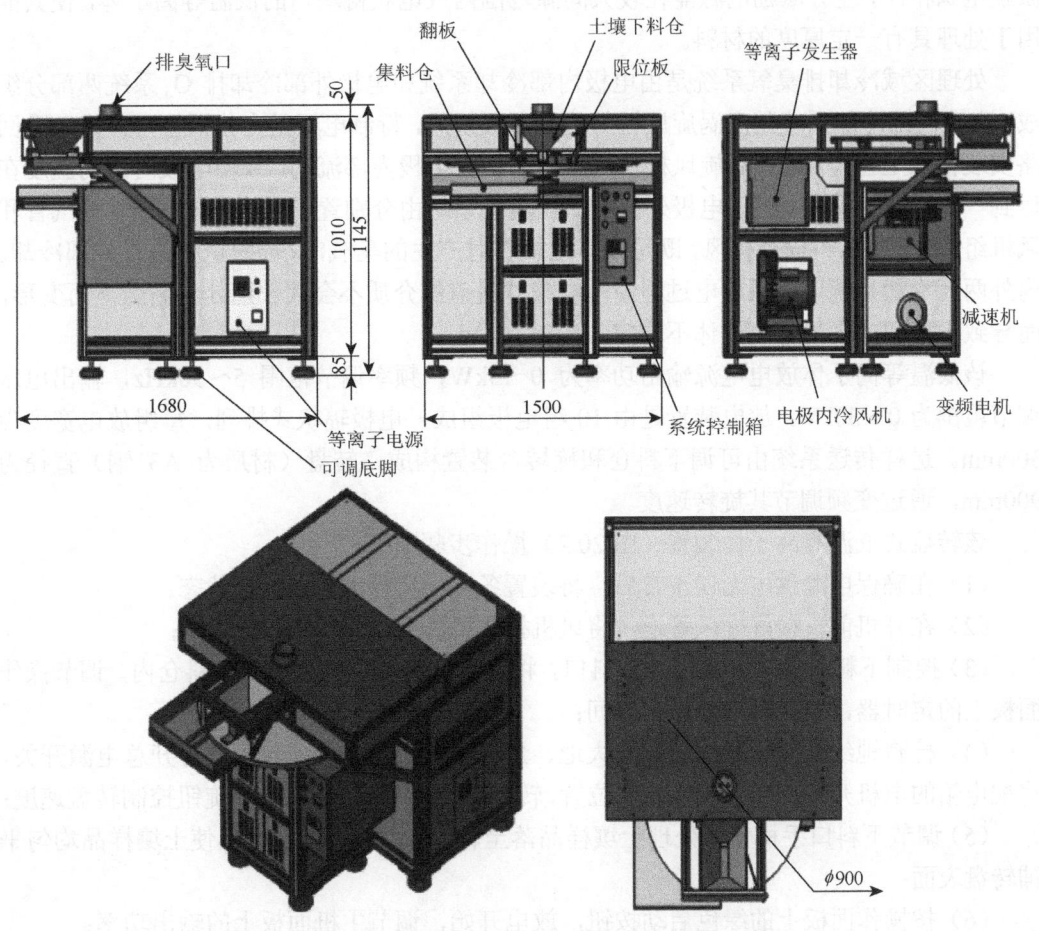

图20.1　转盘式低温等离子体装置结构图

放料系统由进料漏斗和调节辊组成。土壤样品倒入进料漏斗中，顺着漏斗掉落到土壤处理旋转部分的转盘上。调节辊可以调节土壤落下的速度。

旋转处理系统主要由转盘系统、定高刮板和下料定量调节装置组成。转盘系统中的变频电机旋转带动减速机，减速机通过同步带带动转盘旋转。随着转盘的旋转，转盘上的土壤经过定高刮板的调节在转盘上保持一个厚度，通过调节定高刮板使放电区域与放电电极的间隙最佳，以期达到最佳的放电效果。土壤会随着转盘经过放电处理区域实现低温等离子体的处理。此时，下料口保持关闭状态。处理完毕后，调节刮板，使土壤掉落到收料仓。调节刮板与转盘的角度控制出料的速度。

低温等离子体产生和处理系统是由差分激励电源和 5 对平行圆柱型差分激励双介质阻挡放电电极组成。差分激励电源是差分高压正弦波输出的电源，用于提供介质阻挡放电能量，使介质阻挡放电电极产生低温等离子体。放电电极为金属棒、金属颗粒、金属网或其他导电材料，表面都覆盖有一层刚玉陶瓷介质。差分激励电源输出端分别与两个电极相连接。两电极间的间隙为低温等离子体产生和处理区域，可容土壤样品通过。当两电极间隙所加电压达到间隙间空气的放电电压时，空气放电产生低温等离子体。较一般单端馈电激励电源相比，差分激励电源能在较大间隙范围内放电获得均匀的低温等离子体，使其能用于处理具有一定厚度的材料。

处理区域冷却排臭氧系统是由电极内部冷却系统和电极外部冷却排 O_3 系统两部分组成。电极内部冷却系统是由涡旋风机与特制电极组成，特制电极是由紫铜管弯曲成一个回路安装在刚玉管内。通过涡旋风机使气流不断地在电极内部流动，致使电极内部的温度在达到一定程度后保持稳定。电极外部冷却排臭氧系统由分别置于顶端的金属管、排气管和风机组成。通过风机向外排风，既可以排出操作时产生的臭氧，又能对电极进行外部冷却。内外两套冷却系统可确保放电过程中，电极外覆盖的介质不会因长期处于高温下而变形，而导致电极间产生的等离子体不均匀。

该低温等离子体放电电源输出功率为 0~5kW，频率调节范围 5~50kHz，输出电压调节范围为 0~30kV。放电装置是由 10 组电极组成，电极辐状式排列，每组放电宽度为 300mm。进样传送系统由可调下料仓和旋转台装置构成，转盘（材质为 A3 钢）直径为 900mm，通过变频调节其旋转速度。

该转盘式低温等离子体装置（图 20.2）操作步骤如下：

（1）在确保电源供电无误正常后，将装置各结构组件调整到最佳状态；

（2）在开机前，接好排风管道，将风机插头插入 AC220V，风机工作；

（3）控制下料口调节手柄关闭下料口，将待处理的土壤样品导入下料仓内，调节操作面板上的定时器，设定所需的处理时间；

（4）检查地线是否可靠连接标准大地、急停开关按钮是否弹起后，打开总电源开关，将配电箱的电机开关旋钮右旋至水平位置，转盘运转，旋转变频器上的旋钮控制转盘速度；

（5）调节下料口手柄使待处理土壤样品落至转盘上，并通过定量板使土壤样品均匀平铺转盘表面；

（6）按操作面板上的绿色启动按钮，放电开始，调节主机面板上的输出功率；

（7）定时器上的处理时间到，放电电极停止工作即本次实验操作结束。

图 20.2 转盘式低温等离子体装置

第二节 转盘式低温等离子体对滴滴涕污染土壤的修复效果

供试土壤同上节，其中土壤含水量为 2.5%。主要考察处理时间因素对 DDT 去除率的影响。基本参数设置如下：放电功率 4kW、转盘转速 5r/min、土壤粒径＜0.9mm、电压 380V；处理时间分别设置 0、10min、20min、30min、60min 和 90min 6 个水平。经转盘式低温等离子体处理后，土壤中污染物的浓度变化情况和去除率分别如表 20.1 和表 20.2 所示。各种污染物的浓度在不同处理条件下均有所下降，等离子体的处理能力与放电功率和处理时间呈正相关关系，即放电功率越大、处理时间越长，污染物的去除率越高。

表 20.1 经不同处理后土壤中污染物的浓度　　（单位：mg/kg）

污染物	CK	100W			200W			300W	
		3min	5min	10min	3min	5min	10min	3min	5min
o,p'-DDE	889	901	838	733	633	723	411	570	456
p,p'-DDE	821	789	734	571	380	231	99.3	153	115
o,p'-DDD	198	165	131	85.7	64.0	111	30.6	21.2	21.5
p,p'-DDD	138	125	94.8	71.2	98	21.5	3.72	3.42	4.08
o,p'-DDT	6250	5969	5563	4844	2119	633	53.9	53.1	57.0
p,p'-DDT	858	538	367	351	178	62.5	7.70	7.60	7.60
DDTs	9153	8485	7728	6656	3472	7183	606	809	662

表 20.2　不同处理对土壤中污染物的去除率　　　　（单位：%）

污染物	CK	100W			200W			300W	
		3min	5min	10min	3min	5min	10min	3min	5min
o,p'-DDE	0.0	−1.4	5.7	17.5	28.7	18.6	53.7	35.8	48.6
p,p'-DDE	0.0	3.9	10.5	30.4	53.7	71.8	87.9	81.3	86.0
o,p'-DDD	0.0	16.9	33.8	56.7	67.7	43.8	84.5	89.3	89.1
p,p'-DDD	0.0	9.6	31.2	48.4	28.8	84.4	97.3	97.5	97.0
o,p'-DDT	0.0	4.5	11.0	22.5	66.1	89.9	99.1	99.2	99.1
p,p'-DDT	0.0	37.3	57.2	59.1	79.3	92.7	99.1	99.1	99.1
DDTs	0.0	7.3	15.5	27.3	62.1	80.5	93.4	91.2	92.8

当放电功率为 100W 时，随着处理时间的增加，污染物的去除率提高，但去除效果并不显著，处理 10min 后最高的去除率（p,p'-DDT）也不超过 60%。当放电功率为 200W 时，污染物的去除效果随处理时间增加而显著提高，处理 5min 后 p,p'-DDT、o,p'-DDT 和 p,p'-DDD 的去除率已经达到 90%左右，并且随着处理时间的增加去除率仍有增大的趋势。而当放电功率为 300W，处理时间为 3min 时，大部分污染物的去除率已经达到 80%，其中 p,p'-DDT 和 o,p'-DDT 的去除率高达 99.1%。部分污染物（如 p,p'-DDD、o,p'-DDD 和 p,p'-DDE）的去除率在 3min 时达到一个平台，随着处理时间增加去除率变化不明显。

从滴滴涕总量（DDTs，此处为 6 种滴滴涕及其衍生物浓度之和）变化来看，原始土壤中含量高达 9153mg/kg，经 200W 处理 10min 和经 300W 处理 5min 后 DDTs 分别降低至 606 和 662mg/kg，其中绝大部分为难降解的 p,p'-DDE 和 o,p'-DDE（两者的剩余含量占 DDTs 的 86%以上），表明低温等离子体技术对滴滴涕类重污染场地土壤具有较好的修复潜力。

从图 20.3 和图 20.4 可以看出，DDTs 混标在低温等离子体处理后不产生其他中间产物（除 o,p'-DDE），其去除率达 72%。因此，本实验表明低温等离子体处理 DDTs 污染土壤具有迅速、彻底的特点，不会造成二次污染。

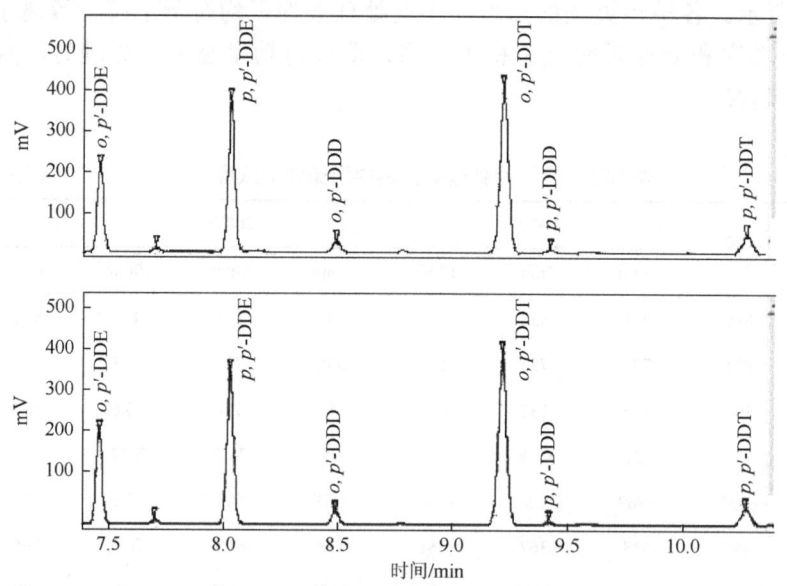

图 20.3　处理前污染土壤中 DDTs 的色谱图

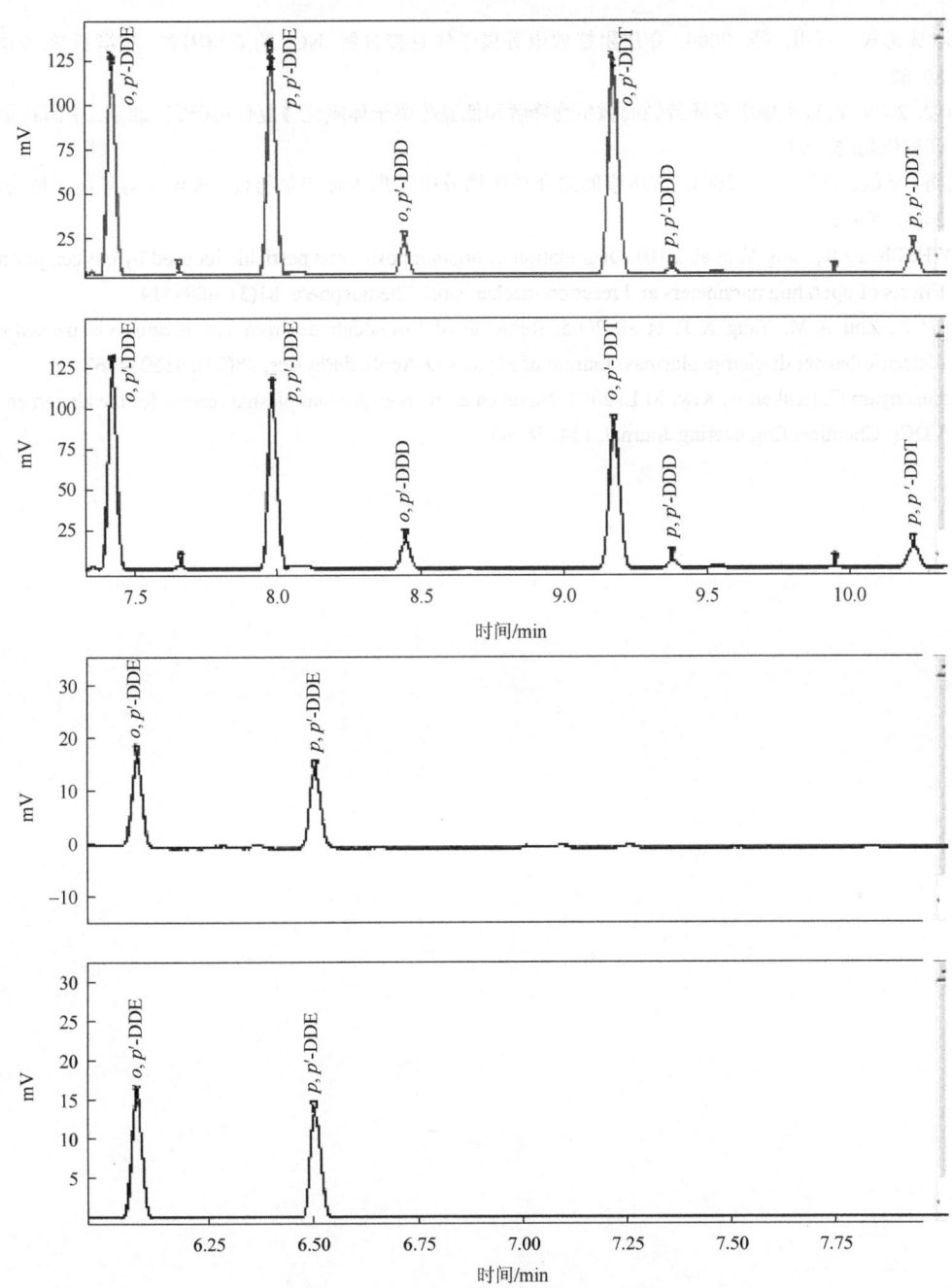

图 20.4 处理后污染土壤中 DDTs 的色谱图

参 考 文 献

陈海红, 骆永明, 滕应, 等. 2013. 重度滴滴涕污染土壤低温等离子体修复条件优化研究. 环境科学, 34(1): 302~307.

林和健, 林云琴. 2005. 低温等离子体技术在环境工程中的研究进展. 环境技术, 1: 21~24.

刘彤, 宋志民, 石川, 等. 2000. 介质阻挡放电等离子体直接分解 NO_x 的影响因素. 环境科学, 21(5): 80~82.

刘增俊. 2009. 污染土壤中多环芳烃的微生物降解和低温等离子体氧化修复作用研究. 北京: 中国科学院研究生院: 69~94.

张芝涛, 杨波, 肖宇, 等. 2004. 常压窄间隙介质阻挡放电等离子体辐射特性. 核聚变与等离子体物理, 24(3): 208~213.

Bai Y H, Chen J R, Yang Y, et al. 2010. Degradation of organophosphorus pesticide induced by oxygen plasma: Effects of operating parameters and reaction mechanisms. Chemosphere, 81(3): 408~414.

Ding H X, Zhu A M, Yang X F, et al. 2005. Removal of formaldehyde from gas streams via packed-bed dielectric-barrier discharge plasmas. Jouranl of Physics D-Applied Physics, 38(23): 4160~4167.

Subrahmanyam C, Renken A, Kiwi M L. 2007. Novel catalytic non-thermal plasma reactor for the abatement of VOCs. Chemical Engineering Journal, 134: 78~83.

第七篇 修复剂的研制与应用

  活性炭和天然矿物材料都是环境污染修复技术中常用的吸附剂材料，这些修复剂可以吸附土壤、水体和沉积物中的多种污染物，并具有材料廉价易得、去除效果好、不易产生二次污染、可再生循环使用等优点，在环境修复领域具有较好的应用前景。本篇分别介绍了多孔碳材料、改性膨润土和颗粒状纤维材料作为环境修复剂的制备方法及其对废水中偶氮染料、重金属和抗生素的去除效果。

第二十一章 多孔炭材料的研制与应用

多孔材料由于具有较大的比表面积和孔隙体积，已广泛应用于环境修复治理中。活性炭属于典型的多孔材料，而传统的活性炭具有较广泛的孔隙分布，孔径一般均处于微孔范围内（$d<$2nm），仅具有少量的中孔，而中孔（$2<d<50$nm）是大分子污染物在孔隙内的主要运输通道。因此，传统的活性炭并不适合于处理含有大分子污染物的废水（Gupta et al., 2008; Hu et al., 2000）。为了促进大分子污染物顺利进入到吸附剂的孔隙内，炭材料需含有较高比例的中孔（Deng et al., 2010）。本章以滨海盐碱地重要农作物——菊芋作为原料，采用传统 $ZnCl_2$ 化学活化法制备中孔活性炭（mesoporous activated carbon，MAC）并进一步研究了这种中孔活性炭材料对偶氮染料的吸附性能与吸附机理，研究成果可为印染工业废水的处理提供新方法和新材料。

第一节 多孔炭材料的制备方法及其表征

一、菊芋秸秆活性炭的制备

（1）原材料处理：菊芋秸秆（Jerusalem artichoke stem，JAS）取自山东省烟台市某试验田。在实验室内用自来水冲洗去除较大的颗粒物，放入105℃的烘箱中烘干至恒重。将烘干的菊芋秸秆切碎，后利用研磨机磨碎并过60目筛，收集后放入干燥器保存待用。

（2）化学活化：精确称取1 g 菊芋秸秆碎片与 $ZnCl_2$ 混合，并加入适量的水搅拌成泥浆状，将此混合物置于烧杯中，然后放入85℃的水浴锅中保持6 h 以确保充分混合。活化剂 $ZnCl_2$ 的投加量按照实验设计表进行配比（表21.1）；将化学活化完毕的菊芋秸秆样品置于高温沙浴上晾干，最后放入干燥器中冷却、备用。

表 21.1 Box-Behnken 设计矩阵和实验结果

处理	自变量						因变量		
	x_1	x_2	x_3	X_1	X_2	X_3	Y_1	Y_2	Y_3
1	1	0	1	4	600	3	93.1	1.359	33.0
2	1	1	0	4	800	2	89.2	1.151	35.0
3	0	0	0	2.5	600	2	90.4	0.933	35.5
4	0	1	1	2.5	800	3	76.7	0.629	31.0
5	−1	0	−1	1	600	1	14.2	0.121	38.5
6	0	0	0	2.5	600	2	89.9	0.952	34.0
7	−1	1	0	1	800	2	11.4	0.074	35.5
8	−1	−1	0	1	400	2	23.3	0.200	44.0
9	0	−1	−1	2.5	400	1	59.5	0.452	43.5
10	0	1	−1	2.5	800	1	82.7	0.811	32.0
11	0	0	0	2.5	600	2	89.6	0.941	36.0
12	1	0	−1	4	600	1	94.7	1.544	34.0
13	−1	0	1	1	600	3	18.6	0.129	36.5

续表

处理	自变量						因变量		
	x_1	x_2	x_3	X_1	X_2	X_3	Y_1	Y_2	Y_3
14	0	−1	1	2.5	400	3	70.3	0.640	38.5
15	1	−1	0	4	400	2	77.2	0.672	34.5

注：x_i 是自变量的无量纲值；X_i 代表自变量的实际值：X_1 表示活化剂用量、X_2 表示活化温度，X_3 表示和活化时间；Y 是因变量：Y_1 表示炭中孔率、Y_2 表示中孔体积、Y_3 表示产率。

（3）裂解、炭化：将上述活化完毕后的样品放入瓷舟中，并置于管式定炭炉中。利用温度和时间控制器进行程序升温，将裂解温度和活化时间分别设置为实验设计表中的各个指定的数值（表21.1），此过程保持通入的高纯氮气的流量为50 mL/min。裂解过程完毕后，待炉温降至室温左右，再小心将瓷舟从炉中慢慢取出，关闭氮气，最后放入干燥器中至完全冷却。

（4）清洗：将完全冷却的炭材料先用3 mol/L的HCl浸泡10 min，后使用过滤器反复利用HCl清洗以去除残留的$ZnCl_2$和无机盐，然后再用热去离子水冲洗以去除浸泡液HCl；上述步骤重复3次，待最后一遍热水清洗后，用去离子水冲洗直至流出的液体呈中性。最后将清洗好的炭材料放入烘箱中烘干、保存并称量，计算活性炭的产率。

二、制备的炭材料表征

为方便比较，样品命名为MAC_a_b_c，其中a、b、c分别代表$ZnCl_2$用量、活化温度和活化时间。图21.1为制备的炭材料和菊芋原材料的热重分析（thermal gravity analysis，TGA）图。通过图21.1（a）发现，在温度区间低于200℃时，菊芋随着温度的逐渐升高会因失水，重量有小幅度的减少；而当温度超过220℃时，热降解开始发生，重量也大幅度降低；当温度达到500℃时，质量趋于平衡。结合图21.1（b）所示的热降解速率分析图（differential thermal analysis，DTA），在280~350℃时有较为明显的加速热解过程，并且在350℃时达到顶峰，这可能与菊芋的成分如半纤维素、纤维素和木质素高温分解特点有关（d'Almeida et al., 2008）。但在不同条件下制备生成的炭材料在相同温度范围内却很少有质量损失（<15%），温度超过600℃也无明显的质量损失，这表明了菊芋秸秆原材料已经被完全炭化了。

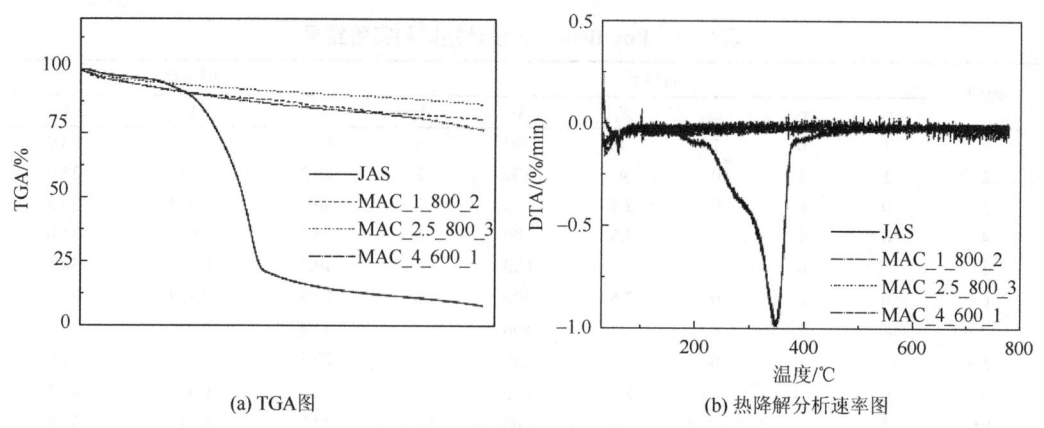

(a) TGA图 (b) 热降解分析速率图

图21.1 菊芋原材料与制备炭材料的热重分析图

菊芋秸秆和制备炭材料的形貌表征如图21.2的扫描电子显微镜所示。菊芋秸秆原材料的直径大约在40~50μm左右，并且在表面上整齐地分布着直径约为5μm左右的气孔

[图 21.2（a）和（b）]。当菊芋秸秆炭化后，例如 MAC_1_800_2，表面光滑且气孔消失[图 21.2（c）和（d）]。图 21.3（a）为 MAC_1_800_2 的氮气吸附等温线，在低压区域（相对压力，$p/p_0<0.2$）时，吸附材料对氮气有明显的吸附，而在较高压力区域（$p/p_0>0.2$）则无更多的吸附，吸附趋于饱和。这一吸附趋势符合 I 型等温线的特点，说明 MAC_1_800_2 材料比表面积较小，且以微孔（$d<2\ nm$）为主（Khalili et al., 2000; Warhurst et al., 1997）。此外，评价吸附材料孔径大小的方法还有 t-plot 法，其中 y 轴代表氮气的吸附量，x 轴代表 t 值即材料吸附膜的平均厚度（Khalili et al., 2000; Lippens et al., 1964）。如图 21.3（b）所示，数据中各个点在 t-plot 图中过原点后但不成直线，这一结果更加说明 MAC_1_800_2 材料富含微孔（Khalili et al.2000; Tamai et al., 1996）。

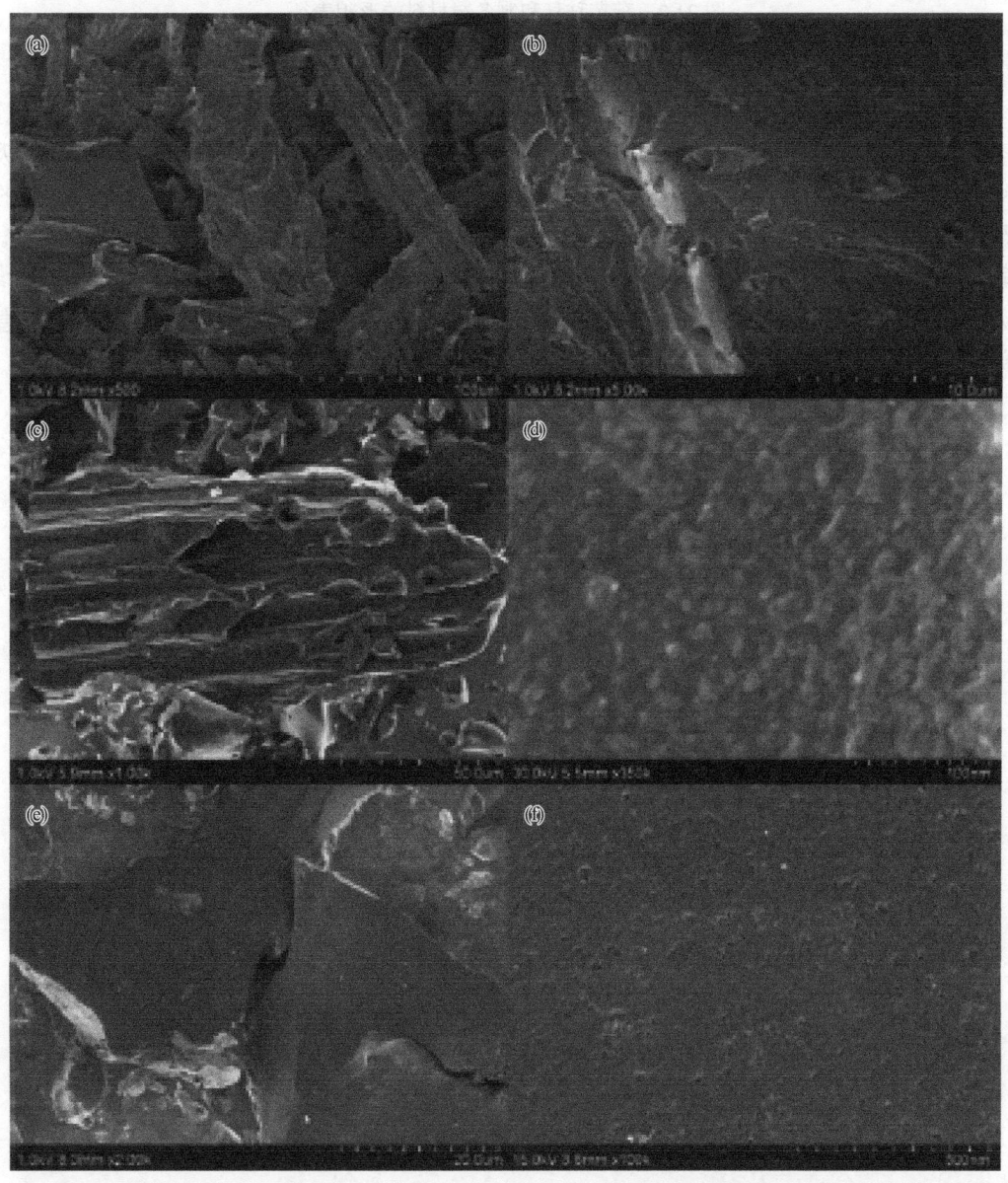

图 21.2　菊芋秸秆和制备炭材料的形貌表征

(a) 和 (b)：菊芋秸秆；(c) 和 (d)：MAC_1_800_2；(e) 和 (f)：MAC_2.5_800_3；(g) 和 (h)：MAC_4_600_1

如图 21.3（c）所示，当改变活化剂用量和活化时间，制备成的炭材料的氮气吸附等温线也有明显变化：在氮气在低压区域 p/p_0<0.2 时逐渐被吸附；在 0.2<p/p_0<0.8 区域吸附较为平缓；而在相对压力 p/p_0=0.4 处，等温线呈现出明显的滞回环。这一吸附等温线的特点表明了制备的炭材料 MAC_2.5_800_3 具有明显的中孔生成（Warhurst et al.，1997）。同时，该材料的 *t*-plot 图表明吸附膜厚度<4Å 氮气吸附在单分子层，而当吸附膜厚度>4Å 时，氮气吸附于多分子层上（Tamai et al.，1996）。炭材料的 SEM 照片可提供更加直接的证据：在表面已经可直接观测到 20nm 左右的中孔 [图 21.2（e）和（f）]。

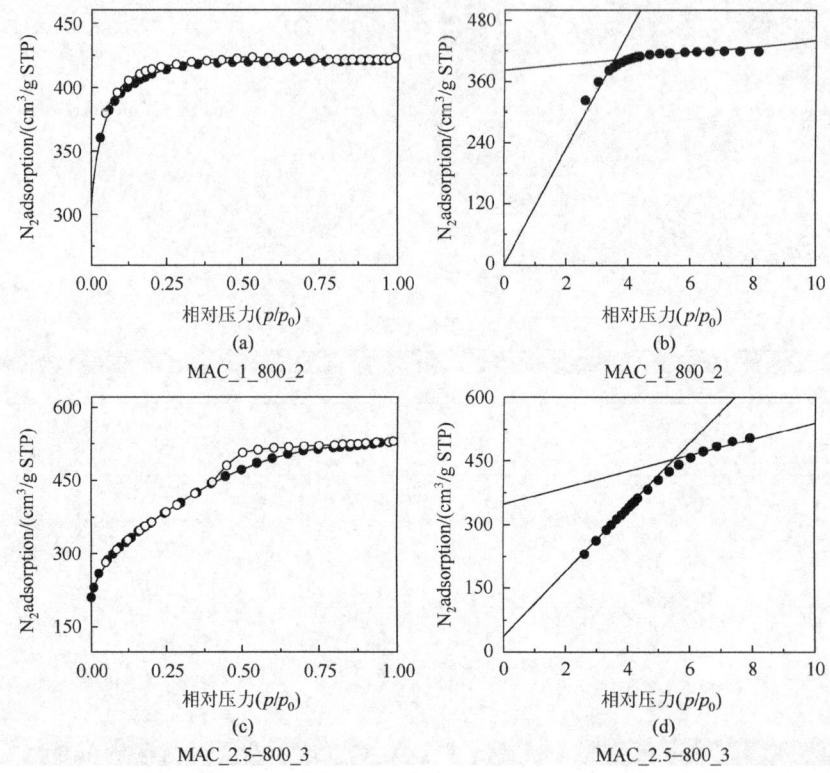

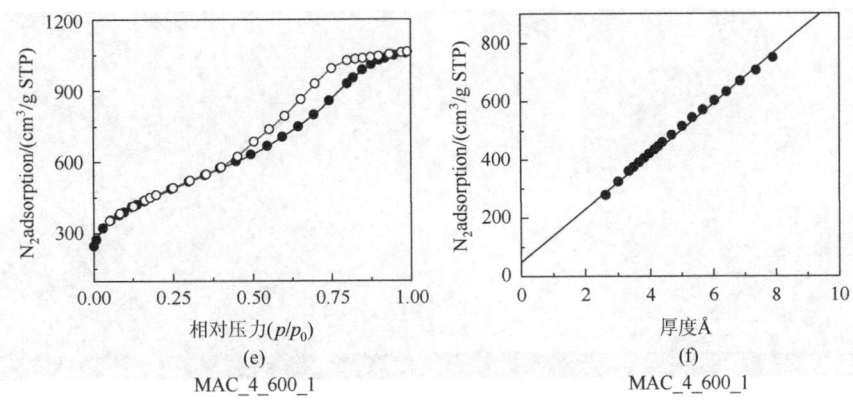

图 21.3 氮气吸附等温线 t-plot 图

随着活化条件的变化，吸附等温线进一步发生了不同的变化。如图 21.3（e）所示，炭材料 MAC_4_600_1 的氮气吸附等温线转变成Ⅳ型等温线：材料在较高的相对压力区对氮气吸附增加，更加明显的脱附 H3 滞回曲线说明有较多的中孔产生了毛细冷凝作用。此外，如图 21.3（f）所示，所有数据在 t-plot 图过原点且成一条直线，说明炭材料 MAC_4_600_1 具有较高的中孔含量（Tamai et al., 1996）。炭材料 MAC_4_60_1 和 MAC_2.5_800_3 在 2000 倍的放大倍数下难以发现其表面的区别[图 21.2(e)和(g)]，但在更高的放大倍数如 10 万倍或 35 万倍的条件下，便可发现后者具有更多的孔隙结构和更加疏松的结构［图 21.2（f）和（h）］。

如图 21.4 所示的是菊芋秸秆和活性炭材料通过 SEM 在不同放大倍数条件观测到的表面。在放大倍数为 500 倍［图 21.4（a）］下可观测到 JAS 原材料的纤维束较为密实、表面粗糙且有小颗粒物沉积在表面上。进一步放大到 2000 倍时［图 21.4（b）］，可看到有直径约为 2μm 左右的气孔整齐分布在纤维束表面。然而，经过炭化后，材料呈不规则的碎片［图 21.4（c）］。进一步放大后（放大倍数达到 25 万倍），可观察到表面分布着密密麻麻的空洞［图 21.4（d）］。这些空洞是来自 $ZnCl_2$ 的挥发而留下的空隙（Foo et al., 2012）。

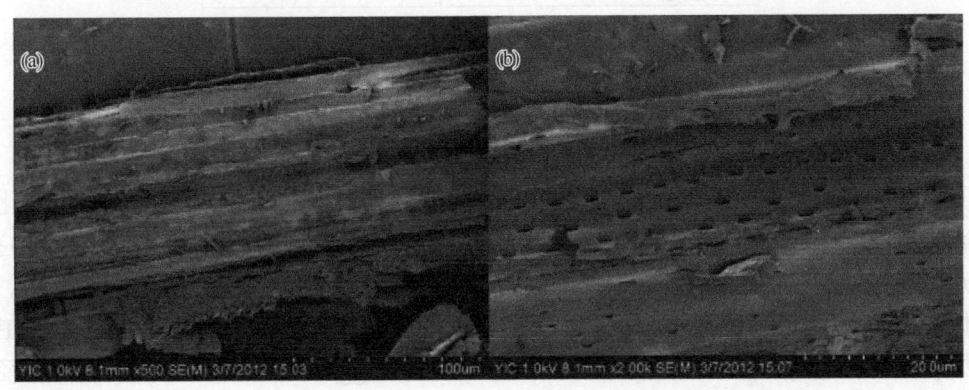

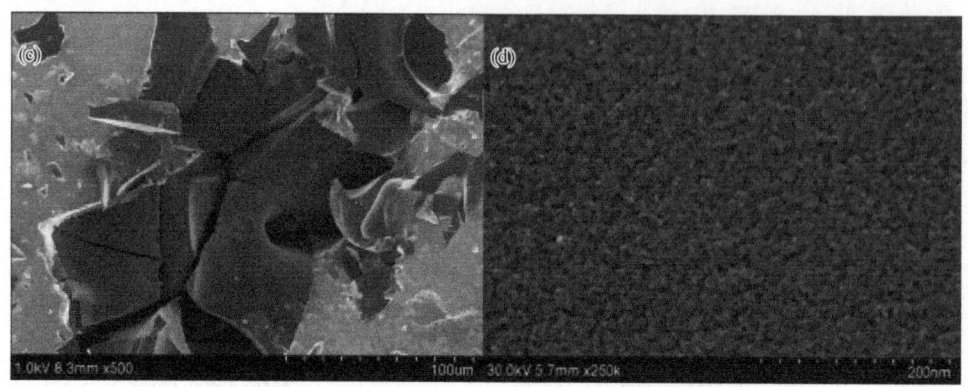

图 21.4　菊芋秸秆（(a) 和 (b)）和活性炭（(c) 和 (d)）的 SEM 图

图 21.5 是 JAS 原材料和制备的炭材料的红外光谱图。JAS 原材料在波长为 3405.44/cm 和 2920.58/cm 分别为—OH 官能团和 C—H 振动（Dawood er al., 2012；Ofomaja, 2008）。在 1743.10/cm 处的吸收为 C═O 基团；在 1635.48/cm 处的吸收峰为烯烃结构的 C═C 键；而 1507.67/cm 和 1425.72/cm 处的吸收则可能是芳香环的 C═C 振动；1374.15/cm 处的—CH_3 振动可能与菊芋秸秆的甲基结构有关（Liou, 2010）；1245.85/cm 处的吸收峰可能是由于氨基的 C—N 延伸或者是羧基的 C—O 振动（Argun et al., 2008）。通过图 21.5 可发现，制备炭材料的傅里叶转换红外线光谱图与原材料图谱有明显差异。诸多吸收峰的消失可能是由于材料中有机物质的挥发。

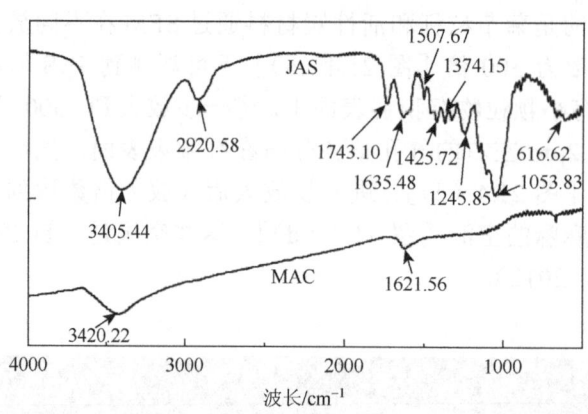

图 21.5　菊芋秸秆和炭材料的傅里叶转换红外线光谱图

图 21.6 所示的是 MAC 在 77K 时的氮气吸附等温线，根据国际纯粹化学与应用化学联合会（IUPAC）可将其划分为 II 型等温线。这种对氮气的吸附特点表明材料中富含中孔。MAC 的基本结构特点总结于表 21.2 中。我们制备的活性炭在比表面积、孔隙总体系、中孔体积和平均孔径相对于商业活性炭都有明显改善。经过 Barrett-Joyner-Halenda（BJH）方法可计算得出如图 21.6（b）所示的孔径分布图（Gregg et al., 1982）。炭材料的孔径大多落在中孔区域，且在 3.8nm 处最多。

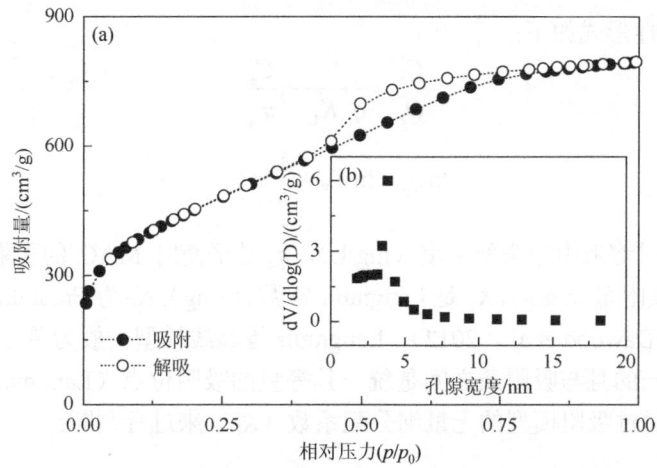

图 21.6 (a) MAC 的氮气吸附等温线；(b) 孔径分布图

表 21.2 菊芋秸秆的成分分析、MAC 和商业活性炭的孔隙特点分析

JAS			MAC	PAC	GAC
C/%	46.04	炭产率/%	36.15	—	—
H/%	5.67	比表面积/(m^2/g)	1632	1410	582
O/%	47.87	孔隙总体积/(cm^3/g)	1.22	0.81	0.32
N/%	0.42	中孔体积/(cm^3/g)	1.10	0.59	0.10
挥发性固体/%	95.73	微孔体积/(cm^3/g)	0.12	0.22	0.22
灰分/%	5.05	平均孔径/nm	3.0	2.3	2.2
纤维素/%	54.16	零价点	3.7	—	—
半纤维素/%	9.64				
木质素/%	8.67				

注：JAS：菊芋秸秆活性炭；MAC：中孔活性炭；PAC：粉末活性炭；GAC：颗粒活性炭。

第二节 多孔炭材料对偶氮染料的吸附动力学

偶氮染料废水在全球范围内被公认为是严重的环境污染问题。近年来，利用低廉、分布广泛的农业原材料制备活性炭并用于污水处理已被广泛报道（Foo et al.，2012；Liou，2010）。然而，由于传统活性炭的孔径分布大多集中在微孔范围，利用这些传统的活性炭对大分子偶氮染料的吸附量也非常有限（Silvestre-Albero et al.，2012），亟需研发富含中孔的活性炭材料，提高对偶氮染料的吸附效率。本章以前期制备的菊芋秸秆中孔活性炭（MAC）为吸附材料，分别考察了 MAC 对阴离子染料甲基橙（MO）和阳离子染料亚甲基蓝（MB）的吸附性能与机理。

一、吸附等温线

吸附等温线一般是用于描述吸附剂与吸附质之间的相互作用机理，且可反映吸附剂的吸附能力（Ma et al.，2012）。本研究采用常用的两种等温线方程，分别是 Langmuir 和

Freundlich，其线性形式如下：

$$\frac{C_e}{Q_e} = \frac{1}{q_m K_L} + \frac{C_e}{q_m} \quad (21.1)$$

$$\ln q_e = \ln K_F + \frac{1}{n} \ln C_e \quad (21.2)$$

式中，C_e 是平衡时溶液中的染料浓度（mg/L），q_e 是平衡时 MAC 的吸附量（mg/g），q_m 为 MAC 的最大吸附量（mg/g），K_L 是 Langmuir 常数（L/mg），K_F 为 Freundlich 常数（L/mg），$1/n$ 为吸附强度（Dawood et al.，2012）。Langmuir 等温线模型一般为单分子层吸附，假定吸附剂表面是均一的且与吸附质之间是统一且等量的吸附位点（Langmuir，1918）。吸附是否顺利进行可通过吸附模型的无量纲分配系数（R_L）来进行判断：

$$R_L = \frac{1}{1 + K_L C_0} \quad (21.3)$$

式中，C_0 为染料的初始浓度（mg/L）。若 $R_L=0$，则吸附是不可逆的；若 $0<R_L<1$，则吸附是可顺利进行的；若 $R_L=1$，则吸附是呈直线关系；若 $R_L>1$，吸附则是不能顺利进行的。如图 21.7（a）所示的是 MAC 在 293K 条件下，利用 Langmuir 方程对 MB 和 MO 进行拟合的结果，相关系数很高，分别为 0.998 和 0.992。表 21.3 总结了在不同温度条件下 MAC 对 MB 和 MO 染料吸附的 Langmuir 模型拟合得到的参数结果。相关系数均高于 0.992，说明 JAS-MAC 对两种染料的吸附主要是单分子层层面上的。另外，所有计算得到的 R_L 值均小于 1，说明在此温度条件下 MAC 吸附染料是可顺利进行的（Putra et al.，2009）。与 Langmuir 模型不同，Freundlich 模型更适合于多分子层吸附，并且它是假设材料表面为非均一性的、吸附位点非均匀分布的（Dawood et al.，2012；Vimonses et al.，2009）。图 21.7（b）所示的是 MAC 对 MB 和 MO 吸附用 Freundlich 模型拟合的情况，其相关系数分别为 0.914 和 0.973。此外，Freundlich 方程拟合的误差值（Error，%）为 0.613～5.311，而对应的 Langmuir 方程的误差值（Error，%）为 0.003～0.102。通过对比表 21.3 中的相关系数和误差值，很容易可判断出 Langmuir 方程更适合于拟合两种染料的吸附。这一结果也就说明了制备的 MAC 对染料的吸附是单分子层面的（Ghaedi et al.，2012）。

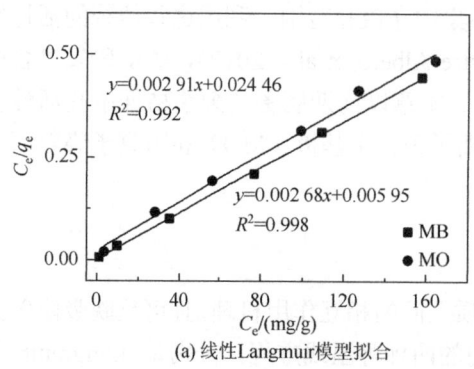

(a) 线性Langmuir模型拟合

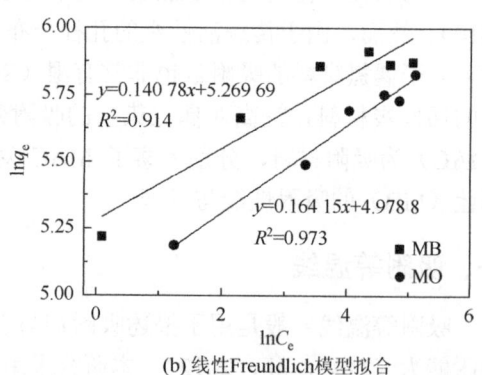

(b) 线性Freundlich模型拟合

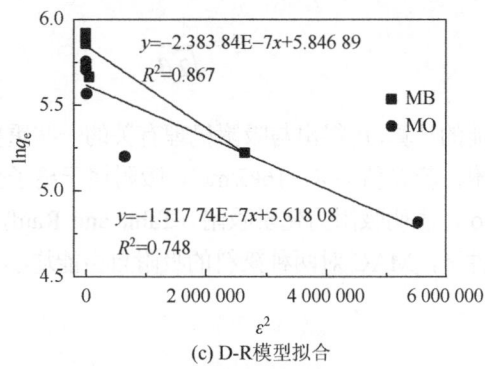

(c) D-R 模型拟合

图 21.7 MAC 对甲基橙和亚甲基蓝的吸附等温曲线

MB：亚甲基蓝；MO：甲基橙

表 21.3 不同温度条件下三种模型对 MAC 吸附甲基橙和亚甲基蓝的拟合结果

染料	热力学温度/K	Langmuir 模型					Freundlich 模型				D-R 模型				
		K_L/(L/mg)	q_m/(mg/g)	R_L	R^2	误差值/%	K_F/(L/mg)	$1/n$	R^2	误差值/%	β/(mol²/kJ²)	Q_m/(mg/g)	E/(kJ/mol)	R^2	误差值/%
亚甲基蓝	293	1.004	363.6	0.010	0.999	0.003	220.4	0.114	0.963	0.634	0.167	326.8	1.727	0.623	6.377
	303	0.450	373.1	0.022	0.998	0.021	194.2	0.141	0.914	2.525	0.238	345.9	1.448	0.867	3.936
	313	0.536	374.5	0.018	0.999	0.003	200.4	0.136	0.924	2.226	0.170	349.2	1.716	0.875	3.737
	323	1.424	354.6	0.007	0.999	0.005	209.7	0.118	0.801	5.311	0.180	343.2	1.667	0.943	1.529
甲基橙	293	0.975	317.5	0.010	0.999	0.012	144.8	0.172	0.960	2.226	0.152	275.2	1.815	0.748	14.33
	303	0.119	343.6	0.078	0.992	0.102	145.2	0.164	0.973	0.613	1.266	299.0	0.628	0.733	6.002
	313	0.184	327.9	0.051	0.996	0.056	152.7	0.152	0.959	0.835	1.174	298.7	0.652	0.840	3.227
	323	0.329	293.3	0.029	0.997	0.059	208.8	0.063	0.948	0.614	0.013	275.5	6.259	0.810	2.245

为深入了解 MAC 对染料的吸附机理，我们引入了 Dubinin-Radushkevich（D-R）模型来区分 JAS-MAC 对两种染料不同的吸附特点（Jovanović et al.，2011）。线性的 D-R 模型如式（21.4）所示：

$$\ln q_e = \ln q_m - \beta \varepsilon^2 \quad (21.4)$$

式中，β 是与平均吸附能有关的参数，mol²/kJ²；q_m 是理论吸附量，mg/g；ε 是 Polanyi 势能，kJ/mol，它与平衡浓度有关，可用式（1.5）表示：

$$\varepsilon = RT \ln\left(1 + \frac{1}{C_e}\right) \quad (21.5)$$

式中，R 为气体常数，8.314J/(mol·K)；T 为热力学温度，K。方程的参数和相关系数可以通过 $\ln q_e$ 与 ε^2 的图来计算得出 [图 21.7（c）]。吸附自由能（E，J/mol）表示的是 1mol 离子由无穷大的液体界面转移到吸附剂表面的耗能。它可通过式（21.6）得出：

$$E = \frac{1}{\sqrt{2\beta}} \tag{21.6}$$

通过对吸附自由能的计算，可得出与吸附机理有关的一些重要信息。若 E 值小于 8kJ/mol，吸附过程属于物理吸附；若 E 值为 8~16kJ/mol，吸附属于离子交换（Onyango et al., 2004）；若 E 值为 20~40kJ/mol，表明吸附为化学吸附（Tahir and Rauf, 2006）。如表 21.3 所示，在本研究中不同温度条件下，MAC 对两种染料的吸附自由能均小于 8kJ/mol，说明物理吸附在其中占据主导作用。

二、吸附动力学

为了解 JAS-MAC 材料对染料的吸附过程，本研究采用了 Lagergren 准一级动力学对吸附质转移过程进行模拟（Valderrama et al., 2008；Srivastava et al., 2006）：

$$\frac{\mathrm{d}q}{\mathrm{d}t} = k_1 (q_{e,\mathrm{cal}} - q_t) \tag{21.7}$$

对式（21.7）进行定积分变换，再引入初始条件即 $t=0$ 时，$q_t=0$，则可变换成非线性方程，如下：

$$q_t = q_{e,\mathrm{cal}}(1 - e^{-k_1 t}) \tag{21.8}$$

式中，k_1 为准一级动力学常数（min）；q_t 为 t 时刻 MAC 对染料的吸附量（mg/g）；$q_{e,\mathrm{cal}}$ 为平衡时 MAC 的吸附量（mg/g）。准二级动力学的方程可表示为式（21.9）（Ocampo-Perez et al., 2011）：

$$\frac{\mathrm{d}q_t}{\mathrm{d}t} = k_2 (q_{e,\mathrm{cal}} - q_t) \tag{21.9}$$

对方程进行定积分转换，与准一级动力学相似，引入初始条件后，方程可变换为

$$q_t = \frac{q_{e,\mathrm{cal}}^2 k_2 t}{1 + q_{e,\mathrm{cal}} k_2 t} \tag{21.10}$$

式中，k_2 为准二级动力学常数，g/(mg·min)。$q_{e,\mathrm{cal}}$ 和 k_2 可通过对非线性方程的拟合直接得出。k_2 值可用于计算初始吸附速率 h，mg/(g·min)，在 $t\to 0$ 时：

$$h = k_2 q_{e,\mathrm{cal}}^2 \tag{21.11}$$

在本章节对吸附动力学的界定，我们引入了标准偏差 Δq（%）用于判断吸附动力学方程的合适性（Foo et al., 2012）：

$$\Delta q = 100 \sqrt{\frac{\sum [q_{\exp} - q_{\mathrm{cal}} / q_{\exp}]^2}{n - 1}} \tag{21.12}$$

图 21.8（a）和（b）分别是对 MB 和 MO 吸附过程的一级和二级动力学拟合图。

通过对比，二级动力学可以更好地拟合两种染料的实验数据。表 21.4 和表 21.5 总结了在不同理化条件下的拟合结果，包括各个动力学参数、相关系数 R^2 和 Δq。如两表所示，二级动力学的 R^2 普遍高于一级动力学，二级动力学的 Δq 普遍小于一级动力学；再者，通过二级动力学模型拟合得出的吸附值 $q_{e,cal}$ 较一级动力学拟合得出的 $q_{e,cal}$ 要更加接近实验测定值 $q_{e,exp}$。综上所述，二级动力学更加适合于表征 MAC 对染料的吸附动力学过程。

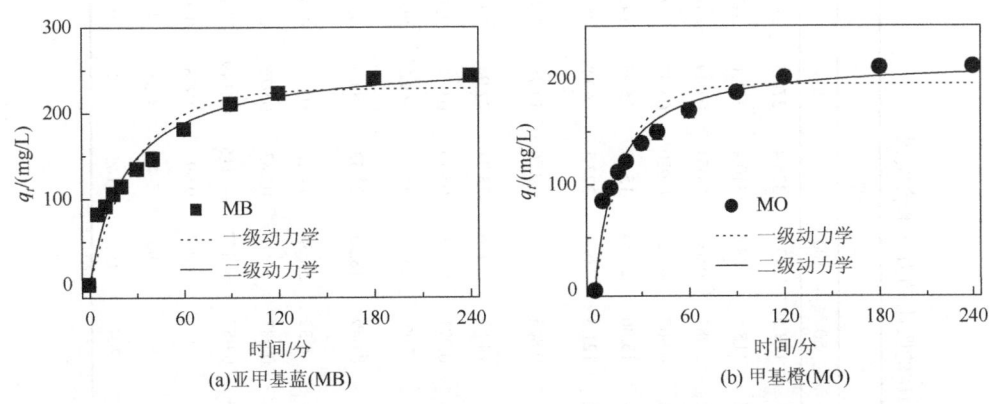

图 21.8　MAC 对偶氮染料的准一级和准二级动力学方程拟合

三、pH 对吸附动力学的影响

溶液的 pH 对吸附剂表面的电荷和吸附质的官能团可产生一定影响。图 21.9（a）所示的是 MAC 在不同初始 pH（3.44、6.33、9.26 和 10.6）条件下对 MB 的吸附动力学。在最初的吸附时间 60min 内，随着初始 pH 的升高，q_t 值由 170.2mg/g 升高到 223.7mg/g。由于 JAS-MAC 的等电点为 21.16 [图 21.9（c）]，随着溶液 pH 的增加表面逐渐呈负电状态。当 pH>pH_{PZC} 时，JAS-MAC 表面主要为负电，与阳离子染料产生相当高的静电吸附作用，进而促进阳离子染料快速地吸附到 MAC 的表面。同样，在此 pH 范围条件下，初始速率（h）从 8.46 mg/(g·min) 升高到 29.11 mg/(g·min)（表 21.4），此计算结果进一步验证了这一实验结果。然而，如图 21.9（a）和表 21.4 所示，MAC 在不同 pH 条件下对 MB 的最终吸附量却变化不大。这可能是由于静电吸附会影响 MAC 对 MB 的吸附速率，但并不是阳离子染料与 MAC 表面负电荷最主要的吸附机理（Ma et al., 2012）。图 21.9（b）为 MAC 在不同 pH 条件下对阴离子染料 MO 的吸附过程。与对阳离子染料吸附过程相反：在吸附初始的 60 min 内，随着 pH 由 3.15 升高到 10.7，q_t 值却从 238.1mg/g 降低到 179.3 mg/g。当 pH 低于 pH_{PZC} 时，JAS-MAC 表面由于吸附了 H^+ 呈正电状态有利于对阴离子染料的吸附（Dawood and Sen, 2012）。当 pH 小幅度地由 3.15 升高到 4.31，h 值大幅度地由 67.43 mg/(g·min) 降低到 19.23 mg/(g·min)，进一步增加 pH 到碱性条件，h 值也只是降低到 10.88 mg/(g·min)。这一结果是由于负电荷占主导的 JAS-MAC 表面在碱性条件下时与 MO 的静电吸附作用（Ghaedi et al., 2012）。

表 21.4 JAS-MAC 材料在不同理化条件下对 MB 的吸附动力学拟合结果

		pH				热力学温度/K				C_0/(mg/L)				吸附剂投加量/mg			
		3.44	6.33	9.26	10.6	293	303	313	323	50	100	150	200	5	10	15	20
	$q_{e,exp}$/(mg/g)	240.9	243.6	247.4	247.5	236.1	243.6	244.5	246.8	123.5	243.6	335.4	374.5	367.6	243.6	164.9	124.2
一级动力学	$q_{e,cal}$/(mg/g)	223.5	228.6	235.8	233.2	219.3	228.6	230.0	235.7	115.5	228.6	310.4	351.1	345.1	228.6	156.5	118.1
	k_1/min	0.033	0.034	0.057	0.082	0.026	0.034	0.053	0.062	0.081	0.034	0.054	0.049	0.044	0.034	0.096	0.176
	R^2	0.933	0.920	0.956	0.951	0.946	0.920	0.938	0.948	0.907	0.920	0.930	0.937	0.958	0.920	0.940	0.947
	Δq/%	19.45	20.54	12.66	10.77	20.41	20.54	15.17	13.24	13.86	20.54	15.29	15.95	14.84	20.54	11.02	7.83
二级动力学	$q_{e,cal}$/(mg/L)	234.3	239.1	248.9	246.1	228.5	239.1	242.4	248.2	121.8	239.1	327.5	369.8	363.7	239.1	164.5	123.7
	$k_2\times10^{-4}$ / [g/(mg·min)]	1.541	1.647	3.038	4.806	1.143	1.647	2.825	3.424	9.863	1.647	2.176	1.678	1.482	1.647	9.114	24.9
	[mg/(g·min)]	8.460	9.416	18.82	29.11	5.968	9.416	16.60	21.09	14.63	9.416	23.34	22.94	19.60	9.416	24.66	38.10
	R^2	0.972	0.961	0.990	0.992	0.977	0.961	0.980	0.986	0.971	0.961	0.979	0.978	0.986	0.961	0.986	0.991
	Δq/%	13.29	14.83	6.32	4.68	14.48	14.83	9.07	7.26	7.96	14.83	9.00	9.92	9.07	14.83	5.61	3.33
颗粒内扩散	K_i / (mg/g·min$^{0.5}$)	17.78	18.36	19.87	20.38	17.01	18.36	20.66	24.19	8.049	18.35	27.33	28.65	33.73	18.35	12.66	7.014
	I/(mg/g)	31.84	35.58	59.24	75.99	21.14	35.58	48.98	47.69	46.32	35.58	71.26	80.17	45.60	35.58	61.68	70.39
	R^2	0.996	0.993	0.967	0.962	0.996	0.993	0.993	0.998	0.987	0.993	0.983	0.976	0.988	0.993	0.965	0.970
膜扩散	截距	−0.238	−0.173	−0.179	−0.072	−0.281	−0.173	−0.144	−0.125	0.057	−0.173	−0.115	−0.149	−0.258	−0.173	0.033	0.378
	R^2	0.989	0.997	0.985	0.994	0.989	0.997	0.998	0.997	1	0.997	0.991	0.978	0.984	0.997	0.995	0.996
	$D_1\times10^{-9}$/(cm²/s)	2.76	2.99	5.59	8.85	2.01	2.99	5.14	6.29	9.06	2.99	5.43	4.68	4.05	2.99	11.18	23.02
	$D_f\times10^{-9}$/(cm²/s)	418	457	869	1376	2.98	457	790	975	704	457	1145	1101	937	457	1159	1796

表21.5 JAS-MAC材料在不同理化条件下对MO的吸附动力学拟合结果

		pH				热力学温度/K				C_0/(mg/L)				吸附剂剂量/mg			
		3.15	4.31	6.85	10.7	293	303	313	323	50	100	150	200	5	10	15	20
$q_{e,exp}$/(mg/g)		248.5	234.0	211.9	222.7	214.9	211.9	210.2	209.4	122.3	211.9	254.3	279.0	250.0	211.9	161.8	124.3
一级动力学	$q_{e,cal}$/(mg/g)	231.9	217.2	195.3	212.0	200.8	195.3	199.4	194.4	115.7	195.3	239.5	266.8	240.0	195.3	152.2	120.0
	k_1/min	0.162	0.062	0.053	0.041	0.031	0.053	0.071	0.108	0.076	0.053	0.065	0.087	0.045	0.053	0.103	0.452
	R^2	0.941	0.930	0.909	0.950	0.953	0.909	0.958	0.963	0.915	0.909	0.958	0.968	0.973	0.909	0.941	0.984
	Δq/%	8.42	14.15	16.81	16.61	18.12	14.15	11.26	8.09	14.21	14.15	11.52	9.14	10.91	14.15	10.25	3.57
二级动力学	$q_{e,cal}$/(mg/L)	243.2	229.3	206.0	222.9	210.7	206.0	210.2	204.6	121.5	206.0	253.0	280.4	254.1	206.0	160.4	122.8
	$k_2\times10^{-4}$ [g/(mg·min)]	11.40	3.657	3.342	2.189	1.600	3.342	4.768	8.207	9.261	3.342	3.458	4.701	2.088	3.342	9.820	97.8
	h/[mg/(g·min)]	67.43	19.23	14.18	10.88	7.103	14.182	21.07	34.36	13.67	14.18	22.13	36.96	13.48	14.18	25.27	147.5
	R^2	0.989	0.982	0.968	0.979	0.983	0.968	0.992	0.996	0.970	0.968	0.993	0.993	0.996	0.968	0.990	0.996
	Δq/%	3.27	7.73	10.61	10.90	12.16	7.73	5.49	2.47	8.51	7.73	4.99	3.81	3.91	7.73	4.55	1.87
颗粒内扩散	K_i/(mg/g·min$^{0.5}$)	14.54	18.69	14.55	18.95	17.21	14.55	18.99	19.77	9.632	14.55	23.01	30.64	25.89	14.55	11.80	2.516
	I/(mg/g)	131.8	58.19	54.95	31.53	20.21	54.95	52.18	66.01	38.38	54.95	55.62	63.92	20.31	54.95	63.63	103.8
	R^2	0.975	0.988	0.989	0.994	0.997	0.989	0.974	0.969	0.984	0.989	0.972	0.996	0.979	0.989	0.962	0.989
膜扩散	截距	0.338	−0.079	−0.097	−0.186	−0.271	−0.097	−0.134	−0.003	−0.066	−0.097	−0.137	−0.109	−0.287	−0.097	0.100	1.436
	R^2	0.998	0.986	0.997	0.997	0.998	0.997	0.998	0.993	0.996	0.997	0.987	0.994	0.983	0.997	0.972	0.998
$D_p\times10^{-9}$/(cm²/s)		21.08	6.37	5.27	3.63	2.56	5.27	7.46	12.79	8.42	5.27	6.54	9.76	3.88	5.27	11.82	90.47
$D_f\times10^{-9}$/(cm²/s)		3292	936	702	508	346	702	985	1683	648	702	1046	1711	610	702	1202	7066

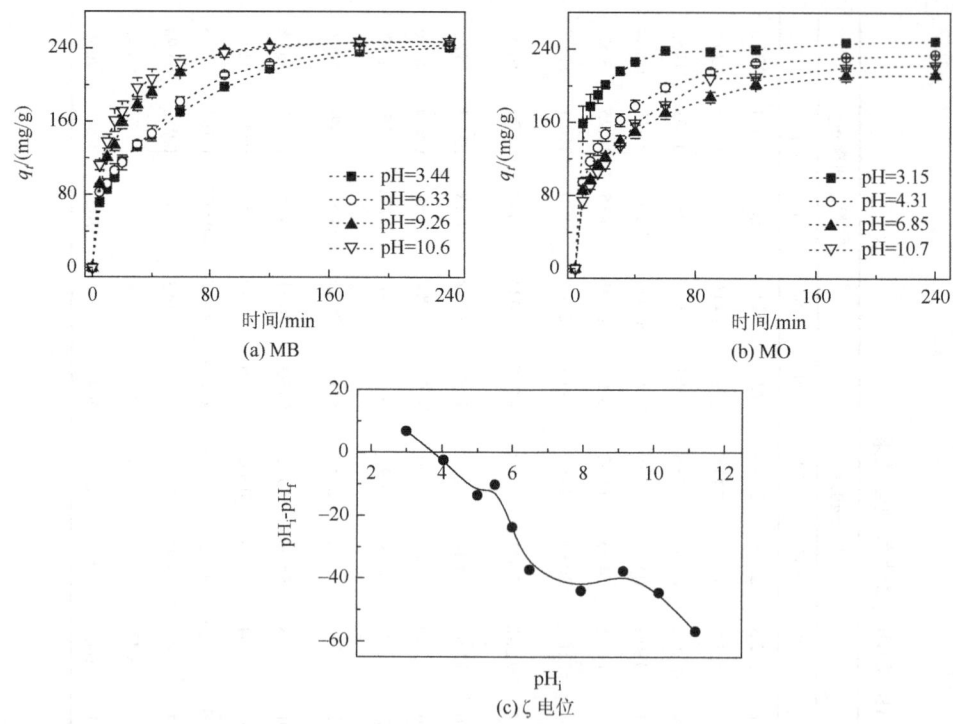

图 21.9　不同 pH 条件下 MAC 对 MB、MO 的吸附动力学和 ζ 电位

四、温度对吸附动力学的影响

一般情况下，印染废水排放时的温度较高，因此评价 JAS-MAC 的实际应用可行性，温度是一个重要的影响因素指标。为判断 MAC 对染料的吸附过程属于吸热反应还是放热反应，不同温度（293K、303K、313K 和 323K）对染料的吸附量和动力学的影响如图 21.10 所示。MAC 对 MB 的吸附随着温度由 293K 升高到 323K，h 值也相应地由 5.968mg/g 升高到 21.09mg/g（表 21.4），吸附量由 236.1mg/g 升高到 246.8mg/g[图 21.10（a）]，表明了 MAC 对 MB 的吸附属于吸热过程。在这个吸热过程中，升高温度会促进 MB 的流动性从而增加了材料表面的活性位点（Salleh et al.，2011）。不同的吸附材料对 MB 的吸附与本研究相似，均属于吸热反应，已报道的主要有棕仁纤维（Ofomaja and Ho，2007）、硅藻土（Al-Qodah et al.，2007）和珍珠石（Doğan et al.，2004）等。

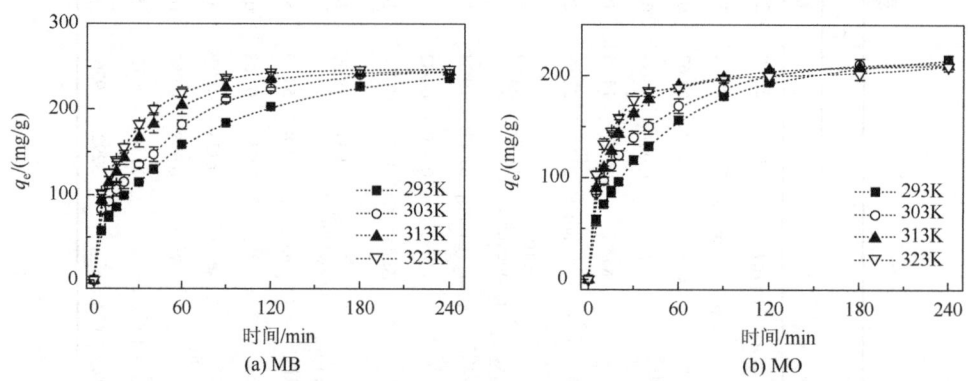

图 21.10　不同温度条件下 MAC 对染料的吸附动力学

五、吸附机理

如图 21.11（a）和（b）所示，材料对 MB 和 MO 的吸附在最初的时间段内吸附速率很快，然后变慢，最后随着接触时间的延长达到平衡。因此，MAC 吸附染料大体上分为 3 个连续的步骤：①吸附质分子从溶液体系转移到吸附剂的外表面（膜扩散）；②吸附质分子在吸附剂外表面的孔隙内转移（颗粒内扩散或孔隙扩散）；③吸附质分子在内表面的孔隙或毛细管孔隙内进行扩散（Ma et al., 2012）。这三个吸附过程中，第三个的毛细管扩散非常迅速，一般不会为限速步骤（Gupta et al., 2008；Arami et al., 2006）。吸附速率可能是由膜扩散或颗粒内扩散控制，或者由两者共同控制。为了判断染料吸附的机理，我们引入了 Weber-Morris 方程来拟合有关的实验数据（Sun et al., 2003）：

$$q_t = K_i t^{1/2} + I \tag{21.13}$$

式中，K_i 为颗粒内扩散速率常数（mg/g·min$^{0.5}$），I 为边界层的厚度。图 21.11 为不同初始染料浓度条件下的 q_t 与 $t^{1/2}$ 图，其他条件下的颗粒内扩散图具有相同的趋势，如 pH、温度和吸附剂投加量。如图 21.11 所示，图上有较为明显的三个阶段，即表面吸附、颗粒内扩散和最终的化学反应。参考 Ghaedi 等（2012）的研究，我们对第二极端的实验数据进行了颗粒内扩散模型的拟合，得到的 K_i 和 I 值总结在表 21.4 和表 21.5 中。随着初始浓度的升高，两种染料的 K_i 值也逐渐增大，这可能是由于较高的初始浓度提供了较大的驱动力以克服吸附质由液相转移到吸附剂颗粒上的阻力（Sun et al., 2003）。类似的现象也被不同的研究者在考察初始染料浓度影响时所报道（Dawood et al., 2012；Toor and Jin, 2012；Önal et al., 2007）。

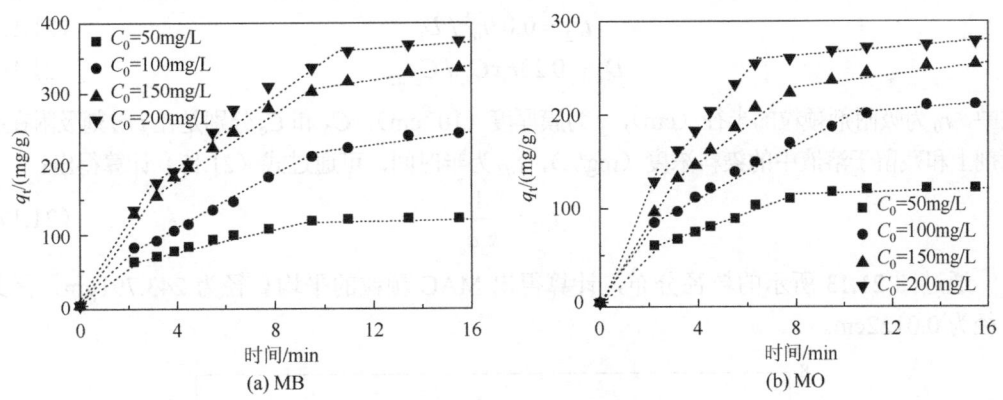

图 21.11　颗粒内扩散模型

另外，两种染料吸附的 q_t 与 $t^{1/2}$ 回归直线图都呈直线，但是不过原点，这说明了边界层扩散控制了吸附过程（Wu et al., 2012）。在本章节的动力学研究中，MB 吸附的 I 值在 21.14～80.17，MO 的 I 值在 20.21～131.8，证明了颗粒内扩散模型确实存在于吸附过程中，但不是唯一的限速步骤（Tang et al., 2012；Önal et al., 2007）。为了进一步了解吸附 MB 和 MO 过程中的膜阻力，我们利用 Boyd 膜扩散模型对动力学实验数据进行分析（Boyd et al., 1947）。此模型是假设边界层是环绕在吸附剂颗粒周围的，是扩散的主要阻力，可以通过式（21.14）表达：

$$B_t = -0.4977 - \ln\left(1 - \frac{q_t}{q_e}\right) \tag{21.14}$$

计算得出的 B_t 值与时间 t 作图用于区分膜扩散或者颗粒内扩散控制传质速率。若 B_t 对 t 作图呈直线且过原点，那么吸附速率主要是由颗粒内扩散模型来控制；反之，吸附速率是由膜扩散模型来控制（Tang et al.，2012；Önal et al.，2007）。如图 21.12 所示，在不同的吸附剂添加量的条件下（m=5mg、10mg、15mg 和 20mg），两种染料的 Boyd 图均具有较好的线性但均不通过原点，因此膜扩散是存在于整个吸附过程中的，且是主要的限速步骤（Ma et al.，2012；Gupta et al.，2008）。

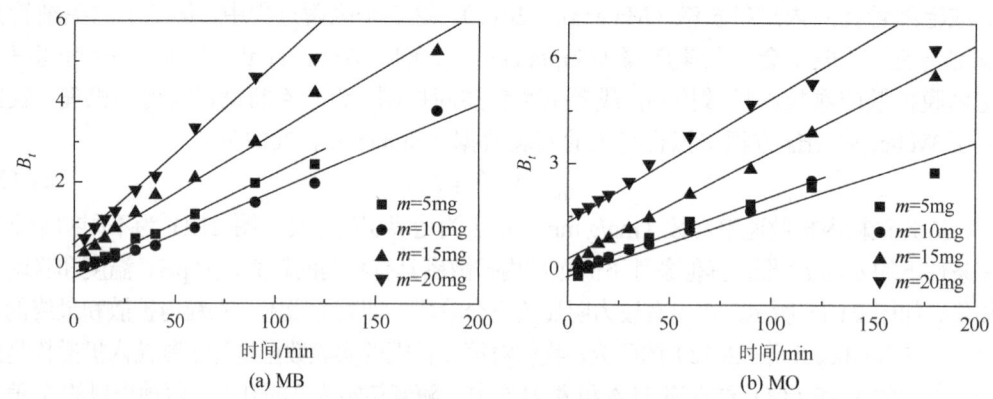

图 21.12 不同吸附剂投加量条件下的 Boyd 图

扩散系数 D 在很大程度上取决于吸附剂表面性质。颗粒内扩散系数（D_i）和膜扩散系数（D_f）分别可以通过方程式（21.15）和式（21.16）计算得出（Dawood et al.，2012）：

$$t_{1/2} = 0.03 r_0^2 / D_i \tag{21.15}$$

$$D_f = 0.23 r_0 \tau C_A / C_e t_{1/2} \tag{21.16}$$

式中，r_0 为吸附剂颗粒的半径（cm），τ 为膜厚度（10^{-3}cm），C_A 和 C_e 分别是在 t 时刻吸附在吸附剂上和残留于溶液中的染料浓度（mg/L），$t_{1/2}$ 为半时间，可通过式（21.17）计算得出：

$$t_{1/2} = \frac{1}{k_2 q_e} \tag{21.17}$$

通过图 21.13 所示的粒径分布，计算得出 MAC 颗粒的平均直径为 243.791μm，因此半径为 0.0122cm。

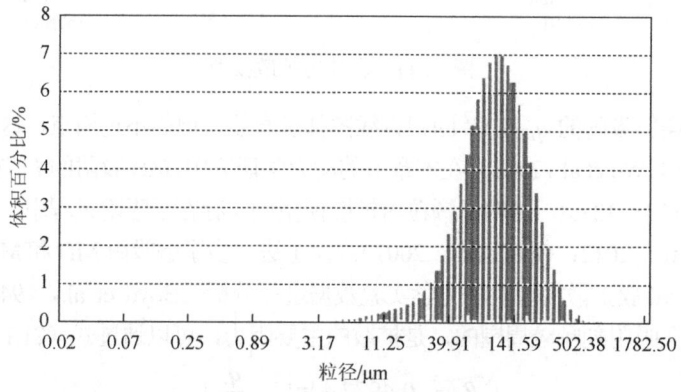

图 21.13 MAC 的粒径分布图

综合式（21.15）～式（21.17），MAC 在吸附剂投加量分别为 5mg、10mg、15mg 和 20mg 的条件下，其吸附 MB 的 D_i 值为 $4.05\times10^{-9}\text{cm}^2/\text{s}$、$2.99\times10^{-9}\text{cm}^2/\text{s}$、$11.18\times10^{-9}\text{cm}^2/\text{s}$ 和 $23.02\times10^{-9}\text{cm}^2/\text{s}$；$D_f$ 值为 $9.37\times10^{-7}\text{cm}^2/\text{s}$、$4.57\times10^{-7}\text{cm}^2/\text{s}$、$1.16\times10^{-6}\text{cm}^2/\text{s}$ 和 $1.80\times10^{-6}\text{cm}^2/\text{s}$（表 1.5）。根据 Michelson 等（1975），D_f 值在 $10^{-6}\text{cm}^2/\text{s}$ 和 $10^{-8}\text{cm}^2/\text{s}$ 之间说明膜扩散是主要的限速步骤，若 D_i 值在 $10^{-11}\sim10^{-13}\text{cm}^2/\text{s}$ 之间则说明颗粒内扩散控制着吸附过程。对 MB 和 MO 两种染料在不同理化条件下吸附的扩散系数分别总结在表 21.4 和表 21.5 中。我们发现 JAS-MAC 对两种染料吸附的扩散系数明显高于一些已报道的吸附剂，这一结果很大程度上取决于材料本身的中孔率和拓展的中孔体积。

参 考 文 献

Al-Qodah Z, Lafi W K, Al-Anber Z, et al. 2007. Adsorption of methylene blue by acid and heat treated diatomaceous silica. Desalination, 217(1): 212~224.

Arami M, Limaee N Y, Mahmoodi N M, et al. 2006. Equilibrium and kinetics studies for the adsorption of direct and acid dyes from aqueous solution by soy meal hull. Journal of Hazardous Materials, 135(1-3): 171~179.

Argun M E, Durun S, Karatas M, et al. 2008. Activation of pine cone using Feton oxidation for Cd(II)and Pb(II)removal. Bioresour Technology, 99(18): 8691~8698.

Boyd G E, Schubert J, Adamson A W. 1947. The exchange adsorption of ions fromaqueous solution by organic zeolites. II. Kinetics. Journal of Americam Chemiscal Society, 69: 2836~2848.

d' Almeida A L F S, Barreto D W, Calado V, et al. 2008. Thermal analysis of less common lignocellulose fibers. Journal of Thermal Analysis and Calorimetry. 91(2): 405~408.

Dawood S, Sen T K. 2012. Removal of anionic dye Congo red from aqueous solution by raw pine and acid-treated pine cone powder as adsorbent:equilibrium, thermodynamic, kinetics, mechanism and process design. Water Research, 46(6): 1933~1946.

Deng H, Zhang G L, Xu X L, et al. 2010. Optimization of preparation of activated carbon from cotton stalk by microwave assisted phosphoric acid-chemical activation. Journal of Hazardous Matererials. (1-3)182: 217~224.

Doğan M, Alkan M, Türkyilmaz A, et al. 2004. Kinetics and mechanism of removal of methylene blue by adsorption onto perlite. Journal of Hazardous Materials, 204(1-3): 141~148.

Foo K Y, Hameed B H. 2012. Potential of jackfruit peel as precursor for activated carbon prepared by microwave induced NaOH activation. Bioresource Technology, 112(1): 143~150.

Ghaedi M, Sadeghian B, Pebdani A A, et al. 2012. Kinetics, thermodynamics and equilibrium evaluation of direct yellow 12 removal by adsorption onto silver nanoparticles loaded activated carbon. Chemical Engineering Journal, 187(2): 133~141.

Gregg S J, Sing K S W. 1982. Adsorption, surface area and porosity, London:Academic Press.

Gupta V K, Mittal A, Gajbe V, et al. 2008. Adsorption of basic fuchsin using materials-bottom ash and deoiled soya-as adsorbents. Journal of Colloid and Interface Science. 319(1): 30~39.

Hu Z, Srinivasan M P, Ni Y M. 2000. Preparation of mesoporous high-surface area activated carbon. Advanced Matererials. 12(2): 62~65.

Jovanović B M, Vukasinović-Pesić V K, Rajaković L V. 2011. Enhanced arsenic sorption by hydrated iron(III)oxide-coated materials- mechanism and performances. Water Environmental Research, 83(6):

498~506.

Khalili N R, Campbell M, Sandi G, et al. 2000. Production of micro- and mesoporous activated carbon from paper mill sludge. I. Effect of zinc chloride activation. Carbon, 38(14): 1905~1915.

Langmuir I. 1918. The adsorption of gases on plane surfaces of glass, mica and platinum. Journal of the American Chemical Society, 40(9): 1361~1403.

Liou T H. 2010. Development of mesoporous structure and high adsorption capacity of biomass-based activated carbon by phosphoric acid and zinc chloride activation. Chemical Engineering Journal, 158(2):129~142.

Lippens B C, de Boer J H. 1964. Studies on pore systems in catalysts:V. The method. Journal of Catalytisis. 4: 319~323.

Ma J, Yu F, Zhou L, et al. 2012. Enhanced adsorption removal of methyl orange and methylene blue from aqueous solution by alkali-activated multiwalled carbon nanotubes. Applied Materials and Interfaces, 4(11): 5749~5760.

Michelson L D, Gideon P G, Pace E G, et al. 1975. Removal of soluble mercury from wastewater by complexing technique. US department of Industry, Office of Water Research and Technology, Bull No.74.

Ocampo-Perez R, Leyva-Ramos R, Mendoza-Barron J, et al. 2011. Adsorption rate of phenol from aqueous solution onto organobentonite:surface diffusion and kineti c models. Journal of Colloid and Interface Science, 364: 195~204.

Ofomaja A E, Ho Y S. 2007. Equilibrium sorption of anionic dye from aqueous solution by palm kernel fibre as sorbent. Dye and Pigments, 74(1): 60~66.

Ofomaja A E. 2008. Sorptive removal of methylene blue from aqueous solution using palm kernel fibre:effect of fibre dose. Biochemical Engineering Journal, 40(1): 8~18.

Önal Y, Almil-Başar C, Sarıcı-Özdemir C. 2007. Investigation kinetics mechanism of adsorption malachite green onto activated carbon. Journal of Hazardous Matererials, 146(1~2): 194~203.

Onyango M S, Kojima Y, Aoyi O, et al. 2004. Adsorption equilibrium modeling and solution chemistry dependence of fluoride removal from water by trivalent-cation-exchanged zeolite F-9. Journal of Colloid and Interface Science, 279(2): 341~350.

Putra E K, Pranowo R, Sunarso J, et al. 2009. Performance of activated carbon and bentonite for adsorption of amoxicillin from wastewater:mechanism, isotherms and kinetics. Water Research, 43:(9): 2419~2430.

Salleh M A M, Mahmoud D K, Wan A W A K et al. 2011. Cationic and anionic dye adsorption by agricultural solid wastes:a comprehensive review. Desalination, 280(1~3): 1~13.

Silvestre-Albero A, Goncalves M, Itoh T, et al.2012. Well defined mesoporosity on lignocellulosic-derived activated carbons. Carbon, 50: 66~72.

Srivastava V C, Mall I D, Mishra I M. 2006. Equilibrium modeling of single and binary adsorption of cadmium and nickel onto bagasse fly ash. Chemical Engineering Journal, 117(1): 79~91.

Sun Q Y, Yang L Z. 2003. The adsorption of basic dyes from aqueous solution on modified peat-resin particle. Water Research, 37(7): 1535~1544.

Tahir S S, Rauf N. 2006. Removal of a cationic dye from aqueous solutions by adsorption onto bentonite clay. Chemosphere, 63(11): 1842~1848.

Tamai H, Kakii T, Hirota Y, et al. 1996. Synthesis of extremely large mesoporous activated carbon and its unique adsorption for giant molecules. Chemistry of Materials. 8(2): 454~462.

Tang B, Lin Y W, Yu P, et al. 2012. Study of aniline/ε-caprolactam mixture adsorption from aqueous solution onto granular activated carbon:Kinetics and equilibrium. Chemical Engineering Journal, 187(2): 69~78.

Toor M, Jin B. Adsorption characteristics, isotherm, kinetics and diffusion ofmodified natural bentonite for removing diazo dye. Chemical Engineering Journal, 2012, 187: 79~88.

Valderrama C, Gamisans X, de lasHeras X, et al. 2008. Sorption kinetics of polycyclic aromatic hydrocarbons removal using granular activated carbon:intraparticle diffusion coefficients. Journal of Hazardous Materials, 157(2-3): 386~396.

Vimonses V, Lei S, Jin B, et al. 2009. Kinetic study and equilibrium isotherm analysis of Congo red adsorption by clay materials. Chemical Engineering Journal, 148(2~3): 354~364.

Warhurst A M, Fowler G D, McConnachie G L, et al. 1997. Pore structure and adsorption characteristics of steam pyrolysis carbons from moringaoleifera. Carbon, 35(8): 1039~1045.

Wu G Q, Zhang X, Hui H, et al. 2012. Adsorptive removal of aniline from aqueous solution by oxygen plasma irradiated bamboo based activated carbon. Chemical Engineering Journal, 185~186: 201~210.

第二十二章　改性膨润土的研制与应用

膨润土是一种片层结构的硅酸盐，主要成分是蒙脱石。由于膨润土具有吸附性和离子交换性，并且资源丰富、廉价易得，因此已经广泛应用于废水处理中。但由于天然膨润土表面硅氧结构具有较强的亲水性，层间可交换的阳离子易水解，削弱了其对废水中有机污染物的吸附性能（管俊芳等，2010；Kasztelan et al.，2002）。因此需要对膨润土进行改性，如将有机基团接枝到膨润土表面及层间，进而改善膨润土对废水中有机污染物的吸附性能。本章介绍了膨润土及改性膨润土的制备与表征，比较了膨润土和改性膨润土对含重金属、抗生素废水的吸附效果及其应用，旨在为含重金属和抗生素废水的处理提供新材料。

第一节　膨润土及改性膨润土的制备与表征

一、膨润土的提纯

（一）分散剂浓度对膨润土物理性质的影响

提纯实验中首先考虑分散剂浓度对于膨润土胶质价、吸蓝量和阳离子交换量（CEC）的影响。由表 22.1 可以看出，实验选取 5 组分散剂浓度，在分散剂浓度为 0.15%时，膨润土的胶质价为 88mg/15g、吸蓝量为 28g/100g，阳离子交换量为 79.5meq/100g。在溶液中加入分散剂，使得膨润土中的蒙脱石与杂质很好地分离，达到了对膨润土中蒙脱石的提纯。实验表明，选用浓度为 0.15%的偏磷酸钠作为分散剂，可以很好地对膨润土进行提纯。

表 22.1　分散剂浓度对膨润土物理性质的影响

分散剂浓度/%	胶质价/（mg/15g）	吸蓝量/（g/100g）	CEC/（meq/100g）
0.05	76	24	74
0.1	79	25.2	76.5
0.15	88	28	79.5
0.2	83	27.8	78.4
0.25	83	27.8	78

（二）反应时间对膨润土物理性质的影响

反应时间对膨润土胶质价、吸蓝量和 CEC 的影响结果见表 22.2。反应时间对膨润土的吸蓝量和阳离子交换量基本没有影响，而反应时间为 1h 时，由于反应不充分，大量的膨润土还没有完全分散,在容器底部还存在有大量的结块;反应时间达到 2h 时,容器底部已经看不到有明显结块,绝大部分的膨润土已经分散到溶液中。当反应时间为 3h 时并无明显差别,因此本实验对于膨润土的提纯反应时间确定为 2h。

表 22.2 反应时间对膨润土物理性质的影响

反应时间/h	胶质价/(mg/15g)	吸蓝量/(g/100g)	CEC/(meq/100g)
1	88	28	79.5
2	89	28	79.5
3	87	27.8	78

(三)反应温度对膨润土物理性质的影响

反应温度对于膨润土胶质价、吸蓝量和 CEC 的影响结果见表 22.3。由表 22.3 可以看出,反应温度对膨润土的吸蓝量和阳离子交换量基本没有影响,随着反应温度的升高,水溶液中的分子运动加快,一方面加速了膨润土的分散速度,另一方面也提高了提纯的效果。综合考虑安全及能耗等问题,本实验采用 80℃作为膨润土提纯时水浴加热的反应温度。

表 22.3 反应温度对膨润土物理性质的影响

温度/℃	胶质价/(mg/15g)	吸蓝量/(g/100g)	CEC/(meq/100g)
50	87	28	79.5
60	88	28.9	80
70	88	29	80
80	92	29.3	81
90	86	28.1	79

二、膨润土的改性

(一)四种改性膨润土的 X 射线衍射分析(XRD)

图 22.1~图 22.4 分别为膨润土钠化及酸化,有机化改性和复合改性膨润土的 X 射线粉末衍射谱图,相应层间距 d_{001} 列于表 22.4。膨润土原土的层间距为 1.54nm,相当于蒙脱石结构层(0.96nm)与两层吸附水分子厚度之和,表明此原土为 Ca 基蒙脱石。长碳链季铵盐阳离子 CTMA 经离子交换进入膨润土层间后,底面间距增大到 2.43nm,主衍射峰峰位向小角度方向偏移,并出现层间距为 1.55nm 的次峰。加入粉煤灰 En 后,复合改性膨润土 CTMA-En-Bent 的层间距 d_{001} 略有增大(d_{001}=2.81nm),表明粉煤灰已成功柱撑进入膨润土层间。

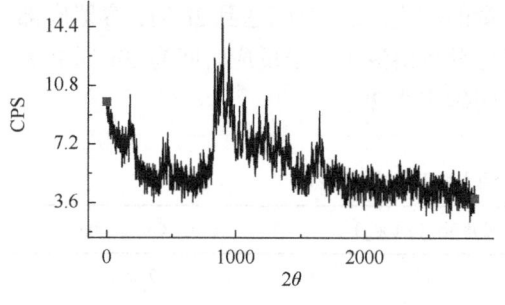

图 22.1　钠化改性 XRD 图

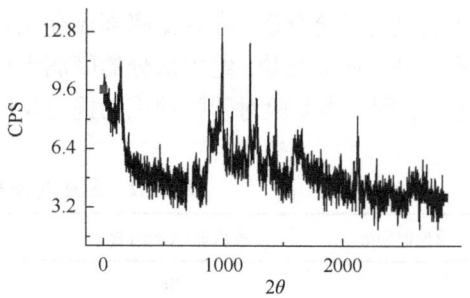

图 22.2　酸化改性 XRD 图

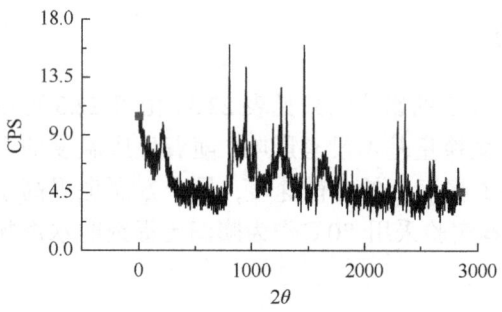

图 22.3　有机改性 XRD 图

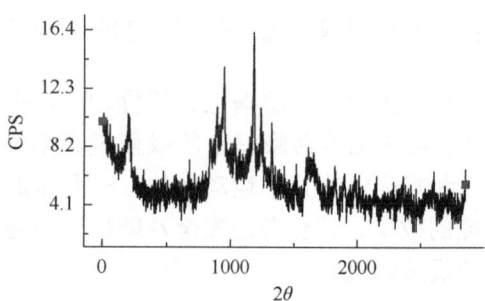

图 22.4　粉煤灰改性 XRD 图

表 22.4　膨润土原土和改性膨润土的层间距

样品	Na-Bent	H$_2$SO$_4$-Bent	CTMA-Bent	CTMA-En-Bent
层间距（d_{001}）/nm	1.54	1.86	2.43	2.81

（二）四种改性膨润土的失重分析

为了检测有机改性剂是否与膨润土发生反应，我们将改性过的其他 3 种改性膨润土与有机改性膨润土进行对比分析，试验结果如图 22.5 所示。4 种改性膨润土在 T <100℃时都有失重，这是由于在这 4 种改性膨润土中都不免会含有少量水分，受热时水分蒸发引起失重。而这部分水主要来自表面的结合水。当温度在 100~300℃时，4 种改性膨润土都有一定的失重表现，此时的失重是由于在膨润土层间吸附的有机物由于高温加热而氧化分解散失所造成的。它们的失重大小关系是：钠化＜酸化＜粉煤灰化＜有机化。图 22.5 中的曲线趋势明显验证了这一特征。当温度在 300~500℃范围内失重很小，这说明层间物质结合稳定。通过热失重对比曲线，我们可以看出有机改性剂与膨润土发生了反应，有机阳离子取代了无机金属阳离子，进入膨润土片层

之间，改性效果良好。

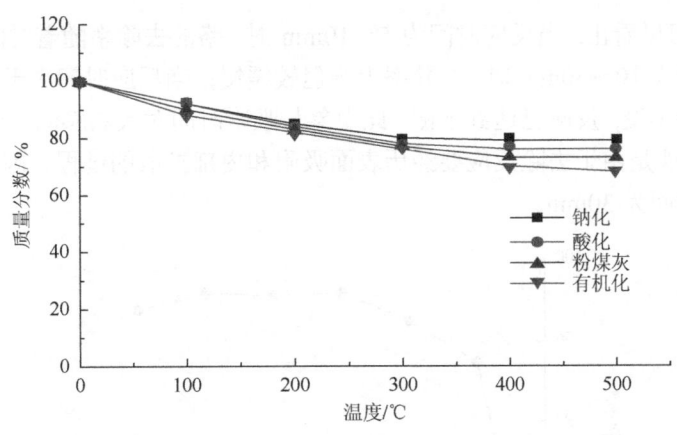

图 22.5　膨润土改性前后失重对比曲线

第二节　膨润土及改性膨润土在含重金属废水处理中的应用

一、天然膨润土对废水中六价铬的吸附作用

（一）还原剂与投加量对六价铬吸附作用的影响

利用 Cr^{6+} 可被还原剂还原为 Cr^{3+} 的特征，采用不同还原剂对 Cr^{6+} 进行还原，吸附后用 ICP-AES 法测定溶液中剩余总铬的质量浓度，计算出膨润土对铬的吸附量，找出最佳还原剂。

由图 22.6 可知，随着还原剂投加量的增加，膨润土对铬的去除效果逐渐提高。投加相同理论值倍数还原剂时，$(NH_4)_2FeSO_4$ 及 $FeSO_4 \cdot 7H_2O$ 作为还原剂的吸附效果远远好于 $NaNO_2$、Na_2SO_3，将更多的 Cr^{6+} 还原为易被天然膨润土吸附的 Cr^{3+}，从而提高了废水中铬的去除率。故本研究选用 $(NH_4)_2FeSO_4$ 为最佳还原剂，还原剂投加量为 0.8 倍理论值。

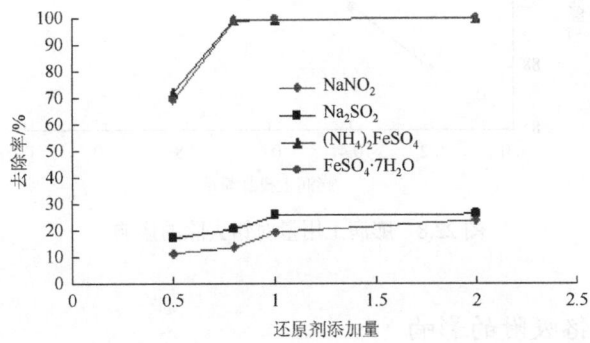

图 22.6　还原剂种类及添加量对铬去除的影响

(二) 吸附时间对六价铬吸附的影响

由图 22.7 可以看出,当反应时间为 5~10min 时,铬的去除率随着时间的延长急速升高;当反应时间为 10~30min 时,去除率上升但较缓慢;当反应时间大于 30min 时,铬的去除率基本保持不变,反应已达到平衡。此现象与吸附时间对天然膨润土处理重金属废水的影响相似,可能是由于去除反应要经历表面吸附和内部扩散的过程。因此,选择处理含铬废水的吸附时间为 30min。

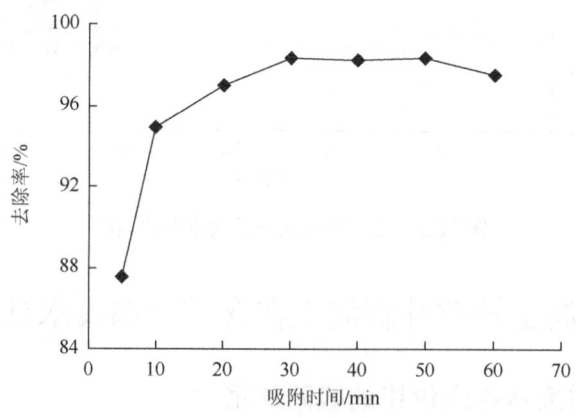

图 22.7 吸附时间对铬去除的影响

(三) 膨润土用量对六价铬吸附的影响

由图 22.8 可知,随着膨润土用量的增加,铬的去除率逐渐增大。这是由于定量膨润土对铬的吸附点位是一定的,吸附点位随膨润土用量的增大而增多,铬的去除率也随之增大。当膨润土的投加量在 0.2~0.6g 时,去除率明显增加,最大去除率可达 99.6%。当膨润土用量大于 0.6g 时,去除率基本没有变化。因此,选择处理含铬废水的膨润土投加量为 0.6g。

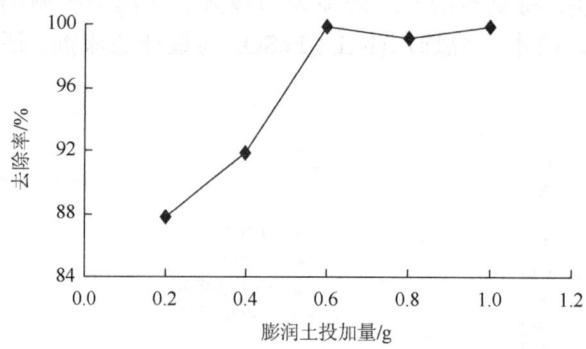

图 22.8 膨润土用量对铬去除的影响

(四) 温度对六价铬吸附的影响

图 22.9 表明,当温度在 15~50℃变化时,天然膨润土对铬的去除率均在 96%以上,温

度对还原吸附的影响不大。但当温度在 15~30℃变化时，去除率增加。当温度大于 30℃时，去除率有下降趋势。与吸附温度对天然膨润土处理重金属废水的影响相吻合，也可能是由于温度升高使铬离子热运动加快并使吸附剂表面膨胀从而有利于铬离子的吸附。因此，实验选用 30℃为最佳吸附温度。

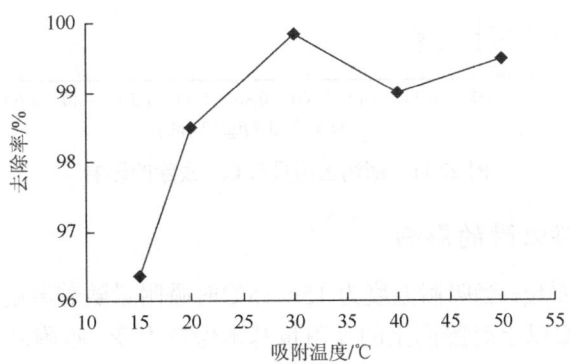

图 22.9　温度对铬去除率的影响

二、改性膨润土对废水中低浓度六价铬的吸附作用

（一）反应时间对六价铬吸附的影响

从图 22.10 可以看出，当反应时间为 10~40min 时，酸改性膨润土对废水中低浓度 Cr^{6+} 的吸附量随反应时间的加长逐渐上升，当反应时间为 40min 时有最大吸附量，继续延长时间，吸附量基本保持不变。故酸改性膨润土的最佳吸附时间为 40min。

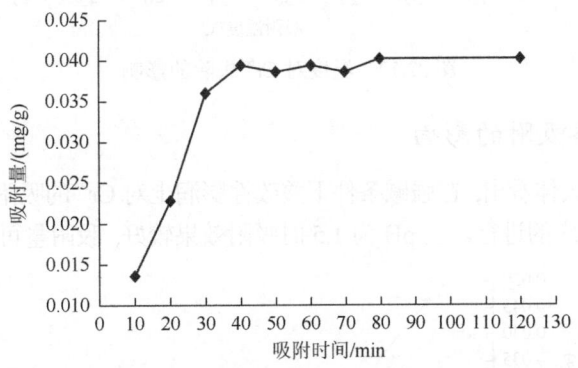

图 22.10　反应时间对 Cr^{6+} 去除的影响

（二）膨润土用量对六价铬吸附的影响

从图 22.11 可以看出，当酸改性膨润土用量为 0~0.8g 时吸附量随着用土量的增加急速变大，当投加量大于 0.8g 时吸附量增加缓慢并基本保持不变，可认为吸附基本达到平衡，所以酸化膨润土最佳投加量为 0.8g/100mL。

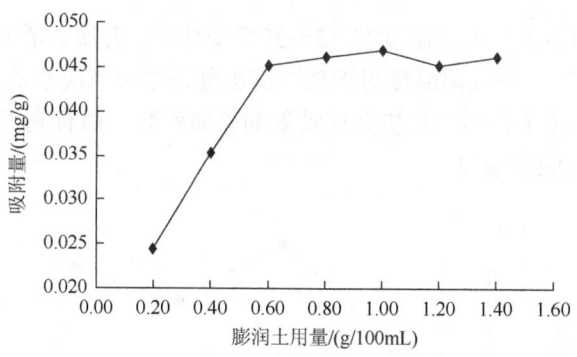

图 22.11　膨润土用量对 Cr^{6+} 去除的影响

(三) 温度对六价铬吸附的影响

由图 22.12 可以看出,当吸附温度为 15~35℃时吸附量随着温度的升高不断增大,当反应体系温度达 35℃以上时膨润土的吸附量基本保持不变,吸附基本达到平衡,所以酸改性膨润土对 Cr^{6+} 废水的最佳吸附温度为 35℃。

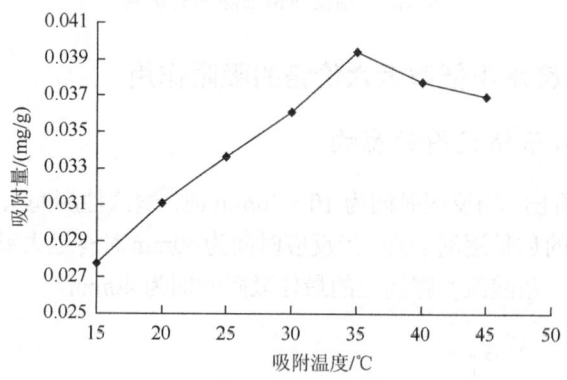

图 22.12　温度对 Cr^{6+} 去除的影响

(四) pH 对六价铬吸附的影响

从图 22.13 可以大体看出,在强碱条件下酸改性膨润土对 Cr^{6+} 的吸附几乎为零,即强碱条件下最不利于吸附反应的进行。当 pH 为 1.5 时吸附效果较好,吸附量可以达到 0.047mg/g。

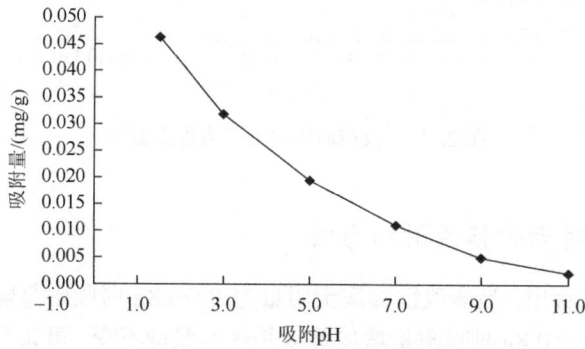

图 22.13　pH 对 Cr^{6+} 去除的影响

（五）酸改性膨润土与膨润土原土对废水中六价铬的吸附作用

在各自最佳吸附条件下考察酸改性膨润土及膨润土原土对 Cr^{6+} 废水的吸附效果，对比结果见图 22.14。

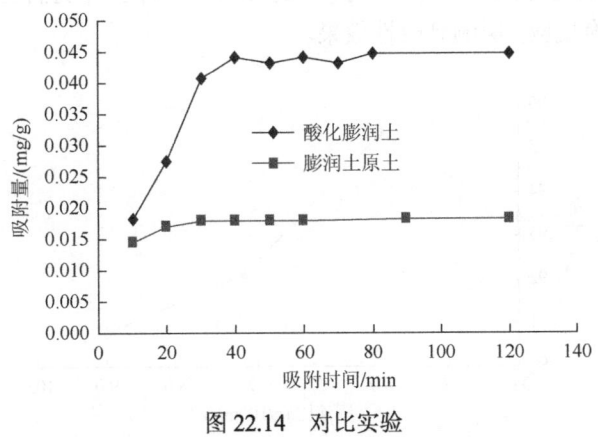

图 22.14 对比实验

由图 22.14 可知，酸改性膨润土对 Cr^{6+} 废水的吸附量可达 0.047mg/g，而膨润土原土的吸附量仅为 0.020mg/g。酸改性膨润土的吸附效果是膨润土原土的 2.5 倍。酸改性对天然膨润土的吸附能力有一定的提高。

三、有机颗粒化膨润土对废水中低浓度六价铬的吸附作用

（一）有机膨润土的制备条件优化

1. 改性时间的影响

由图 22.15 可看出，当活化时间大于 1.0h，有机土对 Cr^{6+} 的去除率趋于稳定，说明改性 1.0h 有机插层剂在膨润土层间的阳离子交换反应已达到了平衡，过多的时间反而浪费能源。小于 1.0h 时，有机插层剂与膨润土的阳离子交换反应未进行完全。因此，改性时间选为 1.0h。

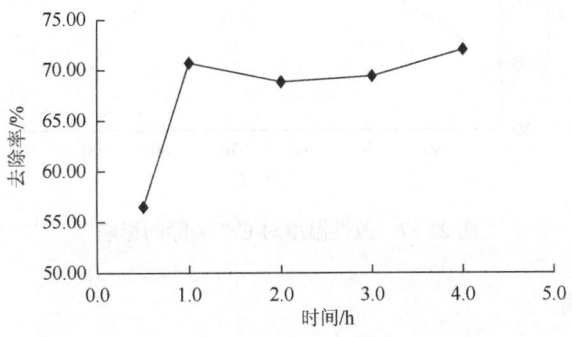

图 22.15 改性时间对 Cr^{6+} 去除的影响

2. 固液比的影响

从图 22.16 可以看到，当固液比为 5g/100mL 时，钠基土的有机化效果较好，固液比继续增加改性效果下降。这是由于随着固液比的增大，整个反应体系的浓度也逐渐增大，使膨润土和有机插层剂在体系中的分散受到一定影响，阻碍了有机插层剂进入到膨润土层间与其发生离子交换反应，影响到改性效果。

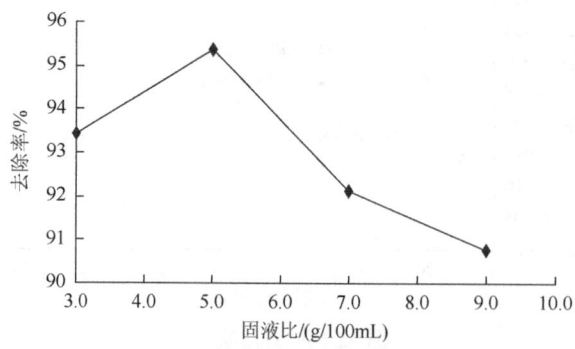

图 22.16　固液比对 Cr^{6+} 去除的影响

3. 改性温度的影响

由图 22.17 可知，在反应温度为 70℃时，有机土对 Cr^{6+} 的去除率达到最大。温度低于 70℃时，活化体系交换反应进行不完全，使有机化效果降低，这可能是由于低温不利于有机插层剂在膨润土层间交换反应的进行。在一定范围内提升反应体系温度有利于提高有机插层剂的运动能力，从而有助于插层反应的进行。但随着温度的上升，有机插层剂溶解度增加，容易使吸附在膨润土片层周围的有机插层剂解离脱附，降低其嵌入膨润土片层的机会，影响插层效果。故本实验选择最佳有机化温度为 70℃。

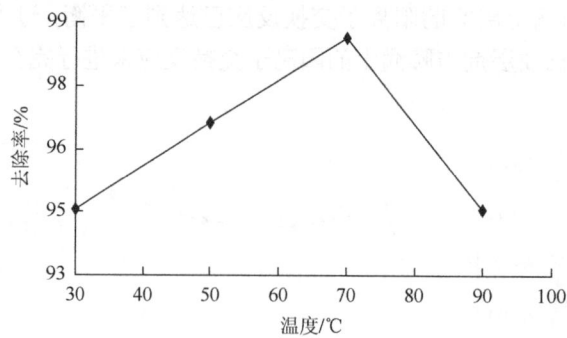

图 22.17　改性温度对 Cr^{6+} 去除的影响

4. 配料比的影响

从图 22.18 可知，当有机插层剂配料比增加时，有机土对 Cr^{6+} 的去除效果上升，在

110mmol/100g 时去除效果达到最佳，可达 98%以上，继续增加配料比，去除效果下降。这是由于膨润土对有机插层剂的吸附分为离子交换作用和疏水键吸附作用两种，当配料比在一定范围内增加时，有机插层剂借助离子交换吸附进入到蒙脱石的片层间，改性效果增强；当有机插层剂用量继续增加，就会有大量有机离子借助范德华力吸附到膨润土的片层端面或周围，形成负电性界面，此时，插层反应会因存在静电排斥力而减弱。故钠基膨润土有机化的配料比确定为 110mmol/100g。

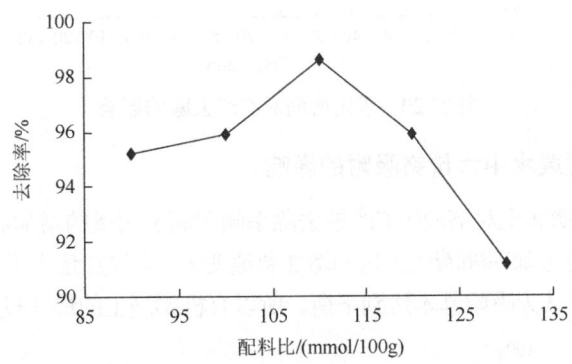

图 22.18　配料比对 Cr^{6+} 去除的影响

5. 改性体系 pH 的影响

从图 22.19 中可以看出，当改性体系 pH=7.0 时有机化效果最好。酸性环境及碱性环境中有机化效果均有所降低。因此，钠基土有机化的最佳 pH 为 7.0。

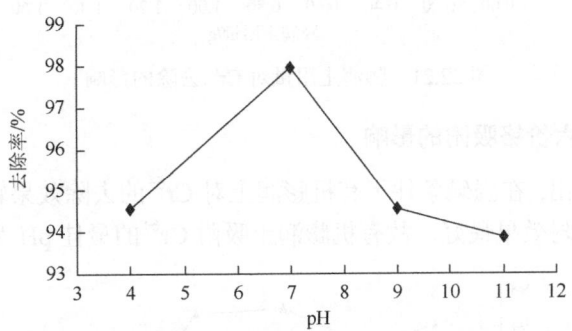

图 22.19　改性体系 pH 对 Cr^{6+} 去除的影响

（二）有机膨润土吸附条件优化

1. 反应时间对废水中六价铬吸附的影响

从图 22.20 可以看出，随吸附时间的延长，Cr^{6+} 的去除率急速增加，当反应时间为 40min 时，去除率达到 97.52%，继续延长时间，去除率增加缓慢基本保持不变，有机土对 Cr^{6+} 的最佳吸附时间为 40min。

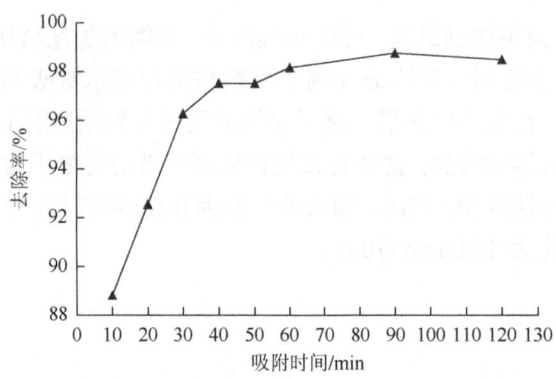

图 22.20　吸附时间对 Cr^{6+} 去除的影响

2. 膨润土用量对废水中六价铬吸附的影响

由图 22.21 可知，膨润土对溶液中 Cr^{6+} 的去除率随膨润土用量的增加而增大，当有机膨润土的投加量为 0~0.8g 时去除率随着用土量的增加急速变大，当投加量大于 0.8g 时去除率增加缓慢并基本保持不变，可认为吸附基本达到平衡。所以有机膨润土的最佳投加量为 0.8g/100mL。

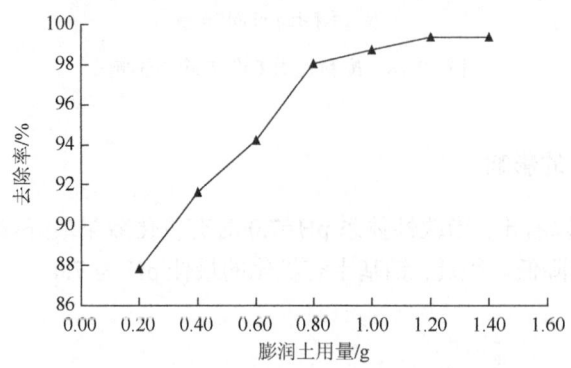

图 22.21　膨润土用量对 Cr^{6+} 去除的影响

3. pH 对废水中六价铬吸附的影响

从图 22.22 可看出，在强碱条件下有机膨润土对 Cr^{6+} 的去除效果较差。当 pH 为 5~7 时，有机膨润土的吸附效果最好。故有机膨润土吸附 Cr^{6+} 的最佳 pH 为 5~7。

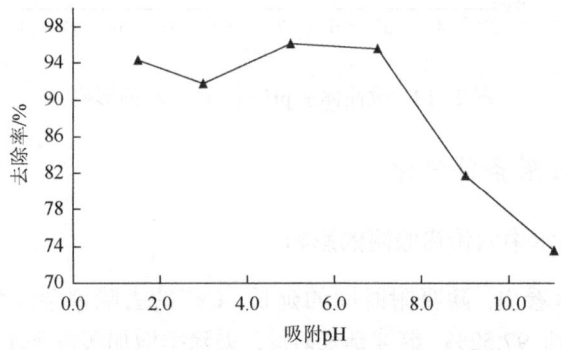

图 22.22　pH 对 Cr^{6+} 去除的影响

4. 温度对废水中六价铬吸附的影响

由图 22.23 可以看出,温度对有机膨润土吸附六价铬的影响较小,去除率均在 93%以上;当温度为 30℃时,有机土对 Cr^{6+} 的去除率为 98.75%达到最大,继续升高温度,去除率有下降趋势。因此,有机膨润土的最佳吸附温度为 30℃。

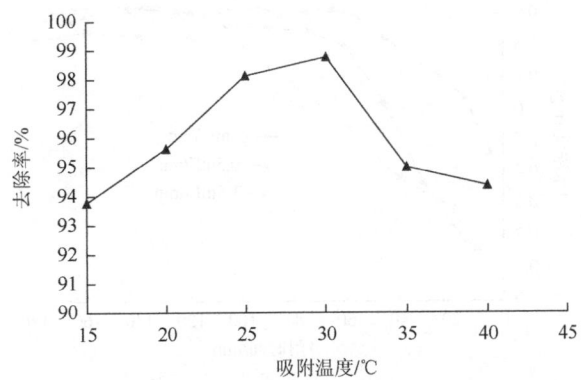

图 22.23　温度对有机膨润土吸附 Cr^{6+} 的影响

5. 天然膨润土和改性膨润土对废水中六价铬吸附效果的比较分析

由图 22.24 可知,天然膨润土及酸改性膨润土对 Cr^{6+} 的去除率分别为 14.57%和 33.97%。而有机膨润土对 Cr^{6+} 的去除率高达 98.75%。故有机膨润土对 Cr^{6+} 的吸附效果最好。

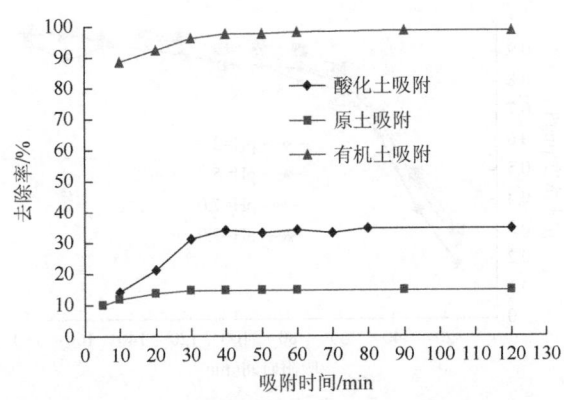

图 22.24　天然膨润土和改性膨润土对废水中六价铬的吸附效果比较

(三) 有机膨润土颗粒的动态吸附研究

1. 流速对废水中六价铬吸附的影响

从图 22.25 可以看出,含 Cr^{6+} 溶液的流速对动态吸附效果有一定的影响。当有机膨润土颗粒用量足够多时,对以不同流速通过吸附柱的 Cr^{6+} 溶液均有一定的处理效果。当溶液以较大流速通过吸附柱时,出水溶液水质恶化的速率较快,且初始阶段溶液中 Cr^{6+} 的去除率也较低,这可能是由于溶液中 Cr^{6+} 还未扩散到颗粒的内部被吸附就已经流出。所以,较大流速不利于废水中 Cr^{6+} 的去除。但无论采用何种流速,吸附后期出水水质均与进水水质差别不大。因此,对于一定质量的有机膨润土颗粒,要将流速控制在一定范围内,从而确保出水质量。

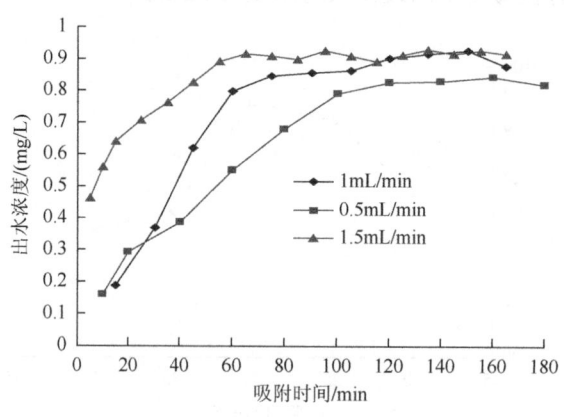

图 22.25 流速对 Cr^{6+} 去除的影响

2. pH 对废水中六价铬吸附的影响

从图 22.26 可以看出,当溶液 pH 为 7.0 时,出水效果最佳。酸性或碱性条件下吸附效果均有所下降,故有机膨润土颗粒动态吸附 Cr^{6+} 的最佳溶液 pH 为 7.0 左右。

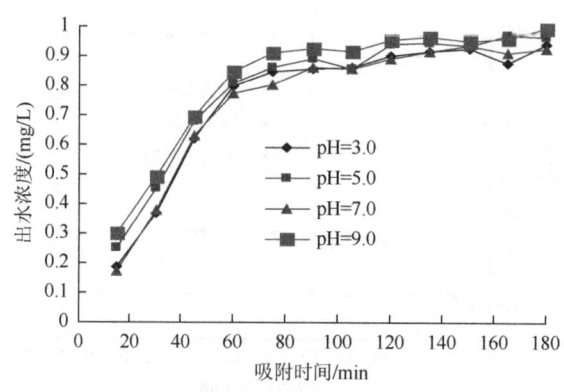

图 22.26 pH 对 Cr^{6+} 去除的影响

3. 进水溶液浓度对废水中六价铬吸附的影响

从图 22.27 可以看出,进水浓度对有机膨润土颗粒对 Cr^{6+} 的去除效果有一定影响。进水浓度在 1mg/L 时,反应初始阶段出水水质较好,Cr^{6+} 去除率较好。随着时间延长,去除率很快降低,到 60min 左右时,出水浓度与进水浓度基本一致,有机膨润土颗粒被穿透。在进水浓度较高时,反应初始阶段出水水质便恶化较快,处理效果较差。

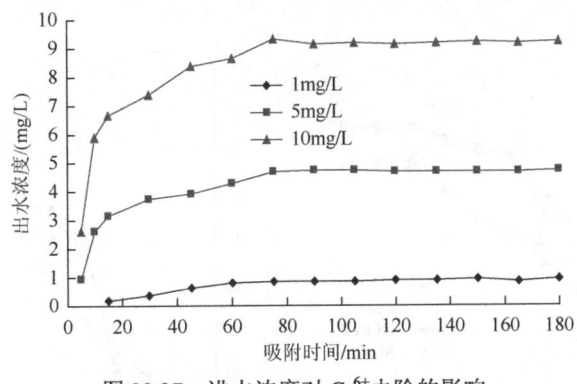

图 22.27 进水浓度对 Cr^{6+} 去除的影响

第三节 膨润土及改性膨润土在含抗生素废水处理中的应用

一、改性膨润土对抗生素的吸附作用

(一) 吸附时间对抗生素吸附率的影响

由图 22.28～图 22.31 可知,4 种改性膨润土在相同的吸附时间内对 4 种抗生素的去除率顺序为钠化＜有机化＜酸化＜粉煤灰化。4 种改性膨润土在 10h 前吸附速率快速增加,这是因为吸附质在溶液中的浓度变化在第一阶段（1～5h）比较明显,大量的抗生素分子进入膨润土表面,部分进入层间;而在 6～12h 时,吸附进入第二阶段,此时可以认为是吸附质在膨润土中的扩散过程,此时的吸附率就代表层间吸附能力的大小。由图可知 4 种改性膨润土在第二阶段的吸附效率顺序是:钠化＜有机化＜酸化＜粉煤灰化。综上可知,经过 4 种改性方法后,粉煤灰改性的膨润土在快速短暂吸附和长时间吸附方面优势明显,能作为良好的抗生素吸附剂使用。考虑到在实际工程应用中时间的合理性,在实验中采取 10h 作为吸附终点。

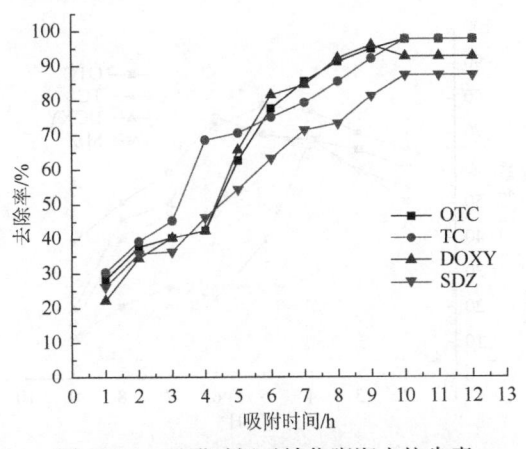

图 22.28 吸附时间对钠化膨润土抗生素吸附率的影响

OTC 为土霉素,TC 为四环素,DOXY 为强力霉素,SDZ 为磺胺嘧啶

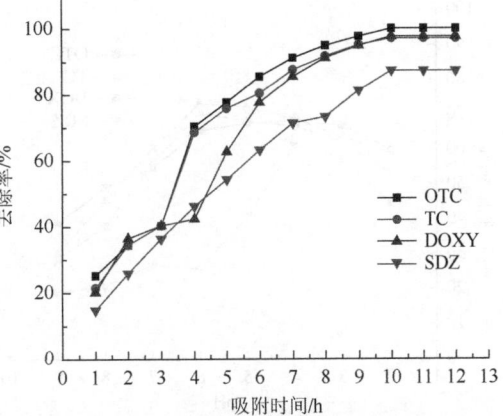

图 22.29 吸附时间对酸化膨润土抗生素吸附率的影响

OTC 为土霉素,TC 为四环素,DOXY 为强力霉素,SDZ 为磺胺嘧啶

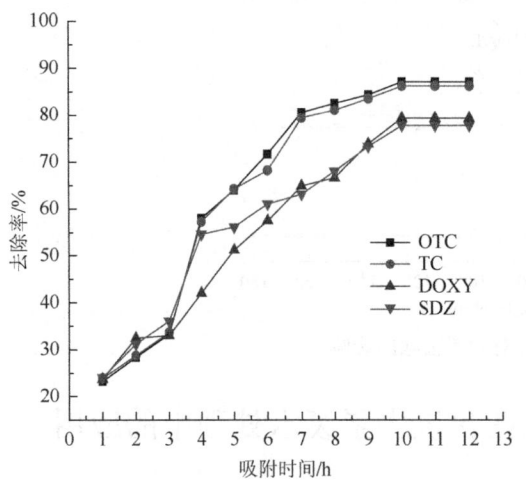

图 22.30　吸附时间对有机化膨润土抗生素吸附率的影响

OTC 为土霉素，TC 为四环素，DOXY 为强力霉素，SDZ 为磺胺嘧啶

图 22.31　吸附时间对粉煤灰化膨润土抗生素吸附率的影响

OTC 为土霉素，TC 为四环素，DOXY 为强力霉素，SDZ 为磺胺嘧啶

（二）pH 对抗生素吸附率的影响

由图 22.32～图 22.35 可知，通过 4 种改性方法而得到的膨润土对于四环素类的吸附能力顺序是：钠化＜酸化＜有机化＜粉煤灰。提纯钠化后的 Na-膨润土对抗生素去除率不高，在 65% 左右。

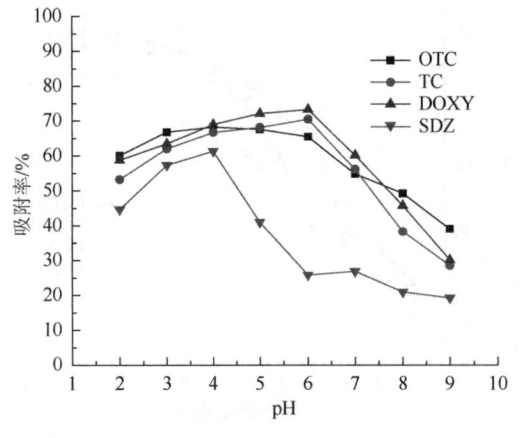

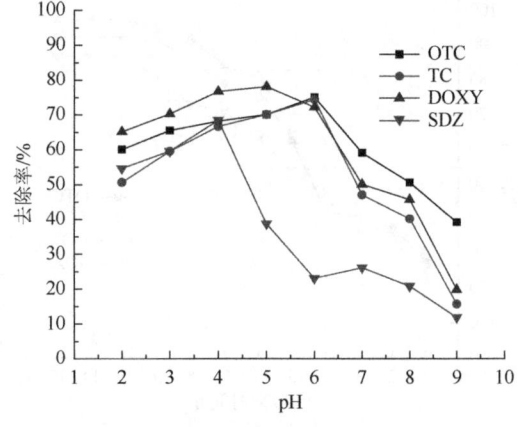

图 22.32　pH 对钠化膨润土抗生素吸附率的影响　　图 22.33　pH 对酸化膨润土抗生素吸附率的影响

OTC 为土霉素，TC 为四环素，DOXY 为强力霉素，SDZ 为磺胺嘧啶

OTC 为土霉素，TC 为四环素，DOXY 为强力霉素，SDZ 为磺胺嘧啶

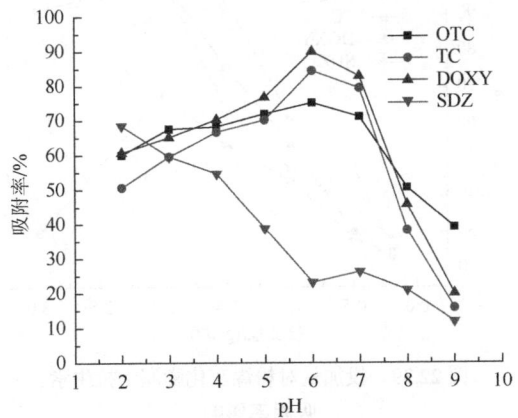

图 22.34 pH 对有机化膨润土抗生素
吸附率的影响

OTC 为土霉素，TC 为四环素，DOXY 为强力霉素，
SDZ 为磺胺嘧啶

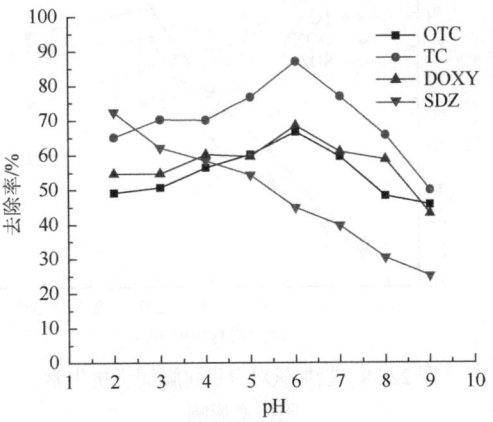

图 22.35 pH 对粉煤灰化膨润土抗生素
吸附率的影响

OTC 为土霉素，TC 为四环素，DOXY 为强力霉素，
SDZ 为磺胺嘧啶

（三）投加量对抗生素吸附率的影响

由图 22.36～图 22.39 可以看出，采用 4 种不同方法改性的膨润土对抗生素的吸附率，在投加量 0.5～2.0g/100mL 范围内随着投加量的增加而增加。这是因为在吸附过程中吸附剂不断增加，溶液中可吸附抗生素的膨润土总量随之增加。

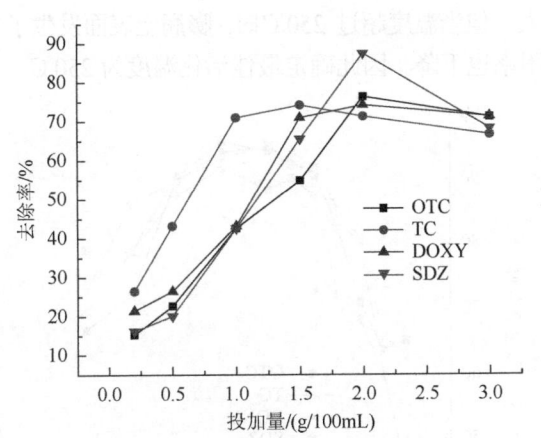

图 22.36 投加量对钠化膨润土抗生素
吸附率影响

OTC 为土霉素，TC 为四环素，DOXY 为强力霉素，
SDZ 为磺胺嘧啶

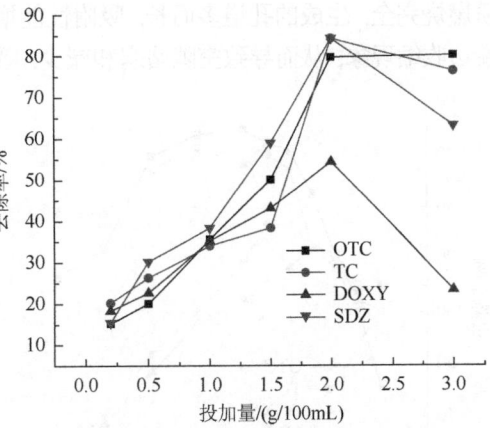

图 22.37 投加量对酸化膨润土抗生素
吸附率影响

OTC 为土霉素，TC 为四环素，DOXY 为强力霉素，
SDZ 为磺胺嘧啶

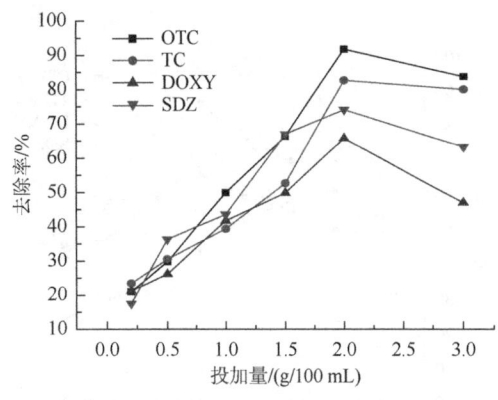

图 22.38 投加量对有机化膨润土抗生素吸附率影响

OTC 为土霉素, TC 为四环素, DOXY 为强力霉素, SDZ 为磺胺嘧啶

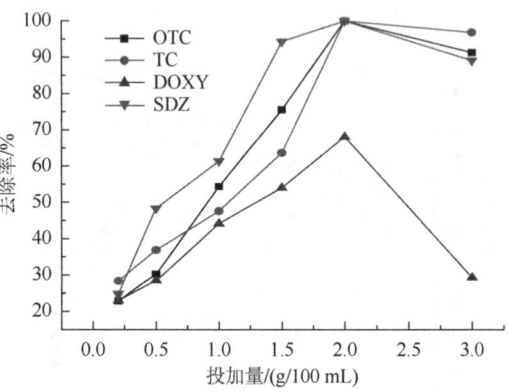

图 22.39 投加量对粉煤灰化膨润土抗生素吸附率影响

OTC 为土霉素, TC 为四环素, DOXY 为强力霉素, SDZ 为磺胺嘧啶

(四) 活化温度对抗生素吸附率的影响

由图 22.40～图 22.43 可以看出, 采用 4 种不同方法改性的膨润土在不同温度下活化后, 对于抗生素的去除率均不相同。图 22.40 表示钠化改性膨润土活化温度在 50～200℃时, 吸附率随活化温度的升高显著增加, 但在 250℃以上活化时, 去除率随活化温度的升高逐渐下降。图 22.41～图 22.43 反映了其他 3 种改性膨润土在 50～250℃活化时, 吸附率随活化温度的升高显著增加, 抗生素去除率顺序为: 钠化＜有机化＜酸化＜粉煤灰化。这主要是由于在温度较低时, 易燃性微粉燃烧不完全, 仅有膨润土表面的易燃性微粉燃烧, 生成的孔道少而短; 未燃烧完全的微粉堵塞膨润土本身的空隙, 因此表面积小, 吸附能力弱。随着温度升高, 易燃性微粉燃烧完全, 生成的孔道多而长, 吸附性能增大。但当温度超过 250℃时, 膨润土表面发生了卷边收缩现象, 从而导致空隙堵塞和减少, 吸附率也下降。因此确定最佳活化温度为 250℃。

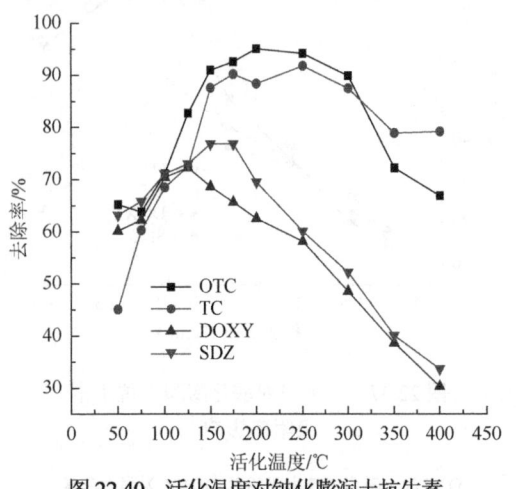

图 22.40 活化温度对钠化膨润土抗生素吸附率的影响

OTC 为土霉素, TC 为四环素, DOXY 为强力霉素, SDZ 为磺胺嘧啶

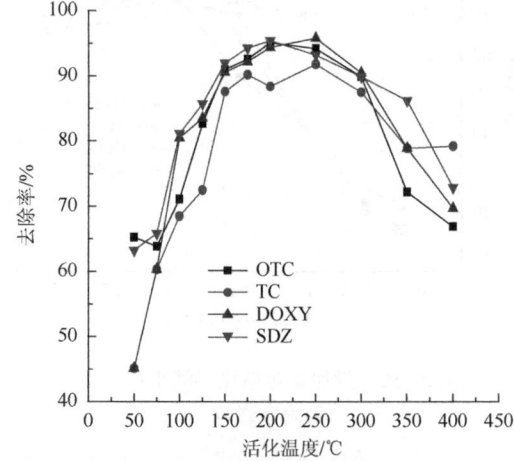

图 22.41 活化温度对酸化膨润土抗生素吸附率的影响

OTC 为土霉素, TC 为四环素, DOXY 为强力霉素, SDZ 为磺胺嘧啶

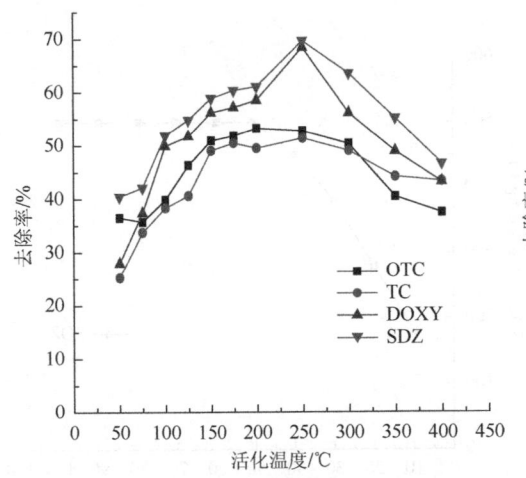

图22.42 活化温度对有机化膨润土抗生素吸附率的影响

OTC为土霉素，TC为四环素，DOXY为强力霉素，SDZ为磺胺嘧啶

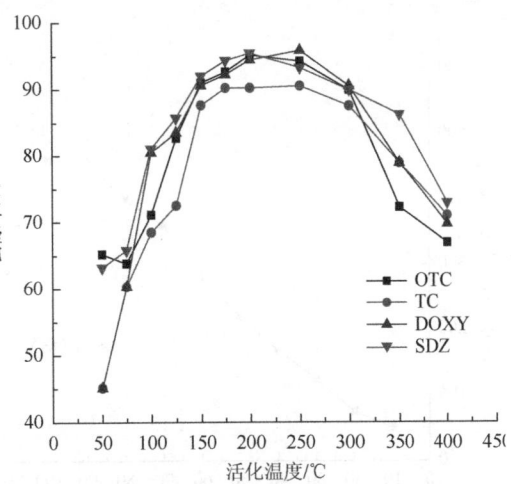

图22.43 活化温度对粉煤灰化膨润土抗生素吸附率的影响

OTC为土霉素，TC为四环素，DOXY为强力霉素，SDZ为磺胺嘧啶

二、粉煤灰复合改性膨润土对废水中抗生素的吸附作用

（一）柱状吸附动力学曲线

由图22.44～图2.47可以看出，复合改性吸附剂对于各种抗生素的出水浓度均随时间的增加而增大。其中，图22.44表示吸附柱对于土霉素（OTC）的吸附动力曲线。在10～70 min内呈线性增长，在70 min后吸附柱对于OTC的吸附已经达到饱和，此时的出水浓度等于溶液的初始浓度。图22.45表示吸附柱对于四环素（TC）的吸附动力学曲线。在10～80 min内，出水浓度增长缓慢，这表明TC的吸附速率比较缓慢，每10 min中的吸附率增长10%，在80 min以后吸附达到饱和。图22.46表示吸附柱对于强力霉素（DOXY）的吸附动力学曲线，在10～90min内，DOXY的出水浓度增长呈直线型，吸附率平均每10min增长20%，说明吸附柱对于DOXY的吸附效率较好。图22.47表示吸附柱对磺胺嘧啶（SDZ）的吸附动力学曲线。在10～50 min内，出水浓度逐渐提高，在50 min后出水浓度与进水浓度相等，这表明吸附柱对于SDZ的吸附达到饱和。

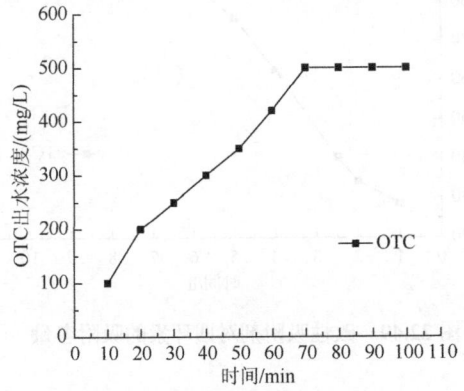

图22.44 改性吸附剂对土霉素的吸附动力曲线

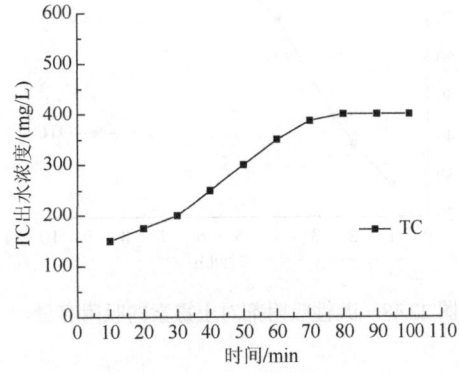

图22.45 改性吸附剂对四环素的吸附动力曲线

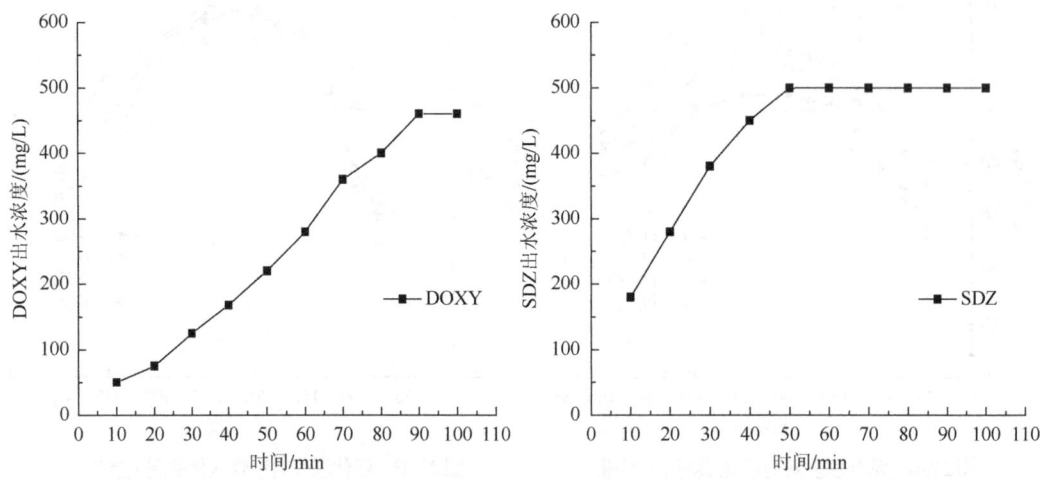

图 22.46 改性吸附剂对强力霉素的吸附动力曲线　　图 22.47 改性吸附剂对磺胺嘧啶的吸附动力曲线

(二) 改性吸附剂对抗生素的吸附容量曲线

图 22.48～图 22.51 表明，抗生素初始浓度为 100 mg/L 时，改性吸附剂对 OTC 和 DOXY 的吸附容量呈"S"形，说明吸附具有线性趋势，在这一浓度下改性吸附剂对于 OTC 和 DOXY 的吸附效果好，吸附容量随着时间的增加而增大；TC 在 3h 前吸附量较小，表明此时吸附速率较慢，吸附剂对 TC 的吸附具有延后的特性，在 3h 后吸附量呈线性增长，具有良好的吸附效率；SDZ 的吸附容量曲线在 4 h 时出现拐点。4 种抗生素的吸附在 10h 时基本达到吸附量的最大值，说明此时吸附柱已经被击穿，进水和出水浓度相等。

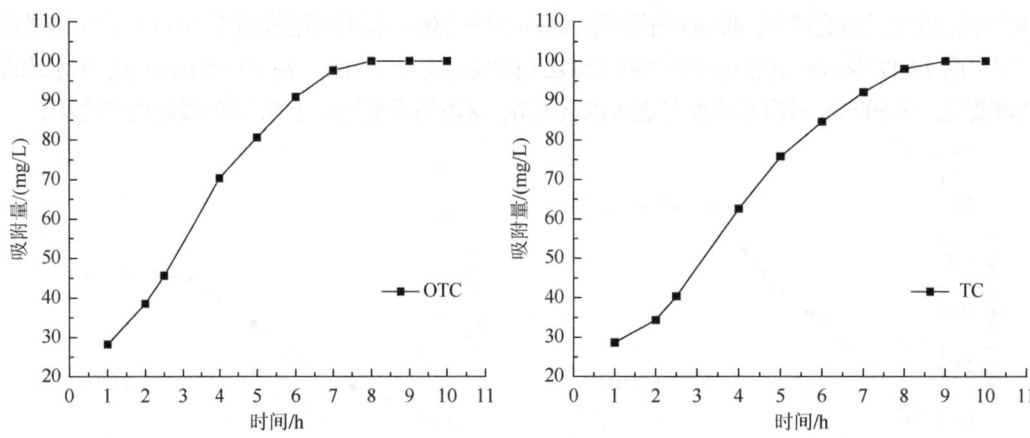

图 22.48 改性吸附剂对土霉素的吸附容量　　图 22.49 改性吸附剂对四环素的吸附容量

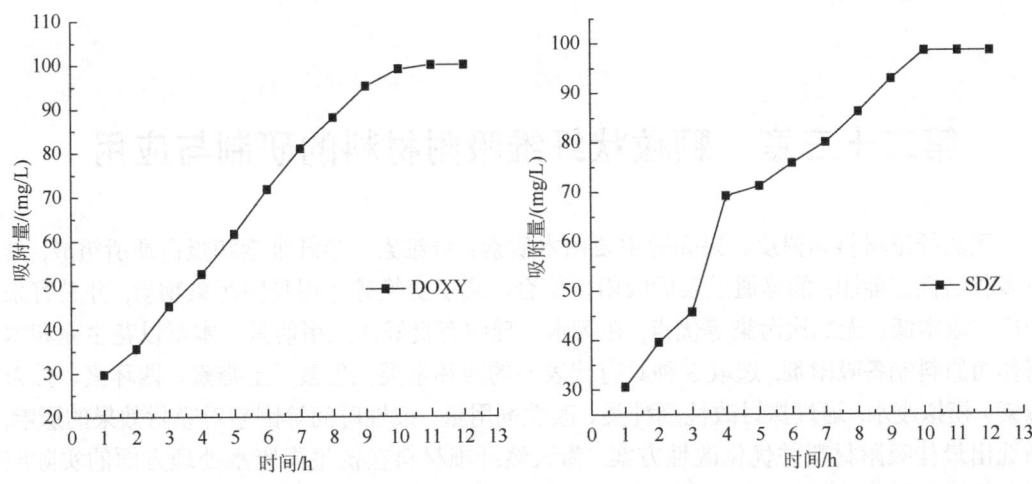

图 22.50　改性吸附剂对强力霉素的吸附容量　　图 22.51　改性吸附剂对磺胺嘧啶的吸附容量

参 考 文 献

管俊芳, 叶瀚, 胡雪峰, 等. 2010. 改性膨润土处理含油废水的试验研究. 金属矿山, (3): 154~158.

郝建朝, 连宾, 刘惠芬, 等. 2013. 三氯化铁改性有机膨润土包膜材料对六价铬的动态吸附. 农业环境科学学报, 32(3): 646~652.

栗文楼, 李明路. 1998. 膨润土的开发应用. 北京: 地质出版社.

孙洪良. 2010. 复合改性膨润土对水中有机物和重金属的协同吸附研究. 浙江: 浙江大学博士学位论文.

魏瑞成, 葛峰, 陈明, 等. 2010. 江苏省畜禽养殖场水环境中四环类抗生素污染研究. 农业环境科学学报, 29(6):1205~1210.

吴楠, 乔敏. 2010. 土壤环境中四环素类抗生素残留及抗性基因污染的研究进展. 生态毒理学报, 5(5): 618~627.

朱利中, 陈宝梁. 2009. 膨润土吸附材料在有机污染控制中的应用. 化学进展, 21(2/3): 420~429.

Akar S T, Yetimoglu Y, Gedikbey T. 2009. Removal of chromium(Ⅵ)ions from aqueous solutions by using Turkish montmorillonite clay:Effect of activation and modification. Desalination, 244(3): 97~108.

Kasztelan S, Benazzi E, Marchal-George N. 2002. Greater activity using an amorphous or poorly crystallized, generally porous matrix such as alumina; catalyst selectivity in treating middle distillate oils to gasoline, jet fuels and light gas oils of quality:U.S. Patent 6, 500, 330. 2002-12-31.

Majdan M, Maryuk O, Pikus S, et al. 2005. Equilibrium, FTIR, scanning electron microscopy and small wide angle X-ray scattering studies of chromates adsorption on modified bentonite. Journal of Molecular Structure, 740(3):203~211.

第二十三章　颗粒状纤维吸附材料的研制与应用

天然纤维材料如树皮、果壳等主要由木质素、纤维素、半纤维素和蛋白质所组成,具有多种活性官能团,能够通过表面吸附、络合、离子交换等作用吸附污染物质,并具有来源广、成本低、无二次污染等优点,在污水处理中有良好的应用前景。本章以花生壳和木屑作为原料制备吸附剂,选取 3 种具有代表性的四环素类抗生素(土霉素、四环素、强力霉素)模拟废水,通过探讨改性剂种类、改性剂用量、改性时间等因素对吸附效果的影响,筛选出最佳吸附材料并优化改性方案,为天然纤维材料在抗生素废水处理方面的实际应用提供新材料。

第一节　天然纤维材料对抗生素废水的吸附作用

一、吸附时间对吸附效果的影响

花生壳和木屑对抗生素的单位吸附量随吸附时间的变化分别如图 23.1 和图 23.2 所示。由图可知,花生壳和木屑对抗生素的吸附情况基本一致,0~2h 时,对 3 种抗生素的单位吸附量迅速上升,这是由于在吸附反应的初期,吸附剂表面的活性位点较多,溶液中抗生素的浓度相对较高,吸附传质动力较大,因而吸附进行的速率较快;2~10h 时,单位吸附量仍呈增长趋势,但增长速率明显减缓,此时吸附剂表面的部分吸附位点达到饱和,因此增长速率明显减缓,吸附速度下降;10h 以后,单位吸附量的增长趋势不明显,这是因为花生壳和木屑的吸附位点被占满,对抗生素的吸附基本达到平衡。

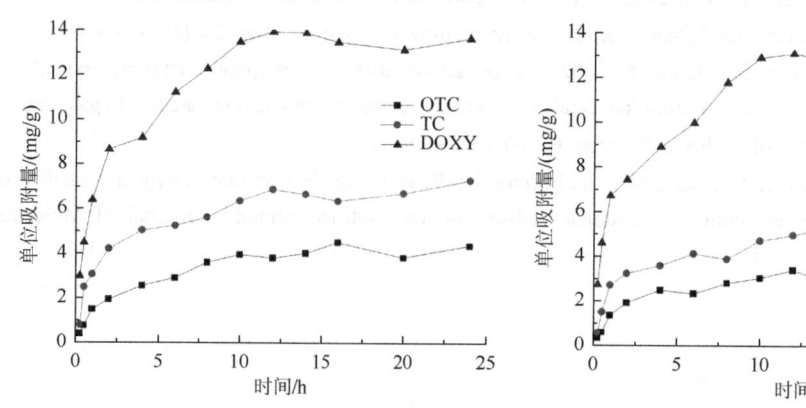

图 23.1　吸附时间对花生壳单位吸附量的影响　　图 23.2　吸附时间对木屑单位吸附量的影响

吸附平衡时 3 种抗生素的单位吸附量顺序均为土霉素(OTC)<四环素(TC)<强

力霉素（DOXY），而在相同的吸附时间内花生壳的吸附效果稍优于木屑。研究表明，pH 较高的吸附剂比 pH 低的吸附剂有更好的吸附效果，而花生壳的 pH 比木屑的略高；纤维素在吸附过程中起主要作用，花生壳中纤维素含量高达 48.68%，超过木屑 14.53%，因此，花生壳对抗生素的吸附效果较木屑好，与相关研究结果相符。

考虑到后续实验的进行，为保证吸附反应完全，选择 16h 为花生壳和木屑吸附抗生素的平衡时间。

二、抗生素初始浓度对吸附效果的影响

不同抗生素初始浓度对花生壳和木屑吸附效果的影响试验结果见图 23.3 和图 23.4。从图可知，随着溶液中抗生素初始浓度的增加，花生壳和木屑对 3 种抗生素的单位吸附量也逐渐增大。在抗生素初始浓度较低时，花生壳和木屑对 3 种抗生素的单位吸附量均较低，而当抗生素初始浓度高于 300 mg/L 时，花生壳对土霉素和四环素的吸附效果明显优于木屑，说明花生壳的吸附容量较木屑大。而且作为吸附剂，花生壳更能够抵挡高浓度抗生素废水的冲击负荷。当溶液中抗生素的浓度较低时，纤维材料对抗生素的吸附未达到饱和，单位吸附量增长较快；在抗生素初始浓度超过 300 mg/L 后，纤维材料对抗生素的吸附逐渐达到饱和，单位吸附量的增长幅度开始逐渐减缓，同时溶液中高浓度抗生素产生空间阻力或静电斥力也会对吸附过程造成一定影响。

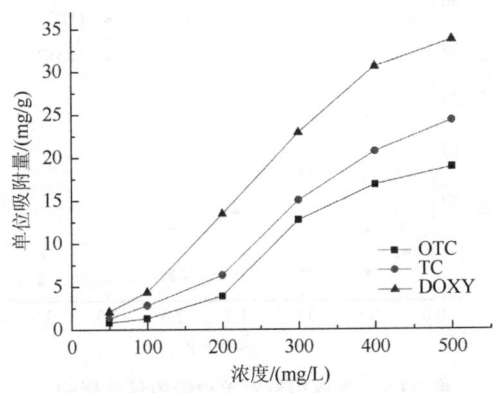

图 23.3 抗生素浓度对花生壳单位吸附量影响　　图 23.4 抗生素浓度对木屑单位吸附量影响

考虑到实际废水中抗生素浓度并不高，而抗生素浓度过低在实验操作和仪器分析中可能存在较大误差，因此选择 200mg/L 作为模拟废水中抗生素的初始浓度。

三、吸附剂用量对吸附效果的影响

不同吸附剂用量对 3 种抗生素吸附效果的影响试验结果见图 23.5～图 23.8。从图 23.5 和图 23.6 可知，当吸附剂用量从 0.2g 增加到 3.0g 时，土霉素和四环素的吸附率均随着吸附剂用量的增加也不断增加，强力霉素的吸附率变化在吸附剂用量为 1.0g 时已趋于缓慢；而图 23.7 和图 23.8 显示随着吸附剂用量的增加，其对 3 种抗生素的单位吸

附量均呈现出明显的减小趋势。这是因为随着吸附剂用量的不断增加，所具有的吸附基团也在增加，但是当吸附剂的聚集情况超过一定程度后，单位比表面积上的吸附基团有所减少，再加上吸附基团间的相互作用和静电作用的干扰，导致单位质量吸附剂对抗生素的吸附量减少。因此，在保证具有较高抗生素吸附率和单位吸附量的前提下，综合经济成本考虑，选择吸附剂用量为 1.0g。

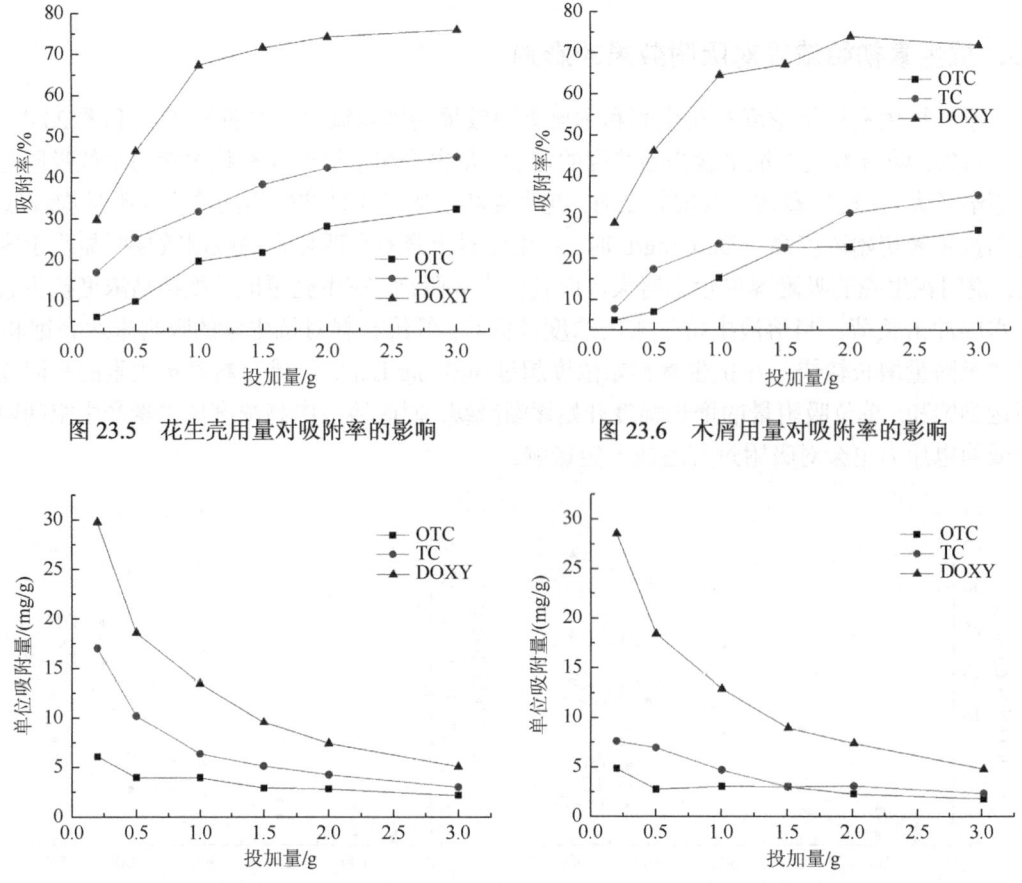

图 23.5　花生壳用量对吸附率的影响　　　　图 23.6　木屑用量对吸附率的影响

图 23.7　花生壳用量对单位吸附量的影响　　图 23.8　木屑用量对单位吸附量的影响

四、pH 对吸附效果的影响

溶液 pH 对抗生素吸附效果的影响如图 23.9 和图 23.10 所示。由图可知，随着溶液 pH 的增加，花生壳和木屑对 3 种抗生素的单位吸附量呈先升高后降低的趋势。采用花生壳为吸附剂时，吸附土霉素、四环素、强力霉素的最佳 pH 范围分别为 5~8、6~9、6~7；而以木屑为吸附剂时，3 种抗生素的单位吸附量分别在 pH 为 7、6、6 时达到最大，在 pH 超过 7 后吸附效果明显减弱。可见，中性偏酸性条件有利于天然纤维材料对抗生素的吸附，而且花生壳的吸附域较木屑更广。四环素类抗生素在天然纤维材料上的吸附量总体上随着 pH 的增大先升高后降低，最适 pH 范围为 5~7。因此，选择抗生素溶液的 pH 为 6 较适宜。

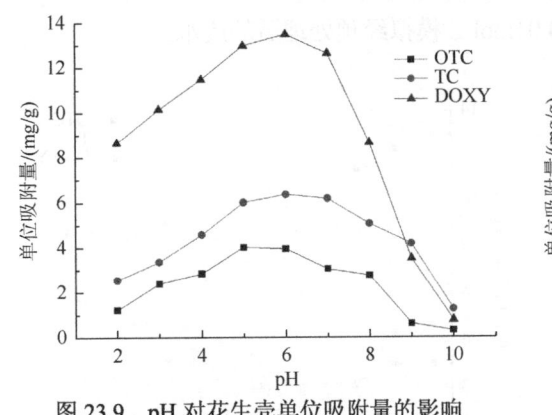
图 23.9 pH 对花生壳单位吸附量的影响

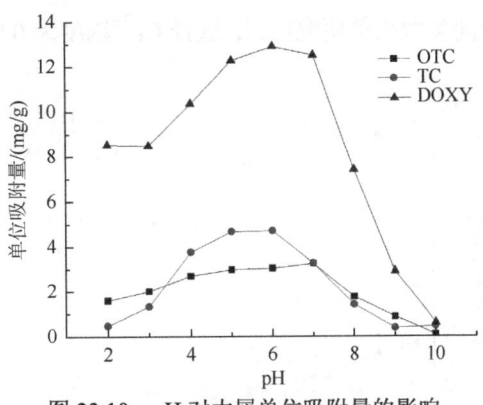
图 23.10 pH 对木屑单位吸附量的影响

五、温度对吸附效果的影响

花生壳和木屑对 3 种抗生素的单位吸附量随吸附温度的变化曲线如图 23.11 和图 23.12 所示。

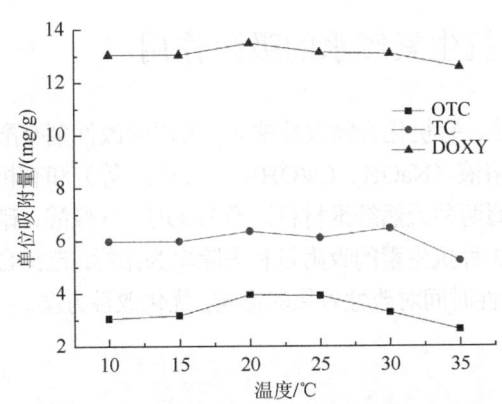
图 23.11 吸附温度对花生壳单位吸附量的影响

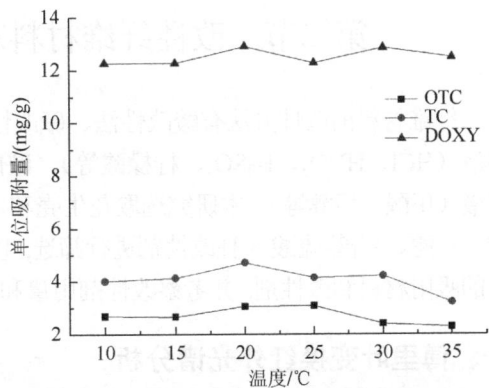
图 23.12 吸附温度对木屑单位吸附量的影响

由图可知，随着吸附温度的升高，花生壳和木屑对 3 种抗生素的单位吸附量变化不大，温度从 10℃ 上升到 35℃，抗生素单位吸附量变化不超过 10%，说明温度变化对该吸附过程的影响甚微，此结果与文献中离子交换受温度影响较小的结论相符。因此，考虑到经济因素，选择在室温约 20℃ 条件下进行吸附实验。

六、共存阳离子强度对吸附效果的影响

共存阳离子强度对抗生素吸附效果的影响结果见图 23.13 和图 23.14。从图可知，随着 Ca^{2+} 浓度的不断增大，3 种抗生素的单位吸附量呈现出持续降低的趋势，这是溶液中的 Ca^{2+} 与抗生素阳离子产生竞争吸附的结果。当 Ca^{2+} 浓度小于 0.05mol/L 时，竞争作用较小，仅四环素的单位吸附量降幅稍大，对土霉素和强力霉素的吸附影响幅度不大；Ca^{2+} 浓度超过 0.05mol/L 后，溶液中的 Ca^{2+} 占据吸附剂上的部分吸附位点，竞争作用增强，3 种抗生素的单位吸附量均明显减少，以对四环素的影响最为显著，单位吸附量减小近 30%。可见，溶液中共存阳离子浓度越高，花生壳和木屑对抗生素的单位吸附量越小，吸附效果降低。在工程实际应用中可对废水进行相应的预处理，以减弱阳离子竞争作用对抗生素吸附效果的影响。结

合同类型相关研究结果,选择 Ca^{2+} 浓度为 0.01mol/L 模拟经预处理后的废水。

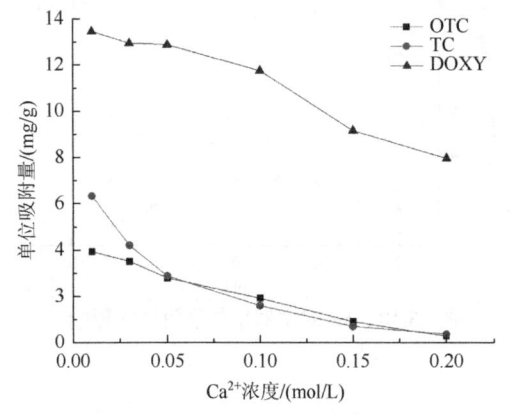

图 23.13　离子强度对花生壳单位吸附容量影响

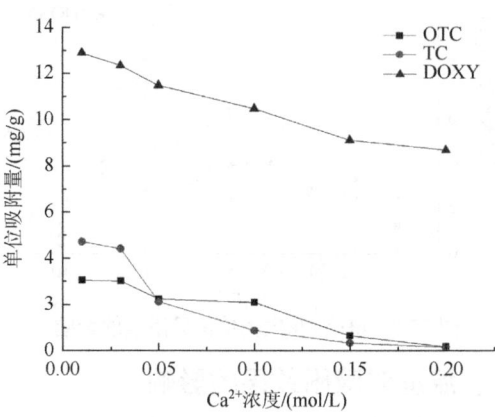

图 23.14　离子强度对木屑单位吸附容量影响

第二节　改性纤维材料对抗生素废水的吸附作用

纤维材料的改性方法有酸改性法、碱改性法、有机化合物改性法等,常用的改性剂有酸溶液（HCl、HNO_3、H_2SO_4、柠檬酸等）、碱性溶液（NaOH、$Ca(OH)_2$、Na_2CO_3 等）和有机溶液（甲醛、甲醇等）。本研究选取花生壳和木屑两种天然纤维材料以及 NaOH、柠檬酸、硝酸、乙醇、甲醛-硫酸 5 种改性剂进行筛选,以 3 种抗生素的吸附量和去除率为指标,选择合适的吸附材料和改性剂,并考察改性剂用量和改性时间对改性效果的影响,优化改性方案。

一、傅里叶变换红外光谱分析

图 23.15～图 23.24 为花生壳和木屑分别经过 NaOH、柠檬酸、硝酸、乙醇、甲醛-硫酸混合液 5 种化学药剂改性前后的对比红外谱图。

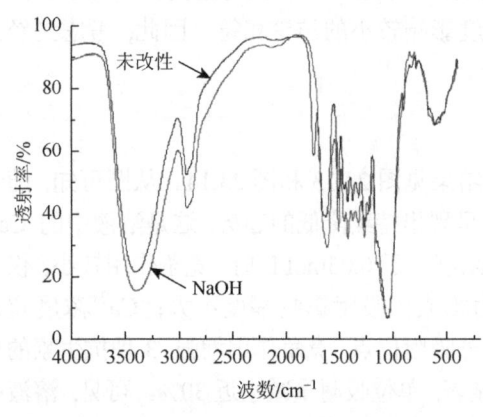

图 23.15　NaOH 改性前后花生壳的红外谱图

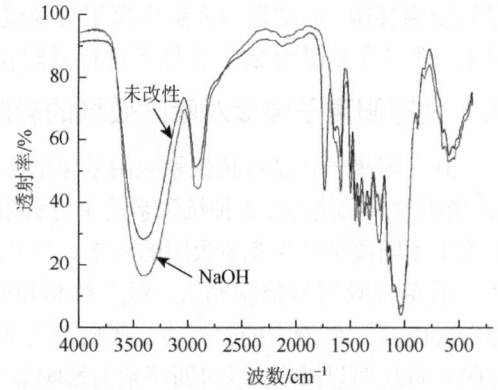

图 23.16　NaOH 改性前后木屑的红外谱图

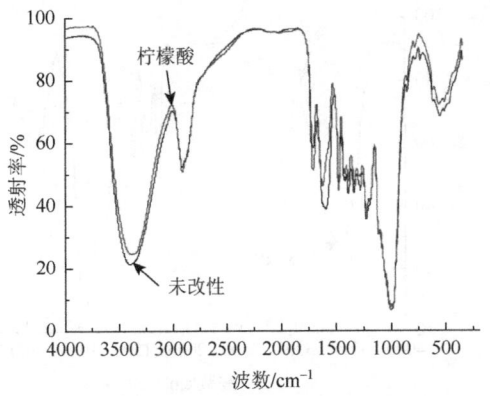

图 23.17　柠檬酸改性前后花生壳的红外谱图

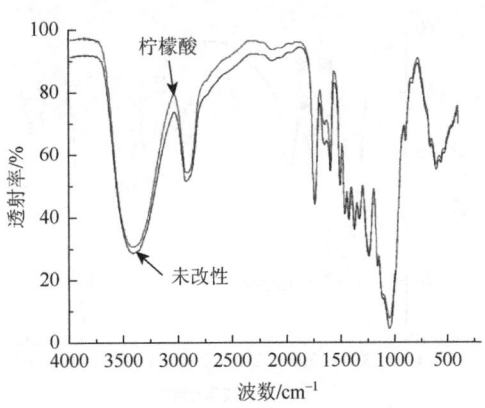

图 23.18　柠檬酸改性前后木屑的红外谱图

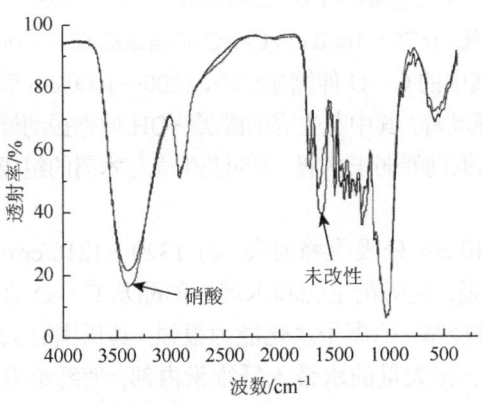

图 23.19　硝酸改性前后花生壳的红外谱图

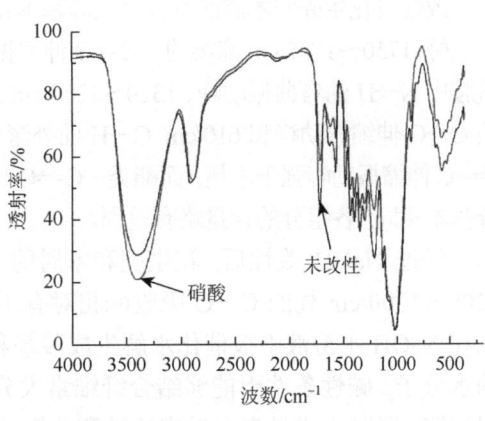

图 23.20　硝酸改性前后木屑的红外谱图

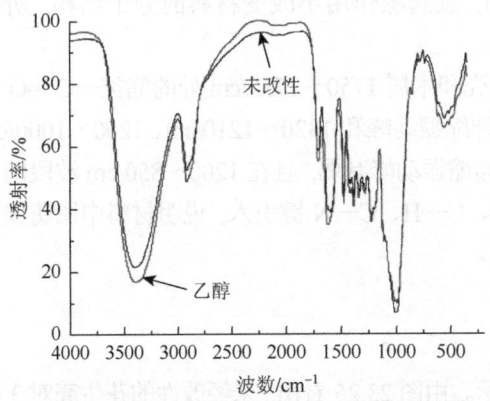

图 23.21　乙醇改性前后花生壳的红外谱图

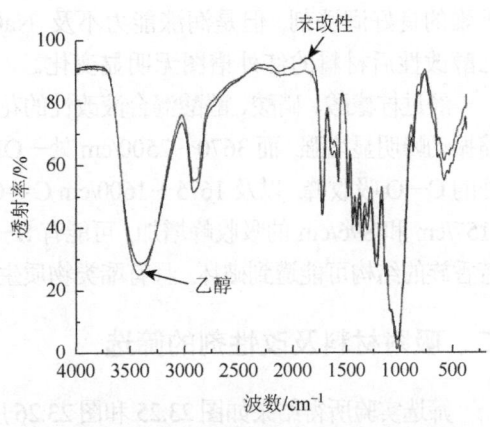

图 23.22　乙醇改性前后木屑的红外谱图

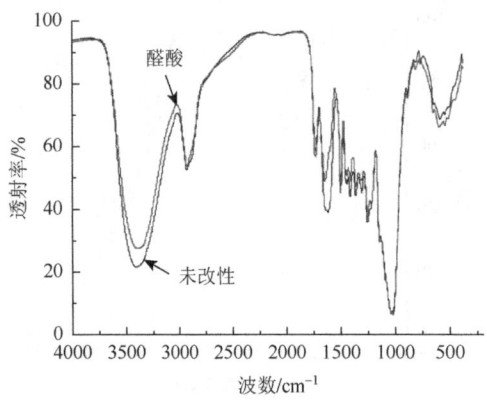
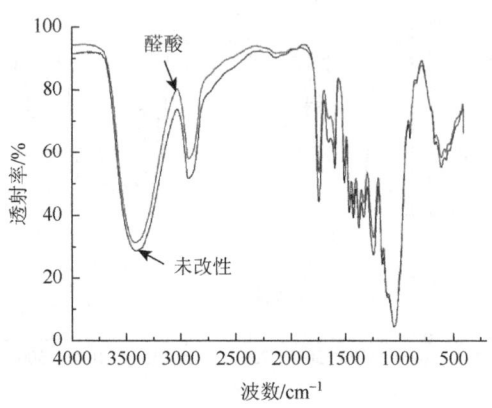

图 23.23 醛酸改性前后花生壳的红外谱图　　图 23.24 醛酸改性前后木屑的红外谱图

改性前花生壳和木屑的特征吸收峰基本相同，主要包括 3670~2500/cm 醇类的—OH 伸缩振动峰、1750~1735/cm 酯类的—C=O 伸缩振动峰、1675~1600/cm C=C 伸缩振动峰、1510/cm 酰胺中 N—H 的弯曲振动峰、1320~1210/cm 羧酸中的 C—O 伸缩振动峰、1200~1000/cm 醇类的 C—O 伸缩振动峰和 610/cm C—H 面外弯曲振动峰，其中花生壳的醇类—OH 伸缩振动峰和 C=C 伸缩振动峰强于木屑，而酯类—C=O 伸缩振动峰弱于木屑，说明花生壳与木屑的组成成分基本相同，各组分的含量略有差别。

经过 NaOH 改性后，花生壳和木屑的 1740/cm 处吸收峰消失，而 1320~1210/cm 和 1200~1000/cm 处的 C—O 吸收峰相对有所增强，说明花生壳和木屑中的酯基 C=O 官能团在 NaOH 水溶液中被催化水解生成羧基和醇羟基。钠离子水化能力很强，其周围有大量的水分子，碱性条件下能够结合纤维素大分子，将大量的水带入纤维素内部，使纤维素有限溶胀，同时生成具有高反应活性和分散性的碱性纤维素，并水解酯类物质增加活性基团数量。

经过乙醇处理后花生壳与木屑的红外谱图均变化不大，这是因为乙醇同样是一种纤维素的良好润涨剂，但是润涨能力不及 NaOH，且润涨作用不改变材料的分子结构，所以乙醇改性后材料的红外谱图无明显变化。

经过柠檬酸、硝酸、醛酸混合液改性的花生壳和木屑 1750~1735/cm 处的酯类—C=O 伸缩振动峰明显增强，而 3670~2500/cm 处—OH 伸缩振动峰和 1320~1210/cm、1200~1000/cm 处的 C—O 吸收峰，以及 1675~1600/cm C=C 伸缩振动峰减弱，且在 1200~850/cm 波段间有 1157/cm 和 896/cm 的吸收峰增加，可能有 S—O、C—H、C—N 键引入，说明材料中脂肪族和芳香族的结构可能遭到破坏，且有酯类物质生成。

二、吸附材料及改性剂的筛选

筛选实验所得结果如图 23.25 和图 23.26 所示。由图 23.25 看出，未经改性的花生壳对 3 种抗生素的吸附率分别为土霉素（OTC）21.80%、四环素（TC）36.44%、强力霉素（DOXY）68.19%；经 NaOH 改性后花生壳的吸附性能明显提高，吸附率可达 OTC 67.27%、TC 79.08%、DOXY 87.40%；经柠檬酸改性后 3 种抗生素的吸附率均降低超过原来的一半；经硝酸改性后，

OTC 和 TC 吸附率变化不大，DOXY 降低约 20%；经乙醇改性后 3 种抗生素吸附率上升 10%～20%；经醛酸混合液改性后，除了 OTC 吸附率略有升高，另外两种抗生素的吸附率均大幅降低，其中 TC 吸附率仅为 7.98%。整体比较，土霉素吸附率大小关系为 NaOH＞乙醇＞甲醛-硫酸＞硝酸＞未改性＞柠檬酸，四环素吸附率大小关系为 NaOH＞乙醇＞硝酸＞未改性＞柠檬酸＞甲醛-硫酸，强力霉素吸附率大小关系为 NaOH＞乙醇＞未改性＞硝酸＞甲醛-硫酸＞柠檬酸。

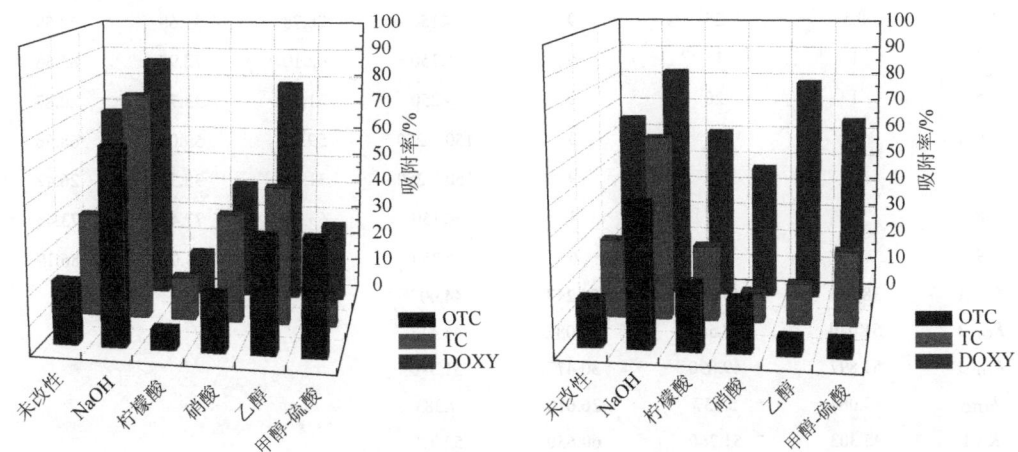

图 23.25　改性花生壳对 3 种抗生素的吸附率　　图 23.26　改性木屑对 3 种抗生素的吸附率

图 23.26 结果显示，未经改性的木屑对 3 种抗生素的吸附率仅为 OTC 16.64%、TC 27.81%、DOXY 65.41%；经 NaOH 改性后对 OTC 和 TC 的吸附率提高近 3 倍，3 种抗生素的吸附率分别为 OTC 48.81%、TC 64.26%、DOXY 82.72%；经柠檬酸改性后，3 种抗生素的吸附率变化不大；经硝酸改性后，TC 和 DOXY 吸附率分别降低约 10% 和 20%，OTC 变化不大；经乙醇改性后，OTC 吸附率仅为 6.16%，TC 和 DOXY 则分别降低和升高约 10%；经醛酸混合液改性后，TC 和 DOXY 吸附率略有升高，OTC 仅为 6.05%。整体比较，土霉素吸附率大小关系为 NaOH＞柠檬酸＞硝酸＞未改性＞乙醇＞甲醛-硫酸，四环素吸附率大小关系为 NaOH＞柠檬酸＞甲醛-硫酸＞未改性＞乙醇＞硝酸，强力霉素吸附率大小关系为 NaOH＞乙醇＞甲醛-硫酸＞未改性＞柠檬酸＞硝酸。

综合上述分析，花生壳经改性后的吸附效果较木屑好，5 种改性剂中 NaOH 的效果明显优于其他 4 种，此外在研究中还发现 NaOH 改性花生壳在水溶液中的沉降性能显著增强，更有利于其与水中的污染物接触，因此选取 NaOH 作为改性剂对花生壳进行改性。

三、最佳吸附条件的确定

$L_9(3^4)$ 正交试验结果见表 23.1。表 23.1 中 R 值为各因素的极差，反映了因素变化时实验结果的变化幅度，各列 R 值均不相等，说明各因素对吸附试验结果的影响各不相同，极差越大，说明这个因素对试验结果的影响也越大，该因素即为最显著的因素。对于 3 种抗生素的去除效果，由 R 值可得出 4 个因素对吸附率的影响顺序均为溶液 pH＞NaOH 改性花生壳投加量＞花生壳粒径＞吸附温度，说明在 NaOH 改性花生壳吸附抗生素的过程中，溶液 pH 是最主要的影响因素，对 3 种抗生素吸附率的影响程度均远大于其他因素。

表 23.1 正交实验结果

实验序号	投加量/g	吸附温度/℃	pH	粒径/μm	OTC/%	TC/%	DOXY/%
1	0.5	15	3	>250	39.63	45.46	54.26
2	0.5	20	6	150~250	48.09	58.77	75.47
3	0.5	25	9	<150	28.78	31.68	22.59
4	1	15	6	<150	62.10	72.97	83.66
5	1	20	9	>250	31.32	33.73	20.87
6	1	25	3	150~250	59.82	59.08	68.56
7	2	15	9	150~250	31.33	35.35	26.42
8	2	20	3	<150	63.29	77.41	73.45
9	2	25	6	>250	61.07	73.03	86.19
$K_{OTC}1$	38.833	44.353	54.247	44.007			
$K_{OTC}2$	51.080	47.567	57.087	46.413			
$K_{OTC}3$	51.897	49.890	30.477	51.390			
R_{OTC}	13.064	5.537	26.610	7.383			
$K_{TC}1$	45.303	51.260	60.650	52.773			
$K_{TC}2$	55.260	56.637	68.257	51.067			
$K_{TC}3$	61.930	54.597	33.587	60.687			
R_{TC}	16.627	5.377	34.670	9.947			
$K_{DOXY}1$	50.773	54.780	65.423	53.773			
$K_{DOXY}2$	57.697	56.597	81.773	56.817			
$K_{DOXY}3$	62.020	59.113	23.293	59.900			
R_{DOXY}	11.247	4.333	58.480	6.127			

K 值为各因素不同水平下的试验结果之和，反映了对应因素在其他因素变化基本相同的条件下与抗生素吸附率的关系，同一因素中 K 值越大说明对抗生素的吸附率越大，所以 K 值最大的水平为最佳水平。由表 23.1 可以得到，OTC 和 DOXY 的最佳吸附条件均为：投加量 2g、吸附温度 25℃、pH6、粒径<150μm，而 TC 的最佳吸附条件均为：投加量 2g、吸附温度 20℃、pH6、粒径<150μm。由于投加量和吸附温度这两个因素的 R 值较小，对吸附抗生素的影响较小，且 $K2$、$K3$ 值相差不大，考虑吸附剂成本和能耗，选择投加量最佳水平为 1g，温度最佳水平为 20℃。

结合上述的分析和试验数据，可以确定 NaOH 改性花生壳吸附 3 种抗生素的最佳条件为：投加量 1g、吸附温度 20℃、pH6、粒径<150μm。因此，花生壳原料吸附抗生素的条件同样适用于改性花生壳，在此条件下 3 种抗生素的吸附率分别为土霉素 67.27%、四环素 79.08%、强力霉素 87.40%。

第三节　固定化颗粒吸附剂对抗生素废水的吸附作用

为提高纤维材料对含抗生素废水的吸附效率，促进吸附剂的循环再利用，可对吸附剂进行固定化处理。吸附剂的固定化一般可以通过交联、包埋及与载体连接等方法。本节采用聚乙烯醇（PVA）-海藻酸钠（SA）共固定法，以钙基膨润土取代常规钙源 $CaCl_2$，对改性花生壳进行包埋制成颗粒吸附剂，并研究了固定化颗粒吸附剂对抗生素的最佳吸附条件。

一、扫描电子显微镜分析

图 23.27 和图 23.28 分别为 NaOH 改性前后粉末状花生壳的扫描电镜照片，图 23.29 和图 23.30 分别为固定化颗粒吸附剂放大 50 倍和 5000 倍的扫描电镜照片。

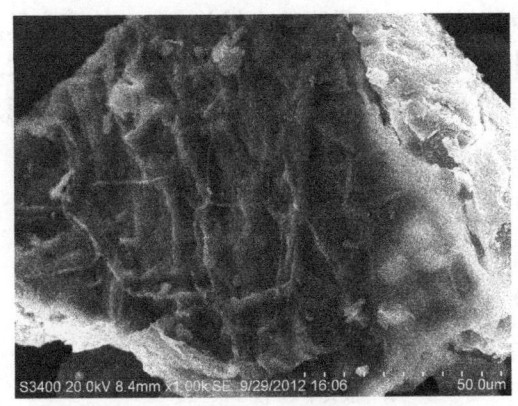

图 23.27　未改性花生壳电镜图（1000 倍）

图 23.28　NaOH 改性花生壳电镜图（1000 倍）

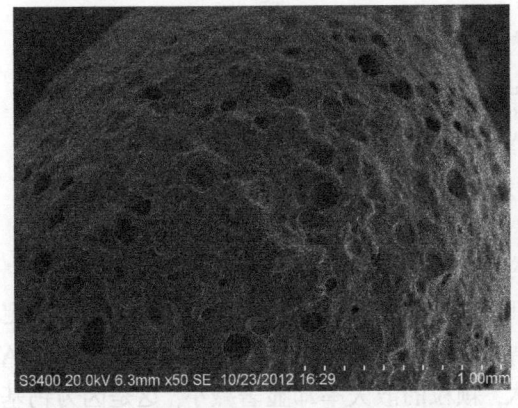

图 23.29　固定化颗粒的电镜图（50 倍）

图 23.30　固定化颗粒的电镜图（5000 倍）

对比图 23.27 和图 23.28 花生壳改性前后的 SEM 可以看出，改性前花生壳的表面有着紧密的纤维素结构，而改性后花生壳表面松散粗糙，明显增加了许多通道和孔隙，说明改性过程使花生壳的比表面积增大，吸附位点增多。图 23.29 和图 23.30 分别显示了固定化颗粒的表面和内部结构，大大小小的空洞遍布整个表面，这些空洞为颗粒吸附污染物提供了有利的通道。结合图 23.28 和图 23.30 可见，图 23.28 中右侧表面粗糙、具有多孔结构的物质为花生壳，左下方的无定形物质为聚乙烯醇，表明包埋过程使 PVA 黏结了细小的花生壳粉末，二者结合成为一体。

二、固定化条件对颗粒性能的影响

PVA 浓度对颗粒性能的影响见图 23.31。由图可知，当 PVA 浓度为 5%时，颗粒强度最低，无法成球形，固定化失败，未在图中标出；当 PVA 浓度为 6%～8%时，颗粒散失率大幅下降，抗生素吸附率也略有减小；当 PVA 浓度超过 8%，抗生素的吸附率和颗粒散失率继续降低，但趋势逐渐平缓。整体看来，颗粒吸附剂对 3 种抗生素的吸附率均随 PVA 浓度的增大而减小，颗粒的散失率随 PVA 浓度的增大而减小，说明颗粒的机械强度随 PVA 浓度的增大而逐渐增大。然而，强度越大，颗粒对抗生素的吸附能力越差。PVA 浓度太低，颗粒机械强度不够，容易破碎，难以长期使用；浓度太高，颗粒过分致密，传质阻力过大，导致处理效果差。因此，为了使固定化颗粒同时具有较强的机械性能和较好的吸附性能，选择 PVA 浓度为 8%。

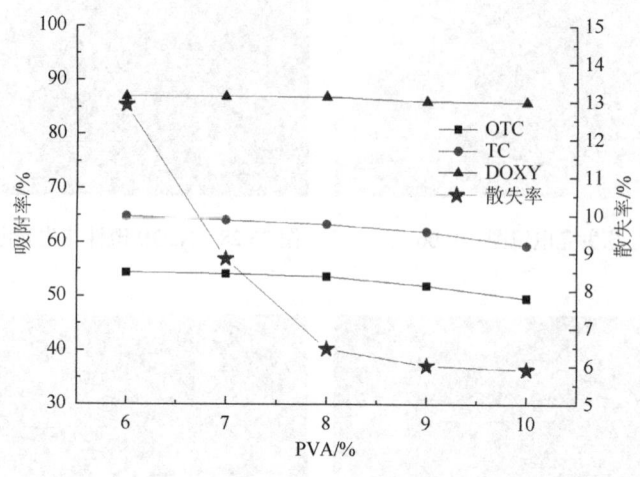

图 23.31　PVA 浓度对颗粒性能的影响

不同 SA 浓度条件下制得的颗粒吸附剂的散失率及其对抗生素的吸附率见图 23.32。实验中 SA 浓度为 0 即包埋剂仅含有 8%PVA 时，混合物在硬化剂中散开，无法成形，固定化失败，未在图中标出；由图 23.32 可以看出，SA 浓度在 0.1%～1.0%范围内时，随着 SA 浓度的增大，对 3 种抗生素的吸附率变化不大，颗粒的散失率却显著减小，这是因为钙基膨润土中存在大量的 Ca^{2+}，海藻酸钠中的 Na^+ 与膨润土中的 Ca^{2+} 发生离子交换，使海藻酸成为水不溶性盐，形成固定化凝胶，从而改善颗粒的机械性能；SA 浓度为 2%时，混合物黏度过大，难以以流滴状泵出，无法固定成球形，未在图中标出。陈庆森等研究发现，采用海藻酸钠与聚乙烯醇进行共固定化，可以弥补 PVA 与硬化剂反应速度慢、不易成球等缺点，本实验结果与此相符。综合考虑颗粒性能与经济成本，选择 SA 浓度为 0.5%。

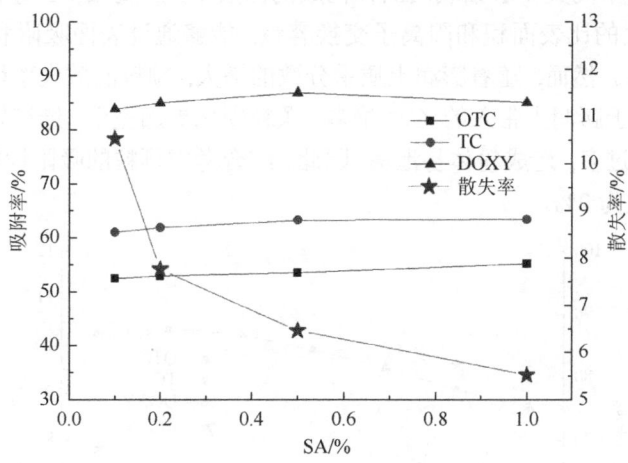

图 23.32　SA 浓度对固定化效果的影响

包埋量对颗粒性能的影响见图 23.33。由图 23.33 可以看出，包埋量在 4∶1～2∶1 范围内时，3 种抗生素的吸附率随颗粒中有效成分的增多而上升，散失率略有增大；包埋量继续增大到 2∶3，颗粒散失率明显变大，这是由于粉末含量较大，导致交联网格稀疏，颗粒结构松散，机械强度较低；包埋量达到 1∶2 时，混合物黏度过大，难以以流滴状泵出，无法固定成球形，未在图中标出。包埋量太小，处理等量废水所需要的吸附剂用量增大，成本提高，包埋量过大，颗粒机械强度不够，无法长期使用，因此，确定 PVA 与花生壳粉末的质量比为 1∶1。

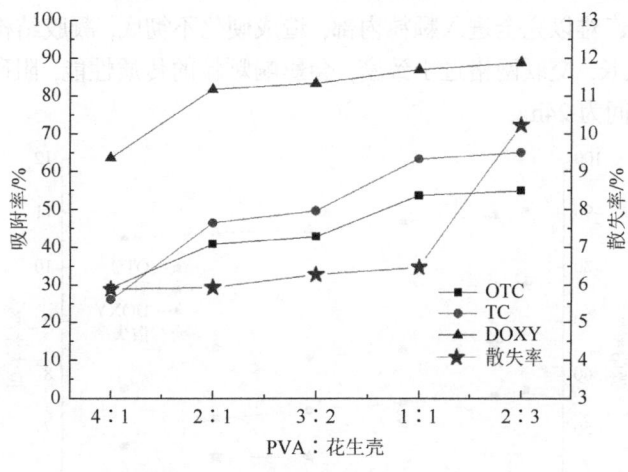

图 23.33　包埋量对固定化效果的影响

膨润土用量对颗粒性能的影响见图 23.34。图 23.34 结果表明，采用钙基膨润土代替 $CaCl_2$，使颗粒对抗生素的吸附性能显著增强，抗生素吸附率随着膨润土质量分数的增大而增大。这是因为在凝胶形成过程中部分膨润土被包入颗粒，膨润土的主要成分蒙脱石是由两层硅氧四面体中间夹一层铝氧四面体构成的晶层单元，属 2∶1 型的黏土矿物，具有强膨胀性以及较大的比表面积和阳离子交换容量，能够通过表面吸附和离子交换作用吸附溶液中的抗生素。然而，随着膨润土质量分数的增大，颗粒的散失率呈现出先减少后增大的趋势，这是由于膨润土带入的 Ca^{2+} 增多，颗粒硬化更加完全，继续增大膨润土质量分数，颗粒中膨润土过多，造成粉体易泄漏。因此，综合考虑颗粒的吸附性能和机械强度，选择膨润土质量分数为 2%。

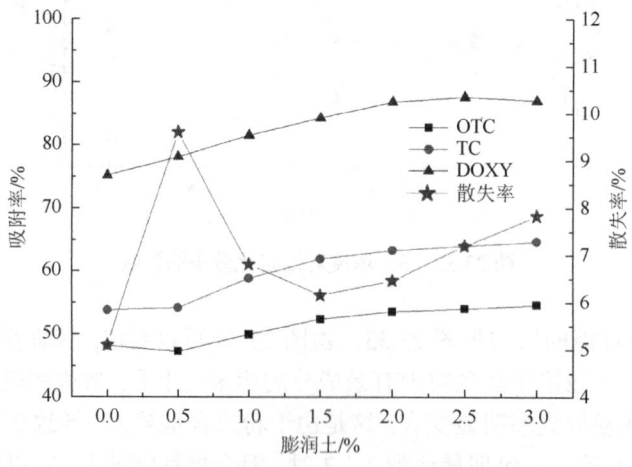

图 23.34　膨润土用量对固定化效果的影响

颗粒吸附剂对抗生素吸附率和散失率随交联时间的变化见图 23.35。图 23.35 结果表明，随交联时间的增加颗粒的散失率明显减小，即机械强度增大，同时，对 3 种抗生素的吸附率也呈减小趋势。凝胶在饱和硼酸-膨润土混合液中的硬化时间应不低于 24h，硬化时间太短，硼酸和 Ca^{2+} 难以完全进入颗粒内部，造成硬化不彻底，凝胶结构易破溃，PVA 泄漏；而硬化时间太长，交联网格过于致密，会影响颗粒的传质性能，阻碍抗生素的吸附。因此，选择交联时间为 24h。

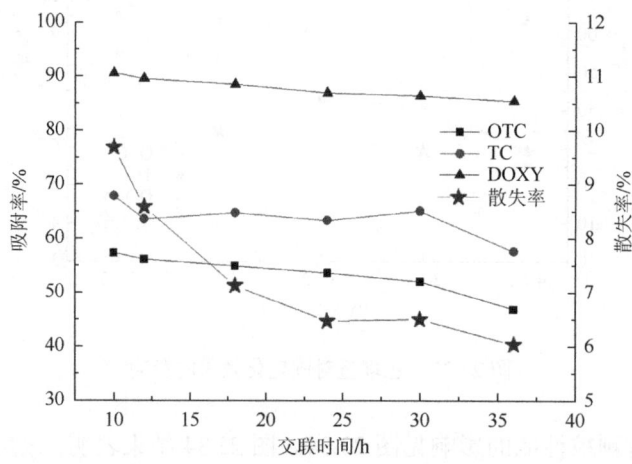

图 23.35　交联时间对固定化效果的影响

三、固定化颗粒吸附剂最佳吸附条件

$L_9(3^4)$ 正交试验结果见表 23.2。由表 23.2 中 R 值可以看出,4 个因素对固定化颗粒吸附 3 种抗生素的影响顺序均为溶液 pH＞颗粒投加量＞吸附时间＞抗生素初始浓度,其中溶液 pH 的 R 值远大于其他因素,说明溶液的 pH 是影响抗生素吸附率的关键因素。表 23.2 中各列 K 值显示,吸附时间水平 3、初始浓度水平 2、投加量水平 3 和 pH 水平 2 为最佳水平,说明 3 种抗生素的最佳吸附条件均为:吸附时间 20h、抗生素初始浓度 200mg/L、颗粒投加量 3g、溶液 pH 6。由于投加量的 R 值较小,对吸附抗生素的影响较小,且 K_2、K_3 值相差不大,考虑吸附剂成本和有效利用率,选择投加量最佳水平为 2g。

表 23.2 正交实验结果

实验序号	吸附时间/h	初始浓度/(mg/L)	投加量/g	pH	OTC/%	TC/%	DOXY/%
1	12	100	1	3	32.86	41.23	42.53
2	12	200	2	6	44.16	54.74	69.81
3	12	300	3	9	13.25	20.27	23.54
4	16	100	2	9	11.72	21.66	28.14
5	16	200	3	3	52.27	62.42	78.86
6	16	300	1	6	37.87	39.18	45.97
7	20	100	3	6	60.98	68.39	84.56
8	20	200	1	9	10.36	23.29	12.67
9	20	300	2	3	50.42	55.79	72.34
$K_{OTC}1$	30.090	35.187	27.030	45.183			
$K_{OTC}2$	33.953	35.597	35.433	47.670			
$K_{OTC}3$	40.587	33.847	42.167	11.777			
R_{OTC}	10.497	1.750	15.137	35.893			
$K_{TC}1$	38.747	43.760	34.567	53.147			
$K_{TC}2$	41.087	46.817	44.063	54.103			
$K_{TC}3$	49.157	38.413	50.360	21.740			
R_{TC}	10.410	8.404	15.793	32.363			
$K_{DOXY}1$	45.293	51.743	33.723	64.577			
$K_{DOXY}2$	50.990	53.780	56.763	66.780			
$K_{DOXY}3$	56.523	47.283	62.320	21.450			
R_{DOXY}	11.230	6.497	28.597	45.330			

结合上述的分析和试验数据,可以确定固定化颗粒吸附 3 种抗生素的最佳条件为:吸附时间 20h、抗生素初始浓度 200mg/L、颗粒投加量 2g、溶液 pH6,在此条件下 3 种抗生

素的吸附率分别为土霉素 53.60%、四环素 63.30%、强力霉素 86.88%。

四、动态吸附柱实验

不同流速下 3 种抗生素的穿透曲线如图 23.36～图 23.38 所示。由图可知，流速为 1mL/min 时，出水中 3 种抗生素的浓度在吸附开始阶段就接近初始值，说明已经达到耗竭点；当流速由 0.5mL/min 减小到 0.2mL/min 时，颗粒对 OTC 的吸附穿透时间由 180min 变为 480min，对 TC 的吸附穿透时间由 180min 变为 400min，对 DOXY 的吸附穿透时间由 160min 变为 400min，可见，流速越慢，吸附剂越不容易穿透。另外，流速小的穿透曲线与流速大的对比，出水中抗生素的浓度明显偏低。这一现象主要是由抗生素溶液在吸附柱中的停留时间造成的，进水流速越慢，抗生素溶液的停留时间越长，则吸附反应进行得越完全；在进水流速较高的条件下，由于停留时间过短，抗生素来不及扩散进入颗粒孔隙中发生孔内吸附过程，而未被吸附直接流出。因此，流速越快，吸附效果越差。

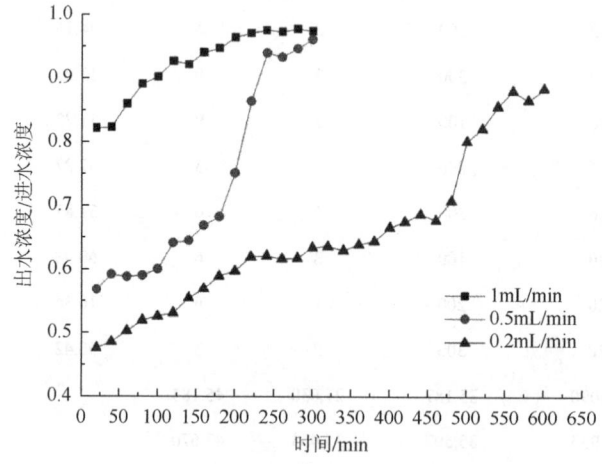

图 23.36　不同流速下 OTC 的穿透曲线

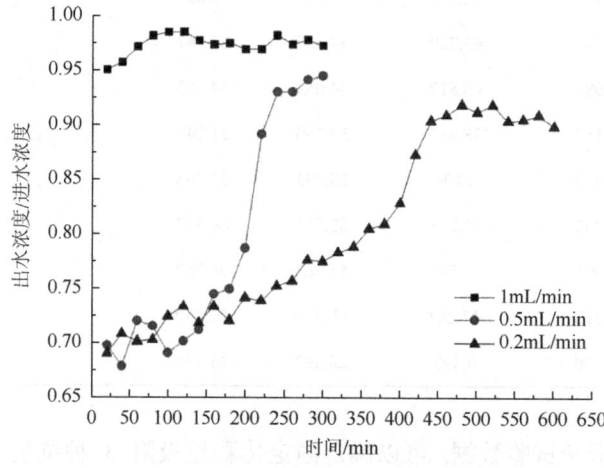

图 23.37　不同流速下 TC 的穿透曲线

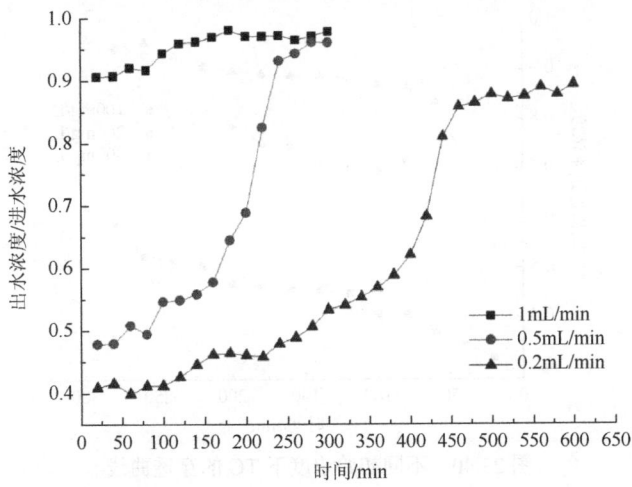

图 23.38　不同流速下 DOXY 的穿透曲线

不同初始浓度下 3 种抗生素的穿透曲线如图 23.39～图 23.41 所示。图 23.39～图 23.41 显示，在对 300mg/L 进水浓度的抗生素进行吸附时，开始出水抗生素浓度就快速上升，处理效果较差；进水浓度为 200mg/L 时，吸附开始阶段出水浓度缓慢上升，抗生素去除效果较稳定，到 200min 左右时，出水中 3 种抗生素的浓度均快速升高，说明此时吸附剂已穿透；而当初始浓度降低到 100mg/L 时，出水中抗生素的浓度一直处于稳步缓慢上升过程中，300min 后吸附仍未达到平衡。可见，随着溶液中抗生素初始浓度的增加，穿透点提前，吸附达到平衡的时间缩短。这是因为进水浓度增加，流动相与吸附剂间的传质推动力增大，总有效传质系数变大，达到动态吸附平衡的时间却减小。

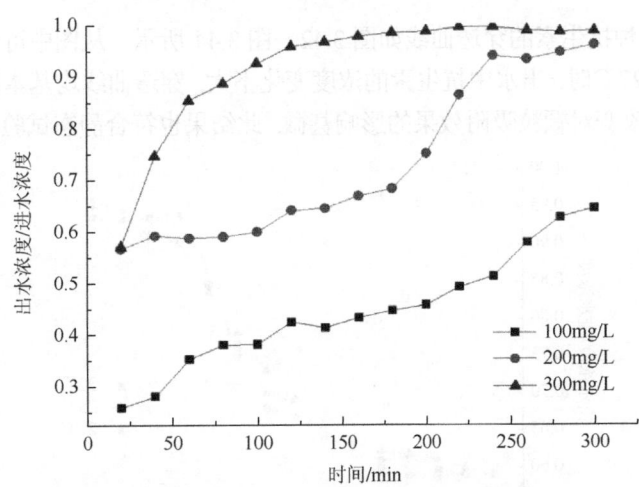

图 23.39　不同初始浓度下 OTC 的穿透曲线

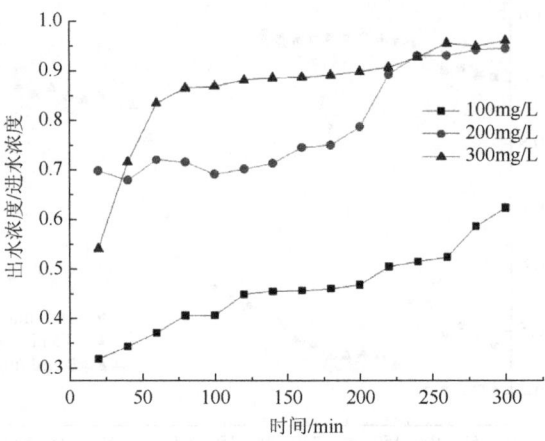

图 23.40　不同初始浓度下 TC 的穿透曲线

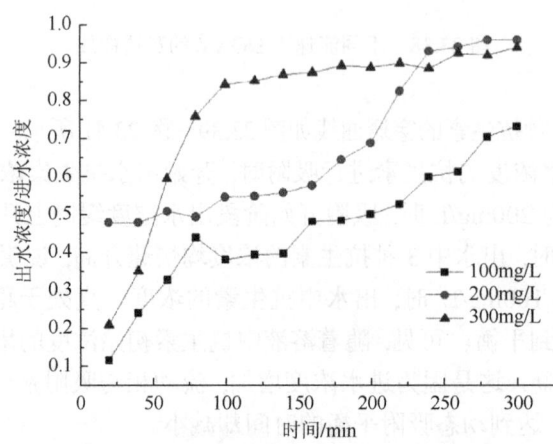

图 23.41　不同初始浓度下 DOXY 的穿透曲线

不同温度下 3 种抗生素的穿透曲线如图 3.42～图 3.44 所示。从图中可以看出，当吸附温度从 22℃增加到 27℃时，出水中抗生素的浓度变化不大，穿透曲线均基本重合。可见，在室温范围内，温度的改变对颗粒吸附效果的影响甚微，此结果也符合静态试验的结论。

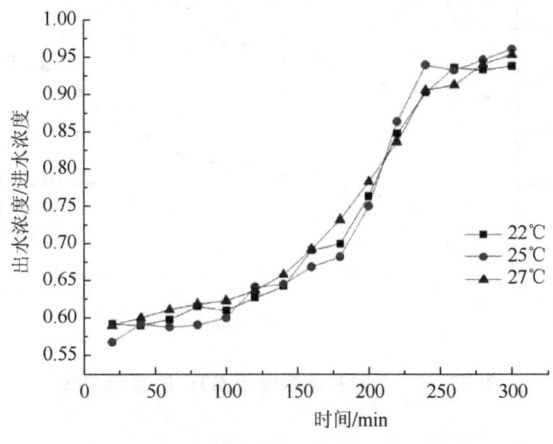

图 23.42　不同温度下 OTC 的穿透曲线

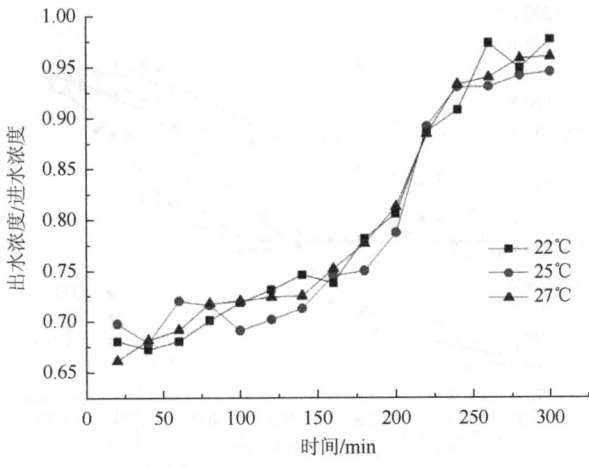

图 23.43　不同温度下 TC 的穿透曲线

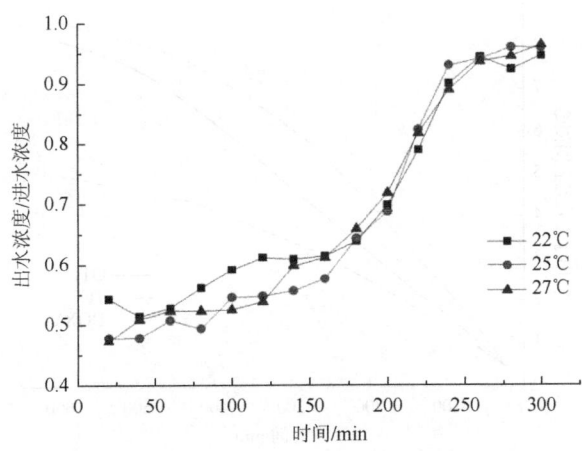

图 23.44　不同温度下 DOXY 的穿透曲线

出水中 3 种抗生素的浓度随吸附时间的变化曲线如图 23.45 所示。图 23.45 显示，3 种抗生素的拟合曲线均呈"S"形，随着时间的延长，出水抗生素的浓度逐渐升高，一般认为出水浓度达到进水浓度的 90% 时吸附剂完全耗竭，此时穿透曲线趋于平缓。吸附量在图中表现为拟合曲线与水平直线 $y=200$ 之间的面积，可通过积分 $\int(200-c)\,\mathrm{d}V$ 求得。

吸附容量曲线如图 23.46 所示，颗粒吸附剂对 3 种抗生素的吸附量均随时间的延长而增大，对土霉素、四环素和强力霉素的吸附量分别在前 400min、260min 和 300min 呈线性增长趋势，增长速率的大小关系为 DOXY>OTC>TC，说明在此时间内颗粒具有较高的吸附率，DOXY 的吸附速度最快。达到吸附平衡时，对抗生素的吸附量即为颗粒的吸附容量，分别为 OTC 8.13mg、TC 4.96mg、DOXY 8.57mg，则单位质量吸附剂的吸附容量为 OTC 4.07mg/g、TC 2.48mg/g、DOXY 4.29mg/g。

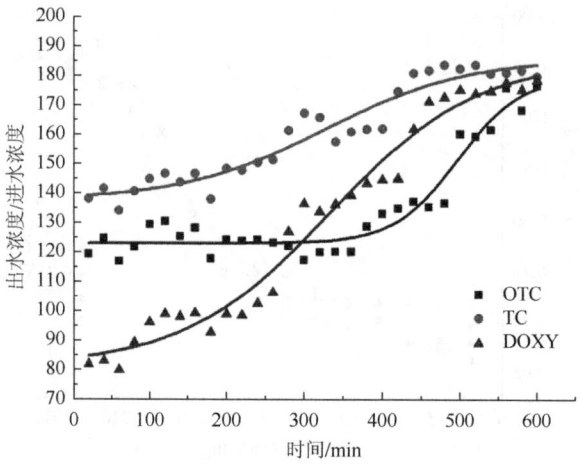

图 23.45 三种抗生素出水浓度随吸附时间的变化曲线

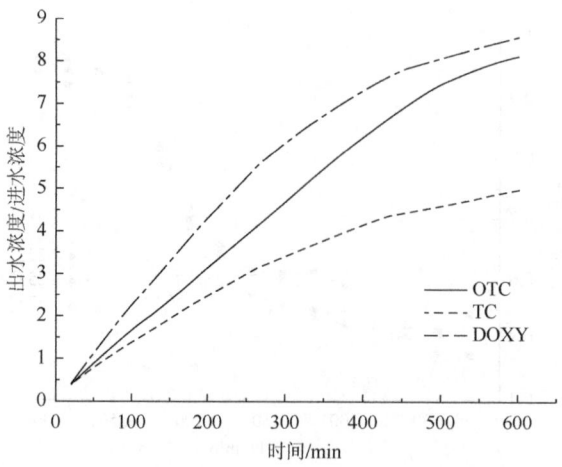

图 23.46 固定化颗粒吸附剂的吸附容量

参 考 文 献

管俊芳, 叶瀚, 胡雪峰, 等. 2010. 改性膨润土处理含油废水的试验研究. 金属矿山, (3): 154~158.

郝建朝, 连宾, 刘惠芬, 等. 2013. 三氯化铁改性有机膨润土包膜材料对六价铬的动态吸附. 农业环境科学学报, 32(3): 646~652.

李山. 2009. 改性花生壳对水中重金属离子和染料的吸附特性研究. 西安: 西北大学.

栗文楼, 李明路. 1998. 膨润土的开发应用. 北京: 地质出版社.

刘光全, 张华, 吴百春. 2011. 改性花生壳粉对钙离子的吸附特性研究. 环境工程学报, (12): 2733~2738.

刘希, 张宇峰, 罗平. 2013a. 改性花生壳对四环素类抗生素的吸附特性研究. 环境污染与防治, 35(5): 35~39, 44.

刘希, 张宇峰, 罗平. 2013b. 天然纤维材料改性及其吸附抗生素的应用研究. 农业环境科学学报, 32(10): 2061~2065.

孙洪良. 2010. 复合改性膨润土对水中有机物和重金属的协同吸附研究. 浙江: 浙江大学博士学位论文.

魏瑞成, 葛峰, 陈明, 等. 2010. 江苏省畜禽养殖场水环境中四环类抗生素污染研究. 农业环境科学学报, 29(6): 1205~1210.

吴楠, 乔敏. 2010. 土壤环境中四环素类抗生素残留及抗性基因污染的研究进展. 生态毒理学报, 5(5): 618~627.

朱利中, 陈宝梁. 2009. 膨润土吸附材料在有机污染控制中的应用. 化学进展, 21(2/3): 420~429.

Akar S T, Yetimoglu Y, Gedikbey T. 2009. Removal of chromium(VI)ions from aqueous solutions by using Turkish montmorillonite clay: Effect of activation and modification. Desalination, 244(3): 97~108.

Majdan M, Maryuk O, Pikus S, et al. 2005. Equilibrium, FTIR, scanning electron microscopy and small wide angle X-ray scattering studies of chromates adsorption on modified bentonite. Journal of Molecular Structure, 740(3): 203~211.